西门子S7-1500 PLC编程从入门到精通

向晓汉 主编

化学工业出版社
·北京·

内 容 简 介

本书从 PLC 编程基础入手，以案例引导学习的方式，结合视频讲解，全面介绍了西门子 S7-1500 PLC 编程及组态软件的应用技术。

全书分为基础入门和应用精通两大部分，主要内容包括 PLC 基础，西门子 S7-1500 PLC 的硬件和接线，TIA Portal 软件的使用，S7-1500 PLC 的编程语言、编程方法与调试，西门子 PLC SCL 和 GRAPH 编程；S7-1500 PLC 的通信、工艺功能及其应用，PLC 的故障诊断技术，PLC 的工程应用。

本书双色图解，重点突出，内容全面实用，案例丰富，且实例包含详细的软硬件配置清单、接线图和程序，便于读者模仿学习。对重点内容本书还配有操作视频详细讲解，读者可以扫描书中二维码观看，辅助学习西门子 PLC 编程及应用。

本书可供 PLC 技术人员学习使用，也可作为大中专院校机电类、信息类专业的教材。

图书在版编目（CIP）数据

西门子 S7-1500 PLC 编程从入门到精通 / 向晓汉主编
.—北京：化学工业出版社，2022.9
（老向讲工控）
ISBN 978-7-122-41725-1

Ⅰ. ①西… Ⅱ. ①向… Ⅲ. ① PLC 技术－程序设计
Ⅳ. ① TM571.61

中国版本图书馆 CIP 数据核字（2022）第 104775 号

责任编辑：李军亮　徐卿华　　　文字编辑：李亚楠　陈小滔
责任校对：赵懿桐　　　装帧设计：李子姮

出版发行：化学工业出版社（北京市东城区青年湖南街 13 号　邮政编码 100011）
印　　刷：三河市航远印刷有限公司
装　　订：三河市宇新装订厂
787mm × 1092mm　1/16　印张 $24^1/_4$　字数 596 千字　　2023 年 2 月北京第 1 版第 1 次印刷

购书咨询：010-64518888　　　售后服务：010-64518899
网　　址：http：//www.cip.com.cn
凡购买本书，如有缺损质量问题，本社销售中心负责调换。

定　　价：99.00 元

前言

随着计算机技术的发展，以可编程控制器（PLC）、变频器、伺服驱动系统和计算机通信及组态软件等技术为主体的新型电气控制系统已经逐渐取代传统的继电器控制系统，并广泛应用于各个行业。其中，西门子和三菱的PLC、变频器、触摸屏及伺服驱动系统具有卓越的性能，且有很高的性价比，因此在工控市场占有非常大的份额，应用十分广泛。

笔者与化学工业出版社合作已有十个年头，其间出版了一系列自动化专业的图书，深受广大读者的喜爱。最近几年，许多读者来电或者来函，希望能够编写风格统一的系列丛书。笔者也有意愿把十余年的企业工作经验和十余年的教学经验融入系列丛书，分享给广大读者，以回馈读者的厚爱。因此，我们决定编写丛书“老向讲工控”，包含以下图书：

（1）三菱FX5U PLC编程从入门到精通

（2）三菱FX系列PLC完全精通教程（第2版）

（3）西门子SINAMICS V90伺服驱动系统从入门到精通

（4）西门子S7-1500 PLC编程从入门到精通

（5）PLC编程手册

（6）西门子S7-1200/1500 PLC编程从入门到精通

（7）三菱iQ-R PLC编程从入门到精通

（8）三菱MR-J4/JE伺服系统从入门到精通

丛书具有以下特点。

（1）内容全面，知识系统。既适合初学者全面掌握工控技术，也适合有一定基础的读者结合实例深入学习工控技术。

（2）实例引导学习。大部分知识点采用实例讲解，便于读者举一反三，快速掌握编程技巧及应用。

（3）案例丰富，实用性强。精选大量工程实用案例，便于读者模仿应用，重点实例都包含软硬件配置清单、原理图和程序，且程序已经在PLC上运行通过。

（4）对于重点及复杂内容，配有大量微课视频。读者扫描书中二维码即可观看，配合文字讲解，学习效果更好。

本书为《西门子S7-1500 PLC编程从入门到精通》。

西门子S7-1500 PLC是西门子公司推出的一款中高端控制系统的PLC，除包含多种创新技术之外，还设定了新标准，最大程度地提高生产效率。西门子S7-1500 PLC无缝集成到TIA Portal软件中，极大地提高了工程组态的效率。西门子大中型PLC由于控制系统相对复杂，一直是公认比较难入门的，为了使读者能系统掌握西门子 S7-1500 PLC 的编程及应用，我们在总结长期教学经验和工程实践的基础上，联合企业相关人员，共同编写了本书。

本书在编写时，力求详略得当，重点突出，并采用较多的小例子引领读者快速入门，同时精选典型工程实际案例，供读者模仿学习，提高解决实际问题的能力。本书内容新颖、先进、实用，重点知识配有视频详细讲解，读者扫描书中二维码即可观看学习。

全书共分 11 章，其中第 1 ～ 3 章由龙丽编写，第 4 ～ 8 章由向晓汉编写，第 9、10 章由桂林电子科技大学的向定汉教授编写，第 11 章由无锡雪浪环境科技股份有限公司的刘摇摇编写。本书由向晓汉任主编，向定汉任副主编。商进博士主审。

由于编者水平有限，不足之处在所难免，敬请读者批评指正。

编　者

目录

第 1 章 可编程控制器（PLC）基础 1

1.1 认识 PLC 1
1.1.1 PLC 是什么 1
1.1.2 PLC 的发展历史 1
1.1.3 PLC 的应用范围 2
1.1.4 PLC 的分类与性能指标 3
1.1.5 知名 PLC 品牌介绍 4
1.2 PLC 的结构和工作原理 4
1.2.1 PLC 的硬件组成 4
1.2.2 PLC 的工作原理 7
1.2.3 PLC 的立即输入、输出功能 9
1.3 传感器和变送器 9
1.4 隔离器 10
1.5 数制和编码 11
1.5.1 数制 11
1.5.2 编码 13

第 2 章 西门子 S7-1500 PLC 的硬件 15

2.1 西门子 S7-1500 PLC 定位和性能特点 15
2.1.1 西门子 SIMATIC 控制器简介 15
2.1.2 S7-1500 PLC 的性能特点 16
2.2 西门子 S7-1500 PLC 常用模块及其接线 17
2.2.1 电源模块 17
2.2.2 S7-1500 PLC 模块及其附件 17
2.2.3 S7-1500 PLC 信号模块及其接线 24
2.2.4 S7-1500 PLC 通信模块 32
2.2.5 S7-1500 PLC 分布式模块 33
2.3 西门子 S7-1500 PLC 的硬件安装及接线 34
2.3.1 硬件配置 34
2.3.2 硬件安装 36
2.3.3 接线 38

第 3 章 TIA Portal（博途）软件使用入门 40

3.1 TIA Portal（博途）软件简介 40
3.1.1 初识 TIA Portal（博途）软件 40
3.1.2 安装 TIA Portal 软件的软硬件条件 41
3.1.3 安装 TIA Portal 软件的注意事项 43
3.1.4 安装和卸载 TIA Portal 软件 43
3.2 TIA Portal 视图与项目视图 45

3.2.1 TIA Portal 视图结构 45
3.2.2 项目视图 46
3.2.3 项目树 48
3.3 用离线硬件组态法创建一个完整的 TIA Portal 项目 49
3.3.1 在博途视图中新建项目 49
3.3.2 添加设备 50
3.3.3 CPU 参数配置 51
3.3.4 S7-1500 的 I/O 参数的配置 56
3.3.5 程序的输入 58
3.3.6 程序下载到仿真软件 S7-PLCSIM 60
3.3.7 程序的监视 61
3.4 用在线检测法创建一个完整的 TIA Portal 项目 62
3.4.1 在项目视图中新建项目 62
3.4.2 在线检测设备 62
3.4.3 程序下载到 S7-1500 CPU 模块 66
3.5 程序上载 69
3.6 使用快捷键 70
3.7 使用帮助 70
3.7.1 查找关键字或者功能 70
3.7.2 使用指令 71

4 **第 4 章 西门子 S7-1500 PLC 的编程语言** 73

4.1 西门子 S7-1500 PLC 的编程基础 73
4.1.1 数据类型 73
4.1.2 S7-1500 PLC 的存储区 80
4.1.3 全局变量与区域变量 84
4.1.4 编程语言 85
4.1.5 变量表 86
4.2 位逻辑运算指令 89
4.2.1 触点与线圈相关逻辑 89
4.2.2 复位、置位、复位域和置位域指令 94
4.2.3 RS /SR 触发器指令 95
4.2.4 上升沿和下降沿指令 96
4.3 定时器指令 100
4.3.1 通电延时定时器（TON） 100
4.3.2 断电延时定时器（TOF） 102
4.3.3 时间累加器（TONR） 105
4.3.4 原有定时器 106
4.4 计数器指令 110
4.4.1 加计数器（CTU） 110
4.4.2 减计数器（CTD） 111
4.4.3 原有计数器 112
4.5 传送指令、比较指令和转换指令 114
4.5.1 传送指令 114
4.5.2 比较指令 117
4.5.3 转换指令 119
4.6 数学函数指令、移位和循环指令 128
4.6.1 数学函数指令 128
4.6.2 移位和循环指令 135
4.7 应用实例 139

5 **第 5 章 西门子 S7-1500 PLC 的程序结构** 144

5.1 块、函数和组织块 144
5.1.1 块的概述 144
5.1.2 函数（FC）及其应用 145
5.1.3 组织块（OB）及其应用 149
5.2 数据块和函数块 158
5.2.1 数据块（DB）及其应用 158
5.2.2 函数块（FB）及其应用 162
5.2.3 PLC 定义数据类型（UDT）

及其应用 166
5.3 多重背景 169
5.3.1 多重背景的简介 169
5.3.2 多重背景的应用 169

第6章 西门子S7-1500 PLC的编程方法与调试 175

6.1 功能图 175
6.1.1 功能图的设计方法 175
6.1.2 梯形图编程的原则 181
6.2 逻辑控制的梯形图编程方法 182
6.2.1 经验设计法 182
6.2.2 功能图设计法 183
6.3 西门子S7-1500 PLC的调试方法 193
6.3.1 程序信息 193
6.3.2 交叉引用 195
6.3.3 比较功能 197
6.3.4 使用Trace跟踪变量 199
6.3.5 用监控表进行调试 202
6.3.6 用强制表进行调试 205
6.3.7 其他调试方法 207

第7章 西门子PLC的SCL和GRAPH编程 208

7.1 西门子PLC的SCL编程 208
7.1.1 S7-SCL简介 208
7.1.2 S7-SCL程序编辑器 209
7.1.3 S7-SCL编程语言基础 209
7.1.4 寻址 214
7.1.5 控制语句 218
7.1.6 SCL块 220
7.1.7 S7-SCL应用举例 222
7.2 西门子PLC的GRAPH编程 228
7.2.1 S7-GRAPH简介 228
7.2.2 S7-GRAPH的应用基础 228
7.2.3 S7-GRAPH的应用举例 235

第8章 西门子S7-1500 PLC的通信应用 240

8.1 通信基础知识 240
8.1.1 通信的基本概念 240
8.1.2 PLC网络的术语解释 241
8.1.3 OSI参考模型 242
8.1.4 现场总线介绍 243
8.2 PROFIBUS通信及其应用 244
8.2.1 PROFIBUS通信概述 244
8.2.2 S7-1500 PLC与ET200MP的PROFIBUS-DP通信 245
8.2.3 S7-1500 PLC与S7-1200 PLC间的PROFIBUS-DP通信 250
8.3 西门子S7-1500 PLC的以太网通信及其应用 256
8.3.1 以太网通信介绍 256
8.3.2 工业以太网通信介绍 258
8.3.3 S7-1500 PLC的以太网通信方式 259
8.4 西门子S7-1500 PLC的OUC通信及其应用 259
8.4.1 OUC通信介绍 259
8.4.2 S7-1500 PLC之间的TCP通信 260
8.5 西门子S7-1500 PLC的Modbus-TCP通信及其应用 267
8.5.1 Modbus-TCP通信基础 267
8.5.2 S7-1500 PLC与埃夫特机器人

之间的 Modbus-TCP 通信应用 268
8.6 西门子 S7-1500 PLC 的 S7 通信及其应用 271
8.6.1 S7 通信基础 271
8.6.2 S7-1500 PLC 与 S7-1200 PLC 之间的 S7 通信应用 272
8.7 PROFINET IO 通信 278
8.7.1 PROFINET IO 通信基础 278
8.7.2 S7-1500 PLC 与分布式模块 ET200SP 之间的 PROFINET 通信 279
8.8 Modbus RTU 串行通信及其应用 283
8.8.1 Modbus RTU 通信介绍 284
8.8.2 S7-1500 PLC 与温度仪表的 Modbus RTU 通信 286

9 第 9 章 西门子 S7-1500 PLC 工艺功能及其应用 291

9.1 运动控制基础 291
9.1.1 运动控制简介 291
9.1.2 伺服驱动系统的参数设定 291
9.2 西门子 S7-1500 PLC 的运动控制功能及其应用 293
9.2.1 S7-1500 PLC 的运动控制指令 293
9.2.2 S7-1500 PLC 的运动控制应用——速度控制 295
9.2.3 S7-1500 PLC 的运动控制应用——位置控制 300
9.3 西门子 S7-1500 PLC 高速计数器及其应用 311
9.3.1 S7-1500 PLC 高速计数器基础 311
9.3.2 S7-1500 PLC 高速计数器应用 314
9.4 西门子 S7-1500 的 PID 控制及其应用 317
9.4.1 PID 控制原理简介 317
9.4.2 PID 指令简介 319
9.4.3 S7-1500 PLC 对电炉温度的控制 320

10 第 10 章 西门子 S7-1500 PLC 的故障诊断技术 327

10.1 西门子 S7-1500 PLC 诊断简介 327
10.2 通过模块或者通道的 LED 灯诊断故障 328
10.2.1 通过模块的 LED 灯诊断故障 328
10.2.2 通过模块的通道 LED 灯诊断故障 328
10.3 通过 TIA Portal 软件的 PG/PC 诊断故障 329
10.4 通过 PLC 的 Web 服务器诊断故障 331
10.5 通过 PLC 的显示屏诊断故障 336
10.5.1 显示屏面板简介 336
10.5.2 用显示屏面板诊断故障 337
10.6 在 HMI 上通过调用诊断控件诊断故障 338
10.7 通过自带诊断功能的模块诊断故障 340
10.8 利用诊断面板诊断故障 342
10.9 通过 Automation Tool 诊断故障 343
10.9.1 Automation Tool 功能 343
10.9.2 Automation Tool 诊断故障 343
10.10 通过 Proneta 诊断故障 345
10.10.1 Proneta 介绍 345
10.10.2 Proneta 诊断故障 345

11 第11章 PLC工程应用 347

11.1 折边机的PLC控制 347
11.2 刨床的PLC控制 354
11.3 剪切机的PLC控制 361

参考文献 373

微课汇总

微课名称	页码
第 1 章	
1. 认识 PLC（可编程控制器）	4
2. 数制和编码	11
第 2 章	
1. 认识 S7-1500 PLC 模块	17
2.S7-1500 的 CPU 模块	17
3. S7-1500 PLC 数字量模块及其接线	25
4. S7-1500 PLC 模拟量模块及其接线	28
5. 安装电源模块	36
6. 安装 CPU 和扩展模块	37
7. 安装带屏蔽夹的前连接器	37
第 3 章	
1.TIA Portal（博途）软件简介	40
2. 用离线硬件组态法创建一个完整的 TIA Portal 项目	49
3. 用在线检测法创建一个完整的 TIA Portal 项目	62
4. 程序上载	69
第 4 章	
1. S7-1500 PLC 的数据类型	73
2. S7-1500PLC 的数据存储区	80
3. PLC 的工作原理	81
4. 复位、置位、复位域和置位域指令及其应用	94
5. RS/SR 触发器指令及其应用	95
6. 上升沿和下降沿指令及其应用	96
7. 定时器及其应用 1	100
8. 定时器及其应用 2	102
9. 计数器指令及其应用	110
10. 密码锁的 PLC 控制	110
11. 传送指令及其应用	114
12. 比较指令及其应用	117
13. 转换指令及其应用	119
14. 数学函数指令及其应用	128
15. 三挡电炉加热的 PLC 控制	128
16. 移位和循环指令及其应用——彩灯花样的 PLC 控制	135

续表

微课名称	页码
第 5 章	
1. 函数（FC）及其应用	145
2. 三相异步电动机正反转控制——用 FC 实现	148
3. 组织块（OB）及其应用	149
4. 数字滤波控制程序设计——用 FC 实现	156
5. 数据块（DB）及其应用	158
6. 函数块（FB）及其应用	162
7. 三相异步电动机星 - 三角启动控制——用 FB 实现	164
第 6 章	
1. 功能图的设计方法	175
2. “启保停”设计逻辑控制程序	184
第 7 章	
SCL 应用举例	222
第 8 章	
1. 通信的基本概念	240
2. 现场总线介绍	243
3. S7-1500 PLC 与 ET200MP 的 PROFIBUS-DP 通信	245
4.S7-1500 PLC 与 S7-1200 PLC 间的 PROFIBUS-DP 通信	250
5. S7-1500 PLC 之间的 TCP 通信	260
6. S7-1500 PLC 与机器人之间的 Modbus-TCP 通信	267
7.S7-1200/1500 PLC 的 S7 通信	271
8. S7-1500 PLC 与分布式模块 ET200SP 之间的 PROFINET 通信	279
9. S7-1500 PLC 与温度仪表之间的 Modbus RTU 通信	286
第 9 章	
1. 计算电子齿轮比的方法	292
2. 用 MR Configurator 2 设置三菱伺服系统参数	292
3. SINAMICS V90 伺服系统的参数介绍	293
4. 用 V-ASSISTANT 软件设置 V90 伺服系统的参数	293
5. S7-1200/1500 PLC 运动控制指令解读	293
6. S7-1200/1500 PLC 回参考点指令及其应用	294
7. S7-1500 PLC 通过 IO 地址控制 SINAMICS V90 实现速度控制	295
8. S7-1500 PLC 通过脉冲对 MR-J4 伺服驱动系统的位置控制	300
9. 滑台的实时位移和速度测量——利用编码器	314

续表

微课名称	页码
第 10 章	
1. 通过模块或通道的 LED 灯诊断故障	328
2. 通过 TIA Portal 软件的 PG/PC 诊断故障	329
3. 通过 PLC 的 Web 服务器诊断故障	331
4. 通过 Automation Tool 诊断故障	343
5. 通过 Proneta 诊断故障	345

1

第1章 可编程控制器（PLC）基础

本章介绍可编程控制器（PLC）的功能、特点、应用范围、在国内的使用情况、结构和工作原理等知识，还有PLC外围电路常用低压电器，使读者初步了解可编程控制器，为学习本书后续内容做必要准备。

1.1 认识PLC

1.1.1 PLC是什么

PLC是Programmable Logic Controller（可编程序控制器）的简称，国际电工委员会（IEC）于1985年对可编程序控制器（PLC）作了如下定义：可编程序控制器是一种数字运算操作的电子系统，专为在工业环境下应用而设计。它采用可编程序的存储器，用来在其内部存储执行逻辑运算、顺序控制、定时、计数和算术运算等操作的指令，并通过数字、模拟的输入和输出，控制各种类型的机械或生产过程。可编程序控制器及其有关设备，都应按易于与工业控制系统连成一个整体，易于扩充功能的原则设计。PLC是一种工业计算机，其种类繁多，不同厂家的产品有各自的特点，但作为工业标准设备，PLC又有一定的共性。常见品牌的PLC外形如图1-1所示。

(a) 西门子PLC

(b) 罗克韦尔(AB)PLC

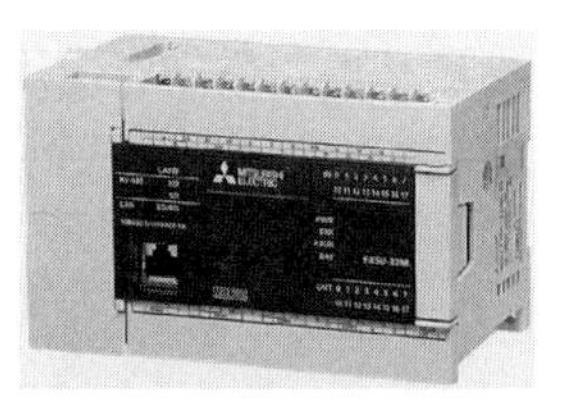

(c) 三菱PLC

(d) 信捷PLC

图1-1 常见品牌的PLC外形

1.1.2 PLC的发展历史

20世纪60年代以前，汽车生产线的自动控制系统基本上都是由继电器控制装置构成的。当时每次改型都直接导致继电器控制装置的重新设计和安装，美国福特汽车公司创始人亨利·福特曾说过："不管顾客需要什么，我生产的汽车都是黑色的。"从侧面反映汽车改型和升级换代比较困难。为了改变这一现状，1969 年，美国的通用汽车公司（GM）公开招标，要求用新的装置取代继电器控制装置，并提出十项招标指标，要求编程方便、现场可修改程序、维修方便、采用模块化设计、体积小及可与计算机通信等。同一年，美国数字设备公司（DEC）研制出了世界上第一台 PLC，即 PDP-14，在美国通用汽车公司的生产线上试用成功，并取得了令人满意的效果，PLC 从此诞生。由于当时的 PLC 只能取代继电器接触器控制，功能仅限于逻辑运算、计时及计数等，所以称为"可编程逻辑控制器"。伴随着微电子技术、控制技术与信息技术的不断发展，PLC 的功能不断增强。美国电气制造商协会（NEMA）于 1980 年正式将其命名为"可编程序控制器"，简称 PC，由于这个名称和个人计算机的简称相同，容易混淆，因此在我国，很多人仍然习惯称可编程序控制器为 PLC。

由于 PLC 具有易学易用、操作方便、可靠性高、体积小、通用灵活和使用寿命长等一系列优点，很快就在工业中得到了广泛应用。同时，这一新技术也受到其他国家的重视。1971 年，日本引进这项技术，很快研制出日本第一台 PLC；欧洲于 1973 年研制出第一台 PLC；我国从 1974 年开始研制，1977 年国产 PLC 正式投入工业应用。

进入 20 世纪 80 年代以来，随着电子技术的迅猛发展，以 16 位和 32 位微处理器构成的微机化 PLC 得到快速发展（例如 GE 的 RX7i，使用的是赛扬 CPU，其主频达 1GHz，其信息处理能力几乎和个人电脑相当），使得 PLC 在设计、性能价格比以及应用方面有了突破，不仅控制功能增强、功耗和体积减小、成本下降、可靠性提高及编程和故障检测更为灵活方便，而且随着远程 I/O 和通信网络、数据处理和图像显示的发展，PLC 已经普遍用于控制复杂的生产过程。目前，PLC 已经成为工厂自动化的三大支柱（PLC、机器人、CAD/CAM）之一。

1.1.3 PLC 的应用范围

目前，PLC 在国内外已广泛应用于机床、自动化楼宇、钢铁、石油、化工、电力、建材、汽车、纺织机械、交通运输、环保以及文化娱乐等行业。随着 PLC 性能价格比的不断提高，其应用范围还将不断扩大，其应用场合可以说是无所不在，具体应用大致可归纳为如下几类。

（1）顺序控制

PLC 顺序控制是 PLC 最基本、最广泛应用的领域，它取代传统的继电器顺序控制。PLC 用于单机控制、多机群控制和自动化生产线的控制，例如数控机床、注塑机、印刷机械、电梯和纺织机械等。

（2）计数和定时控制

PLC 为用户提供了足够的定时器和计数器，并设置相关的定时和计数指令。PLC 的计数器和定时器精度高、使用方便，可以取代继电器系统中的时间继电器和计数器。

（3）位置控制

目前大多数的 PLC 制造商都提供拖动步进电动机或伺服电动机的单轴或多轴位置控制模块，这一功能可广泛用于各种机械，如金属切削机床和装配机械等。

（4）模拟量处理

PLC 通过模拟量的输入 / 输出模块，实现模拟量与数字量的转换，并对模拟量进行控制，有的还具有 PID 控制功能，例如用于锅炉的水位、压力和温度控制。

（5）数据处理

现代的 PLC 具有数学运算、数据传递、转换、排序和查表等功能，也能完成数据的采集、分析和处理。

（6）通信联网

PLC 的通信包括 PLC 相互之间、PLC 与上位计算机之间以及 PLC 和其他智能设备之间的通信。PLC 系统与通用计算机可以直接或通过通信处理单元、通信转接器相连构成网络，以实现信息的交换，并可构成“集中管理、分散控制”的分布式控制系统，满足工厂自动化系统的需要。

1.1.4　PLC 的分类与性能指标

（1）PLC 的分类

1）从组成结构形式分类　按组成结构形式，可以将 PLC 分为两类：一类是整体式 PLC（也称单元式），其特点是电源、中央处理单元和 I/O 接口都集成在一个机壳内；另一类是标准模板式结构化的 PLC（也称组合式），其特点是电源模块、中央处理单元模块和 I/O 模块等在结构上是相互独立的，可根据具体的应用要求，选择合适的模块，安装在固定的机架或导轨上，构成一个完整的 PLC 应用系统。

2）按 I/O 点容量分类

① 小型 PLC。小型 PLC 的 I/O 点数一般在 128 点以下。

② 中型 PLC。中型 PLC 采用模块化结构，其 I/O 点数一般在 256 ～ 1024 点之间。

③ 大型 PLC。一般 I/O 点数在 1024 点以上的称为大型 PLC。

（2）PLC 的性能指标

各厂家的 PLC 虽然各有特色，但其主要性能指标是相同的。

1）输入 / 输出（I/O）点数　输入 / 输出（I/O）点数是最重要的一项技术指标，是指 PLC 面板上连接外部输入、输出的端子数，常称为“点数”，用输入与输出点数的和表示。点数越多，表示 PLC 可接入的输入器件和输出器件越多，控制规模越大。点数是 PLC 选型时最重要的指标之一。

2）扫描速度　扫描速度是指 PLC 执行程序的速度，以 ms/K 为单位，即执行 1K 步指令所需的时间。1 步占 1 个地址单元。

3）存储容量　存储容量通常用 K 字（KW）或 K 字节（KB）、K 位来表示。这里 1K = 1024。有的 PLC 用“步”来衡量，一步占用一个地址单元。存储容量表示 PLC 能存放多少用户程序。例如，三菱型号为 FX2N-48MR 的 PLC 存储容量为 8000 步。有的 PLC 的存储容量可以根据需要配置，有的 PLC 的存储器可以扩展。

4）指令系统　指令系统表示该 PLC 软件功能的强弱。指令越多，编程功能就越强。

5）内部寄存器（继电器） PLC 内部有许多寄存器用来存放变量、中间结果、数据等，还有许多辅助寄存器可供用户使用。因此寄存器的配置也是衡量 PLC 功能的一项指标。

6）扩展能力　扩展能力是反映 PLC 性能的重要指标之一。PLC 除了主控模块外，还可配置实现各种特殊功能的功能模块。例如 AD 模块、DA 模块、高速计数模块和远程通信模块等。

1.1.5 知名 PLC 品牌介绍

认识 PLC
（可编程控制器）

（1）国外 PLC 品牌

目前 PLC 在我国得到了广泛的应用，很多知名厂家的 PLC 在我国都有应用。

① 美国是 PLC 生产大国，有 100 多家 PLC 生产厂家。其中 AB 公司（罗克韦尔）的 PLC 产品规格比较齐全，主推大中型 PLC，如 PLC-5 系列。通用电气也是知名 PLC 生产厂商，大中型 PLC 产品系列有 RX3i 和 RX7i 等。德州仪器公司也生产大、中、小全系列 PLC 产品。

② 欧洲的 PLC 产品也久负盛名。德国的西门子公司、AEG 公司和法国的 TE 公司都是欧洲著名的 PLC 制造商。

③ 日本的小型 PLC 具有一定的特色，性价比较高，比较有名的品牌有三菱、欧姆龙、松下、富士、日立和东芝等，在小型机市场，日系 PLC 的市场份额曾经高达 70%。

（2）国产 PLC 品牌

我国自主品牌的 PLC 生产厂家超过 30 家。在目前已经上市的众多 PLC 产品中，单从技术角度来看，国产小型 PLC 与国际知名品牌小型 PLC 差距很小。有的国产 PLC 开发了很多适合亚洲人使用的方便指令，其使用越来越广泛。例如深圳汇川、无锡信捷、北京和利时和台湾台达等公司生产的微型 PLC 已经比较成熟，其可靠性在许多应用中得到了验证，已经被用户广泛认可。但大中型 PLC 与国外品牌还有差距。

1.2 PLC 的结构和工作原理

1.2.1 PLC 的硬件组成

PLC 种类繁多，但其基本结构和工作原理相同。PLC 的功能结构区由 CPU（中央处理器）、存储器和输入 / 输出接口三部分组成，如图 1-2 所示。

（1）CPU（中央处理器）

CPU 的功能是完成 PLC 内所有的控制和监视操作。中央处理器一般由控制器、运算器和寄存器组成。CPU 通过数据总线、地址总线和控制总线与存储器、输入 / 输出接口电路连接。

（2）存储器

在 PLC 中使用两种类型的存储器：一种是只读类型的存储器，如 EPROM 和 EEPROM；另一种是可读 / 写的随机存储器 RAM。PLC 的存储器分为 5 个区域，如图 1-3 所示。

程序存储器的类型是只读存储器（ROM），PLC 的操作系统存放在这里，操作系统的程序由制造商固化，通常不能修改。存储器中的程序负责解释和编译用户编写的程序、监控 I/O 口的状态、对 PLC 进行自诊断以及扫描 PLC 中的程序等。系统存储器属于随机存储器（RAM），主要用于存储中间计算结果、数据和系统管理，有的 PLC 厂家用系统存储器存储一些系统信息（如错误代码等），系统存储器不对用户开放。I/O 状态存储器属于随机存储器，用于存储 I/O 装置的状态信息，每个输入模块和输出模块都在 I/O 映像表中分配一个地址，而且这个地址是唯一的。数据存储器属于随机存储器，主要用于数据处理功能，为计数器、定时器、算术计算和过程参数提供数据存储。有的厂家将数据存储器细分为固定数据存储器和可变数据存储器。用户存储器，其类型可以是随机存储器、可擦除存储器（EPROM）和电擦除存储器（EEPROM），高档的 PLC 还可以用 FLASH。用户存储器主要用于存放用户编写的程序。

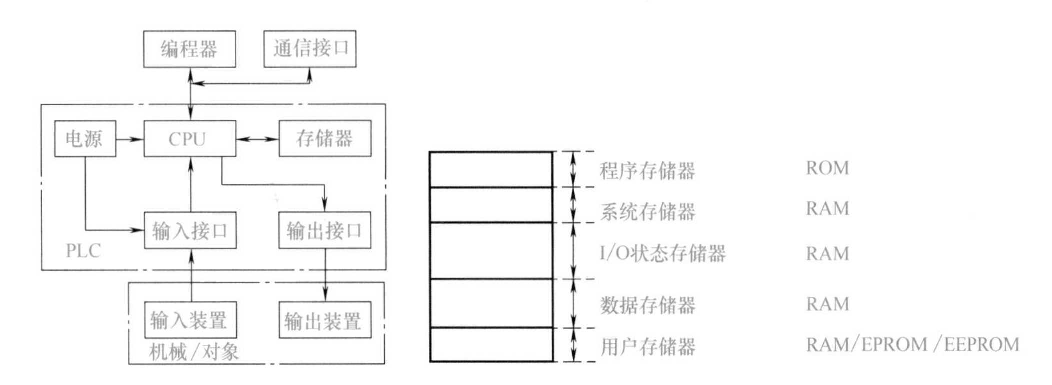

图 1-2　PLC 结构框图　　**图 1-3**　存储器的区域划分

只读存储器可以用来存放系统程序，PLC 断电后再上电，系统内容不变且重新执行。只读存储器也可用来固化用户程序和一些重要参数，以免因偶然操作失误而造成程序和数据的破坏或丢失。随机存储器中一般存放用户程序和系统参数。当 PLC 处于编程工作时，CPU 从 RAM 中取指令并执行。用户程序执行过程中产生的中间结果也在 RAM 中暂时存放。RAM 通常由 CMOS 型集成电路组成，功耗小，但断电时内容消失，所以一般使用大电容或后备锂电池保证掉电后 PLC 的内容在一定时间内不丢失。

（3）输入 / 输出接口

PLC 的输入和输出信号可以是开关量或模拟量。输入 / 输出接口是 PLC 内部弱电信号和工业现场强电信号联系的桥梁。输入 / 输出接口主要有两个作用，一是利用内部的电隔离电路将工业现场和 PLC 内部进行隔离，起保护作用；二是调理信号，可以把不同的信号（如强电、弱电信号）调理成 CPU 可以处理的信号（5V、3.3V 或 2.7V 等），如图 1-4 所示。

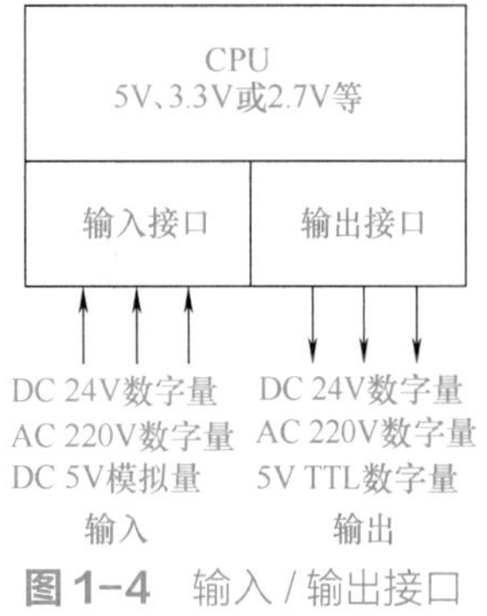

图 1-4　输入 / 输出接口

输入 / 输出接口模块是 PLC 系统中最大的部分。输入 / 输出接口模块通常需要电源，输入电路的电源可以由外部提供，对于模块化的 PLC 还需要背板（安装机架）。

1）输入接口电路

① 输入接口电路的组成和作用　输入接口电路由接线端子、输入信号调理电路和电平转换电路、模块状态显示电路、电隔离电路和多路选择开关模块组成，如图 1-5 所示。现场的信号必须连接在输入端子上才可能将信号输入到 CPU 中，它提供了外部信号输入的物理接口。调理和电平转换电路十分重要，可以将工业现场的信号（如强电 AC 220V 信号）转化成电信号（CPU 可以识别的弱电信号）。电隔离电路主要是利用电隔离器件将工业现场的机械或者电输入信号和 PLC 的 CPU 的信号隔开，它能确保过高的电干扰信号和浪涌不串入 PLC 的微处理器，起保护作用，通常有三种隔离方式，用得最多的是光电隔离，其次是变压

器隔离和干簧继电器隔离。当外部有信号输入时，输入模块上有指示灯显示，即模块状态显示电路，这个电路比较简单，当线路中有故障时，它帮助用户查找故障，由于氖灯或 LED 灯的寿命比较长，所以这个灯通常是氖灯或 LED 灯。多路选择开关接收调理完成的输入信号，并存储在多路开关模块中，当输入循环扫描时，多路选择开关模块中信号输送到 I/O 状态寄存器中。

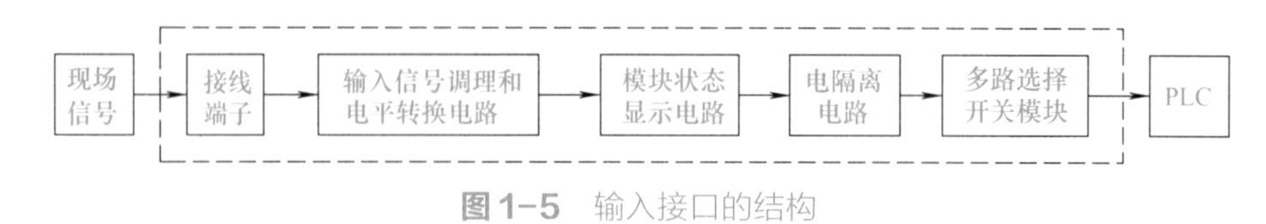

图 1-5　输入接口的结构

② 输入信号的设备的种类　输入信号可以是离散信号和模拟信号。当输入端是离散信号时，输入端的设备类型可以是按钮、转换开关、继电器触点、行程开关、接近开关以及压力继电器等，如图 1-6 所示。当输入为模拟量输入时，输入设备的类型可以是力传感器、温度传感器、流量传感器、电压传感器、电流传感器以及压力传感器等。

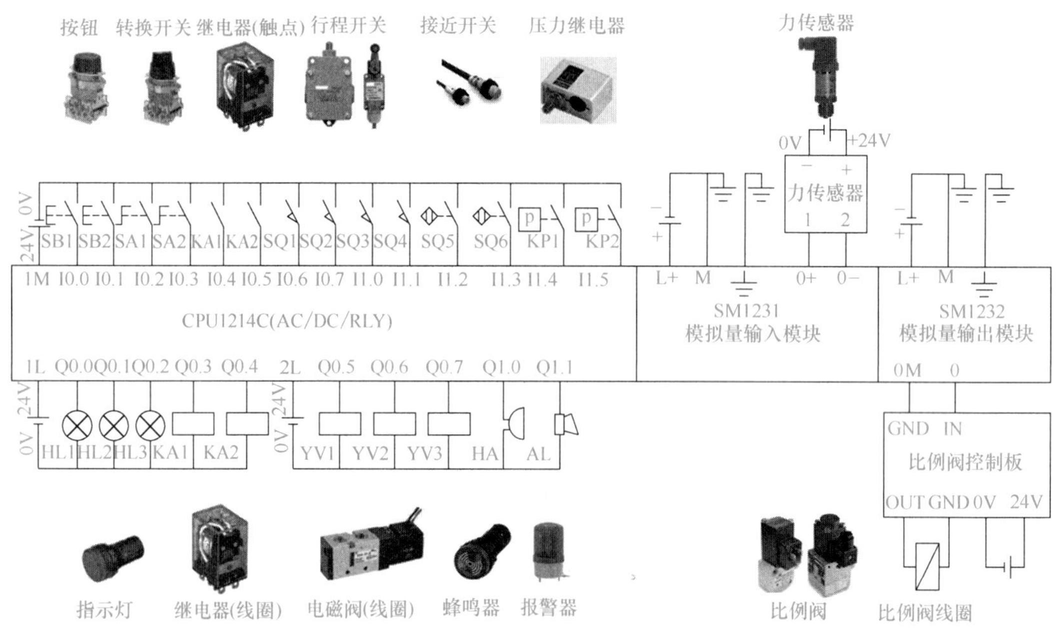

图 1-6　输入 / 输出信号的设备

2）输出接口电路

① 输出接口电路的组成和作用　输出接口电路由多路选择开关模块、信号锁存器、电隔离电路、模块状态显示、输出电平转换电路和接线端子组成，如图 1-7 所示。在输出扫描期间，多路选择开关模块接收来自映像表中的输出信号，并对这个信号的状态和目标地址进行译码，最后将信息送给信号锁存器。信号锁存器将多路选择开关模块的信号保存起来，直到下一次更新。输出接口的电隔离电路作用和输入模块的一样，但是由于输出模块输出的信号比输入信号要强得多，因此要求隔离电磁干扰和浪涌的能力更高，PLC 的电磁兼容性（EMC）好，适用于绝大多数的工业场合。输出电平转换电路将隔离电路送来的信号放大成足够驱动现场设备的信号，放大器件可以是双向晶闸管、三极管和干簧继电器等。输出的接

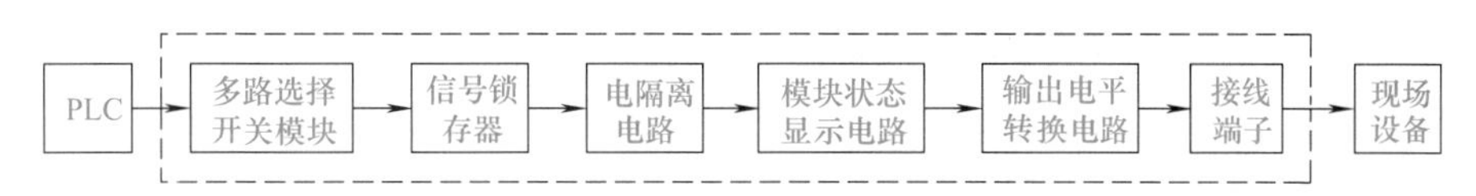

图 1-7　输出接口的结构

线端子用于将输出模块与现场设备相连接。

② PLC 的三种输出接口形式　即继电器输出、晶体管输出和晶闸管输出形式。继电器输出形式的 PLC 的负载电源可以是直流电源或交流电源，但其输出响应频率较慢，其内部电路如图 1-8 所示。晶体管输出的 PLC 负载电源是直流电源，其输出响应频率较快，其内部电路如图 1-9 所示。晶闸管输出形式的 PLC 的负载电源是交流电源，西门子 S7-1200 PLC 的 CPU 模块暂时还没有晶闸管输出形式的产品出售，但三菱 FX 系列有这种产品。选型时要特别注意 PLC 的输出形式。

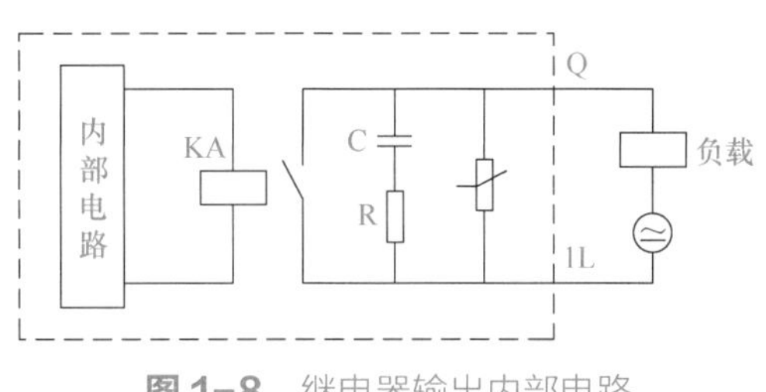

图 1-8　继电器输出内部电路

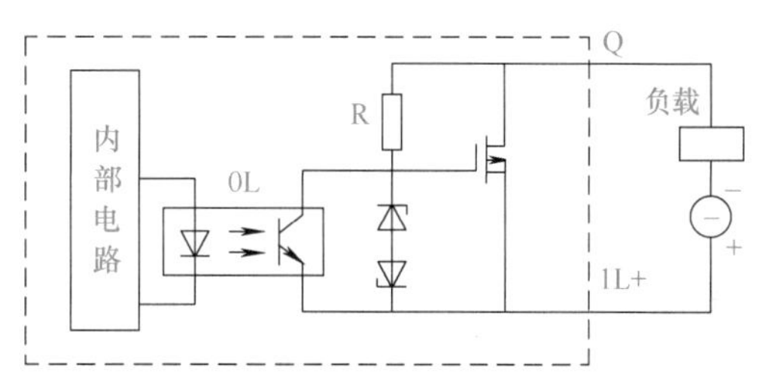

图 1-9　晶体管输出内部电路

③ 输出信号的设备的种类　输出信号可以是离散信号和模拟信号。当输出端是离散信号时，输出端的设备类型可以是各类指示灯、继电器线圈、电磁阀的线圈、蜂鸣器和报警器等，如图 1-6 所示。当输出为模拟量输出时，输出设备的类型可以是比例阀、AC 驱动器（如交流伺服驱动器）、DC 驱动器、模拟量仪表、温度控制器和流量控制器等。

【关键点】

PLC 的继电器型输出虽然响应速度慢，但其驱动能力强，一般为 2A，这是继电器型输出 PLC 的一个重要的优点。一些特殊型号的 PLC，如西门子 LOGO! 的某些型号的 PLC 驱动能力可达 5A 和 10A，能直接驱动接触器。此外，继电器型输出形式的 PLC，对于一般的误接线，通常不会引起 PLC 内部器件的烧毁（高于交流 220V 电压是不允许的）。因此，继电器输出形式是选型时的首选，在工程实践中，用得比较多。

晶体管输出的 PLC 的输出电流一般小于 1A，西门子 S7-1200 PLC 的输出电流是 0.5A（西门子有的型号的 PLC 的输出电流为 0.75A），可见晶体管输出的驱动能力较小。此外，晶体管型输出形式的 PLC，对于一般的误接线，可能会引起 PLC 内部器件的烧毁，所以要特别注意。

1.2.2　PLC 的工作原理

PLC 是一种存储程序的控制器。用户根据某一对象的具体控制要求，编制好控制程序后，用编程器将程序输入到 PLC（或用计算机下载到 PLC）的用户存储器中寄存。PLC 的控制功能就是通过运行用户程序来实现的。

PLC 运行程序的方式与微型计算机相比有较大的不同。微型计算机运行程序时，一旦执行到 END 指令，程序运行便结束；而 PLC 从 0 号存储地址所存放的第一条用户程序开始，在无中断或跳转的情况下，按存储地址号递增的方向顺序逐条执行用户程序，直到 END 指令结束，然后再从头开始执行，并周而复始地重复，直到停机或从运行（RUN）切换到停止（STOP）工作状态。把 PLC 这种执行程序的方式称为扫描工作方式。每扫描完一次程序就构成一个扫描周期。另外，PLC 对输入、输出信号的处理与微型计算机不同。微型计算机对输入、输出信号实时处理，而 PLC 对输入、输出信号是集中批处理。下面具体介绍 PLC 的扫描工作过程。其运行和信号处理示意如图 1-10 所示。

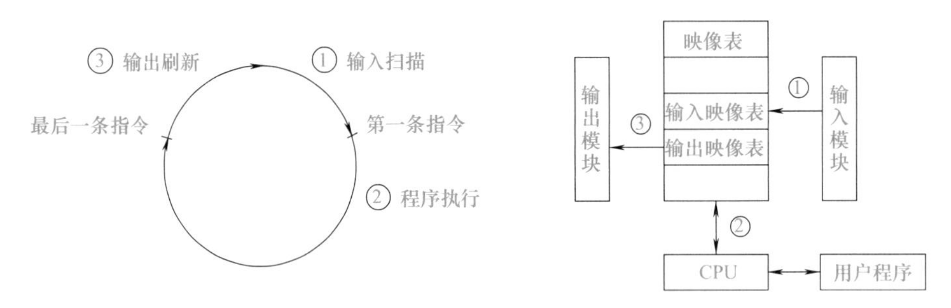

图 1-10 PLC 内部运行和信号处理示意图

PLC 扫描工作方式主要分为三个阶段：输入扫描、程序执行和输出刷新。

（1）输入扫描

PLC 在开始执行程序之前，首先扫描输入端子，按顺序将所有输入信号，读入到输入状态的输入映像寄存器中，这个过程称为输入扫描。PLC 在运行程序时，所需的输入信号不是现时取输入端子上的信息，而是取输入映像寄存器中的信息。在本工作周期内这个采样结果的内容不会改变，只有到下一个扫描周期输入扫描阶段才被刷新。PLC 的扫描速度很快，取决于 CPU 的时钟速度。

（2）程序执行

PLC 完成了输入扫描工作后，按顺序从 0 号地址开始的程序进行逐条扫描执行，并分别从输入映像寄存器、输出映像寄存器以及辅助继电器中获得所需的数据进行运算处理。再将程序执行的结果写入输出映像寄存器中保存。但这个结果在全部程序未被执行完毕之前不会送到输出端子上，也就是物理输出是不会改变的。扫描时间取决于程序的长度、复杂程度和 CPU 的功能。

（3）输出刷新

在执行到 END 指令，即执行完用户所有程序后，PLC 将输出映像寄存器中的内容送到输出锁存器中进行输出，驱动用户设备。扫描时间取决于输出模块的数量。

从以上的介绍可以知道，PLC 程序扫描特性决定了 PLC 的输入和输出状态并不能在扫描的同时改变，例如一个按钮开关的输入信号的输入刚好在输入扫描之后，那么这个信号只有在下一个扫描周期才能被读入。

上述三个步骤是 PLC 的软件处理过程，可以认为就是程序扫描时间，即扫描周期。扫描时间通常由三个因素决定：一是 CPU 的时钟速度，越高档的 CPU，时钟速度越高，扫描时间越短；二是 I/O 模块的数量，模块数量越少，扫描时间越短；三是程序的长度，程序长度越短，扫描时间越短。一般的 PLC 执行容量为 1K 的程序需要的扫描时间是 1 ～ 10ms。

如图 1-11 所示，表达了 PLC 循环扫描工作过程

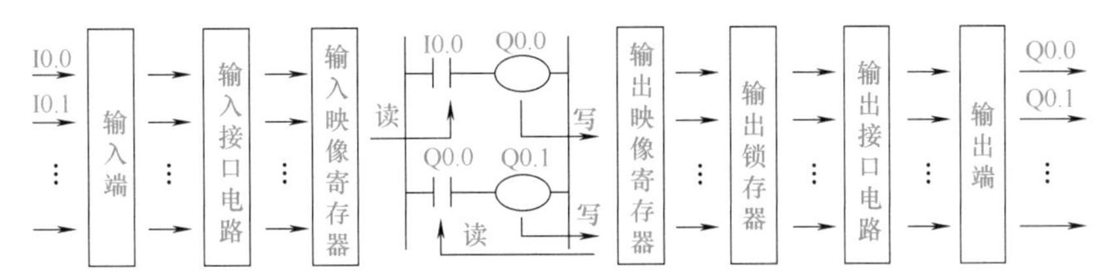

图 1-11　PLC 循环扫描工作过程

1.2.3　PLC 的立即输入、输出功能

一般的 PLC 都有立即输入和立即输出功能。

（1）立即输出功能

所谓立即输出功能就是输出模块在处理用户程序时，能立即被刷新。PLC 临时挂起（中断）正常运行的程序，将输出映像表中的信息输送到输出模块，立即进行输出刷新，然后再回到程序中继续运行，立即输出的示意图如图 1-12 所示。注意，立即输出功能并不能立即刷新所有的输出模块。

（2）立即输入功能

立即输入适用于要求对反应速度很严格的场合，例如几毫秒的时间对于控制来说十分关键的情况下。立即输入时，PLC 立即挂起正在执行的程序，扫描输入模块，然后更新特定的输入状态到输入映像表，最后继续执行剩余的程序。立即输入的示意图如图 1-13 所示。

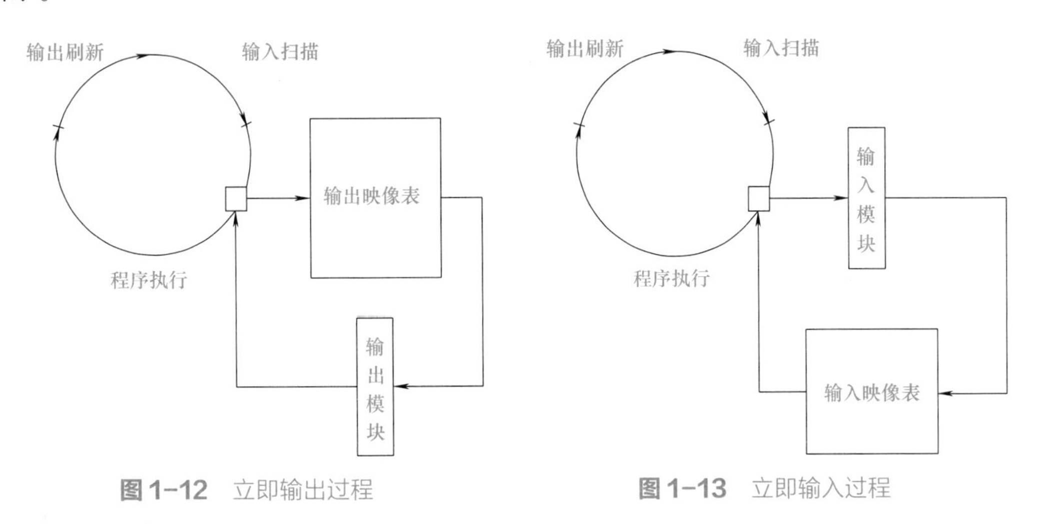

图 1-12　立即输出过程　　**图 1-13**　立即输入过程

1.3　传感器和变送器

传感器（transducer/sensor）是一种检测装置，能感受到被测量的信息，并能将感受到的信息，按一定规律变换成为电信号或其他所需形式的信息输出，以满足信息的传输、处理、存储、显示、记录和控制等要求。

（1）传感器的分类

传感器的分类方法较多，常见的分类如下。

① 按用途　压力和力传感器、位置传感器、液位传感器、能耗传感器、速度传感器、加速度传感器、射线辐射传感器和热敏传感器等。

② 按原理　振动传感器、湿敏传感器、磁敏传感器、气敏传感器、真空度传感器和生物传感器等。

③ 按输出信号　模拟传感器：将被测量的非电学量转换成模拟电信号。

数字传感器：将被测量的非电学量转换成数字输出信号（包括直接和间接转换）。

开关传感器：当一个被测量的信号达到某个特定的阈值时，传感器相应地输出一个设定的低电平或高电平信号。

（2）变送器简介

变送器（transmitter）是把传感器的输出信号转变为可被控制器识别的信号（或将传感器输入的非电量转换成电信号同时放大以便供远方测量和控制的信号源）的转换器。传感器和变送器一同构成自动控制的监测信号源。不同的物理量需要不同的传感器和相应的变送器。变送器的种类很多，用在工控仪表上面的变送器主要有温度变送器、压力变送器、流量变送器、电流变送器、电压变送器等。变送器常与传感器做成一体，也可独立于传感器，单独作为商品出售，如压力变送器和温度变送器等。一种变送器如图 1-14 所示。

图 1-14　变送器

（3）传感器和变送器应用

变送器按照接线分有三种：二线式、三线式和四线式。

二线式的变送器两根线既是电源线又是信号线；三线式的变送器两根线是信号线（其中一根共 GND），一根线是电源正线；四线式的两根线是电源线，两根线是信号线（其中一根共 GND）。

二线式的变送器不易受寄生热电偶和沿电线电阻压降和温漂的影响，可用非常便宜的更细的导线，可节省大量电缆线和安装费用，三线式和四线式变送器均不具上述优点，即将被二线式变送器所取代。

二线式、三线式和四线式变送器与模拟量模块的接线见 2.2.3 节。

1.4　隔离器

隔离器是一种采用线性光耦隔离原理，将输入信号进行转换输出的器件。输入、输出和工作电源三者相互隔离，特别适合与需要电隔离的设备以及仪表等配合使用。隔离器又名信号隔离器，是工业控制系统中的重要组成部分。某品牌的隔离器如图 1-15 所示。

图 1-15　隔离器

在 PLC 控制系统中，隔离器最常用于传感器与 PLC 的模拟量输入模块之间，以及执行器与 PLC 的模拟量输出模块之间，起抗干扰和保护模拟量模块的作用。隔离器的一个应用实例如图 1-16 所示。

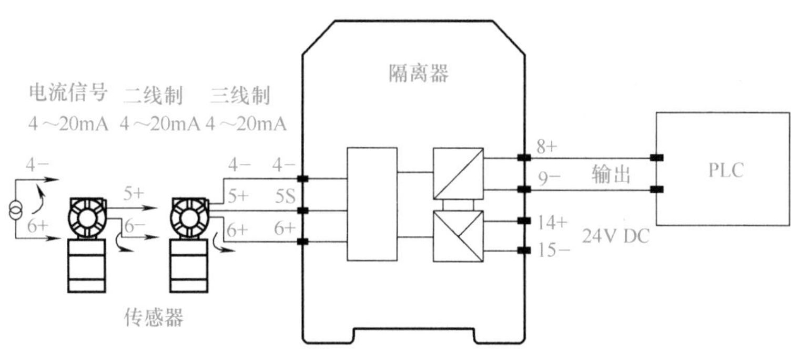

图 1-16　隔离器应用实例

1.5　数制和编码

1.5.1　数制

数制和编码

数制就是数的计数方法，也就是数的进位方法。数制是学习计算机和 PLC 必须要掌握的基础知识。

（1）二进制、八进制、十进制和十六进制

① 二进制　二进制有两个不同的数码，即 0 和 1，逢 2 进 1。

0 和 1 两个不同的值，可以用来表示开关量的两种不同的状态，例如触点的断开和接通、线圈的通电和断电、灯的亮和灭等。在梯形图中，如果该位是 1 可以表示常开触点的闭合和线圈的得电；反之，该位是 0 可以表示常闭触点的断开和线圈的断电。

西门子 PLC 的二进制的表示方法是在数值前加 2#，例如 2#1001 1101 1001 1101 就是 16 位二进制常数。二进制在计算机和 PLC 中十分常用。

② 八进制　八进制有 8 个不同的数码，即 0、1、2、3、4、5、6、7，逢 8 进 1。

八进制虽然在 PLC 的程序运算中不使用，但很多 PLC 的输入继电器和输出继电器是使用八进制表示的。例如西门子 S7-1200/1500 PLC 的输入寄存器为 I0.0 ～ I0.7、I1.0 ～ I1.7、I2.0 ～ I2.7……，输出寄存器为 Q0.0 ～ Q0.7、Q1.0 ～ Q1.7、Q2.0 ～ Q2.7……，都是八进制。

③ 十进制　十进制有 10 个不同的数码，即 0、1、2、3、4、5、6、7、8、9，逢 10 进 1。

二进制虽然在计算机和 PLC 中十分常用，但二进制数位多，阅读和书写都不方便。而十进制的优点是书写和阅读方便。

西门子 PLC 的十进制常数的表示方法是直接写数值，例如 98 就是十进制 98。

④ 十六进制　十六进制的十六个数字是 0 ～ 9 和 A ～ F（对应于十进制中的 10 ～ 15，不区分大小写），每个十六进制数字可用 4 位二进制表示，例如 16#A 用二进制表示为 2#1010。十六进制的运算规则是逢 16 进 1。掌握二进制和十六进制之间的转化，对于学习西门子 PLC 来说是十分重要的。

西门子 PLC 的十六进制常数的表示方法是在数值前加 16#，例如 16#98 就是十六进制 98。

（2）数制的转换

在工控技术中，常常要进行不同数制之间的转换，以下仅介绍二进制、十进制和十六进制之间的转换。

① 二进制和十六进制转换成十进制　一般来说，一个二进制和十六进制数有 n 位整数和 m 位小数，b 代表二进制和十六进制整数位的数值，B 代表二进制和十六进制小数位的数值，N 为 16（十六进制）或者 2（二进制），则其转换成十进制的公式为：

$$\text{十进制数值}=b_{n-1}N^{n-1}+b_{n-2}N^{n-2}+\cdots+b_1N^1+b_0N^0+B_1N^{-1}+B_2N^{-2}+\cdots+B_mN^{-m}$$

以下用两个例子介绍二进制和十六进制转换成十进制。

【例 1-1】 请把 16#3F08 转换成十进制数。

解：$16\#3F08=3\times16^3+15\times16^2+0\times16^1+8\times16^0=16136$

【例 1-2】 请把 2#1101 转换成十进制数。

解：$2\#1101=1\times2^3+1\times2^2+0\times2^1+1\times2^0=13$

② 十进制转换成二进制和十六进制　十进制转换成二进制和十六进制比较麻烦，通常采用辗转除以 N 法，法则如下。

a. 整数部分：除以 N 取余数，逆序排列。

b. 小数部分：乘 N 取整数，顺序排列。

【例 1-3】 将 53 转换成二进制数值。

解：N= 基

先写商再写余，无余数写零。

得：110101

除基取余	除数	商	余数	反向写出
除	2	53	1（余）	反
基	2	26（商）	0	向
取	2	13	1	写
余	2	6	0	出
	2	3	1	
		1		

十进制转二进制：二进制的基为 2，N 进制的基为 N。

所以转换的数值是 2#110101。

十进制转换成十六进制的方法与十进制转换成二进制的类似，在此不再赘述。

③ 十六进制与二进制之间的转换　二进制之间的书写和阅读不方便，但十六进制阅读和书写非常方便。因此，在 PLC 程序中经常用到十六进制，所以掌握十六进制与二进制之间的转换至关重要。

四个二进制位对应一个十六进制位，表 1-1 是不同数制的数的表示方法，显示了不同数制的对应关系。

不同数制之间的转换还有一种非常简便的方法，就是使用小程序数制转换器。Windows 内置一个计算器，切换到程序员模式，就可以很方便地进行数制转换，如图 1-17 所示，显示的是十六进制，如要转换成十进制，只要单击“十进制”前的圆按钮即可。

表 1-1　不同数制的数的表示方法

十进制	十六进制	二进制	BCD 码	十进制	十六进制	二进制	BCD 码
0	0	0000	00000000	8	8	1000	00001000
1	1	0001	00000001	9	9	1001	00001001
2	2	0010	00000010	10	A	1010	00010000
3	3	0011	00000011	11	B	1011	00010001
4	4	0100	00000100	12	C	1100	00010010
5	5	0101	00000101	13	D	1101	00010011
6	6	0110	00000110	14	E	1110	00010100
7	7	0111	00000111	15	F	1111	00010101

图 1-17　计算器（数制转换器）

1.5.2　编码

常用的编码有两类：一类是表示数字多少的编码，这类编码常用来代替十进制的 0 ～ 9，统称二 - 十进制码，又称 BCD 码；一类是用来表示各种字母、符号和控制信息的编码，称为字符代码。以下将分别进行介绍。

（1）BCD 码

BCD 码是数字编码，有多种类型，本书只介绍最常用的 8421BCD 码。有的 PLC 如西门子品牌，时间和日期都用 BCD 码表示，因此 BCD 码还是比较常用的。

BCD 码用 4 位二进制数（或者 1 位十六进制数）表示 1 位十进制数，例如 1 位十进制数 9 的 BCD 码是 1001。4 位二进制有 16 种组合，但 BCD 码只用到前十个，而后六个（1010 ～ 1111）没有在 BCD 码中使用。十进制的数字转换成 BCD 码是很容易的，例如十进制数 366 转换成十六进制 BCD 码则是 0366BCD。

（2）ASCII 码

ASCII（American Standard Code for Information Interchange，美国信息交换标准代码）是基于拉丁字母的一套电脑编码系统，主要用于显示现代英语和其他西欧语言。它是最通用的信息交换标准，并等同于国际标准 ISO/IEC 646。ASCII 第一次以规范标准的类型发表是在 1967 年，最后一次更新则是在 1986 年，到目前为止共定义了 128 个字符。

在 PLC 的通信中，有时会用到 ASCII 码，如西门子 PLC 的自由口通信。掌握 ASCII 码是很重要的。

① 产生原因　在计算机中，所有的数据在存储和运算时都要使用二进制数表示（因为计算机用高电平和低电平分别表示 1 和 0），例如，像 a、b、c、d 这样的 52 个字母（包括大写）以及 0、1 等数字，还有一些常用的符号（例如 *、#、@ 等），在计算机中存储时也要使用二进制数来表示，而具体用哪些二进制数字表示哪个符号，当然每个人都可以约定自己的一套（这就叫编码），而如果要想互相通信而不造成混乱，那么就必须使用相同的编码规则，于是美国有关的标准化组织就出台了 ASCII 编码，统一规定了上述常用符号用哪些二进制数来表示。

② 表达方式　ASCII 码使用指定的 7 位或 8 位二进制数组合来表示 128 或 256 种可能的字符。标准 ASCII 码也叫基础 ASCII 码，使用 7 位二进制数（剩下的 1 位二进制为 0）来表示所有的大写和小写字母、数字 0 到 9、标点符号，以及在美式英语中使用的特殊控制字符。标准的 ASCII 表见表 1-2。

表 1-2　标准的 ASCII 表

码值	控制字符	码值	控制字符	码值	控制字符	码值	控制字符
0	NUL	32	（space）	64	@	96	、
1	SOH	33	!	65	A	97	a
2	STX	34	”	66	B	98	b
3	ETX	35	#	67	C	99	c
4	EOT	36	$	68	D	100	d
5	ENQ	37	%	69	E	101	e
6	ACK	38	&	70	F	102	f
7	BEL	39	’	71	G	103	g
8	BS	40	(	72	H	104	h
9	HT	41	)	73	I	105	i
10	LF	42	*	74	J	106	j
11	VT	43	+	75	K	107	k
12	FF	44	,	76	L	108	l
13	CR	45	-	77	M	109	m
14	SO	46	.	78	N	110	n
15	SI	47	/	79	O	111	o
16	DLE	48	0	80	P	112	p
17	DCI	49	1	81	Q	113	q
18	DC2	50	2	82	R	114	r
19	DC3	51	3	83	S	115	s
20	DC4	52	4	84	T	116	t
21	NAK	53	5	85	U	117	u
22	SYN	54	6	86	V	118	v
23	TB	55	7	87	W	119	w
24	CAN	56	8	88	X	120	x
25	EM	57	9	89	Y	121	y
26	SUB	58	:	90	Z	122	z
27	ESC	59	;	91	[	123	{
28	FS	60	<	92	\	124	|
29	GS	61	=	93	]	125	}
30	RS	62	>	94	ˆ	126	~
31	US	63	?	95	—	127	DEL

2

第 2 章 西门子 S7-1500 PLC 的硬件

本章主要介绍西门子 S7-1500 PLC 的 CPU 模块及其扩展模块的技术性能和接线方法，内容非常重要。

2.1 西门子 S7-1500 PLC 定位和性能特点

2.1.1 西门子 SIMATIC 控制器简介

德国西门子（Siemens）公司是欧洲最大的电子和电气设备制造商之一，其生产的 SIMATIC（Siemens Automation 即西门子自动化）可编程控制器在欧洲处于领先地位。

西门子公司的第一代 PLC 是 1975 年投放市场的 SIMATIC S3 系列的控制系统。之后在 1979 年，西门子公司将微处理器技术应用到 PLC 中，研制出了 SIMATIC S5 系列，取代了 S3 系列，目前 S5 系列产品仍然有少量在工业现场使用。20 世纪末，又在 S5 系列的基础上推出了 S7 系列产品。

SIMATIC S7 系列产品分为 S7-200、S7-200CN、S7-200 SMART、S7-1200、S7-300、S7-400 和 S7-1500 等产品系列，其外形见图 2-1。S7-200 PLC 是在西门子公司收购的小型 PLC 的基础上发展而来的，因此其指令系统、程序结构及编程软件和 S7-300/400 PLC 有较大的区别，在西门子 PLC 产品系列中是一个特殊的产品。S7-200 SMART PLC 是 S7-200 PLC 的升级版本，于 2012 年 7 月发布，其绝大多数的指令和使用方法与 S7-200 PLC 类似，其编程软件也和 S7-200 PLC 的类似，而且在 S7-200 PLC 的运行程序，相当部分可以在 S7-200 SMART PLC 中运行。S7-1200 PLC 是在 2009 年推出的小型 PLC，定位于 S7-200 PLC 和 S7-300 PLC 产品之间。S7-300/400 PLC 由西门子的 S5 系列发展而来，是西门子公司最具竞争力的 PLC 产品。2013 年，西门子公司又推出了 S7-1500 PLC。西门子的 PLC 产品系列的定位见表 2-1。

(a) LOGO!

(b) S7-200

(c) S7-200 SMART

(d) S7-1200

(e) S7-300

(f) S7-400

(g) S7-1500

图 2-1 SIMATIC 控制器的外形

表 2-1　SIMATIC 控制器的定位

控制器	定位
LOGO!	低端独立自动化系统中简单的开关量解决方案和智能逻辑控制器
S7-200 和 S7-200CN	低端的离散自动化系统和独立自动化系统中使用的紧凑型逻辑控制器模块
S7-200 SMART	低端的离散自动化系统和独立自动化系统中使用的紧凑型逻辑控制器模块，是 S7-200 的升级版本
S7-1200	低端的离散自动化系统和独立自动化系统中使用的小型控制器模块
S7-300	中端的离散自动化系统中使用的控制器模块
S7-400	高端的离散和过程自动化系统中使用的控制器模块
S7-1500	中高端系统

西门子 S7 系列控制器不包括表中的 LOGO! 模块。

2.1.2　S7-1500 PLC 的性能特点

S7-1500 PLC 是对 SIMATIC S7-300/400 PLC 进行进一步开发的自动化系统。其新的性能特点具体描述如下。

（1）提高了系统性能

① 降低响应时间，提高生产效率。

② 缩短程序扫描周期。

③ CPU 位指令处理时间最短可达 1ns。

④ 集成运动控制，可控制高达 128 轴。

（2）CPU 配置显示面板

① 统一纯文本诊断信息，缩短停机和诊断时间。

② 即插即用，无需编程。

③ 可设置操作密码。

④ 可设置 CPU 的 IP 地址。

（3）配置 PROFINET 标准接口

① 具有 PN IRT 功能，可确保精准的响应时间以及工厂设备的高精度操作。

② 集成具有不同 IP 地址的标准以太网口和 PROFINET 网口。

③ 集成网络服务器，可通过网页浏览器快速浏览诊断信息。

（4）优化的诊断机制

① STEP7、HMI、Web server、CPU 显示面板统一数据显示，高效故障分析。

② 集成系统诊断功能，模块系统诊断功能支持即插即用模式。

③ 即便 CPU 处于停止模式，也不会丢失系统故障和报警消息。

S7-1500 PLC 配置标准的通信接口是 PROFINET 接口（PN 接口），取消了 S7-300/400 标准配置的 MPI 口，S7-1500 PLC 在少数的 CPU 上配置了 PROFIBUS-DP 接口，因此用户如需要进行 PROFIBUS-DP 通信，则需要配置相应的通信模块。

2.2 西门子S7-1500 PLC常用模块及其接线

S7-1500 PLC的硬件系统主要包括电源模块、CPU模块、信号模块、通信模块、工艺模块和分布式模块（如ET200SP和ET200MP）。S7-1500 PLC的中央机架上最多可以安装32个模块，而S7-300 PLC最多只能安装11个。

认识S7-1500 PLC模块

2.2.1 电源模块

S7-1500 PLC电源模块是S7-1500 PLC系统中的一员。S7-1500 PLC有2种电源：系统电源（PS）和负载电源（PM）。

（1）系统电源（PS）

系统电源（PS）通过U形连接器连接到背板总线，并专门为背板总线提供内部所需的系统电源，这种系统电源可为模块电子元件和LED指示灯供电。当CPU模块、PROFIBUS通信模块、Ethernet通信模块、接口模块等模块没有连接到DC 24V电源上时，系统电源可为这些模块供电。系统电源的特点如下：

① 总线电气隔离和安全电气隔离符合EN 61131-2标准。

② 支持固件更新、标识数据I&M0到I&M4、在RUN模式下组态、诊断报警和诊断中断。

（2）负载电源（PM）

负载电源（PM）与背板总线没有连接，负载电源为CPU模块、IM模块、I/O模块、PS电源等提供高效、稳定、可靠的DC 24 V供电，其输入电源是120～230V AC，不需要调节，可以自适应世界各地供电网络。负载电源的特点如下。

① 具有输入抗过压性能和输出过压保护功能，有效提高了系统的运行安全性。

② 具有启动和缓冲能力，增强了系统的稳定性。

③ 符合SELV，提高了S7-1500 PLC的应用安全性。

④ 具有EMC兼容性能，符合S7-1500 PLC系统的TIA集成测试要求。

此电源可以用普通开关电源替代。

2.2.2 S7-1500 PLC模块及其附件

S7-1500的CPU模块

S7-1500 PLC有20多个型号，分为标准CPU（如CPU 1511-1 PN）、紧凑型CPU（如CPU 1512-1 PN）、分布式模块CPU（如CPU 1510SP-1 PN）、工艺型CPU（如CPU 1511T-1 PN）、故障安全CPU模块（如CPU 1511F-1 PN）和开放式控制器（如CPU 1515SP PC）等。

（1）S7-1500 PLC的外观及显示面板

S7-1500 PLC的外观如图2-2（a）所示。S7-1500 PLC的CPU都配有显示面板，可以拆卸，CPU 1516-3 PN/DP配置的显示面板如图2-2（b）所示。三盏LED灯，分别是运行状态指示灯、错误指示灯和维修指示灯。显示屏显示CPU的信息。操作按钮与显示屏配合使用，可以查看CPU内部的故障、设置IP地址等。

(a) S7-1500 PLC的外观

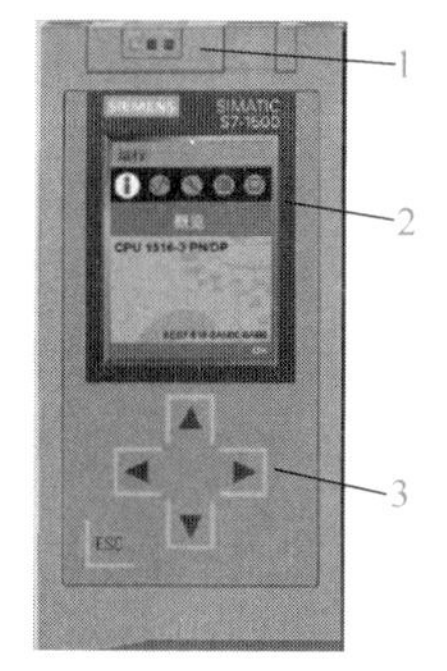

(b) S7-1500 PLC的显示面板

图 2-2 S7-1500 PLC 的外观及显示面板

1—LED 指示灯；2—显示屏；3—操作员操作按钮

将显示面板拆下，其 CPU 模块的前视图如图 2-3 所示，后视图如图 2-4 所示。

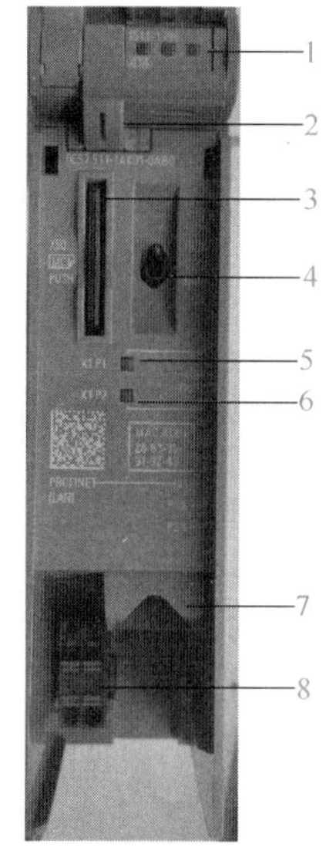

图 2-3 CPU 模块的前视图

1—LED 指示灯；2—USB 接口；3—SD 卡；
4—模式转换开关；5—X1P1 的 LED 指示灯；
6—X1P2 的 LED 指示灯；7—PROFINET 接口 X1；
8—+24V 电源接头

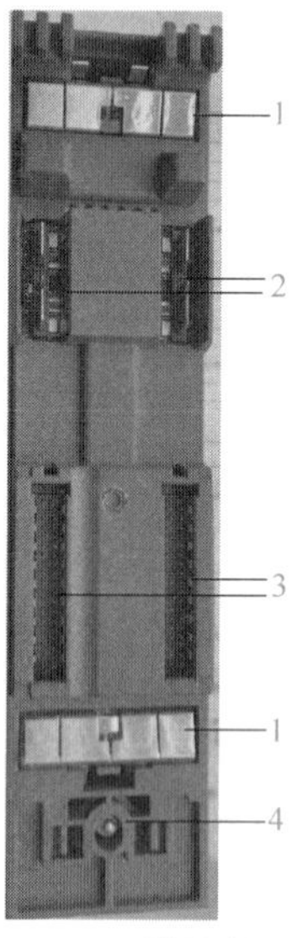

图 2-4 CPU 模块的后视图

1—屏蔽端子表面；2—电源直插式连接；
3—背板总线的直插式连接；4—紧固螺钉

（2）S7-1500 PLC 的指示灯

如图 2-5 所示，为 S7-1500 PLC 的指示灯，上面的分别是运行状态指示灯 1（RUN/STOP LED）、错误指示灯 2（ERROR LED）和维修指示灯 3（MAINT LED），中间的是网络端口指示灯（P1 端口指示灯 4 和 P2 端口指示灯 5）。

S7-1500 PLC 的操作模式和诊断状态 LED 指示灯的含义见表 2-2。

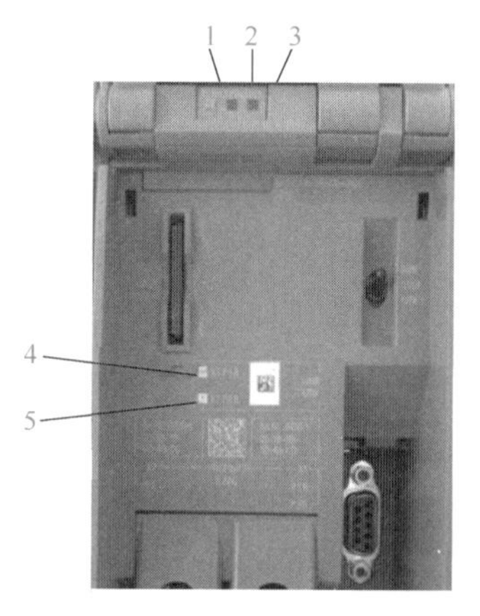

图 2-5 指示灯

表 2-2　S7-1500 PLC 的操作模式和诊断状态 LED 指示灯的含义

RUN/STOP 指示灯	ERROR 指示灯	MAINT 指示灯	含义
指示灯熄灭	指示灯熄灭	指示灯熄灭	CPU 电源缺失或不足
指示灯熄灭	红色指示灯闪烁	指示灯熄灭	发生错误
绿色指示灯点亮	指示灯熄灭	指示灯熄灭	CPU 处于 RUN 模式
绿色指示灯点亮	红色指示灯闪烁	指示灯熄灭	诊断事件未决
绿色指示灯点亮	指示灯熄灭	黄色指示灯点亮	设备要求维护，必须在短时间内更换受影响的硬件
绿色指示灯点亮	指示灯熄灭	黄色指示灯闪烁	设备需要维护，必须在合理的时间内更换受影响的硬件
			固件更新已成功完成
黄色指示灯点亮	指示灯熄灭	指示灯熄灭	CPU 处于 STOP 模式
黄色指示灯点亮	红色指示灯闪烁	黄色指示灯闪烁	SIMATIC 存储卡上的程序出错
			CPU 故障
黄色指示灯闪烁	指示灯熄灭	指示灯熄灭	CPU 处于 STOP 状态时，将执行内部活动，如 STOP 之后启动
			装载用户程序
黄色 / 绿色指示灯闪烁	指示灯熄灭	指示灯熄灭	启动（从 RUN 转为 STOP）
黄色 / 绿色指示灯闪烁	红色指示灯闪烁	黄色指示灯闪烁	启动（CPU 正在启动）
			启动、插入模块时测试指示灯
			指示灯闪烁测试

S7-1500 PLC 的每个端口都有 LINK RX/TX LED，其 LED 指示灯的含义见表 2-3。

表 2-3　S7-1500 PLC 的 LINK RX/TX LED 指示灯的含义

LINK RX/TX LED	含义
指示灯熄灭	PROFINET 设备的 PROFINET 接口与通信伙伴之间没有以太网连接； 当前未通过 PROFINET 接口收发任何数据； 没有 LINK 连接
绿色指示灯闪烁	已执行“LED 指示灯闪烁测试”
绿色指示灯点亮	PROFINET 设备的 PROFINET 接口与通信伙伴之间没有以太网连接
黄色指示灯闪烁	当前正在通过 PROFINET 设备的 PROFINET 接口从以太网上的通信伙伴接收数据

（3）S7-1500 PLC 的技术参数

目前 S7-1500 PLC 已经推出了 20 多个型号，部分 S7-1500 PLC 的技术参数见表 2-4。

表 2-4　S7-1500 PLC 的技术参数

标准型 CPU	CPU 1511-1 PN	CPU 1513-1 PN	CPU 1515-2 PN	CPU 1518-4 PN/DP
编程语言	LAD，FBD，STL，SCL，GRAPH			
工作温度	0 ～ 60℃（水平安装）；0 ～ 40℃（垂直安装）			
典型功耗	5.7W		6.3W	24W
中央机架最大模块数量	32 个			
分布式 I/O 模块	通过 PROFINET（CPU 上集成的 PN 口或 CM）连接，或 PROFIBUS（通过 CM/CP）连接			

续表

<table>
<tr><td colspan="2">装载存储器插槽式（SIMATIC 存储卡）</td><td colspan="4">最大 32 G</td></tr>
<tr><td colspan="2">块总计</td><td>2000</td><td>2000</td><td>6000</td><td>10000</td></tr>
<tr><td colspan="2">DB 最大容量</td><td>1MB</td><td>1.5MB</td><td>3MB</td><td>10MB</td></tr>
<tr><td colspan="2">FB 最大容量</td><td>150KB</td><td>300KB</td><td>500KB</td><td>512KB</td></tr>
<tr><td colspan="2">FC 最大容量</td><td>150KB</td><td>300KB</td><td>500KB</td><td>512KB</td></tr>
<tr><td colspan="2">OB 最大容量</td><td>150KB</td><td>300KB</td><td>500KB</td><td>512KB</td></tr>
<tr><td colspan="2">最大模块 / 子模块数量</td><td>1024</td><td>2048</td><td>8192</td><td>16384</td></tr>
<tr><td colspan="2">I/O 地址区域：输入 / 输出</td><td colspan="4">输入输出各 32KB；所有输入 / 输出均在过程映像中</td></tr>
<tr><td colspan="2">转速轴数量 / 定位轴数量</td><td>6/6</td><td>6/6</td><td>30/30</td><td>128/128</td></tr>
<tr><td colspan="2">同步轴数量 / 外部编码器数量</td><td>3/6</td><td>3/6</td><td>15/30</td><td>64/128</td></tr>
<tr><td rowspan="8">通信</td><td>扩展通信模块 CM/CP 数量（DP、PN、以太网）</td><td>最多 4 个</td><td>最多 6 个</td><td colspan="2">最多 8 个</td></tr>
<tr><td>S7 路由连接资源数</td><td>16</td><td>16</td><td>16</td><td>64</td></tr>
<tr><td>集成的以太网接口数量</td><td colspan="2">1 × PROFINET（2 端口交换机）</td><td>1 × PROFINET（2 端口交换机），1 × ETHERNET</td><td>1 × PROFINET（2 端口交换机），2 × ETHERNET</td></tr>
<tr><td>X1/X2 支持的 SIMATIC 通信</td><td colspan="4">S7 通信，服务器 / 客户端</td></tr>
<tr><td>X1/X2 支持的开放式 IE 通信</td><td colspan="4">TCP/IP，ISO-on-TCP（RFC1006），UDP，DHCP，SNMP，DCP，LLDP</td></tr>
<tr><td>X1/X2 支持的 Web 服务器</td><td colspan="4">HTTP，HTTPS</td></tr>
<tr><td>X1/X2 支持的其他协议</td><td colspan="4">MODBUS TCP</td></tr>
<tr><td>DP 口</td><td colspan="3">无</td><td>PROFIBUS-DP 主站，SIMATIC 通信</td></tr>
</table>

（4）S7-1500 PLC 的分类

① 标准型 CPU　标准型 CPU 最为常用，目前已经推出产品分别是：CPU 1511-1 PN、CPU 1513-1 PN、CPU 1515-2 PN、CPU 1516-3 PN/DP、CPU 1517-3 PN/DP 、CPU 1518-4 PN/DP 和 CPU 1518-4 PN/DP ODK。

CPU 1511-1 PN、CPU 1513-1 PN 和 CPU 1515-2 PN 只集成了 PROFINET 或以太网通信口，没有集成 PROFIBUS-DP 通信口，但可以扩展 PROFIBUS-DP 通信模块。

CPU 1516-3 PN/DP、CPU 1517-3 PN/DP 、CPU 1518-4 PN/DP 和 CPU 1518-4 PN/DP ODK 除了集成了 PROFINET 或以太网通信口外，还集成了 PROFIBUS-DP 通信口。CPU 1516-3 PN/DP 的外观如图 2-6 所示。

图 2-6　CPU 1516-3 PN/DP 的外观

标准型 CPU 的应用范围见表 2-5。

表 2-5　标准型 CPU 的应用范围

CPU	性能特性	工作存储器	位运算的处理时间
CPU 1511-1 PN	适用于中小型应用的标准 CPU	1.23MB	60ns
CPU 1513-1 PN	适用于中等应用的标准 CPU	1.95MB	40ns
CPU 1515-2 PN	适用于大中型应用的标准 CPU	3.75MB	30ns
CPU 1516-3 PN/DP	适用于高要求应用和通信任务的标准 CPU	6.5MB	10ns
CPU 1517-3 PN/DP	适用于高要求应用和通信任务的标准 CPU	11MB	2ns
CPU 1518-4 PN/DP CPU 1518-4 PN/DPODK	适用于高性能应用、高要求通信任务和超短响应时间的标准 CPU	26MB	1ns

② 紧凑型 CPU　目前紧凑型 CPU 只有 2 个型号，分别是 CPU 1511C-1 PN 和 CPU 1512C-1 PN。

紧凑型 CPU 基于标准型控制器，集成了离散量、模拟量输入输出和高达 400kHz（4 倍频）的高速计数功能。还可以如标准型控制器一样扩展 25mm 和 35mm 的 I/O 模块。

③ 分布式模块 CPU　分布式模块 CPU 是一款兼备 S7-1500 PLC 的突出性能与 ET 200SP I/O 简单易用、身形小巧于一身的控制器。为有机柜空间大小要求的机器制造商或者分布式控制应用提供了完美解决方案。

分布式模块 CPU 分为：CPU 1510SP-1 PN 和 CPU 1512SP-1 PN。

④ 开放式控制器（CPU 1515 SP PC）　开放式控制器（CPU 1515 SP PC）是将 PC-based 平台与 ET 200SP 控制器功能相结合的可靠、紧凑的控制系统，可以用于特定的 OEM 设备以及工厂的分布式控制。控制器右侧可直接扩展 ET 200SP I/O 模块。

CPU 1515 SP PC 开放式控制器使用双核 1GHz、AMD G Series APU T40E 处理器，2G/4G 内存，使用 8G/16G Cfast 卡作为硬盘，Windows 7 嵌入版 32 位或 64 位操作系统。

目前 CPU 1515 SP PC 开放式控制器有多个订货号供选择。

⑤ S7-1500 PLC 软控制器　S7-1500 PLC 软控制器采用 Hypervisor 技术，在安装到 SIEMENS 工控机后，将工控机的硬件资源虚拟成两套硬件，其中一套运行 Windows 系统，另一套运行 S7-1500 PLC 实时系统，两套系统并行运行，通过 SIMATIC 通信的方式交换数据。软 PLC 与 S7-1500 PLC 硬 PLC 代码 100% 兼容，其运行独立于 Windows 系统，可以在软 PLC 运行时重启 Windows。

目前 S7-1500 PLC 软控制器只有 2 个型号，分别是 CPU 1505S 和 CPU 1507S。

⑥ S7-1500 PLC 故障安全 CPU　故障安全自动化系统（F 系统）用于具有较高安全要求的系统。F 系统用于控制过程，确保中断后这些过程可立即处于安全状态。也就是说，F 系统用于控制过程，在这些过程中发生即时中断不会危害人身或环境。

故障安全 CPU 除了拥有 S7-1500 PLC 所有特点外，还集成了安全功能，支持到 SIL3 安全完整性等级，其将安全技术轻松地和标准自动化无缝集成在一起。

故障安全 CPU 目前已经推出 2 大类，分别如下。

a. S7-1500 F CPU（故障安全 CPU 模块），目前推出的产品规格分别是：CPU 1511F-1 PN、CPU 1513F-1 PN、CPU 1515-2 PN、CPU 1516F-3 PN/DP、CPU 1517F-3 PN/DP、CPU 1517TF-3 PN/DP 、CPU 1518F-4 PN/DP 和 CPU 1518 F-4 PN/DP ODK。

b. ET 200 SP F CPU（故障安全CPU模块），目前推出的产品规格分别是：CPU 1510SP F-1 PN 和 CPU 1512SP F-1 PN。

⑦ S7-1500 PLC 工艺型 CPU　S7-1500 T 均可通过工艺对象控制速度轴、定位轴、同步轴、外部编码器、凸轮、凸轮轨迹和测量输入，支持标准 Motion Control 功能。

目前推出的工艺型 CPU 有 CPU 1511T-1 PN、CPU 1515T-2 PN、CPU 1517T-3 PN/DP 和 CPU 1517TF-3 PN/DP 等型号。S7-1500 PLC T CPU 的外观如图 2-7 所示。

（5）S7-1500 PLC 的接线

① S7-1500 PLC 的电源接线　标准的 S7-1500 PLC 电源只有电源接线端子，S7-1500 PLC 电源接线如图 2-8 所示，1L+ 和 2L+ 端子与电源 24 V DC 相连接，1M 和 2M 与电源 0V 相连接，同时 0V 与接地相连接。

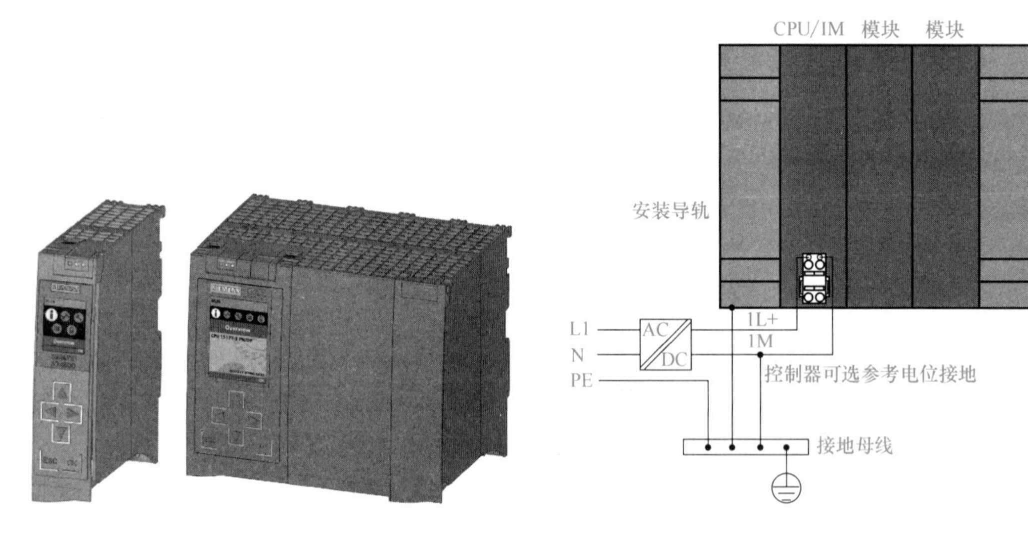

图 2-7　S7-1500 PLC T CPU 的外观　　图 2-8　S7-1500 PLC 电源接线端子的接线

② 紧凑型 S7-1500 PLC 的模拟量端子的接线　以 CPU 1511C 的接线为例介绍。CPU 1511C 有 5 个模拟量输入通道，0 ～ 3 通道可以接收电流或电压信号，第 4 通道只能和热电阻连接。CPU 1511C 有 2 个模拟量输出通道，可以输出电流或电压信号。模拟量输入 / 输出（电压型）接线如图 2-9 所示，模拟量输入是电压型，模拟量输出也是电压型，热电阻是四线式（也可以连接二线式和三线式）。

模拟量输入 / 输出（电流型）接线如图 2-10 所示，模拟量输入是电流型，模拟量输出也是电流型，热电阻是二线式（也可以连接三线式和四线式）。

可见：信号是电流和电压虽然占用同一通道，但接线端子不同，这点必须注意，此外，同一通道接入了电压信号，就不能接入电流信号，反之亦然。

③ 紧凑型 S7-1500 PLC 的数字量端子的接线　CPU 1511C 自带 16 点数字量输入，16 点数字量输出，接线如图 2-11 所示。左侧是输入端子，高电平有效，为 PNP 输入。右侧是输出端子，输出的高电平信号，为 PNP 输出。

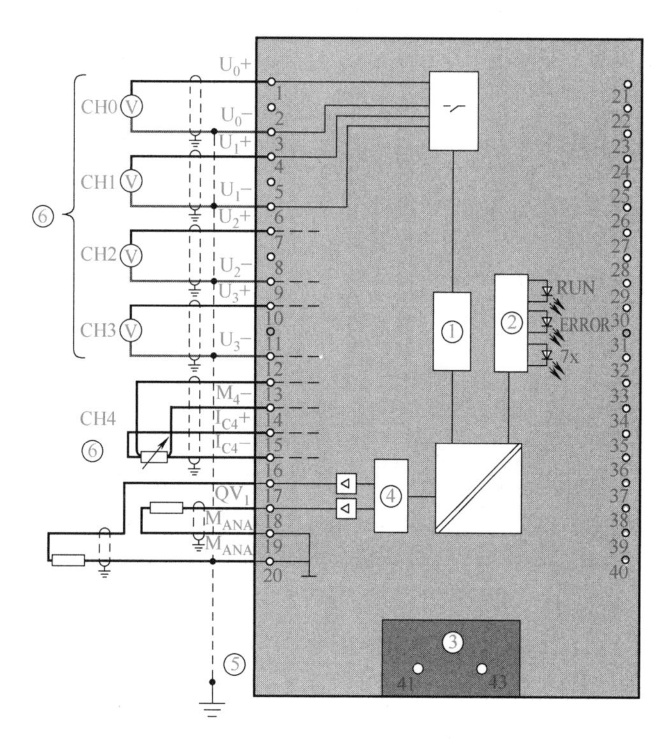

图 2-9　模拟量输入 / 输出（电压型）接线

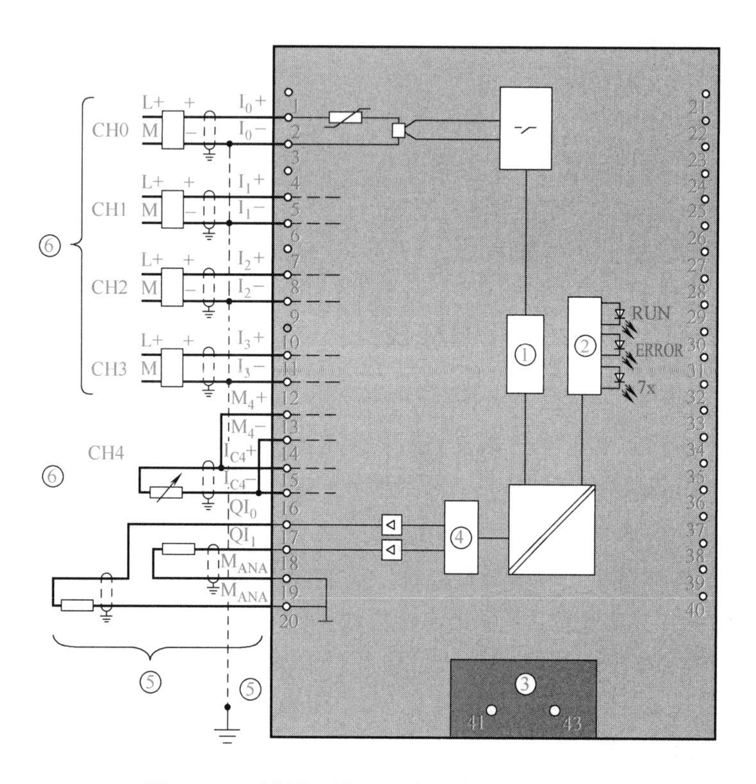

图 2-10　模拟量输入 / 输出（电流型）接线

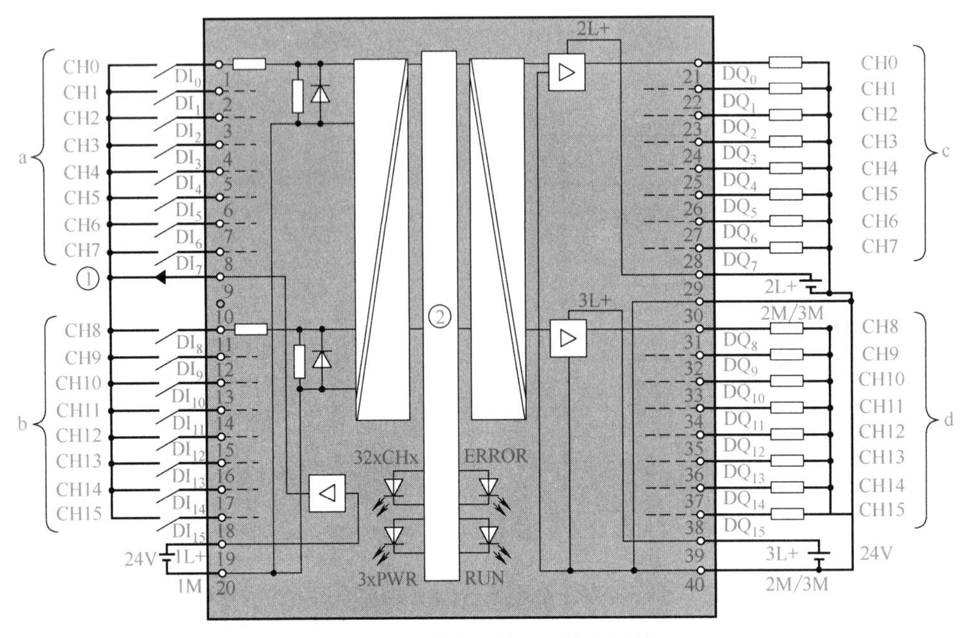

图 2-11 数字量输入 / 输出接线

【例 2-1】 某设备的控制器为 CPU 1511C-1PN，控制三相交流电动机的启停，并有一只接近开关限位，请设计接线图。

解：根据题意，只需要 3 个输入点和 1 个输出点，因此使用 CPU 1511C-1 PN 上集成的 I/O 即可，输入端和输出端都是 PNP 型，因此接近开关只能用 PNP 型的接近开关（不用转换电路时），接线图如图 2-12 所示。交流电动机的启停一般要用交流接触器，交流回路由读者自行设计，在此不再赘述。

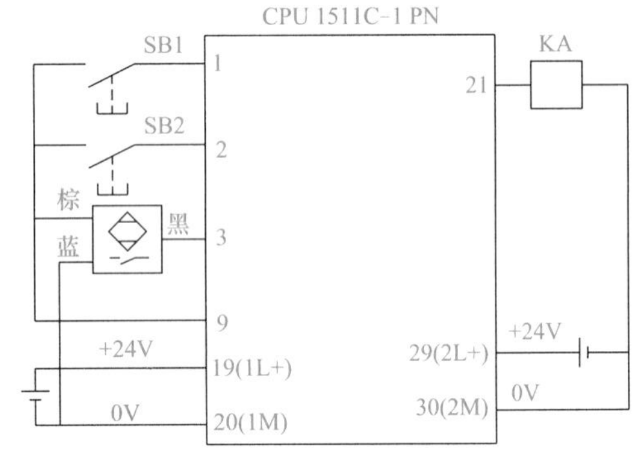

图 2-12 例 2-1 接线图

2.2.3 S7-1500 PLC 信号模块及其接线

信号模块通常是控制器和过程之间的接口。S7-1500 PLC 标准型 CPU 连接的信号模块和 ET200MP 的信号模块是相同的，且在工程中最为常见，以下将作为重点介绍。

（1）信号模块的分类

信号模块分为数字量模块和模拟量模块。数字量模块分为数字量输入模块（DI）、数字量输出模块（DQ）和数字量输入 / 输出混合模块（DI/DQ）。模拟量模块分为模拟量输入模块（AI）、模拟量输出模块（AQ）和模拟量输入 / 输出混合模块（AI/AQ）。

同时，其模块还有 35mm 和 25mm 宽之分。25mm 宽模块自带前连接器，而 35mm 宽模块不带前连接器，需要购置。

（2）数字量输入模块

数字量输入模块将现场的数字量信号转换成 S7-1500 PLC 可以接收的信号，S7-

1500 PLC 的 DI 有直流 16 点和直流 32 点，交流 16 点。直流输入模块（6ES7521 -1BH00-0AB0）的外形如图 2-13 所示。

S7-1500 PLC 数字量模块及其接线

数字量输入模块有高性能型（模块上有 HF 标记）和基本型（模块上有 BA 标记）。高性能型模块有通道诊断功能和高数计数功能。

典型的直流输入模块（6ES7521-1BH00-0AB0）的接线如图 2-14 所示，PNP 型输入模块，即输入为高电平有效，较为常见，也有 NPN 型输入模块。

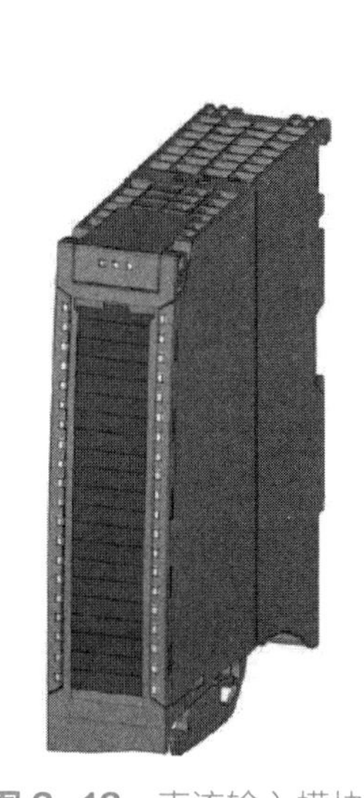

图 2-13　直流输入模块（6ES7521-1BH00-0AB0）的外形

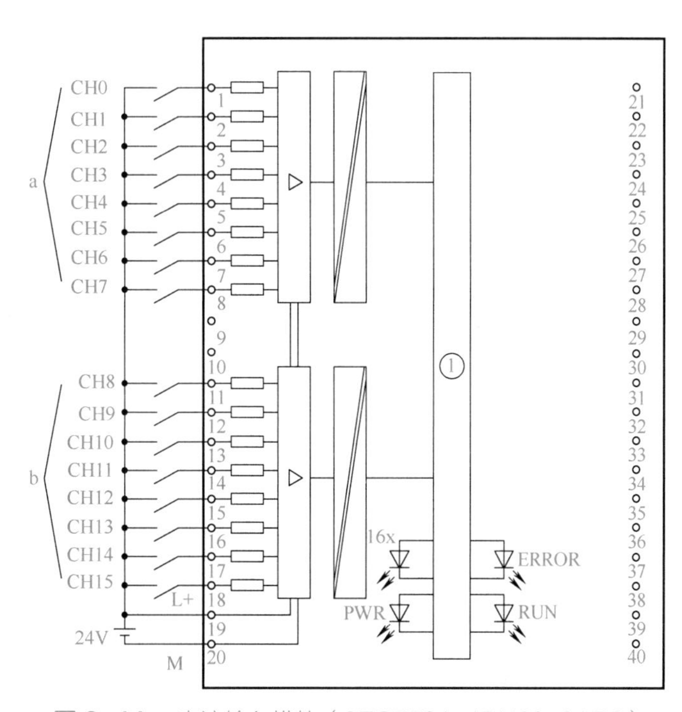

图 2-14　直流输入模块（6ES7521-1BH00-0AB0）的接线（PNP）

交流模块一般用于强干扰场合。典型的交流输入模块（6ES7521-1FH00-0AA0）的接线如图 2-15 所示。注意：交流模块的电源电压是 120 ~ 230V AC，其公共端子 8、18、28、38 与交流电源的零线 N 相连接。

此外，还有交直流模块，使用并不常见。

（3）数字量输出模块

数字量输出模块将 S7-1500 PLC 内部的信号转换成过程需要的电平信号输出。

数字量输出模块有高性能型（模块上有 HF 标记）和标准型（模块上有 ST 标记）。高性能型模块有通道诊断功能。

数字量输出模块可以驱动继电器、电磁阀和信号灯等负载，主要有三类。

① 晶体管输出，只能接直流负载，响应速度最快。晶体管输出的数字量模块（6ES7522-1BF00-0AB0）的接线如图 2-16 所示，有 8 个点输出，4 个点为一组，输出信号为高电平有效，即 PNP 输出。负载电源只能是直流电。

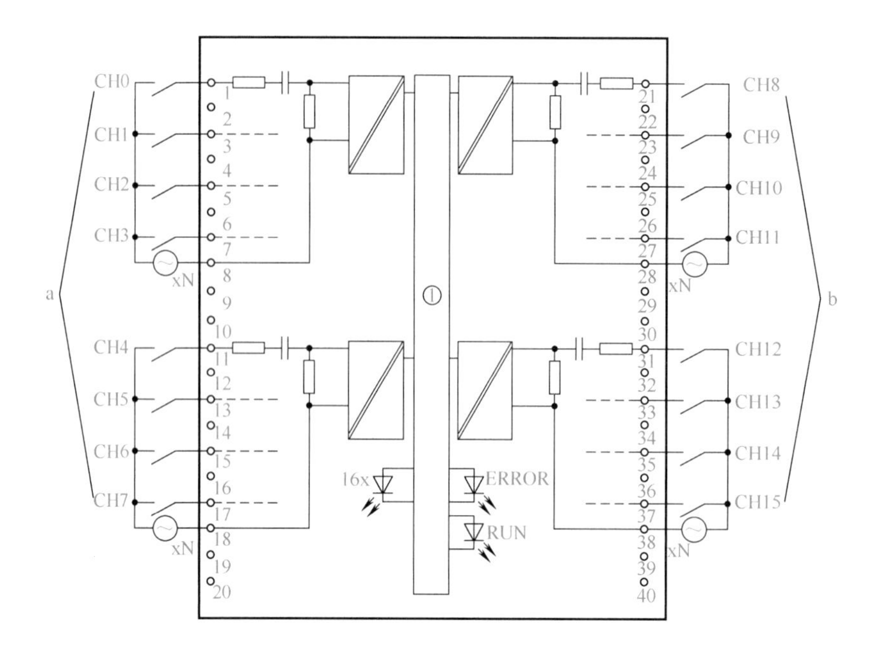

图 2-15　交流输入模块（6ES7521-1FH00-0AA0）的接线

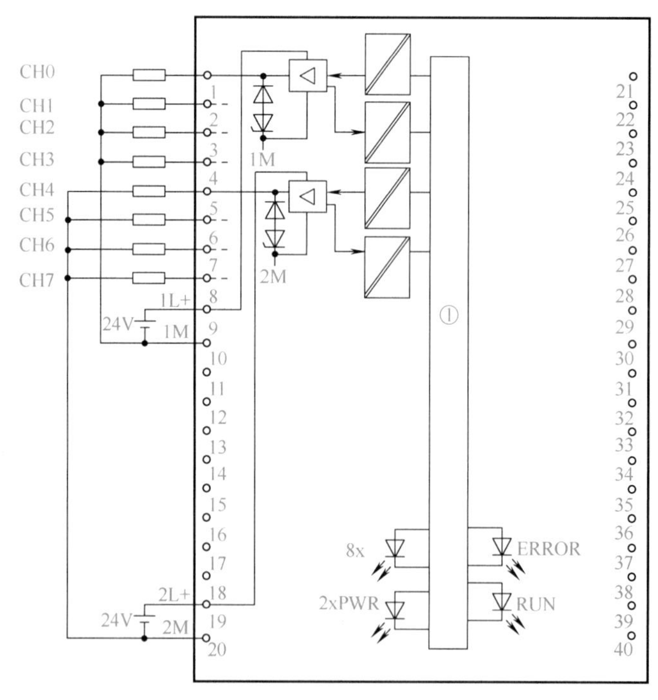

图 2-16　晶体管输出的数字量模块（6ES7522-1BF00-0AB0）的接线

② 晶闸管（可控硅）输出，接交流负载，响应速度较快，应用较少。晶闸管输出的数字量模块（6ES7522-1FF00-0AB0）的接线如图 2-17 所示，有 8 个点输出，每个点为单独一组，输出信号为交流信号，即负载电源只能是交流电。

③ 继电器输出，接交流和直流负载，响应速度最慢，但应用最广泛。继电器输出的数字量模块（6ES7522-1HF00-0AB0）的接线如图 2-18 所示，有 8 个点输出，每个点为单独一

组，输出信号为继电器的开关触点，所以其负载电源可以是直流电或交流电。通常交流电压不大于 230V。

注意：此模块的供电电源是直流 24V。

此外，数字量输出模块还有交直流模块。

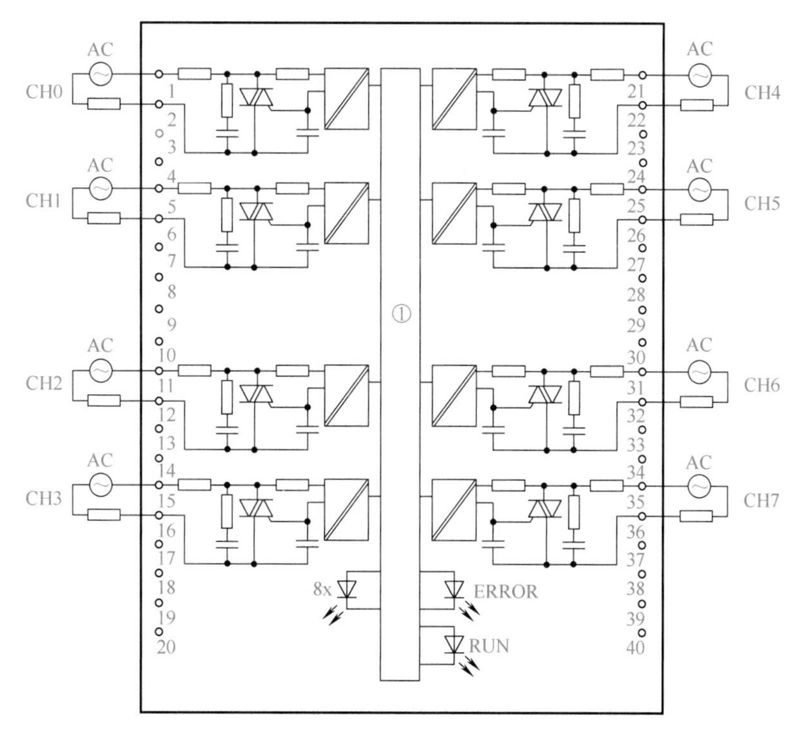

图 2-17　晶闸管输出的数字量模块（6ES7522-1FF00-0AB0）的接线

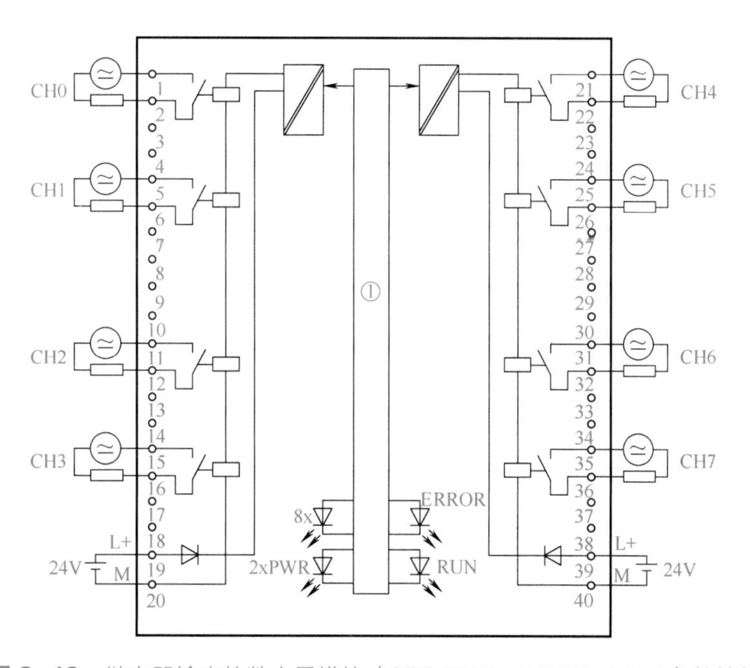

图 2-18　继电器输出的数字量模块（6ES7522-1HF00-0AB0）的接线

（4）数字量输入 / 输出混合模块

数字量输入 / 输出混合模块就是一个模块上既有数字量输入点也有数字量输出点。典型的数字量输入 / 输出混合模块（6ES7523-1BL00-0AA0）的 16 点的数字量输入为直流输入，高电平信号有效，即 PNP 型输入；16 点的数字量输出为直流输出，高电平信号有效，即 PNP 型输出。

S7-1500 PLC 模拟量模块及其接线

（5）模拟量输入模块

S7-1500 PLC 的模拟量输入模块是将采集模拟量（如电压、电流、温度等）转换成 CPU 可以识别的数字量的模块，一般与传感器或变送器相连接。部分 S7-1500 PLC 的模拟量输入模块技术参数见表 2-6。

表 2-6　S7-1500 PLC 的模拟量输入模块技术参数

模拟量输入模块	4AI，U/I/RTD/TC 标准型	8AI，U/I/RTD/TC 标准型	8AI，U/I 高速型
订货号	6ES7531-7QD00-0AB0	6ES7531-7KF00-0AB0	6ES7531-7NF10-0AB0
输入通道数	4（用作电阻、热电阻测量时 2 通道）	8	8
输入信号类型	电流，电压，热电阻，热电偶，电阻	电流，电压，热电阻，热电偶，电阻	电流，电压
分辨率（最高）	16 位	16 位	16 位
转换时间（每通道）	9 / 23 / 27 / 107ms	9 / 23 / 27 / 107ms	所有通道 62.5μs
等时模式	—	—	√
屏蔽电缆长度，最大	U/I 800m；R/RTD 200m；TC 50m	U/I 800m；R/RTD 200m；TC 50m	800m
是否包含前连接器	是	否	否
限制中断	√	√	√
诊断中断	√	√	√
诊断功能	√；通道级	√；通道级	√；通道级
模块宽度 /mm	25	35	35

以下仅以模拟量输入模块（6ES7531-7KF00-0AB0）为例介绍模拟量输入模块的接线。此模块功能比较强大，可以测量电流、电压，还可以通过电阻、热电阻和热电偶测量温度。其测量电压信号的接线如图 2-19 所示，图中连接电源电压的端子是 41（L+）和 44（M），然后通过端子 42（L+）和 43（M）为下一个模块供电。

注意：图 2-19 中的虚线是等电位连接电缆，当信号有干扰时，可采用。

测量电流信号的四线式接线如图 2-20 所示，二线式如图 2-21 所示。标记⑤表示等电位接线。

测量温度的二线式、三线式和四线式热电阻接线如图 2-22 所示。

注意：此模块来测量电压和电流信号是 8 通道，但用热电阻测量温度只有 4 通道。标记①是四线式热电阻接法，标记②是三线式热电阻接法，标记③是二线式热电阻接法。标记⑦表示等电位接线。

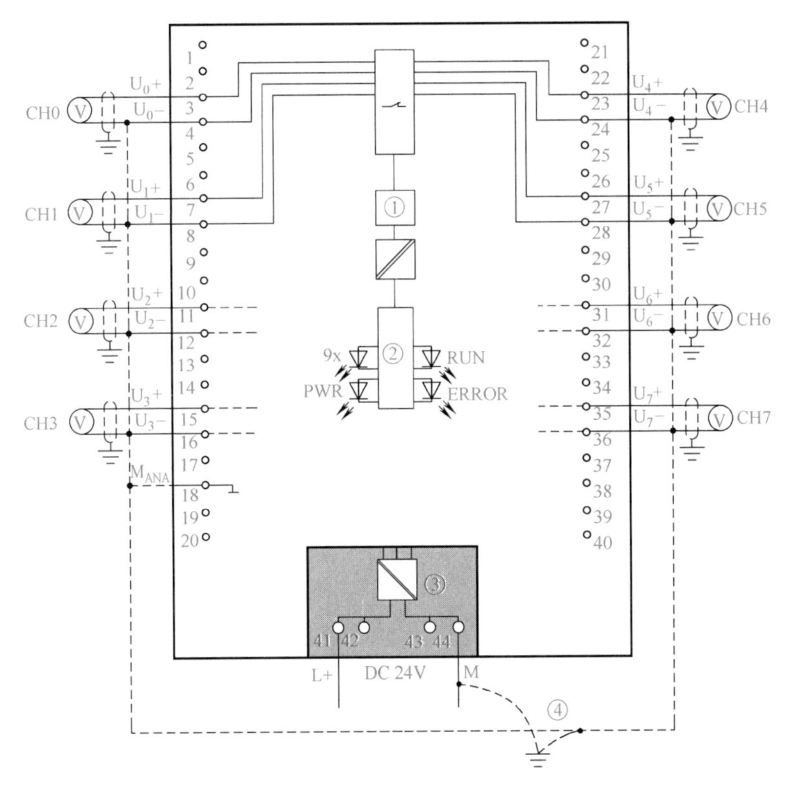

图 2-19　模拟量输入模块（6ES7531-7KF00-0AB0）的接线（电压）

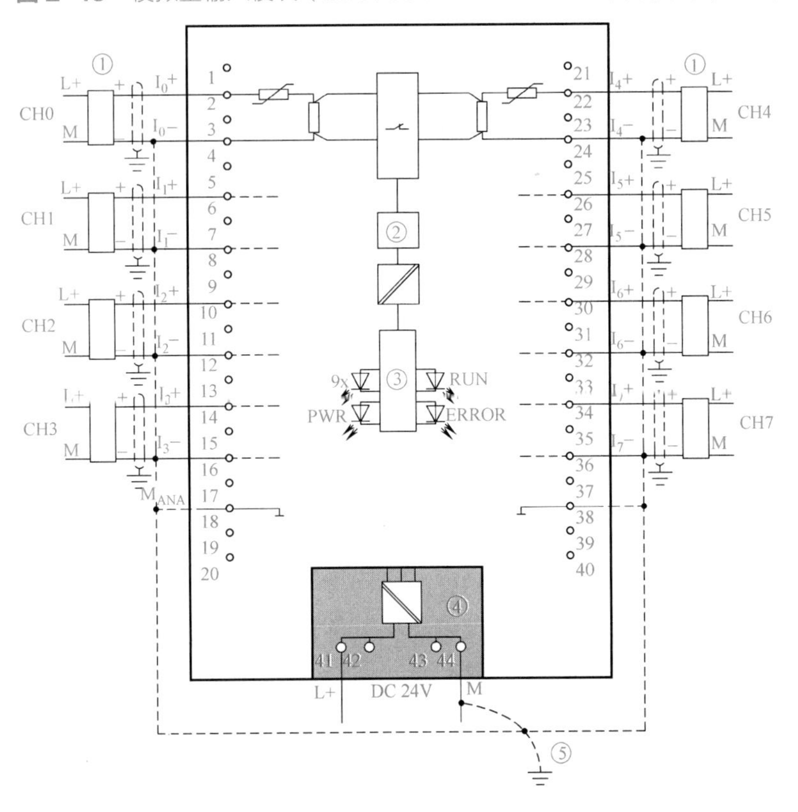

图 2-20　模拟量输入模块（6ES7531-7KF00-0AB0）的接线（四线式电流）

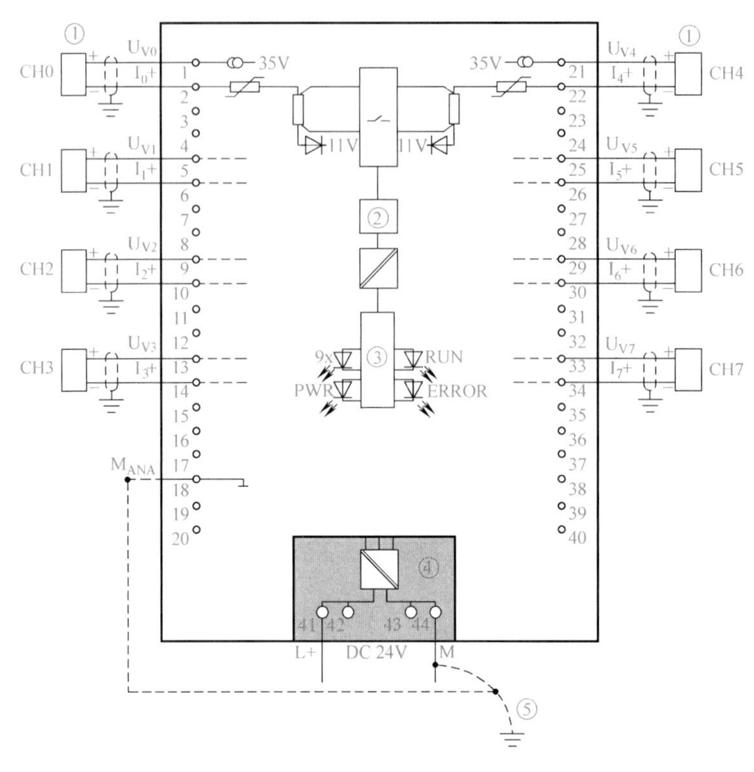

图 2-21　模拟量输入模块（6ES7531-7KF00-0AB0）的接线（二线式电流）

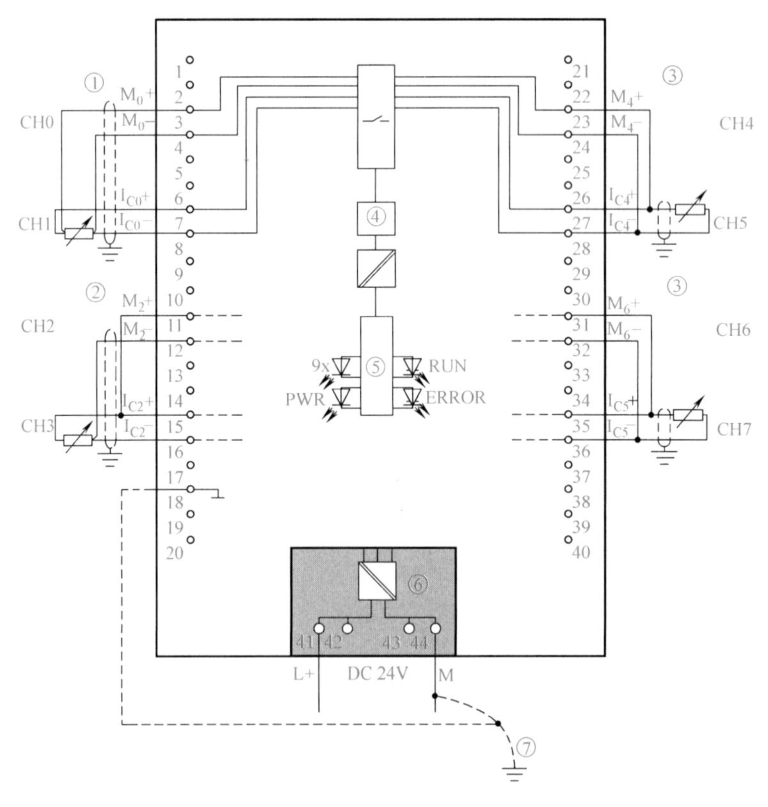

图 2-22　模拟量输入模块（6ES7531-7KF00-0AB0）的接线（热电阻）

（6）模拟量输出模块

S7-1500 PLC 模拟量输出模块将 CPU 传来的数字量转换成模拟量（电流和电压信号），一般用于控制阀门的开度或者变频器的频率给定等。S7-1500 PLC 常用的模拟量输出模块的技术参数见表 2-7。

表 2-7　S7-1500 PLC 的模拟量输出模块技术参数

模拟量输出模块	2AQ，U/I 标准型	4AQ，U/I 标准型	8AQ，U/I 高速型
订货号	6ES7532-5NB00-0AB0	6ES7532-5HD00-0AB0	6ES7532-5HF00-0AB0
输出通道数	2	4	8
输出信号类型	电流，电压	电流，电压	电流，电压
分辨率（最高）	16 位	16 位	16 位
转换时间（每通道）	0.5ms	0.5ms	所有通道 50μs
等时模式	—	—	√
屏蔽电缆长度，最大	电流 800m；电压 200m	电流 800m；电压 200m	200m
是否包含前连接器	是	否	否
硬件中断	—	—	—
诊断中断	√	√	√
诊断功能	√；通道级	√；通道级	√；通道级
模块宽度 /mm	25	35	35

模拟量输出模块（6ES7532-5HD00-0AB0）电压输出的接线如图 2-23 所示，标记①是电压输出二线式接法，无电阻补偿，精度相对低些。标记②是电压输出四线式接法，有电阻补偿，精度比二线式接法高。

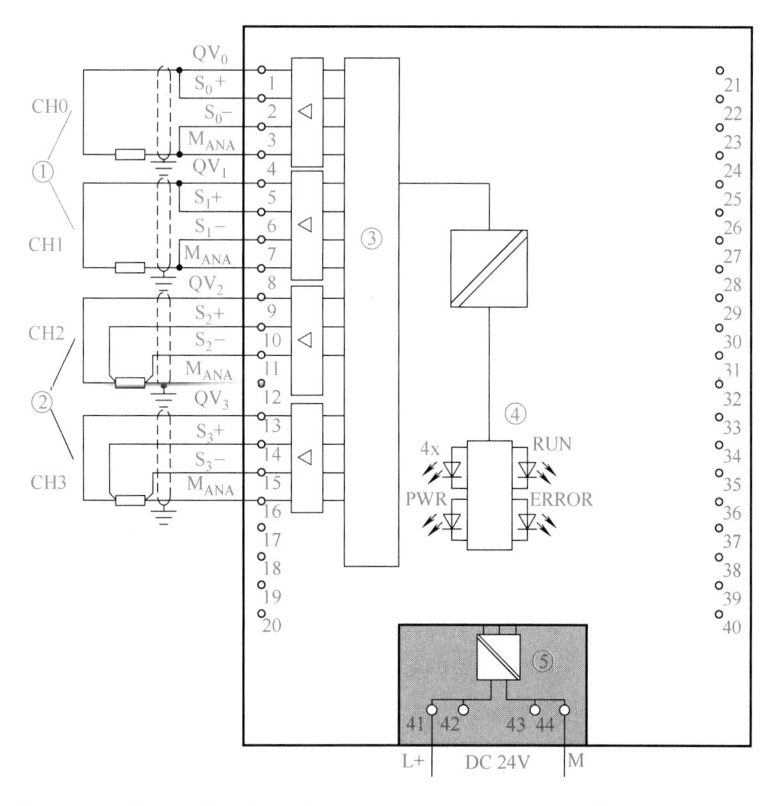

图 2-23　模拟量输出模块（6ES7532-5HD00-0AB0）电压输出的接线

模拟量输出模块（6ES7532-5HD00-0AB0）电流输出的接线如图 2-24 所示。

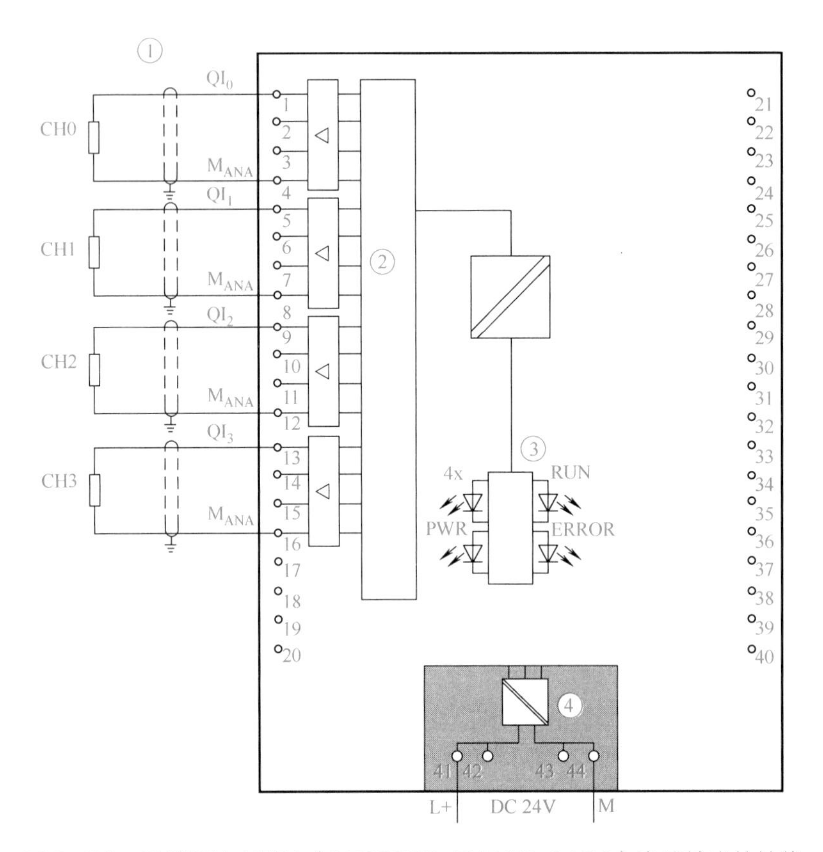

图 2-24　模拟量输出模块（6ES7532-5HD00-0AB0）电流输出的接线

（7）模拟量输入 / 输出混合模块

S7-1500 PLC 模拟量输入 / 输出混合模块就是一个模块上同时有模拟量输入通道和模拟量输出通道。用法和模拟量输入和模拟量输出模块类似，在工程上也比较常用，在此不再赘述。

2.2.4　S7-1500 PLC 通信模块

通信模块集成有各种接口，可与不同接口类型设备进行通信，而具有安全功能的工业以太网模块，可以极大提高连接的安全性。

（1）通信模块的分类

S7-1500 PLC 的通信模块包括 CM 通信模块和 CP 通信处理器模块。CM 通信模块主要用于小数据量通信场合，而 CP 通信处理器模块主要用于大数据量的通信场合。

通信模块按照通信协议分，主要有 PROFIBUS 模块（如 CM 1542-5）、点对点连接串行通信模块（如 CM PtP RS232 BA）、以太网通信模块（如 CP 1543-1）和 PROFINET 通信模块（如 CM 1542-1）等。

（2）通信模块的技术参数

常见的 S7-1500 PLC 的通信模块的技术参数见表 2-8。

表 2-8　S7-1500 PLC 通信模块的技术参数

通信模块	S7-1500-PROFIBUS CM 1542-5	S7-1500-ROFIBUS CP 1542-5	S7-1500-Ethernet CP 1543-1	S7-1500-PROFINET CM 1542-1
订货号	6GK7542-5DX00-0XE0	6GK7542-5FX00-0XE0	6GK7543-1AX00-0XE0	6GK7542-1AX00-0XE0
连接接口	RS485（母头）	RS485（母头）	RJ45	RJ45
通信接口数量	1 个 PROFIBUS		1 个以太网	2 个 PROFINET
通信协议	DPV1 主 / 从 S7 通信 PG/OP 通信		开放式通信 —ISO 传输 —TCP、ISO-on-TCP、UDP —基于 UDP 连接组播 S7 通信 IT 功能 —FTP —SMTP —Webserver —NTP —SNMP	PROFINET IO —RT —IRT —MRP —设备更换无需可交换存储介质 —IO 控制器 —等时实时 开放式通信 —ISO 传输 —TCP、ISO-on-TCP、UDP —基于 UDP 连接组播 S7 通信 其他如 NTP、SNMP 代理、WebServer（详情参考手册）
通信速率	9.6Kbps ～ 12Mbps		10/100/1000Mbps	10/100Mbps
最多连接从站数量	125	32	—	128
VPN	否	否	是	否
防火墙功能	否	否	否	是
模块宽度 /mm	35			

2.2.5　S7-1500 PLC 分布式模块

S7-1500 PLC 支持的分布式模块分为 ET200MP 和 ET200SP。ET 200MP 是一个可扩展且高度灵活的分布式 I/O 系统，用于通过现场总线（PROFINET 或 PROFIBUS）将过程信号连接到中央控制器。相较于 S7-300/400PLC 的分布式模块 ET200M 和 ET200S，ET200MP 和 ET200SP 的功能更加强大。

（1）ET200MP 模块

ET200MP 模块包含 IM 接口模块和 I/O 模块。ET200MP 的 IM 接口模块将 ET200MP 连接到 PROFINET 或 PROFIBUS 总线，与 S7-1500 PLC 通信，实现 S7-1500 PLC 的扩展。ET200MP 模块的 I/O 模块与 S7-1500 PLC 本机上的 I/O 模块通用，前面已经介绍，在此不再重复介绍。

（2）ET200SP 模块

ET200SP 是新一代分布式 I/O 系统，具有体积小、使用灵活、性能突出的特点，具体如下。

① 防护等级 IP20，支持 PROFINET 和 PROFIBUS。

② 更加紧凑的设计，单个模块最多支持 16 通道。

③ 直插式端子，无需工具单手可以完成接线。

④ 模块，基座的组装更方便。

⑤ 各种模块任意组合。

⑥ 各个负载电势组的形成无需 PM-E 电源模块。

⑦ 运行中可以更换模块（热插拔）。

ET200SP 安装于标准 DIN 导轨，一个站点基本配置包括支持 PROFINET 或 PROFIBUS 的 IM 通信接口模块、各种 I/O 模块、功能模块以及所对应的基座单元和最右侧用于完成配置的服务模块（无需单独订购，随接口模块附带）。

每个 ET200SP 接口通信模块最多可以扩展 32 个或者 64 个模块。

ET 200SP 的 I/O 模块非常丰富，包括数字量输入模块、数字量输出模块、模拟量输入模块、模拟量输出模块、工艺模块和通信模块等。

2.3 西门子 S7-1500 PLC 的硬件安装及接线

西门子 S7-1500 PLC 自动化系统应按照系统手册的要求和规范进行安装，安装前应依照安装清单检查是否准备好系统所有的硬件，并按照要求安装导轨、电源、CPU 模块、接口模块和 I/O 模块等。

2.3.1 硬件配置

（1）S7-1500 PLC 自动化系统的硬件配置

S7-1500 PLC 自动化系统采用单排配置，所有模块都安装在同一根安装导轨上。这些模块通过 U 型连接器连接在一起，形成了一个自装配的背板总线。S7-1500 PLC 本机的最大配置是 32 个模块，槽号范围是 0 ～ 31，安装电源和 CPU 模块需要占用 2 个槽位，除此之外，最多可以安装 I/O 模块 30 个，如图 2-25 所示。

S7-1500 PLC 安装在特制的铝型材导轨上，负载电源只能安装在 0 号槽位，CPU 模块安装在 1 号槽位上，且都只能组态 1 个。系统电源可以组态在 0 号槽位和 2 ～ 31 号槽位，最多可以组态 3 个。其他模块只能位于 2 ～ 31 号槽位，数字量 I/O 模块、模拟量 I/O 模块、工艺模块和点对点通信模块可以组态 30 个，而 PROFINET/ 以太网和 PROFIBUS 通信模块最多组态 4 ～ 8 个，具体参考相关手册。

（2）带 PROFINET 接口模块的 ET 200MP 分布式 I/O 系统的硬件配置

带 PROFINET 接口模块的 ET 200MP 分布式 I/O 系统的硬件配置与 S7-1500 PLC 本机上的配置方法类似，其最大配置如图 2-26 所示。

最多支持三个系统电源（PS），其中一个插入接口模块的左侧，其他两个可插入接口模块的右侧，每个电源模块占一个槽位。如果在接口模块的左侧插入一个系统电源（PS），则将生成总共 32 个模块的最大组态（接口模块右侧最多 30 个模块）。

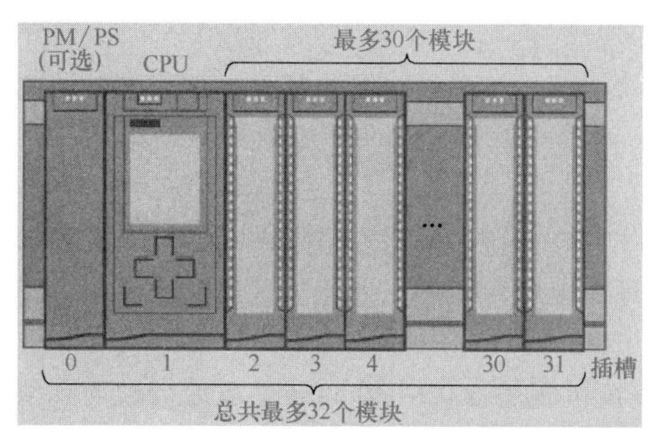

图 2-25　S7-1500 PLC 最大配置

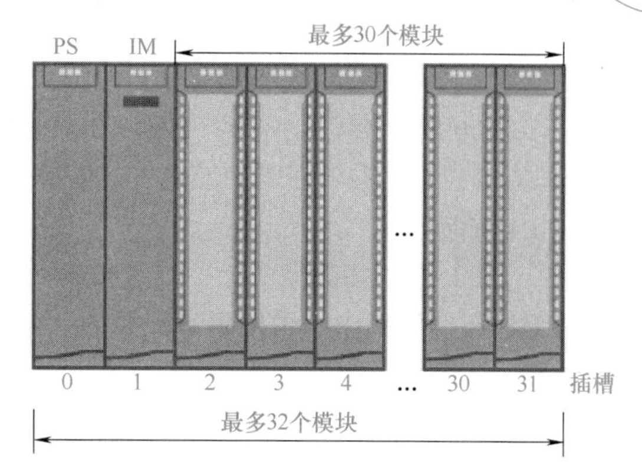

图 2-26　带 PROFINET 接口模块的 ET 200MP 分布式 I/O 系统的最大配置

（3）带 PROFIBUS 接口模块的 ET 200MP 分布式 I/O 系统的硬件配置

带 PROFIBUS 接口模块的 ET 200MP 分布式 I/O 系统最多配置 13 个模块，其最大配置如图 2-27 所示。接口模块位于 2 号槽位，I/O 模块、工艺模块、通信模块等位于 3 ～ 14 号槽位，最多配置 12 个。

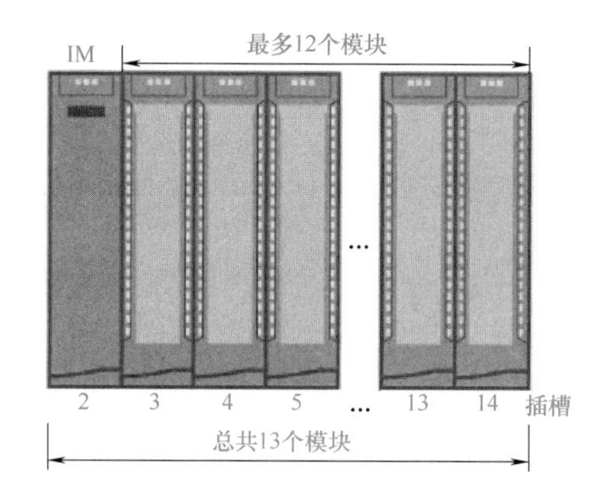

图 2-27　带 PROFIBUS 接口模块的 ET 200MP 分布式 I/O 系统的最大配置

一个带电源的完整系统配置如图 2-28 所示。

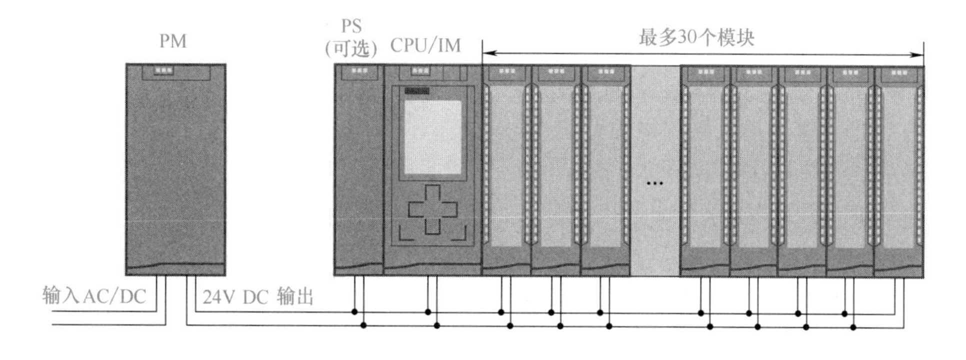

图 2-28　带电源的完整系统配置

2.3.2 硬件安装

S7-1500 PLC 自动化系统、ET 200MP 分布式 I/O 系统的所有模块都是开放式设备。该系统只能安装在室内、控制柜或电气操作区中。

（1）安装导轨

S7-1500 PLC 自动化系统、ET 200MP 分布式 I/O 系统，采用水平安装时，可安装在最高 60℃的环境温度中；采用垂直安装时，最高环境温度为 40℃。水平安装有利于散热，比较常见。

西门子有 6 种长度的安装导轨可被选用，长度范围是 160 ～ 2000mm。安装导轨需要预留合适的间隙，以利于模块的散热，一般顶部和底部离开导轨边缘需要预留至少 25mm 的间隙，如图 2-29 所示。

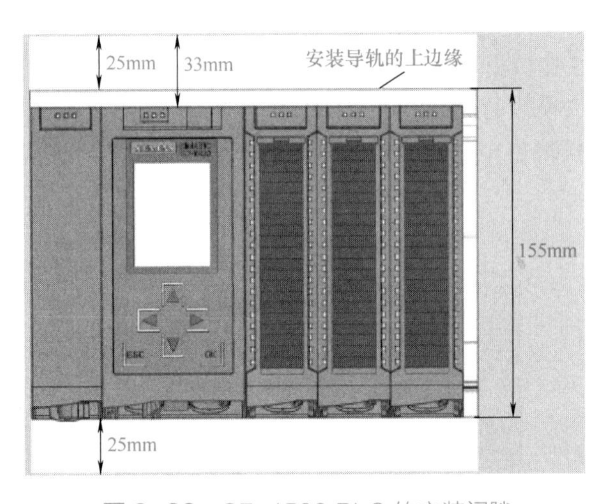

图 2-29 S7-1500 PLC 的安装间隙

S7-1500 PLC 自动化系统、ET 200MP 分布式 I/O 系统必须连接到电气系统的保护导线系统，以确保电气安全。将导轨附带的 M6 的螺钉插入导轨下部的 T 形槽中，再将垫片、带接地连接器的环形端子（已经压上了线径为 $10mm^2$ 的导线）、扁平垫圈和锁定垫圈插入螺栓。旋转六角头螺母，通过该螺母将组件拧紧到位。最后将接地电缆的另一端连接到中央接地点 / 保护性母线（PE）。连接保护性导线示意如图 2-30 所示。

（2）安装电源模块

安装电源模块

S7-1500 PLC 的电源分为系统电源和负载电源，负载电源的安装与系统电源安装类似，而且更简单，因此仅介绍安装系统电源，具体步骤如下。

① 将 U 形连接器插入系统电源背面。

② 将系统电源挂在安装导轨上。

③ 向后旋动系统电源。

④ 打开前盖。

⑤ 从系统电源断开电源线连接器的连接。

⑥ 拧紧系统电源（扭矩 1.5N · m）。

⑦ 将已经接好线的电源线连接器插入系统电源模块。

安装系统电源的示意如图 2-31 所示。

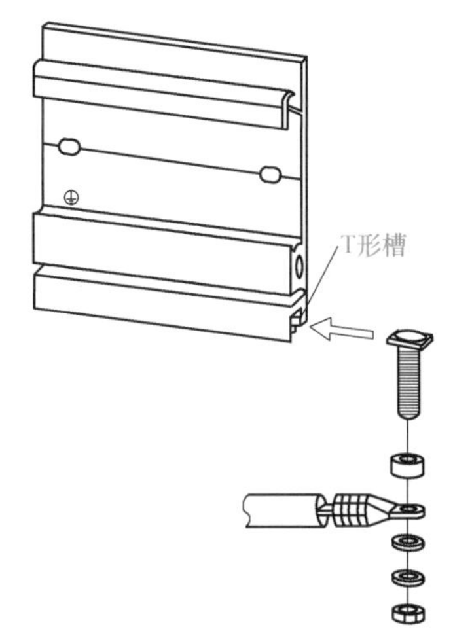

图 2-30　连接保护性导线示意图

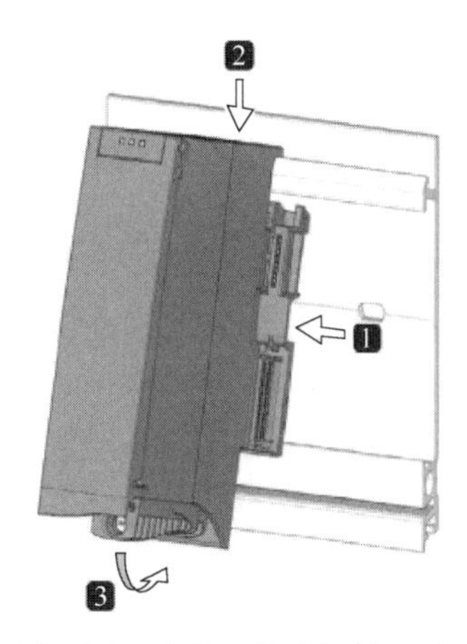

图 2-31　安装系统电源的示意图

（3）安装 CPU 模块

安装 CPU 和扩展模块

电源模块的安装与安装系统电源类似，具体操作步骤如下。

① 将 U 形连接器插入 CPU 后部的右侧。

② 将 CPU 钩挂在安装导轨上，并将其滑动至左侧的系统电源。

③ 确保 U 形连接器插入系统电源，向后旋动 CPU。

④ 拧紧 CPU 的螺钉（扭矩为 1.5N・m）。

安装 CPU 模块的示意如图 2-32 所示。I/O 模块、工艺模块和通信模块的安装方法与安装 CPU 模块基本相同，在此不作介绍。

安装带屏蔽夹的前连接器

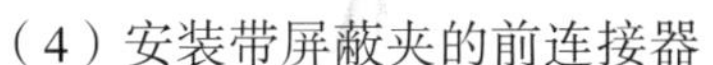

（4）安装带屏蔽夹的前连接器

S7-1500 的模块中，模拟量模块和工艺模块需要安装屏蔽端子元件，此附件在购买模块时一并提供，通常不需要单独订货，屏蔽端子元件的示意图如图 2-33 所示。

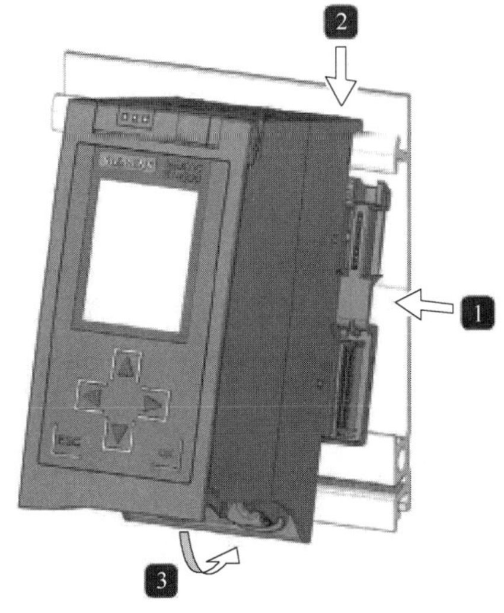

图 2-32　安装 CPU 模块的示意图

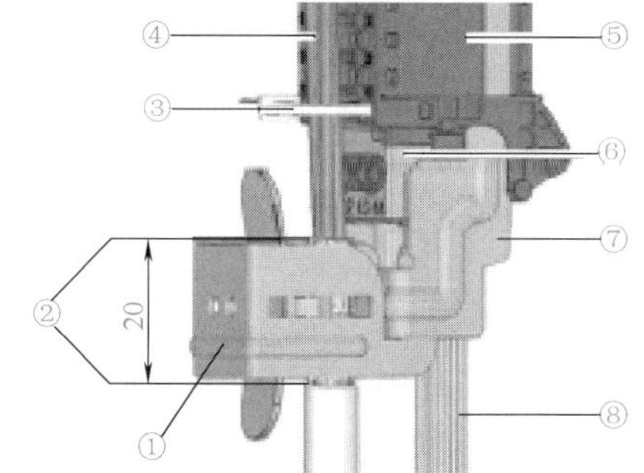
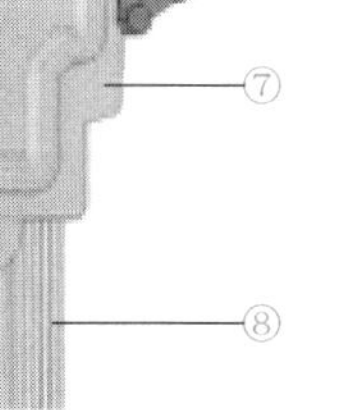

图 2-33　屏蔽端子元件的示意图

带屏蔽夹前连接器的安装步骤如下。

① 将前连接器直接接入最终位置［图 2-34（a）］。

② 使用电缆扎带将电缆束环绕，并将电缆束拉紧［图 2-34（b）］。

③ 从下方将屏蔽线夹插入屏蔽支架中，以连接电缆套管［图 2-34（c）］。

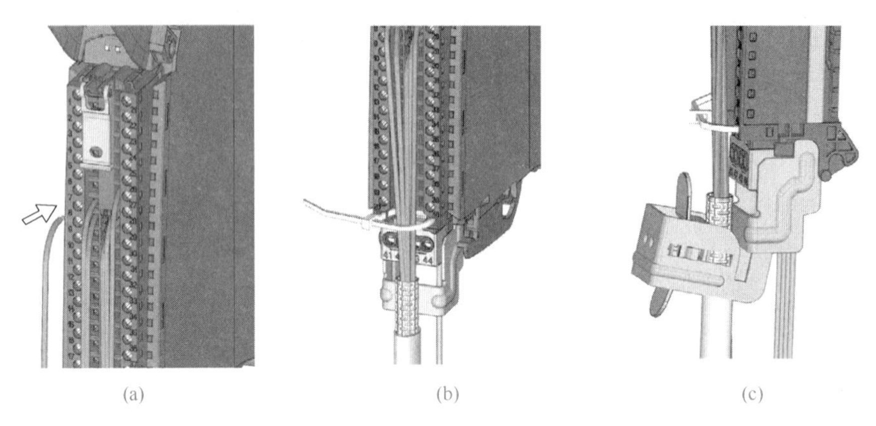

(a)　(b)　(c)

图 2-34　带屏蔽夹前连接器的安装

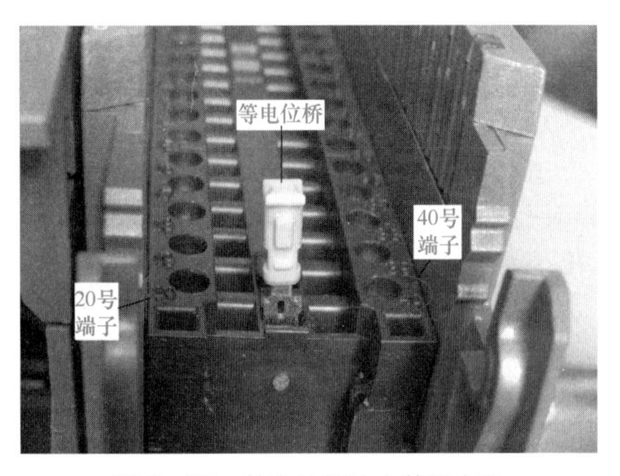

图 2-35　等电位桥的安装示意图

（5）安装等电位桥

等电位桥的作用主要用于短接模块中的等电位点，如 0V 之间或者 +24V 之间的短接（特别提醒 0V 和 +24V 之间不可短接，否则短路），使用等电位桥可以减少接线。等电位桥是附件，在购买模块时一并提供，通常不需要单独订货。

在图 2-35 中，只要把等电位桥下压，等电位桥就安装完毕，20 号端子和 40 号端子处于短接状态，实际就是 0V 短接了，如 20 号端子接入 0V，则 40 号端子就不需要接线了，简化了外围电路。

2.3.3　接线

导轨和模块安装完毕后，就需要安装 I/O 模块和工艺模块的前连接器（实际为接线端子排），最后接线。

S7-1500 PLC 的前连接器分为三种，分别是带螺钉型端子的 35mm 前连接器、带推入式端子的 25mm 前连接器和带推入式端子的 35mm 前连接器，如图 2-36 所示，都是 40 针的连接器，不同于 S7-300 PLC 前连接器有 20 针的规格。

下面介绍前连接器的安装。

不同模块的前连接器的安装大致类似，仅以 I/O 模块前连接器的安装为例进行说明，其安装步骤如下。

① 根据需要，关闭负载电流电源。

② 将电缆束上附带的电缆固定夹（电缆扎带）放置在前连接器上。

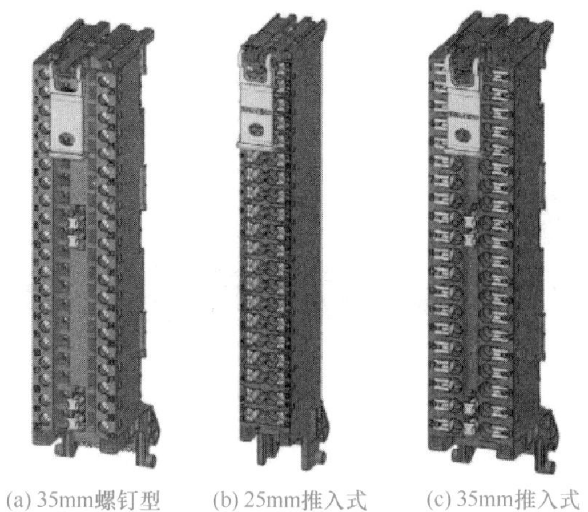

(a) 35mm螺钉型　(b) 25mm推入式　(c) 35mm推入式

图 2-36　前连接器外观

③ 向上旋转已接线的 I/O 模块前盖直至其锁定。

④ 将前连接器接入预接线位置。需将前连接器挂到 I/O 模块底部，然后将其向上旋转直至前连接器锁上，如图 2-37 所示。

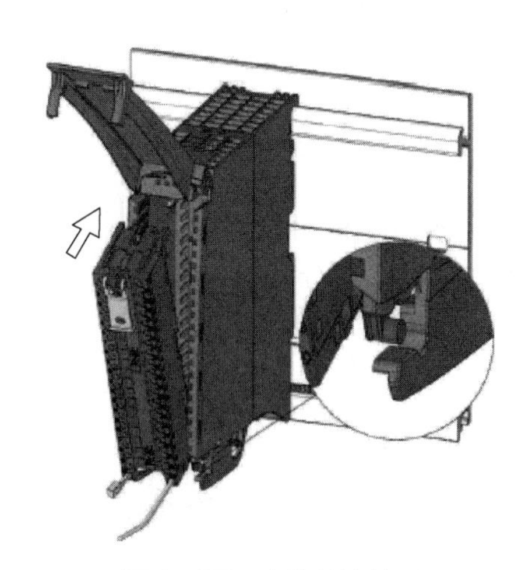

图 2-37　安装前连接器

之后的工作是接线，接线按照电工接线规范完成即可。

第 3 章 TIA Portal（博途）软件使用入门

本章介绍 TIA Portal（博途）软件的使用方法，并用两种方法介绍使用 TIA Portal 软件编译一个简单程序完整过程的例子，这是学习本书后续内容必要的准备。

3.1 TIA Portal（博途）软件简介

3.1.1 初识 TIA Portal（博途）软件

TIA Portal（博途）软件简介

TIA Portal（博途）软件是西门子推出的，面向工业自动化领域的新一代工程软件平台，主要包括五个部分：SIMATIC STEP 7、SIMATIC WinCC、SINAMICS StartDrive、SIMOTION SCOUT TIA 和 SIRIUS SIMOCODE ES。TIA Portal 软件的体系结构如图 3-1 所示。

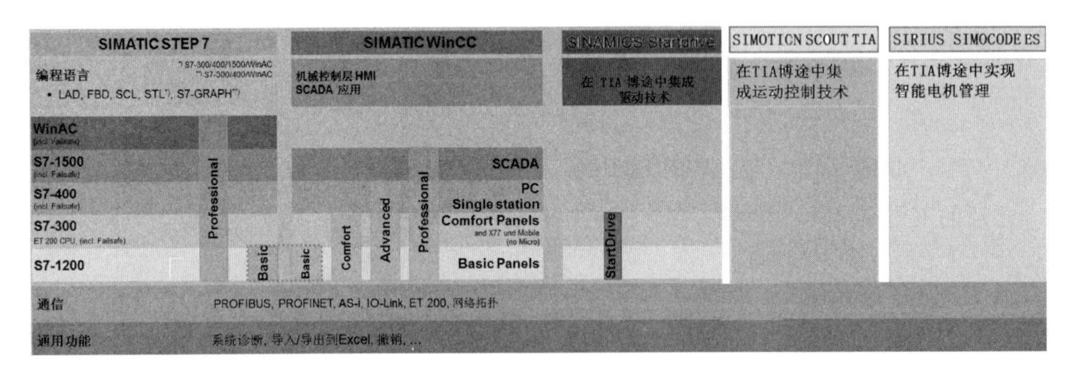

图 3-1 TIA Portal 软件的体系结构

（1）SIMATIC STEP 7（TIA Portal）

STEP 7（TIA Portal）是用于组态 SIMATIC S7-1200、S7-1500、S7-300/400 和 WinAC 控制器系列的工程组态软件。STEP 7（TIA Portal）有两个版本，具体使用取决于可组态的控制器系列，分别介绍如下。

① STEP 7 Basic 主要用于组态 S7-1200，并且自带 WinCC Basic，用于 Basic 面板的组态。

② STEP 7 Professional 用于组态 S7-1200、S7-1500、S7-300/400 和 WinAC，且自带 WinCC Basic，用于 Basic 面板的组态。

（2）SIMATIC WinCC（TIA Portal）

WinCC（TIA Portal）是使用 WinCC Runtime Advanced 或 SCADA 系统 WinCC Runtime Professional 可视化软件，可组态 SIMATIC 面板、SIMATIC 工业 PC 以及标准 PC 的工程组态软件。

WinCC（TIA Portal）有四个版本，具体使用取决于可组态的操作员控制系统，分别介绍如下。

① WinCC Basic 用于组态精简系列面板，WinCC Basic 包含在每款 STEP 7 Basic 和 STEP 7 Professional 产品中。

② WinCC Comfort 用于组态包括精智面板和移动面板的所有面板。

③ WinCC Advanced 用于通过 WinCC Runtime Advanced 可视化软件，组态所有面板和 PC。WinCC Runtime Advanced 是基于 PC 单站系统的可视化软件。WinCC Runtime Advanced 外部变量许可根据个数购买，有 128、512、2K、4K 和 8K 个外部变量许可出售。

④ WinCC Professional 用于使用 WinCC Runtime Advanced 或 SCADA 系统 WinCC Runtime Professional 组态面板和 PC。WinCC Professional 有以下版本：带有 512 和 4096 个外部变量的 WinCC Professional 以及 WinCC Professional（最大外部变量）。

WinCC Runtime Professional 是一种用于构建组态范围从单站系统到多站系统（包括标准客户端或 Web 客户端）的 SCADA 系统。可以购买带有 128、512、2K、4K、8K 和 64K 个外部变量许可的 WinCC Runtime Professional。

（3）SINAMICS StartDrive（TIA Portal）

SINAMICS StartDrive 软件能够将 SINAMICS 变频器集成到自动化环境中，并使用 TIA Portal 对 SINAMICS 变频器（如 G120、S120 等）进行参数设置、工艺对象配置、调试和诊断等操作等。

（4）SIMOTION SCOUT TIA

在 TIA Portal 统一的工程平台上实现 SIMOTION 运动控制器的工艺对象配置、用户编程、调试和诊断。

（5）SIRIUS SIMOCODE ES

SIRIUS SIMOCODE ES 是智能电机管理系统，量身打造电机保护、监控、诊断及可编程控制功能；支持 Profinet、Profibus、ModbusRTU 等通信协议。

3.1.2 安装 TIA Portal 软件的软硬件条件

（1）硬件要求

TIA Portal 软件对计算机系统硬件的要求比较高，计算机最好配置固态硬盘（SSD）。

安装“SIMATIC STEP 7 Professional”软件包对硬件的最低配置要求和推荐配置要求见表 3-1。

（2）操作系统要求

西门子 TIA PortalV16 软件（专业版）对计算机系统的操作系统的要求比较高。专业版、企业版或者旗舰版的操作系统是必备的条件，不兼容家庭版操作系统，Windows 7（64 位）

的专业版、企业版或者旗舰版都可以安装 TIA Portal 软件，不再支持 32 位的操作系统。安装“SIMATIC STEP 7 Professional”软件包对操作系统的最低要求和推荐要求见表 3-2。

表 3-1　安装“SIMATIC STEP 7 Professional”对硬件要求

项目	最低配置要求	推荐配置要求
RAM	8GB	16GB 或更大
硬盘	20GB	固态硬盘（大于 50GB）
CPU	Intel® Core™ i3-6100U，2.30GHz	Intel® Core™i5-6440EQ（最高 3.4GHz）
屏幕分辨率	1024 × 768	15.6″宽屏显示器（1920 × 1080）

注：1″=1in=25.4mm。

表 3-2　安装“SIMATIC STEP 7 Professional”对操作系统要求

序号	操作系统
1	Windows 7（64 位） • Windows 7 Professional SP1 • Windows 7 Enterprise SP1 • Windows 7 Ultimate SP1
2	Windows 10（64 位） • Windows 10 Professional Version 1809 • Windows 10 Professional Version 1903 • Windows 10 Enterprise Version 1809 • Windows 10 Enterprise Version 1903 • Windows 10 IoT Enterprise 2015 LTSB • Windows 10 IoT Enterprise 2016 LTSB • Windows 10 IoT Enterprise 2019 LTSC
3	Windows Server（64 位） • Windows Server 2012 R2 StdE（完全安装） • Windows Server 2016 Standard（完全安装） • Windows Server 2019 Standard（完全安装）

可在虚拟机上安装“SIMATIC STEP 7 Professional”软件包。推荐选择使用下面指定版本或较新版本的虚拟平台：

• VMware vSphere Hypervisor（ESXi）6.5 或更高版本；

• VMware Workstation 15.0.2 或更高版本；

• VMware Player 15.0.2 或更高版本；

• Microsoft Hyper-V Server 2016 或更高版本。

（3）支持的防病毒软件

• Symantec Endpoint Protection 14；

• Trend Micro Office Scan 12.0；

• McAfee Endpoint Security（ENS）10.5；

• Kaspersky Endpoint Security 11.1；

• Windows Defender；

• Qihoo 360 "Safe Guard 11.5" + "Virus Scanner"。

3.1.3　安装 TIA Portal 软件的注意事项

① Window 7、Windows Server 和 Window 10 操作系统的家庭（HOME）版和教育版都与 TIA Portal 软件（专业版）不兼容。32 位操作系统的专业版与 TIA Portal V14 及以后的软件不兼容，TIA Portal V13 及之前的版本与 32 位操作系统兼容。

② 安装 TIA Portal 软件时，最好关闭监控和杀毒软件。

③ 安装软件时，软件的存放目录中不能有汉字，此时弹出错误信息，表明目录中有不能识别的字符。例如将软件存放在“C：/ 软件 /STEP 7”目录中就不能安装。建议放在根目录下安装。这一点初学者最易忽略。

④ 在安装 TIA Portal 软件的过程中出现提示“You must restart your computer before you can run setup.Do you want reboot your computer now?”字样。重启电脑有时是可行的方案，但有时计算机会重复提示重启电脑，在这种情况下解决方案如下。

在 Windows 的菜单命令下，单击“Windows 系统”→“运行”，在运行对话框中输入“regedit”，打开注册表编辑器。选中注册表中的“HKEY_LOCAL_MACHINE\Sysytem \CurrentControlset\Control”中的“Session manager”，删除右侧窗口的“PendingFileRenameOperations”选项。重新安装，就不会出现重启计算机的提示了。

这个解决方案也适合安装其他的软件。

⑤ 允许在同一台计算机的同一个操作系统中安装 STEP7 V5.6、STEP7 V14、STEP7 V15 和 STEP7 V16，经典版的 STEP7 V5.6 和 STEP7 V5.7 不能安装在同一个操作系统中。

⑥ 应安装新版本的 IE 浏览器，安装老版本的 IE 浏览器，会造成帮助文档中的文字乱码。

注意以下问题。

a. Window 7 和 Window 10 家庭版与 TIA Portal（专业版）不兼容，可以理解为这个操作系统不能安装 TIA Portal。有时即使能安装，但可能有功能不能使用。

b. 目前推荐安装 TIA Portal V16/V17 的操作系统是专业版、旗舰版或企业版的 Window 10。

3.1.4　安装和卸载 TIA Portal 软件

（1）安装 TIA Portal 软件

安装软件的前提是计算机的操作系统和硬件符合安装 TIA Portal 软件的条件，当满足安装条件时，首先要关闭正在运行的其他程序，如 Word 等软件，然后将 TIA Portal 软件安装光盘插入计算机的光驱中，安装程序会自动启动。如安装程序没有自动启动，则双击安装盘中的可执行文件“Start.exe”，手动启动。具体安装顺序如下。

① 初始化。当安装开始进行时，首先初始化，这需要一段时间，如图 3-2 所示。

② 选择安装语言。TIA Portal 软件提供了英语、德语、中文、法语、西班牙语和意大利语供选择安装，本例选择“安装语言：中文”，如图 3-3 所示，单击“下一步”按钮，弹出需要安装的软件的界面。

③ 选择需要安装的软件。如图 3-4 所示，有三个选项卡可供选择，本例选择“用户自定义”选项卡，选择需要安装的软件，这需要根据购买的授权确定，本例选择前两项。

④ 选择许可条款。如图 3-5 所示，勾选两个选项，同意许可条款，单击“下一步”按钮。

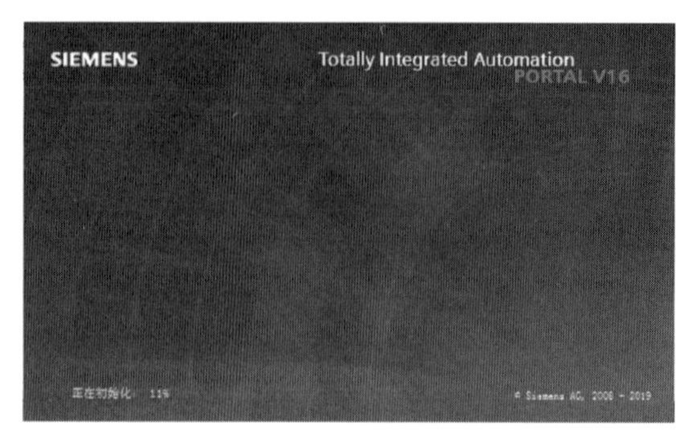

图 3-2　安装和卸载 TIA Portal 软件的初始化

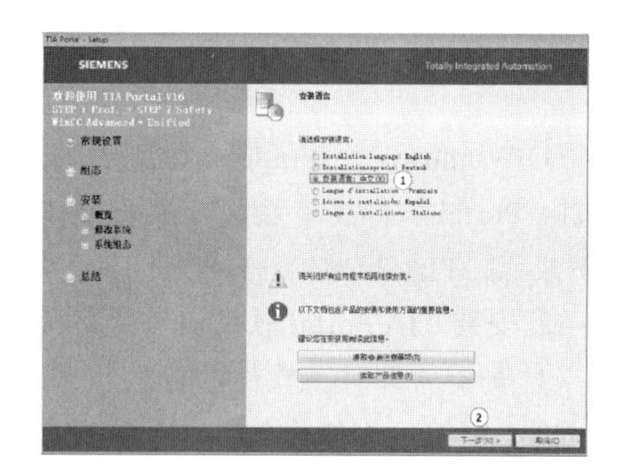

图 3-3　选择安装语言

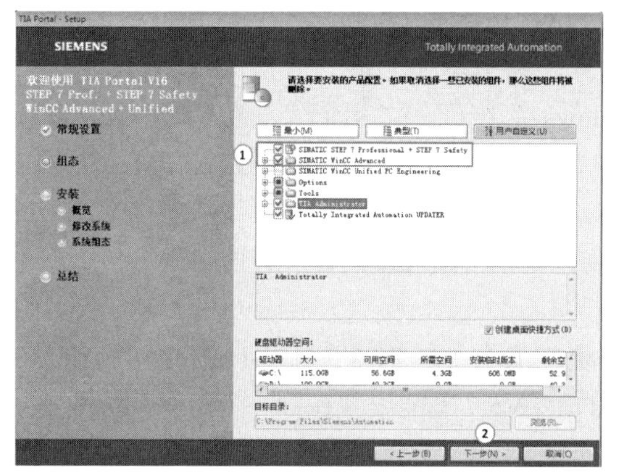

图 3-4　选择需要安装的软件

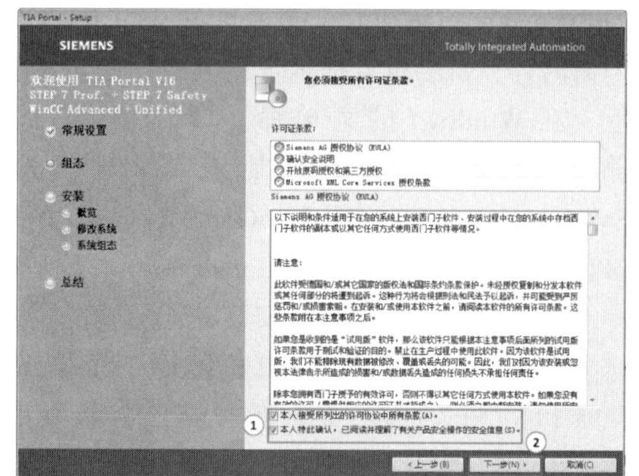

图 3-5　选择许可条款

⑤ 预览安装和安装。图 3-6 所示是预览界面，显示要安装产品的具体位置。如确认需要安装 TIA Portal 软件，单击“安装”按钮，TIA Portal 软件开始安装，安装界面如图 3-7 所示。安装完成后，选择“重新启动计算机”选项。重新启动计算机后，TIA Portal 软件安装完成。

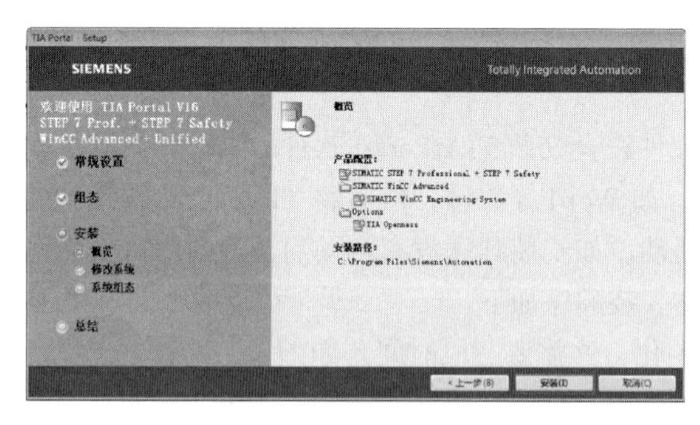

图 3-6　预览

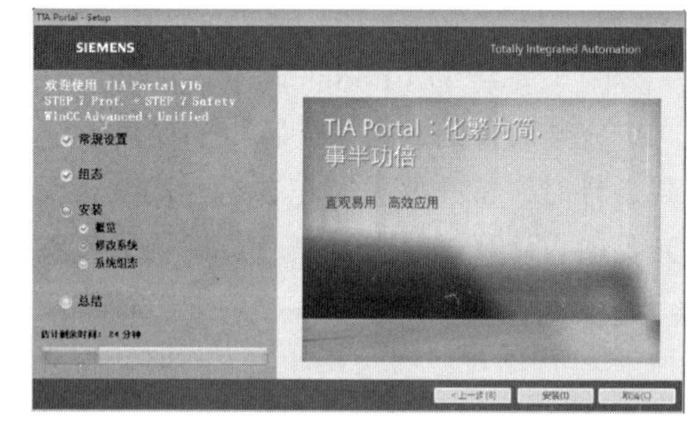

图 3-7　安装过程

（2）卸载 TIA Portal 软件

卸载 TIA Portal 软件和卸载其他软件类似，具体操作过程如下。

① 打开控制面板的“程序和功能”界面。先打开控制面板，再在控制面板中，双击并打开“程序和功能”界面，如图 3-8 所示，单击“卸载”按钮，弹出初始化界面。

② 卸载 TIA Portal 软件的初始化界面。图 3-2 所示是卸载前的初始化界面，需要一定的

时间完成。

③ 卸载 TIA Portal 软件时，选择语言。如图 3-9 所示，选择“安装语言：中文”，单击“下一步”按钮，弹出选择要卸载的软件的界面。

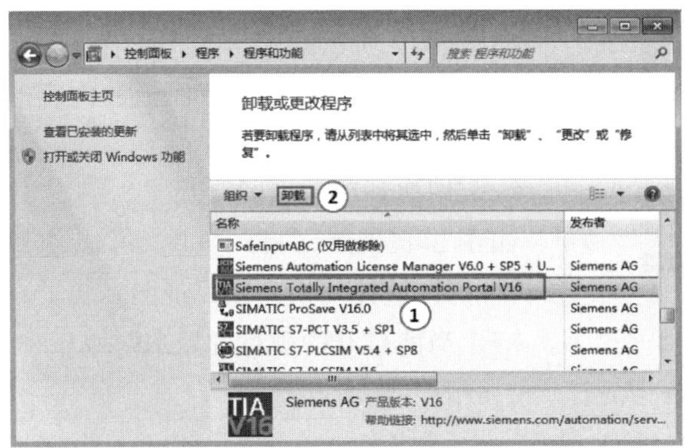

图 3-8　程序和功能

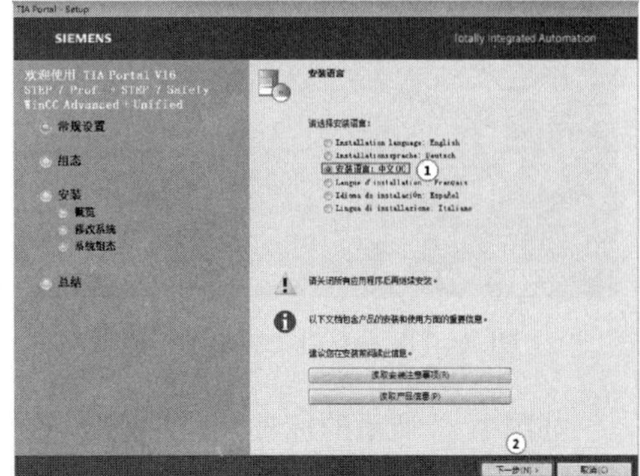

图 3-9　选择语言

④ 选择要卸载的软件。如图 3-10 所示，选择要卸载的软件，本例全部选择，单击“下一步”按钮，弹出卸载预览界面，如图 3-11 所示，单击“卸载”按钮，卸载开始进行，直到完成后，重新启动计算机即可。

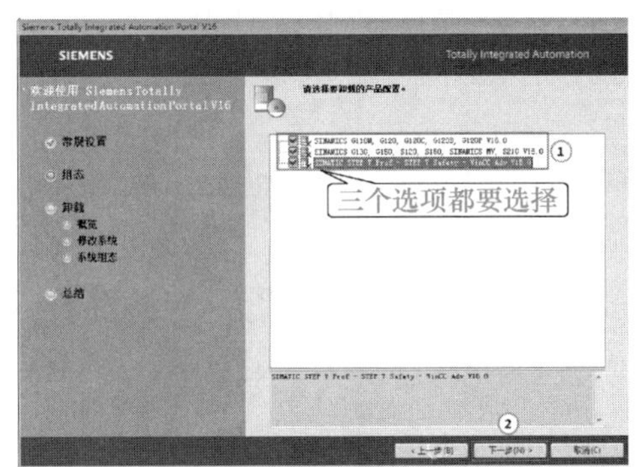

图 3-10　选择要卸载的软件

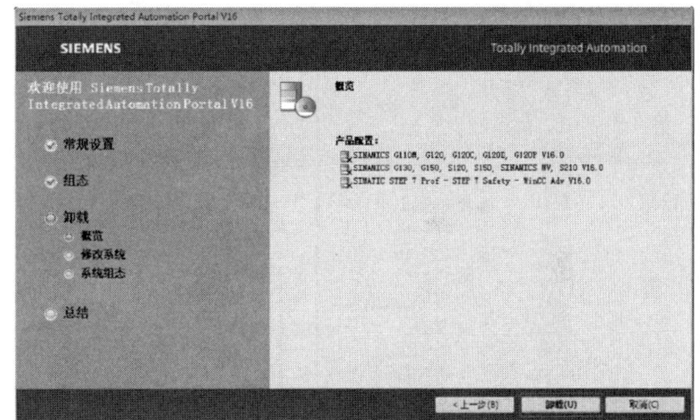

图 3-11　卸载程序

3.2 TIA Portal 视图与项目视图

3.2.1 TIA Portal 视图结构

TIA Portal 视图的结构如图 3-12 所示，以下分别对各个主要部分进行说明。

（1）登录选项

如图 3-12 所示的标号①，登录选项为各个任务区提供了基本功能。在 Portal 视图中提供的登录选项取决于所安装的产品。

（2）所选登录选项对应的操作

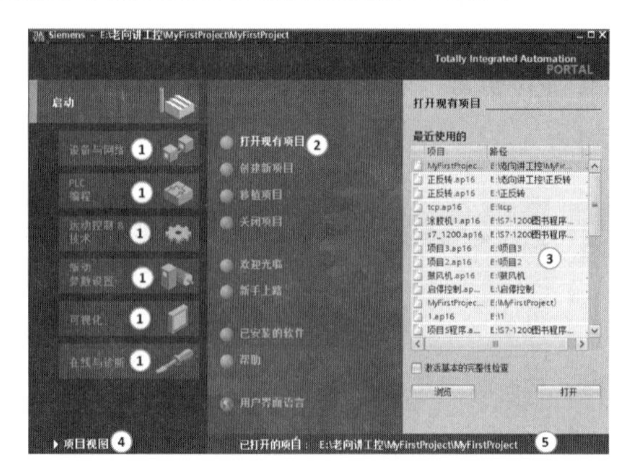

图 3-12　TIA Portal 视图的结构

如图 3-12 所示的标号②，此处提供了在所选登录选项中可使用的操作。可在每个登录选项中调用上下文相关的帮助功能。

（3）所选操作的选择面板

如图 3-12 所示的标号③，所有登录选项中都提供了选择面板。该面板的内容取决于操作者的当前选择。

（4）切换到项目视图

如图 3-12 所示的标号④，可以使用“项目视图”链接切换到项目视图。

（5）当前打开的项目的显示区域

如图 3-12 所示的标号⑤，在此处可了解当前打开的是哪个项目。

3.2.2　项目视图

项目视图是项目所有组件的结构化视图，如图 3-13 所示，项目视图是项目组态和编程的界面。

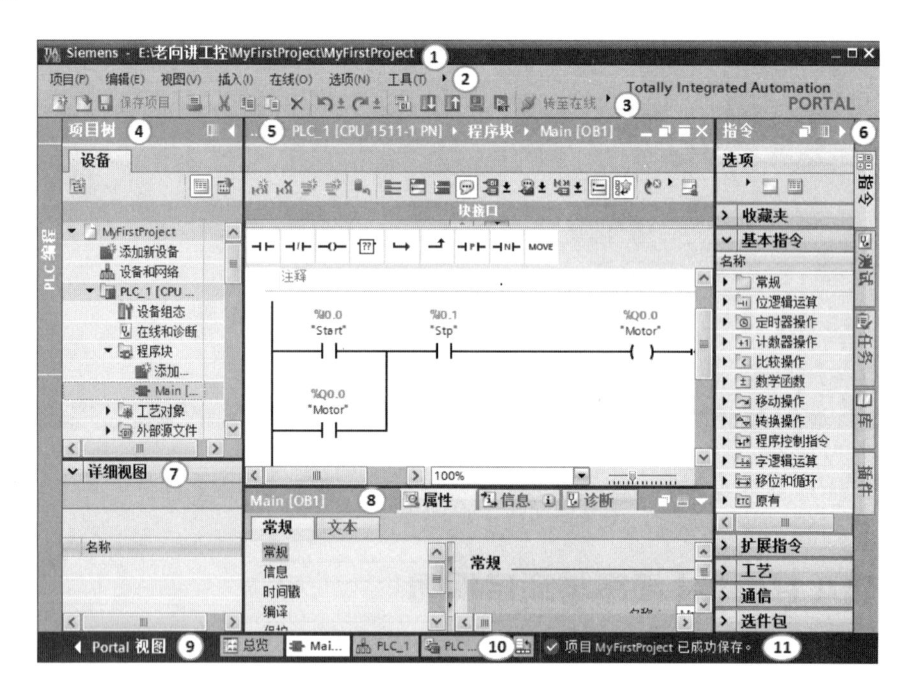

图 3-13　项目视图的组件

单击图 3-12 所示 TIA Portal 视图界面的“项目视图”按钮，可以打开项目视图界面，界面中包含如下区域。

（1）标题栏

项目名称显示在标题栏中，如图 3-13 的①处所示的项目“MyFirstProject”。

（2）菜单栏

菜单栏如图 3-13 的②处所示，包含工作所需的全部命令。

（3）工具栏

工具栏如图 3-13 的③处所示，工具栏提供了常用命令的按钮，可以更快地访问“复制”“粘贴”“上传”和“下载”等命令。

（4）项目树

项目树如图 3-13 的④处所示，使用项目树功能，可以访问所有组件和项目数据。可在项目树中执行以下任务：

① 添加新组件；

② 编辑现有组件；

③ 扫描和修改现有组件的属性。

（5）工作区

工作区如图 3-13 的⑤处所示，在工作区内显示打开的对象。例如，这些对象包括：编辑器、视图和表格。

在工作区可以打开若干个对象，但通常每次在工作区中只能看到其中一个对象。在编辑器栏中，所有其他对象均显示为选项卡。如果在执行某些任务时要同时查看两个对象，则可以水平或垂直方式平铺工作区，或浮动停靠工作区的元素。如果没有打开任何对象，则工作区是空的。

（6）任务卡

任务卡如图 3-13 的⑥处所示，根据所编辑对象或所选对象，提供用于执行附加操作的任务卡。这些操作包括：

① 从库中或者从硬件目录中选择对象；

② 在项目中搜索和替换对象；

③ 将预定义的对象拖拽到工作区。

在屏幕右侧的条形栏中可以找到可用的任务卡。可以随时折叠和重新打开这些任务卡。哪些任务卡可用取决于所安装的产品。比较复杂的任务卡会划分为多个窗格，这些窗格也可以折叠和重新打开。

（7）详细视图

详细视图如图 3-13 的⑦处所示，详细视图中显示总览窗口或项目树中所选对象的特定内容。其中可以包含文本列表或变量，但不显示文件夹的内容。要显示文件夹的内容，可使用项目树或巡视窗口。

（8）巡视窗口

巡视窗口如图 3-13 的⑧处所示，对象或所执行操作的附加信息均显示在巡视窗口中。巡视窗口有三个选项卡：“属性”“信息”和“诊断”。

①“属性”选项卡　此选项卡显示所选对象的属性。可以在此处更改可编辑的属性。属性的内容非常丰富，读者应重点掌握。

②“信息”选项卡　此选项卡显示有关所选对象的附加信息以及执行操作（例如编译）时发出的报警。

③“诊断”选项卡　此选项卡中将提供有关系统诊断事件、已组态消息事件以及连接诊断的信息。

（9）切换到 Portal 视图

单击如图 3-13 所示的⑨处的“Portal 视图”按钮，可从项目视图切换到 Portal 视图。

（10）编辑器栏

编辑器栏如图 3-13 的⑩处所示，编辑器栏显示打开的编辑器。如果已打开多个编辑器，它们将组合在一起显示。可以使用编辑器栏在打开的元素之间进行快速切换。

（11）带有进度显示的状态栏

状态栏如图 3-13 的⑪处所示，在状态栏中，显示当前正在后台运行的过程的进度条。其中还包括一个图形方式显示的进度条。将鼠标指针放置在进度条上，系统将显示一个工具提示，描述正在后台运行的过程的其他信息。单击进度条边上的按钮，可以取消后台正在运行的过程。

如果当前没有任何过程在后台运行，则状态栏中显示最新生成的报警。

3.2.3 项目树

在项目视图左侧项目树界面中主要包括的区域如图 3-14 所示。

（1）标题栏

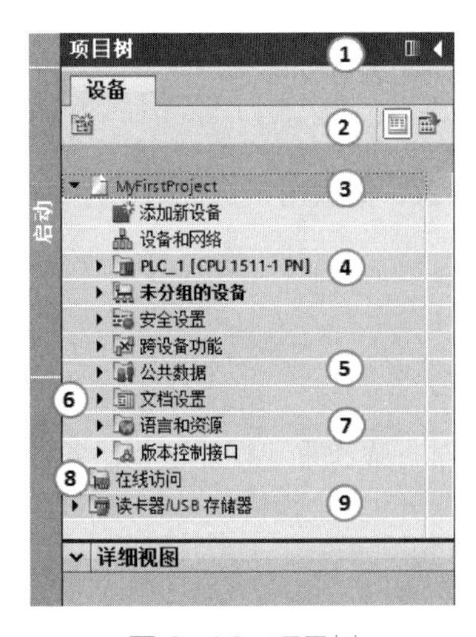

图 3-14 项目树

项目树的标题栏有两个按钮，可以自动和手动折叠项目树。手动折叠项目树时，此按钮将“缩小”到左边界。它此时会从指向左侧的箭头变为指向右侧的箭头，并可用于重新打开项目树。在不需要时，可以使用“自动折叠”按钮自动折叠到项目树。

（2）工具栏

可以在项目树的工具栏中执行以下任务。

① 用按钮，创建新的用户文件夹；例如，为了组合“程序块”文件夹中的块。

② 项目树中有两个用于链接的按钮。用按钮向前浏览到链接的源，用按钮，往回浏览到链接本身。可使用这两个按钮从链接浏览到源，然后再往回浏览。

③ 用按钮，在工作区中显示所选对象的总览。显示总览时，将隐藏项目树中元素的更低级别的对象和操作。

（3）项目

在“项目”文件夹中，可以找到与项目相关的所有对象和操作。

（4）设备

项目中的每个设备都有一个单独的文件夹，该文件夹具有内部的项目名称。属于该设备的对象和操作都排列在此文件夹中。

（5）公共数据

此文件夹包含可跨多个设备使用的数据，例如公用消息类、日志、脚本和文本列表。

（6）文档设置

在此文件夹中，可以指定要在以后打印的项目文档的布局。

（7）语言和资源

可在此文件夹中确定项目语言和文本。

（8）在线访问

该文件夹包含了 PG/PC 的所有接口，即使未用于与模块通信的接口也包括在其中，这个条目极为常用。

（9）读卡器 /USB 存储器

该文件夹用于管理连接到 PG/PC 的所有读卡器和其他 USB 存储介质。

3.3 用离线硬件组态法创建一个完整的 TIA Portal 项目

用离线硬件组态法创建一个完整的 TIA Portal 项目

3.3.1 在博途视图中新建项目

新建博途项目的方法如下。

① 方法 1：打开 TIA Portal 软件，如图 3-15 所示，选中“启动”→“创建新项目”，在“项目名称”中输入新建的项目名称（本例为 MyFirstProject），单击“创建”按钮，完成新建项目。

图 3-15　新建项目（1）

② 方法2：如果TIA Portal软件处于打开状态，在项目视图中，选中菜单栏中“项目”，单击“新建”命令，如图 3-16 所示，弹出如图 3-17 所示的界面，在“项目名称”中输入新建的项目名称（本例为 MyFirstProject），单击“创建”按钮，完成新建项目。

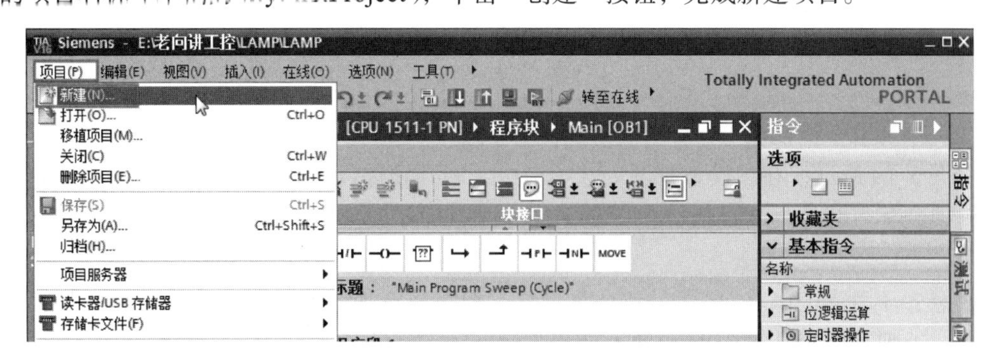

图 3-16　新建项目（2）

③ 方法 3：如果 TIA Portal 软件处于打开状态，在项目视图中，单击工具栏中“新建”按钮，弹出如图 3-17 所示的界面，在“项目名称”中输入新建的项目名称（本例为 MyFirstProject），单击“创建”按钮，完成新建项目。

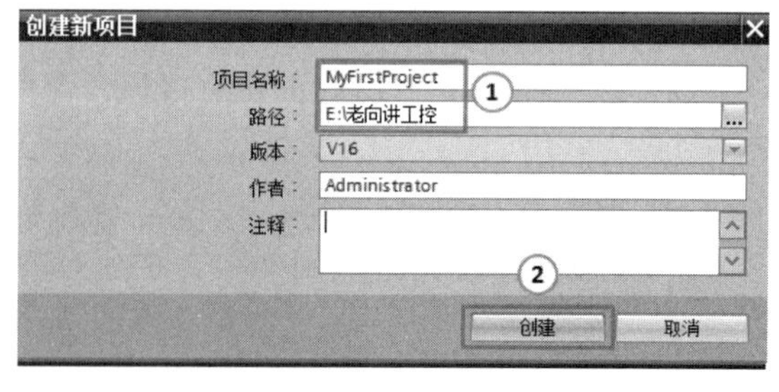

图 3-17　新建项目（3）

3.3.2　添加设备

（1）添加 CPU 模块

项目视图是 TIA Portal 软件的硬件组态和编程的主窗口，在项目树的设备栏中，双击“添加新设备”选项，然后弹出“添加新设备”对话框，如图 3-18 所示。可以修改设备名称，也可保持系统默认名称。选择需要的设备（本例为 6ES7 511-1AK02-0AB0），勾选“打开设备视图”，单击“确定”按钮，完成新设备添加，并打开设备视图。

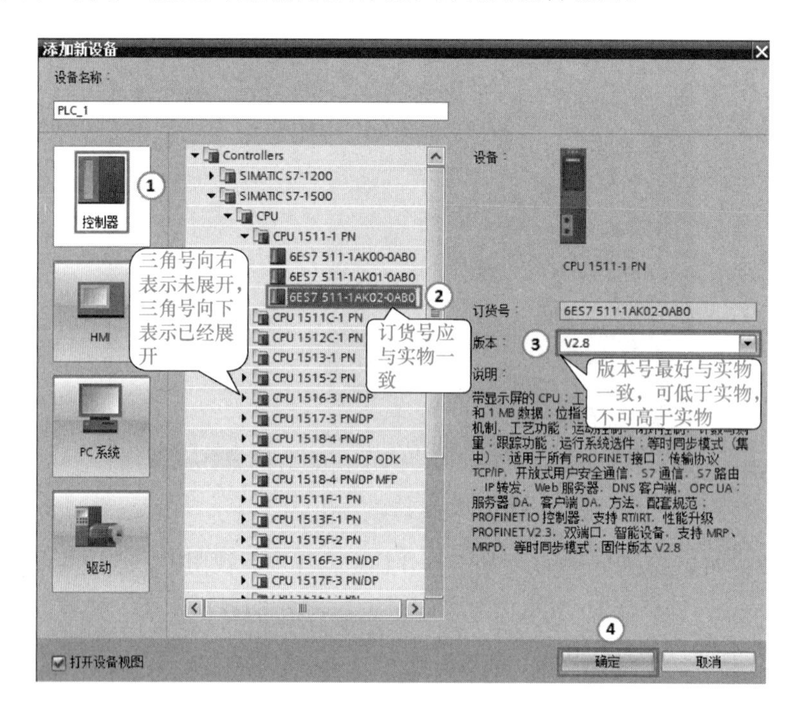

图 3-18　添加新设备（1）

（2）添加数字量模块

如图 3-19 所示，在“设备视图”选项卡中，展开硬件目录，将 DI 16×24VDC HF 中的模块拖拽到标号③处的 2 号槽位，将 DO 16×24VDC/0.5A ST 中的模块拖拽到标号④处的 3 号槽位。

注意：不管是 CPU 模块还是数字量模块，组态所选择订货号和版本号，最好与实物模块一致，否则有可能导致 CPU 模块不能正常运行。

（3）查看和修改数字量模块的地址

如图 3-20 所示，打开设备概览选项卡，查看数字量输入模块的地址，本例为 IB0（即

I0.0 ～ I0.7）和 IB1（即 I1.0 ～ I1.7），编写程序时，应与这个地址对应；查看数字量输出模块的地址，本例为 QB0（即 Q0.0 ～ Q0.7）和 QB1（即 Q1.0 ～ Q1.7），编写程序时，应与这个地址对应；数字量模块的地址可以修改。

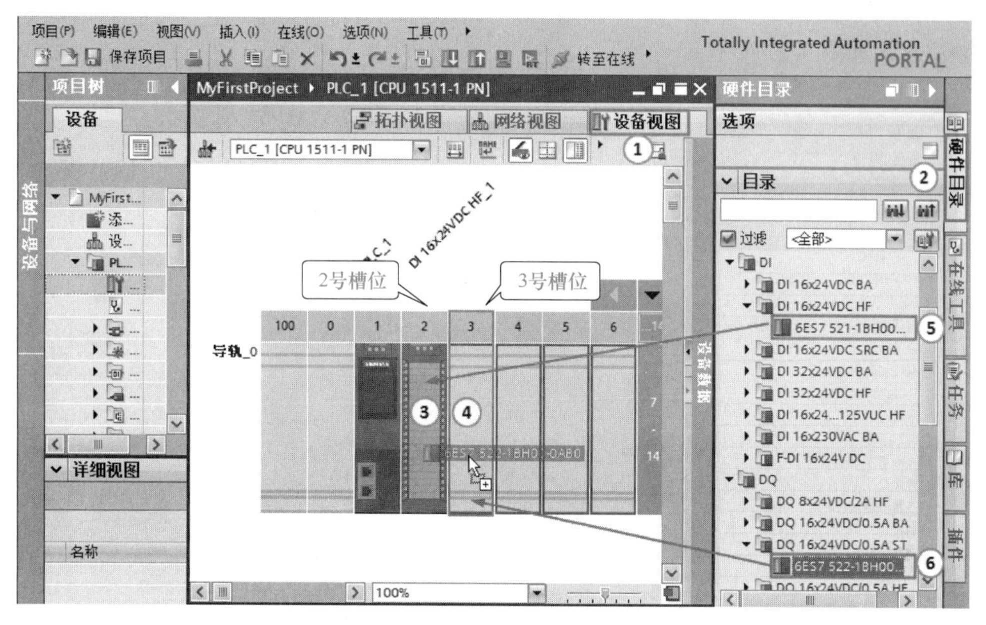

图 3-19　添加新设备（2）

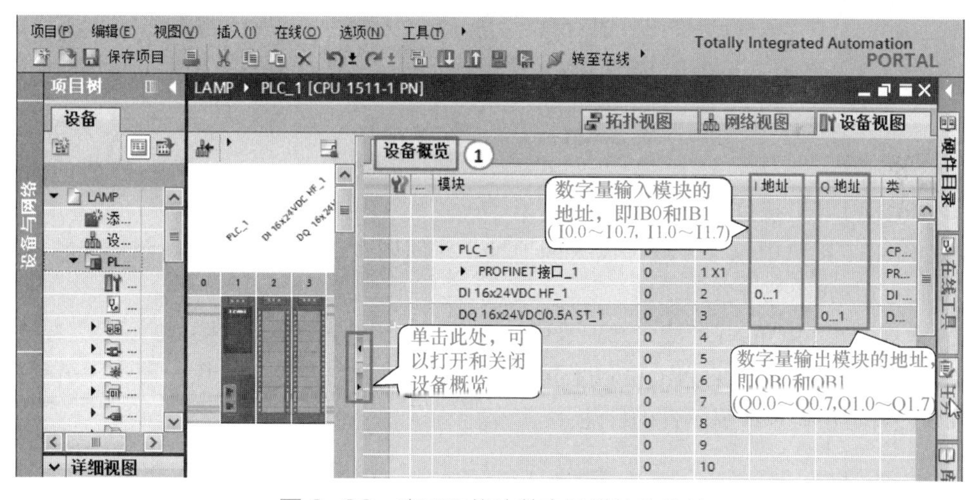

图 3-20　查看和修改数字量模块的地址

3.3.3　CPU 参数配置

单击机架中的 CPU，可以看到 TIA Portal 软件底部 CPU 的属性视图，在此可以配置 CPU 的各种参数，如 CPU 的启动特性、组织块（OB）以及存储区的设置等。以下主要以 CPU 1511-1 PN 为例介绍 CPU 的参数设置。本例的 CPU 参数全部可以采用默认值，不用设置，初学者可以跳过。

（1）常规

单击属性视图中的“常规”选项卡，在属性视图的右侧的常规界面中可见 CPU 的项目信息、目录信息和标识与维护。用户可以浏览 CPU 的简单特性描述，也可以在“名称”“注释”等空白处做提示性的标注。对于设备名称和位置标识符，用户可以用来识别设备和设备所处的位置，如图 3-21 所示。

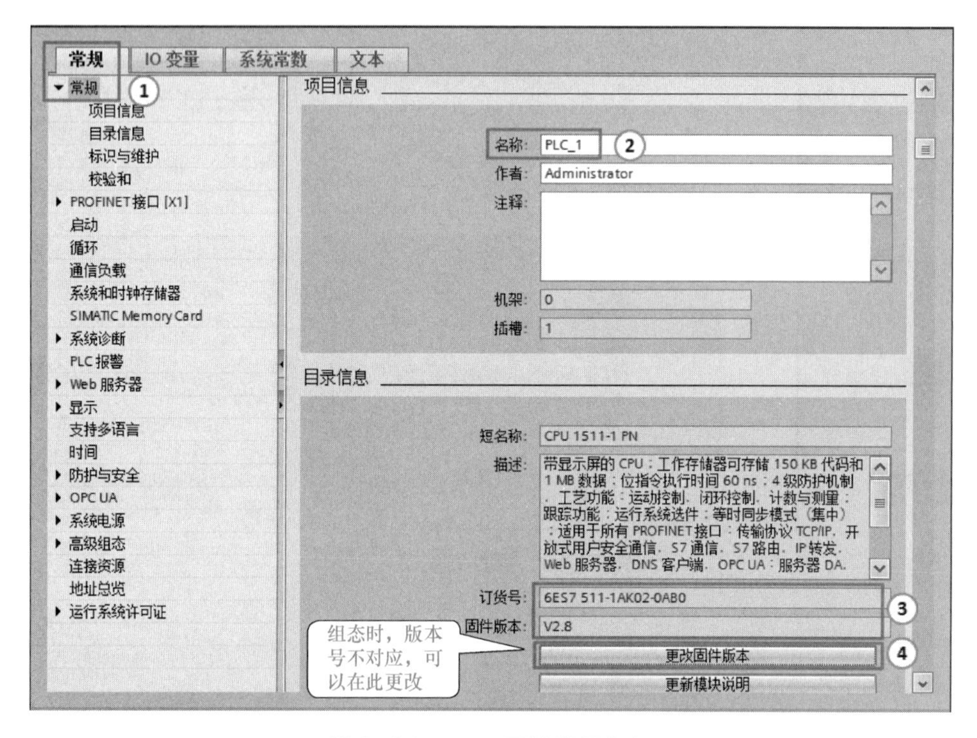

图 3-21　CPU 属性常规信息

（2）PROFINET 接口

PROFINET 接口中包含常规、以太网地址、时间同步、操作模式、高级选项和 Web 服务器访问，以下介绍部分常用功能。

1）常规　在 PROFINET 接口选项卡中，单击“常规”选项，如图 3-22 所示，在属性视图的右侧的常规界面中可见 PROFINET 接口的常规信息和目录信息。用户可在“名称”“作者”和“注释”中做一些提示性的标注。

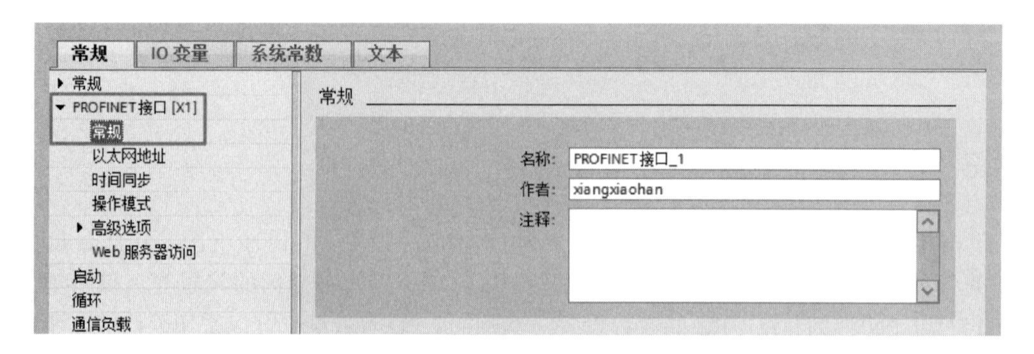

图 3-22　PROFINET 接口常规信息

2）以太网地址　选中“以太网地址”选项卡，可以创建新网络、设置 IP 地址等，如图 3-23 所示。以下将说明“以太网地址”选项卡主要参数和功能。

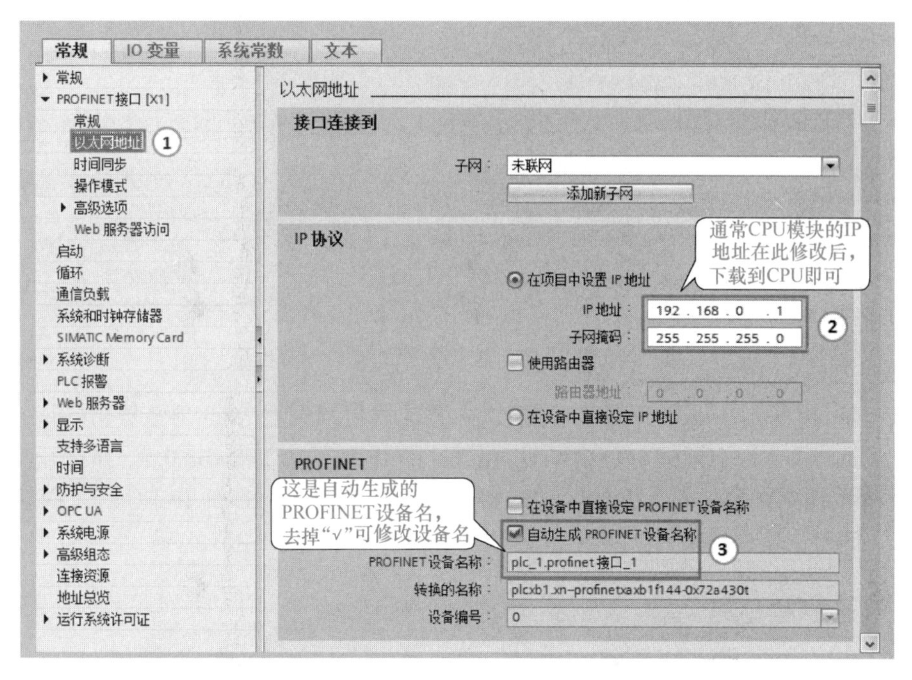

图 3-23　PROFINET 接口以太网地址信息

① 接口连接到　单击“添加新子网”按钮，可为该接口添加新的以太网网络，新添加的以太网的子网名称默认为 PN/IE_1。

② IP 协议　可根据实际情况设置 IP 地址和子网掩码，图 3-23 中，默认 IP 地址为“192.168.0.1”，默认子网掩码为“255.255.255.0”。如果该设备需要和非同一网段的设备通信，那么还需要激活“使用路由器”选项，并输入路由器的 IP 地址。

③ PROFINET

a. PROFINET 的设备名称：PROFINET 接口的模块，每个接口都有各自的设备名称，且此名称可以在项目树中修改。

b. 转换的名称：此 PROFINET 设备名称转换成符合 DNS 习惯的名称。

c. 设备编号：PROFINET IO 设备的编号，IO 控制器的编号是无法修改的，为默认值“0”。

3）操作模式

PROFINET 的操作模式参数设置界面如图 3-24 所示。其主要参数及选项功能介绍如下。

PROFINET 的操作模式表示 PLC 可以通过该接口作为 PROFINET IO 的控制器或者 IO 设备。

默认时，“IO 控制器”选项是使能的，如果组态了 PROFINET IO 设备，那么会出现 PROFINET 系统名称。如果该 PLC 作为智能设备，则需要激活“IO 设备”选项，并选择“已分配的 IO 控制器”。如果需要“已分配的 IO 控制器”给智能设备分配参数时，选择“此 IO 控制器对 PROFINET 接口的参数化”。

4）Web 服务器访问　CPU 的存储区中存储了一些含有 CPU 信息和诊断功能的 HTML 页面。Web 服务器功能使得用户可通过 Web 浏览器执行访问此功能。

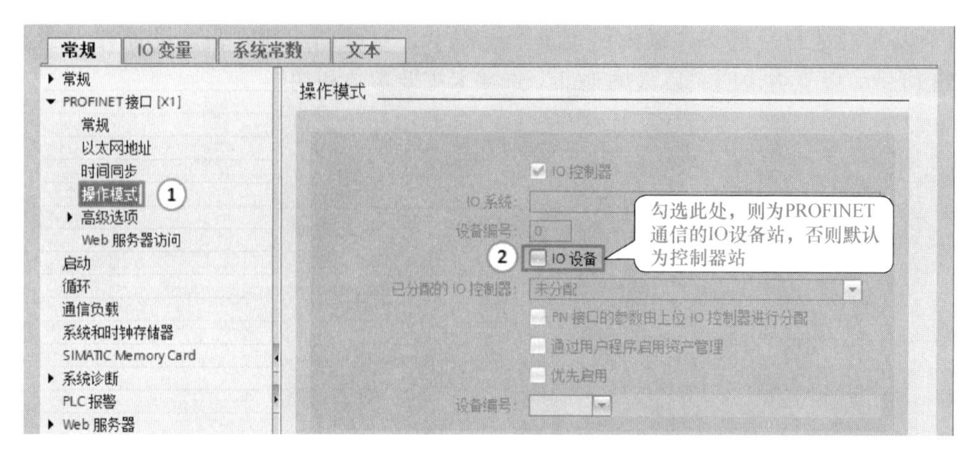

图 3-24　PROFINET 接口操作模式信息

激活“启用使用该端口访问服务器”，则意味着可以通过 Web 浏览器访问该 CPU，如图 3-25 所示。本节内容前述部分已经设定 CPU 的 IP 地址为 192.168.0.1。如打开 Web 浏览器（例如 Internet Explorer），并输入“http：//192.168.0.1”（CPU 的 IP 地址），刷新 Internet Explorer，即可浏览访问该 CPU 了。具体使用方法参见本书 10.4 节。

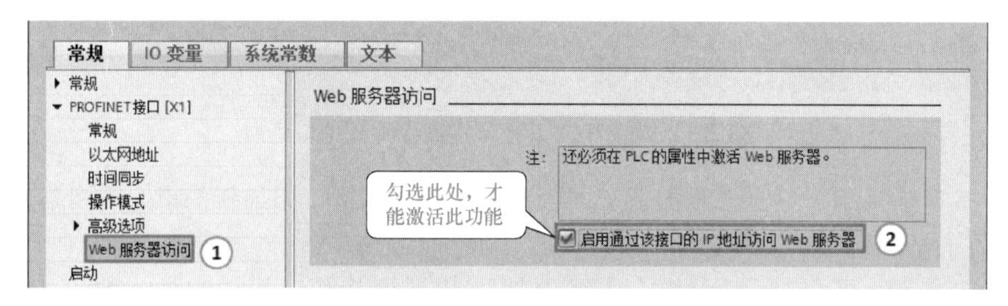

图 3-25　启用使用该端口访问 Web 服务器

（3）启动

单击“启动”选项，弹出“启动”参数设置界面，如图 3-26 所示。

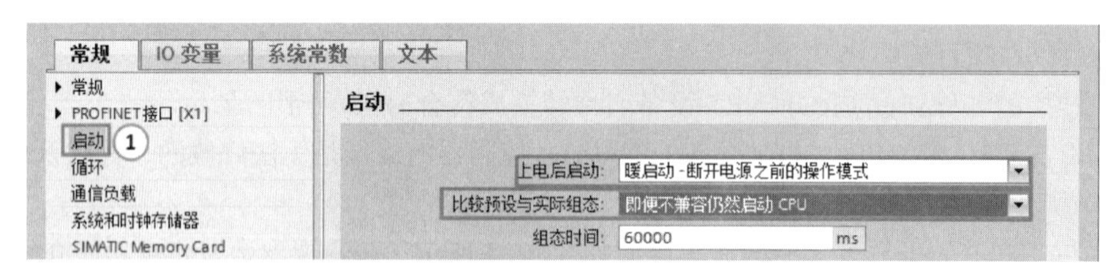

图 3-26　启动

CPU 的“上电后启动”有三个选项：未启动（仍处于 STOP 模式）、暖启动 - 断开电源之前的操作模式和暖启动 -RUN。

“比较预设与实际组态”有两个选项：即便不兼容仍然启动 CPU 和仅兼容时启动 CPU。如选择第一个选项表示不管组态预设和实际组态是否一致 CPU 均启动，如选择第二项则组态预设和实际组态一致 CPU 才启动。

（4）循环

“循环”标签页如图 3-27 所示，其中有两个参数：最大循环时间和最小循环时间。如

CPU 的循环时间超出最大循环时间，CPU 将转入 STOP 模式。如果循环时间小于最小循环时间，CPU 将处于等待状态，直到循环时间超过最小循环时间，然后再重新循环扫描。

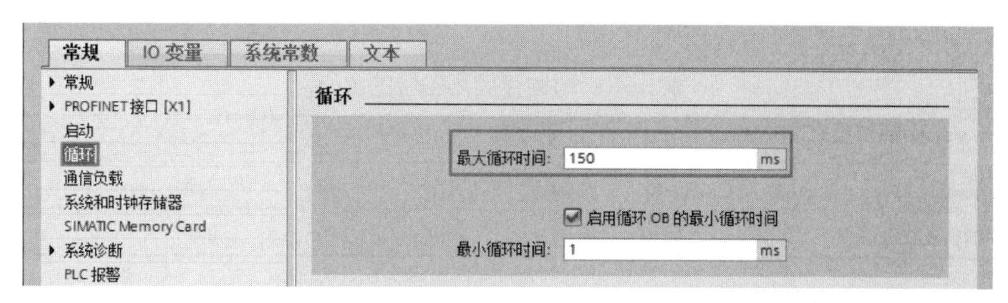

图 3-27　循环

（5）系统和时钟存储器

单击“系统和时钟存储器”标签，弹出如图 3-28 所示的界面。有两项参数，具体介绍如下。

1）系统存储器位　激活系统存储器字节，系统默认为“1”，代表的字节为“MB1”，用户也可以指定其他的存储器字节。目前只用到了该字节的前 4 位，以 MB1 为例，其各位的含义介绍如下。

① M1.0（FirstScan）：首次扫描为 1，之后为 0。

② M1.1（DiagStatus Update）：诊断状态已更改。

③ M1.2（Always TRUE）：CPU 运行时，始终为 1。

④ M1.3（Always FALSE）：CPU 运行时，始终为 0。

⑤ M1.4 ～ M1.7 未定义，且数值为 0。

注意：S7-300/400 没有此功能。

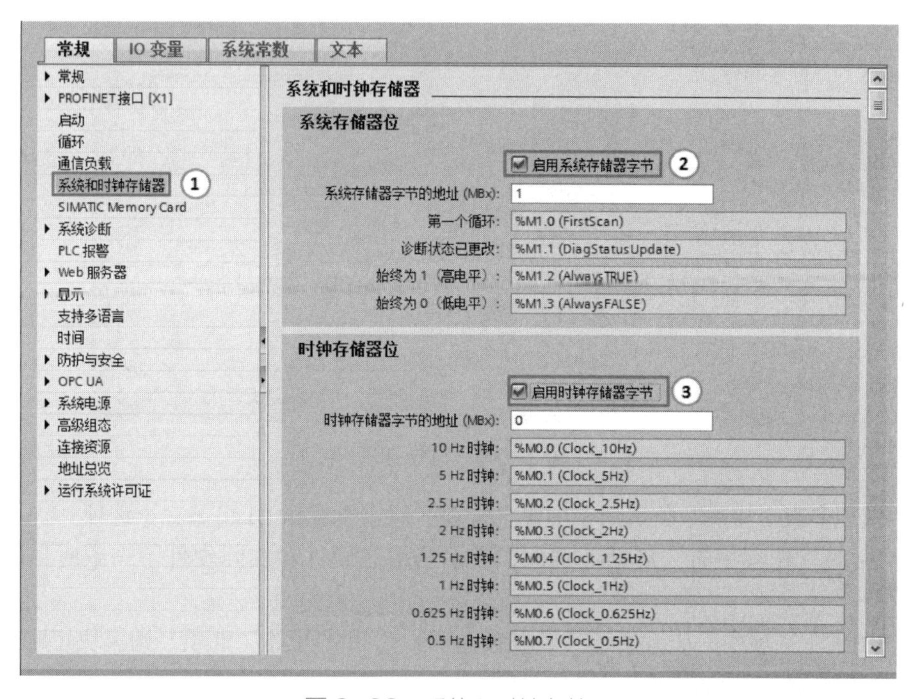

图 3-28　系统和时钟存储器

2）时钟存储器　时钟存储器是指 CPU 内部集成的时钟存储器。激活时钟存储器字节，系统默认为“0”，代表的字节为“MB0”，用户也可以指定其他的存储字节，其各位的含义见表 3-3。

表 3-3　时钟存储器各位的含义

时钟存储器的位	7	6	5	4	3	2	1	0
频率 /Hz	0.5	0.625	1	1.25	2	2.5	5	10
周期 /s	2	1.6	1	0.8	0.5	0.4	0.2	0.1

注意：以上功能是很常用的，如果激活了以上功能，仍然不起作用，先检查是否有变量冲突，如无变量冲突，将硬件“完全重建”后再下载，一般可以解决。

3.3.4　S7-1500 的 I/O 参数的配置

S7-1500 模块的一些重要的参数是可以修改的，如数字量 I/O 模块和模拟量 I/O 模块的地址的修改、诊断功能的激活和取消激活等。本例可以不做修改 I/O 参数的配置。

（1）数字量输入模块参数的配置

数字量输入模块的参数有 3 个选项卡：常规、模块参数和输入。常规选项卡中的选项与 CPU 的常规中选项类似，以后将不做介绍。

1）常规　常规中常用的是目录信息，当硬件组态时，弄错“固件版本号”进行修改，如图 3-29 所示。

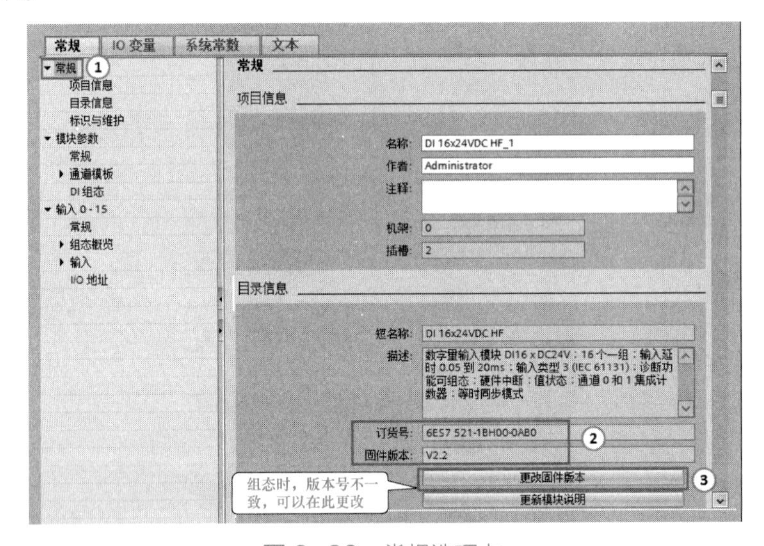

图 3-29　常规选项卡

2）模块参数　模块参数选项卡中包含常规、通道模板和 DI 组态三个选项。

①“常规”选项中有“启动”选项，表示当组态硬件和实际硬件不一致时，硬件是否启动。

②“输入”选项中，如激活了“无电源电压 L+”和“短路”选项，则模块短路或者电源断电时，会激活故障诊断中断。

在“输入参数”选项中，可选择“输入延时时间”，默认是 3.2ms。

3）更改模块的逻辑地址　在机架上插入数字量 I/O 模块时，系统自动为每个模块分配逻辑地址，删除和添加模块不会造成逻辑地址冲突。在工程实践中，修改模块地址是比较常见的现象，如编写程序时，程序的地址和模块地址不匹配，既可修改程序地址，也可以修改模块地址。修改数字量输入模块地址的方法为：先选中要修改的数字量输入模块，再选中“输入 0-15”选项卡，如图 3-30 所示，在起始地址中输入希望修改的地址（如输入 10），单击键盘“回车”键即可。结束地址（11）是系统自动计算生成的。

如果输入的起始地址和系统有冲突，系统会弹出提示信息。

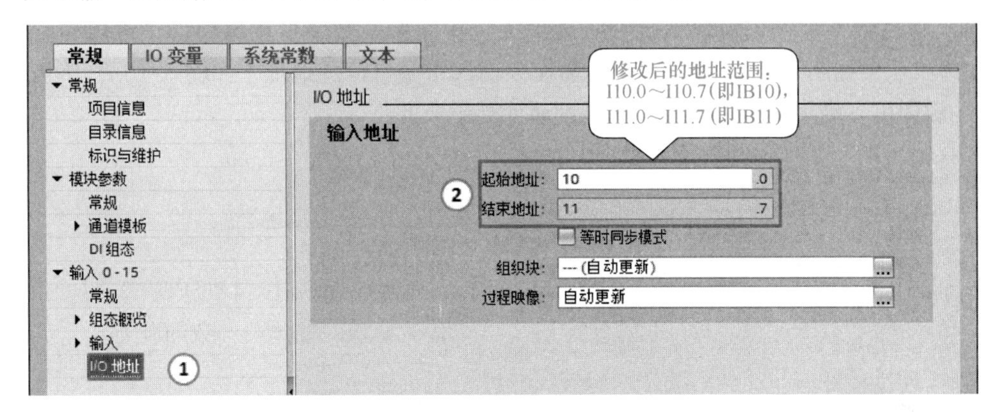

图 3-30　修改数字量输入模块地址

（2）数字量输出模块参数的配置

数字量输出模块的参数有 3 个选项卡：常规、模块参数和输出。

1）模块参数　模块参数选项卡中包含常规、通道模板和 DO 组态三个选项。

①“常规”选项中有“启动”选项，表示当组态硬件和实际硬件不一致时，硬件是否启动。如图 3-31 所示，选项为“来自 CPU”。

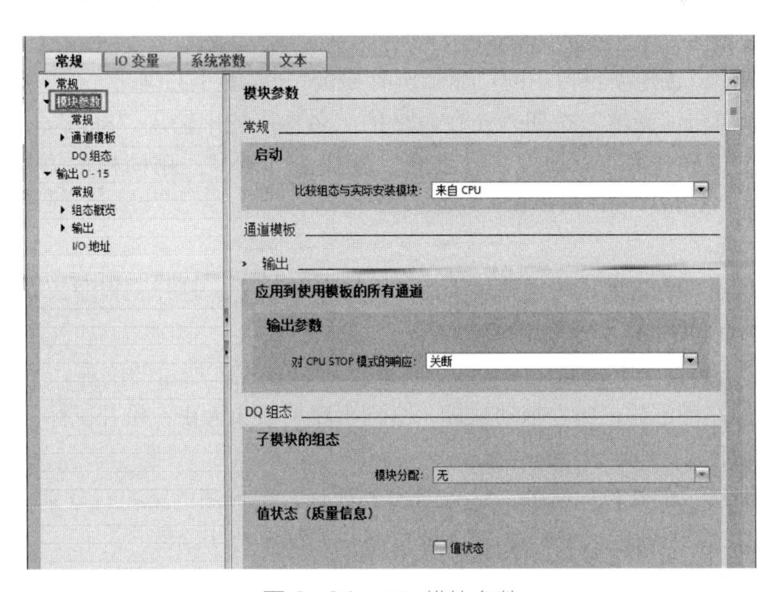

图 3-31　DO 模块参数

②“输出”选项中，如激活了“无电源电压 L+”和“短路”选项，则模块短路或者电源断电时，会激活故障诊断中断。

在“输出参数”选项中，可选择“对 CPU STOP 模式的响应”为“关断”，含义是当 CPU 处于 STOP 模式时，这个模块输出点关断；“保持上一个值”的含义是 CPU 处于 STOP 模式时，这个模块输出点输出不变，保持以前的状态；“输出替换为 1”含义是 CPU 处于 STOP 模式时，这个模块输出点状态为“1”。

2）更改模块的逻辑地址 在机架上插入数字量 I/O 模块时，系统自动为每个模块分配逻辑地址，删除和添加模块不会造成逻辑地址冲突。在工程实践中，修改模块地址是比较常见的现象，如编写程序时，程序的地址和模块地址不匹配，既可修改程序地址，也可以修改模块地址。修改数字量输出模块地址方法为：先选中要修改数字量输出模块，再选中“输出 0-15”选项卡，如图 3-32 所示，在起始地址中输入希望修改的地址（如输入 10），单击键盘“回车”键即可。结束地址（11）是系统自动计算生成的。

如果输出的起始地址和系统有冲突，系统会弹出提示信息。

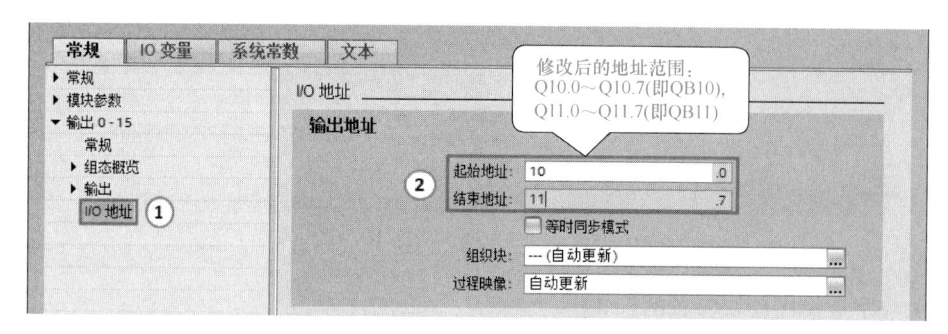

图 3-32 修改数字量输出模块地址

3.3.5 程序的输入

（1）将符号名称与地址变量关联

在项目视图中，选定项目树中的“显示所有变量”，如图 3-33 所示，在项目视图的右上方有一个表格，单击“新增”按钮，先在表格的“名称”栏中输入“Start”，在“地址”栏中输入“I0.0”，这样符号“Start”在寻址时，就代表“I0.0”。用同样的方法将“Stp”和“I0.1”关联，将“Motor”和“Q0.0”关联。

（2）打开主程序

如图 3-33 所示，双击项目树程序块中的“OB1［Main］”，打开主程序，如图 3-34 所示。

（3）输入触点和线圈

先把常用“工具栏”中的常开触点和线圈拖放到如图 3-34 所示的位置。用鼠标选中“双箭头”，按住鼠标左键不放，向上拖动鼠标，直到出现单箭头为止，松开鼠标。

（4）输入地址

在如图 3-34 所示的红色问号处，输入对应的地址，梯形图的第一行分别输入 I0.0、I0.1 和 Q0.0，梯形图的第二行输入 Q0.0，输入完成后，如图 3-35 所示。

（5）编译项目

在项目视图中，单击“编译”按钮，编译整个项目。

（6）保存项目

在项目视图中，单击“保存项目”按钮，保存整个项目。

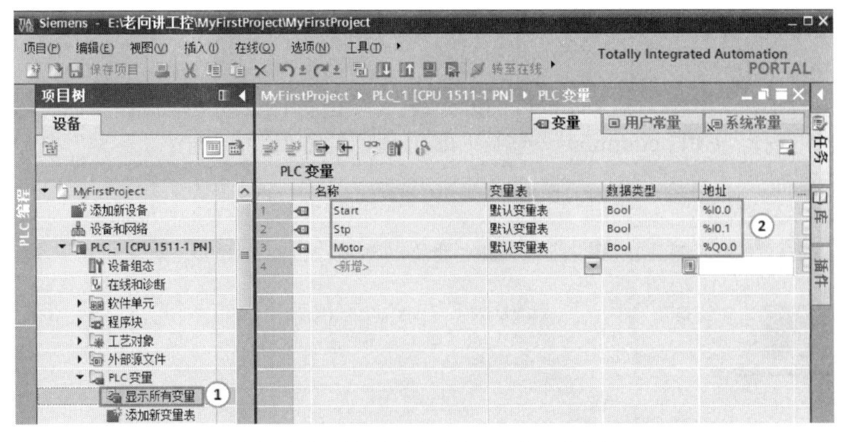
图 3-33　将符号名称与地址变量关联

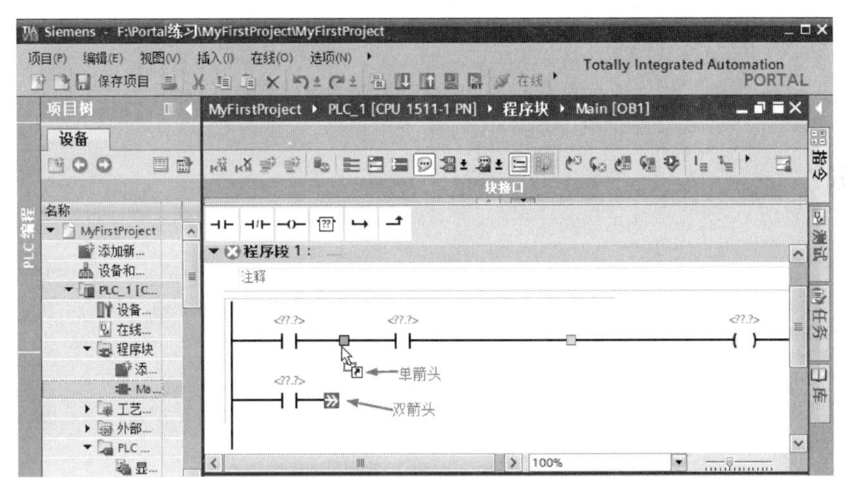

图 3-34　输入梯形图（1）

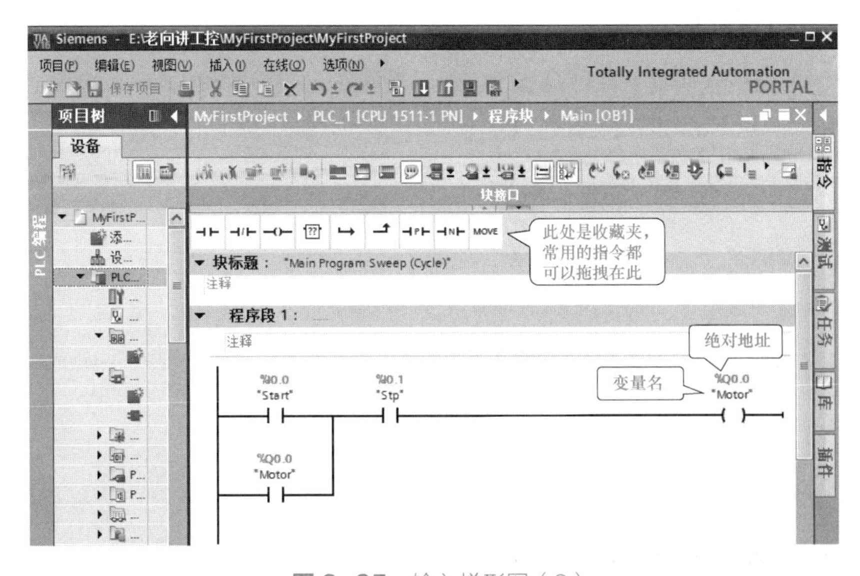

图 3-35　输入梯形图（2）

3.3.6 程序下载到仿真软件 S7-PLCSIM

在项目视图中，单击“启动仿真”按钮，弹出如图 3-36 所示的界面，单击“开始搜索”按钮，选择“CPU common”选项（即仿真器的 CPU），单击“下载”按钮，弹出如图 3-37 所示界面。

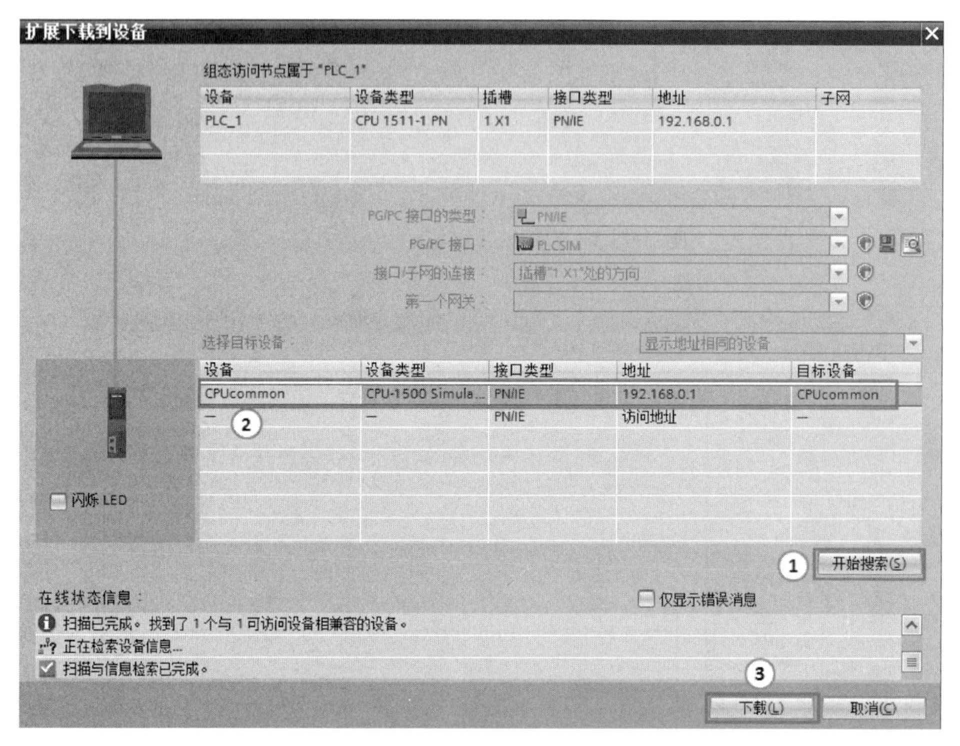

图 3-36 扩展下载到设备

如图 3-37 所示，单击“装载”按钮，弹出如图 3-38 所示的界面，选择“启动模块”选项，单击“完成”按钮即可。至此，程序已经下载到仿真器。

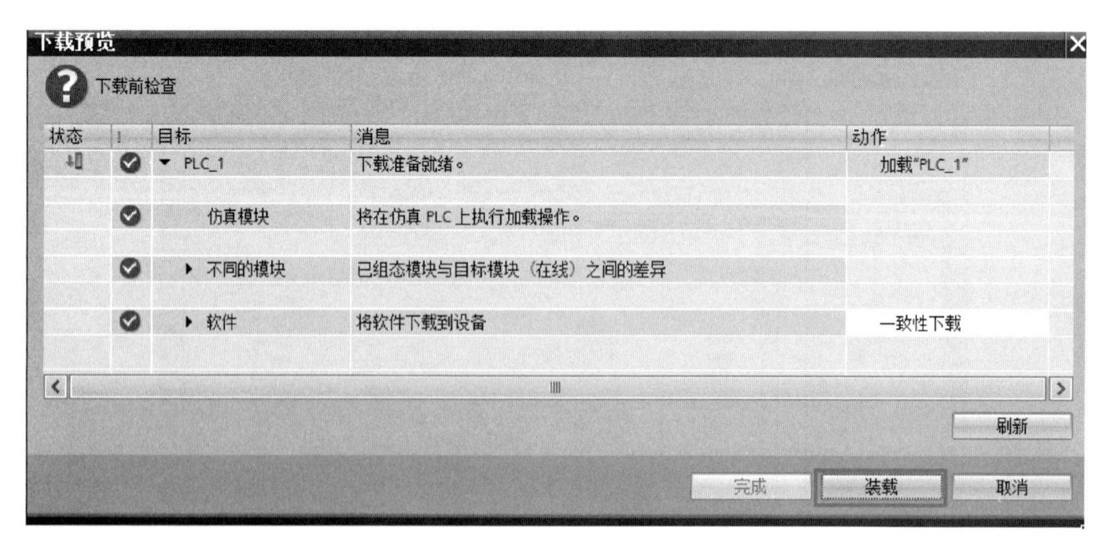

图 3-37 下载预览

如要使用输入映像寄存器 I 的仿真功能，需要打开仿真器的项目视图。单击仿真器上的“切换到项目视图”按钮，仿真器切换到项目视图，单击“新项目”按钮，新建一个仿真器项目，如图 3-39 所示，单击“创建”按钮即可，之前下载到仿真器的程序，也会自动下载到项目视图的仿真器中。

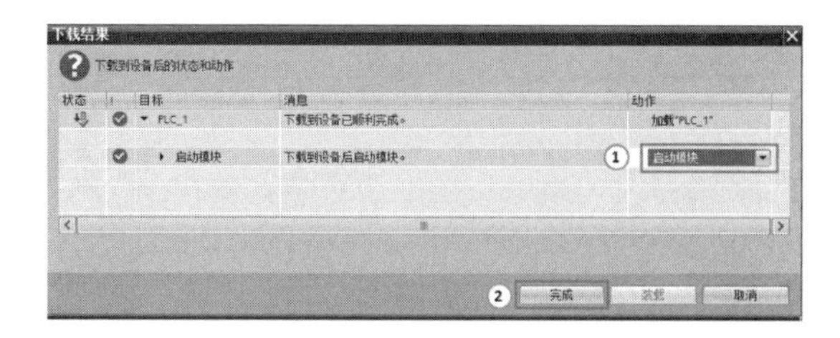

图 3-38　下载结果

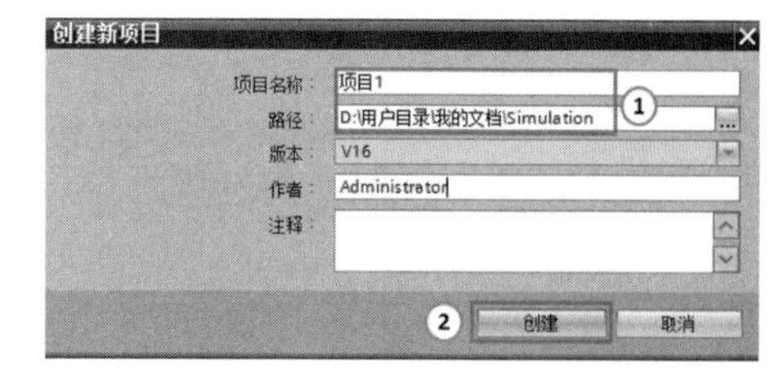

图 3-39　新建仿真器项目

如图 3-40 所示，双击打开“SIM 表 ...”，按图输入地址，名称自动生成，反之亦然。先勾选“I0.1：P”，模拟 SB2 是常闭触点，这点要注意。再选中“I0.0：P”（即 Start，标号③处），再单击“Start”按钮（标号④处），可以看到 Q0.0 线圈得电（图中为 TRUE）。

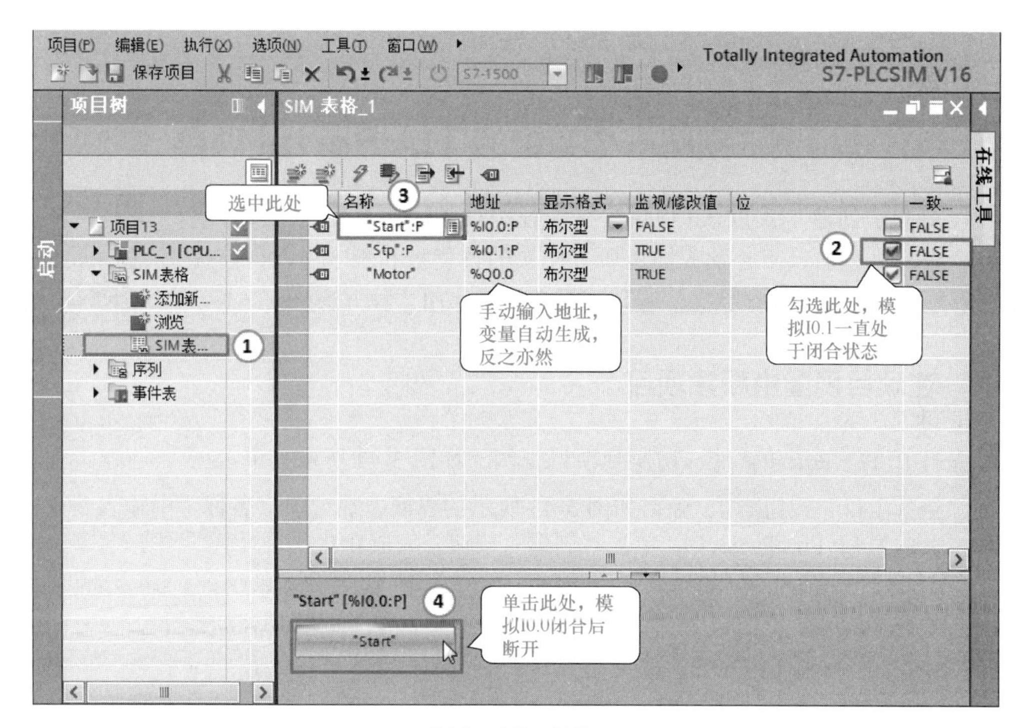

图 3-40　仿真

3.3.7　程序的监视

程序的监视功能在程序的调试和故障诊断过程中很常用。要使用程序的监视功能，必须将程序下载到仿真器或者 PLC 中。如图 3-41 所示，先单击项目视图的工具栏中的“转至在线”按钮 转至在线，再单击程序编辑器工具栏中的“启用 / 停止监视”按钮，使得程序处于在线状态。蓝色的虚线表示断开，而绿色的实线表示导通。

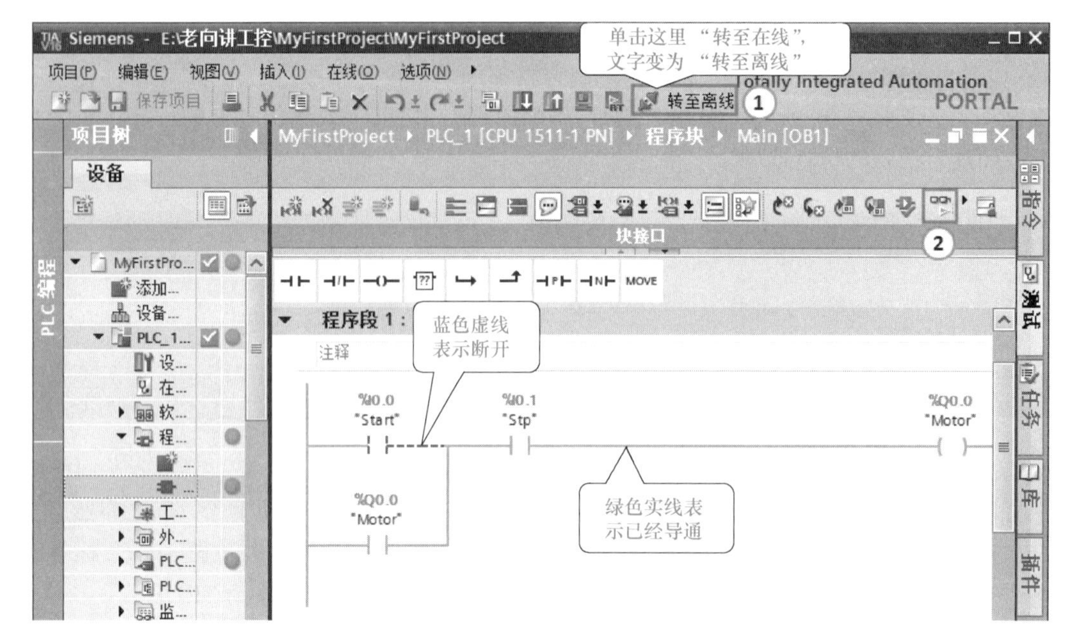

图 3-41 程序的监视

3.4 用在线检测法创建一个完整的 TIA Portal 项目

在线检测法创建 TIA Portal 项目，在工程中很常用，其好处是硬件组态快捷、效率高，而且不必预先知道所有模块的订货号和版本号，但前提是必须有硬件，并处于在线状态。建议初学者尽量采用这种方法。

用在线检测法创建一个完整的 TIA Portal 项目

3.4.1 在项目视图中新建项目

首先打开 TIA Portal 软件，切换到项目视图，如图 3-42 所示，单击工具栏的“新建项目”按钮，弹出如图 3-43 所示的界面，在“项目名称”中输入新建的项目名称（本例为 MyFirstProject），单击“创建”按钮，完成新建项目。

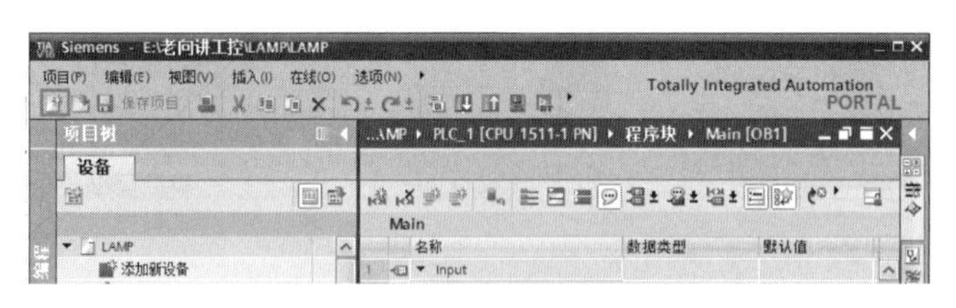

图 3-42 新建项目（1）

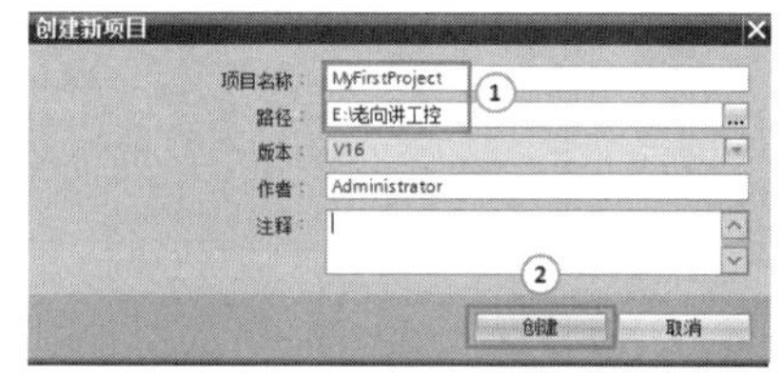

图 3-43 新建项目（2）

3.4.2 在线检测设备

（1）更新可访问的设备

将计算机的网口与 CPU 模块的网口用网线连接，之后保持 CPU 模块处于通电状态。如图 3-44 所示，单击“在线访问”→“有线网卡”（不同的计算机可能不同），双击“更新可访问的设备”选项，之后显示所有能访问到设备的设备名和 IP 地址，本例为 plc_1［192.168.0.1］，这个地址是很重要的，可根据这个 IP 地址修改计算机的 IP 地址，使计算机的 IP 地址与之在同一网段（即 IP 地址的前 3 个字节相同）。

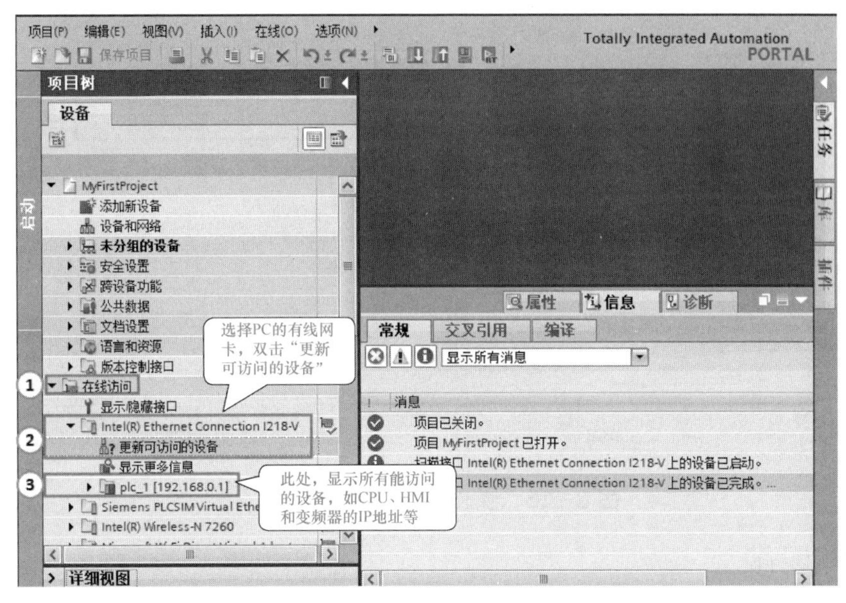

图 3-44　更新可访问的设备

（2）修改计算的 IP 地址

在计算机的“网络连接”中，如图 3-45 所示，选择有线网卡，单击鼠标右键，弹出快捷菜单，单击“属性”选项，弹出图 3-46 所示的界面，按照图进行设置，最后单击“确定”按钮即可。

注意：要确保计算机的 IP 地址与搜索的设备的 IP 地址在同一网段，且网络中任何设备的 IP 地址都是唯一的。

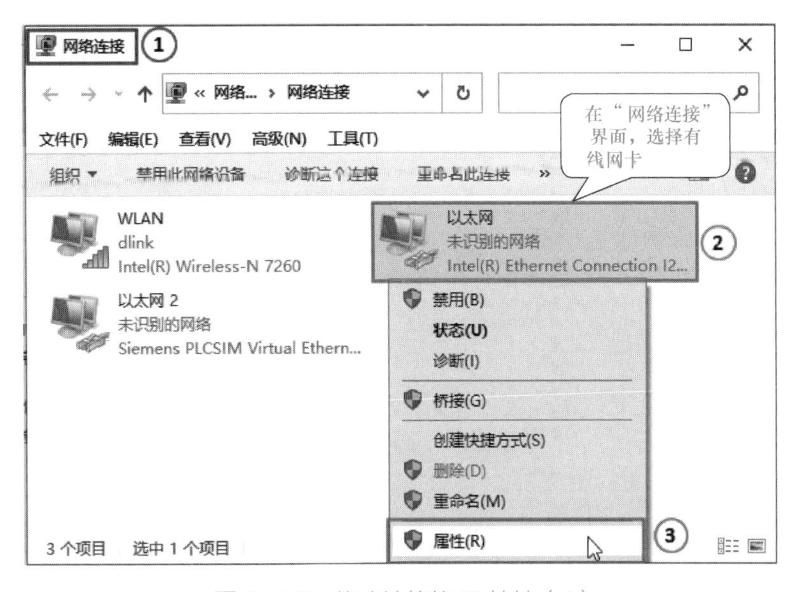

图 3-45　修改计算的 IP 地址（1）

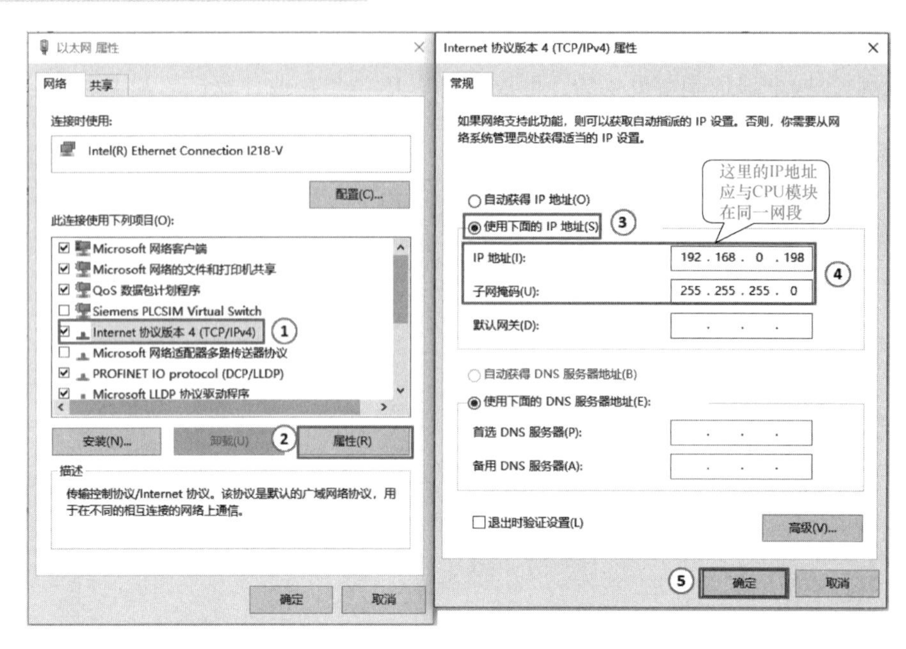

图 3-46　修改计算的 IP 地址（2）

（3）添加设备

如图 3-44 所示，双击项目树中的“添加新设备”命令，弹出如图 3-47 所示的界面，选中“控制器”→“CPU”→“非指定的 CPU 1500”→“6ES7 5XX-XXXXX-XXXX”，单击“确定”按钮，弹出如图 3-48 所示的界面，单击“获取”按钮。

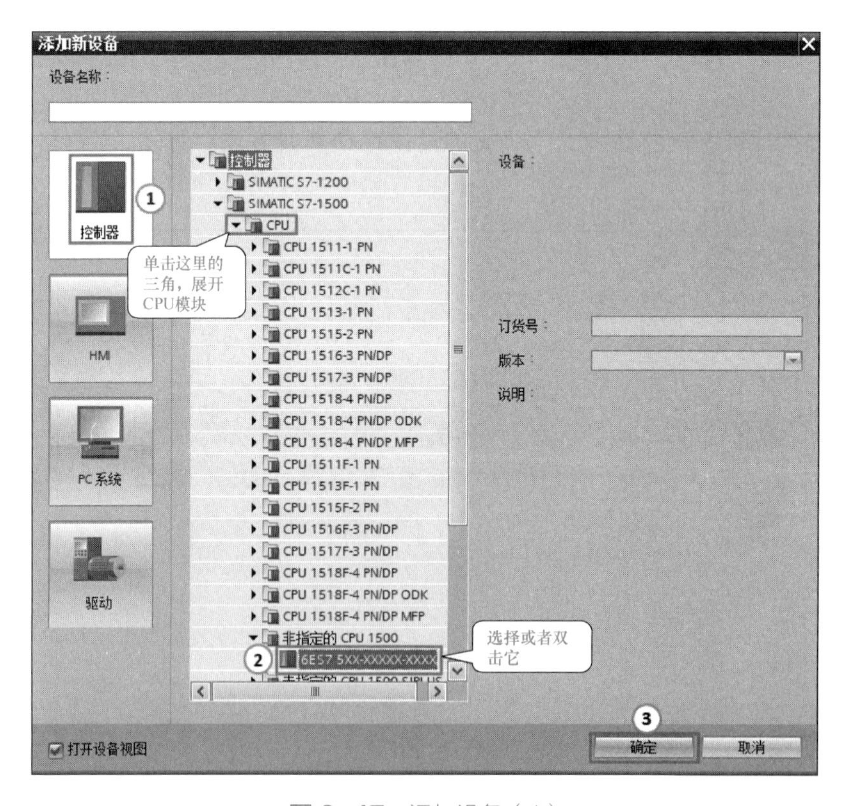

图 3-47　添加设备（1）

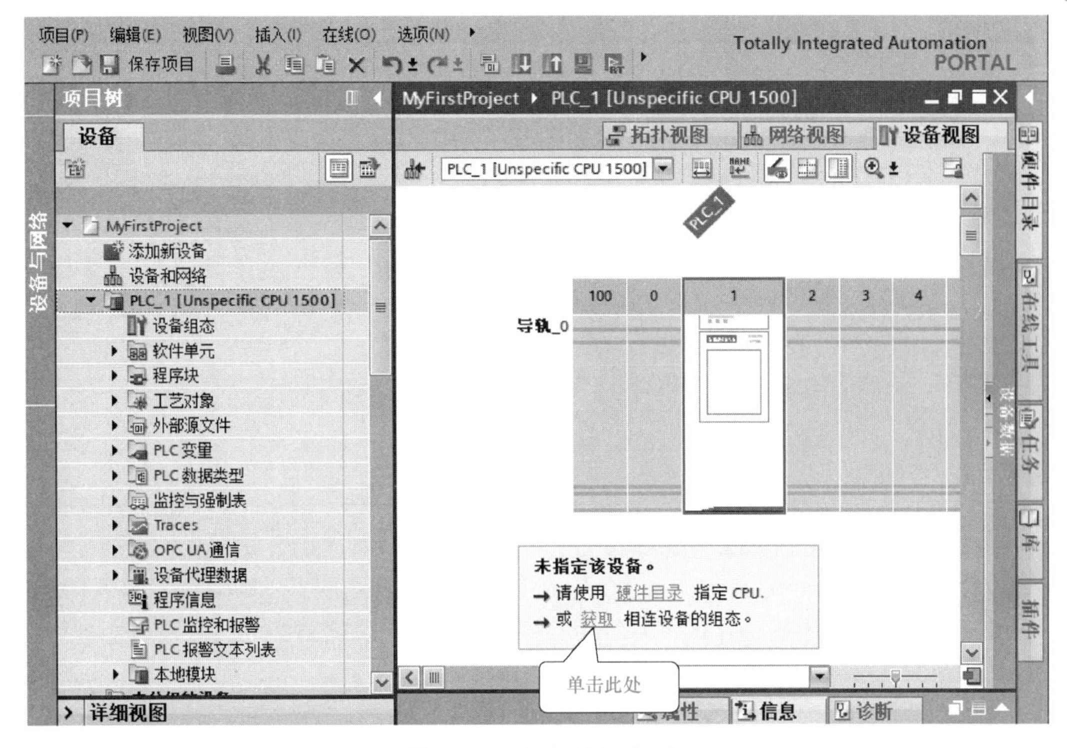

图 3-48　添加设备（2）

如图3-49所示，先选择以太网接口和有线网卡，单击“开始搜索”按钮，弹出如图3-50所示界面，选择搜索到的设备“plc_1”，单击“检测”按钮，硬件检测完成后弹出如图3-51所示的界面。可以看到，一次把3个设备都添加完成，而且硬件的订货号和版本号都是匹配的。

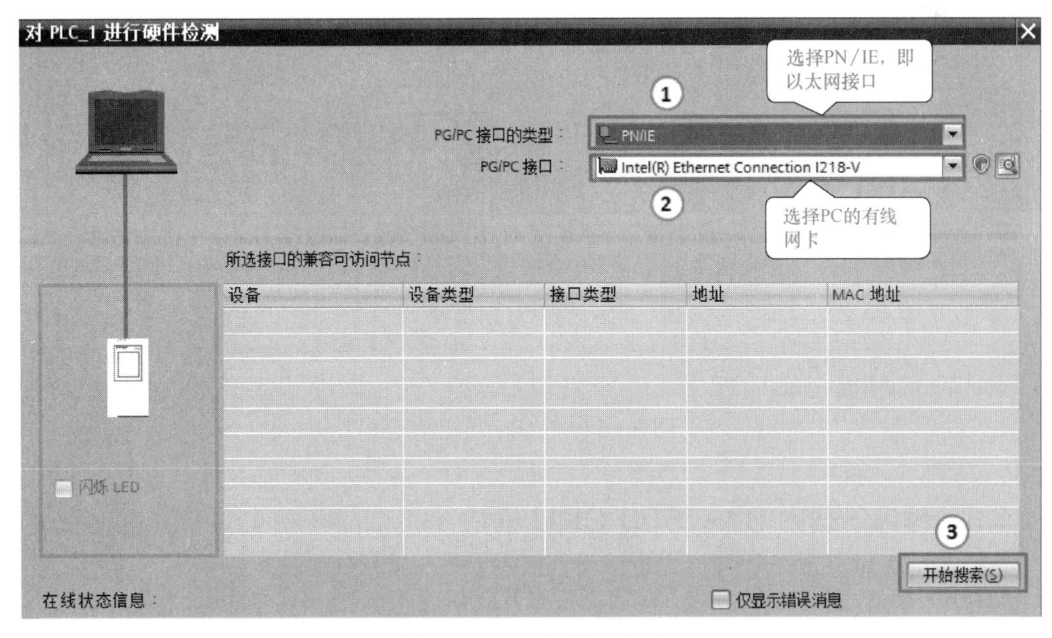

图 3-49　硬件检测（1）

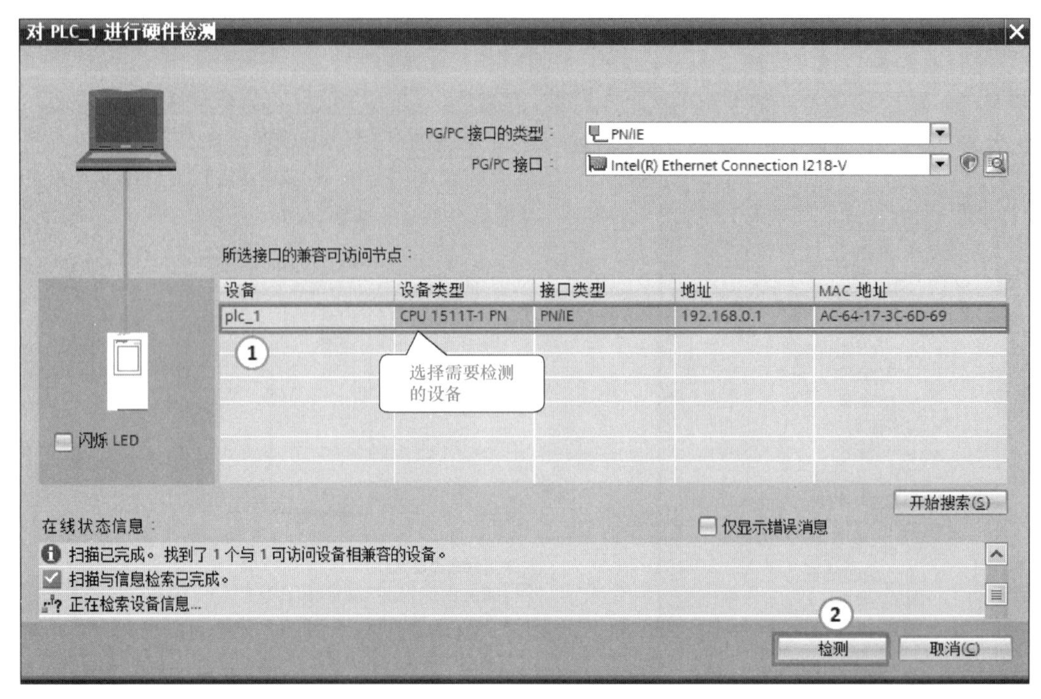

图 3-50　硬件检测（2）

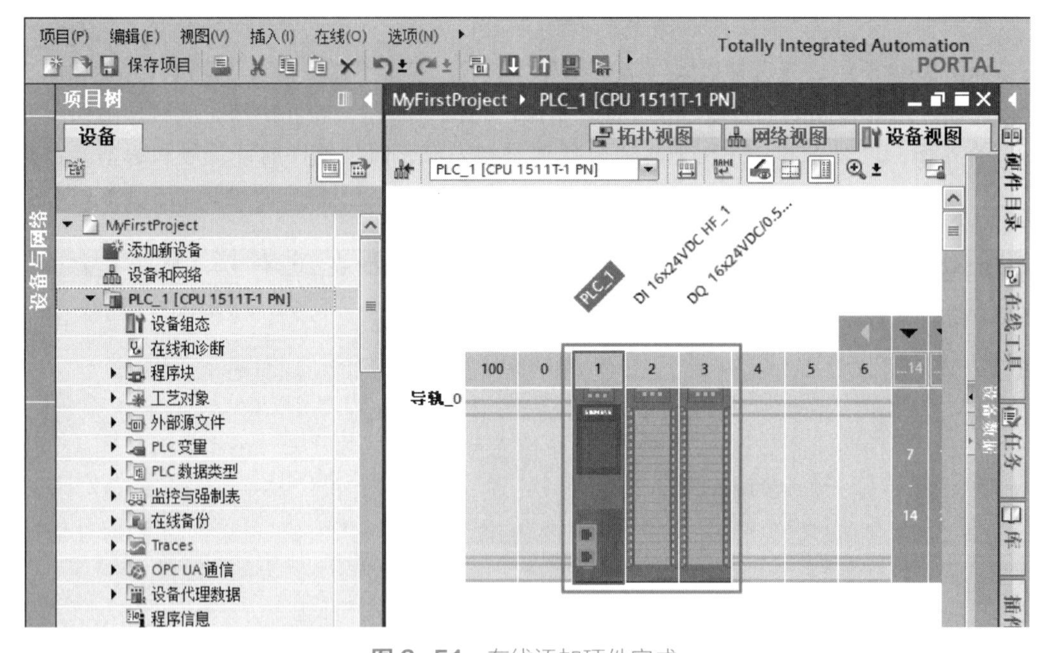

图 3-51　在线添加硬件完成

3.4.3　程序下载到 S7-1500 CPU 模块

程序的输入与 3.3.5 节相同，在此不再重复。如图 3-52 所示，选中要下载的 CPU 模块（本例为 PLC_1），单击“下载到设备”按钮，弹出如图 3-53 所示的界面，单击“开始搜索”按钮，选中搜索的设备“PLC_1”，单击“下载”按钮。

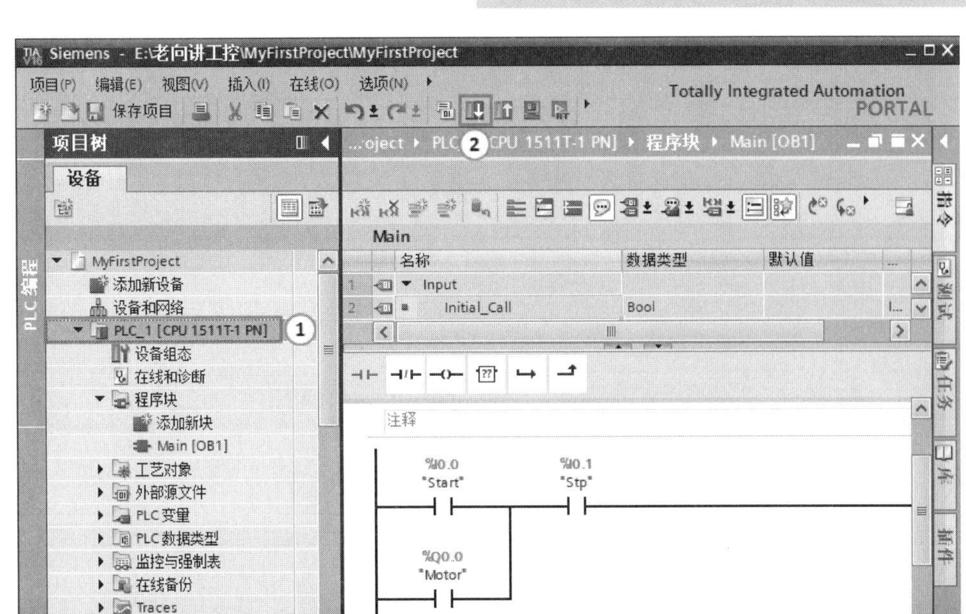

图 3-52　下载（1）

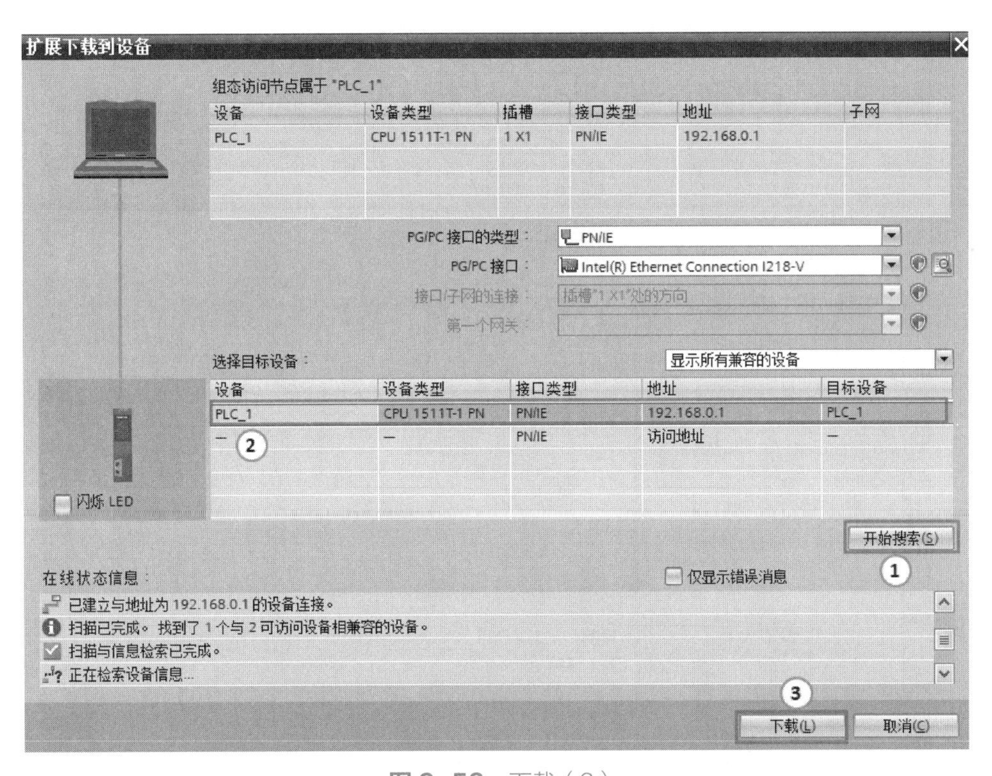

图 3-53　下载（2）

如图 3-54 所示，单击“在不同步的情况下继续”按钮，弹出如图 3-55 所示的界面，单击“装载”按钮，当装载完成后弹出如图 3-56 所示的界面。显示“错误：0”，表示项目下载成功。

程序的监视与 3.3.7 节相同，在此不再重复。

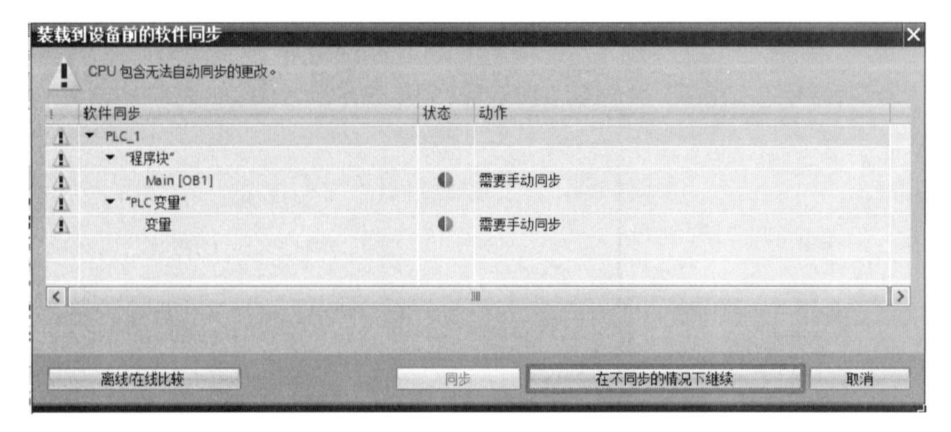

图 3-54　下载（3）

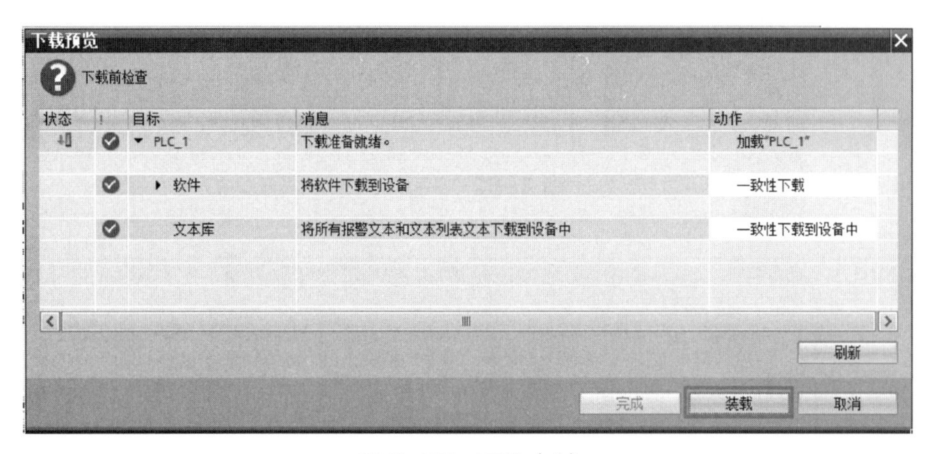

图 3-55　下载（4）

图 3-56　下载完成

3.5 程序上载

程序上载

程序的上载与硬件的检测是有区别的，硬件的检测可以理解为硬件的上载，且不需要密码，而程序的上载需要密码（如程序已经加密），可以上载硬件和软件。

新建一个空项目，如图 3-57 所示，选中项目名“Upload”，再单击菜单栏中的“在线”→“将设备作为新站上传（硬件和软件）”命令，弹出如图 3-58 所示的界面。选择计算机的以太网口“PN/IE”，单击“开始搜索”按钮，选中搜索到的设备“plc_1”，单击“从设备上传”按钮，设备中的“硬件和软件”上传到计算机中。

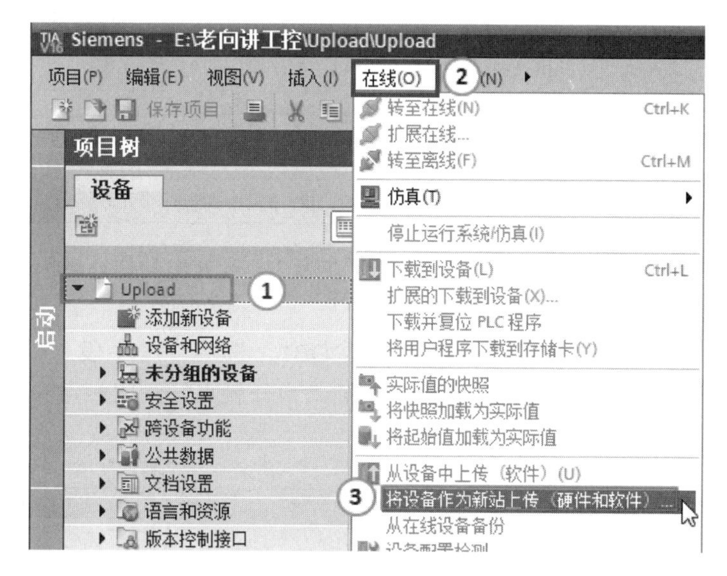

图 3-57 上传（1）

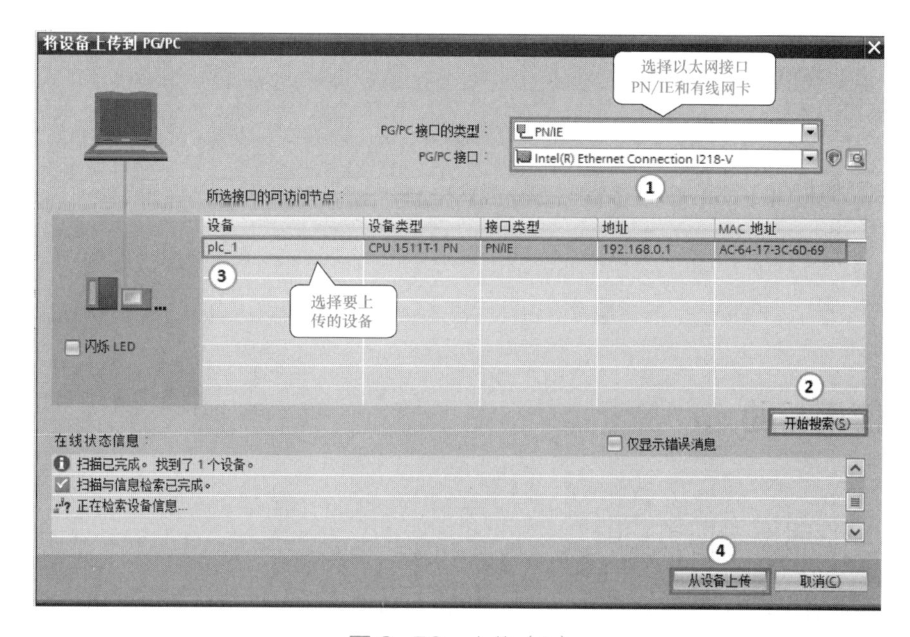

图 3-58 上传（2）

3.6 使用快捷键

在程序的输入和编辑过程中，使用快捷键能极大地提高项目编辑效率，使用快捷键是良好的工程习惯。常用的快捷键与功能的对照见表 3-4。

表 3-4　常用的快捷键与功能的对照

功能	快捷键	功能	快捷键
插入常开触点	Shift+F2	新增块	Ctrl+N
插入常闭触点	Shift+F3	展开所有程序段	Alt+F11
插入线圈	Shift+F7	折叠所有程序段	Alt+F12
插入空功能框	Shift+F5	导航至程序段中的第一个元素	Home
打开分支	Shift+F8	导航至程序段中的最后一个元素	End
关闭分支	Shift+F9	导航至程序段中的下一个元素	Tab
插入程序段	Ctrl+R	导航至程序段中的上一个元素	Shift+Tab

注意：有的计算机在使用快捷键时，还需要在表 3-4 所列出的快捷键前面加 Fn 键。

以下用一个简单的例子介绍快捷键的使用。

在 TIA Portal 软件的项目视图中，打开块 OB1，选中“程序段 1”，依次按快捷键“Shift+F2”“Shift+F3” 和 “Shift+F7”，则依次插入常开触点、常闭触点和线圈，如图 3-59 所示。

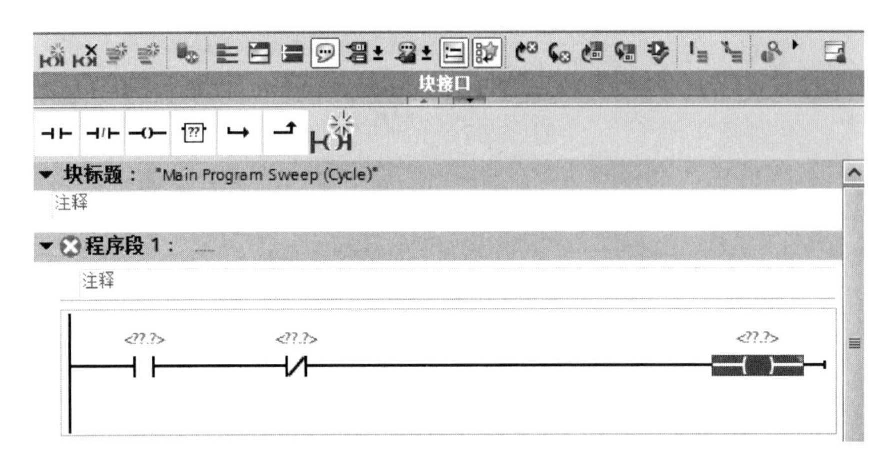

图 3-59　用快捷键输入程序

3.7 使用帮助

3.7.1 查找关键字或者功能

在工作或者学习时，可以利用“关键字”搜索功能查找帮助信息。以下用一个例子说明查找的方法。

先在项目视图中，在菜单栏中，单击“帮助”→“显示帮助”，此时弹出帮助信息系统界面，选中“搜索”选项卡，再在“键入要查找的单词”输入框中，输入关键字，本例为“OB82”，单击“列出主题”按钮，则有关“OB82”的信息全部显示出来，读者通过阅读这些信息，可了解“OB82”的用法，如图 3-60 所示。

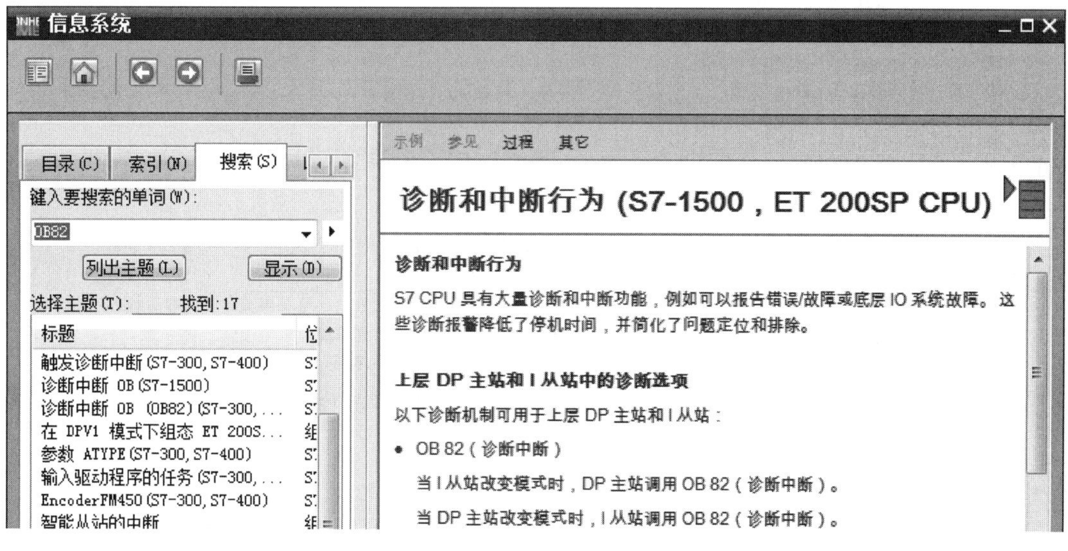

图 3-60　信息系统

3.7.2　使用指令

TIA Portal 软件中内置了很多指令，掌握所有的指令是非常困难的，即使是高水平的工程师也会遇到一些生疏的指令。解决的方法是，在项目视图的指令中，先找到这个生疏的指令，本例为“GET”，先选中“GET”，如图 3-61 所示，再按键盘上的“F1”（或者 Fn+F1），弹出“GET”的帮助界面，如图 3-62 所示。

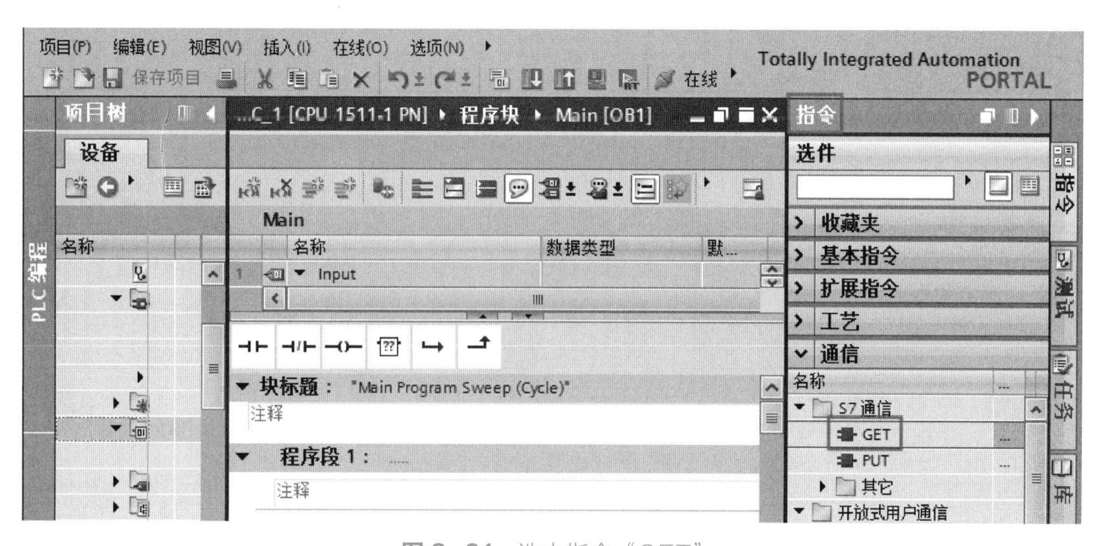

图 3-61　选中指令“GET”

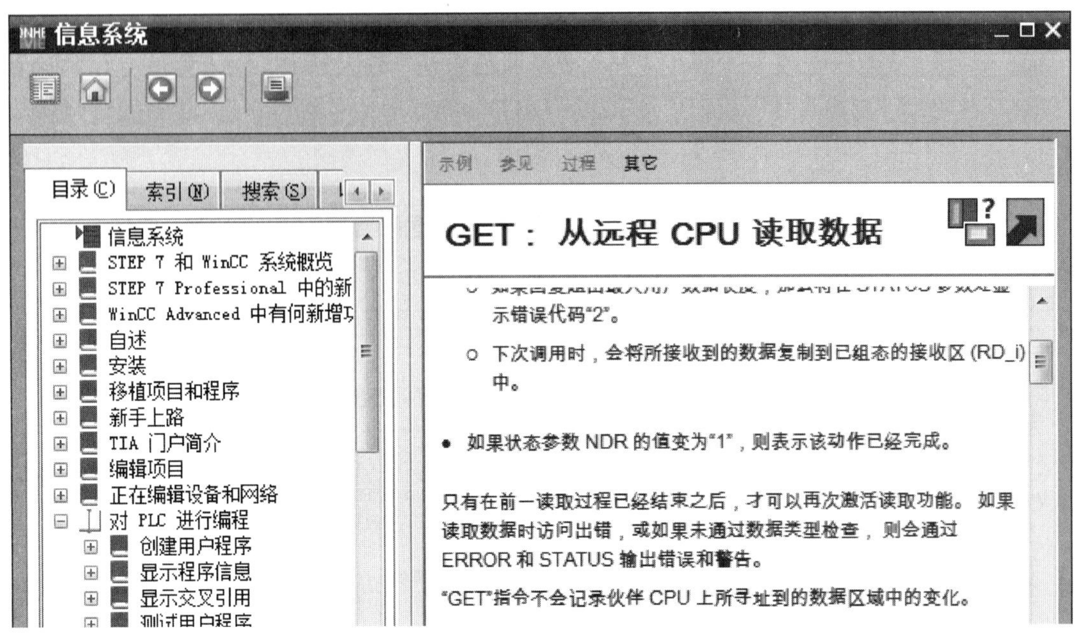
信息系统
目录(C)
索引(N)
搜索(S)
信息系统
STEP 7 和 WinCC 系统概览
STEP 7 Professional 中的新
WinCC Advanced 中有何新增功
自述
安装
移植项目和程序
新手上路
TIA 门户简介
编辑项目
正在编辑设备和网络
对 PLC 进行编程
创建用户程序
显示程序信息
显示交叉引用
示例
参见
过程
其它
GET：从远程 CPU 读取数据
示错误代码"2"。
下次调用时，会将所接收到的数据复制到已组态的接收区 (RD_i) 中。
如果状态参数 NDR 的值变为"1"，则表示该动作已经完成。
只有在前一读取过程已经结束之后，才可以再次激活读取功能。如果读取数据时访问出错，或如果未通过数据类型检查，则会通过 ERROR 和 STATUS 输出错误和警告。
"GET"指令不会记录伙伴 CPU 上所寻址到的数据区域中的变化。

图 3-62 帮助界面

4

第 4 章 西门子 S7-1500 PLC 的编程语言

本章介绍 S7-1500 PLC 编程基础知识（数据类型和数据存储区）、指令系统及其应用。本章内容多，是 PLC 入门的关键，掌握本章内容标志着 S7-1500 PLC 初步入门。

4.1 西门子 S7-1500 PLC 的编程基础

4.1.1 数据类型

S7-1500 PLC
的数据类型

数据是程序处理和控制的对象，在程序运行过程中，数据是通过变量来存储和传递的。变量有两个要素：名称和数据类型。对程序块或者数据块的变量声明时，都要包括这两个要素。

数据的类型决定了数据的属性，例如数据长度和取值范围等。TIA Portal 软件中的数据类型分为三大类：基本数据类型、复合数据类型和其他数据类型。

（1）基本数据类型

基本数据类型是根据 IEC 61131-3（国际电工委员会制定的 PLC 编程语言标准）来定义的，每个基本数据类型具有固定的长度且不超过 64 位。

基本数据类型最为常用，细分为位数据类型、整数和浮点数数据类型、字符数据类型、定时器数据类型及日期和时间数据类型。每一种数据类型都具备关键字、数据长度、取值范围和常数表等格式属性。以下分别介绍。

1）位数据类型　位数据类型包括布尔型（Bool）、字节型（Byte）、字型（Word）、双字型（DWord）和长字型（LWord）。对于 S7-300/400 PLC 仅支持前 4 种数据类型。TIA Portal 软件的位数据类型见表 4-1。

2）整数和浮点数数据类型　整数数据类型包括有符号整数和无符号整数。有符号整数包括：短整数型（SInt）、整数型（Int）、双整数型（DInt）和长整数型（LInt）。无符号整数包括：无符号短整数型（USInt）、无符号整数型（UInt）、无符号双整数型（UDInt）和无符号长整数型（ULInt）。整数没有小数点。对于 S7-300/400 PLC 仅支持整数型（Int）和双整数型（DInt）。

表 4-1　位数据类型

关键字	长度 / 位	取值范围 / 格式示例	说明
Bool	1	True 或 False（1 或 0）	布尔变量
Byte	8	B#16#0 ～ B#16#FF	字节
Word	16	十六进制：W#16#0 ～ W#16#FFFF	字（双字节）
DWord	32	十六进制：（DW#16#0 ～ DW#16#FFFF_FFFF）	双字（四字节）
LWord	64	十六进制：（LW#16#0 ～ LW#16#FFFF_FFFF_FFFF_FFFF）	长字（八字节）

注：在 TIA 博途软件中，关键字不区分大小写，如 Bool 和 BOOL 都是合法的，不必严格区分。

实数数据类型包括实数（Real）和长实数（LReal），实数也称为浮点数。对于 S7-300/400 PLC 仅支持实数（Real）。浮点数有正负且带小数点。TIA Portal 软件的整数和浮点数数据类型见表 4-2。

表 4-2　整数和浮点数数据类型

关键字	长度 / 位	取值范围 / 格式示例	说明
SInt	8	-128 ～ 127	8 位有符号整数
Int	16	-32768 ～ 32767	16 位有符号整数
DInt	32	-L#2147483648 ～ L#2147483647	32 位有符号整数
LInt	64	-9223372036854775808 ～ +9223372036854775807	64 位有符号整数
USInt	8	0 ～ 255	8 位无符号整数
UInt	16	0 ～ 65535	16 位无符号整数
UDInt	32	0 ～ 4294967295	32 位无符号整数
ULInt	64	0 ～ 18446744073709551615	64 位无符号整数
Real	32	-3.402823E38 ～ -1.175495E-38 +1.175495E-38 ～ +3.402823E38	32 位 IEEE754 标准浮点数
LReal	64	-1.7976931348623158E+308 ～ -2.2250738585072014E-308 +2.2250738585072014E-308 ～ +1.7976931348623158E308	64 位 IEEE754 标准浮点数

3）字符数据类型　字符数据类型有 Char 和 WChar，数据类型 Char 的操作数长度为 8 位，在存储器中占用 1 个 Byte。Char 数据类型以 ASCII 格式存储单个字符。

数据类型 WChar（宽字符）的操作数长度为 16 位，在存储器中占用 2 个 Byte。WChar 数据类型存储以 Unicode 格式存储扩展字符集中的单个字符，但只涉及整个 Unicode 范围的一部分。控制字符在输入时，以美元符号表示。TIA Portal 软件的字符数据类型见表 4-3。

表 4-3　字符数据类型

关键字	长度 / 位	取值范围 / 格式示例	说明
Char	8	ASCII 字符集	字符
WChar	16	Unicode 字符集，$0000 ～ $D7FF	宽字符

4）定时器数据类型　定时器数据类型主要包括时间（Time）、S5 时间（S5Time）和长时间（LTime）数据类型。对于 S7-300/400 PLC 仅支持前 2 种数据类型。

S5 时间（S5Time）数据类型以 BCD 格式保存持续时间，用于数据长度为 16 位 S5 定时器。持续时间由 0 ～ 999（2H_46M_30S）范围内的时间值和时间基线决定。时间基线指示定时器时间值按步长 1 减少直至为“0”的时间间隔。时间的分辨率可以通过时间基线来控制。

时间（Time）数据类型的操作数内容以毫秒表示，用于数据长度为 32 位的 IEC 定时器。表示信息包括天（d）、小时（h）、分钟（m）、秒（s）和毫秒（ms）。

长时间（LTime）数据类型的操作数内容以纳秒表示，用于数据长度为 64 位的 IEC 定时器。表示信息包括天（d）、小时（h）、分钟（m）、秒（s）、毫秒（ms）、微秒（μs）和纳秒（ns）。TIA Portal 软件的定时器数据类型见表 4-4。

表 4-4　定时器数据类型

关键字	长度 / 位	取值范围 / 格式示例	说明
S5Time	16	S5T#0MS ～ S5T#2H_46M_30S_0MS	S5 时间
Time	32	T#-24d20h31m23s648ms ～ T#+24d20h31m23s647ms	时间
LTime	64	LT#-106751d23h47m16s854ms775μs808ns ～ LT#+106751d23h47m16s854ms775μs807ns	长时间

5）日期和时间数据类型　日期和时间数据类型包括：日期（Date）、日时间（TOD）、长日时间（LTOD）、日期时间（Date_And_Time）、日期长时间（Date_And_LTime）和长日期时间（DTL）。以下分别介绍。

① 日期（Date）　Date 数据类型将日期作为无符号整数保存。表示法中包括年、月和日。数据类型 Date 的操作数为十六进制形式，对应于自 1990 年 1 月 1 日 以后的日期值。

② 日时间（TOD）　TOD（Time_Of_Day）数据类型占用一个双字，存储从当天零点开始的毫秒数，为无符号整数。

③ 日期时间（Date_And_Time）　数据类型 DT（Date_And_Time）存储日期和时间信息，格式为 BCD。TIA Portal 软件的日期和时间数据类型见表 4-5。

表 4-5　日期和时间数据类型

关键字	长度 / 字节	取值范围 / 格式示例	说明
Date	2	D#1990-01-01 ～ D#2168-12-31	日期
Time_Of_Day	4	TOD#00：00：00.000 ～ TOD#23：59：59.999	日时间
LTime_Of_Day	8	LTOD#00：00：00.000000000 ～ LTOD#23：59：59.999999999	长日时间
Date_And_Time	8	最小值：DT#1990-01-01-00：00：00.000 最大值：DT#2089-12-31-23：59：59.999	日期时间
Date_And_LTime	8	最小值：LDT#1970-01-01-0：0：0.000000000 最大值：LDT#2200-12-31-23：59：59.999999999	日期长时间
DTL	12	最小值：DTL#1970-01-01-00：00：00.000000000 最大值：DTL#2200-12-31-23：59：59.999999999	长日期时间

（2）复合数据类型

复合数据类型是一种由其他数据类型组合而成的，或者长度超过 32 位的数据类型，TIA

Portal 软件中的复合数据类型包含：String（字符串）、WString（宽字符串）、Array（数组类型）、Struct（结构类型）和 UDT（PLC 数据类型）。复合数据类型相对较难理解和掌握，以下分别介绍。

1）字符串和宽字符串

① String（字符串） 其长度最多有 254 个字符的组（数据类型 Char）。为字符串保留的标准区域是 256 个字节长。这是保存 254 个字符和 2 个字节的标题所需要的空间。可以通过定义即将存储在字符串中的字符数目来减少字符串所需要的存储空间（例如：String［10］'Siemens'）。

② WString（宽字符串） 数据类型为 WString（宽字符串）的操作数存储一个字符串中多个数据类型为 WChar 的 Unicode 字符。如果不指定长度，则字符串的长度为预置的 254 个字符。在字符串中，可使用所有 Unicode 格式的字符。这意味着也可在字符串中使用中文字符。

2）Array（数组类型） Array（数组类型）表示一个由固定数目的同一种数据类型元素组成的数据结构。允许使用除了 Array 之外的所有数据类型。

数组元素通过下标进行寻址。在数组声明中，下标限值定义在 Array 关键字之后的方括号中。下限值必须小于或等于上限值。一个数组最多可以包含 6 维，并使用逗号隔开维度限值。

例如：数组 Array［1..20］of Real 的含义是包括 20 个元素的一维数组，元素数据类型为 Real；数组 Array［1..2，3..4］of Char 的含义是包括 4 个元素的二维数组，元素数据类型为 Char。

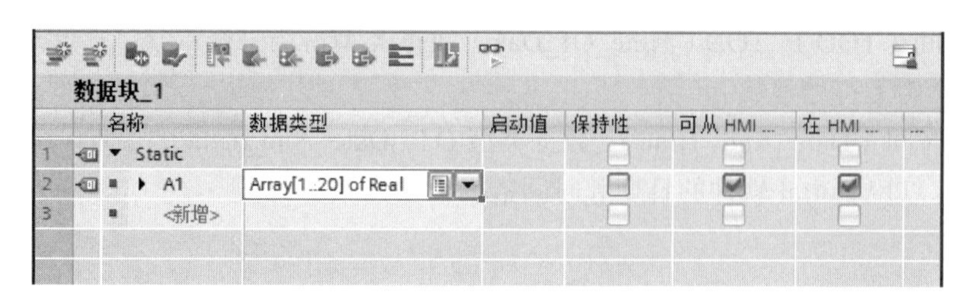

图 4-1 创建数组

创建数组的方法。在项目视图的项目树中，双击“添加新块”选项，弹出新建块界面，新建“数据块 _1”，在“名称”栏中输入“A1”，在“数据类型”栏中输入“Array［1..20］of Real”，如图 4-1 所示，数组创建完成。单击 A1 前面的三角符号▸，可以查看到数组的所有元素，还可以修改每个元素的“启动值”（初始值），如图 4-2 所示。

3）Struct（结构类型） 该类型是由不同数据类型组成的复合型数据，通常用来定义一组相关数据。例如电动机的一组数据可以按照如图 4-3 所示的方式定义，在“数据块 _1”的“名称”栏中输入“Motor”，在“数据类型”栏中输入“Struct”（也可以点击下拉三角选取），之后可创建结构的其他元素，如本例的“Speed”。

4）UDT（PLC 数据类型） UDT 是由不同数据类型组成的复合型数据，与 Struct 不同的是，UDT 是一个模板，可以用来定义其他的变量，UDT 在经典 STEP 7 中称为自定义数据类型。PLC 数据类型的创建方法如下。

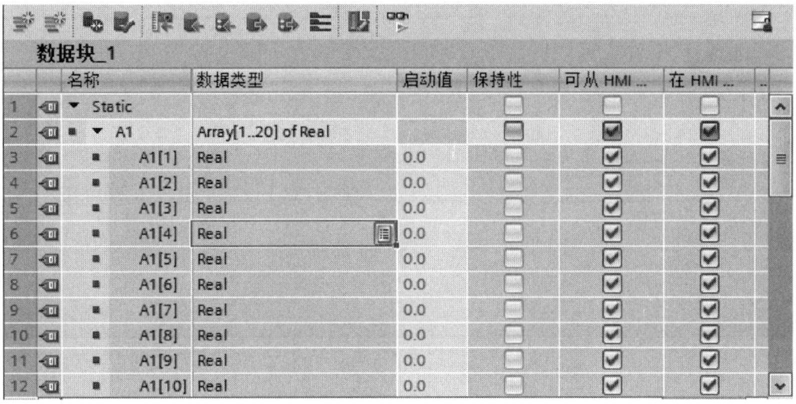

数据块_1

	名称	数据类型	启动值	保持性	可从 HMI ...	在 HMI ...
1	▼ Static			☐	☐	☐
2	▼ A1	Array[1..20] of Real		☐	☑	☑
3	A1[1]	Real	0.0	☐	☑	☑
4	A1[2]	Real	0.0	☐	☑	☑
5	A1[3]	Real	0.0	☐	☑	☑
6	A1[4]	Real	0.0	☐	☑	☑
7	A1[5]	Real	0.0	☐	☑	☑
8	A1[6]	Real	0.0	☐	☑	☑
9	A1[7]	Real	0.0	☐	☑	☑
10	A1[8]	Real	0.0	☐	☑	☑
11	A1[9]	Real	0.0	☐	☑	☑
12	A1[10]	Real	0.0	☐	☑	☑

图 4-2 查看数组元素

数据块_1

	名称	数据类型	启动值	保持性	可从 HMI ...	在 HMI ...
1	▼ Static			☐	☐	☐
2	▶ A1	Array[1..20] of Real		☐	☑	☑
3	▼ Motor	Struct		☐	☑	☑
4	Speed	Real	30.0	☐	☑	☑
5	Fren	Real	5.0	☐	☑	☑
6	Start	Bool	false	☐	☑	☑
7	Stop1	Bool	false	☐	☑	☑
8	<新增>			☐	☐	☐

图 4-3 创建结构

① 在项目视图的项目树中，双击“添加新数据类型”选项，弹出如图 4-4 所示界面，创建一个名称为“MotorA”的结构，并将新建的 PLC 数据类型名称重命名为“MotorA”。

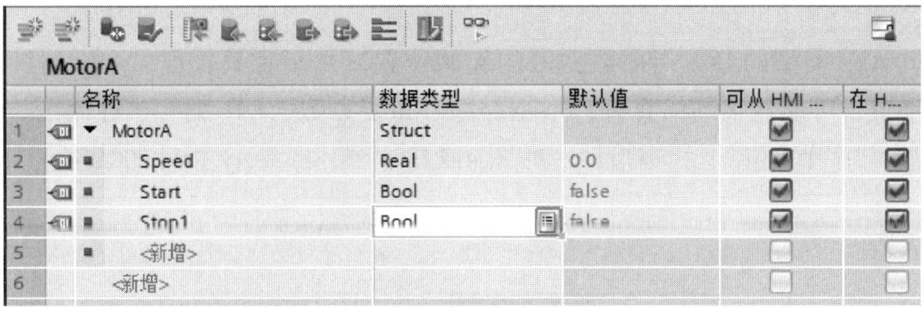

MotorA

	名称	数据类型	默认值	可从 HMI ...	在 H...
1	▼ MotorA	Struct		☑	☑
2	Speed	Real	0.0	☑	☑
3	Start	Bool	false	☑	☑
4	Stop1	Bool	false	☑	☑
5	<新增>			☐	☐
6	<新增>			☐	☐

图 4-4 创建 PLC 数据类型（1）

② 在“数据块_1”的“名称”栏中输入“MotorA1”和“MotorA2”，在“数据类型”栏中输入“MotorA”，这样操作后，“MotorA1”和“MotorA2”的数据类型变成了“MotorA”，如图 4-5 所示。

使用 PLC 数据类型给编程带来较大的便利性，较为重要，相关内容在后续章节还要介绍。

（3）其他数据类型

对于 S7-1500 PLC，除了基本数据类型和复合数据类型外，还有包括指针类型、参数类型、系统数据类型和硬件数据类型等，以下分别介绍。

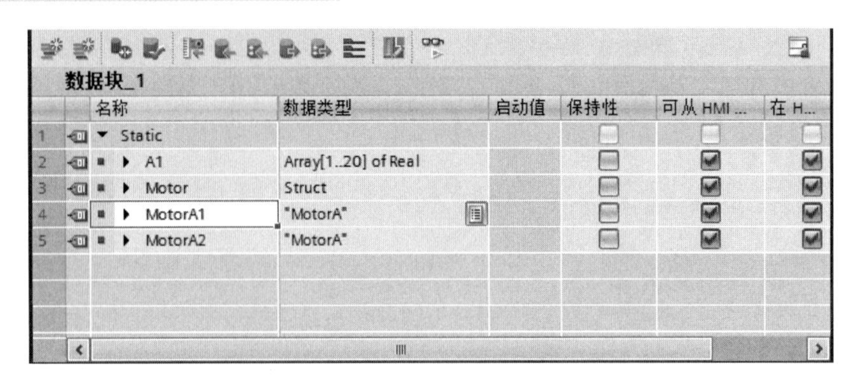

图 4-5　创建 PLC 数据类型（2）

1）指针类型　S7-1500 PLC 支持 Pointer、Any 和 Variant 三种类型指针，S7-300/400 PLC 只支持前两种，S7-1200 PLC 只支持 Variant 类型。

① Pointer　Pointer 类型的参数是一个可指向特定变量的指针。它在存储器中占用 6 个字节（48 位），可能包含的变量信息有：数据块编号或 0（数据块中没有存储数据）和 CPU 中的存储区和变量地址。在图 4-6 中，显示了 Pointer 指针的结构。

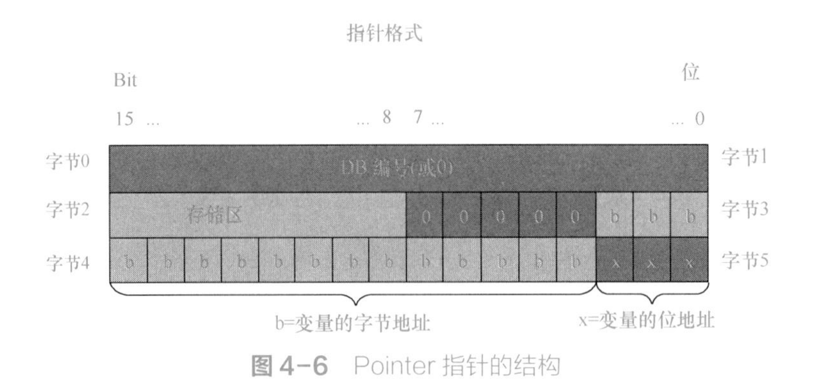

图 4-6　Pointer 指针的结构

② Any　Any 类型的参数指向数据区的起始位置，并指定其长度。Any 指针使用存储器中的 10 个字节，可能包含的信息有：数据类型、重复系数、DB 编号、存储区、数据的起始地址（格式为“字节 . 位”）和零指针。在图 4-7 中，显示了 Any 指针的结构。

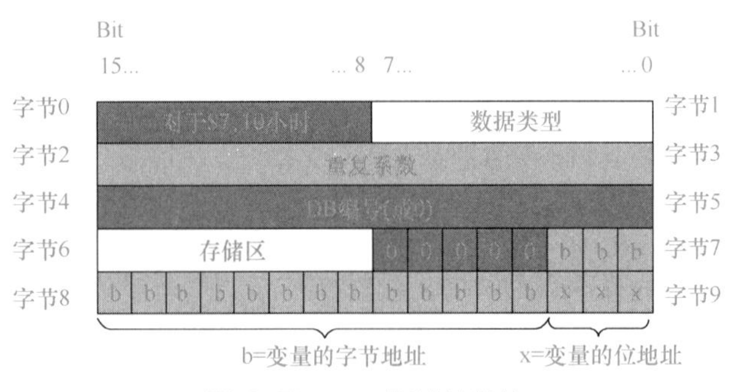

图 4-7　Any 指针的结构

③ Variant　Variant 类型的参数是一个可以指向不同数据类型变量（而不是实例）的指针。Variant 指针可以是一个元素数据类型的对象，例如 INT 或 Real，也可以是一个 String、DTL、Struct 数组、UDT 或 UDT 数组。Variant 指针可以识别结构，并指向各个结构元素。

Variant 数据类型的操作数在背景 DB 或 L 堆栈中不占用任何空间。但是，将占用 CPU 上的存储空间。

Variant 类型的变量不是一个对象，而是对另一个对象的引用。Variant 类型的各元素只能在函数的块接口中声明，不能在数据块或函数块的块接口静态部分中声明。例如，因为各元素的大小未知，所引用对象的大小可以更改，Variant 数据类型只能在块接口的形参中定义。

2）参数类型　参数类型是传递给被调用块的形参的数据类型。参数类型还可以是 PLC 数据类型。参数数据类型及其用途见表 4-6。

表 4-6　参数数据类型及其用途

参数类型	长度 / 位	用途说明
Timer	16	可用于指定在被调用代码块中所使用的定时器。如果使用 Timer 参数类型的形参，则相关的实参必须是定时器 示例：T1
Counter	16	可用于指定在被调用代码块中使用的计数器。如果使用 Counter 参数类型的形参，则相关的实参必须是计数器 示例：C10

3）系统数据类型　系统数据类型（SDT）由系统提供并具有预定义的结构。系统数据类型的结构由固定数目的可具有各种数据类型的元素构成。不能更改系统数据类型的结构。系统数据类型只能用于特定指令。系统数据类型及其用途见表 4-7。

表 4-7　系统数据类型及其用途

系统数据类型	长度 / 字节	用途说明
IEC_Timer	16	定时值为 Time 数据类型的定时器结构。例如，此数据类型可用于“TP”“TOF”“TON”“TONR”“RT”和“PT”指令
IEC_LTIMER	32	定时值为 LTime 数据类型的定时器结构。例如，此数据类型可用于“TP”“TOF”“TON”“TONR”“RT”和“PT”指令
IEC_Counter	6	计数值为 Int 数据类型的计数器结构。例如，此数据类型用于“CTU”“CTD”和“CTUD”指令
SSL_HEADER	4	指定在读取系统状态列表期间保存有关数据记录信息的数据结构。例如，此数据类型用于“RDSYSST”指令
TADDR_Param	8	指定用来存储那些通过 UDP 实现开放用户通信的连接说明的数据块结构。例如，此数据类型用于“TUSEND”和“TURSV”指令
TCON_Param	64	指定用来存储那些通过工业以太网（PROFINET）实现开放用户通信的连接说明的数据块结构。例如，此数据类型用于“TSEND”和“TRSV”指令

4）硬件数据类型

硬件数据类型由 CPU 提供。可用硬件数据类型的数目取决于 CPU。

根据硬件配置中设置的模块存储特定硬件数据类型的常量。在用户程序中插入用于控制或激活已组态模块的指令时，可将这些可用常量用作参数。部分硬件数据类型及其用途见表 4-8。

表 4-8　部分硬件数据类型及其用途

硬件数据类型	基本数据类型	用途说明
REMOTE	ANY	用于指定远程 CPU 的地址。例如，此数据类型用于“PUT”和“GET”指令
GEOADDR	HW_IOSYSTEM	实际地址信息
HW_ANY	WORD	任何硬件组件（如模块）的标识
HW_DEVICE	HW_ANY	DP 从站 /PROFINET IO 设备的标识
HW_DPMASTER	HW_INTERFACE	DP 主站的标识

【例 4-1】 请指出以下数据的含义，DINT #58、S5T#58s、58、C#58、T#58s、P#M0.0 Byte 10。

解：① DINT#58：表示双整数 58。

② S5T#58s：表示 S5 和 S7 定时器中的定时时间 58s。

③ 58：表示整数 58。

④ C#58：表示计数器中的预置值 58。

⑤ T#58s：表示 IEC 定时器中定时时间 58s。

⑥ P#M0.0 Byte 10：表示从 MB0 开始的 10 个字节。

理解例 4-1 中的数据表示方法至关重要，无论对于编写程序还是阅读程序都是必须要掌握的。

4.1.2　S7-1500 PLC 的存储区

S7-1500 PLC 的数据存储区

S7-1500 PLC 的存储区由装载存储器、工作存储器和系统存储器组成。工作存储器类似于计算机的内存条，装载存储器类似于计算机的硬盘。以下分别介绍三种存储器。

（1）装载存储器

装载存储器用于保存逻辑块、数据块和系统数据。下载程序时，用户程序下载到装载存储器。在 PLC 上电时，CPU 把装载存储器中的可执行的部分复制到工作存储器。而 PLC 断电时，需要保存的数据自动保存在装载存储器中。

对于 S7-300/400 PLC，符号表、注释和 UDT 不能下载，只保存在编程设备中。而对于 S7-1200 PLC，变量表、注释和 UDT 均可以下载到装载存储器。

（2）工作存储器

工作存储器集成在 CPU 中的高速存取的 RAM 存储器，用于存储 CPU 运行时的用户程序和数据，如组织块、功能块等。用模式选择开关复位 CPU 的存储器时，RAM 中程序被清除，但装载存储器中的程序不会被清除。

（3）系统存储器

系统存储器是 CPU 为用户提供的存储组件，用于存储用户程序的操作数据，例如过程映像输入、过程映像输出、位存储、定时器、计数器、块堆栈和诊断缓冲区等。

注意以下两点。

① S7-1500 PLC 没有内置装载存储器，必须使用 SD 卡。SD 卡的外形如图 4-8 所示，此卡为黑色，不能用 S7-300/400 PLC 用的绿色卡替代。此卡不可带电插拔（热插拔）。

图 4-8　S7-1200/1500 PLC 用 SD 卡

PLC 的工作原理

② S7-1500 PLC 的 RAM 不可扩展。RAM 不够用的明显标志是 PLC 频繁死机，解决办法是更换 RAM 更加大的 PLC（通常是更加高端的 PLC）。

1）过程映像输入区（I）　过程映像输入区与输入端相连，它是专门用来接收 PLC 外部开关信号的元件。在每次扫描周期的开始，CPU 对物理输入点进行采样，并将采样值写入过程映像输入区中。可以按位、字节、字或双字来存取过程映像输入区中的数据，输入寄存器等效电路如图 4-9 所示，真实的回路中当按钮闭合，线圈 I0.0 得电，经过 PLC 内部电路的转化，使得梯形图中常开触点 I0.0 闭合，常闭触点 I0.0 断开，理解这一点很重要。

位格式：I［字节地址］.［位地址］，如 I0.0。

字节、字和双字格式：I［长度］［起始字节地址］，如 IB0、IW0 和 ID0。

若要存取存储区的某一位，则必须指定地址，包括存储器标识符、字节地址和位号。图 4-10 是一个位表示法的例子。其中，存储器区、字节地址（I 代表输入，2 代表字节 2）和位地址之间用点号（.）隔开。

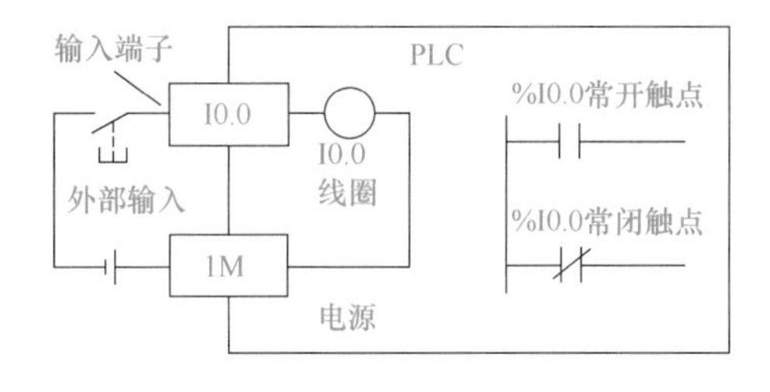

图 4-9　过程映像输入区 I0.0 的等效电路

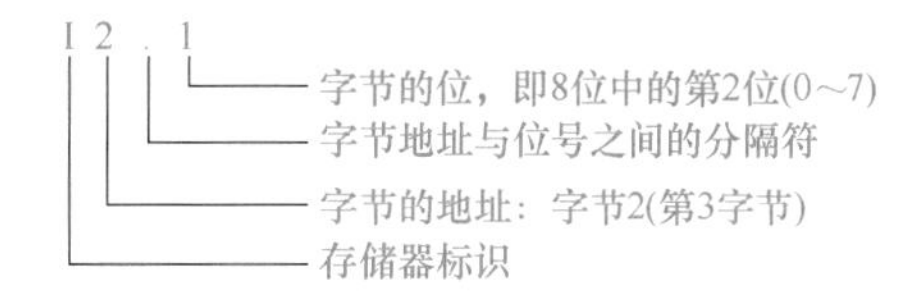

图 4-10　位表示方法

2）过程映像输出区（Q）　过程映像输出区是用来将 PLC 内部信号输出传送给外部负载（用户输出设备）。过程映像输出区线圈是由 PLC 内部程序的指令驱动，其线圈状态传送给输出单元，再由输出单元对应的硬触点来驱动外部负载。

输入和输出寄存器等效电路如图 4-11 所示。当输入端的 SB1 按钮闭合（输入端硬件线路组成回路）→经过 PLC 内部电路的转化，I0.0 线圈得电→梯形图中的线圈 I0.0 常开触点闭合→梯形图的 Q0.0 得电自锁→经过 PLC 内部电路的转化，真实回路中的常开触点 Q0.0 闭合→外部设备线圈得电（输出端硬件线路组成回路）。当输入端的 SB2 按钮闭合（输入端硬件线路组成回路）→经过 PLC 内部电路的转化，I0.1 线圈得电→梯形图中的线圈 I0.1 常闭触点断开→梯形图的 Q0.0 断电→经过 PLC 内部电路的转化，真实回路中的常开触点 Q0.0 断开→外部设备线圈断电，理解这一点很重要。

在每次扫描周期的结尾，CPU 将过程映像输出区中的数值复制到物理输出点上。可以按位、字节、字或双字来存取过程映像输出区。

位格式：Q［字节地址］.［位地址］，如 Q1.1。

字节、字和双字格式：Q［长度］［起始字节地址］，如 QB8、QW8 和 QD8。

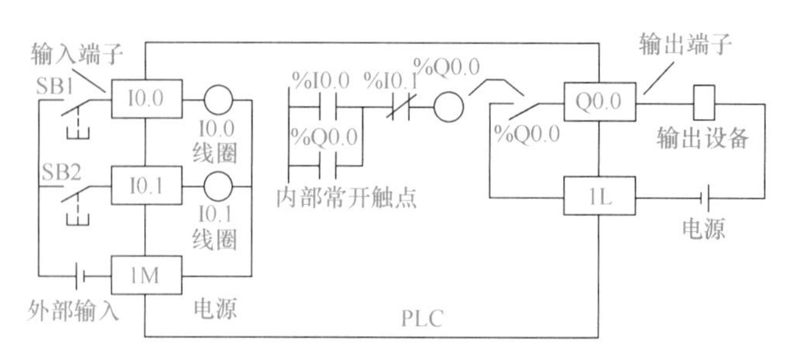

图 4-11　过程映像输入和输出区的等效电路

3）标识位存储区（M）　标识位存储区是 PLC 中数量较多的一种存储区，一般的标识位存储区与继电器控制系统中的中间继电器相似。标识位存储区不能直接驱动外部负载，这点请初学者注意，负载只能由过程映像输出区的外部触点驱动。标识位存储区的常开与常闭触点在 PLC 内部编程时，可无限次使用。M 的数量根据不同型号的 PLC 而不同。可以用位存储区来存储中间操作状态和控制信息，并且可以按位、字节、字或双字来存取位存储区。

位格式：M［字节地址］.［位地址］，如 M2.7。

字节、字和双字格式：M［长度］［起始字节地址］，如 MB10、MW10 和 MD10。

4）数据块存储区（DB）　数据块可以存储在装载存储器、工作存储器以及系统存储器中（块堆栈）。共享数据块的标识符为“DB”。数据块的大小与 CPU 的型号相关。数据块默认为掉电保持，不需要额外设置。

5）本地数据区（L）　本地数据区位于 CPU 的系统存储器中，其地址标识符为“L”。存储的信息包括函数、函数块的临时变量、组织块中的开始信息、参数传递信息以及梯形图的内部结果。在程序中访问本地数据区的表示法与输入相同。本地数据区的数量与 CPU 的型号有关。

本地数据区和标识位存储区 M 很相似，但只有一个区别：标识位存储区 M 是全局有效的，而本地数据区只在局部有效。全局是指同一个存储区可以被任何程序存取（包括主程序、子程序和中断服务程序），局部是指存储器区和特定的程序相关联。

位格式：L［字节地址］.［位地址］，如 L0.0。

字节、字和双字格式：L［长度］［起始字节地址］，如 LB0。

6）物理输入区　物理输入区位于 CPU 的系统存储器中，其地址标识符为“：P”，加在过程映像区地址的后面。与过程映像区功能相反，不经过过程映像区的扫描，程序访问物理区时，直接将输入模块的信息读入，并作为逻辑运算的条件。

位格式：I［字节地址］.［位地址］：P，如 I2.7：P。

字或双字格式：I［长度］［起始字节地址］：P，如 IW8：P。

7）物理输出区　物理输出区位于 CPU 的系统存储器中，其地址标识符为“：P”，加在过程映像区地址的后面。与过程映像区功能相反，不经过过程映像区的扫描，程序访问物理区时，直接将逻辑运算的结果（写出信息）写出到输出模块。

位格式：Q［字节地址］.［位地址］：P，如 Q2.7：P。

字和双字格式：Q［长度］［起始字节地址］：P，如 QW8：P 和 QD8：P。

以上各存储器的存储区及功能见表 4-9。

表 4-9　存储区及功能

地址存储区	范围	S7 符号	举例	功能描述
过程映像输入区	输入（位）	I	I0.0	扫描周期期间，CPU 从模块读取输入，并记录该区域中的值
	输入（字节）	IB	IB0	
	输入（字）	IW	IW0	
	输入（双字）	ID	ID0	
过程映像输出区	输出（位）	Q	Q0.0	扫描周期期间，程序计算输出值并将其放入此区域，扫描结束时，CPU 发送计算输出值到输出模块
	输出（字节）	QB	QB0	
	输出（字）	QW	QW0	
	输出（双字）	QD	QD0	
标识位存储区	标识位存储区（位）	M	M0.0	用于存储程序的中间计算结果
	标识位存储区（字节）	MB	MB0	
	标识位存储区（字）	MW	MW0	
	标识位存储区（双字）	MD	MD0	
数据块存储区	数据（位）	DBX	DBX 0.0	可以被所有的逻辑块使用
	数据（字节）	DBB	DBB0	
	数据（字）	DBW	DBW0	
	数据（双字）	DBD	DBD0	
本地数据区	本地数据（位）	L	L0.0	当块被执行时，此区域包含块的临时数据
	本地数据（字节）	LB	LB0	
	本地数据（字）	LW	LW0	
	本地数据（双字）	LD	LD0	
物理输入区	物理输入（位）	I：P	I0.0：P	外围设备输入区允许直接访问中央和分布式的输入模块，不受扫描周期限制
	物理输入（字节）	IB：P	IB0：P	
	物理输入（字）	IW：P	IW0：P	
	物理输入（双字）	ID：P	ID0：P	
物理输出区	物理输出（位）	Q：P	Q0.0：P	外围设备输出区允许直接访问中央和分布式的输出模块，不受扫描周期限制
	物理输出（字节）	QB：P	QB0：P	
	物理输出（字）	QW：P	QW0：P	
	物理输出（双字）	QD：P	QD0：P	

【例 4-2】 如果 MD0=16#1F，那么 MB0、MB1、MB2、MB3、M0.0 和 M3.0 的数值是多少？

解：MD0=16#1F=16#0000001F=2#0000_0000_0000_0000_0000_0000_0001_1111，根据图 4-12，MB0 = 0；MB1 = 0；MB2 = 0；MB3 = 16#1F=2#0001_1111。由于 MB0 = 0，所以 M0.7～M0.0=0；又由于 MB3 = 16#1F=2#0001_1111，将之与 M3.7～M3.0 对应，所以 M3.0=1。

这点不同于三菱 PLC，读者要注意区分。如不理解此知识点，在编写通信程序时，如 DCS 与 S7-1200 PLC 交换数据，容易出错。

注意：在 MD0 中，由 MB0、MB1、MB2 和 MB3 四个字节组成，MB0 是高字节，而 MB3 是低字节。字节、字和双字的起始地址如图 4-12 所示。

图 4-12 字节、字和双字的起始地址

【例 4-3】 如图 4-13 所示的梯形图，是某初学者编写的，请查看有无错误。

解：这个程序的逻辑是正确的，但这个程序在实际运行时，并不能采集数据。程序段 1 是启停控制，当 M10.0 常开触点闭合后开始采集数据，而且 AD 转换的结果存放在 MW10 中，MW10 包含 2 个字节 MB10 和 MB11，而 MB10 包含 8 位，即 M10.0 ～ M10.7。只要采集的数据经过 AD 转换，造成 M10.0 位为 0，整个数据采集过程自动停止。初学者很容易犯类似的错误。读者可将 M10.0 改为 M12.0，只要避开 MW10 中包含的 16 位（M10.0 ～ M10.7 和 M11.0 ～ M11.7），程序都可行。

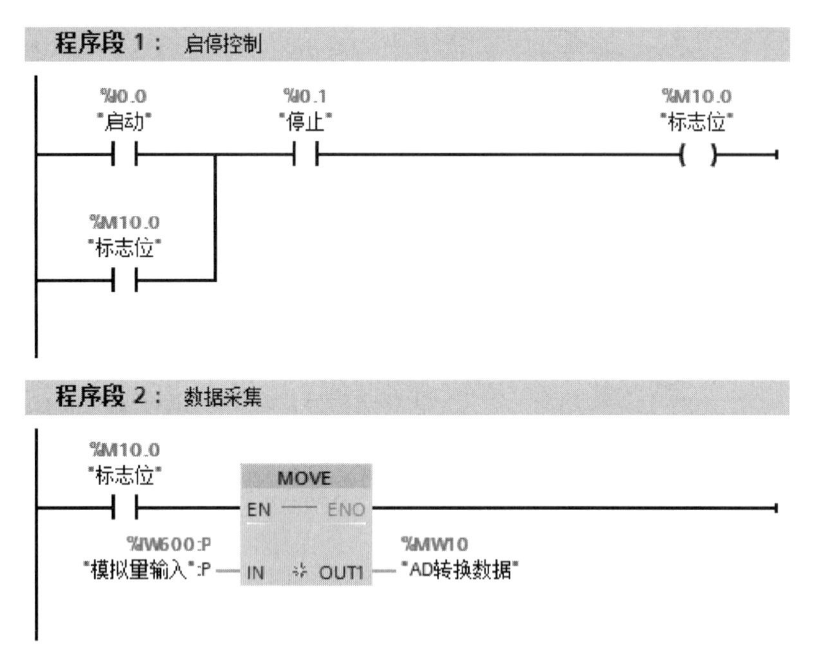

图 4-13 例 4-3 梯形图

4.1.3 全局变量与区域变量

（1）全局变量

全局变量可以在 CPU 的整个范围内被所有的程序块调用，例如在 OB（组织块）、FC（函数）和 FB（函数块）中使用，在某一个程序块中赋值后，在其他的程序块中可以读出，没有使用限制。全局变量包括 I、Q、M、T、C、DB、I：P 和 Q：P 等数据区。

例如“Start”的地址是 I0.0，“Start”在同一台 S7-1500 的组织块 OB1、函数 FC1 等中都代表同一地址 I0.0。全局变量用双引号引用。

（2）区域变量

区域变量也称为局部变量。区域变量只能在所属块（OB、FC 和 FB）范围内调用，在程序块调用时有效，程序块调用完成后被释放，所以不能被其他程序块调用，本地数据区（L）中的变量为区域变量，每个程序块中的临时变量都属于区域变量。这个概念和计算机高级语言 VB、C 语言中的局部变量概念相同。

例如 #Start 的地址是 L10.0，#Start 在同一台 S7-1500 的组织块 OB1 和函数 FC1 中不是同一地址。区域变量前面加井号 #。

4.1.4　编程语言

（1）PLC 编程语言的国际标准

IEC 61131 是 PLC 的国际标准，1992—1995 年发布了 IEC 61131 标准中的 1 ~ 4 部分，我国在 1995 年 11 月发布了 GB/T 15969.1/2/3/4（等同于 IEC 61131-1/2/3/4）。

IEC 61131-3 广泛地应用于 PLC、DCS 和工控机、“软件 PLC”、数控系统、RTU 等产品。其定义了 5 种编程语言，分别是指令表（Instruction List，IL）、结构文本（Structured Text，ST）、梯形图（Ladder Diagram，LD）、功能块图（Function Block Diagram，FBD）和顺序功能图（Sequential Function Chart，SFC）。

（2）TIA Portal 软件中的编程语言

TIA Portal 软件中有梯形图、语句表、功能块图、SCL 和 Graph，共 5 种基本编程语言。以下简要介绍。

① S7-Graph　TIA Portal 软件中的 S7-Graph 实际就是顺序功能图（SFC），S7-Graph 是针对顺序控制系统进行编程的图形编程语言，特别适合顺序控制程序编写。

② 梯形图（LAD）　梯形图直观易懂，适合数字量逻辑控制。梯形图适合熟悉继电器电路的人员使用。设计复杂的触点电路时适合用梯形图。其应用广泛。

③ 语句表（STL）　语句表的功能比梯形图或功能块图的功能强。语句表可供擅长用汇编语言编程的用户使用。语句表输入速度快，可以在每条语句后面加上注释。语句表有被淘汰的趋势。

④ 功能块图（FBD）　“LOGO！”系列微型 PLC 使用功能块图编程。功能块图适合熟悉数字电路的人员使用。

⑤ 结构化控制语言（SCL）　TIA Portal 软件的 SCL（结构化控制语言）实际就是 ST（结构文本），它符合 EN61131-3 标准。SCL 适用于复杂的公式计算、复杂的计算任务和最优化算法或管理大量的数据等。S7-SCL 编程语言适合熟悉高级编程语言（例如 PASCAL 或 C 语言）的人员使用。SCL 编程语言的使用将越来越广泛。

在 TIA Portal 软件中，如果程序块没有错误，并且被正确地划分为网络，在梯形图和功能块图之间可以相互转换，但梯形图和指令表不可相互转换。

注意：在经典 STEP 7 中梯形图、功能块图、语句表之间可以相互转换。

4.1.5 变量表

（1）变量表简介

TIA Portal 软件中可定义两类符号：全局符号和局部符号。全局符号利用变量表（Tag Table）来定义，可以在用户项目的所有程序块中使用。局部符号是在程序块的变量声明表中定义的，只能在该程序块中使用。

PLC 的变量表包含整个 CPU 范围内有效的变量和符号常量的定义。系统会为项目中使用的每个 CPU 创建一个变量表，用户也可以创建其他的变量表用于常量和变量进行归类和分组。

在 TIA Portal 软件中添加了 CPU 设备后，会在项目树中 CPU 设备下出现一个“PLC 变量”文件夹，在此文件夹中有三个选项：显示所有变量、添加新变量表和默认变量表，如图 4-14 所示。

“显示所有变量”包含有全部的 PLC 变量、用户常量和 CPU 系统常量。该表不能删除或移动。

“默认变量表”是系统创建的，项目的每个 CPU 均有一个标准变量表。该表不能删除、重命名或移动。 默认变量表包含 PLC 变量、用户常量和系统常量。可以在默认变量表中声明所有的 PLC 变量，或根据需要创建其他的用户定义变量表。

双击“添加新变量表”，可以创建用户定义变量表，可以根据要求为每个 CPU 创建多个针对组变量的用户定义变量表。可以对用户定义的变量表重命名、整理合并为组或删除。 用户定义变量表包含 PLC 变量和用户常量。

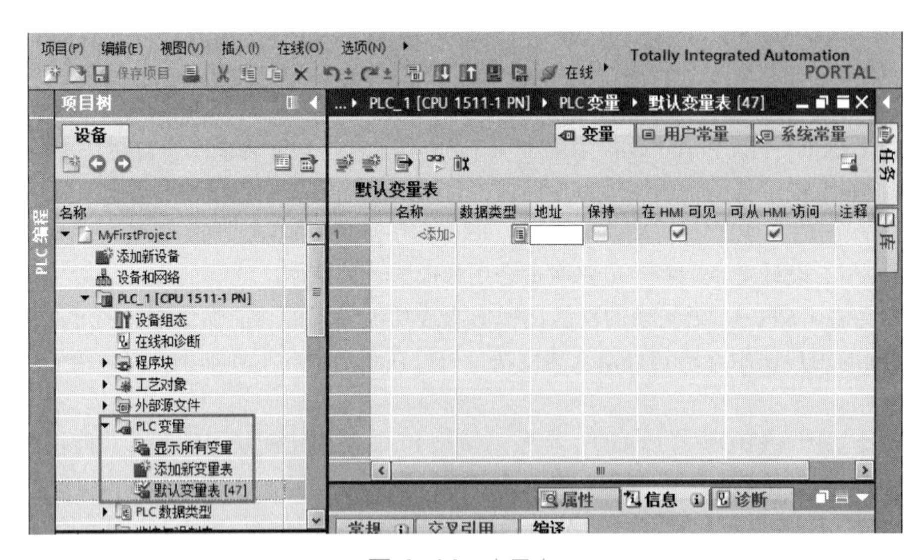

图 4-14 变量表

① 变量表的工具栏 变量表的工具栏如图 4-15 所示，从左到右含义分别为：插入行、添加行、导出、全部监视和保持性。

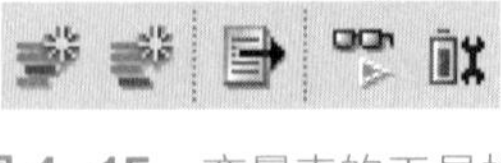

图 4-15 变量表的工具栏

② 变量的结构 每个 PLC 变量表包含变量选项卡和用户常量选项卡。默认变量表和所有变量表还均包括“系统常量”

选项卡。表 4-10 列出了常量选项卡的各列含义，所显示的列编号可能不同，可以根据需要显示或隐藏列。

表 4-10　变量表中常量选项卡的各列含义

序号	列	说明
1		通过单击符号并将变量拖动到程序中作为操作数
2	名称	常量在 CPU 范围内的唯一名称
3	数据类型	变量的数据类型
4	地址	变量地址
5	保持性	将变量标记为具有保持性 保持性变量的值将保留，即使在电源关闭后也是如此
6	可从 HMI 访问	显示运行期间 HMI 是否可访问此变量
7	HMI 中可见	显示默认情况下，在选择 HMI 的操作数时变量是否显示
8	监视值	CPU 中的当前数据值 只有建立了在线连接并选择“全部监视”按钮时，才会显示该列
9	变量表	显示包含有变量声明的变量表 该列仅存在于所有变量表中
10	注释	用于说明变量的注释信息

（2）定义全局符号

在 TIA Portal 软件项目视图的项目树中，双击“添加新变量表”，即可生成新的变量表“变量表_1［0］”，选中新生成的变量表，单击鼠标的右键弹出快捷菜单，选中“重命名”命令，将此变量表重命名为“MyTable［0］”。单击变量表中的“添加行”按钮 2 次，添加 2 行，如图 4-16 所示。

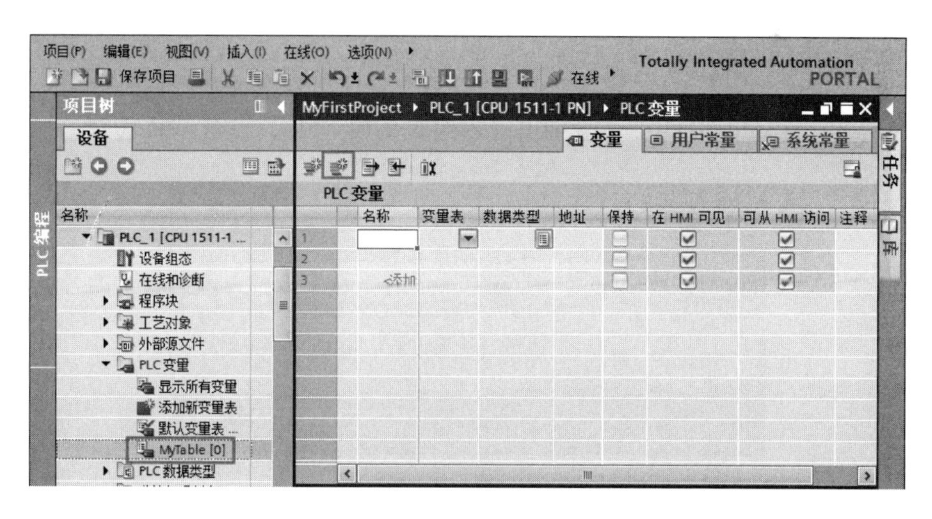

图 4-16　添加新变量表

在变量表的“名称”栏中，分别输入“Start”“Stop1”“Motor”。在“地址”栏中输入“M0.0”“M0.1”“Q0.0”。三个符号的数据类型均选为“Bool”，如图 4-17 所示。至此，全局符号定义完成，因为这些符号关联的变量是全局变量，所以这些符号在所有的程序中均可使用。

打开程序块 OB1，可以看到梯形图中的符号和地址关联在一起，且一一对应，如图 4-18 所示。

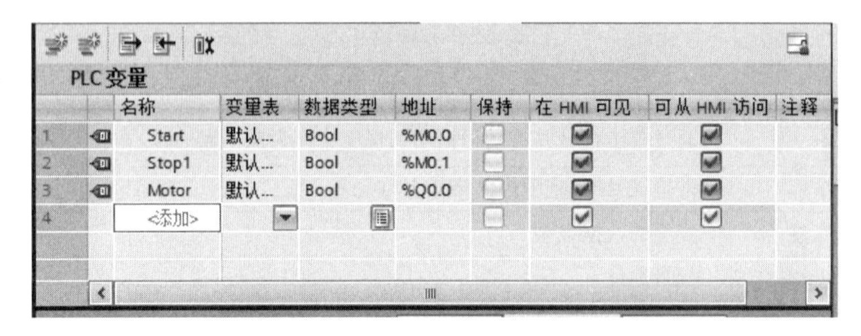

图 4-17　在变量表中，定义全局符号

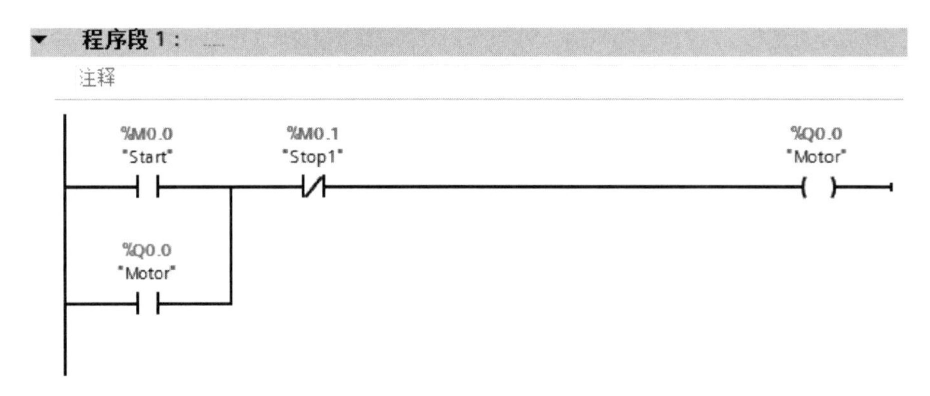

图 4-18　梯形图中的符号和地址关联，且一一对应

（3）导出和导入变量表

① 导出　单击变量表工具栏中的“导出”按钮，弹出导出路径界面，如图 4-19 所示，选择适合路径，单击“确定”按钮，即可将变量导出到默认名为“PLCTags.xlsx”的 EXCEL 文件中。在导出路径中，双击打开导出的 EXCEL 文件，如图 4-20 所示。

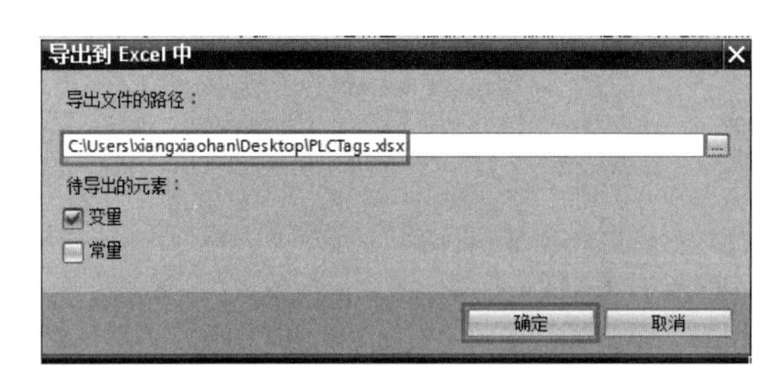

图 4-19　变量表导出路径

	A	B	C	D	E	F	G
1	Name	Path	Data Type	Logical Address	Comment	Hmi Visible	Hmi Accessible
2	Start	默认变量	Bool	%M0.0		True	True
3	Stop1	默认变量	Bool	%M0.1		True	True
4	Motor	默认变量	Bool	%Q0.0		True	True
5							

图 4-20　导出的 EXCEL 文件

② 导入 单击变量表工具栏中的“导入”按钮，弹出导入路径界面，如图 4-21 所示，选择要导入的 EXCEL 文件“PLCTags.xlsx”的路径，单击“确定”按钮，即可将变量导入到变量表。

注意：要导入的 EXCEL 文件必须符合规范。

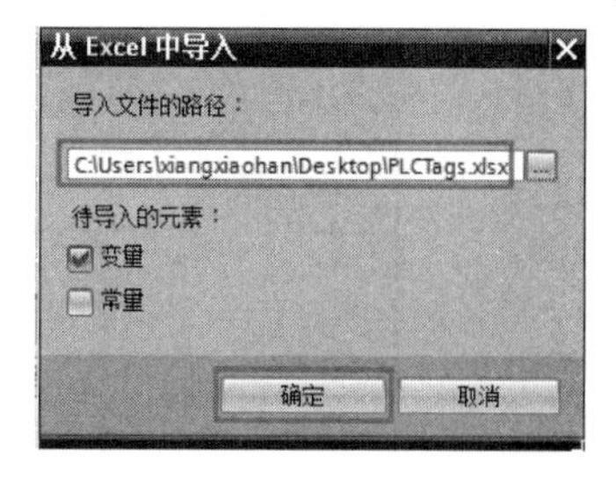

图 4-21 变量表导入路径

4.2 位逻辑运算指令

位逻辑运算指令用于二进制数的逻辑运算。位逻辑运算的结果简称为 RLO。

位逻辑运算指令是最常用的指令之一，主要有置位运算指令、复位运算指令和线圈指令等。

4.2.1 触点与线圈相关逻辑

（1）触点与线圈相关逻辑

① 与逻辑：与逻辑运算表示常开触点的串联。

② 或逻辑：或逻辑运算表示常开触点的并联。

③ 与逻辑取反：与逻辑运算取反表示常闭触点的串联。

④ 或逻辑取反：或逻辑运算取反表示常闭触点的并联。

⑤ 赋值：将 CPU 中保存的逻辑运算结果（RLO）的信号状态分配给指定操作数。

⑥ 赋值取反：将逻辑运算的结果（RLO）进行取反，然后将其赋值给指定操作数。

与运算及赋值逻辑示例如图 4-22 所示。当常开触点 I0.0、I0.1 和 I0.2 都接通时，输出线圈 Q0.0 得电（Q0.0 = 1），Q0.0 = 1 实际上就是运算结果 RLO 的数值，I0.0、I0.1 和 I0.2 是串联关系。当 I0.1 和 I0.2 中的 1 个或 2 个断开时，线圈 Q0.0 断开。这是典型的实现多地停止功能的梯形图。

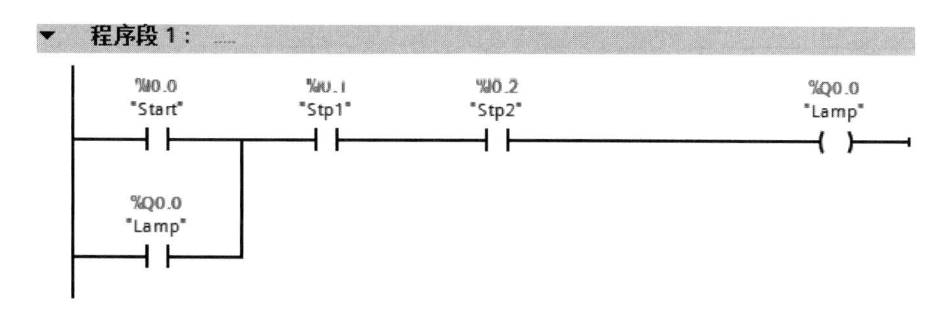

图 4-22 与运算及赋值逻辑示例

或运算及赋值逻辑示例如图 4-23 所示，当常开触点 I0.0、常开触点 I0.1 和常开触点 Q0.0 中有一个或多个接通时，输出线圈 Q0.0 得电（Q0.0 = 1），I0.0、I0.1 和 Q0.0 是并联关系。这是典型的实现多地启动功能的梯形图。

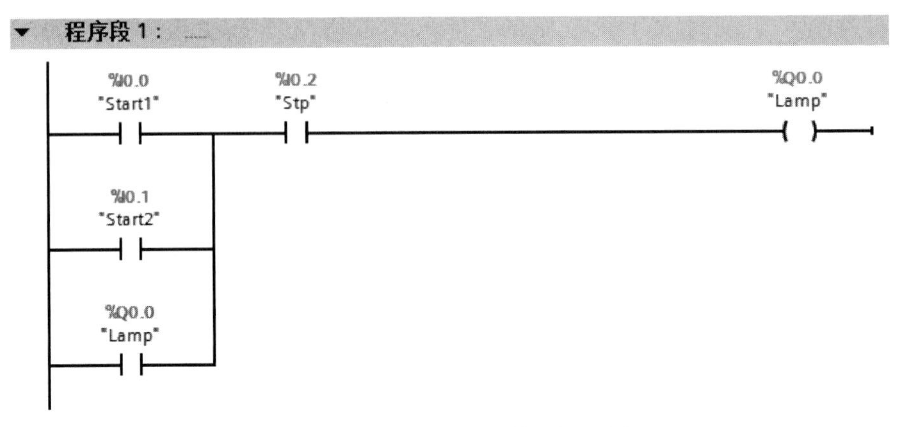

图 4-23　或运算及赋值逻辑示例

触点和赋值逻辑的 LAD 和 SCL 指令对应关系见表 4-11。

表 4-11　触点和赋值逻辑的 LAD 和 SCL 指令对应关系

LAD	SCL 指令	功能说明	说明

"IN"
─┤ ├─
	IF IN THEN
	Statement;
	ELSE
	Statement;
	END_IF;
		常开触点	可将触点相互连接并创建用户自己的组合逻辑

"IN" ─┤/├─	IF NOT（IN）THEN Statement; ELSE Statement; END_IF;	常闭触点	
"OUT" ─( )─	OUT：= < 布尔表达式 >;	赋值	将 CPU 中保存的逻辑运算结果的信号状态分配给指定操作数
"OUT" ─(/)─	OUT：= NOT < 布尔表达式 >;	赋值取反	将 CPU 中保存的逻辑运算结果的信号状态取反后分配给指定操作数

【例 4-4】 CPU 上电运行后，对 MB0 ～ MB3 清零复位，设计此程序。

解：S7-1500 PLC 虽然可以设置上电闭合一个扫描周期的特殊寄存器（FirstScan），但可以用如图 4-24 所示程序取代此特殊寄存器。另一种解法要用到启动组织块 OB100，将在后续章节讲解。

① 第一个扫描周期时，M10.0 的常闭触点闭合，0 传送到 MD0 中，实际就是对 MB0 ～ MB3 清零复位。之后 M10.0 线圈得电自锁。

② 第二个及之后的扫描周期，M10.0 常闭触点一直断开，所以 M10.0 的常闭只接通了一个扫描周期。

【例 4-5】CPU 上电运行后，对 M10.2 置位，并一直保持为 1，设计梯形图程序。

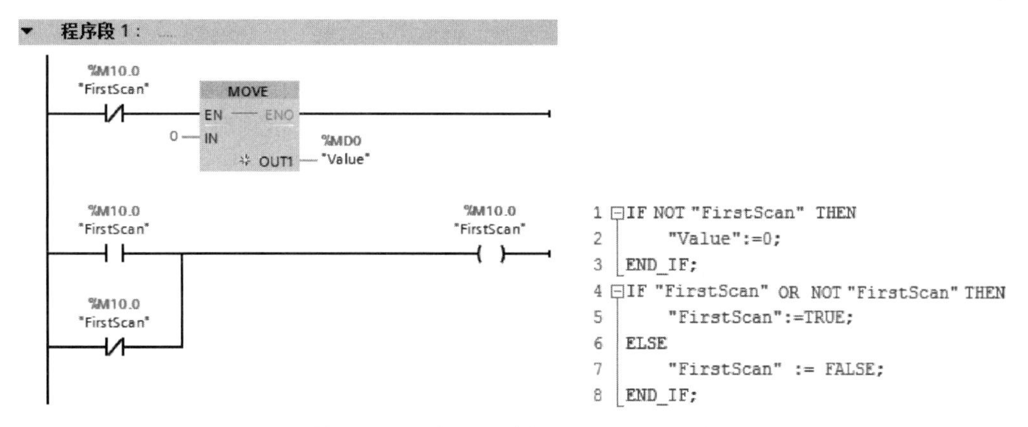

图 4-24　例 4-4 梯形图和 SCL 程序

解：S7-1500 PLC 虽然可以设置上电运行后，一直闭合的特殊寄存器位（AlwaysTRUE），但设计如图 4-25 和图 4-26 所示程序，可替代此特殊寄存器位。

如图 4-25 所示，第一个扫描周期，M10.0 的常闭触点闭合，M10.0 线圈得电自锁，M10.0 常开触点闭合，之后 M10.0 常开触点一直闭合，所以 M10.2 线圈一直得电。

如图 4-26 所示，M10.0 常开触点和 M10.0 的常闭触点串联，所以 M10.0 线圈不会得电，M10.0 常闭触点一直处于闭合状态，所以 M10.2 线圈一直得电。

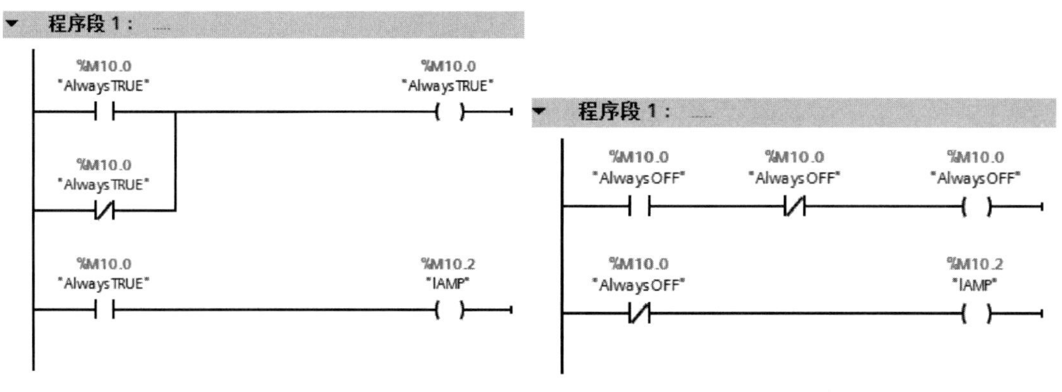

图 4-25　例 4-5 方法 1 梯形图程序　　图 4-26　例 4-5 方法 2 梯形图程序

（2）取反 RLO 指令

这类指令可直接对逻辑操作结果 RLO 进行操作，改变状态字中 RLO 的状态。取反 RLO 指令见表 4-12。

表 4-12　取反 RLO 指令

梯形图指令	功能说明	说明
—|NOT|—	取反 RLO	在逻辑串中，对当前 RLO 取反

取反 RLO 指令示例如图 4-27 所示，当 I0.0 为 1 时 Q0.0 为 0，反之当 I0.0 为 0 时 Q0.0 为 1。

▼ 程序段 1： ……

%I0.0 "Start" —| |— NOT —( )— %Q0.0 "Motor"

```
1 IF NOT "Start" THEN
2     "Motor":= TRUE;
3 ELSE
4     "Motor" := FALSE;
5 END_IF;
```

图 4-27 取反 RLO 指令示例

【例 4-6】 用 S7-1500 PLC 控制一台三相异步电动机，实现用一个按钮对电动机进行启停控制，即单键启停控制（也称乒乓控制）。

解：① 设计电气原理图 设计电气原理图如图 4-28 所示，KA1 是中间继电器，起隔离和信号放大作用；KM1 是接触器，KA1 触点的通断控制 KM1 线圈的得电和断电，从而驱动电动机的启停。

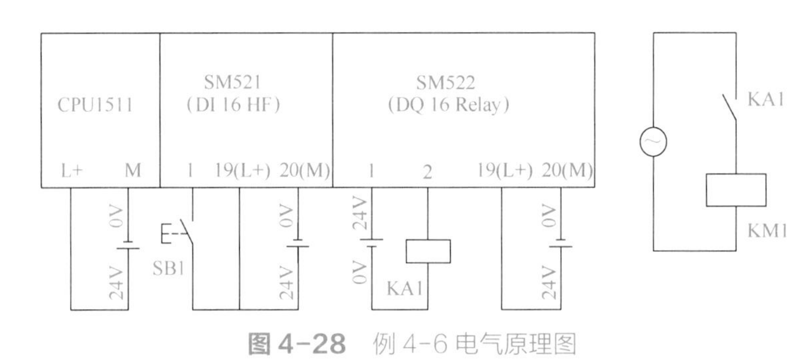

图 4-28 例 4-6 电气原理图

② 编写控制程序 三相异步电动机单键启停控制的程序设计有很多方法，以下介绍两种常用的方法。

方法 1

这个梯形图没用到上升沿指令。梯形图程序如图 4-29 所示。

a. 当按钮 SB1 不压下时，I0.0 的常闭触点闭合，M10.1 线圈得电，M10.1 常开触点闭合。

b. 当按钮 SB1 第一次压下时，第一次扫描周期里，I0.0 的常开触点闭合，M10.0 线圈得电，M10.0 常开触点闭合，Q0.0 线圈得电，电动机启动。第二次扫描周期之后，M10.1 线圈断电，M10.1 常开触点断开，M10.0 线圈断电，M10.0 常闭触点闭合，Q0.0 线圈自锁，电动机持续运行。

按钮弹起后，SB1 的常开触点断开，I0.0 的常闭触点闭合，M10.1 线圈得电，M10.1 常开触点闭合。

当按钮 SB1 第二次压下时，I0.0 的常开触点闭合，M10.0 线圈得电，M10.0 常闭触点断开，Q0.0 线圈断电，电动机停机。

注意：在经典 STEP7 中，图 4-29 所示的梯形图需要编写在三个程序段中。

方法 2

梯形图如图 4-30 所示。

a. 当按钮 SB1 第一次压下时，M10.0 接通一个扫描周期，使得 Q0.0 线圈得电一个扫描周期，电动机启动运行。当下一次扫描周期到达时，M10.0 常闭触点闭合，Q0.0 常开触点闭合自锁，Q0.0 线圈得电，电动机持续运行。

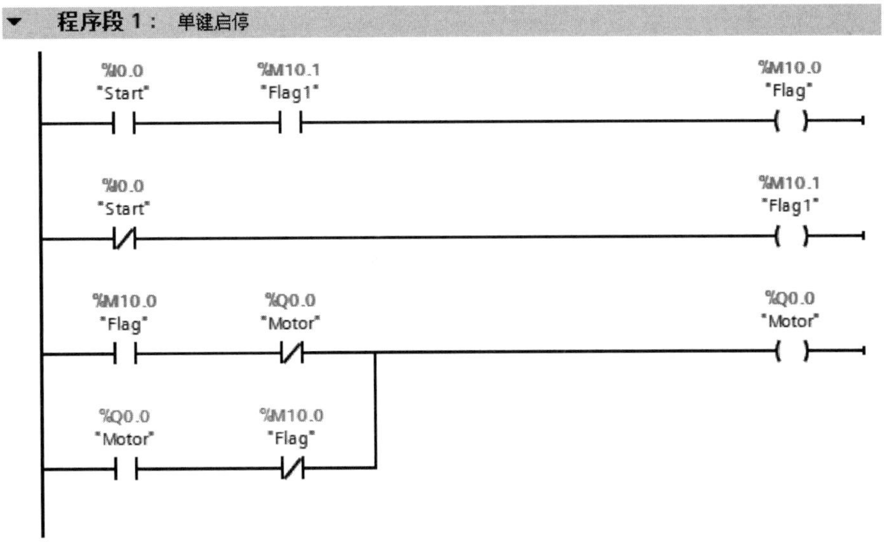

程序段 1：单键启停

%I0.0 "Start"　%M10.1 "Flag1"　%M10.0 "Flag"

%I0.0 "Start"　%M10.1 "Flag1"

%M10.0 "Flag"　%Q0.0 "Motor"　%Q0.0 "Motor"

%Q0.0 "Motor"　%M10.0 "Flag"

图 4-29　例 4-6 方法 1 梯形图程序

b. 当按钮 SB1 第二次压下时，M10.0 线圈得电一个扫描周期，使得 M10.0 常闭触点断开，Q0.0 线圈断电，电动机停机。

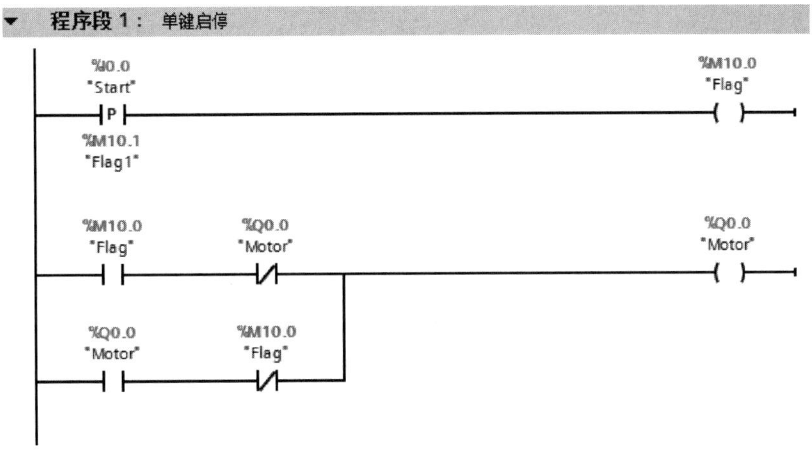

程序段 1：单键启停

%I0.0 "Start" P %M10.1 "Flag1"　%M10.0 "Flag"

%M10.0 "Flag"　%Q0.0 "Motor"　%Q0.0 "Motor"

%Q0.0 "Motor"　%M10.0 "Flag"

图 4-30　例 4-6 方法 2 梯形图

注意：梯形图中，双线圈输出是不允许的，所谓双线圈输出就是同一线圈在梯形图中出现大于或等于 2 处，如图 4-31 所示 Q0.0 出现了 2 次，是错误的，修改成图 4-32 才正确。

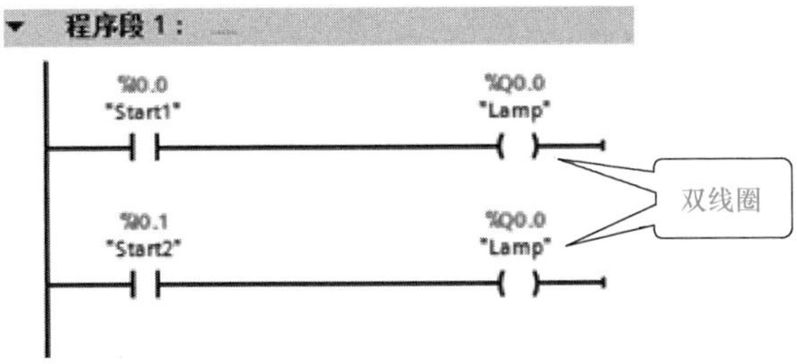

程序段 1：……

%I0.0 "Start1"　%Q0.0 "Lamp"

%I0.1 "Start2"　%Q0.0 "Lamp"

双线圈

图 4-31　双线圈输出的梯形图 - 错误

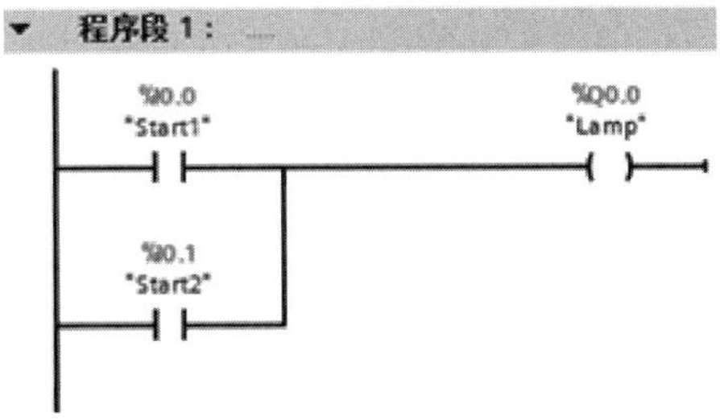

程序段 1：……

%I0.0 "Start1"　%Q0.0 "Lamp"

%I0.1 "Start2"

图 4-32　修改后的梯形图 - 正确

4.2.2 复位、置位、复位域和置位域指令

复位、置位、复位域和置位域指令及其应用

（1）复位与置位指令

① S：置位指令将指定的地址位置位，即变为 1，并保持。

② R：复位指令将指定的地址位复位，即变为 0，并保持。

如图 4-33 所示为置位 / 复位指令应用示例，当 I0.0 接通，Q0.0 置位，之后，即使 I0.0 断开，Q0.0 保持为 1，直到 I0.1 接通时，Q0.0 复位。这两条指令非常有用。图 4-34 所示为 Q0.0 的时序图。

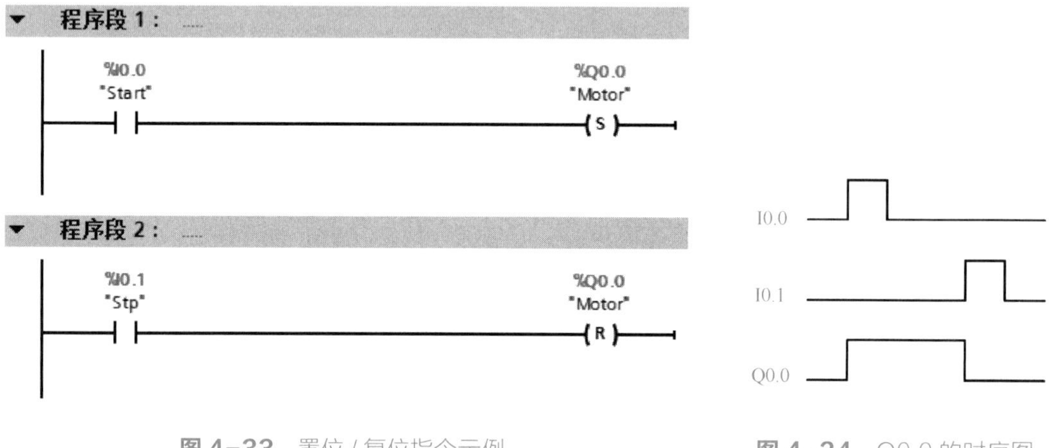

图 4-33 置位 / 复位指令示例

图 4-34 Q0.0 的时序图

注意：置位 / 复位指令不一定要成对使用。

（2）SET_BF 位域 /RESET_BF 位域

① SET_BF：“置位位域”指令，可对从某个特定地址开始的多个位进行置位。

② RESET_BF：“复位位域”指令，可对从某个特定地址开始的多个位进行复位。

置位位域和复位位域应用如图 4-35 所示，当常开触点 I0.0 接通时，从 Q0.0 开始的 3 个位（即 Q0.0 ～ Q0.2）置位，而当常开触点 I0.1 接通时，从 Q0.0 开始的 3 个位（即 Q0.0 ～ Q0.2）复位。这两条指令很有用。

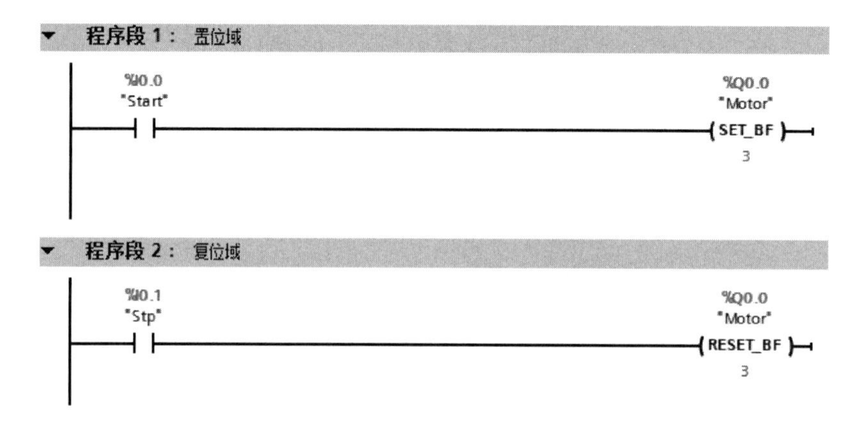

图 4-35 置位位域和复位位域应用

【例 4-7】 用置位 / 复位指令编写“正转 - 停 - 反转”的梯形图，其中 I0.0 与正转按钮关联，I0.1 与反转按钮关联，I0.2 与停止按钮（硬件接线接常闭触点）关联，Q0.0 是正转输出，Q0.1 是反转输出。

解：梯形图如图 4-36 所示，可见使用置位 / 复位指令后，不需要用自锁，程序变得更加简洁。

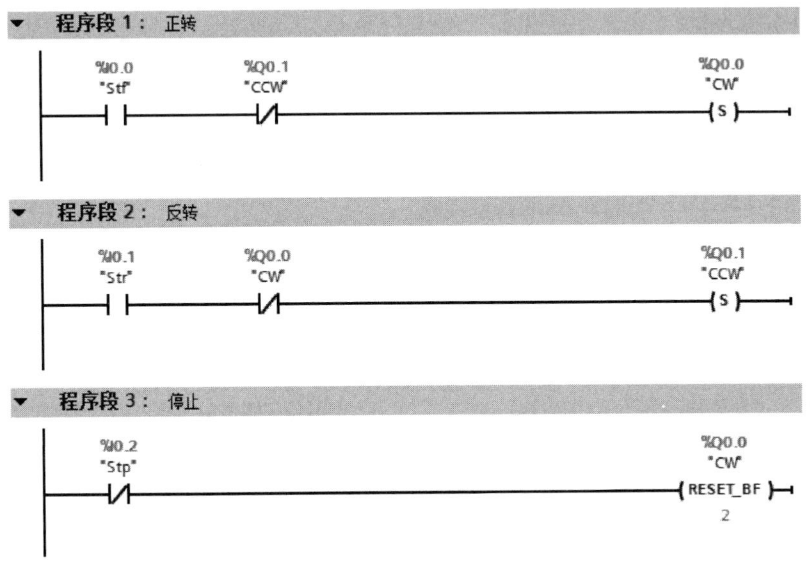

图 4-36　“正转 - 停 - 反转”梯形图

注意：如图 4-37 所示，使用置位和复位指令时 Q0.0 的线圈允许出现两次或多次，不是双线圈输出。

图 4-37　“Q0.0 出现多次”梯形图

RS/SR 触发器指令及其应用

4.2.3　RS /SR 触发器指令

（1）RS：复位 / 置位触发器

如果 R 输入端的信号状态为“1”，S1 输入端的信号状态为“0”，则复位。如果 R 输入端的信号状态为“0”，S1 输入端的信号状态为“1”，则置位触发器。如果两个输入端的状态均为“1”，则置位触发器。如果两个输入端的状态均为“0”，保持触发器以前的状态。RS /SR 双稳态触发器示例如图 4-38 所示，用一个表格表示这个例子的输入与输出的对应关系，见表 4-13。

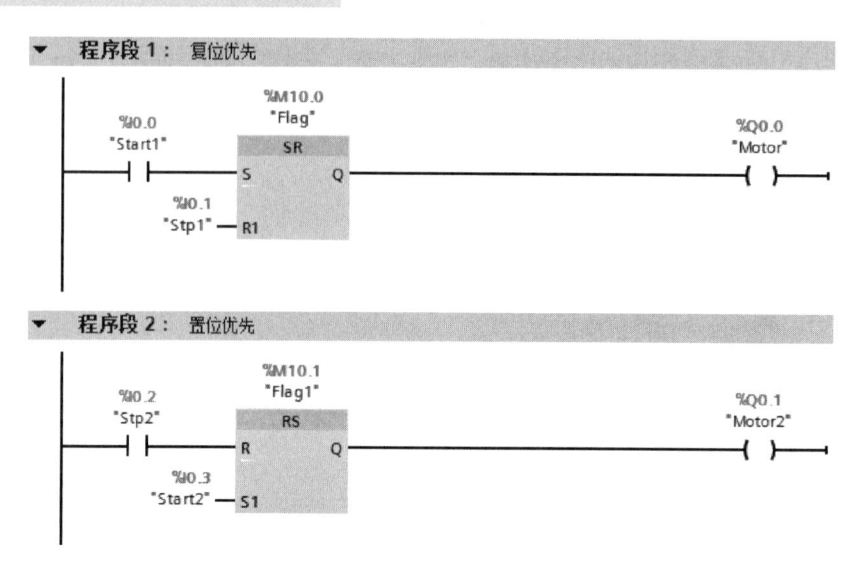

图 4-38　RS/SR 触发器示例

表 4-13　RS/SR 触发器输入与输出的对应关系

复位 / 置位触发器 RS（置位优先）				置位 / 复位触发器 SR（复位优先）			
输入状态		输出状态	说明	输入状态		输出状态	说明
S1（I0.3）	R（I0.2）	Q（Q0.1）	当各个状态断开后，输出状态保持	R1（I0.1）	S（I0.0）	Q（Q0.0）	当各个状态断开后，输出状态保持
1	0	1		1	0	0	
0	1	0		0	1	1	
1	1	1		1	1	0	

（2）SR：置位 / 复位触发器

如果 S 输入端的信号状态为“1”，R1 输入端的信号状态为“0”，则置位。如果 S 输入端的信号状态为“0”，R1 输入端的信号状态为“1”，则复位触发器。如果两个输入端的状态均为“1”，则复位触发器。如果两个输入端的状态均为“0”，保持触发器以前的状态。

4.2.4　上升沿和下降沿指令

上升沿和下降沿指令及其应用

上升沿和下降沿指令有扫描操作数的信号上升沿和下降沿的作用。

（1）下降沿指令

“操作数 1”的信号状态如从“1”变为“0”，则 RLO=1 保持一个扫描周期。该指令将比较“操作数 1”的当前信号状态与上一次扫描的信号状态“操作数 2”。如果该指令检测到逻辑运算结果（RLO）从“1”变为“0”，则说明出现了一个下降沿。

下降沿示例的梯形图和时序图如图 4-39 所示，当与 I0.0 关联的按钮按下后弹起时，产生一个下降沿，输出 Q0.0 得电一个扫描周期，这个时间是很短的。在后面的章节中多处用到时序图，请读者务必掌握这种表达方式。

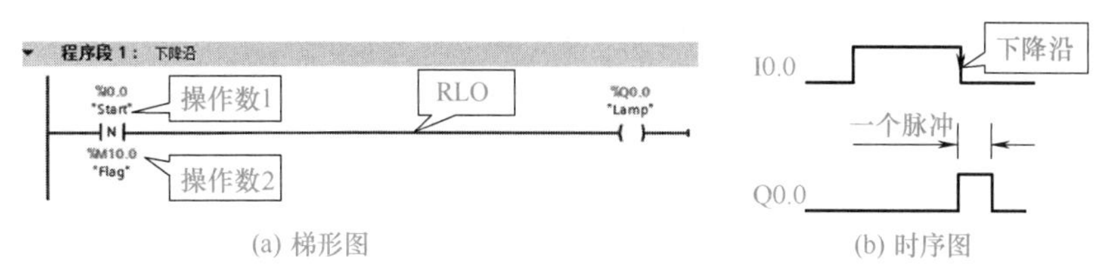

(a) 梯形图　(b) 时序图

图 4-39　下降沿示例

（2）上升沿指令

“操作数 1”的信号状态如从“0”变为“1”，则 RLO=1 保持一个扫描周期。该指令将比较“操作数 1”的当前信号状态与上一次扫描的信号状态“操作数 2”。如果该指令检测到逻辑运算结果（RLO）从“0”变为“1”，则说明出现了一个上升沿。

上升沿示例的梯形图时序图如图 4-40 所示，当与 I0.0 关联的按钮压下时，产生一个上升沿，输出 Q0.0 得电一个扫描周期，无论按钮闭合多长的时间，输出 Q0.0 只得电一个扫描周期。

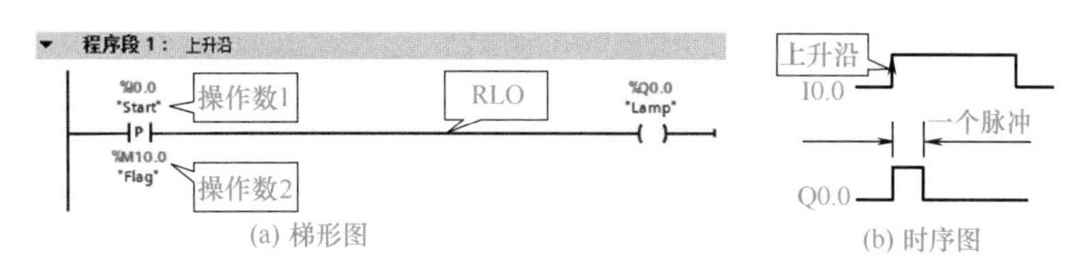

(a) 梯形图　(b) 时序图

图 4-40　上升沿示例

【例 4-8】 梯形图如图 4-41 所示，如果当与 I0.0 关联的按钮，闭合 1s 后弹起，请分析程序运行结果。

解：时序图如图 4-42 所示，当与 I0.0 关联的按钮压下时，产生上升沿，触点产生一个扫描周期的时钟脉冲，驱动输出线圈 Q0.1 通电一个扫描周期，Q0.0 也通电，使输出线圈 Q0.0 置位，并保持。

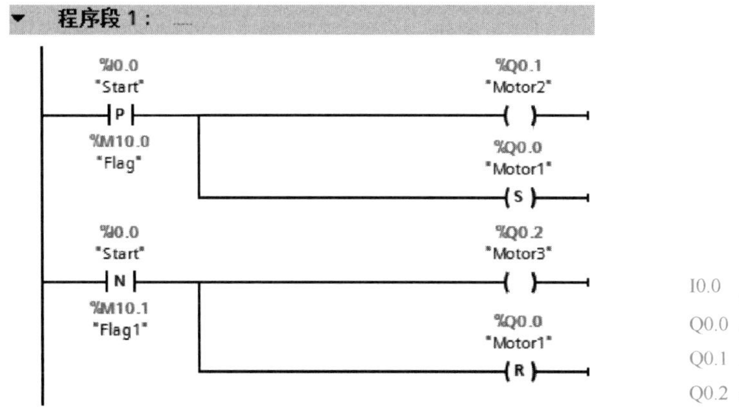

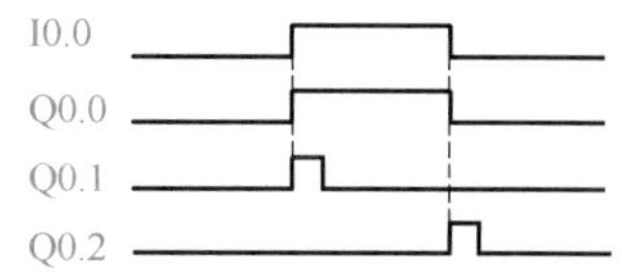

图 4-41　边沿检测指令示例　　图 4-42　边沿检测指令示例时序图

当与 I0.0 关联的按钮弹起时，产生下降沿，触点产生一个扫描周期的时钟脉冲，驱动输出线圈 Q0.2 通电一个扫描周期，使输出线圈 Q0.0 复位，并保持。Q0.0 得电共 1s。

注意：上升沿和下降沿指令的第二操作数，在程序中不可重复使用，否则会出错。如图 4-43 所示，上升沿的第二操作数 M10.0 在标记①、②和标记③处，使用了三次，虽无语法错误，但程序是错误的。

前述的上升沿指令和下降沿指令没有对应的 SCL 指令。以下介绍的上升沿指令（R_TRIG）和下降沿指令（F_TRIG），其梯形图指令对应关系见表 4-14。

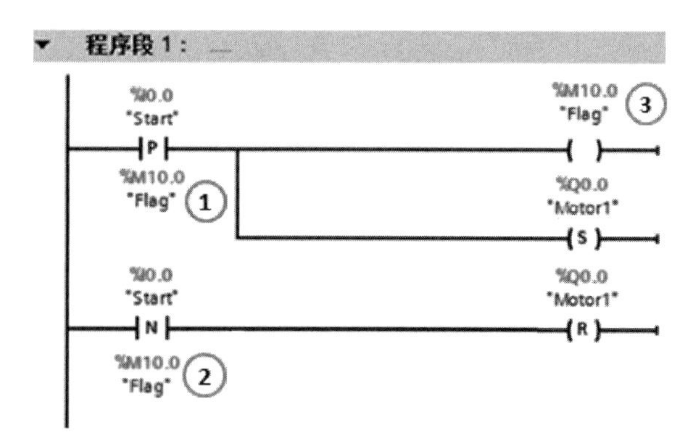

图 4-43　第二操作数重复使用

表 4-14　上升沿指令（R_TRIG）和下降沿指令（F_TRIG）的 LAD 和 SCL 指令对应关系

LAD	SCL 指令	功能说明	说明
"R_TRIG_DB" R_TRIG EN ENO CLK Q	"R_TRIG_DB"（CLK：=_in_，Q=> _bool_out_）;	上升沿指令	在信号上升沿置位变量
"F_TRIG_DB_1" F_TRIG EN ENO CLK Q	"F_TRIG_DB"（CLK：=_in_，Q=> _bool_out_）;	下降沿指令	在信号下降沿置位变量

【例 4-9】 设计一个程序，实现点动功能。

解：编写点动程序有多种方法，本例使用上升沿指令（R_TRIG）和下降沿指令（F_TRIG），梯形图程序如图 4-44 所示。

① 当 I0.0 闭合时，产生上升沿，M10.0 得电一个扫描周期，M10.0 常开触点闭合，Q0.0 得电自锁。

② 当 I0.0 断开时，产生下降沿，M10.1 得电一个扫描周期，M10.1 常闭触点断开，Q0.0 断电。

【例 4-10】 用 S7-1500 PLC 控制一台三相异步电动机，实现用一个按钮对电动机进行启停控制，即单键启停控制（也称乒乓控制）。

解：梯形图如图 4-45 所示，可见使用 SR 触发器指令后，不需要用自锁功能，程序变得十分简洁。

① 当未压下与 I0.0 关联的按钮 SB1 时，Q0.0 常开触点断开，当第一次压下按钮 SB1 时，S 端子高电平，R1 端子低电平，Q0.0 线圈得电，电动机启动运行，Q0.0 常开触点闭合。

② 当第二次压下按钮 SB1 时，S 和 R1 端子同时高电平，由于复位优先，所以 Q0.0 线圈断电，电动机停机。

这个题目还有另一种类似解法，就是用 RS 触发器指令，梯形图如图 4-46 所示。

① 当第一次压下与 I0.0 关联的按钮 SB1 时，S1 和 R 端子同时高电平，由于置位优先 Q0.0 线圈得电，电动机启动运行，Q0.0 常闭触点断开。

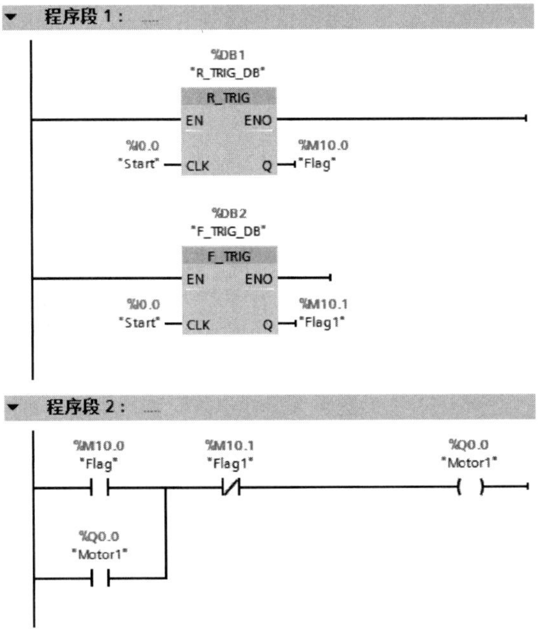

▼ 程序段 1： ……

%DB1
"R_TRIG_DB"
R_TRIG
EN ENO
%I0.0
"Start" — CLK Q — %M10.0 "Flag"

%DB2
"F_TRIG_DB"
F_TRIG
EN ENO
%I0.0
"Start" — CLK Q — %M10.1 "Flag1"

▼ 程序段 2： ……

%M10.0 "Flag"　%M10.1 "Flag1"　%Q0.0 "Motor1"
%Q0.0 "Motor1"

```
1  "R_TRIG_DB_1"(CLK:="START",
2                Q=>"R_PULSE");
3  "F_TRIG_DB_1"(CLK := "START",
4                Q => "F_PULSE");
5  IF "R_PULSE" OR "MOTOR" THEN
6      "MOTOR":=TRUE;
7  ELSE
8      "MOTOR" :=FALSE;
9  END_IF;
10 IF "F_PULSE" THEN
11     "MOTOR" := FALSE;
12 END_IF;
```

图 4-44　例 4-9 梯形图和 SCL 程序

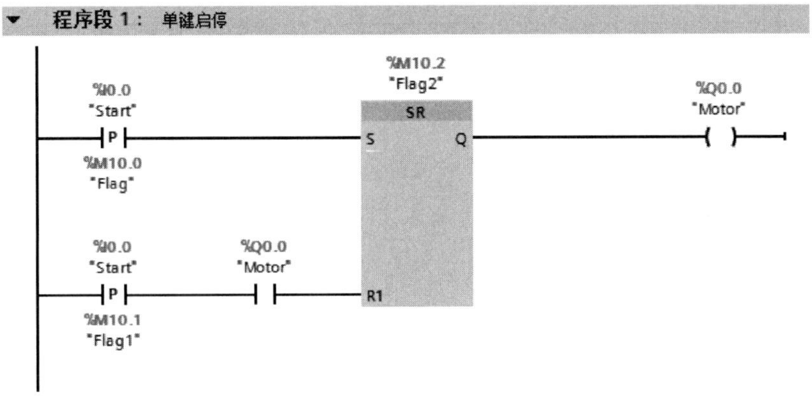

▼ 程序段 1： 单键启停

%I0.0 "Start"　P　%M10.0 "Flag"
%M10.2 "Flag2"
SR
S Q
R1
%Q0.0 "Motor"
%I0.0 "Start"　P　%M10.1 "Flag1"
%Q0.0 "Motor"

图 4-45　例 4-10 梯形图（1）

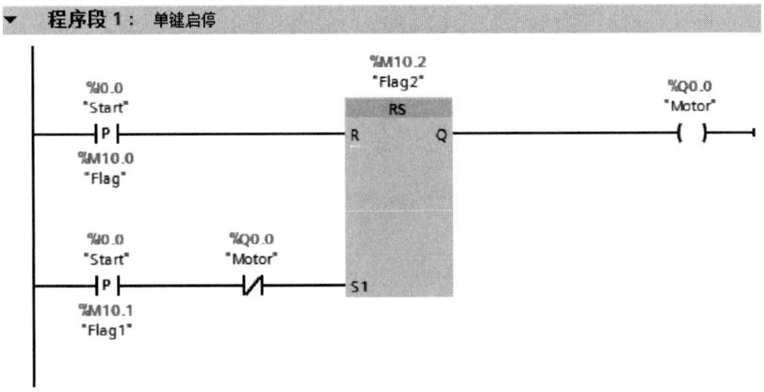

▼ 程序段 1： 单键启停

%I0.0 "Start"　P　%M10.0 "Flag"
%M10.2 "Flag2"
RS
R Q
S1
%Q0.0 "Motor"
%I0.0 "Start"　P　%M10.1 "Flag1"
%Q0.0 "Motor"

图 4-46　例 4-10 梯形图（2）

② 当第二次压下按钮 SB1 时，R 端子高电平，S1 端子低电平，所以 Q0.0 线圈断电，电动机停机。

4.3 定时器指令

定时器主要起延时作用，S7-1500 PLC 支持 S7 定时器和 IEC 定时器。IEC 定时器集成在 CPU 的操作系统中，S7-1500 PLC 有以下定时器：脉冲定时器（TP）、通电延时定时器（TON）、通电延时保持型定时器（TONR）和断电延时定时器（TOF）。

4.3.1 通电延时定时器（TON）

定时器及其应用 1

当输入端 IN 接通，指令启动定时开始，连续接通时间超出预置时间 PT 之后，即定时时间到，输出 Q 的信号状态将变为“1”，任何时候 IN 断开，输出 Q 的信号状态将变为“0”。通电延时定时器（TON）有线框指令和线圈指令，以下分别讲解。

（1）通电延时定时器（TON）线框指令

通电延时定时器（TON）的参数见表 4-15。

表 4-15　通电延时定时器指令和参数

LAD	SCL	参数	数据类型	说明
TON Time IN　Q PT　ET	"IEC_Timer_0_DB".TON (IN: =_bool_in_, PT: =_time_in_, Q=>_bool_out_, ET=>_time_out_);	IN	BOOL	启动定时器
		Q	BOOL	超过时间 PT 后，置位的输出
		PT	Time	定时时间
		ET	Time/LTime	当前时间值

以下用 2 个例子介绍通电延时定时器的应用。

【例 4-11】 当 I0.0 闭合，3s 后电动机启动，请设计控制程序。

解：先插入 IEC 定时器 TON，弹出如图 4-47 所示界面，单击“确定”按钮，分配数据块，这是自动生成数据块的方法，相对比较简单。再编写程序如图 4-48 所示。当 I0.0 闭合时，启动定时器，T#3s 是定时时间，3s 后 Q0.0 为 1，MD10 中是定时器定时的当前时间。

图 4-47　插入数据块

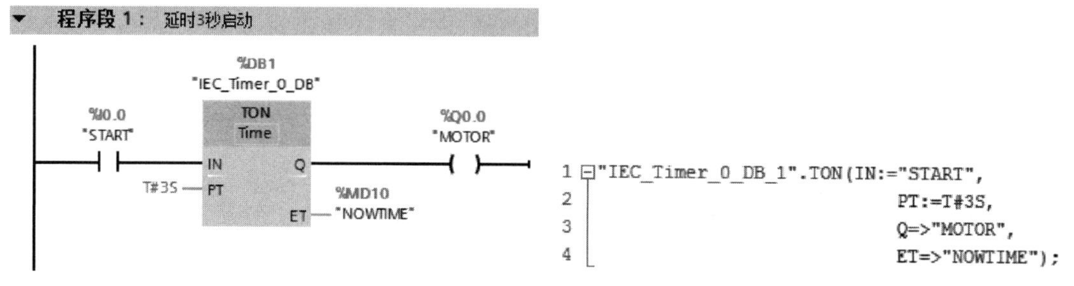

图 4-48　例 4-11 梯形图程序（1）

【例 4-12】用 S7-1500 PLC 控制“气炮”。“气炮”是一种形象叫法，在工程中，混合粉末状物料（例如水泥厂的生料、熟料和水泥等）通常使用压缩空气循环和间歇供气，将粉状物料混合均匀。也可用“气炮”冲击力清理人不容易到达的罐体的内壁。要求设计“气炮”，实现通气 3s，停 2s，如此循环。

解：① 设计电气原理图　PLC 采用 CPU1511，原理图如图 4-49 所示。

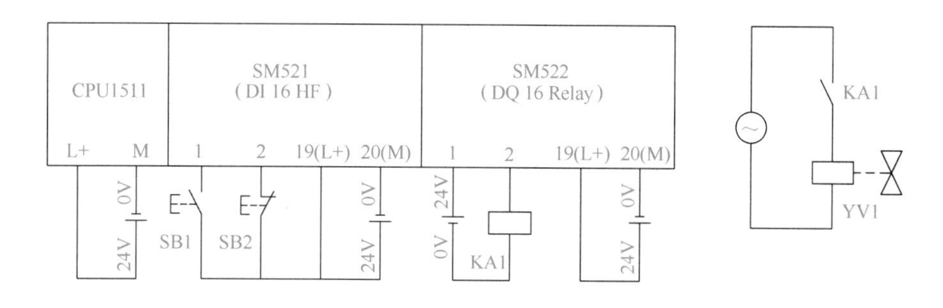

图 4-49　例 4-12 原理图

② 编写控制程序　梯形图如图 4-50 所示。控制过程是：当与 I0.0 关联的按钮 SB1 合上，M10.0 线圈得电自锁，定时器 T0 低电平输出，经过“NOT”取反，Q0.0 线圈得电，阀门打开供气。定时器 T0 定时 3s 后高电平输出，经过“NOT”取反，Q0.0 断电，控制的阀门关闭供气，与此同时定时器 T1 启动定时，2s 后，"DB_Timer".T1.Q 的常闭触点断开，造成 T0 和 T1 的线圈断电，逻辑取反后，Q0.0 阀门打开供气；下一个扫描周期 "DB_Timer".T1.Q 的常闭触点又闭合，T0 又开始定时，如此周而复始，Q0.0 控制阀门开 / 关，产生“气炮”功能。

（2）通电延时定时器（TON）线圈指令

通电延时定时器（TON）线圈指令与线框指令类似，但没有 SCL 指令，以下仅用例 4-11 介绍其用法。

解：①首先创建数据块 DB_Timer，即定时器的背景数据块，如图 4-51 所示，然后在此数据块中，创建变量 T0，特别要注意变量的数据类型为“IEC_TIMER”，最后要编译数据块，否则容易出错。这是创建定时器数据块的第二种办法，在项目中有多个定时器时，这种方法更加实用。

② 编写程序，如图 4-52 所示。

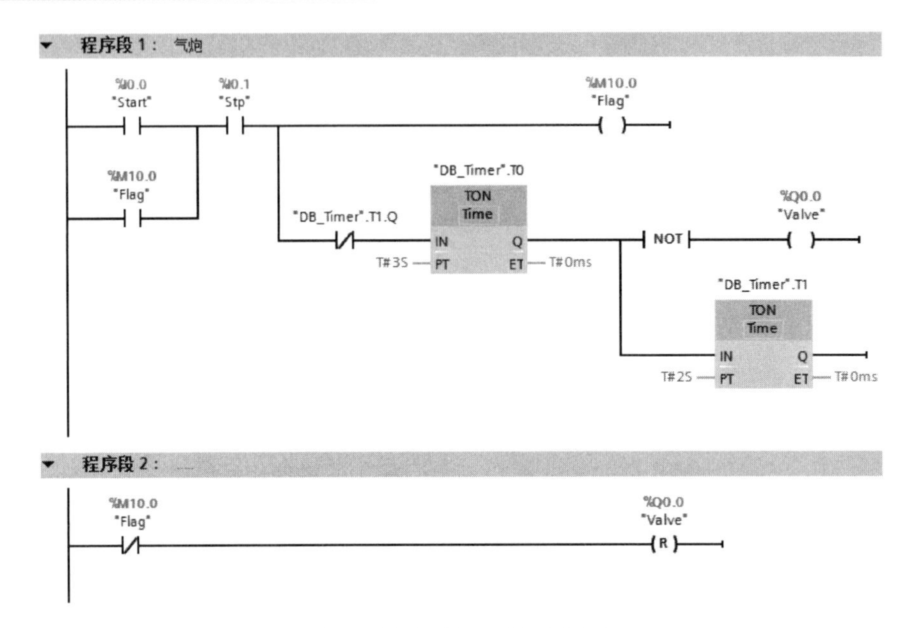

图 4-50　例 4-12 梯形图

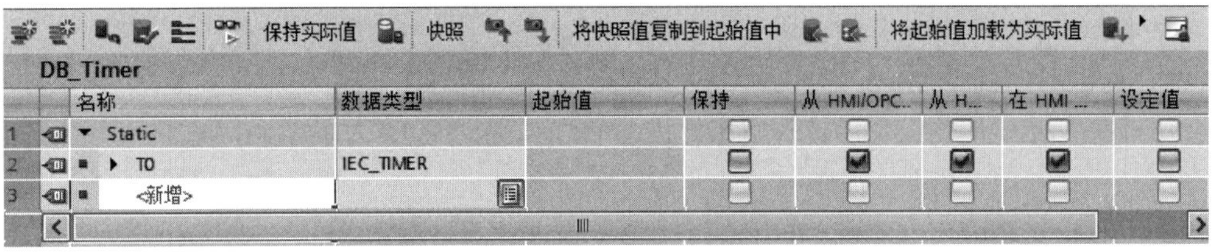

保持实际值　快照　将快照值复制到起始值中　将起始值加载为实际值

DB_Timer

	名称	数据类型	起始值	保持	从 HMI/OPC...	从 H...	在 HMI ...	设定值
1	▼ Static			☐	☐	☐	☐	☐
2	▶ T0	IEC_TIMER		☐	☑	☑	☑	☐
3	<新增>			☐	☐	☐	☐	☐

图 4-51　创建数据块

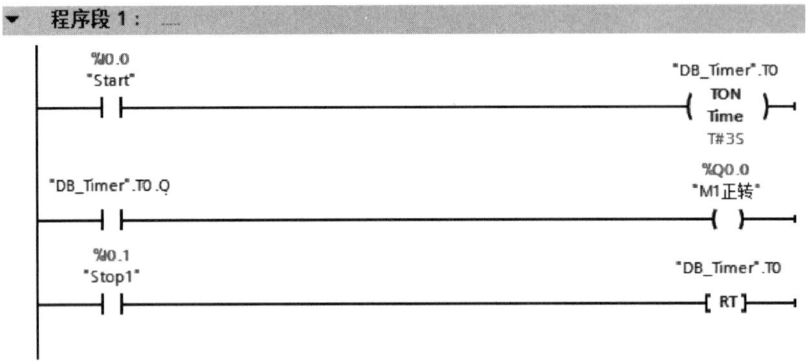

程序段 1： ......

%I0.0 "Start" —— "DB_Timer".T0 TON Time T#3S

"DB_Timer".T0.Q —— %Q0.0 "M1正转"

%I0.1 "Stop1" —— "DB_Timer".T0 RT

图 4-52　例 4-11 梯形图（2）

定时器及其应用 2

4.3.2　断电延时定时器（TOF）

（1）断电延时定时器（TOF）线框指令

当输入端 IN 接通，输出 Q 的信号状态立即变为“1”，即输出，之后当输入端 IN 断开指令启动，定时开始，超出预置时间 PT 之后，即定时时间到，输出 Q 的信号状态立即变为“0”。断电延时定时器（TOF）的参数见表 4-16。

表 4-16　断电延时定时器指令和参数

LAD	SCL	参数	数据类型	说明
TOF Time IN Q PT ET	"IEC_Timer_0_DB".TOF (IN：=_bool_in_, PT：=_time_in_, Q=>_bool_out_, ET=>_time_out_)；	IN	BOOL	启动定时器
		Q	BOOL	定时器 PT 计时结束后要复位的输出
		PT	Time	关断延时的持续时间
		ET	Time/LTime	当前时间值

以下用一个例子介绍断电延时定时器（TOF）的应用。

【例 4-13】 断开按钮 I0.0，延时 3s 后电动机停止转动，设计控制程序。

解：先插入 IEC 定时器 TOF，弹出如图 4-47 所示界面，分配数据块，再编写程序如图 4-53 所示，压下与 I0.0 关联的按钮时，Q0.0 得电，电动机启动。T#3s 是定时时间，断开与 I0.0 关联的按钮时，启动定时器，3s 后 Q0.0 为 0，电动机停转，MD10 中是定时器定时的当前时间。

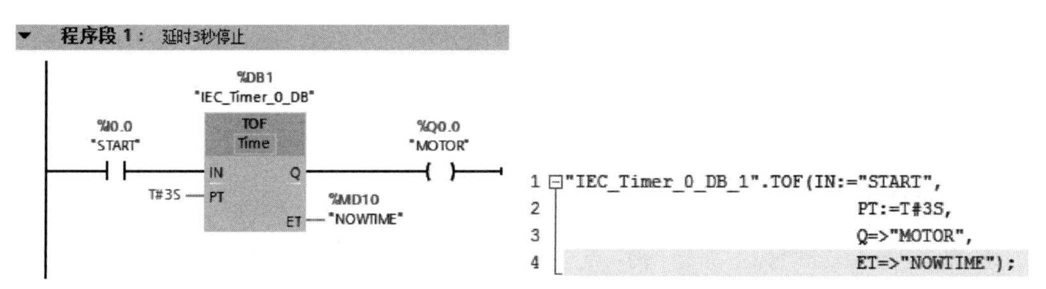

图 4-53　例 4-13 梯形图程序

（2）断电延时定时器（TOF）线圈指令

断电延时定时器线圈指令与线框指令类似，但没有 SCL 指令，以下仅用一个例子介绍其用法。

【例 4-14】 某车库中有一盏灯，当人离开车库后，按下停止按钮，5s 后灯熄灭，原理图如图 4-54 所示，要求编写程序。

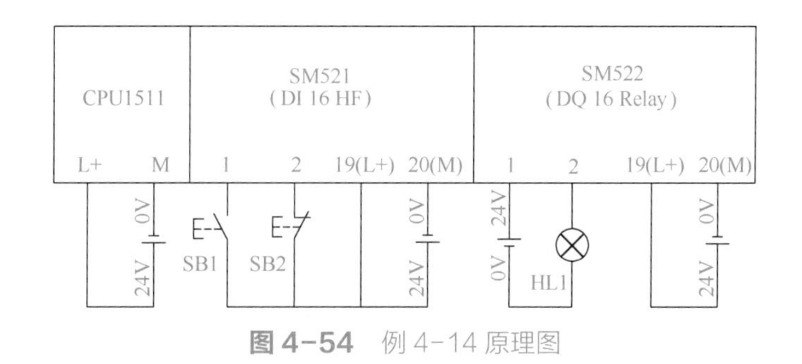

图 4-54　例 4-14 原理图

解：先插入 IEC 定时器 TOF，分配数据块，如图 4-47 所示，再编写程序如图 4-55 所示。当接通与 I0.0 关联的 SB1 按钮，灯 HL1 亮；按下与 I0.1 关联的 SB2 按钮 5s 后，灯 HL1 灭。

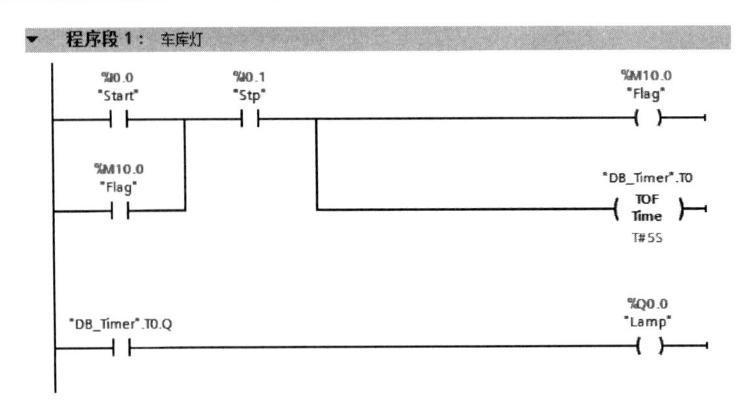

图 4-55　例 4-14 梯形图

【例 4-15】 用 S7-1500 PLC 控制一台鼓风机，鼓风机系统一般由引风机和鼓风机两级构成。当按下启动按钮之后，引风机先工作，工作 5s 后，鼓风机工作。按下停止按钮之后，鼓风机先停止工作，5s 之后，引风机才停止工作。

解：① 设计电气原理图

a. PLC 的 I/O 分配见表 4-17。

表 4-17　例 4-15 PLC 的 I/O 分配表

输入			输出		
名称	符号	输入点	名称	符号	输出点
开始按钮	SB1	I0.0	鼓风机	KA1	Q0.0
停止按钮	SB2	I0.1	引风机	KA2	Q0.1

b. 设计控制系统的原理图。

设计电气原理图如图 4-56 所示，KA1 和 KA2 是中间继电器，起隔离和信号放大作用；KM1 和 KM2 是接触器，KA1 和 KA2 触点的通断控制 KM1 和 KM2 线圈的得电和断电，从而驱动电动机的启停。

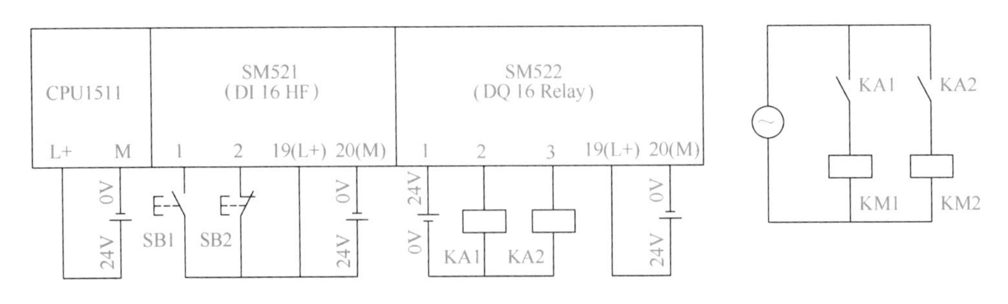

图 4-56　例 4-15 电气原理图

② 编写控制程序　风机在按下停止按钮后还要运行 5s，容易想到要使用 TOF 定时器；鼓风机在引风机工作 5s 后才开始工作，因而用 TON 定时器。

a. 首先创建数据块 DB_Timer，即定时器的背景数据块，如图 4-57 所示，然后在此数据块中，创建两个变量 T0 和 T1，特别要注意变量的数据类型为“IEC_TIMER”，最后要编译数据块，否则容易出错。

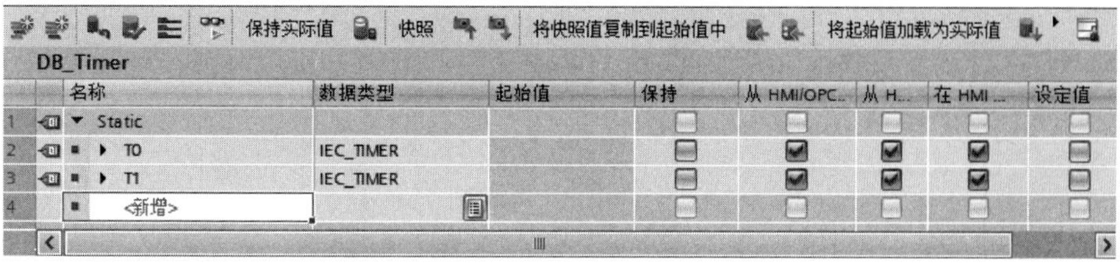

DB_Timer

	名称	数据类型	起始值	保持	从 HMI/OPC...	从 H...	在 HMI ...	设定值
1	▼ Static			☐	☐	☐	☐	☐
2	▸ T0	IEC_TIMER		☐	☑	☑	☑	☐
3	▸ T1	IEC_TIMER		☐	☑	☑	☑	☐
4	<新增>			☐	☐	☐	☐	☐

图 4-57　数据块

b. 编写梯形图如图 4-58 所示。当下压与 I0.0 关联的启动按钮 SB1 时，M10.0 线圈得电自锁。定时器 TON 和 TOF 同时得电，Q0.1 线圈得电，引风机立即启动。5s 后，Q0.0 线圈得电，鼓风机启动。

当下压与 I0.1 关联的停止按钮 SB2 时，M10.0 线圈断电。定时器 TON 和 TOF 同时断电，Q0.0 线圈立即断开，鼓风机立即停止。5s 后，Q0.1 线圈断电，引风机停机。

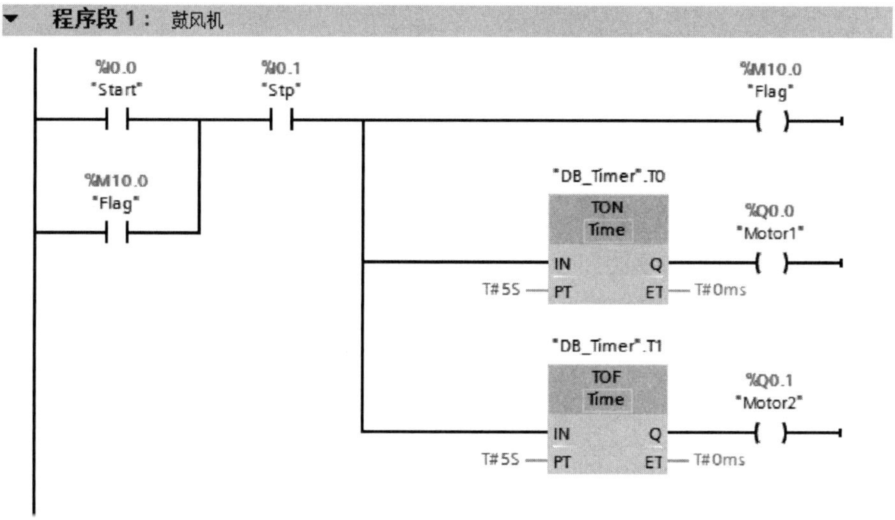

图 4-58　鼓风机控制梯形图程序

4.3.3　时间累加器（TONR）

时间累加器也称通电延时累加定时器。当输入端 IN 接通，指令启动，定时开始，累计接通时间超出预置时间 PT 之后，即定时时间到，输出 Q 的信号状态将变为“1”。IN 的断开不会影响输出 Q 的信号状态，定时器复位必须接通 R 端子。时间累加器（TONR）的参数见表 4-18。

以下用一个例子介绍时间累加器（TONR）的应用。如图 4-59 所示，当 I0.0 闭合的时间累加和大于等于 10s（即 I0.0 闭合一次或者闭合数次时间累加和大于等于 10s），Q0.0 线圈得电，如需要 Q0.0 线圈断电，则要 I0.1 闭合。

表 4-18　时间累加器指令和参数

LAD	SCL	参数	数据类型	说明
TONR Time IN　Q R　ET PT	"IEC_Timer_0_DB".TONR（IN：=_bool_in_, R：=_bool_in_, PT：=_in_, Q=>_bool_out_, ET=>_out_）;	IN	BOOL	启动定时器
		Q	BOOL	超过时间 PT 后置位的输出
		R	BOOL	复位输入
		PT	Time	时间记录的最长持续时间
		ET	Time/LTime	当前时间值

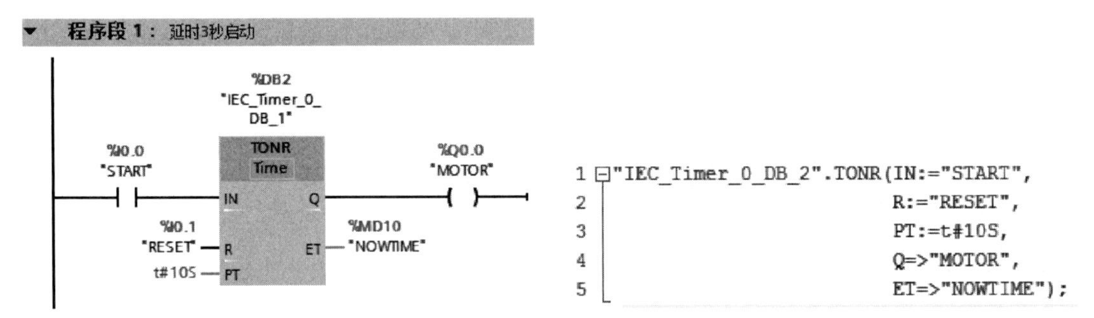

图 4-59　时间累加器（TONR）应用梯形图

【例 4-16】 梯形图如图 4-59 所示，I0.0 和 I0.1 的时序图如图 4-60 所示，请补充 Q0.0 的时序图，并指出 Q0.0 得电几秒。

解：补充了 Q0.0 的时序图如图 4-61 所示。在第 12s 时，I0.0 累计闭合时间为 10s，从第 12s 开始，Q0.0 的线圈得电。第 15s 时，I0.1 闭合，时间累加器复位，Q0.0 的线圈断电。

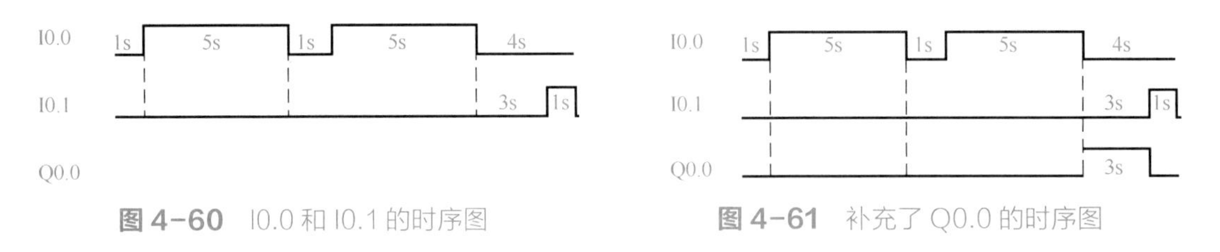

图 4-60　I0.0 和 I0.1 的时序图　　图 4-61　补充了 Q0.0 的时序图

4.3.4　原有定时器

（1）原有定时器介绍

原有的定时器即 SIMATIC 定时器，适用于 S7-300/400/1500 PLC，不适用于 S7-1200 PLC。在 STEP 7 中，没有与 SIMATIC 线圈型定时器对应的 SCL 指令，但有线框型定时器对应的 SCL 指令。

TIA Portal 软件的 SIMATIC 定时器指令较为丰富，除了常用的接通延时定时器（SD）和断开延时定时器（SF）以外，还有脉冲定时器（SP）、扩展脉冲定时器（SE）和保持型接通延时定时器（SS）共 5 类。

S5 时间格式为：S5T#*a*H_*b*M_*c*S_*d*MS，其中 *a* 表示时，*b* 表示分，*c* 表示秒，*d* 表示毫秒，含义比较明显。例如 S5T#1H_2M_3S 表示定时时间为 1 小时 2 分 3 秒。这里的时基是 PLC 自动选定的。

（2）通电延时性定时器

TIA Portal 软件除了提供接通延时定时器线圈指令外，还提供更加复杂的方框指令来实现相应的定时功能。接通延时定时器方框指令和参数见表 4-19。

表 4-19　接通延时定时器方框指令和参数

LAD	SCL	参数	数据类型	说明
T no. S_ODT S　Q TV　BI R　BCD	"Tag_Result"：= S_ODT（T_NO：= "Timer_1", S：= "Tag_1", TV：="Tag_Number", R：= "Tag_Reset", Q：= "Tag_Status", BI：= "Tag_Value"）;	T no.	Timer	要启动的定时器号，如 T0
		S	BOOL	启动输入端
		TV	5Time，WORD	定时时间
		R	BOOL	复位输入端
		Q	BOOL	定时器的状态
		BI	WORD	当前时间（整数格式）
		BCD	WORD	当前时间（BCD 码格式）

接通延时定时器指令应用的梯形图和 SCL 程序如图 4-62 所示。

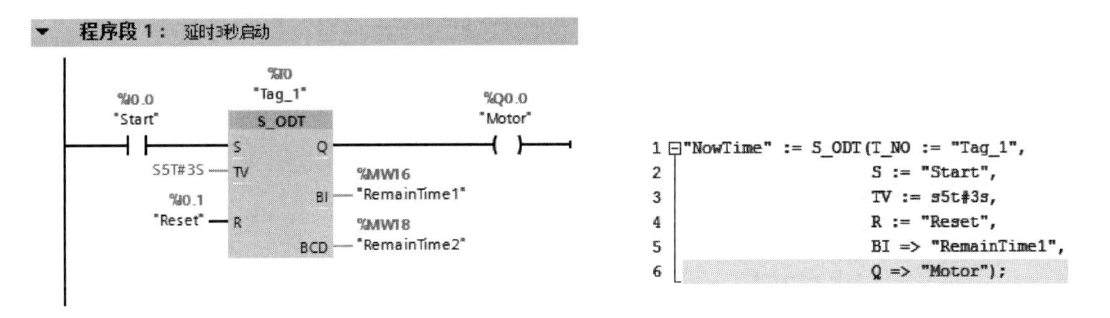

图 4-62　接通延时定时器指令应用的梯形图和 SCL 程序

【例 4-17】 设计一段程序，实现一盏灯灭 3s，亮 3s，不断循环，且能实现启停控制。

解：PLC 采用 CPU 1511-1 PN，原理图如图 4-63 所示，梯形图如图 4-64（a）所示。这个梯形图比较简单，但初学者往往不易看懂。控制过程是：当与 I0.0 关联的 SB1 合上，定时器 T0 定时 3s 后，Q0.0 控制的灯灭，与此同时定时器 T1 启动定时，3s 后，T1 的常闭触点断开切断 T0，进而 T0 的常开触点切断 T1；此时 T1 的常闭触点闭合，T0 又开始定时，Q0.0 灯亮，如此周而复始，Q0.0 控制灯闪烁。

梯形图和 SCL 程序如图 4-64 所示，定时器用方框图表示，这种解法更容易理解。

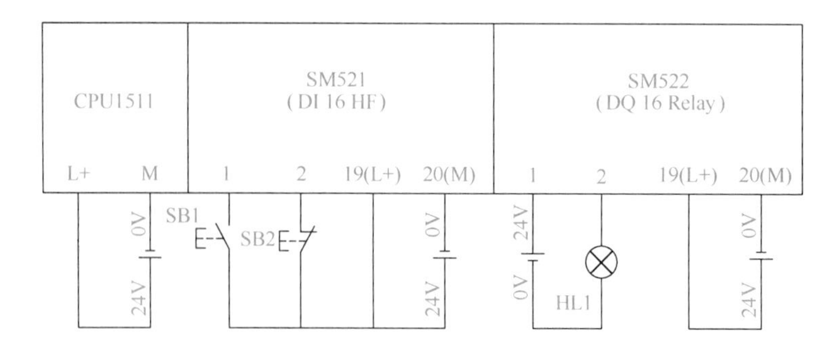

图 4-63　例 4-17 原理图

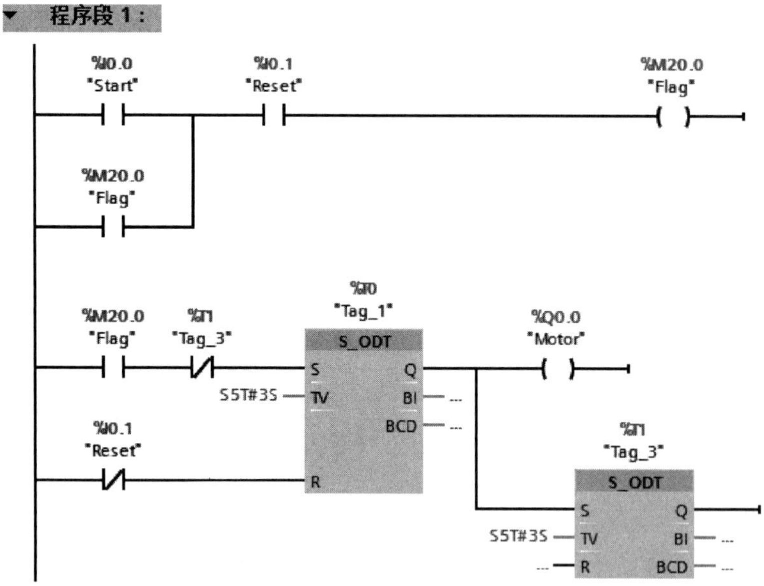

程序段 1：

%I0.0 "Start"　%I0.1 "Reset"　%M20.0 "Flag"

%M20.0 "Flag"

%M20.0 "Flag"　%T1 "Tag_3"　%T0 "Tag_1" S_ODT　S5T#3S　%Q0.0 "Motor"

%I0.1 "Reset"　%T1 "Tag_3" S_ODT　S5T#3S

(a) 例4-17梯形图

```
1  IF "Start" OR "Flag" AND "Reset" THEN
2      "Flag" := TRUE;
3      ELSE
4      "Flag" := FALSE;
5  END_IF;
6  IF NOT "Reset" THEN
7      "Flag" := FALSE;
8  END_IF;
9  "RemainTime1" := S_ODT(T_NO := "Tag_1",
10                        S := "Flag" & NOT "Tag_2" ,
11                        TV := S5T#3S,
12                        R := NOT "Reset",
13                        Q => "Motor");
14 "RemainTime2" := S_ODT(T_NO := "Tag_3",
15                        S :="Motor",
16                        TV :=S5T#3S,
17                        Q =>"Tag_2");
```

(b) 例4-17 SCL程序

图 4-64　例 4-17 梯形图和 SCL 程序

（3）断开延时定时器（SF）

断开延时定时器（SF）相当于继电器控制系统的断电延时时间继电器，是定时器指令中唯一一个由下降沿启动的定时器指令。

TIA Portal 软件除了提供断开延时定时器线圈指令外，还提供更加复杂的方框指令来实现相应的定时功能。断开延时定时器方框指令和参数见表 4-20。

表 4-20　断开延时定时器方框指令和参数

LAD	SCL	参数	数据类型	说明
T no. S_OFFDT S　Q TV　BI R　BCD	"Tag_Result"：=S_OFFDT（T_NO：= "Timer_1"， S：="Tag_1"， TV：="Tag_Number"， R：="Tag_Reset"， Q：="Tag_Status"， BI：="Tag_Value"）；	T no.	Timer	要启动的定时器号，如 T0
		S	BOOL	启动输入端
		TV	S5Time，WORD	定时时间
		R	BOOL	复位输入端
		Q	BOOL	定时器的状态
		BI	WORD	当前时间（整数格式）
		BCD	WORD	当前时间（BCD 码格式）

断开延时定时器指令应用的梯形图和 SCL 程序如图 4-65 所示。

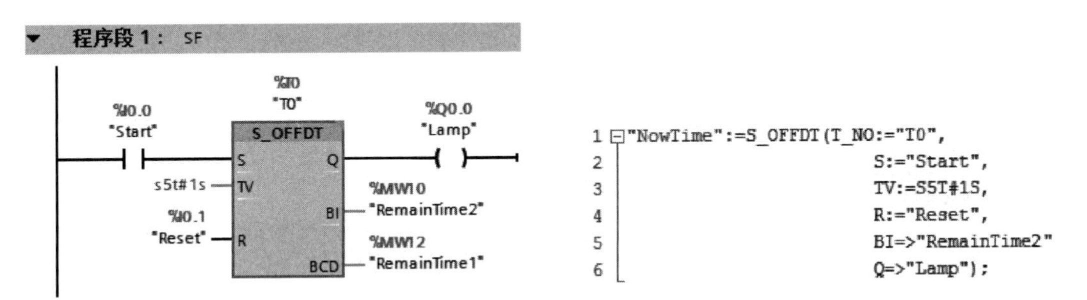

图 4-65　断开延时定时器指令应用的梯形图和 SCL 程序

【例 4-18】 鼓风机系统一般由引风机和鼓风机两级构成。当按下启动按钮之后，引风机先工作，工作 5s 后，鼓风机工作。按下停止按钮之后，鼓风机先停止工作，5s 之后，引风机才停止工作，请编写程序。

解：① PLC 的 I/O 分配　PLC 的 I/O 分配见表 4-21。

表 4-21　例 4-18 PLC 的 I/O 分配表

输入			输出		
名 称	符 号	输入点	名 称	符 号	输出点
开始按钮	SB1	I0.0	鼓风机	KA1	Q0.0
停止按钮	SB2	I0.1	引风机	KA2	Q0.1

② 控制系统的接线　鼓风机控制系统按照如图 4-66 所示原理图接线。

③ 编写程序　引风机在按下停止按钮后还要运行 5s，容易想到要使用 SF 定时器；鼓风机在引风机工作 5s 后才开始工作，因而用 SD 定时器。梯形图和 SCL 程序，如图 4-67 所示。

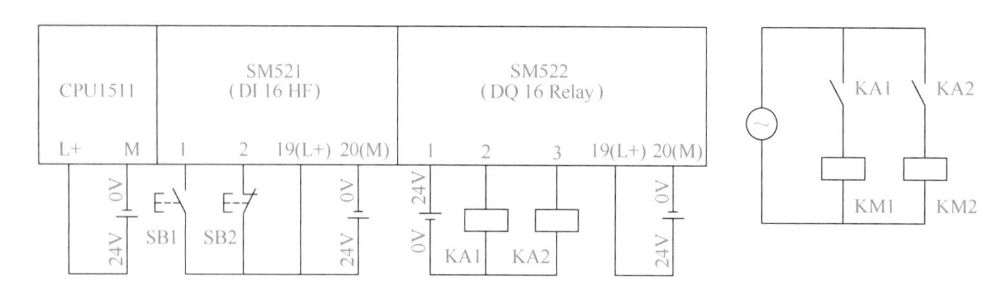

图 4-66　例 4-18 原理图

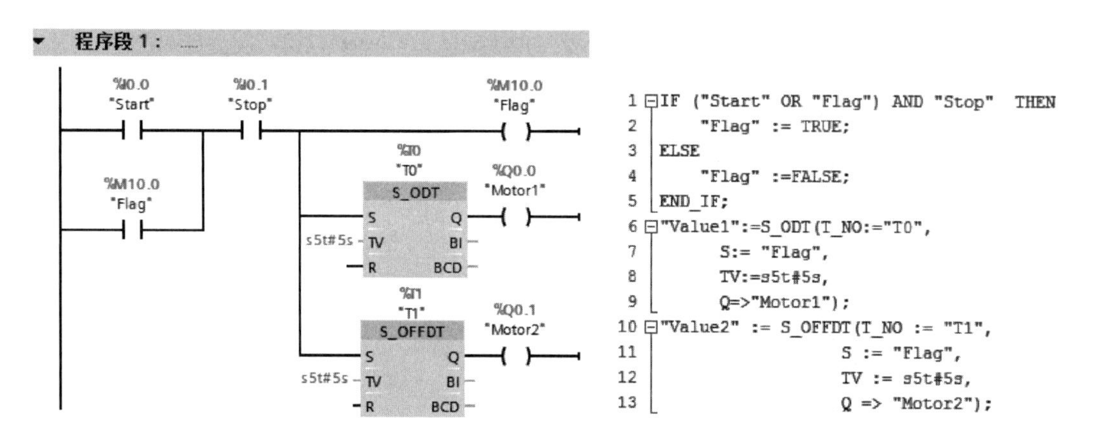

图 4-67　鼓风机控制梯形图和 SCL 程序

4.4 计数器指令

计数器主要用于计数，如计算产量等。S7-1500 PLC 支持 S7 计数器和 IEC 计数器。IEC 计数器集成在 CPU 的操作系统中。在 CPU 中有以下计数器：加计数器（CTU）、减计数器（CTD）和加减计数器（CTUD）。

计数器指令及其应用

密码锁的 PLC 控制

4.4.1 加计数器（CTU）

如果输入 CU 的信号状态从“0”变为“1”（信号上升沿），则执行该指令，同时输出 CV 的当前计数器值加 1，当 CV ≥ PV 时，Q 输出为 1；R 为 1 时，复位，CV 和 Q 变为 0。加计数器（CTU）的参数见表 4-22。

从指令框的“???”下拉列表中选择该指令的数据类型。

以下以加计数器（CTU）为例介绍 IEC 计数器的应用。

【例 4-19】 压下与 I0.0 关联的按钮 3 次后，灯亮，压下与 I0.1 关联的按钮，灯灭，请设计控制程序。

解：将 CTU 计数器拖拽到程序编辑器中，弹出如图 4-68 所示界面，单击“确定”按钮，输入梯形图程序如图 4-69 所示。当与 I0.0 关联的按钮压下 3 次，MW12 中存储的当前计数值（CV）为 3，等于预设值（PV），所以 Q0.0 状态变为 1，灯亮；当压下与 I0.1 关联的复位按钮，MW12 中存储的当前计数值变为 0，小于预设值（PV），所以 Q0.0 状态变为 0，灯灭。

表 4-22　加计数器（CTU）指令和参数

LAD	SCL	参数	数据类型	说明
CTU ??? CU　Q R　CV PV	"IEC_COUNTER_DB".CTU（CU：="Tag_Start", R：="Tag_Reset", PV：= "Tag_PresetValue", Q =>"Tag_Status", CV => "Tag_CounterValue"）;	CU	BOOL	计数器输入
		R	BOOL	复位，优先于 CU 端
		PV	Int	预设值
		Q	BOOL	计数器的状态，CV ≥ PV，Q 输出 1；CV < PV，Q 输出 0
		CV	整数、Char、WChar、Date	当前计数值

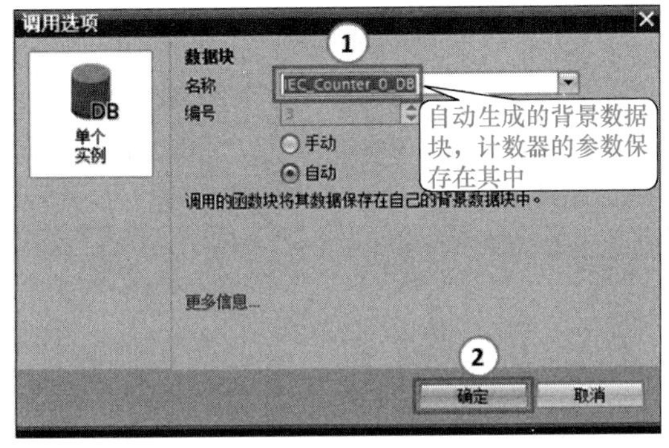

图 4-68　调用选项

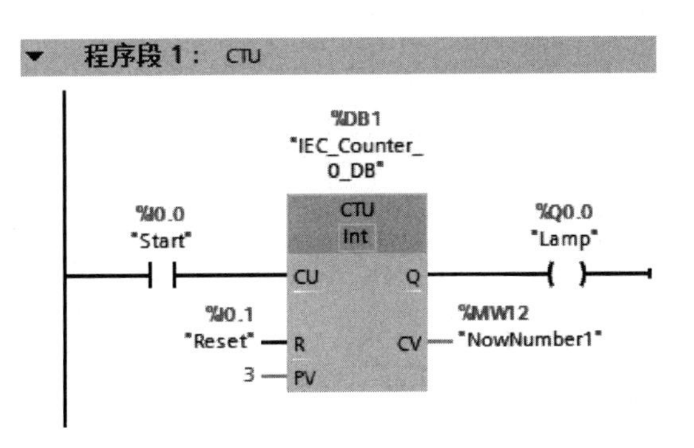

图 4-69　例 4-19 梯形图程序

【例 4-20】 设计一个程序，实现用一个单按钮控制一盏灯的亮和灭，即按奇数次压下按钮时，灯亮，偶数次压下按钮时，灯灭。按钮 SB1 与 I0.0 关联。

解：当 SB1 第一次合上时，M2.0 接通一个扫描周期，使得 Q0.0 线圈得电一个扫描周期，Q0.0 常开触点闭合自锁，灯亮。

当 SB1 第二次合上时，M2.0 接通一个扫描周期，当计数器计数为 2 时，M2.1 线圈得电，从而 M2.1 常闭触点断开，Q0.0 线圈断电，使得灯灭，同时计数器复位。梯形图如图 4-70 所示。

4.4.2　减计数器（CTD）

输入 LD 的信号状态变为“1”时，将输出 CV 的值设置为参数 PV 的值；输入 CD 的信号状态从“0”变为“1”（信号上升沿），则执行该指令，输出 CV 的当前计数器值减 1，当前值 CV 减为 0 时，Q 输出为 1。减计数器（CTD）的参数见表 4-23。

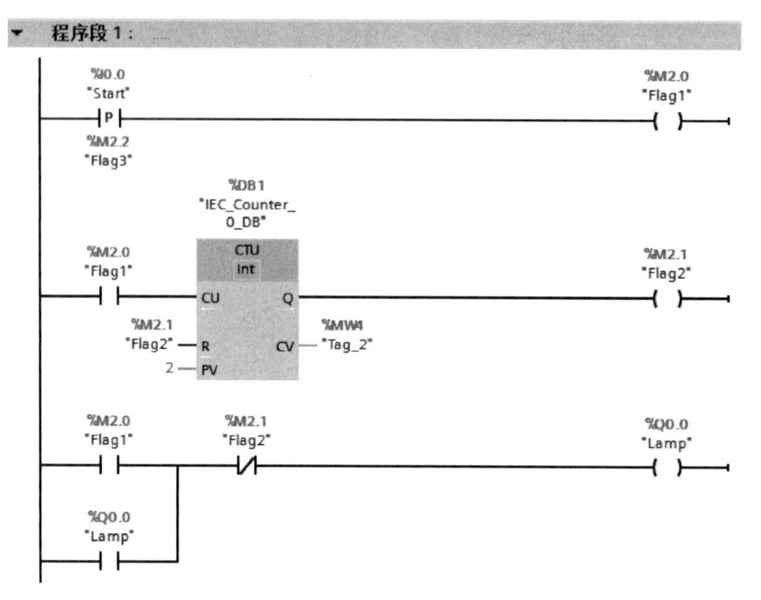

图 4-70　例 4-20 梯形图

表 4-23　减计数器（CTD）指令和参数

LAD	SCL	参数	数据类型	说明
CTD ??? CD　Q LD　CV PV	"IEC_Counter_0_DB_1".CTD（CD: =_bool_in_, LD: =_bool_in_, PV: =_in_, Q=>_bool_out_, CV=>_out_）;	CD	BOOL	计数器输入
		LD	BOOL	装载输入
		PV	Int	预设值
		Q	BOOL	使用 LD = 1 置位输出 CV 的目标值
		CV	整数、Char、WChar、Date	当前计数值

从指令框的“???”下拉列表中选择该指令的数据类型。

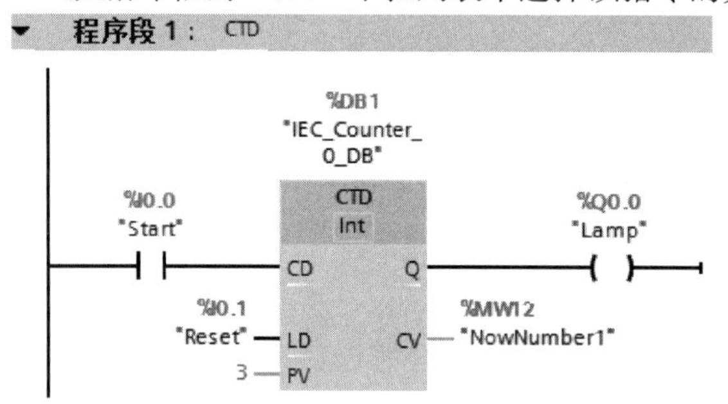

图 4-71　减计数器（CTD）应用梯形图程序

以下用一个例子说明减计数器（CTD）的用法。

梯形图程序如图 4-71 所示。当 I0.1 闭合 1 次，PV 值装载到当前计数值（CV），且为 3。当 I0.0 闭合一次，CV 减 1，I0.0 闭合 3 次，CV 值变为 0，所以 Q0.0 状态变为 1。

4.4.3　原有计数器

（1）原有计数器简介

原有计数器，即 SIMATIC 计数器，其功能是完成计数功能，可以实现加法计数和减法计数，计数范围是 0 ~ 999，计数器有三种类型：加计数器（S_CU）、减计数器（S_CD）和加减计数器（S_CUD）。SIMATIC 计数器适用于 S7-300/400/1500 PLC，不适用于 S7-1200 PLC。本书未介绍 SIMATIC 计数器的线圈指令。

（2）加计数器（S_CU）

加计数器（S_CU）在计数初始值预置输入端 S 上有上升沿时，PV 装入预置值，输入端 CU 每检测到一次上升沿，当前计数值 CV 加 1（前提是 CV 小于 999）；当前计数值大于 0 时,Q 输出为高电平“1”；当 R 端子的状态为“1”时，计数器复位，当前计数值 CV 为“0”，输出也为“0”。加计数器指令和参数见表 4-24。

表 4-24　加计数器指令和参数

LAD	SCL	参数	数据类型	说明
C no. S_CU CU　Q S PV　CV CV_BCD R	"Tag_Result"：= S_CU（C_NO：="Counter_1"， CU ：="Tag_Start"， S ：="Tag_1"， PV ：="Tag_PresetValue"， R ：="Tag_Reset"， Q =>"Tag_Status"， CV =>"Tag_Value"）；	C no.	Counter	要启动的计数器号，如 C0
		CU	BOOL	加计数输入
		S	BOOL	计数初始值预置输入端
		PV	WORD	初始值的 BCD 码
		R	BOOL	复位输入端
		Q	BOOL	计数器的状态输出
		CV	WORD，S5Time，Date	当前计数值
		CV_BCD		

用一个例子来说明加计数器指令的使用，梯形图和 SCL 程序如图 4-72 所示，与之对应的时序图如图 4-73 所示。当 I0.2 闭合时，将 2 赋给 CV；当 I0.0 每产生一个上升沿，计数器 C0 计数 1 次，CV 加 1；只要计数值大于 0，Q0.0 输出高电平“1”。任何时候复位有效时，计数器 C0 复位，CV 清零，Q0.0 输出低电平“0”。

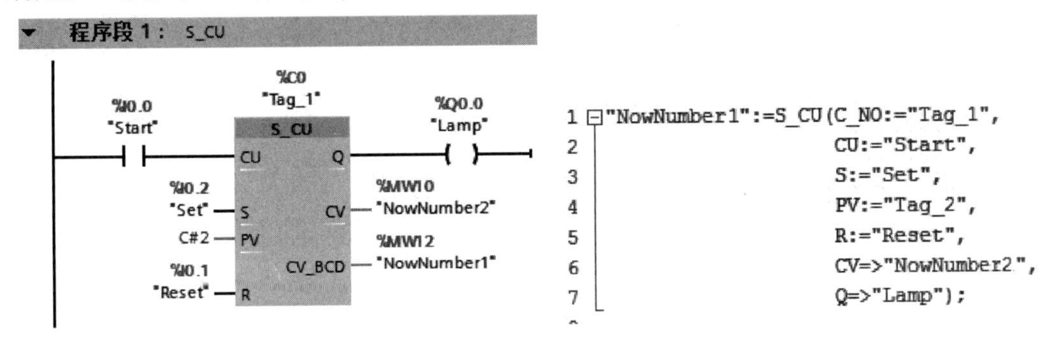

图 4-72　加计数器指令示例梯形图和 SCL 程序

【例 4-21】 设计一个程序，实现用一个单按钮控制一盏灯的亮和灭，即按奇数次按钮时，灯亮，按偶数次按钮时，灯灭。

解：当 I0.0 第一次合上时，M10.0 接通一个扫描周期，使得 Q0.0 线圈得电一个扫描周期，当下一次扫描周期到达，Q0.0 常开触点闭合自锁，灯亮。

当 I0.0 第二次合上时，M10.0 接通一个

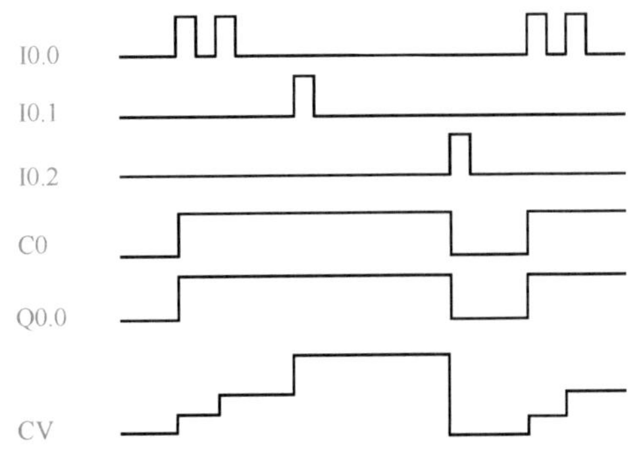

图 4-73　加计数器指令示例时序图

扫描周期，C0 计数为 2，Q0.0 线圈断电，使得灯灭，同时计数器复位。梯形图如图 4-74 所示。

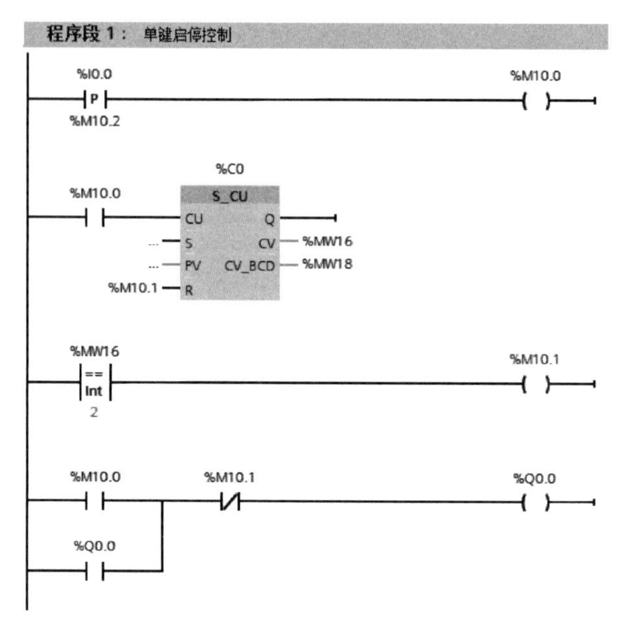

图 4-74　例 4-21 梯形图

4.5 传送指令、比较指令和转换指令

4.5.1 传送指令

传送指令及其应用

（1）移动值指令（MOVE）

当允许输入端的状态为“1”时，启动此指令，将 IN 端的数值输送到 OUT 端的目的地地址中，IN 和 OUTx（x 为 1、2、3）有相同的信号状态，移动值指令（MOVE）及参数见表 4-25。

表 4-25　移动值指令（MOVE）及参数

LAD	SCL	参数	数据类型	说明
MOVE EN —— ENO IN ✲ OUT1	OUT1：=IN；	EN	BOOL	允许输入
		ENO	BOOL	允许输出
		OUT1	位字符串、整数、浮点数、定时器、日期时间、Char、WChar、Struct、Array、Timer、Counter、IEC 数据类型、PLC 数据类型（UDT）	目的地地址
		IN		源数据源

注：每单击“MOVE”指令中的 ✲ 一次，就增加一个输出端。

用一个例子来说明移动值指令（MOVE）的使用，梯形图程序如图 4-75 所示，当 I0.0 闭合，MW20 中的数值（假设为 8），传送到目的地地址 MW22 和 MW30 中，结果是

MW20、MW22和MW30中的数值都是8。Q0.0的状态与I0.0相同，也就是说，I0.0闭合时，Q0.0为“1”；I0.0断开时，Q0.0为“0”。

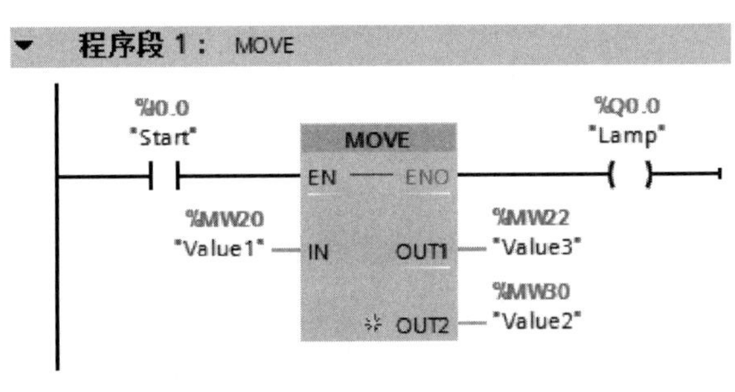

图4-75 移动值梯形图程序

【例4-22】 根据图4-76所示电动机Y-△启动的电气原理图，编写控制程序。

解：本例PLC可采用CPU1511。

前8s，Q0.0和Q0.1线圈得电，星形启动，8s～8s100ms只有Q0.0得电，从8s100ms开始，Q0.0和Q0.2线圈得电，电动机为三角形运行。梯形图程序如图4-77所示。这种方法编写程序很简单，但浪费了宝贵的输出点资源。

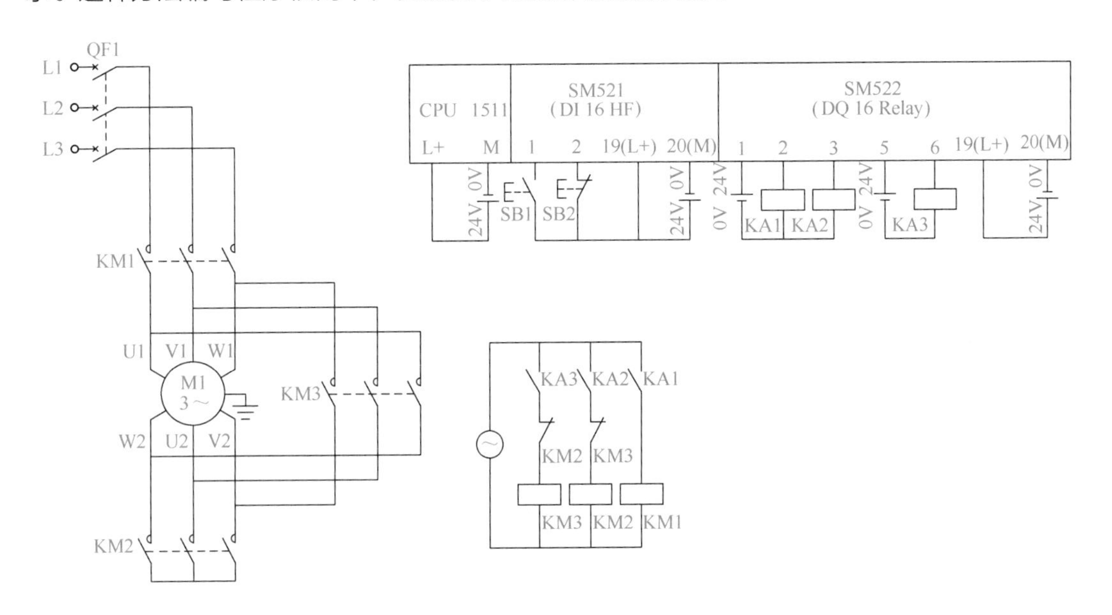

图4-76 例4-22原理图

注意：图4-76中，由中间继电器KA1～KA3驱动KM1～KM3，而不能用PLC直接驱动KM1～KM3，否则容易烧毁PLC，这是基本的工程规范。

KM2和KM3分别对应星形启动和三角形运行，应该用接触器的常闭触点进行互锁。如果没有硬件互锁，尽管程序中KM2断开比KM3闭合早100ms，但若由于某些特殊情况，硬件KM2没有及时断开，而硬件KM3闭合了，则会造成短路。

注意：以上梯形图是正确的，但需占用8个输出点，而真实使用的输出点却只有3个，浪费了宝贵的输出点，因此从工程的角度考虑，不是一个实用程序，不是一个“好”程序。

改进的梯形图程序如图4-78所示，仍然采用以上方案，但只需要使用3个输出点，因此是一个实用程序。

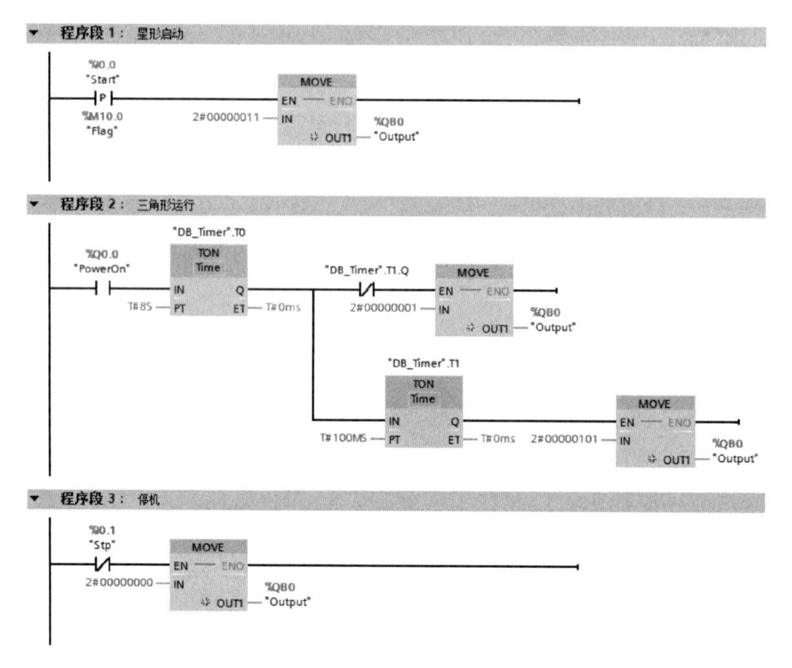

图 4-77　电动机 Y-△启动梯形图

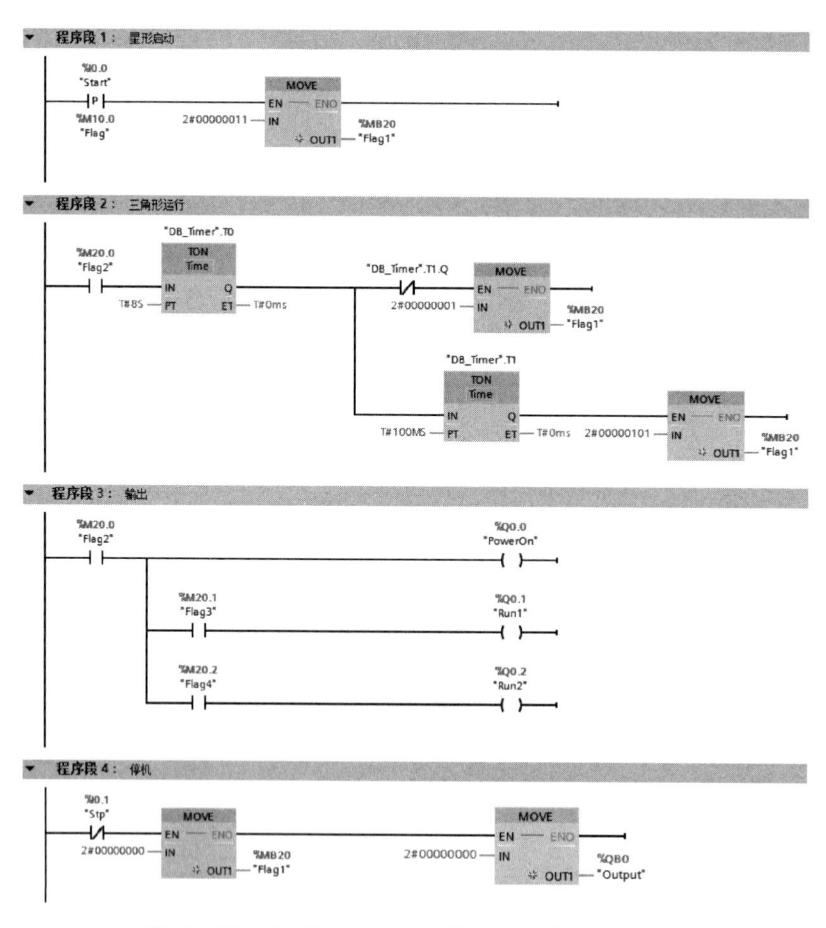

图 4-78　电动机 Y-△启动梯形图程序（改进后）

（2）存储区移动指令（MOVE_BLK）

将一个存储区（源区域）的数据移动到另一个存储区（目标区域）中。使用输入 COUNT 可以指定将移动到目标区域中的元素个数。可通过输入 IN 中元素的宽度来定义元素待移动的宽度。存储区移动指令（MOVE_BLK）及参数见表 4-26。

表 4-26　存储区移动指令（MOVE_BLK）及参数

LAD	SCL	参数	数据类型	说明
MOVE_BLK EN — ENO IN　OUT COUNT	MOVE_BLK（IN：=_in_, COUNT：=_in_, OUT=>_out_）;	EN	BOOL	使能输入
		ENO	BOOL	使能输出
		IN	二进制数、整数、浮点数、定时器、Date、Char、WChar、TOD、LTOD	待复制源区域中的首个元素
		COUNT	USINT，UINT，UDINT，ULINT	要从源区域移动到目标区域的元素个数
		OUT	二进制数、整数、浮点数、定时器、Date、Char、WChar、TOD、LTOD	源区域内容要复制到的目标区域中的首个元素

用一个例子来说明存储区移动指令的使用，梯形图程序如图 4-79 所示。输入区和输出区必须是数组，将数组 A 中从第 2 个元素起的 6 个元素，传送到数组 B 中第 3 个元素起的数组中去，如果传送结果正确，Q0.0 为 1。

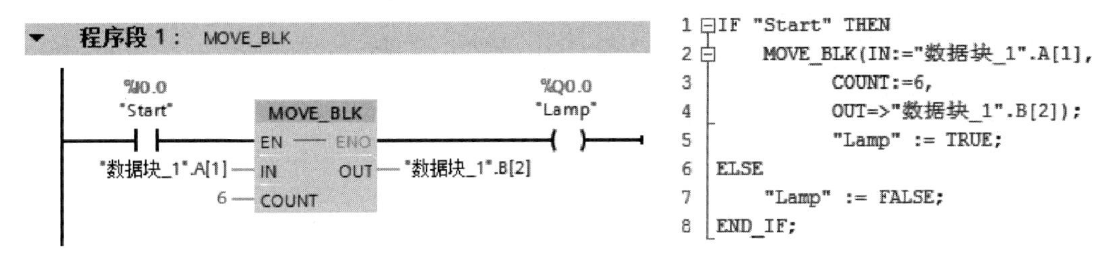

图 4-79　存储区移动指令示例

4.5.2　比较指令

比较指令及其应用

TIA Portal 软件提供了丰富的比较指令，可以满足用户的各种需要。TIA Portal 软件中的比较指令可以对如整数、双整数、实数等数据类型的数值进行比较。

比较指令有等于（CMP==）、不等于（CMP< >）、大于（CMP>）、小于（CMP<）、大于或等于（CMP>=）和小于或等于（CMP<=）。比较指令对输入操作数 1 和操作数 2 进行比较，如果比较结果为真，则逻辑运算结果 RLO 为“1”，反之则为“0”。

以下仅以等于比较指令的应用说明比较指令的使用，其他比较指令不再讲述。

（1）等于比较指令的选择示意

等于比较指令的选择示意如图 4-80 所示，单击标记①处，弹出标记③处的比较符

（等于、大于等），选择所需的比较符，单击②处，弹出标记④处的数据类型，选择所需的数据类型，最后得到标记⑤处的整数等于比较指令。

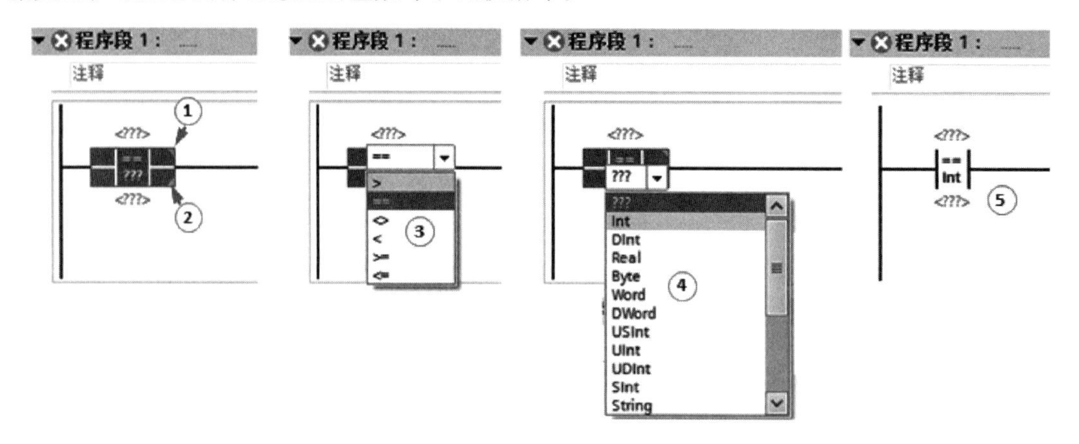

图 4-80　等于比较指令的选择示意

（2）等于比较指令的使用举例

等于指令有整数等于比较指令、双整数等于比较指令和实数等于比较指令等。等于比较指令和参数见表 4-27。

表 4-27　等于比较指令和参数

LAD	SCL	参数	数据类型	说明

<???> ==/??? <???>	OUT：=IN1=IN2；
	or
	IF IN1=IN2 THEN
	OUT：=1；
	ELSE
	out：= 0；
	END_IF；
		操作数 1	位字符串、整数、浮点数、字符串、Time、LTime、Date、TOD、LTOD、DTL、DT、LDT	比较的第一个数值

		操作数 2		比较的第二个数值

从指令框的“???”下拉列表中选择该指令的数据类型。

用一个例子来说明等于比较指令，梯形图程序如图 4-81 所示。当 I0.0 闭合时，激活比较指令，MW10 中的整数和 MW12 中的整数比较，若两者相等，则 Q0.0 输出为“1”，若两者不相等，则 Q0.0 输出为“0”。当 I0.0 不闭合时，Q0.0 的输出为“0”。操作数 1 和操作数 2 可以为常数。

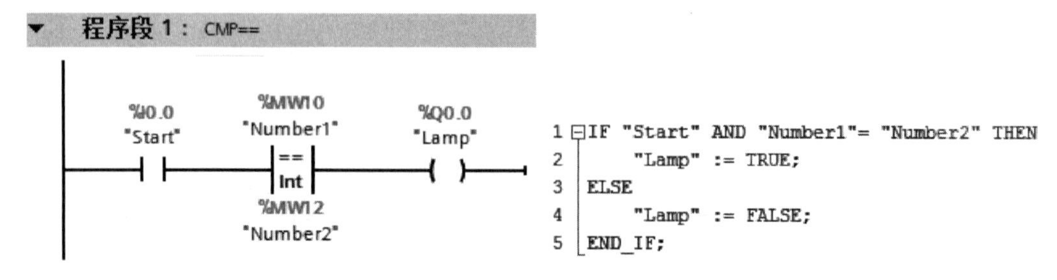

图 4-81　整数等于比较指令示例

双整数等于比较指令和实数等于比较指令的使用方法与整数等于比较指令类似，只不过操作数 1 和操作数 2 的参数类型分别为双整数和实数。

注意：一个整数和一个双整数是不能直接进行比较的，如图 4-82 所示，因为它们之间的数据类型不同。一般先将整数转换成双整数，再对两个双整数进行比较。

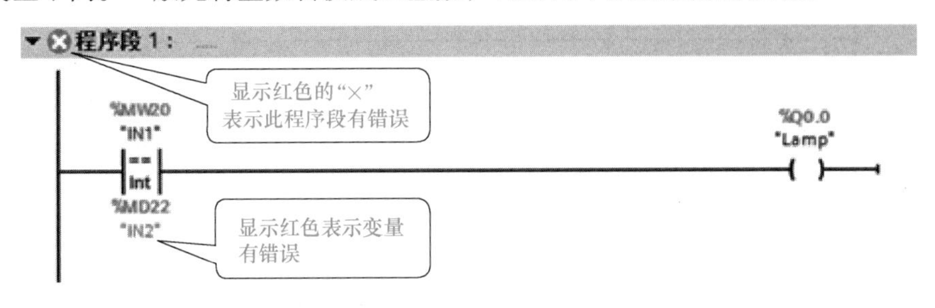

图 4-82　数据类型错误的梯形图

【例 4-23】 十字路口的交通灯控制，当合上启动按钮，东西方向亮 4s，闪烁 2s 后灭；黄灯亮 2s 后灭；红灯亮 8s 后灭；绿灯亮 4s，如此循环。而对应东西方向绿灯、红灯、黄灯亮时，南北方向红灯亮 8s 后灭；接着绿灯亮 4s，闪烁 2s 后灭；红灯又亮，如此循环。

解：根据题意，绘制出时序图和原理图如图 4-83 所示，再编写梯形图程序如图 4-84 所示。

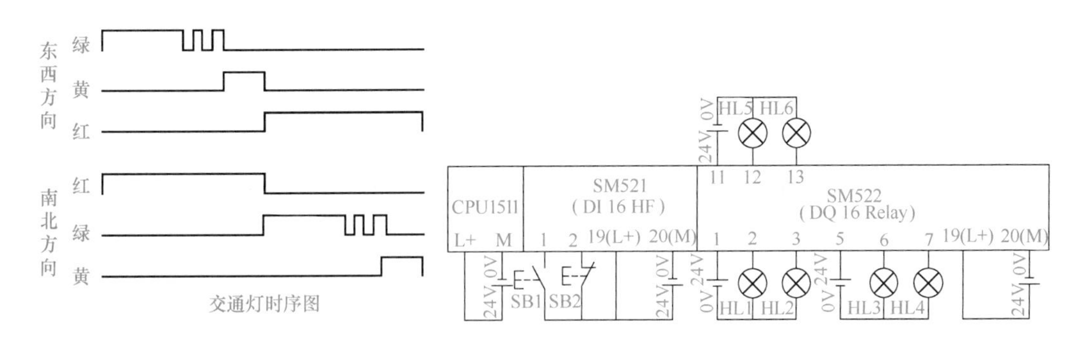

图 4-83　例 4-23 交通灯时序图和原理图

4.5.3　转换指令

转换指令及其应用

转换指令将一种数据格式转换成另外一种格式进行存储。例如，要让一个整型数据和双整型数据进行算术运算，一般要将整型数据转换成双整型数据。

以下仅以 BCD 码转换成整数指令的应用说明转换值指令（CONV）的使用，其他转换值指令不再讲述。

（1）转换值指令（CONV）

BCD 码转换成整数指令的选择示意如图 4-85 所示，单击标记①处，弹出标记③处的要转换值的数据类型，选择所需的数据类型。单击②处，弹出标记④处的转换结果的数据类型，选择所需的数据类型，最后得到标记⑤处的 BCD 码转换成整数指令。

转换值指令将读取参数 IN 的内容，并根据指令框中选择的数据类型对其进行转换，转换值存储在输出 OUT 中。转换值指令应用十分灵活。转换值指令（CONV）和参数见表 4-28。

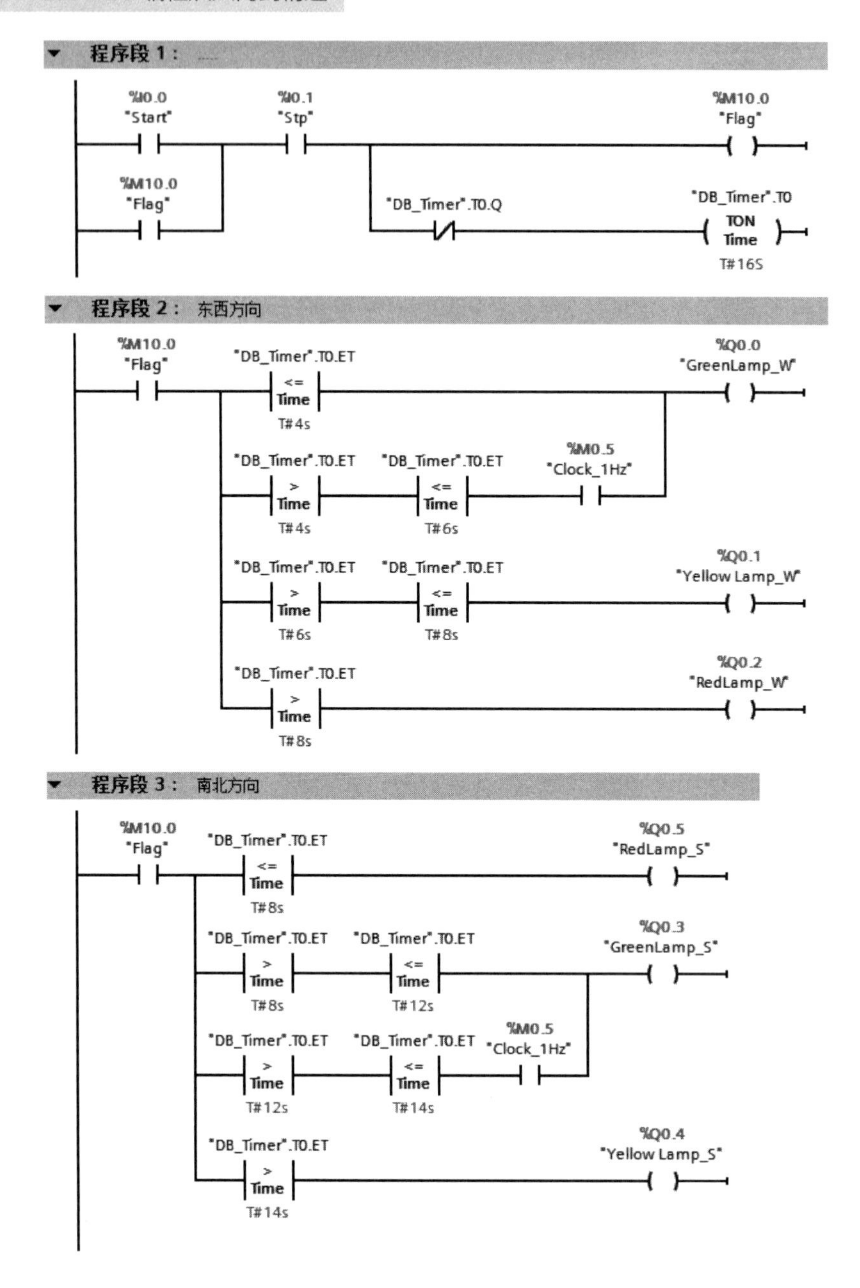

图 4-84 例 4-23 交通灯梯形图

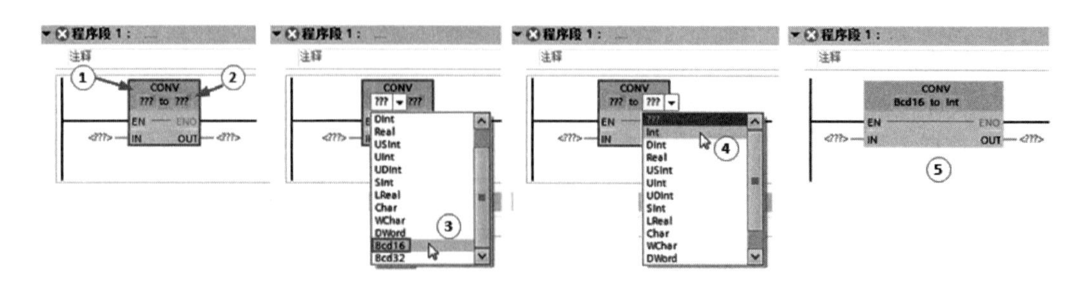

图 4-85 BCD 码转换成整数指令的选择示意

表 4-28　转换值指令（CONV）和参数

LAD	SCL	参数	数据类型	说明
CONV ??? to ??? EN ENO IN OUT	OUT：= <data type in>_TO_<data type out>（IN）;	EN	BOOL	使能输入
		ENO	BOOL	使能输出
		IN	位字符串、整数、浮点数、Char、WChar、BCD16、BCD32	要转换的值
		OUT	位字符串、整数、浮点数、Char、WChar、BCD16、BCD32	转换结果

从指令框的“???”下拉列表中选择该指令的数据类型。

BCD 码转换成整数指令是将 IN 指定的内容以 BCD 码二 - 十进制格式读出，并将其转换为整数格式，输出到 OUT 端。如果 IN 端指定的内容超出 BCD 码的范围（例如 4 位二进制数出现 1010 ～ 1111 的几种组合），则执行指令时将会发生错误，使 CPU 进入 STOP 方式。

用一个例子来说明 BCD 码转换成整数指令，梯形图程序如图 4-86 所示。当 I0.0 闭合时，激活 BCD 码转换成整数指令，IN 中的 BCD 数用十六进制表示为 16#22（就是十进制的 22），转换完成后 OUT 端的 MW10 中的整数的十六进制是 16#16。

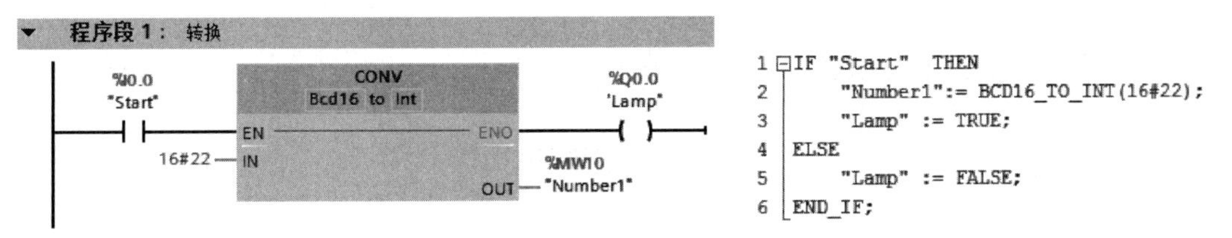

图 4-86　BCD 码转换成整数指令示例

（2）取整指令（ROUND）

取整指令将输入 IN 的值四舍五入取整为最接近的整数。该指令将输入 IN 的值为浮点数，转换为一个 DINT 数据类型的整数。取整指令（ROUND）和参数见表 4-29。

表 4-29　取整指令（ROUND）和参数

LAD	SCL	参数	数据类型	说明
ROUND ??? to ??? EN ENO IN OUT	OUT：=ROUND（IN）;	EN	BOOL	允许输入
		ENO	BOOL	允许输出
		IN	浮点数	要取整的输入值
		OUT	整数、浮点数	取整的结果

从指令框的“???”下拉列表中选择该指令的数据类型。

用一个例子来说明取整指令，梯形图程序如图 4-87 所示。当 I0.0 闭合时，激活取整指令，IN 中的实数存储在 MD16 中，假设这个实数为 3.14，进行取整运算后 OUT 端的 MD10 中的双整数是 DINT#3；假设这个实数为 3.88，进行取整运算后 OUT 端的 MD10 中的双整数是 DINT#4。

注意：取整指令（ROUND）可以用转换值指令（CONV）替代。

（3）标准化指令（NORM_X）

使用标准化指令，可将输入 VALUE 中变量的值映射到线性标尺对其进行标准化。使用参数 MIN 和 MAX 定义输入 VALUE 值范围的限值。标准化指令（NORM_X）和参数见表 4-30。

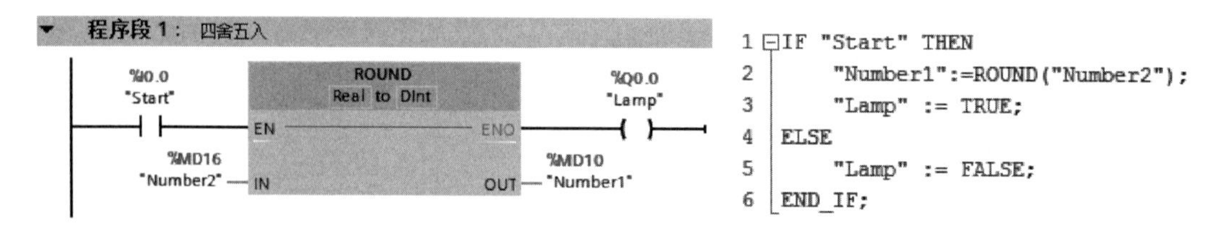

图 4-87　取整指令示例

表 4-30　标准化指令（NORM_X）和参数

LAD	参数	参数	数据类型	说明
NORM_X ??? to ??? EN ENO MIN OUT VALUE MAX	out：=NORM_X（min：=_in_, value：=_in_, max：=_in_);	EN	BOOL	允许输入
		ENO	BOOL	允许输出
		MIN	整数、浮点数	取值范围的下限
		VALUE	整数、浮点数	要标准化的值
		MAX	整数、浮点数	取值范围的上限
		OUT	浮点数	标准化结果

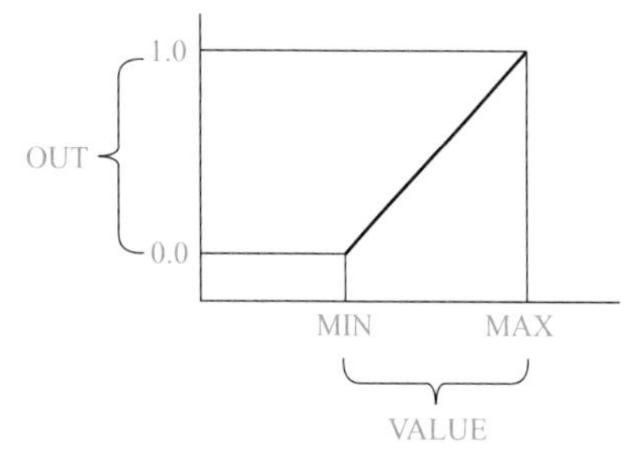

图 4-88　标准化指令计算原理图

从指令框的“???”下拉列表中选择该指令的数据类型。

标准化指令的计算公式是：OUT =（VALUE – MIN）/（MAX – MIN），此公式对应的计算原理图如图 4-88 所示。

用一个例子来说明标准化指令（NORM_X），梯形图程序如图 4-89 所示。当 I0.0 闭合时，激活标准化指令，要标准化的 VALUE 存储在 MW10 中，VALUE 的范围是 0 ～ 27648，将 VALUE 标准化的输出范围是 0.0 ～ 1.0。假设 MW10 中是 13824，那么 MD16 中的标准化结果为 0.5。

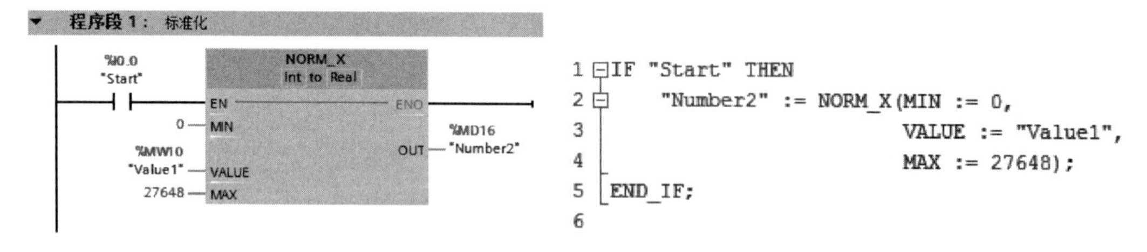

图 4-89　标准化指令示例

（4）缩放指令（SCALE_X）

使用缩放指令，通过将输入 VALUE 的值映射到指定的值范围来对其进行缩放。当执行缩放指令时，输入 VALUE 的浮点值会缩放到由参数 MIN 和 MAX 定义的值范围。缩放结果为整数，存储在 OUT 输出中。缩放指令（SCALE_X）和参数见表 4-31。

从指令框的“???”下拉列表中选择该指令的数据类型。

缩放指令的计算公式是：OUT =VALUE ×（MAX – MIN）+ MIN。此公式对应的计算原理图如图 4-90 所示。

表 4-31　缩放指令（SCALE_X）和参数

LAD	SCL	参数	数据类型	说明
SCALE_X ??? to ??? EN — ENO MIN　OUT VALUE MAX	out :=SCALE_X（min:=_in_, value:=_in_, max:=_in_）;	EN	BOOL	允许输入
		ENO	BOOL	允许输出
		MIN	整数、浮点数	取值范围的下限
		VALUE	浮点数	要缩放的值
		MAX	整数、浮点数	取值范围的上限
		OUT	整数、浮点数	缩放结果

用一个例子来说明缩放指令（SCALE_X），梯形图程序如图 4-91 所示。当 I0.0 闭合时，激活缩放指令，要缩放的 VALUE 存储在 MD10 中，VALUE 的范围是 0.0～1.0，将 VALUE 缩放的输出范围是 0～27648。假设 MD10 中是 0.5，那么 MW16 中的缩放结果为 13824。

注意：标准化指令（NORM_X）和缩放指令（SCALE_X）的使用大大简化了程序编写量，且通常成对使用，最常见的应用场合是 AD 和 DA 转换，PLC 与变频器、伺服驱动系统通信的场合。

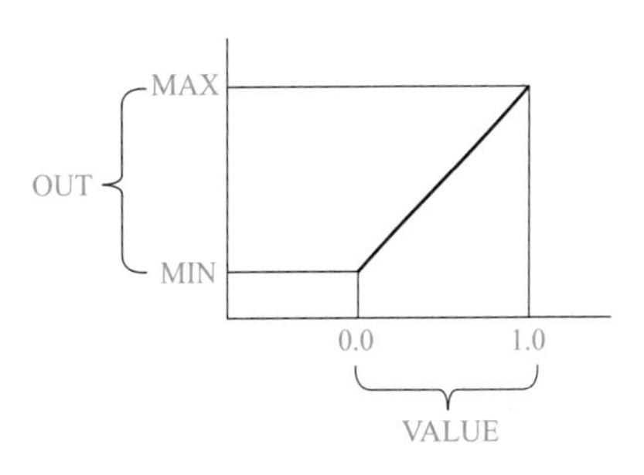

图 4-90　缩放指令计算原理图

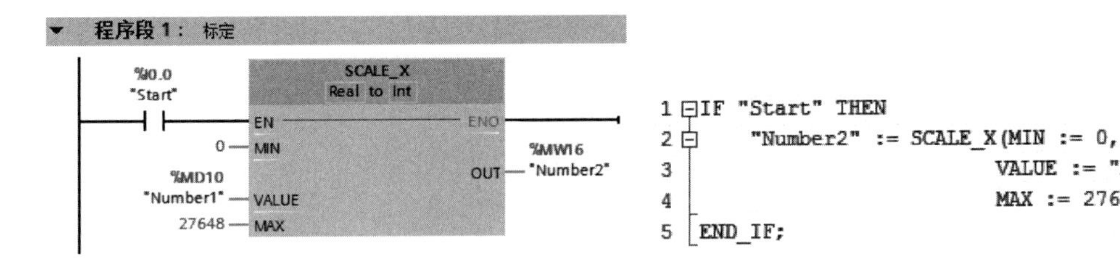

图 4-91　缩放指令示例

（5）缩放指令（SCALE）

使用缩放指令将参数 IN 上的整数转换为浮点数，该浮点数在介于上下限值之间的物理单位内进行缩放。通过参数 LO_LIM 和 HI_LIM 来指定缩放输入值取值范围的下限和上限。指令的结果在参数 OUT 中输出。缩放指令（SCALE）和参数见表 4-32。

表 4-32　缩放指令（SCALE）和参数

LAD	参数	参数	数据类型	说明
SCALE EN　ENO IN　RET_VAL HI_LIM　OUT LO_LIM BIPOLAR	RET_VAL:=SCALE（IN:=_int_in_, HI_LIM:=_real_in_, LO_LIM:=_real_in_, BIPOLAR:=_bool_in_, OUT=>_real_out_）;	EN	BOOL	允许输入
		ENO	BOOL	允许输出
		IN	Int	要缩放的值
		HI_LIM	Real	工程单位上限
		LO_LIM	Real	工程单位下限
		BIPOLAR	BOOL	1：双极性　0：单极性
		RET_VAL	WORD	错误信息
		OUT	Real	缩放结果

缩放指令按以下公式进行计算：

OUT =（IN – K1）/（K2–K1）×（HI_LIM–LO_LIM）+ LO_LIM

参数 BIPOLAR 的信号状态决定常量“K1”和“K2”的值。参数 BIPOLAR 可能有下列信号状态。

① 信号状态“1”：此时参数 IN 的值为双极性且取值范围介于 -27648 和 27648 之间。这种情况下，常数“K1”的值为“-27648.0”，“K2”的值为“+27648.0”。

② 信号状态“0”：此时参数 IN 的值为单极性且取值范围介于 0 和 27648 之间。这种情况下，常数“K1”的值为“0.0”，“K2”的值为“+27648.0”。

用一个例子来说明缩放指令（SCALE），梯形图和 SCL 程序如图 4-92 所示。当 I0.0 闭合时，激活缩放指令，本例 IW600：P 是模拟量输入通道的地址，其代表 AD 转换的数字量，当 M20.0 为 0 时，是单极性，也就是 IW600：P 的范围是 0 ～ 27648。要缩放到的工程量的范围是 0.0 ～ 20.0。如果当输入 IW600：P=13824 时，输出 MD10=10.0。

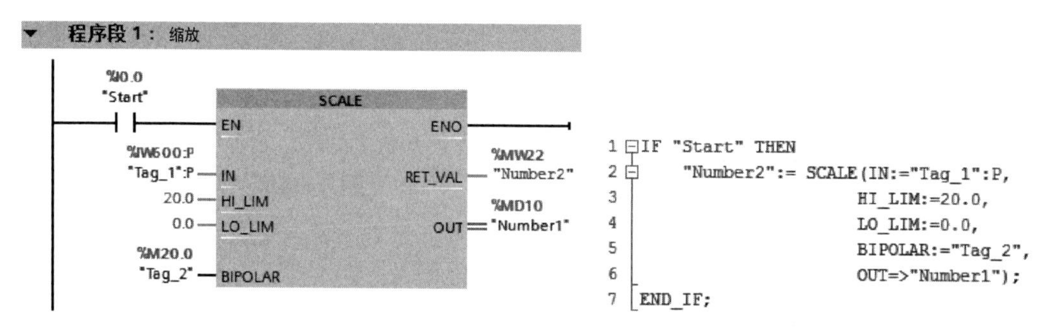

图 4-92　缩放指令示例

缩放指令（SCALE）只用于 S7-300/400/1500 PLC，而不用于 S7-1200 PLC。

（6）取消缩放指令（UNSCALE）

取消缩放指令用于取消缩放参数 IN 中介于下限值和上限值之间以物理单位表示的浮点数，并将其转换为整数。通过参数 LO_LIM 和 HI_LIM 来指定缩放输入值取值范围的下限和上限。指令的结果在参数 OUT 中输出。取消缩放指令（UNSCALE）和参数见表 4-33。

表 4-33　取消缩放指令（UNSCALE）和参数

LAD	参数	参数	数据类型	说明
UNSCALE EN ENO IN RET_VAL HI_LIM LO_LIM OUT BIPOLAR	RET_VAL：=UNSCALE（IN：=_real_in_, HI_LIM：=_real_in_, LO_LIM：=_real_in_, BIPOLAR：=_bool_in_, OUT=>_int_out_）;	EN	BOOL	允许输入
		ENO	BOOL	允许输出
		IN	Real	要取消缩放的输入值
		HI_LIM	Real	工程单位上限
		LO_LIM	Real	工程单位下限
		BIPOLAR	BOOL	1：双极 0：单极性
		RET_VAL	WORD	错误信息
		OUT	Int	取消缩放结果

取消缩放指令按以下公式进行计算：

OUT =（IN–LO_LIM）/（HI_LIM–LO_LIM）×（K2–K1）+ K1

参数 BIPOLAR 的信号状态将决定常量“K1”和“K2”的值。参数 BIPOLAR 可能有下列信号状态。

① 信号状态“1”：此时参数 IN 的值为双极性且取值范围介于 -27648 和 27648 之间。这种情况下，常数“K1”的值为“-27648.0”，“K2”的值为“+27648.0”。

② 信号状态“0”：此时参数 IN 的值为单极性且取值范围介于 0 和 27648 之间。这种情况下，常数“K1”的值为“0.0”，“K2”的值为“+27648.0”。

用一个控制阀门开度的例子来说明取消缩放指令，梯形图和 SCL 程序如图 4-93 所示。当 I0.0 闭合时，激活取消缩放指令，本例 QW600：P 是模拟量输出通道的地址，其代表 DA 转换的数字量，当 M20.0 为 0 时，是单极性，也就是 QW600：P 的范围是 0 ～ 27648。要缩放到的工程量的范围是 0.0 ～ 100.0。如果当输入 MD10=50.0 时，表示阀门的开度为 50%，对应模拟量输出 QW600：P=13824。

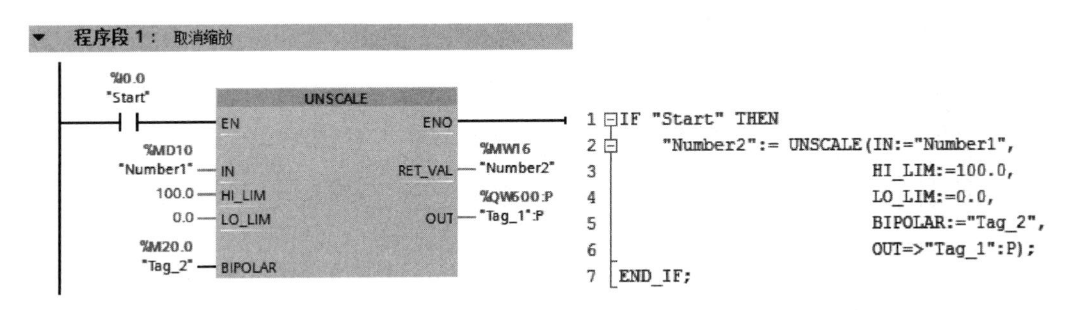

图 4-93　取消缩放指令示例

取消缩放指令只用于 S7-300/400/1500 PLC，而不用于 S7-1200 PLC。SCALE_X 和 NORM_X 可以取代 SCALE 和 UNSCALE，而前者应用范围更加广泛。

【例 4-24】用 S7-1500 PLC 控制直流电动机的速度和正反转，并监控直流电动机的实时温度。

解：1）直流电动机驱动器介绍　直流电动机驱动器的外形和端子接线图如图 4-94 和图 4-95 所示，表 4-34 详细介绍各个端子的含义。

图 4-94　直流电动机驱动器的外形

MMT-4Q

左侧接线	端子
电源正极	BAT+
电源负极	GND
电机正极	OUT+
电机负极	OUT−

端子	右侧接线
S1	信号地
S2	信号输入
S3	+5V 输出
COM	信号地
DIR	方向信号输入
COM	信号地
EN	启动信号输入
COM	信号地
BRAKE	制动信号输入

直流电动机驱动器

图 4-95　直流电动机驱动器的端子接线图

表 4-34　直流电动机驱动器的端子说明

序号	端子	功能说明	序号	端子	功能说明
1	BAT+	驱动器的供电电源 +24V	7	S3	+5V 输出
2	GND	驱动器的供电电源 0V	8	COM	数字量信号地，公共端子
3	OUT+	直流电动机正极	9	DIR	电动机的换向控制
4	OUT-	直流电动机负极	10	EN	电动机的启停控制
5	S1	模拟量信号地	11	BRAKE	电动机的刹车控制
6	S2	模拟量信号输入，用于速度给定			

2）设计电气原理图

① 首先分配 IO，见表 4-35。

表 4-35　IO 分配表

符号	地址	说明	符号	地址	说明
SB1	I0.0	正转启动按钮	KA1	Q0.0	启动
SB2	I0.1	反转按钮	KA2	Q0.1	反向
SB3	I0.2	停止按钮		QW96：P	模拟量输出地址（可修改）
	IW96：P	模拟量输入地址（可修改）			

② 设计电气原理图如图 4-96 所示。模拟量模块 SM534 既有模拟量输入通道，又有模拟量输出通道，故也称为混合模块。图 4-96 中，模拟量输入的 0 通道（1 和 2）用于测量温度，模拟量输出的 0 通道（21 和 24）用于调节直流电动机的转速，直流电动机的转速与此通道电压成正比（即调压调速）。

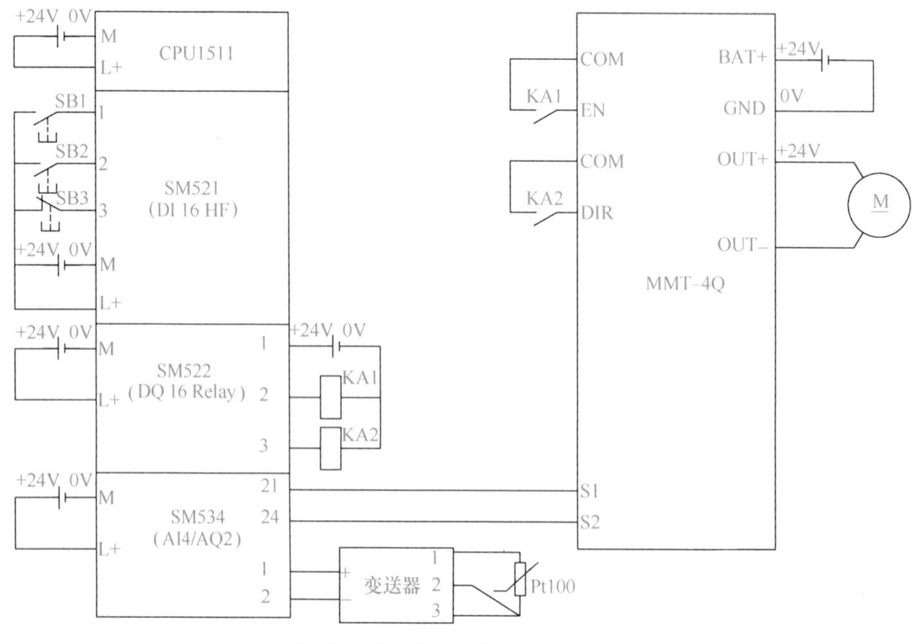

图 4-96　例 4-24 电气原理图

3）编写控制程序　编写控制程序如图 4-97 所示。

程序段 3 说明：模拟量输入通道 0 对应的地址是 IW96：P，模拟量模块 SM534 的 0 通道的 AD 转换值（IW96：P）的范围是 0 ～ 27648，将其进行标准化处理，处理后的值的范围是 0.0 ～ 1.0，存在 MD10 中。27648 标准化的结果为 1.0，13824 标准化的结果为 0.5。标准化后的结果进行比例运算，本例的温度量程范围是 0 ～ 100℃，就是将标准化的结果比例运算到 0 ～ 100。例如标准化结果是 1.0，则温度为 100℃，标准化结果是 0.5，则温度为 50℃。

程序段 4 说明：电动机的速度范围是 0.0 ～ 1200.0r/min，设定值在 MD20 中（通常由 HMI 给定），将其进行标准化处理，处理后的值的范围是 0.0 ～ 1.0，存在 MD26 中。1200.0 标准化的结果为 1.0，600.0 标准化的结果为 0.5。标准化后的结果进行比例运算，比例运算的结果送入 QW96：P，而 QW96：P 是模拟量输出通道 0 对应的地址，模拟量模块 SM534 的 0 通道的 DA 转换前的数字量（QW96：P）的范围是 0 ～ 27648，因此标准化结果为 1.0 时，比例运算结果是 27648，经过 DA 转换后，输出为模拟量 10V，送入电机驱动器，则电动机的转速为 1200.0r/min。

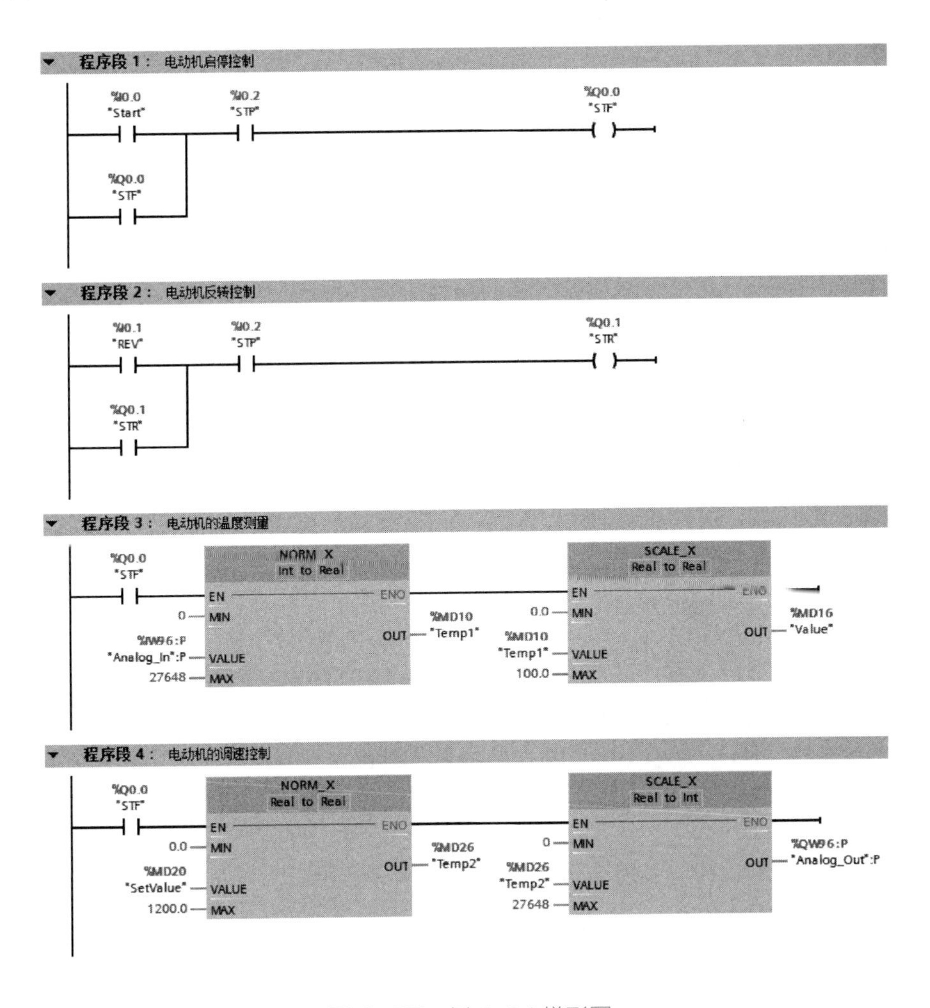

图 4-97　例 4-24 梯形图

4.6 数学函数指令、移位和循环指令

4.6.1 数学函数指令

数学函数指令及其应用

三挡电炉加热的 PLC 控制

数学函数指令非常重要，主要包含加、减、乘、除、三角函数、反三角函数、乘方、开方、对数、求绝对值、求最大值、求最小值和 PID 等指令，在模拟量的处理、PID 控制等很多场合都要用到数学函数指令。

（1）加指令（ADD）

当允许输入端 EN 为高电平“1”时，输入端 IN1 和 IN2 中的整数相加，结果送入 OUT 中。加的表达式是：IN1 + IN2 = OUT。加指令（ADD）和参数见表 4-36。

表 4-36　加指令（ADD）和参数

LAD	SCL	参数	数据类型	说明
ADD Auto (???) EN — ENO IN1 OUT IN2	OUT：=IN1+IN2+…+IN*n*;	EN	BOOL	允许输入
		ENO	BOOL	允许输出
		IN1	整数、浮点数	相加的第 1 个值
		IN2	整数、浮点数	相加的第 2 个值
		IN*n*	整数、浮点数	要相加的可选输入值
		OUT	整数、浮点数	相加的结果

可以从指令框的“???”下拉列表中选择该指令的数据类型。单击指令中的图标可以添加可选输入项。

用一个例子来说明加指令（ADD），梯形图程序如图 4-98 所示。当 I0.0 闭合时，激活加指令，IN1 中的整数存储在 MW10 中，假设这个数为 11，IN2 中的整数存储在 MW12 中，假设这个数为 21，整数相加的结果存储在 OUT 端的 MW16 中的数是 42。由于没有超出计算范围，所以 Q0.0 输出为“1”。

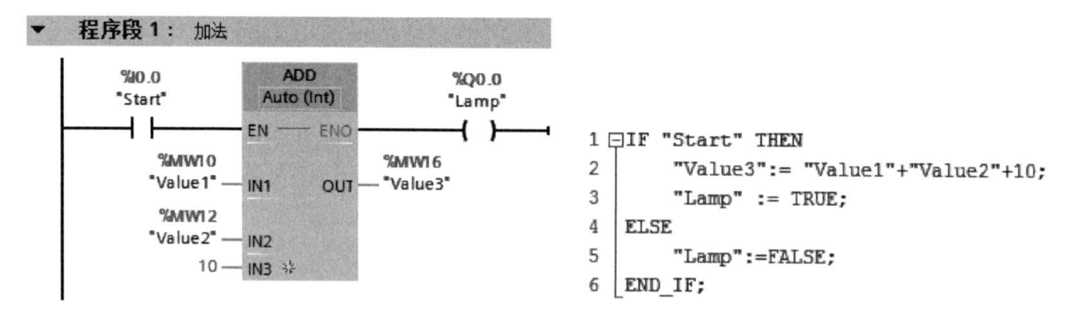

图 4-98　加指令（ADD）示例

注意：

① 同一数学函数指令最好使用相同的数据类型（即数据类型要匹配），不匹配只要不报错也是可以使用的，如图 4-99 所示，IN1 和 IN3 输入端有小方框，就是表示数据类型不匹配但仍然可以使用。但如果变量为红色则表示这种数据类型是错误的，例如 IN4 输入端就是错

误的。

② 错误的程序可以保存（有的 PLC 错误的程序不能保存）。

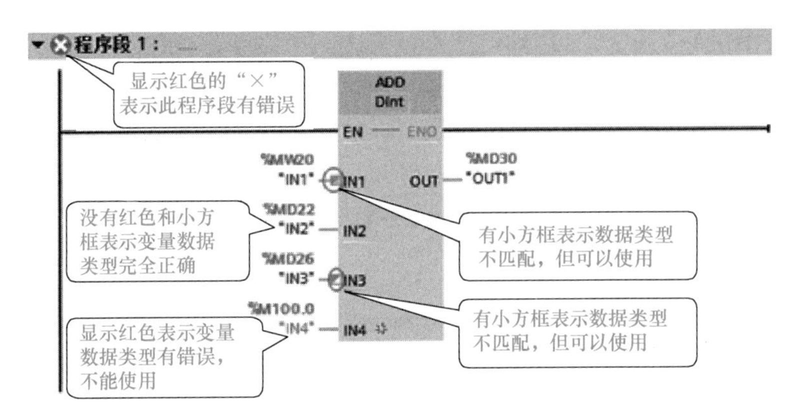

图 4-99　加指令（ADD）错误使用示例梯形图

【例 4-25】 有一个电炉，加热功率有 1000W、2000W 和 3000W 三个挡位，电炉有 1000W 和 2000W 两种电加热丝。要求用一个按钮选择三个加热挡，当按一次按钮时，1000W 电阻丝加热，即第一挡；当按两次按钮时，2000W 电阻丝加热，即第二挡；当按三次按钮时，1000W 和 2000W 电阻丝同时加热，即第三挡；当按四次按钮时停止加热。

解：电气原理图如图 4-100 所示。

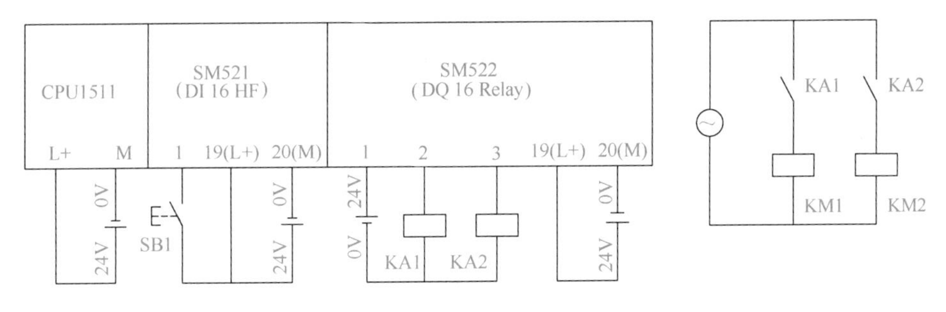

图 4-100　例 4-25 电气原理图

在解释程序之前，先回顾前面已经讲述过的知识点，QB0 是一个字节，包含 Q0.0 ～ Q0.7 共 8 位，如图 4-101 所示。当 QB0=1 时，Q0.1 ～ Q0.7=0，Q0.0=1。当 QB0=2 时，Q0.2 ～ Q0.7=0，Q0.1=1，Q0.0=0。当 QB0=3 时，Q0.2 ～ Q0.7=0，Q0.0=1，Q0.1=1。掌握基础知识，对识读和编写程序至关重要。

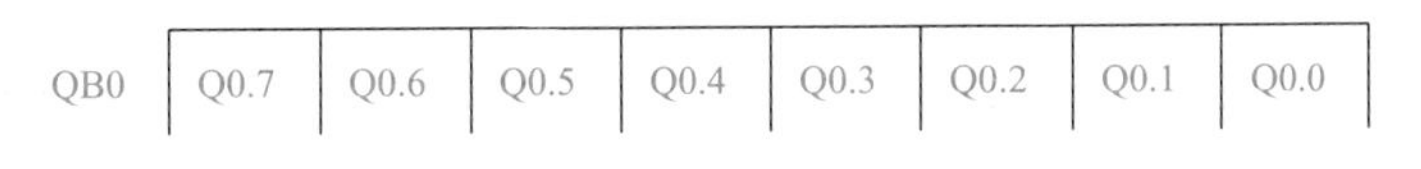

图 4-101　位和字节的关系

梯形图如图 4-102 所示。当第 1 次压按钮时，执行 1 次加法指令，QB0=1，Q0.1 ～ Q0.7=0，Q0.0=1，第一挡加热；当第 2 次压按钮时，执行 1 次加法指令，QB0=2，Q0.2 ～ Q0.7=0，Q0.1=1，Q0.0=0，第二挡加热；当第 3 次压按钮时，执行 1 次加法指令，

QB0=3，Q0.2 ～ Q0.7=0，Q0.0=1，Q0.1=1，第三挡加热；当第 4 次压按钮时，执行 1 次加法指令，QB0=4，再执行比较指令，当 QB0 ≥ 4 时，强制 QB0=0，关闭电加热炉。

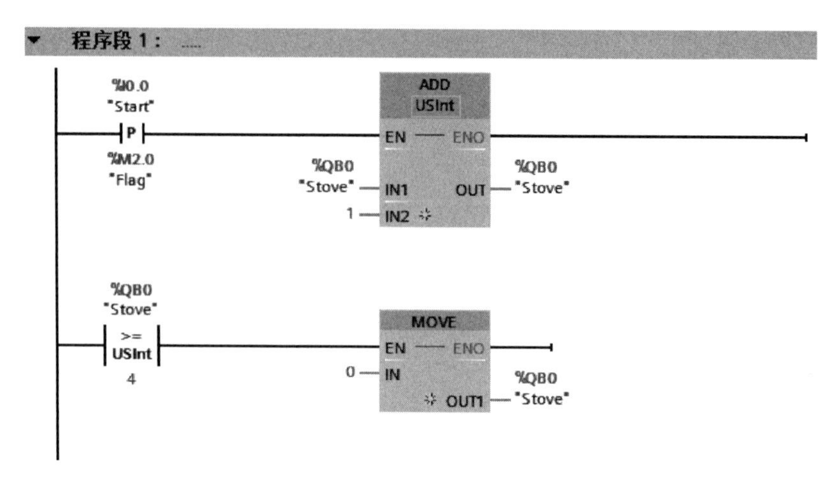

图 4-102　例 4-25 梯形图

注意：如图 4-102 所示的梯形图程序，没有逻辑错误，但实际上有两处缺陷，一是上电时没有对 Q0.0 ～ Q0.1 复位，二是浪费了 2 个输出点，这在实际工程应用中是不允许的。

对图 4-102 所示的程序进行改进，如图 4-103 所示。

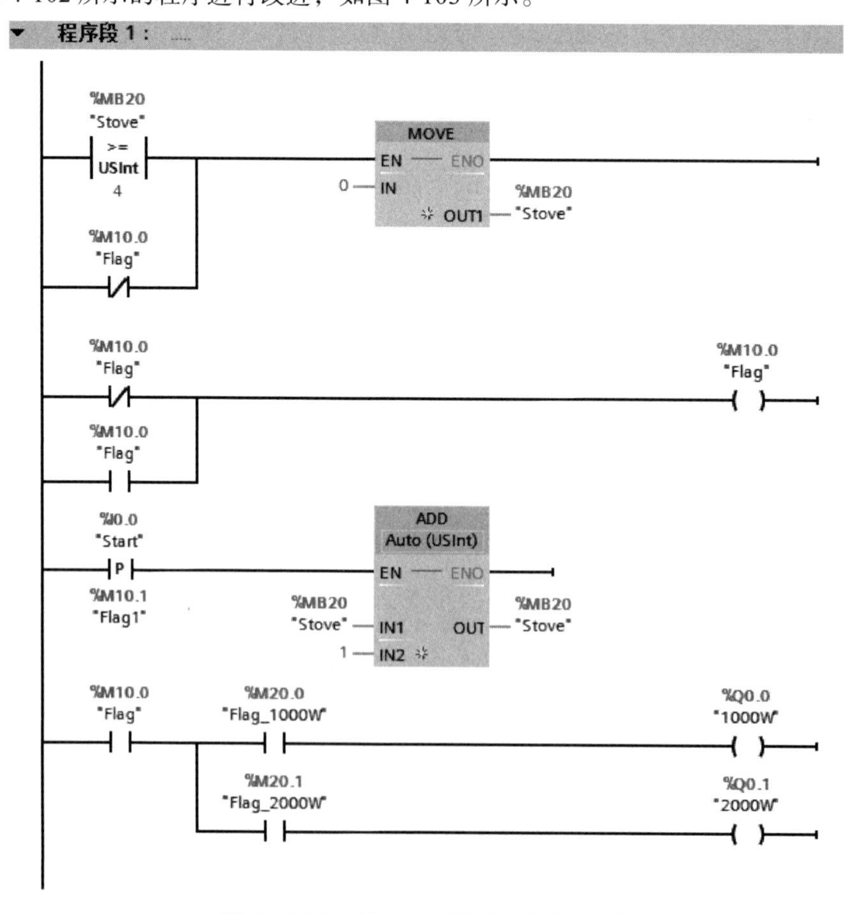

图 4-103　例 4-25 梯形图（改进后）

本项目程序中 ADD 指令也可以用 INC 指令代替。

（2）减指令（SUB）

当允许输入端 EN 为高电平“1”时，输入端 IN1 和 IN2 中的数相减，结果送入 OUT 中。IN1 和 IN2 中的数可以是常数。减指令的表达式是：IN1 － IN2 ＝ OUT。

减指令（SUB）和参数见表 4-37。

表 4-37　减指令（SUB）和参数

LAD	SCL	参数	数据类型	说明
SUB Auto (???) EN ENO IN1 OUT IN2	OUT：=IN1-IN2;	EN	BOOL	允许输入
		ENO	BOOL	允许输出
		IN1	整数、浮点数	被减数
		IN2	整数、浮点数	减数
		OUT	整数、浮点数	差

可以从指令框的“???”下拉列表中选择该指令的数据类型。

用一个例子来说明减指令（SUB），梯形图程序如图 4-104 所示。当 I0.0 闭合时，激活双整数减指令，IN1 中的双整数存储在 MD10 中，假设这个数为 DINT#28，IN2 中的双整数为 DINT#8，双整数相减的结果存储在 OUT 端的 MD16 中的数是 DINT#20。由于没有超出计算范围，所以 Q0.0 输出为“1”。

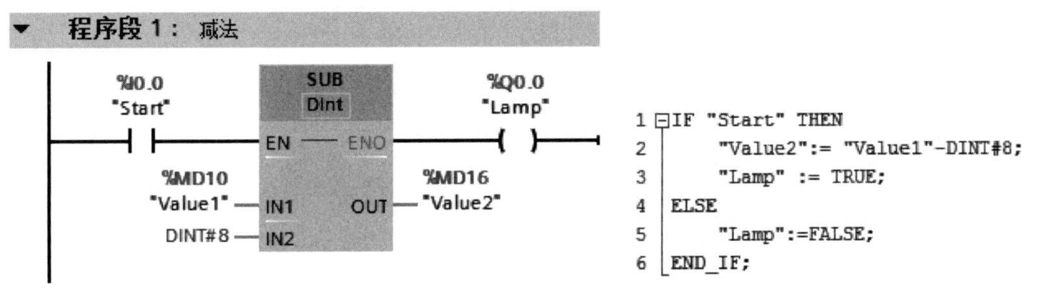

图 4-104　减指令（SUB）示例

（3）乘指令（MUL）

当允许输入端 EN 为高电平“1”时，输入端 IN1 和 IN2 中的数相乘，结果送入 OUT 中。IN1 和 IN2 中的数可以是常数。乘的表达式是：IN1 × IN2 ＝ OUT。

乘指令（MUL）和参数见表 4-38。

表 4-38　乘指令（MUL）和参数

LAD	SCL	参数	数据类型	说明
MUL Auto (???) EN ENO IN1 OUT IN2	OUT：=IN1*IN2*...INn;	EN	BOOL	允许输入
		ENO	BOOL	允许输出
		IN1	整数、浮点数	相乘的第 1 个值
		IN2	整数、浮点数	相乘的第 2 个值
		INn	整数、浮点数	要相乘的可选输入值
		OUT	整数、浮点数	相乘的结果（积）

可以从指令框的“???”下拉列表中选择该指令的数据类型。单击指令中的图标可以添加可选输入项。

用一个例子来说明乘指令（MUL），梯形图程序如图 4-105 所示。当 I0.0 闭合时，激活整数乘指令，IN1 中的整数存储在 MW10 中，假设这个数为 11，IN2 中的整数存储在 MW12 中，假设这个数为 11，整数相乘的结果存储在 OUT 端的 MW16 中的数是 242。由于没有超出计算范围，所以 Q0.0 输出为“1”。

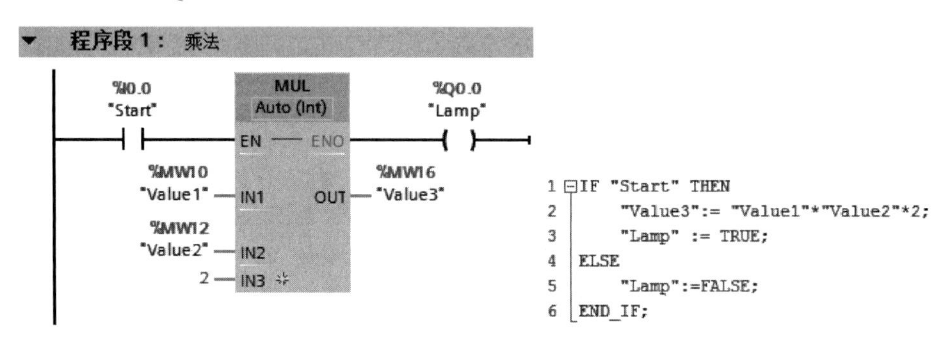

图 4-105 乘指令（MUL）示例

（4）除指令（DIV）

当允许输入端 EN 为高电平“1”时，输入端 IN1 中的数除以 IN2 中的数，结果送入 OUT 中。IN1 和 IN2 中的数可以是常数。除指令（DIV）和参数见表 4-39。

表 4-39 除指令（DIV）和参数

LAD	SCL	参数	数据类型	说明
DIV Auto (???) EN — ENO IN1 OUT IN2	OUT：=IN1/IN2；	EN	BOOL	允许输入
		ENO	BOOL	允许输出
		IN1	整数、浮点数	被除数
		IN2	整数、浮点数	除数
		OUT	整数、浮点数	除法的结果（商）

可以从指令框的“???”下拉列表中选择该指令的数据类型。

用一个例子来说明除指令（DIV），梯形图程序如图 4-106 所示。当 I0.0 闭合时，激活实数除指令，IN1 中的实数存储在 MD10 中，假设这个数为 10.0，IN2 中的双整数存储在 MD14 中，假设这个数为 2.0，实数相除的结果存储在 OUT 端的 MD18 中的数是 5.0。由于没有超出计算范围，所以 Q0.0 输出为“1”。

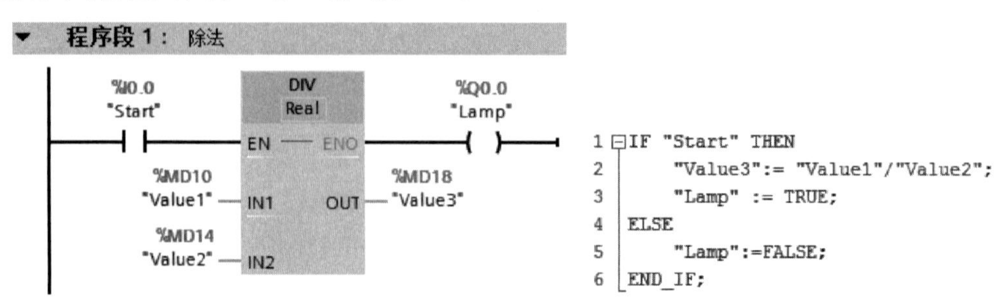

图 4-106 除指令（DIV）示例\

（5）计算指令（CALCULATE）

使用计算指令定义并执行表达式，根据所选数据类型计算数学运算或复杂逻辑运算，简而言之，就是把加、减、乘、除和三角函数的关系式用一个表达式进行计算，可以大幅减少程序量。计算指令和参数见表 4-40。

表 4-40　计算指令（CALCULATE）和参数

LAD	SCL	参数	数据类型	说明
CALCULATE ??? EN ENO OUT:= <???> IN1 OUT IN2	使用标准 SCL 数学表达式创建等式	EN	BOOL	允许输入
		ENO	BOOL	允许输出
		IN1	位字符串、整数、浮点数	第 1 输入
		IN2	位字符串、整数、浮点数	第 2 输入
		INn	位字符串、整数、浮点数	其他插入的值
		OUT	位字符串、整数、浮点数	计算的结果

注意：

① 可以从指令框的“???”下拉列表中选择该指令的数据类型。

② 上方的“计算器”图标可打开该对话框。表达式可以包含输入参数的名称和指令的语法。

用一个例子来说明计算指令，在梯形图中单击“计算器”图标，弹出如图 4-107 所示界面，输入表达式，本例为：OUT=（IN1+IN2-IN3）/IN4。再输入梯形图和 SCL 程序如图 4-108 所示。当 I0.0 闭合时，激活计算指令，IN1 中的实数存储在 MD10 中，假设这个数为 12.0，IN2 中的实数存储在 MD14 中，假设这个数为 3.0，结果存储在 OUT 端的 MD18 中的数是 6.0。由于没有超出计算范围，所以 Q0.0 输出为“1”。

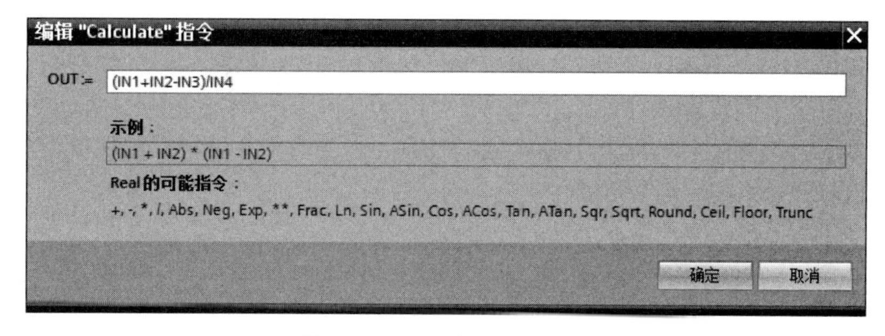

图 4-107　编辑计算指令

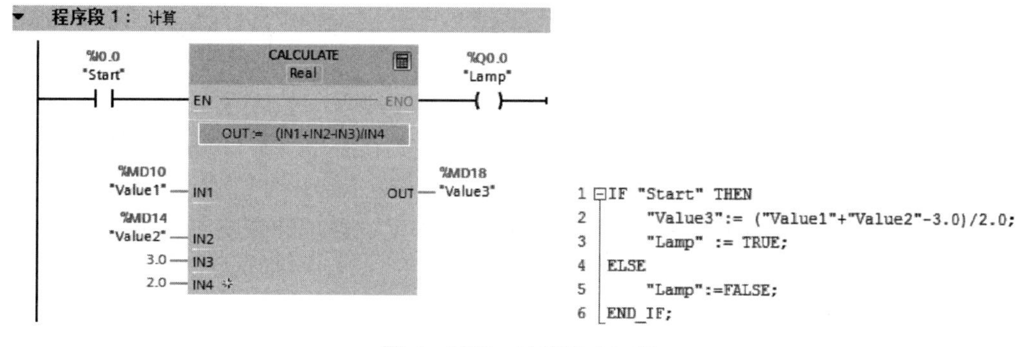

图 4-108　计算指令示例

【例4-26】 将53英寸（in）转换成以毫米（mm）为单位的整数，请设计控制程序。

解：1in=25.4mm，涉及实数乘法，先要将整数转换成实数，用实数乘法指令将以 in 为单位的长度变为以 mm 为单位的实数，最后四舍五入即可，梯形图程序如图 4-109 所示。

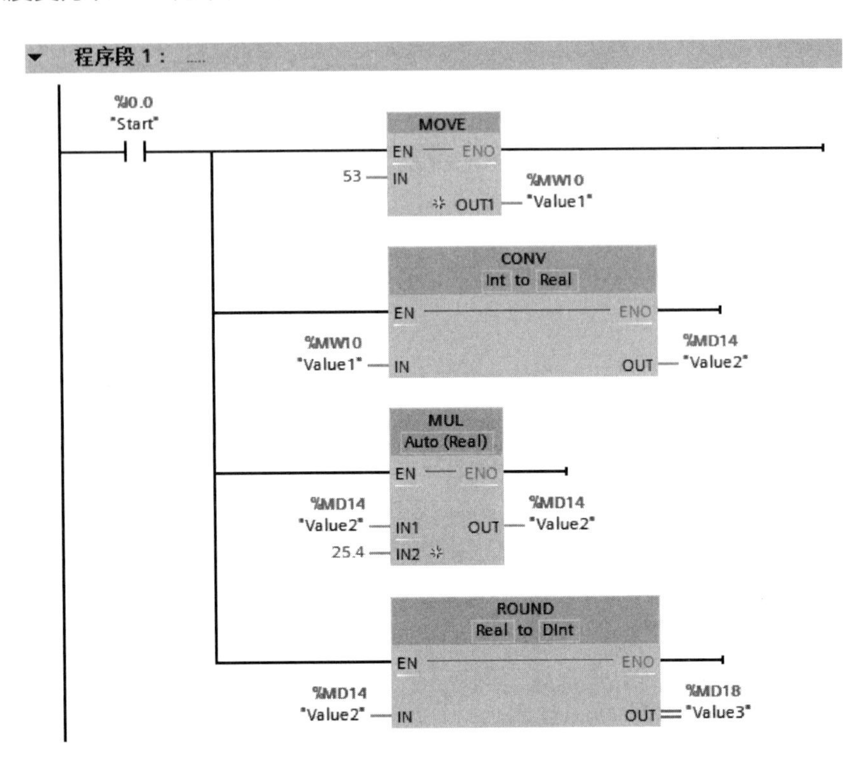

图 4-109 例 4-26 梯形图程序

（6）递增指令（INC）

使用递增指令将参数 IN/OUT 中操作数的值加 1。递增指令（INC）和参数见表 4-41。

表 4-41 递增指令（INC）和参数

LAD	SCL	参数	数据类型	说明
INC ??? EN ENO IN/OUT	IN_OUT:= IN_OUT+1;	EN	BOOL	允许输入
		ENO	BOOL	允许输出
		IN/OUT	整数	要递增的值

可以从指令框的“???”下拉列表中选择该指令的数据类型。

用一个例子来说明递增指令（INC），梯形图和 SCL 程序如图 4-110 所示。当 I0.0 闭合 1 次时，激活递增指令（INC），IN/OUT 中的双整数存储在 MD10 中，假设这个数执行指令前为 10，执行指令后 MD10 加 1，结果变为 11。由于没有超出计算范围，所以 Q0.0 输出为“1”。

（7）递减指令（DEC）

使用递减指令将参数 IN/OUT 中操作数的值减 1。递减指令（DEC）和参数见表 4-42。

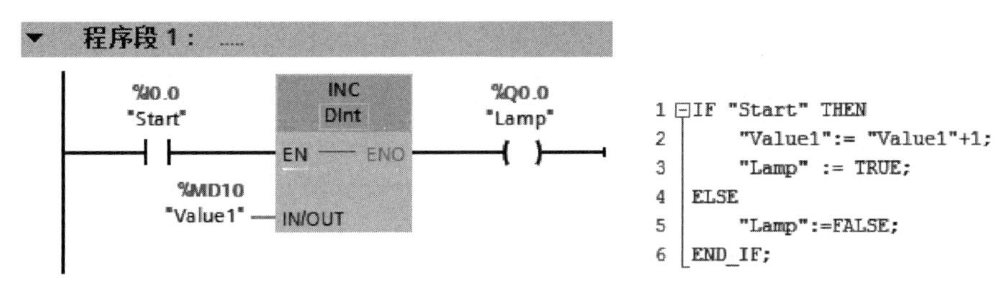

图 4-110　递增指令（INC）梯形图和 SCL 程序

表 4-42　递减指令（DEC）和参数

LAD	SCL	参数	数据类型	说明
DEC ??? EN ENO IN/OUT	IN_OUT:= IN_OUT-1;	EN	BOOL	允许输入
		ENO	BOOL	允许输出
		IN/OUT	整数	要递减的值

可以从指令框的“???”下拉列表中选择该指令的数据类型。

用一个例子来说明递减指令（DEC），梯形图和 SCL 程序如图 4-111 所示。当 I0.0 闭合 1 次时，激活递减指令（DEC），IN/OUT 中的整数存储在 MW10 中，假设这个数执行指令前为10，执行指令后MW10减1，结果变为9。由于没有超出计算范围，所以Q0.0输出为“1”。

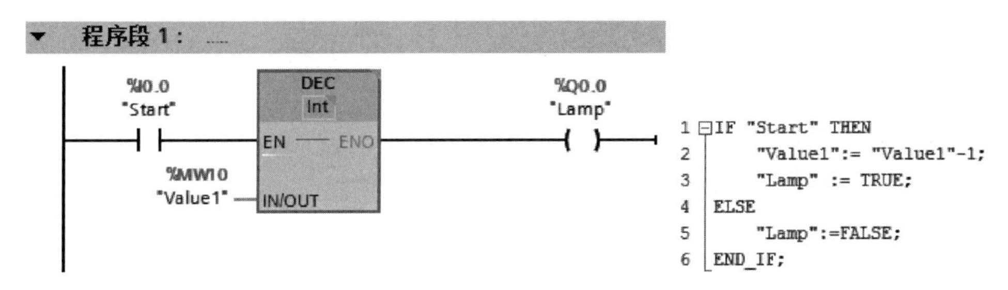

图 4-111　递减指令（DEC）梯形图和 SCL 程序

数学函数中还有计算余弦、计算正切、计算反正弦、计算反余弦、取幂、求平方、求平方根、计算自然对数、计算指数值和提取小数等，由于都比较容易掌握，在此不再赘述。

数学函数指令使用比较简单，但初学者容易用错，以下两点需注意：

① 参与运算的数据类型要匹配，不匹配则可能出错。

② 数据都有范围，例如整数函数运算的范围是 -32768 ～ 32767，超出此范围则是错误的。

4.6.2　移位和循环指令

移位和循环指令及其应用——彩灯花样的 PLC 控制

TIA Portal 软件移位指令能将累加器的内容逐位向左或者向右移动。移动的位数由 N 决定。向左移 N 位相当于累加器的内容乘以 2^N，向右移相当于累加器的内容除以 2^N。移位指令在逻辑控制中使用也很方便。

（1）左移指令（SHL）

当左移指令（SHL）的 EN 位为高电平“1”时，将执行移位指令，将 IN 端指定的内容送入累加器 1 低字中，并左移 N 端指定的位数，然后写入 OUT 端指定的目的地址中。左移指令（SHL）和参数见表 4-43。

表 4-43 左移指令（SHL）和参数

LAD	参数	数据类型	说明
SHL ??? EN ENO IN OUT N	EN	BOOL	允许输入
	ENO	BOOL	允许输出
	IN	位字符串、整数	移位对象
	N	USINT、UINT、UDINT、ULINT	移动的位数
	OUT	位字符串、整数	移动操作的结果

可以从指令框的“???”下拉列表中选择该指令的数据类型。

用一个例子来说明左移指令，梯形图程序如图 4-112 所示。当 I0.0 闭合时，激活左移指令，IN 中的字存储在 MW10 中，假设这个数为 2#1001 1101 1111 1011，向左移 4 位后，OUT 端的 MW10 中的数是 2#1101 1111 1011 0000，左移指令示意图如图 4-113 所示。

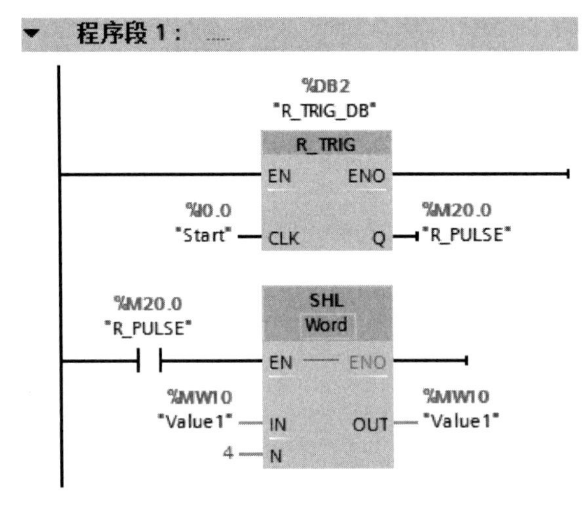

图 4-112 左移指令示例

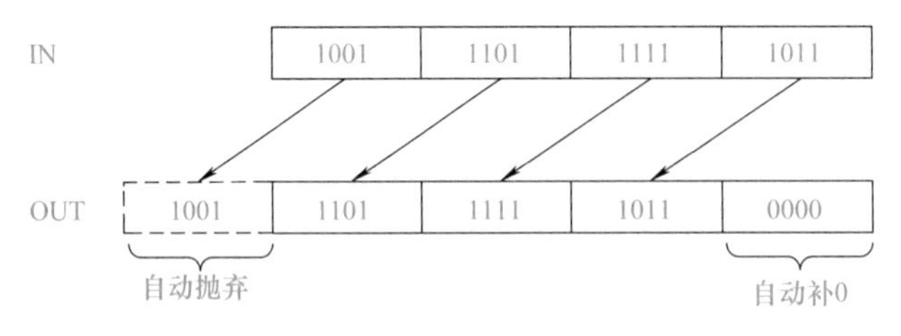

图 4-113 左移指令示意图

注意：图 4-112 中的程序有一个上升沿，这样 I0.0 每闭合一次，左移 4 位，若没有上升沿，那么闭合一次，可能左移很多次。这点容易忽略，读者要特别注意。移位指令一般都需要与上升沿指令配合使用。

（2）循环左移指令（ROL）

当循环左移指令（ROL）的 EN 位为高电平“1”时，将执行循环左移指令，将 IN 端指定的内容循环左移N端指定的位数，然后写入OUT端指定的目的地址中。循环左移指令（ROL）和参数见表4-44。

表4-44　循环左移指令（ROL）和参数

LAD	参数	数据类型	说明
ROL ??? EN ENO IN OUT N	EN	BOOL	允许输入
	ENO	BOOL	允许输出
	IN	位字符串、整数	要循环移位的值
	N	USINT、UINT、UDINT、ULINT	将值循环移动的位数
	OUT	位字符串、整数	循环移动的结果

可以从指令框的“???”下拉列表中选择该指令的数据类型。

用一个例子来说明循环左移指令（ROL）的应用，梯形图程序如图4-114所示。当I0.0闭合时，激活双字循环左移指令，IN中的双字存储在MD10中，假设这个数为2#1001 1101 1111 1011 1001 1101 1111 1011，除最高4位外，其余各位向左移4位后，双字的最高4位，循环到双字的最低4位，结果是OUT端的MD10中的数是2#1101 1111 1011 1001 1101 1111 1011 1001，其示意图如图4-115所示。

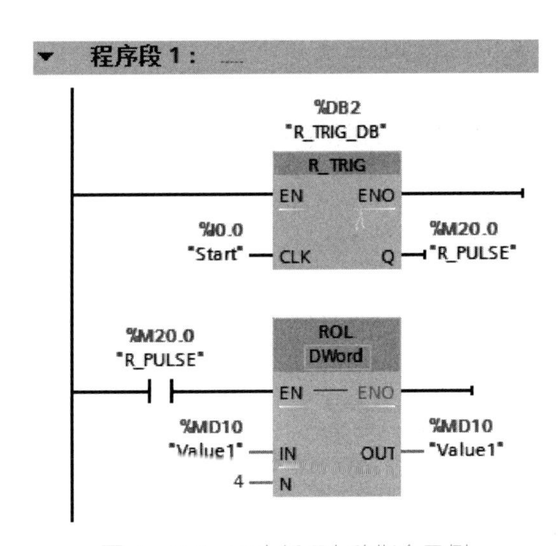

图4-114　双字循环左移指令示例

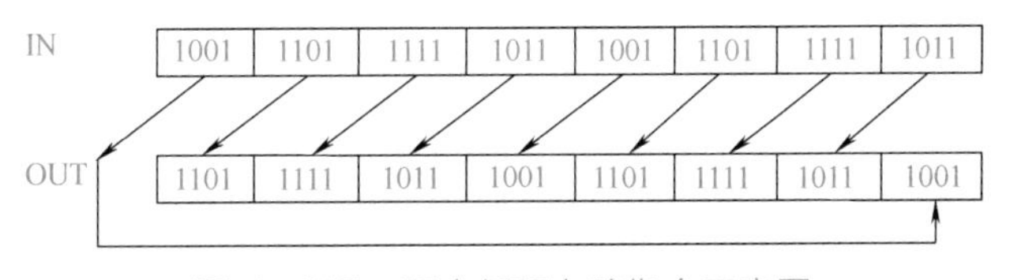

图4-115　双字循环左移指令示意图

【例4-27】 有16盏灯，PLC上电后压下启动按钮，1～4盏亮，1s后5～8盏亮，且1～4盏灭，如此不断循环。当压下停止按钮，再压启动按钮，则从头开始循环亮灯。

解：1）设计电气原理图　电气原理图如图 4-116 所示。

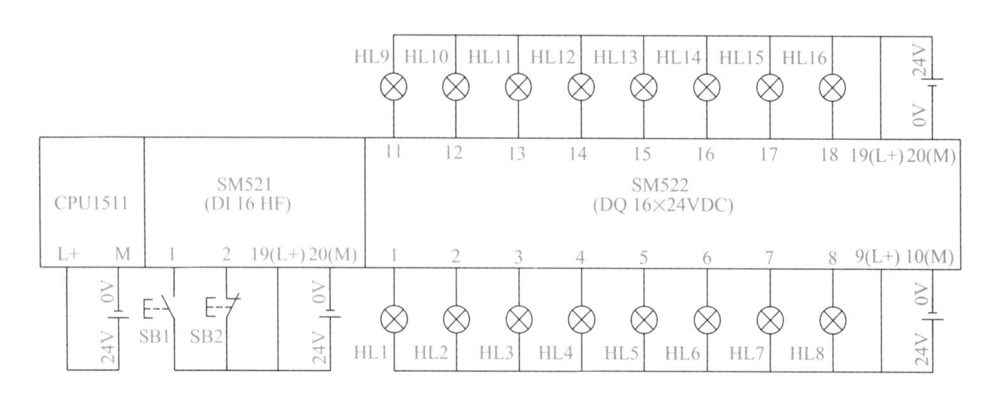

图 4-116　例 4-27 电气原理图

2）编写控制程序

① 方法 1　控制梯形图程序如图 4-117 所示，当压下与 I0.0 关联的启动按钮 SB1，亮 4 盏灯，1s 后，执行循环指令，另外 4 盏灯亮，1s 后，执行循环指令，再 4 盏灯亮，如此循环。当压下停止按钮，所有灯熄灭。

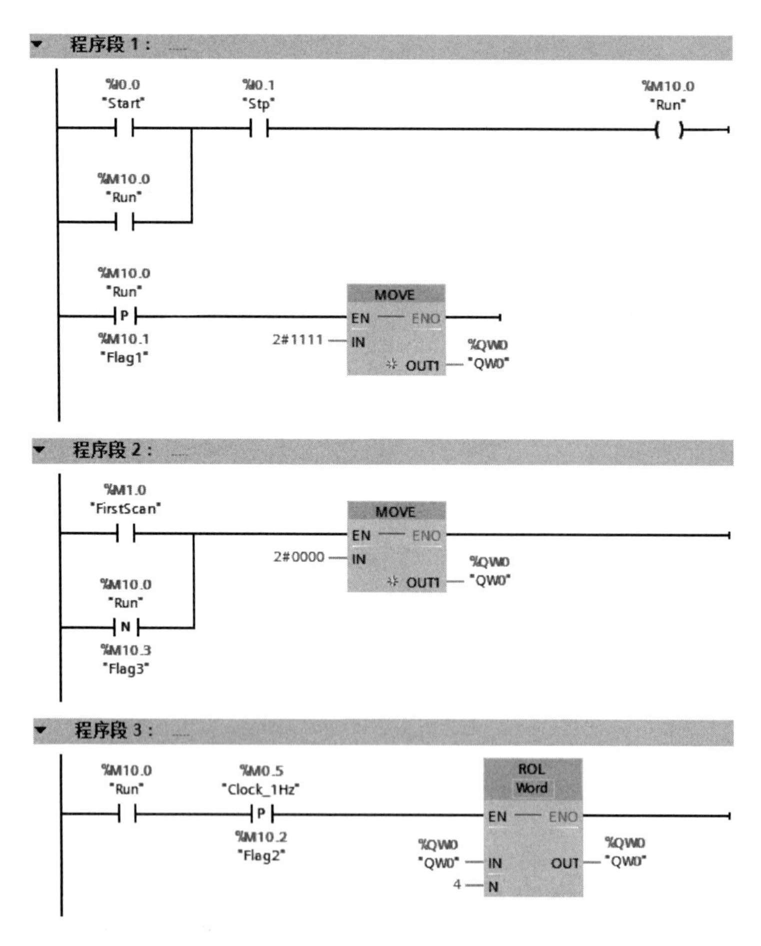

图 4-117　例 4-27 方法 1 梯形图

② 方法 2　控制梯形图程序如图 4-118 所示，当压下与 I0.0 关联的启动按钮 SB1，亮 4 盏灯，1s 后，执行移位指令，另外 4 盏灯亮，1s 后，执行循环指令，再 4 盏灯亮，此指令执行 4 次 QW8=0，执行比较指令，下一个循环开始。当压下停止按钮，所有灯熄灭。

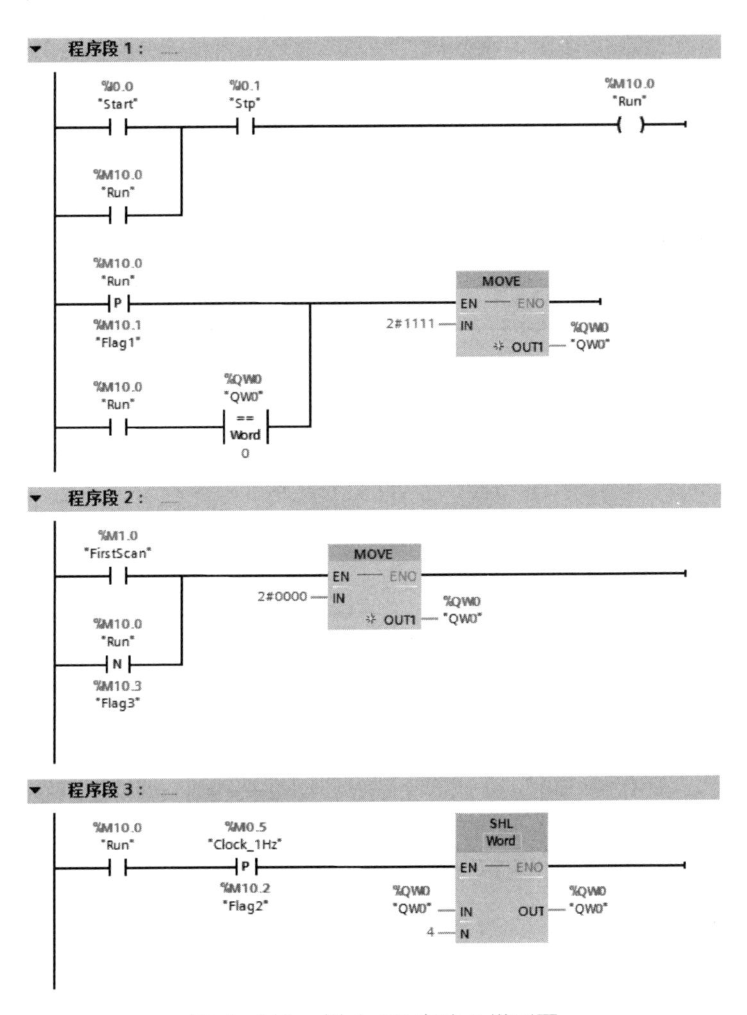

图 4-118　例 4-27 方法 2 梯形图

总结：在工程项目中，移位和循环指令并不是必须使用的指令，但合理使用移位和循环指令会使得程序变得很简洁。

4.7　应用实例

至此，读者已经对 S7-1500 PLC 的软硬件已经有一定的了解，本节内容将列举一些简单的例子，供读者模仿学习。

【例 4-28】 设计电动机点动控制的程序和原理图。

解：①方法 1　常规设计方案的原理图如图 4-119 所示，梯形图和 SCL 程序如图 4-120 所示。但如果程序用到置位指令（S Q0.0），则这种解法不可用。

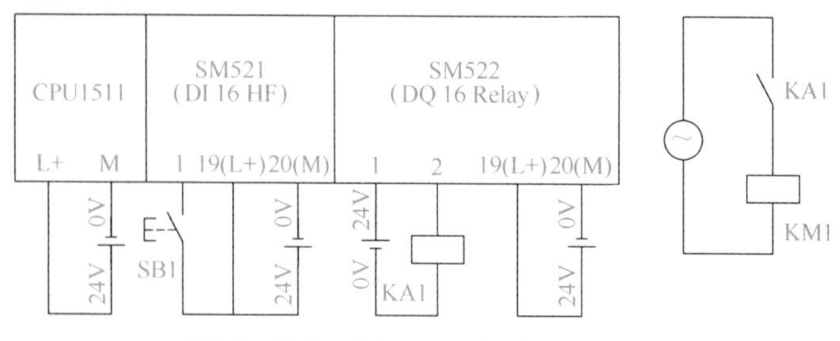

图 4-119　例 4-28 方法 1 原理图

程序段 1：

%I0.0 "Start"　　%Q0.0 "Motor"

```
1 IF "Start" THEN
2     "Motor" := TRUE;
3 END_IF;
```

图 4-120　例 4-28 方法 1 梯形图和 SCL 程序

② 方法 2　梯形图如图 4-121 所示，但没有对应的 SCL 程序。

程序段 1：

%I0.0 "Inching" P %M10.0 "Flag"　　%Q0.0 "Motor" S

%I0.0 "Inching" N %M10.1 "Flag1"　　%Q0.0 "Motor" R

图 4-121　例 4-28 方法 2 梯形图

③ 方法 3　梯形图和 SCL 程序如图 4-122 所示。

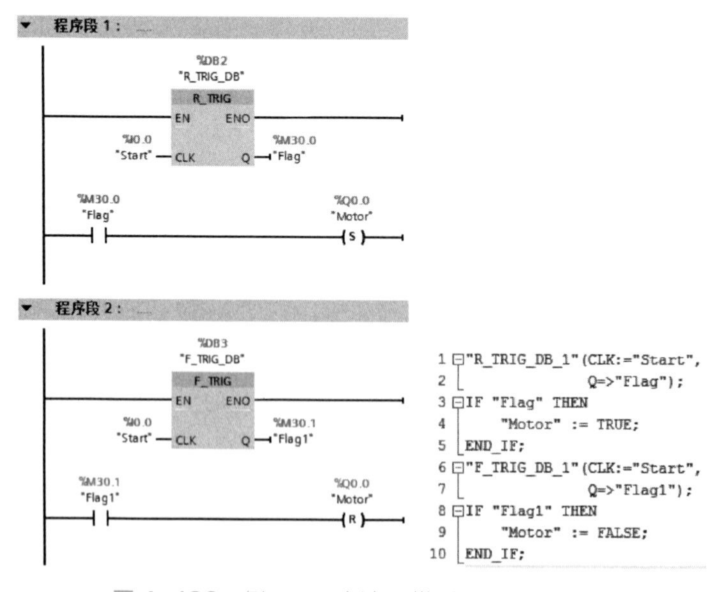

图 4-122　例 4-28 方法 3 梯形图和 SCL 程序

【例 4-29】 设计两地控制电动机启停的程序和原理图。

解：①方法 1　常规设计方案的原理图、梯形图和 SCL 程序分别如图 4-123 和图 4-124 所示，这种解法是正确的解法，但不是最优方案，因为这种解法占用了 PLC 较多的 I/O 点。

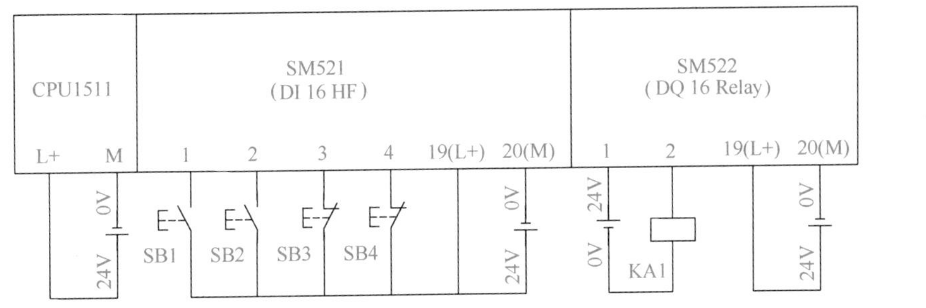

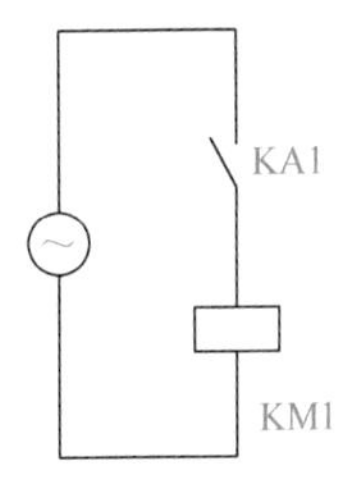

图 4-123　例 4-29 方法 1 原理图

▼ 程序段 1：......

%I0.0 "Start"　%I0.2 "Stop"　%I0.3 "Stop1"　%Q0.0 "Motor"

%I0.1 "Start1"

%Q0.0 "Motor"

(a) 梯形图

```
1 IF "Start" OR "Start1" OR "Motor" AND "Stop" AND "Stop1" THEN
2     "Motor" := TRUE;
3 ELSE
4     "Motor" := FALSE;
5 END_IF;
```

(b) SCL程序

图 4-124　例 4-29 方法 1 梯形图和 SCL 程序

② 方法 2　梯形图和 SCL 程序如图 4-125 所示。

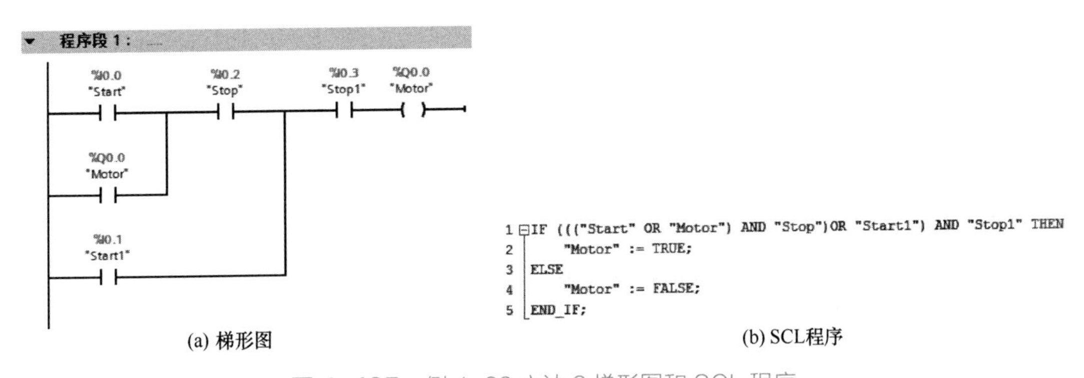

图 4-125　例 4-29 方法 2 梯形图和 SCL 程序

③ 方法 3　优化后的方案的原理图如图 4-126 所示，梯形图和 SCL 程序如图 4-127 所示。可见节省了 2 个输入点，但功能完全相同。

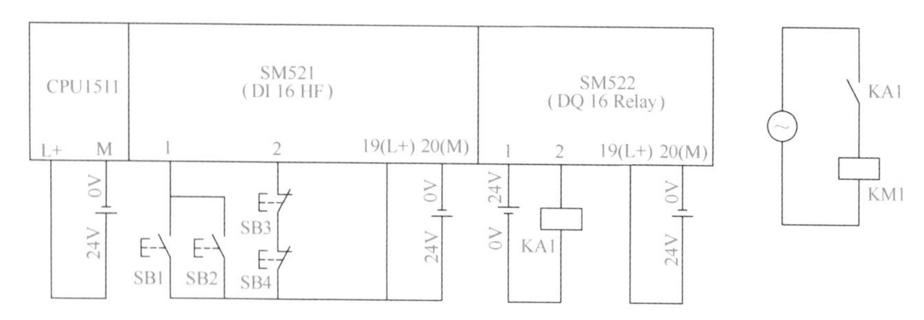

图 4-126　例 4-29 方法 3 原理图

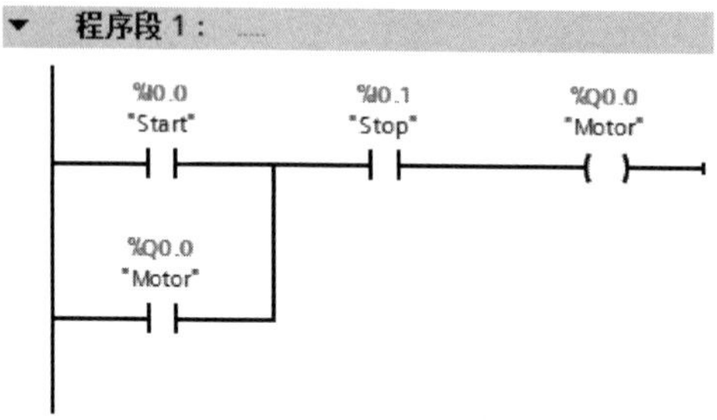

```
1  IF ("Start" OR "Motor") AND "Stop" THEN
2      "Motor" := TRUE;
3  ELSE
4      "Motor" := FALSE;
5  END_IF;
```

图 4-127　例 4-29 方法 3 梯形图和 SCL 程序

【例 4-30】 编写电动机的启动优先的控制程序。

解：与 I0.0 关联的启动按钮接常开触点，与 I0.1 关联的停止按钮接常闭触点。启动优先于停止的程序如图 4-128 所示。优化后的程序如图 4-129 所示。

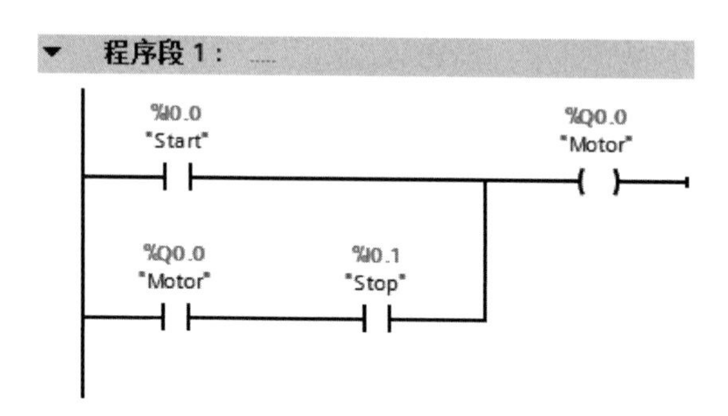

图 4-128　例 4-30 梯形图程序

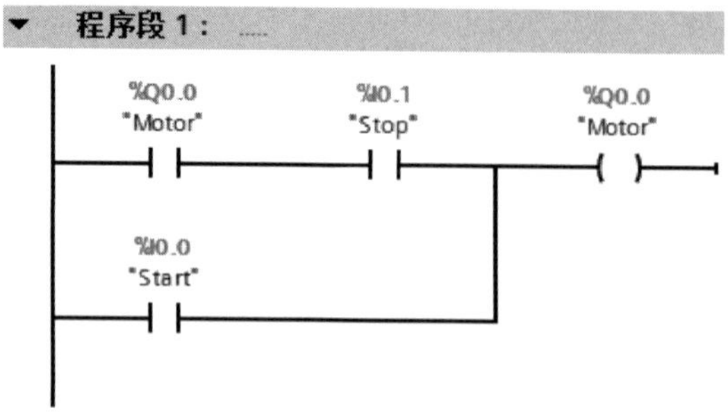

```
1  IF ("Motor" AND "Stop") OR "Start" THEN
2      "Motor" := TRUE;
3  ELSE
4      "Motor" := FALSE;
5  END_IF;
```

图 4-129　例 4-30 梯形图和 SCL 程序（优化后）

【例 4-31】 编写程序，实现电动机的启停控制和点动控制，并画出梯形图和原理图。

解：输入点：启动—I0.0；点动—I0.1；停止—I0.2；手动自动转换—I0.3。

输出点：正转—Q0.0。

原理图如图 4-130 所示，梯形图如图 4-131 所示，这种编程方法在工程实践中很常用。

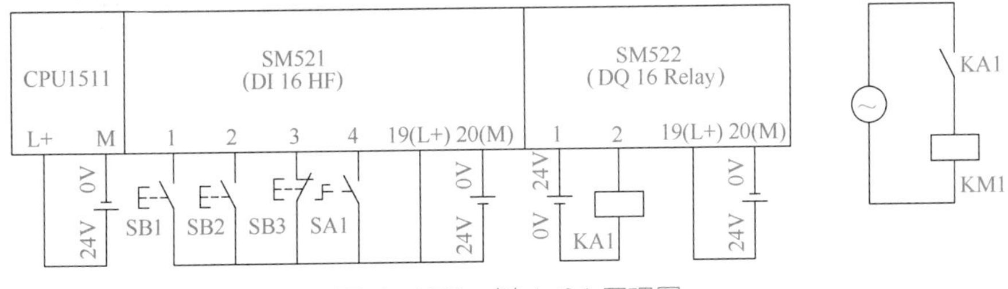

图 4-130　例 4-31 原理图

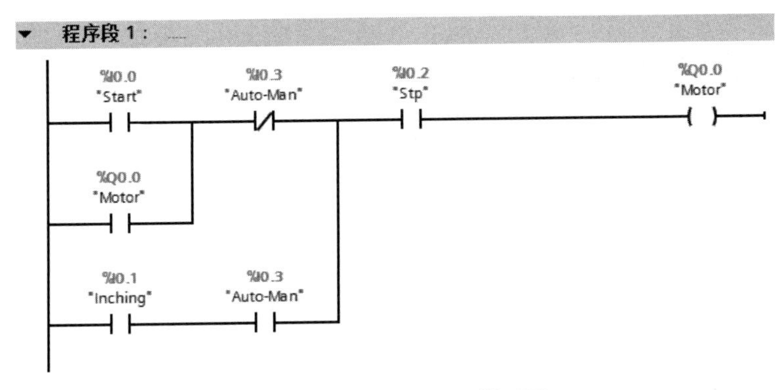

图 4-131　例 4-31 梯形图

第 5 章 西门子 S7-1500 PLC 的程序结构

用函数、数据块、函数块和组织块编程是西门子大中型 PLC 的一个特色，可以使程序结构优化，便于程序设计、调试和阅读等。通常成熟的 PLC 工程师不会把所有的程序写在主程序中，而是会合理使用函数、数据块、函数块和组织块进行编程。

5.1 块、函数和组织块

5.1.1 块的概述

（1）块的简介

在操作系统中包含了用户程序和系统程序，操作系统已经固化在 CPU 中，它提供 CPU 运行和调试的机制。CPU 的操作系统是按照事件驱动扫描用户程序的。用户程序写在不同的块中，CPU 按照执行的条件成立与否执行相应的程序块或者访问对应的数据块。用户程序是为了完成特定的控制任务由用户编写的程序。用户程序通常包括组织块（OB）、函数块（FB）、函数（FC）和数据块（DB）。用户程序中的块的说明见表 5-1。

表 5-1　用户程序中块的说明

块的类型	属性	备注
组织块（OB）	• 用户程序接口 • 优先级（1 ～ 27） • 在局部数据堆栈中指定开始信息	
函数（FC）	• 参数可分配（必须在调用时分配参数） • 没有存储空间（只有临时局部数据）	过去称功能
函数块（FB）	• 参数可分配（可以在调用时分配参数） • 具有（收回）存储空间（静态局部数据）	过去称功能块
数据块（DB）	• 结构化的局部数据存储（背景数据块 DB） • 结构化的全局数据存储（在整个程序中有效）	

（2）块的结构

块由参数声明表和程序组成。每个逻辑块都有参数声明表，参数声明表是用来说明块的局部数据的。而局部数据包括局部参数和局部变量两大类。在不同的块中可以重复声明和使用同一局部参数，因为它们在每个块中仅有效一次。

局部参数包括两种：静态局部数据和临时局部数据。

参数是在调用块与被调用块之间传递的数据，包括输入、输出和输入输出参数。表 5-2 为局部数据声明类型。

表 5-2　局部数据声明类型

局部数据名称	参数类型	说明
输入	Input	为调用模块提供数据，输入给逻辑模块
输出	Output	从逻辑模块输出数据结果
输入输出	InOut	参数值既可以输入，也可以输出
静态局部数据	Static	静态局部数据存储在背景数据块中，块调用结束后，变量被保留
临时局部数据	Temp	临时局部数据存储在 L 堆栈中，块执行结束后，变量消失

图 5-1 所示为块调用的分层结构的一个例子，组织块 OB1（主程序）调用函数块 FB1，FB1 调用函数块 FB10，组织块 OB1（主程序）调用函数块 FB2，函数块 FB2 调用函数 FC5，函数 FC5 调用函数 FC10。

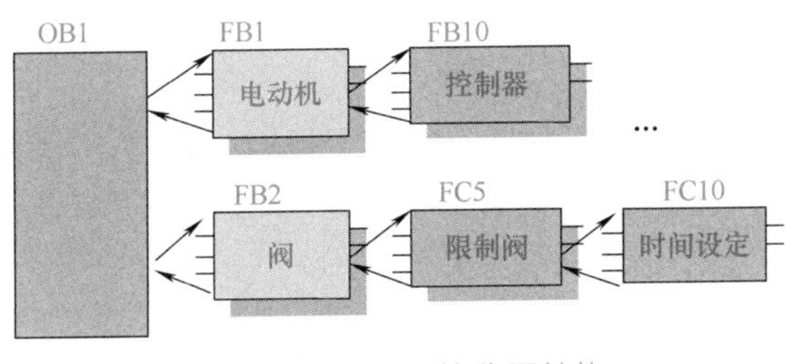

图 5-1　块调用的分层结构

函数（FC）及其应用

5.1.2　函数（FC）及其应用

（1）函数（FC）简介

① 函数（FC）是用户编写的程序块，是不带存储器的代码块。由于没有可以存储块参数值的数据存储器，因此，调用函数时必须给所有形参分配实参。

② FC 里有一个局域变量表和块参数。局域变量表里有：Input（输入参数）、Output（输出参数）、InOut（输入输出参数）、Temp（临时数据）、Return（返回值 Ret_Val）。Input（输入参数）将数据传递到被调用的块中进行处理。Output（输出参数）将结果传递到调用的块中。InOut（输入输出参数）将数据传递到被调用的块中，在被调用的块中处理数据后，再将被调用的块中发送的结果存储在相同的变量中。Temp（临时数据）是块的本地数据（由 L 存储），并且在处理块时将其存储在本地数据堆栈。关闭并完成处理后，临时数据就变得不再可访问。Return 包含返回值 Ret_Val。

（2）函数（FC）的应用

函数（FC）类似于 VB 语言中的子程序，用户可以将具有相同控制过程的程序编写在 FC 中，然后在主程序 Main[OB1] 中调用。创建函数的步骤是：先建立一个项目，再在 TIA Portal 软件项目视图的项目树中选中“已经添加的设备”（如 PLC_1）→“程序块”→“添加新块”，即可弹出要插入函数的界面。以下用一个例题讲解函数（FC）的应用。

【例 5-1】 用函数 FC 实现电动机的启停控制。

解：①新建一个项目，本例为“启停控制（FC）”。在 TIA Portal 软件项目视图的项目树中，选中并单击已经添加的设备“PLC_1”→“程序块”→“添加新块”，如图 5-2 所示，弹出添加块界面。

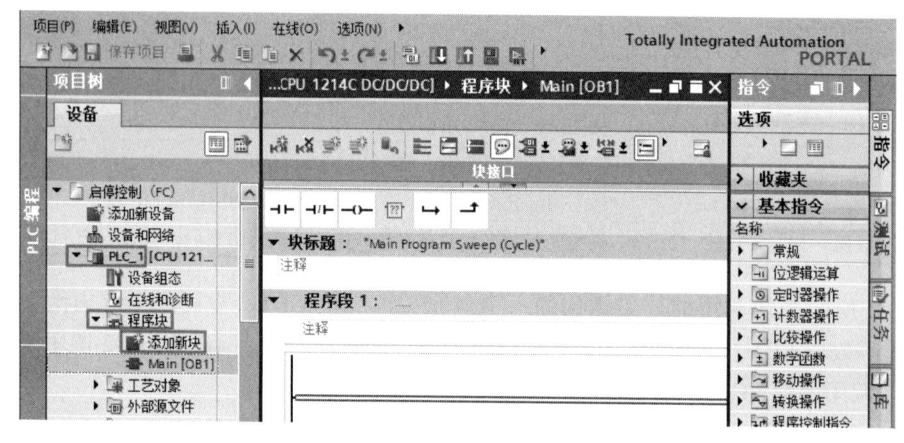

图 5-2　打开“添加新块”

② 如图 5-3 所示，在“添加新块”界面中，选择创建块的类型为“函数”，再输入函数的名称（本例为启停控制），之后选择编程语言（本例为 LAD），最后单击“确定”按钮，弹出函数的程序编辑器界面。

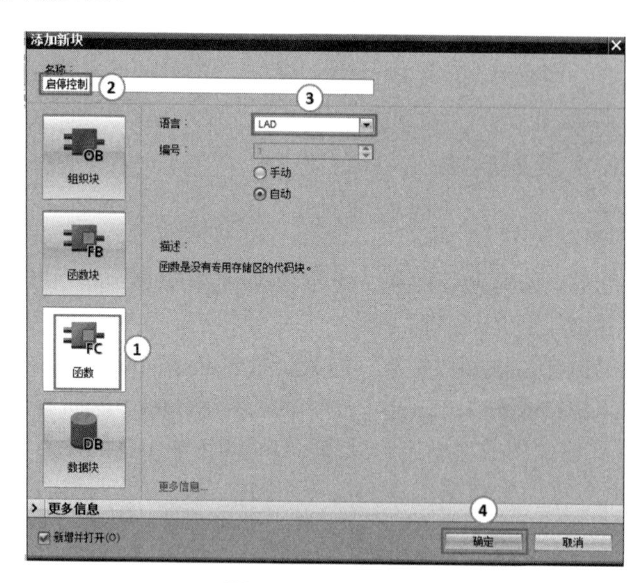

图 5-3　添加新块

③ 在 TIA Portal 软件项目视图的项目树中，双击函数块“启停控制（FC1）”，打开函数，弹出“程序编辑器”界面，先选中 Input（输入参数），新建参数“Start”和“Stop1”，数据类型为“BOOL”。再选中 InOut（输入输出参数），新建参数“Motor”，数据类型为“BOOL”，如图 5-4 所示。最后在程序段 1 中输入程序，如图 5-5 所示，注意参数前都要加前缀“#”。

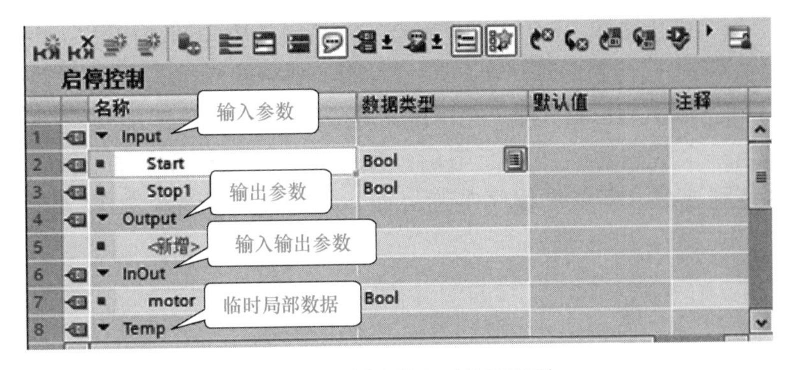

图 5-4　新建输入 / 输出参数

④ 在 TIA Portal 软件项目视图的项目树中，双击“Main[OB1]”，打开主程序块“Main[OB1]”，选中新创建的函数“启停控制（FC1）”，并将其拖拽到程序编辑器中，如图 5-6 所示。如果将整个项目下载到 PLC 中，就可以实现“启停控制”。

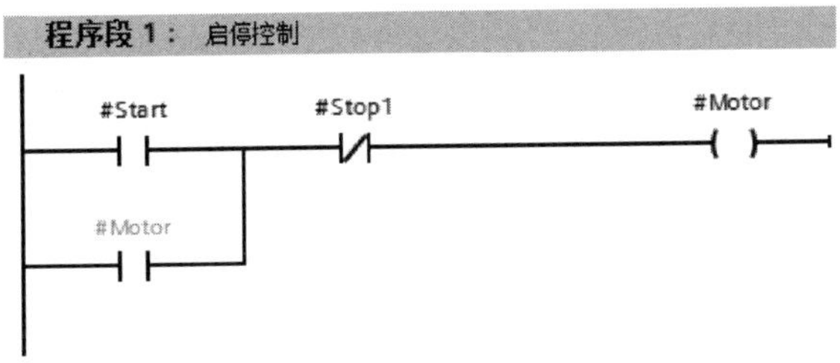

程序段 1：　启停控制

#Start　#Stop1　#Motor

#Motor

图 5-5　函数 FC1

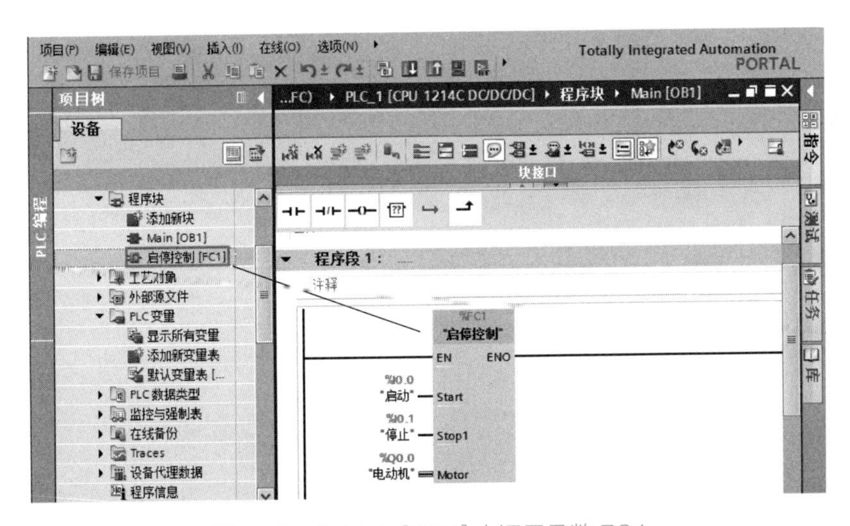

图 5-6　在 Main[OB1] 中调用函数 FC1

注意：本例的参数 #Motor，不能定义为输出参数（Output）。因为图 5-4 程序中参数 #Motor 既是输入参数，也是输出参数，所以定义为输入输出参数（InOut）。

【例 5-2】 用 S7-1500 PLC 控制一台三相异步电动机的正反转，要求使用函数。

解：① 设计电气原理图　设计电气原理图如图 5-7 所示。有两点说明如下。

三相异步电动机正反转控制——用 FC 实现

a. 图 5-7 中，停止按钮 SB3 为常闭触点，主要基于安全原因，是符合工程规范的，不应设计为常开触点。

b. 在硬件回路中 KM1 和 KM2 的常闭触点起互锁作用，不能省略。省略后，当一个接触器的线圈断电后，其触点没有及时断开时，会造成短路。特别注意，仅依靠程序中的互锁，并不能保证避免发生短路故障。

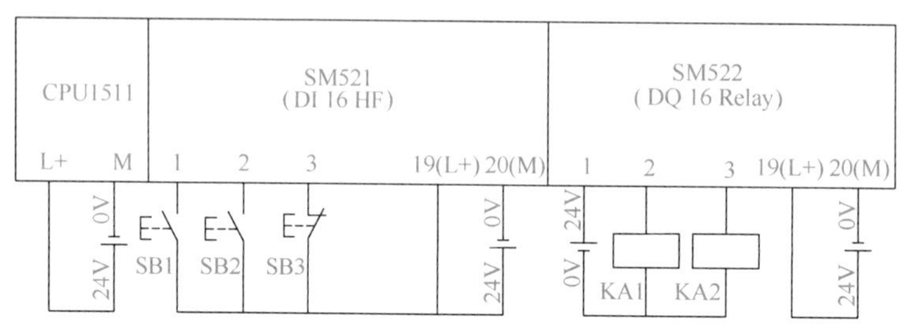

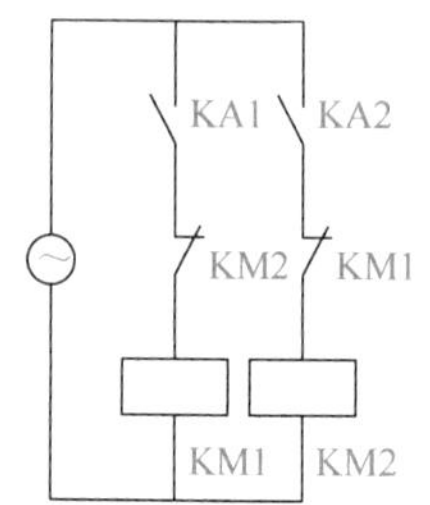

图 5-7 例 5-2 电气原理图

② 编写控制程序 FC1 中的程序和参数表如图 5-8 所示。注意：#Stp 带“#”，表示此变量是区域变量。如图 5-9 所示，OB1 中的程序是主程序，“Stp”（I0.2）是常闭触点（“Stp”是带引号，表示全局变量），与图 5-7 中的 SB3 的常闭触点对应。注意，#Motor 既有常开触点输入，又有线圈输出，所以是输入输出变量，不能用输出变量代替。

启停控制

	名称	数据类型	默认值	注释
1	▼ Input			
2	Start	Bool		
3	Stp	Bool		
4	<新增>			
5	▼ Output			
6	<新增>			
7	▼ InOut			
8	Motor	Bool		

▼ 程序段 1：

#Start #Stp #Motor

#Motor

图 5-8 例 5-2 FC1 中的程序和参数表

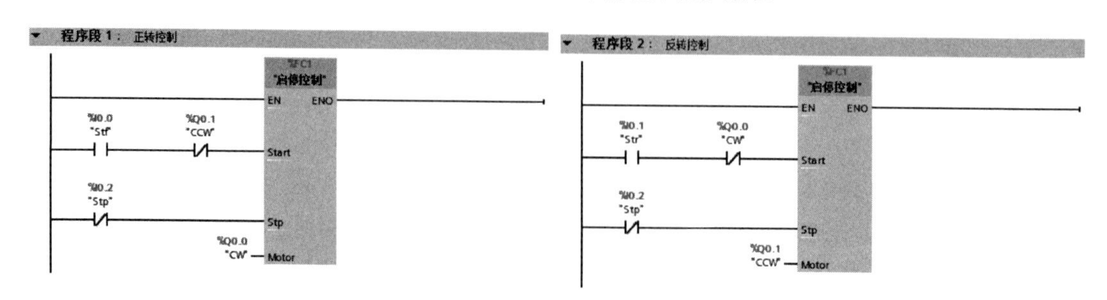

图 5-9 例 5-2 OB1 中的程序

5.1.3　组织块（OB）及其应用

组织块（OB）
及其应用

组织块（OB）是操作系统与用户程序之间的接口。组织块由操作系统调用，控制循环中断程序执行、PLC 启动特性和错误处理等。

（1）中断的概述

1）中断过程　中断处理用来实现对特殊内部事件或外部事件的快速响应。CPU 检测到中断请求时，立即响应中断，调用中断源对应的中断程序，即组织块 OB。执行完中断程序后，返回被中断的程序处继续执行程序。例如在执行主程序 OB1 块时，时间中断块 OB10 可以中断主程序块 OB1 正在执行的程序，转而执行中断程序块 OB10 中的程序，当中断程序块中的程序执行完成后，再转到主程序块 OB1 中，从断点处执行主程序。中断过程示意图如图 5-10 所示。

事件源就是能向 PLC 发出中断请求的中断事件，例如日期时间中断、延时中断、循环中断和编程错误引起的中断等。

2）OB 的优先级　执行一个组织块 OB 的调用可以中断另一个 OB 的执行。一个 OB 是否允许另一个 OB 中断取决于其优先级。S7-1500 PLC 支持优先级共有 26 个，1 最低，26 最高。高优先级的 OB 可以中断低优先级的 OB。例如 OB10 的优先级是 2，而 OB1 的优先级是 1，所以 OB10 可以中断 OB1。OB 的优先级示意图如图 5-11 所示。组织块的类型和优先级见表 5-3。

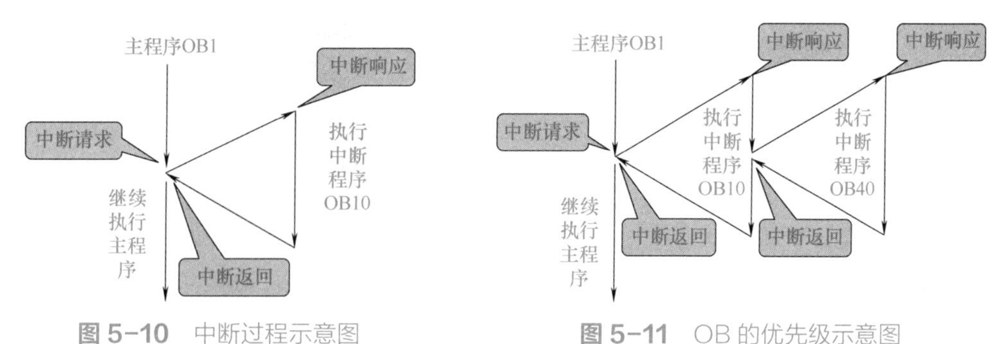

图 5-10　中断过程示意图

图 5-11　OB 的优先级示意图

表 5-3　组织块的类型和优先级（部分）

事件源的类型	优先级（默认优先级）	可能的 OB 编号	支持的 OB 数量
启动	1	100，≥ 123	≥ 0
循环程序	1	1，≥ 123	≥ 1
时间中断	2	10 ～ 17，≥ 123	最多 2 个
延时中断	3（取决于版本）	20 ～ 23，≥ 123	最多 4 个
循环中断	8（取决于版本）	30 ～ 38，≥ 123	最多 4 个
硬件中断	18	40 ～ 47，≥ 123	最多 50 个
时间错误	22	80	0 或 1
诊断中断	5	82	0 或 1
插入 / 取出模块中断	6	83	0 或 1
机架故障或分布式 I/O 的站故障	6	86	0 或 1

说明：

① 在 S7-300/400 CPU 中只支持一个主程序块 OB1，而 S7-1500 PLC 可支持多个主程序，

但第二个主程序的编号从 123 起，由组态设定，例如 OB123 可以组态成主程序。

② 循环中断可以是 OB30 ～ OB38。

③ S7-300/400 CPU 的启动组织块有 OB100、OB101 和 OB102，但 S7-1500 PLC 不支持 OB101 和 OB102。

（2）启动组织块及其应用

启动组织块（Startup）在 PLC 的工作模式从 STOP 切换到 RUN 时执行一次。完成启动组织块扫描后，将执行主程序循环组织块（如 OB1）。启动组织块很常用，主要用于初始化。以下用一个例子说明启动组织块的应用。

【例 5-3】 编写一段初始化程序，将 CPU 1511 的 MB20 ~ MB23 单元清零。

解：一般初始化程序在 CPU 一启动后就运行，所以可以使用 OB100 组织块。在 TIA Portal 软件项目视图的项目树中，双击“添加新块”，弹出如图 5-12 所示的界面，选中“组织块”和“Startup”选项，程序语言选择为“LAD”，再单击“确定”按钮，即可添加启动组织块。

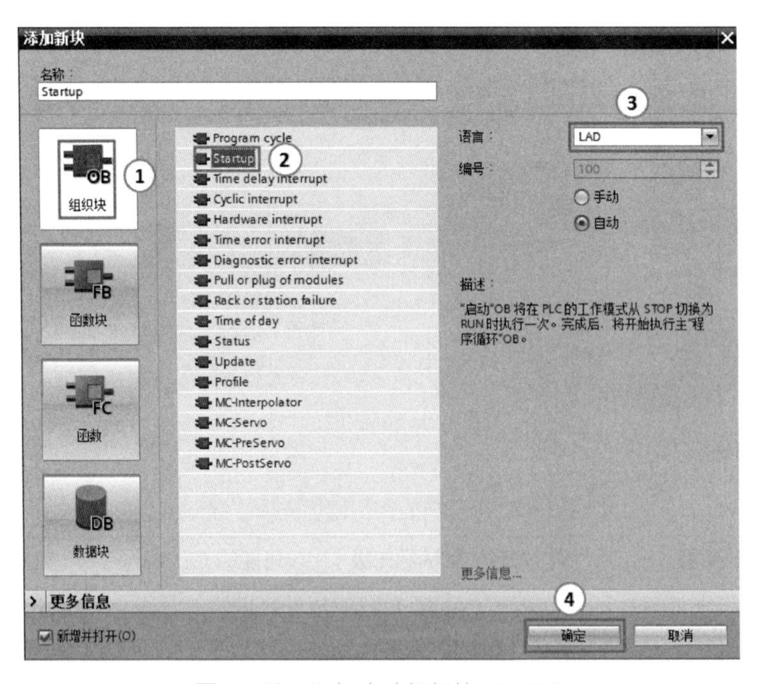

图 5-12 添加启动组织块 OB100

字节 MB20 ～ MB23 实际上就是 MD20，其程序如图 5-13 所示。

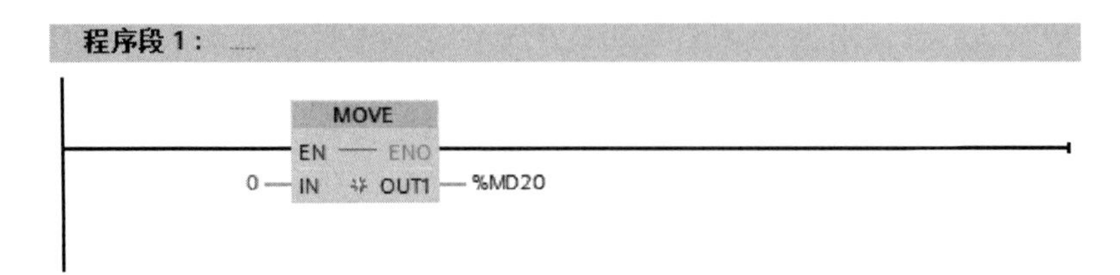

图 5-13 例 5-3 OB100 中的程序

（3）主程序（OB1）

CPU 的操作系统循环执行 OB1。当操作系统完成启动后，将启动执行 OB1。在 OB1 中可以调用函数（FC）和函数块（FB）。

执行 OB1 后，操作系统发送全局数据。重新启动 OB1 之前，操作系统将过程映像输出表写入输出模块中，更新过程映像输入表以及接收 CPU 的任何全局数据。

（4）循环中断组织块及其应用

所谓循环中断就是经过一段固定的时间间隔中断用户程序，不受扫描周期限制，循环中断很常用，例如 PID 运算时较常用。

① 循环中断指令　循环中断组织块是很常用的，TIA Portal 软件中有 9 个固定循环中断组织块（OB30 ～ OB38），另有 11 个未指定。激活循环中断（EN_IRT）和禁用循环中断（DIS_IRT）指令的参数见表 5-4。

表 5-4　激活循环中断（EN_IRT）和禁用循环中断（DIS_IRT）的参数表

参数	声明	数据类型	存储区间	参数说明
OB_NR	INPUT	INT	I、Q、M、D、L、常数	OB 的编号
MODE	INPUT	BYTE	I、Q、M、D、L、常数	指定禁用哪些中断和异步错误
RET_VAL	OUTPUT	INT	I、Q、M、D、L	如果出错，则 RET_VAL 的实际参数将包含错误代码

参数 MODE 指定禁用哪些中断和异步错误，含义比较复杂，MODE=0 表示激活所有的中断和异步错误，MODE=1 表示启用属于指定中断类别的新发生事件，MODE=2 启用指定中断的所有新发生事件，可使用 OB 编号来指定中断。

② 循环中断组织块的应用

【例 5-4】 每隔 100ms 时间，CPU 1511C-1PN 采集一次通道 0 上的模拟量数据。

解：很显然要使用循环组织块，解法如下。

在 TIA Portal 软件项目视图的项目树中，双击“添加新块”，弹出如图 5-14 所示的界面，选中“组织块”和“Cyclic interrupt”，循环时间定为“100000μs”，单击“确定”按钮。这个步骤的含义是：设置组织块 OB30 的循环中断时间是 100ms，再将组态完成的硬件下载到 CPU 中。

打开 OB30，在程序编辑器中，输入程序如图 5-15 所示，运行的结果是每 100ms 将通道 0 采集到的模拟量转化成数字量送到 MW20 中。

打开 OB1，在程序编辑器中，输入程序如图 5-16 所示，I0.0 闭合时，OB30 的循环周期是 100ms，当 I0.1 闭合时，OB30 停止循环。

（5）延时中断组织块及其应用

延时中断组织块（如 OB20）可实现延时执行某些操作，调用“SRT_DINT”指令时开始计时延时时间（此时开始调用相关延时中断）。其作用类似于定时器，但 PLC 中普通定时器的定时精度要受到不断变化的扫描周期的影响，使用延时中断可以达到以 ms 为单位的高精度延时。

延时中断默认范围是 OB20 ～ OB23，其余可组态 OB 编号 123 以上的组织块。

1）指令简介　可以用“SRT_DINT”和“CAN_DINT”设置、取消激活延时中断，参数见表 5-5。

图 5-14　添加组织块 OB30

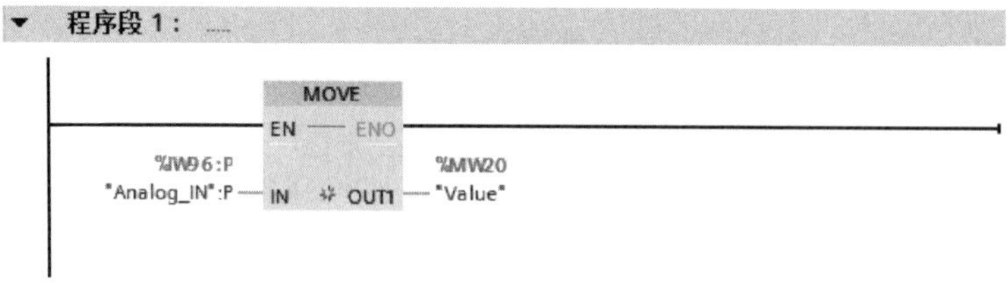

程序段 1： ......

MOVE
EN　ENO
%IW96:P
"Analog_IN":P　IN　OUT1　%MW20
"Value"

图 5-15　例 5-4 OB30 中的程序

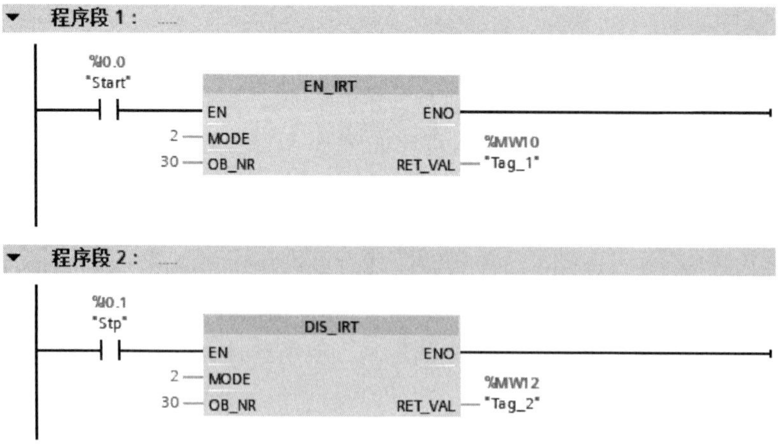

程序段 1： ......

%I0.0
"Start"
EN_IRT
EN　ENO
2　MODE
30　OB_NR　RET_VAL　%MW10
"Tag_1"

程序段 2： ......

%I0.1
"Stp"
DIS_IRT
EN　ENO
2　MODE
30　OB_NR　RET_VAL　%MW12
"Tag_2"

图 5-16　例 5-4 OB1 中的程序

表 5-5　“SRT_DINT”和“CAN_DINT”的参数

参数	声明	数据类型	存储区间	参数说明
OB_NR	INPUT	INT	I、Q、M、D、L、常数	延时时间后要执行的 OB 的编号
DTIME	INPUT	DTIME		延时时间（1 ~ 60000ms）
SIGN	INPUT	WORD	I、Q、M、D、L、常数	调用延时中断 OB 时 OB 的启动事件信息中出现的标识符
RET_VAL	OUTPUT	INT	I、Q、M、D、L	如果出错，则 RET_VAL 的实际参数将包含错误代码

2）延时中断组织块的应用

【例 5-5】 当 I0.0 上升沿时，延时 5s 执行 Q0.0 置位，I0.1 为上升沿时，Q0.0 复位。

解：①添加组织块 OB20。在 TIA Portal 软件项目视图的项目树中，双击“添加新块”，弹出如图 5-17 所示的界面，选中“组织块”和“Time delay interrupt”选项，单击“确定”按钮，即可添加 OB20 组织块。

图 5-17　添加组织块 OB20

② 中断程序在 OB1 中，如图 5-18 所示，主程序在 OB20 中，如图 5-19 所示。

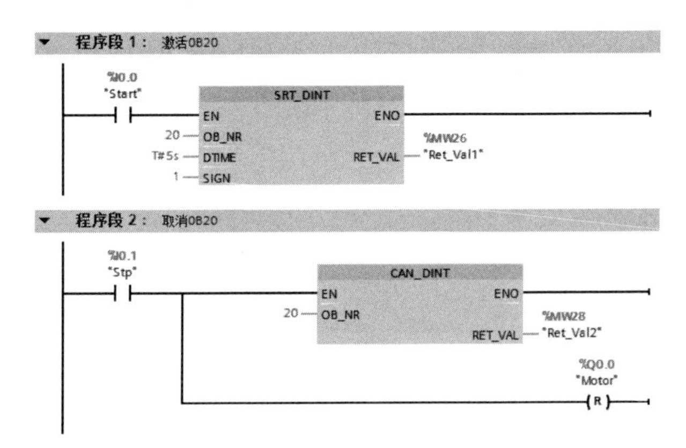

图 5-18　例 5-5 OB1 中的程序

图 5-19 例 5-5 OB20 中的程序

（6）硬件中断组织块及其应用

硬件中断组织块（如 OB40）用于快速响应信号模块（SM）、通信处理器（CP）的信号变化。

硬件中断被模块触发后，操作系统将自动识别是哪一个槽的模块和模块中哪一个通道产生的硬件中断。硬件中断 OB 执行完后，将发送通道确认信号。

如果正在处理某一中断事件，又出现了同一模块同一通道产生的完全相同的中断事件，新的中断事件将丢失。

如果正在处理某一中断信号时同一模块中其他通道或其他模块产生了中断事件，当前已激活的硬件中断执行完后，再处理暂存的中断。

以下用一个例子说明硬件中断组织块的使用方法。

【例 5-6】 编写一段指令记录用户使用 I0.0 按钮的次数，做成一个简单的“黑匣子”。

解：①添加组织块 OB40。在 TIA Portal 软件项目视图的项目树中，双击“添加新块”，弹出如图 5-20 所示的界面，选中“组织块”和“Hardware interrupt”选项，程序语言选择为“LAD”，单击“确定”按钮，即可添加 OB40 组织块。

图 5-20 添加组织块 OB40

② 选中硬件模块“DI 16×24VDC HF”，单击“属性”选项卡，如图 5-21 所示，选中“通道 0”，启用上升沿检测，选择硬件中断组织块为“Hardware interrupt”。

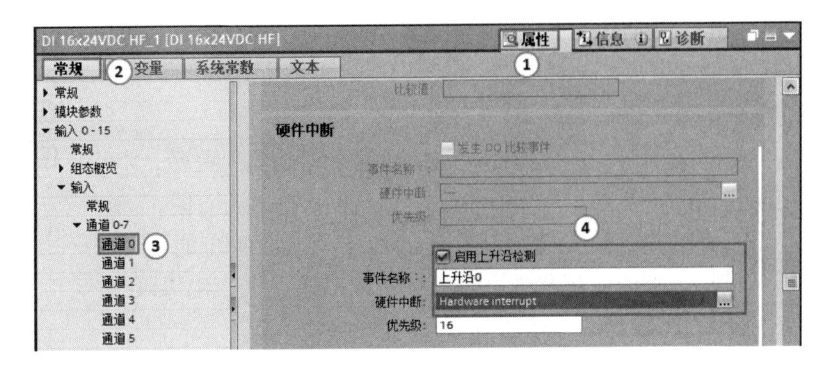

图 5-21　信号模块的属性界面

③ 编写程序。在组织块 OB40 中编写程序如图 5-22 所示，每压下按钮一次，调用 OB40 中的程序一次，MW20 中的数值加 1，也就是记录了使用按钮的次数。

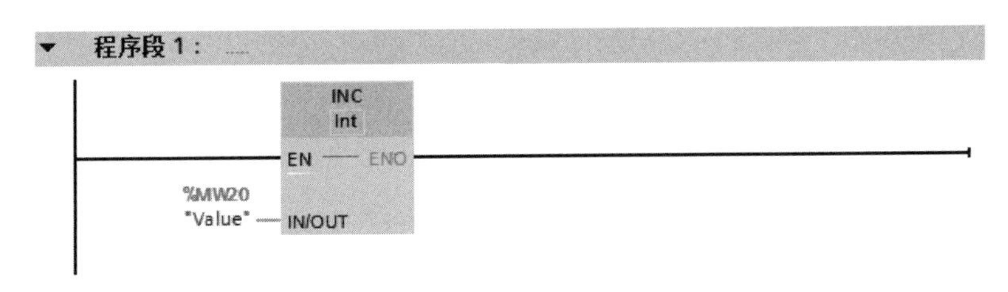

图 5-22　例 5-6 OB40 中的程序

（7）错误处理组织块

S7-1500 PLC 具有错误（或称故障）检测和处理能力，是指 PLC 内部的功能性错误，而不是外部设备的故障。CPU 检测到错误后，操作系统调用对应的组织块，用户可以在组织块中编程，对发生的错误采取相应的措施，例如在要调用的诊断组织块 OB82 中编写报警或者执行某个动作，如关断阀门。

当 CPU 检测到错误时，会调用对应的组织块，见表 5-6。如果没有相应的错误处理 OB，CPU 可能会进入 STOP 模式（S7-300/400 没有找到对应的 OB，则直接进入 STOP 模式）。用户可以在错误处理 OB 中编写如何处理这种错误的程序，以减小或消除错误的影响。

表 5-6　错误处理组织块

OB 编号	错误类型	优先级
OB80	时间错误	22
OB82	诊断中断	5
OB83	插入 / 取出模块中断	6
OB86	机架故障或分布式 I/O 的站故障	6

【例 5-7】 要求用 S7-1500 PLC 进行数字滤波。某系统采集一路模拟量（温度），温度传感器的测量范围是 0 ～ 100℃，要求对温度值进行数字滤波，算法是把最新的三次采样数值相加，取平均值，即是最终温度值，当温度超过 90℃时报警，每 100ms 采集一次温度。

解：（1）设计电气原理图

设计电气原理图如图 5-23 所示。

（2）编写控制程序

数字滤波控制程序设计——用 FC 实现

① 数字滤波的程序是函数 FC1，先创建一个空的函数，打开函数，并创建输入参数“GatherV”，就是采样输入值；创建输出参数“ResultV”，就是数字滤波的结果；创建临时变量“Valve1”“TEMP1”，临时变量参数既可以在方框的输入端，也可以在方框的输出端，应用也比较灵活，如图 5-24 所示。

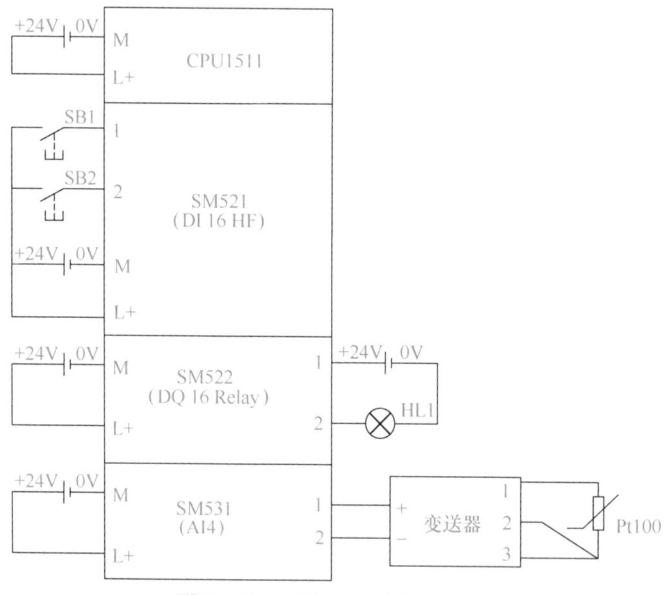

图 5-23　例 5-7 电气原理图

FC1

	名称	数据类型	默认值	注释
1	▼ Input			
2	GatherV	Int		
3	▼ Output			
4	ResultV	Real		
5	▼ InOut			
6	<新增>			
7	▼ Temp			
8	Value1	Int		
9	TEMP1	Real		

图 5-24　新建参数

② 在 FC1 中，编写滤波梯形图程序，如图 5-25 所示。变量“EarlyV”（当前数值）、“LastV”（上一个数值）和“LastestV”（上上一个数值）都是整数类型，每次用最新采集的数值，替代最早的数值，然后取平均值。

③ 在 OB30 中，编写梯形图程序如图 5-26 所示。由于温度变化较慢，没有必要每个扫描周期都采集一次，因此温度采集程序在 OB30 中，每 100ms 采集一次，更加合适。

④ 在 OB1 中，编写梯形图程序如图 5-27 所示，主要用于对循环中断的启动和停止控制。当压下与 I0.0 关联的 SB1 按钮，OB30 开始循环；当压下与 I0.1 关联的 SB2 按钮，OB30 停止循环扫描。

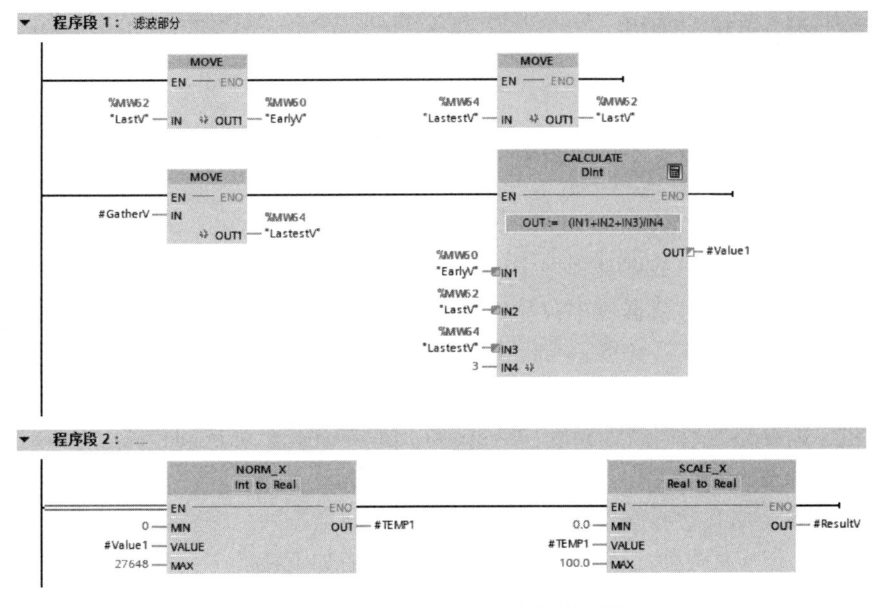

图 5-25　例 5-7 FC1 中的梯形图

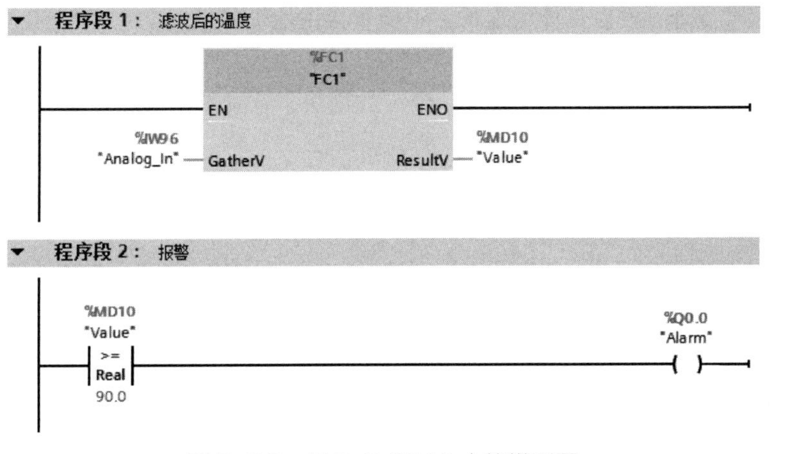

图 5-26　例 5-7 OB30 中的梯形图

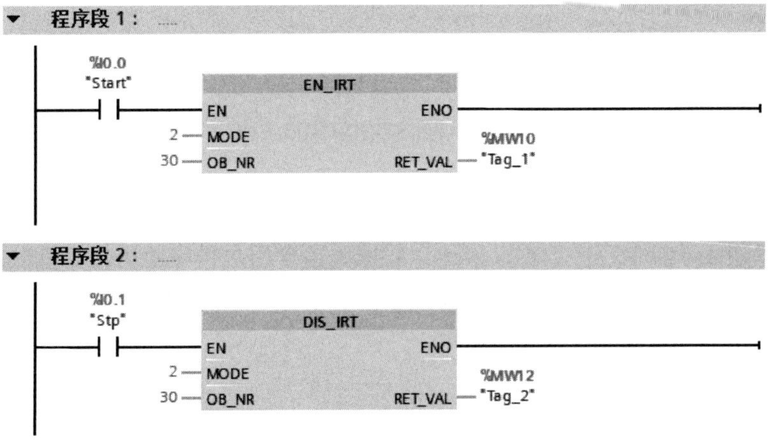

程序段 1：......

%I0.0
"Start"
EN_IRT
EN　ENO
2 — MODE
30 — OB_NR　RET_VAL — %MW10 "Tag_1"

程序段 2：......

%I0.1
"Stp"
DIS_IRT
EN　ENO
2 — MODE
30 — OB_NR　RET_VAL — %MW12 "Tag_2"

图 5-27　例 5-7 Main[OB1] 中的程序

5.2 数据块和函数块

5.2.1 数据块（DB）及其应用

数据块（DB）及其应用

（1）数据块（DB）简介

数据块用于存储用户数据及程序中间变量。新建数据块时，默认状态是优化的存储方式，且数据块中存储的变量是非保持的。数据块占用CPU 的装载存储区和工作存储区，与标识存储器的功能类似，都是全局变量，不同的是，M数据区的大小在 CPU 技术规范中已经定义，且不可扩展，而数据块存储区由用户定义，最大不能超过工作存储区或装载存储区。S7-1500 PLC 的优化数据块的存储空间要比非优化数据块的空间大得多，但其存储空间与 CPU 的类型有关。

有的程序中（如有的通信程序），只能使用非优化数据块，多数的情形可以使用优化和非优化数据块，但应优先使用优化数据块。优化访问有如下特点。

① 优化访问速度快。

② 地址由系统分配。

③ 只能符号寻址，没有具体的地址，不能直接由地址寻址。

④ 功能多。

按照功能分，数据块 DB 可以分为：全局数据块、背景数据块和基于数据类型（用户定义数据类型、系统数据类型和数组类型）的数据块。

（2）数据块的寻址

① 数据块非优化访问用绝对地址访问，其地址访问举例如下。

双字：DB1.DBD0。

字：DB1.DBW0。

字节：DB1.DBB0。

位：DB1.DBX0.1。

② 数据块的优化访问采用符号访问和片段（SLICE）访问，片段访问举例如下。

双字：DB1.a.%D0。

字：DB1.a.%W0。

字节：DB1.a.%B0。

位：DB1.a.%X0。

注意：实数和长实数不支持片段访问。S7-300/400 PLC 的数据块没有优化访问，只有非优化访问。

（3）全局数据块（DB）及其应用

全局数据块用于存储程序数据，因此，数据块包含用户程序使用的变量数据。一个程序中可以创建多个数据块。全局数据块必须创建后才可以在程序中使用。

以下用一个例题来说明数据块的应用。

【例 5-8】 用数据块实现电动机的启停控制。

解：①新建一个项目，本例为“块应用”，如图 5-28 所示，在项目视图的项目树中，选中并单击“新添加的设备”（本例为 PLC_1）→“程序块”→“添加新块”，弹出界面“添加新块”。

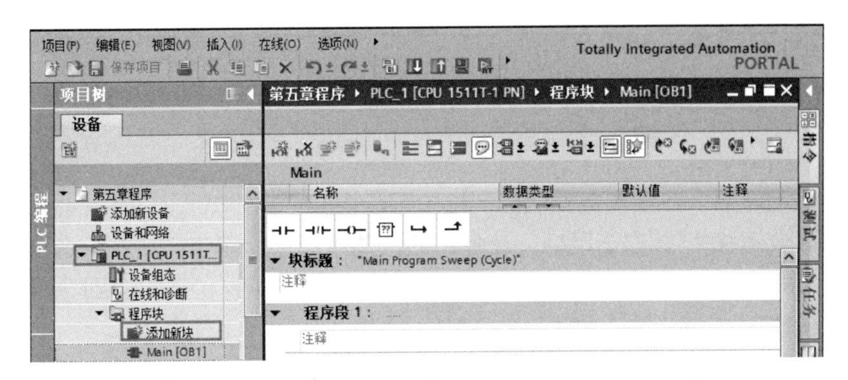

图 5-28 打开“添加新块”

② 如图 5-29 所示，在“添加新块”界面中，选中“添加新块”的类型为 DB，输入数据块的名称，再单击“确定”按钮，即可添加一个新的数据块，但此数据块中没有数据。

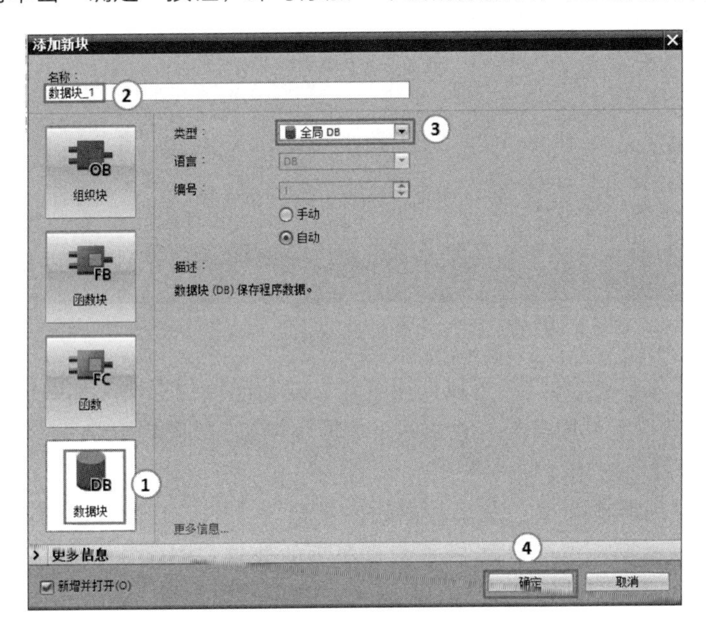

图 5-29 “添加新块”界面

③ 打开“数据块 1”，如图 5-30 所示，在“数据块 1”中，新建一个变量 A，如非优化访问，其地址实际就是 DB1.DBX0.0，优化访问没有具体地址，只能进行符号寻址。数据块创建完毕，一般要立即“编译”，否则容易出错。

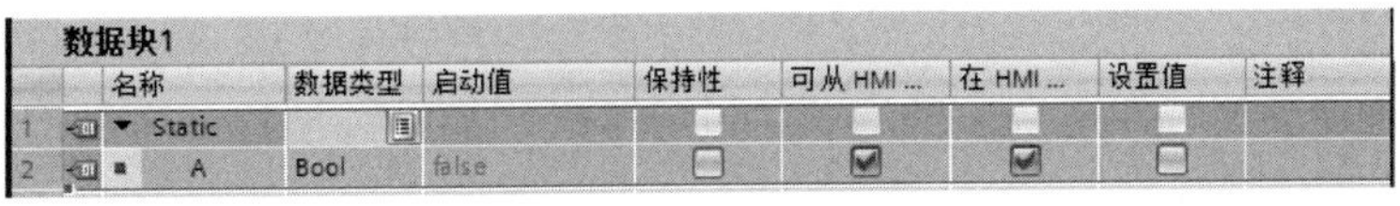

数据块1

	名称	数据类型	启动值	保持性	可从 HMI ...	在 HMI ...	设置值	注释
1	▼ Static							
2	▪ A	Bool	false	☐	☑	☑	☐	

图 5-30 新建变量

④ 在“程序编辑器”中，输入如图 5-31 所示的程序，此程序能实现启停控制，最后保存程序。

图 5-31 Main[OB1] 中的启停控制梯形图

在数据块创建后，在全局数据块的属性中可以切换存储方式。在项目视图的项目树中，选中并单击“数据块 1”，右击鼠标，在弹出的快捷菜单中，单击“属性”选项，弹出如图 5-32 所示的界面，选中“属性”，如果取消“优化的块访问”，则切换到“非优化存储方式”，这种存储方式与 S7-300/400 PLC 兼容。

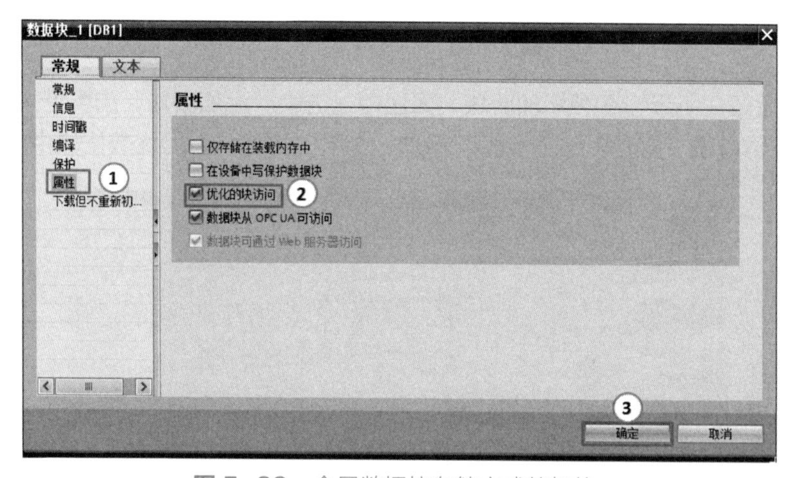

图 5-32 全局数据块存储方式的切换

如果是“非优化存储方式”，可以使用绝对方式访问该数据块（如 DB1.DBX0.0），如是“优化存储方式”则只能采用符号方式访问该数据块（如" 数据块 1".A）。

（4）数组 DB 及其应用

数组 DB 是一种特殊类型的全局数据块，它包含一个任意数据类型的数组。其数据类型可以为基本数据类型，也可以是 PLC 数据类型的数组。创建数组 DB 时，需要输入数组的数据类型和数组上限，创建完数组 DB 后，可以修改其数组上限，但不能修改数据类型。数组 DB 始终启用优化块访问属性，不能进行标准访问，并且为非保持型属性，不能修改为保持属性。

数组 DB 在 S7-1200/1500 PLC 中较为常用，以下的例子是用数据块创建数组。

【例 5-9】 用数据块创建一个数组 ary[0..5]，数组中包含 6 个整数，并编写程序把模拟量通道 IW752:P 采集的数据保存到数组的第 3 个整数中。

解：① 新建项目“块应用（数组）”，进行硬件组态，并创建共享数组块 DB1，双击“DB1”打开数据块“DB1”。

② 在 DB1 中创建数组。数组名称 ary，数组为 Array[0..5]，表示数组中有 6 个元素，INT 表示数组的数据为整数，如图 5-33 所示，保存创建的数组。

③ 在 Main[OB1] 中编写梯形图程序，如图 5-34 所示。

图 5-33 创建数组

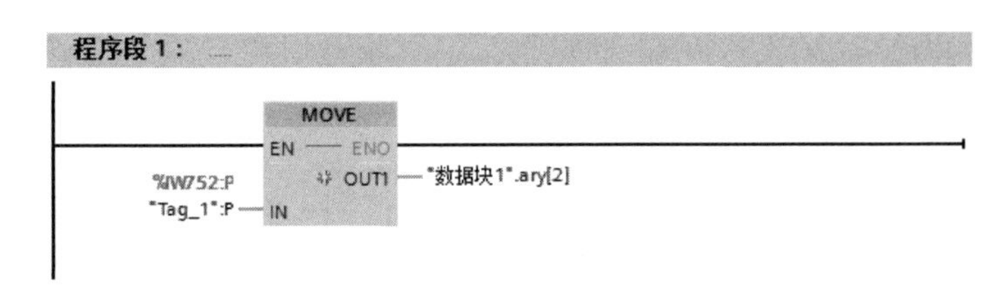

图 5-34 例 5-8 Main[OB1] 中的梯形图

注意：

① 数据块在工程中极为常用，是学习的重难点，初学者往往重视不够。特别是在 PLC 与上位机（HMI、DCS 等）通信时经常用到数据块。

② 优化访问的数据块没有具体地址，因而只能采用符号寻址。非优化访问的数据块有具体地址。

③ 数据块创建完成后，不要忘记随手编译，否则后续使用时，可能会出现“?”（如图 5-35 所示）或者错误（如图 5-36 所示）。

图 5-35 数据块未编译（1）

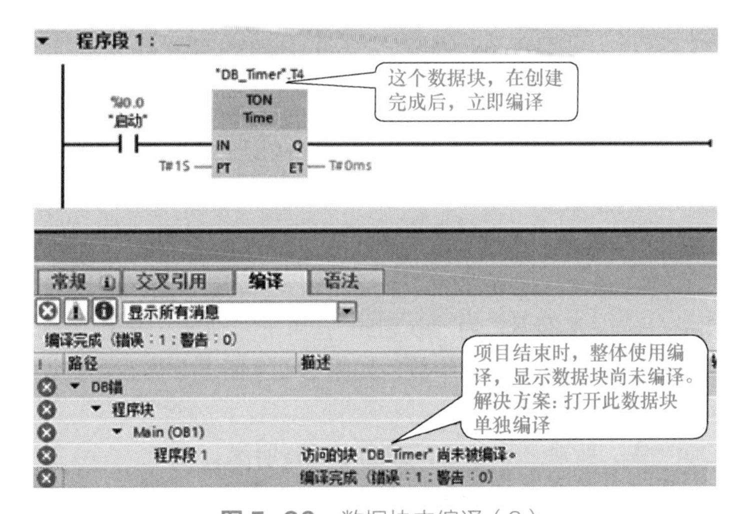

图 5-36 数据块未编译（2）

5.2.2 函数块（FB）及其应用

函数块（FB）及其应用

（1）函数块（FB）的简介

函数块（FB）属于编程者自己编程的块。函数块是一种“带内存”的块。分配数据块作为其内存（背景数据块）。传送到 FB 的参数和静态变量保存在实例 DB 中。临时局部数据则保存在本地数据堆栈中。执行完 FB 时，不会丢失 DB 中保存的数据。但执行完 FB 时，会丢失保存在本地数据堆栈中的数据。

（2）函数块（FB）的应用

以下用一个例题来说明函数块的应用。

【例 5-10】 用函数块 FB 实现软启动器的启停控制。其电气原理图如图 5-37 所示，启动的前 8s 使用软启动器，之后软启动器从主回路移除，全压运行。注意停止按钮接常闭触点。

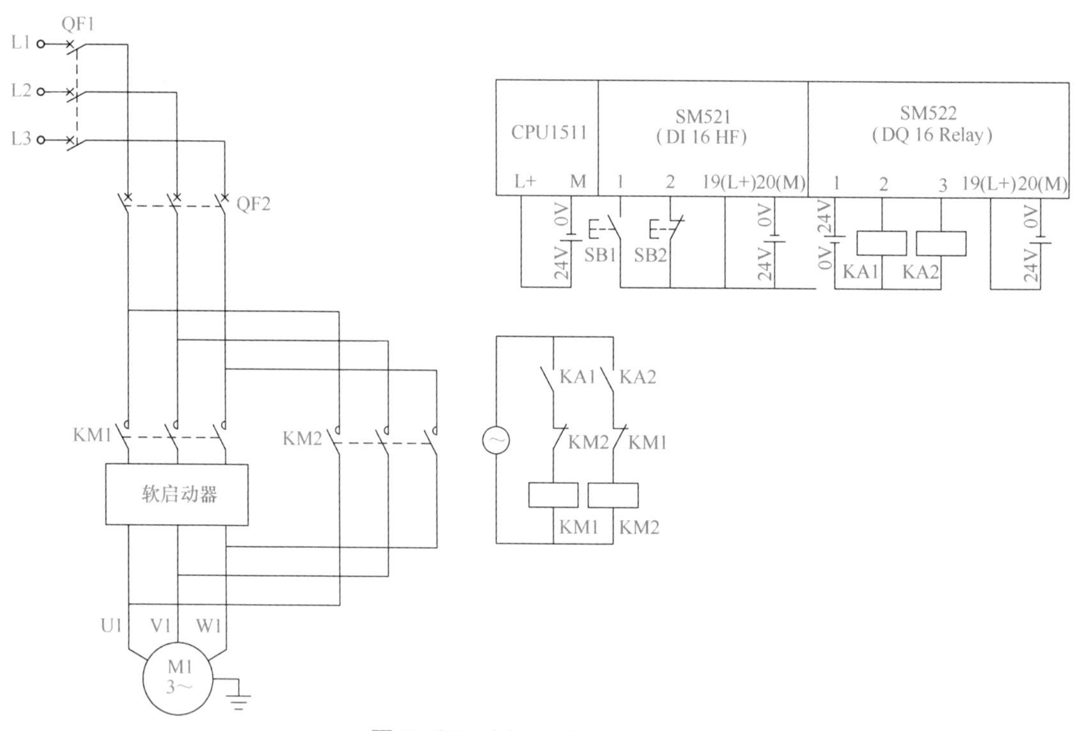

图 5-37 例 5-10 电气原理图

解：启动器的项目创建如下。

① 新建一个项目，本例为“软启动”，在项目视图的项目树中，选中并单击“新添加的设备”（本例为 PLC_1）→“程序块”→“添加新块”，弹出界面“添加新块”，如图 5-38 所示。选中“函数块 FB”→本例命名为“软启动”，单击“确定”按钮。

② 在接口“Input”中，新建 2 个参数，如图 5-39 所示，注意参数的类型。注释内容可以空缺，注释的内容支持汉字字符。

在接口“InOut”中，新建 2 个参数，如图 5-39 所示。

在接口“Static”中，新建 2 个静态局部数据，如图 5-39 所示，注意参数的类型，同时注意初始值不能为 0，否则没有延时效果。

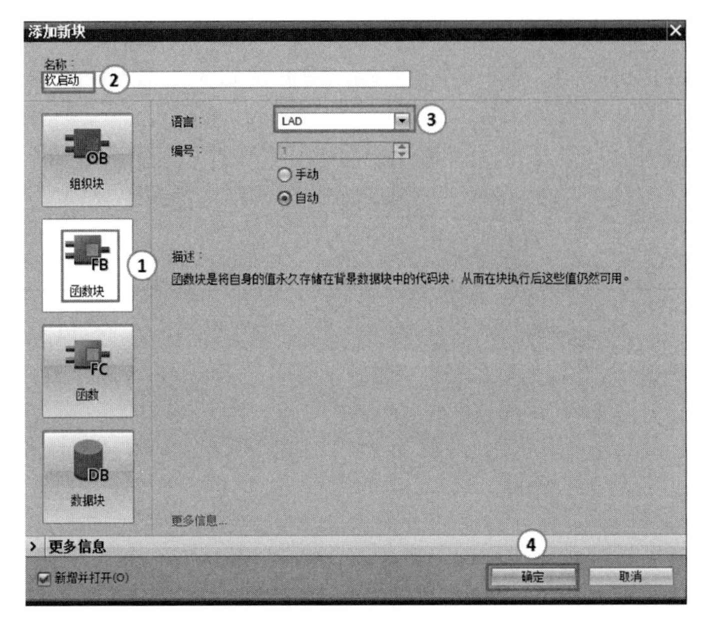

图 5-38 创建"FB1"（例 5-10）

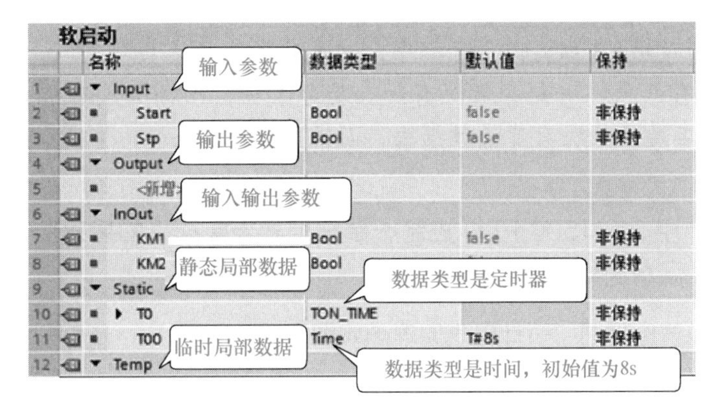

软启动

	名称	数据类型	默认值	保持
1	▼ Input			
2	Start	Bool	false	非保持
3	Stp	Bool	false	非保持
4	▼ Output			
5	<新增			
6	▼ InOut			
7	KM1	Bool	false	非保持
8	KM2	Bool		非保持
9	▼ Static			
10	▶ T0	TON_TIME		非保持
11	T00	Time	T#8s	非保持
12	▼ Temp			

图 5-39 在接口中，新建参数（例 5-10）

③ 在 FB1 的程序编辑区编写程序，梯形图如图 5-40 所示。

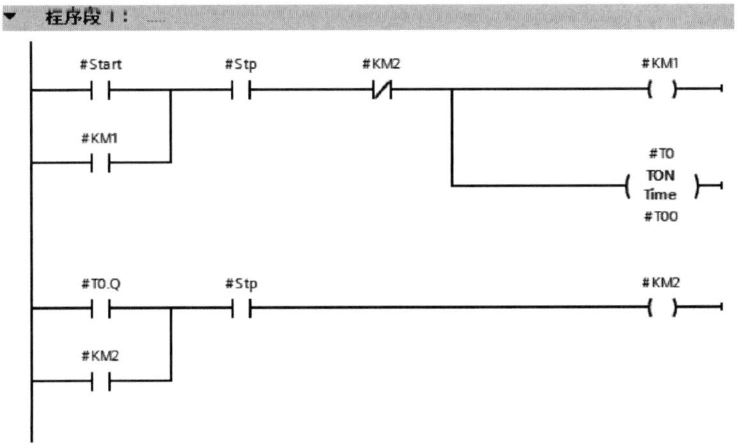

图 5-40 FB1 中的梯形图（例 5-10）

④ 在项目视图的项目树中，双击“Main[OB1]”，打开主程序块“Main[OB1]”，将函数块“FB1”拖拽到程序段 1，在 FB1 上方输入数据块 DB1，梯形图如图 5-41 所示。

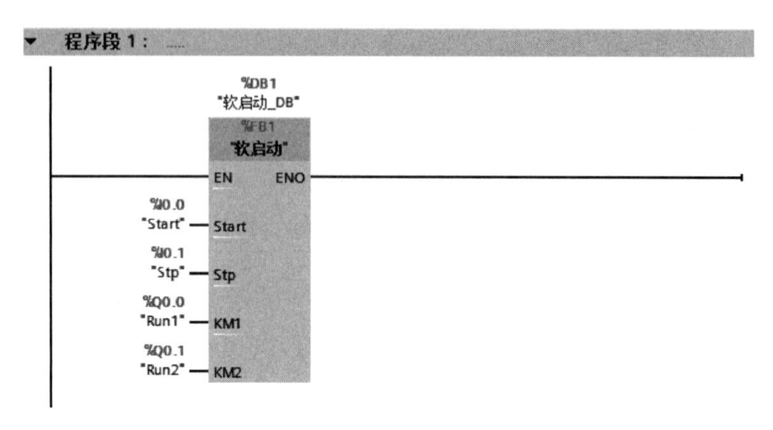

图 5-41　主程序块中的梯形图（例 5-10）

小结

函数 FC 和函数块 FB 都类似于子程序，这是其最明显的共同点。两者主要的区别有两点：一是函数块有静态局部数据，而函数没有静态局部数据；二是函数块有背景数据块，而函数没有。

三相异步电动机星－三角启动控制——用 FB 实现

【例 5-11】用 S7-1500 PLC 控制一台三相异步电动机的星三角启动。要求使用函数块和多重实例背景。

解：①设计电气原理图　设计电气原理图如图 5-42 所示。

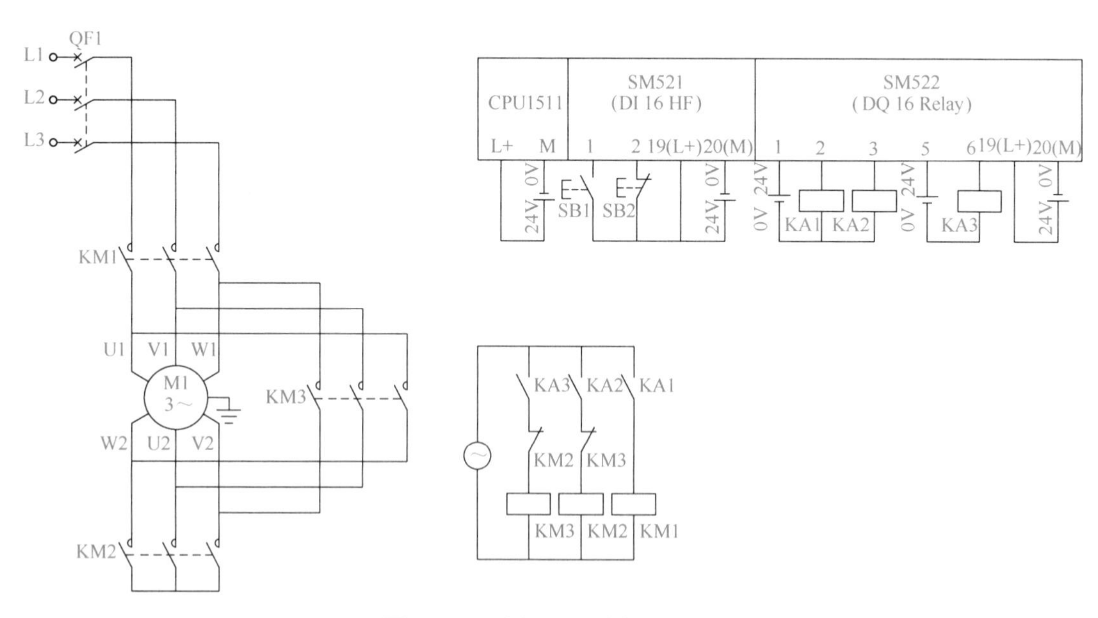

图 5-42　例 5-11 电气原理图

② 编写控制程序　星三角启动的项目创建如下。

a. 新建一个项目，在项目视图的项目树中，选中并单击“新添加的设备”（本例为 PLC_1）→“程序块”→“添加新块”，弹出界面“添加新块”，如图 5-43 所示。选中“函数块 FB”→本例命名为“星三角启动”，单击“确定”按钮。

图 5-43　创建“FB1”（例 5-11）

b. 在接口“Input”中，新建 2 个参数，如图 5-44 所示，注意参数的类型。注释内容可以空缺，注释的内容支持汉字字符。

在接口“Output”中，新建 2 个参数；在接口“InOut”中，新建 1 个参数；在接口“Static”中，新建 4 个静态局部数据，如图 5-44 所示。

FB1

	名称	数据类型	默认值	保持
1	▼ Input			
2	START	Bool	false	非保持
3	STOP1	Bool	false	非保持
4	▼ Output			
5	KM2	Bool	false	非保持
6	KM3	Bool	false	非保持
7	▼ InOut			
8	KM1	Bool		非保持
9	▼ Static			
10	T00_1	Time	T#2s	非保持
11	T01_1	Time	T#2s	非保持
12	▸ T00	TON_TIME		非保持
13	▸ T01	TON_TIME		非保持

输入参数
输出参数
输入输出参数
静态局部数据
时间数据类型，要定时初值
定时器数据类型

图 5-44　在接口中，新建参数（例 5-11）

c. 在 FB1 的程序编辑区编写程序，梯形图如图 5-45 所示。由于图 5-42 中 SB2 接常闭触点，所以梯形图中 #STOP1 为常开触点，必须要对应。

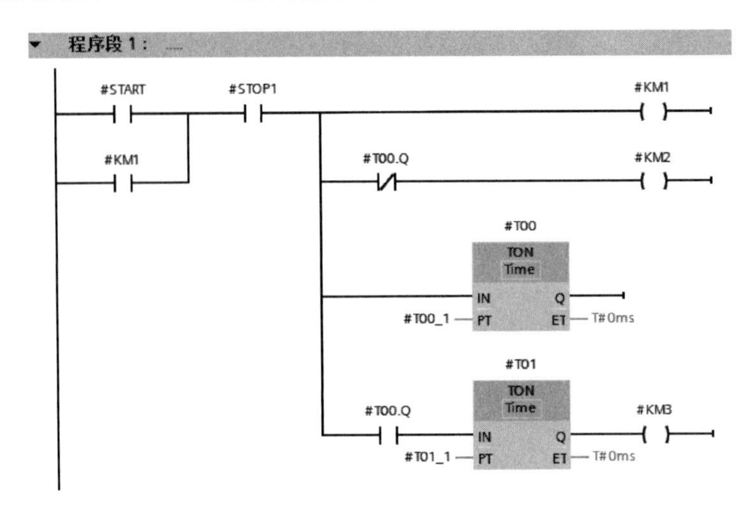

图 5-45　FB1 中的梯形图（例 5-11）

d. 在项目视图的项目树中，双击“Main[OB1]”，打开主程序块“Main[OB1]”，将函数块“FB1”拖拽到程序段 1，在 FB1 上方输入数据块 DB1，梯形图如图 5-46 所示。将整个项目下载到 PLC 中，即可实现电动机星三角启动控制。

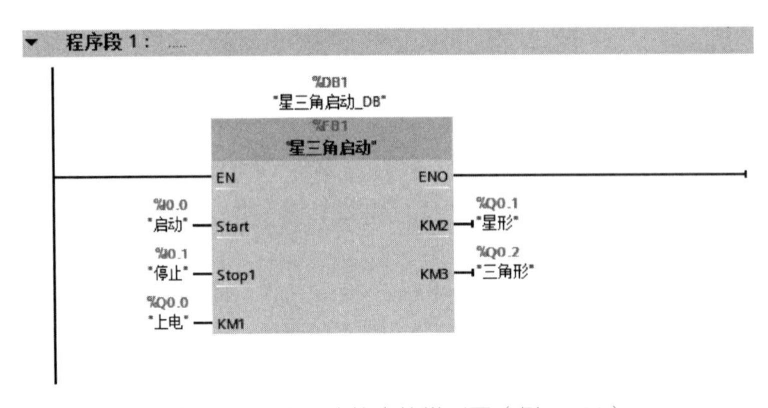

图 5-46　主程序块中的梯形图（例 5-11）

注意：

① 在图 5-44 中，要注意参数的类型，同时注意初始值不能为 0，否则没有星三角启动效果。

② 将定时器（T00 和 T01）作为静态局部数据的好处是本例减少了两个定时器的背景数据块。所以如果函数块中用到定时器，可以将定时器作为静态局部数据，这样处理可以减少定时器的背景数据块的使用，使程序更加简洁。

5.2.3　PLC 定义数据类型（UDT）及其应用

PLC 定义数据类型是难点，对于初学者更是如此。虽然在前面章节已经提到了 PLC 定义数据类型，但由于前述章节的部分知识点所限，前面章节没有讲解应用。以下用一个例子介绍 PLC 定义数据类型的应用，以便帮助读者进一步理解 PLC 定义数据类型。

【例 5-12】 有 10 台电动机，要对其进行启停控制，而且还要采集其温度信号，请设计此控制系统，并编写控制程序（要求使用 PLC 定义数据类型）。

解：解题思路：每台电动机都有启动、停止、电动机和温度 4 个参数，因此需要创建 40 个参数。这是一种方案。但更简单的方案是：先创建启动、停止、电动机和温度 4 个参数，再把这 4 个参数作为一个自定义的数据类型，每台电动机都可以引用新创建的“自定义”的数据类型，而不必新建 40 个参数，这种方案更加简便。PLC 定义数据类型在工程中，较为常用。

① 首先新建一个项目，命名为“UDT”，并创建数据块“DB1”和 PLC 定义数据“UDT1”，如图 5-47 所示。

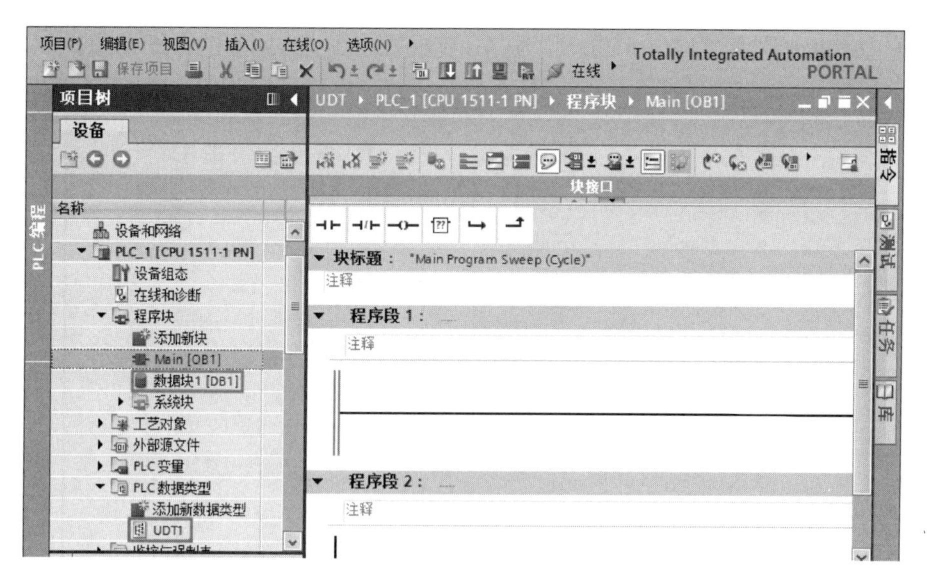

图 5-47　新建项目“UDT”，创建“DB1”和“UDT1”

② 打开 PLC 定义数据“UDT1”，新建结构，将其名称命名为“Motor”，如图 5-48 所示，共有 4 个参数，这个新自定义的数据类型，可以在程序中使用。

UDT1

	名称	数据类型	默认值	可从 H...
1	▼ Motor	Struct		☑
2	Speed	Real	0.0	☑
3	Start	Bool	false	☑
4	Temp	Int	0	☑
5	Stop1	Bool	false	☑

图 5-48　设置 UDT1 中的参数

③ 将数据块命名为“数据块 1”。再打开 DB1，如图 5-49 所示，创建参数“Motor1”，其数据类型为 UDT 的数据类型“UDT1”。

数据块1

	名称	数据类型	启动值	保持性	可...
1	▼ Static				
2	▶ Motor1	"UDT1"			
3	▶ Motor2	"UDT1"			
4	▶ Motor3	"UDT1"			
5	▶ Motor4	"UDT1"			
6	▶ Motor5	"UDT1"			
7	▶ Motor6	"UDT1"			
8	▶ Motor7	"UDT1"			
9	▶ Motor8	"UDT1"			
10	▶ Motor9	"UDT1"			
11	▶ Motor10	"UDT1"			

图 5-49 设置 DB1 中的参数（声明视图）

展开“Motor1”和“Motor2”，图 5-49 变成如图 5-50 所示的详细视图。

数据块1

	名称	数据类型	启动值	保持性	...
1	▼ Static				
2	▼ Motor1	"UDT1"			
3	▼ Motor	Struct			
4	Speed	Real	0.0		
5	Start	Bool	false		
6	Temp	Int	0		
7	Stop1	Bool	false		
8	▼ Motor2	"UDT1"			
9	▼ Motor	Struct			
10	Speed	Real	0.0		
11	Start	Bool	false		
12	Temp	Int	0		
13	Stop1	Bool	false		
14	▶ Motor3	"UDT1"			

图 5-50 设置 DB1 中的参数（数据视图，部分）

④ 编写如图 5-51 所示的梯形图程序，梯形图中用到了 PLC 定义数据类型。

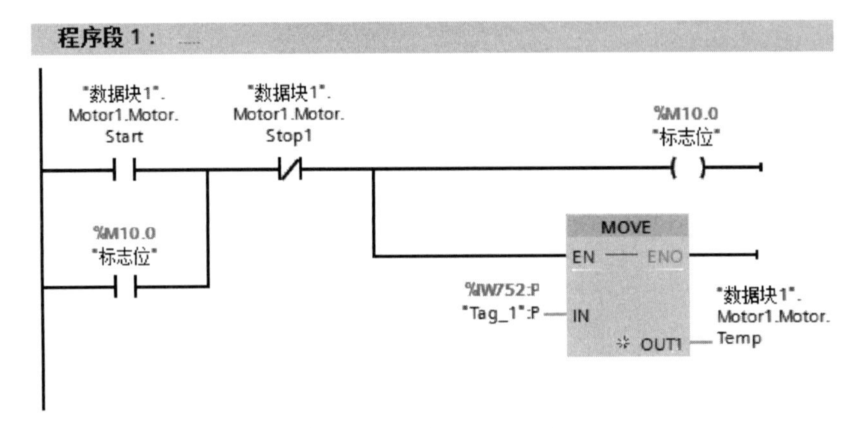

图 5-51 例 5-12 梯形图

5.3 多重背景

5.3.1 多重背景的简介

（1）多重背景的概念

当程序中有多个函数块时，如每个函数块对应一个背景数据块，程序中需要较多的背景数据块，这样在项目中就出现了大量的背景数据“碎片”，影响程序的执行效率。使用多重背景，可以将几个函数块，共用一个背景数据块，这样可以减少数据块的个数，提高程序的执行效率。

图 5-52 所示是一个多重背景结构的实例。FB1 和 FB2 共用一个背景数据块 DB10，但增加了一个函数块 FB10 来调用作为“局部背景”的 FB1 和 FB2，而 FB1 和 FB2 的背景数据存放在 FB10 的背景数据块 DB10 中，如不使用多重背景，则需要 2 个背景数据块，使用多重背景后，则只需要 1 个背景数据块了。

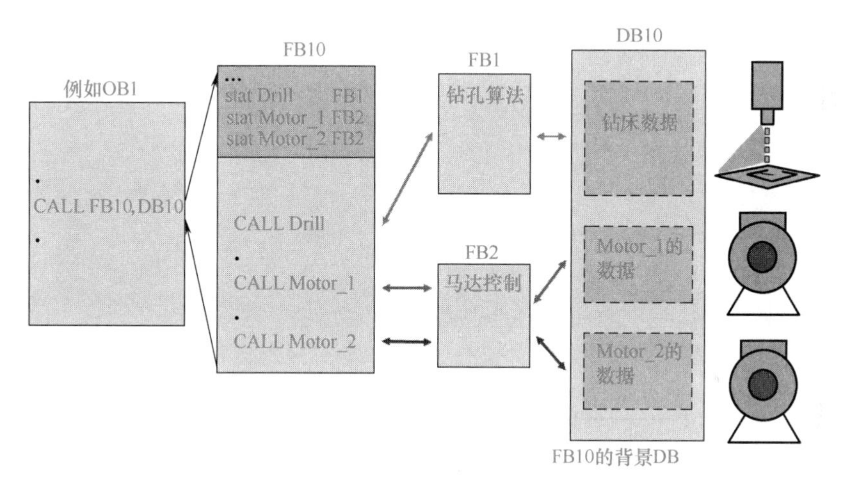

图 5-52　多重背景的结构

（2）多重背景的优点

① 多个实例只需要一个 DB。

② 在为各个实例创建“私有”数据区时，无需任何额外的管理工作。

③ 多重背景模型使得“面向对象的编程风格”成为可能（通过“集合”的方式实现可重用性）。

5.3.2 多重背景的应用

以下用 2 个例子介绍多重背景的应用。

【例 5-13】 使用多重背景实现功能：电动机的启停控制和水位 A/D 转换数值高于 3000 时，报警输出。

解：① 新建项目和 3 个空的函数块如图 5-53 所示，双击并打开 FB1，并在 FB1 中创建启停控制功能的程序，如图 5-54 所示。

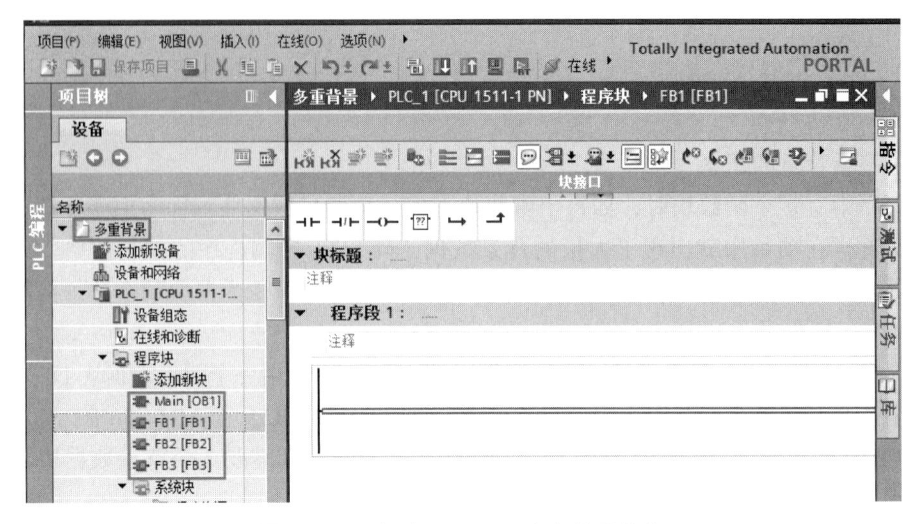

图 5-53　新建项目和 3 个空的函数块

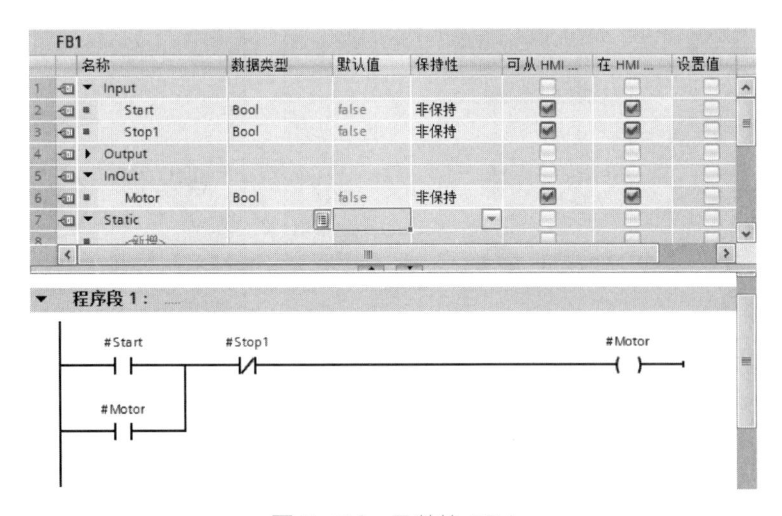

图 5-54　函数块 FB1

② 双击打开函数块 FB2，如图 5-55 所示，FB2 能实现当输入超过 3000 时报警的功能。

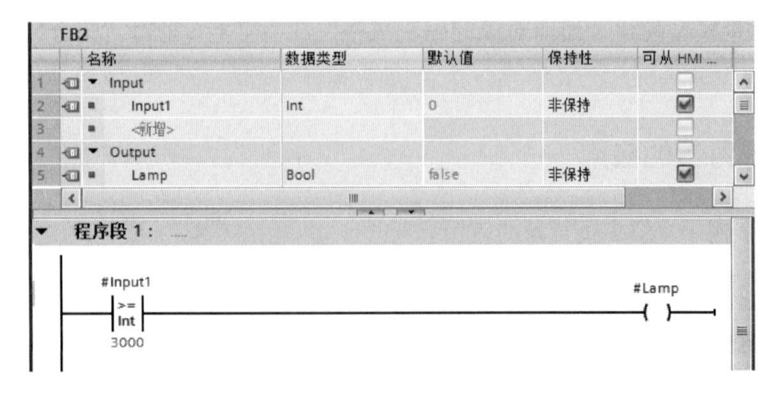

图 5-55　函数块 FB2

③ 双击打开函数块 FB3，如图 5-56 所示，再展开静态变量“Static”，并创建两个静态变量，静态变量“Qiting”的数据类型为“FB1”，静态变量“Baojing”的数据类型为“FB2”。FB3 中的梯形图如图 5-57 所示。

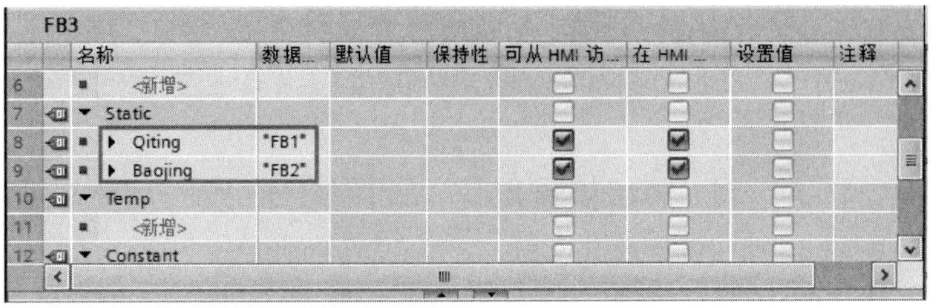

FB3

	名称	数据...	默认值	保持性	可从 HMI 访...	在 HMI ...	设置值	注释
6	<新增>				☐	☐	☐	
7	▼ Static				☐	☐	☐	
8	▶ Qiting	"FB1"			☑	☑	☐	
9	▶ Baojing	"FB2"			☑	☑	☐	
10	▼ Temp				☐	☐	☐	
11	<新增>				☐	☐	☐	
12	▼ Constant				☐	☐	☐	

图 5-56　函数块 FB3

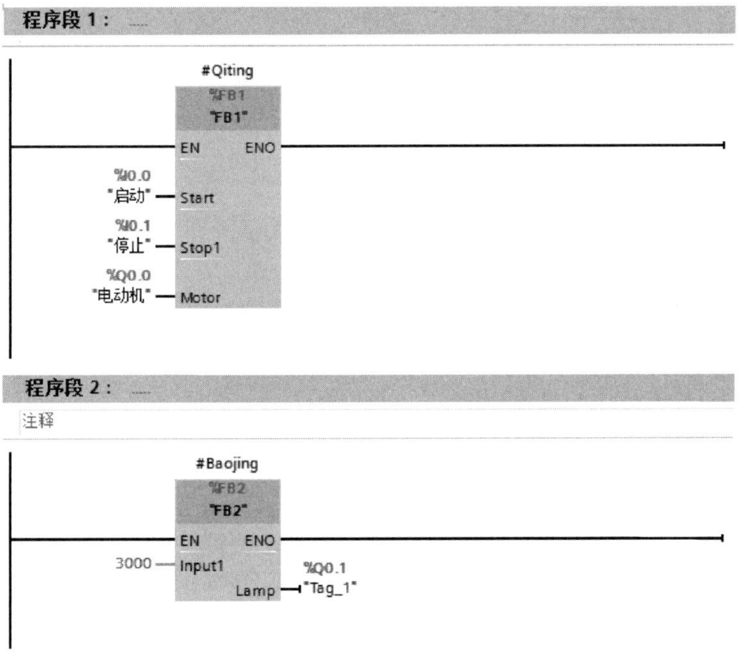

程序段 1：......

#Qiting
%FB1
"FB1"
EN　ENO
%I0.0 "启动" — Start
%I0.1 "停止" — Stop1
%Q0.0 "电动机" — Motor

程序段 2：......

注释

#Baojing
%FB2
"FB2"
EN　ENO
3000 — Input1
Lamp — %Q0.1 "Tag_1"

图 5-57　函数块 FB3 中的梯形图（例 5-13）

④ 双击打开组织块 Main[OB1]，Main[OB1] 中的梯形图如图 5-58 所示。

程序段 1：......

%DB1
"FB3_DB"
%FB3
"FB3"
EN　ENO

图 5-58　Main[OB1] 中的梯形图（例 5-13）

当 PLC 的定时器不够用时，可用 IEC 定时器，而 IEC 定时器（如 TON）虽然可以多次调用，但如多次调用则需要消耗较多的数据块，而使用多重背景则可减少 DB 的使用数量。

【例 5-14】 编写程序实现，当 I0.0 闭合 2s 后，Q0.0 线圈得电，当 I0.1 闭合 2s 后，Q0.1 线圈得电，要求用 TON 定时器。

解：为节省 DB，可使用多重背景，步骤如下。

① 新建项目和 2 个空的函数块 FB1 和 FB2，双击并打开 FB1，并在输入参数“Input”中创建“START”和“TT”，如图 5-59 所示。再在 FB1 中编写如图 5-60 所示的梯形图程序。

在拖拽指令“TON”时，弹出如图 5-61 所示的界面，选中“多重背景”和“IEC_Timer_0_Instance”选项，最后单击“确定”按钮。

图 5-59　新建函数块 FB1 的参数

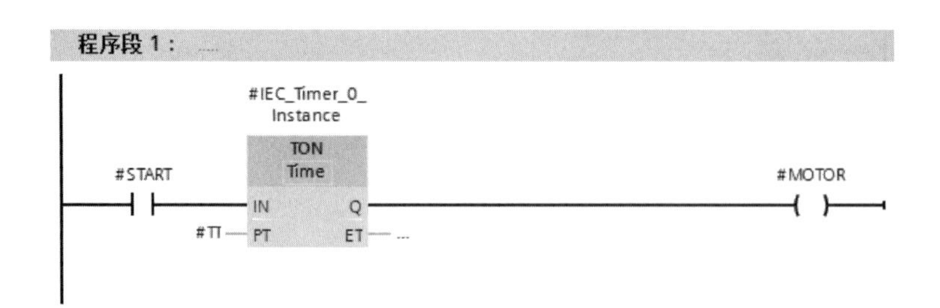

图 5-60　例 5-14 FB1 中的梯形图

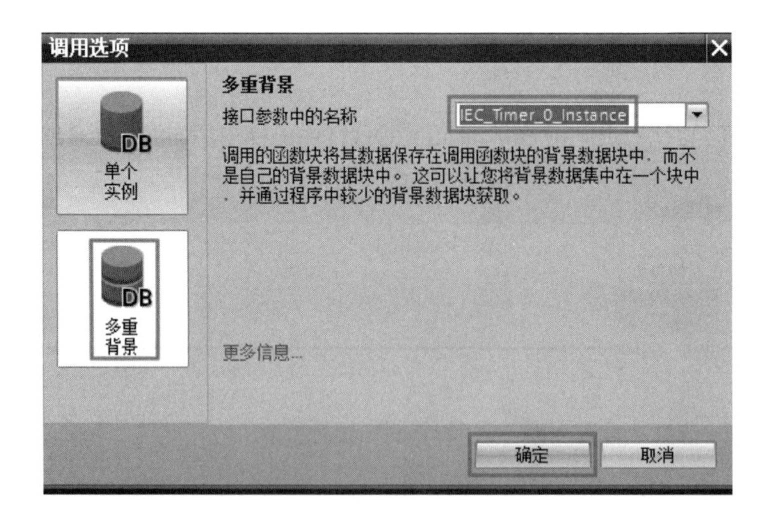

图 5-61　调用块选项

② 双击打开“FB2”，新建函数块 FB2 的参数，在静态变量 Static 中，创建 TON1 和 TON2，其数据类型是“FB1”，如图 5-62 所示。

FB2 中的梯形图如图 5-63 所示。将 FB1 拖拽到程序编辑器中的程序段 1 时，弹出如图 5-64 所示的界面，选中“多重背景”和“TON1”选项，最后单击“确定”按钮。将 FB1 拖拽到程序编辑器中的程序段 2 时，弹出如图 5-65 所示的界面，选中“多重背景”和“TON2”选项，最后单击“确定”按钮。

FB2

	名称	数据类型	默认值	保持性	可从 HMI ...	在 HMI ...	设置值	注释
4	▼ Static				☐	☐	☐	
5	▸ TON1	"FB1"			☑	☑	☐	
6	▸ TON2	"FB1"			☑	☑	☐	

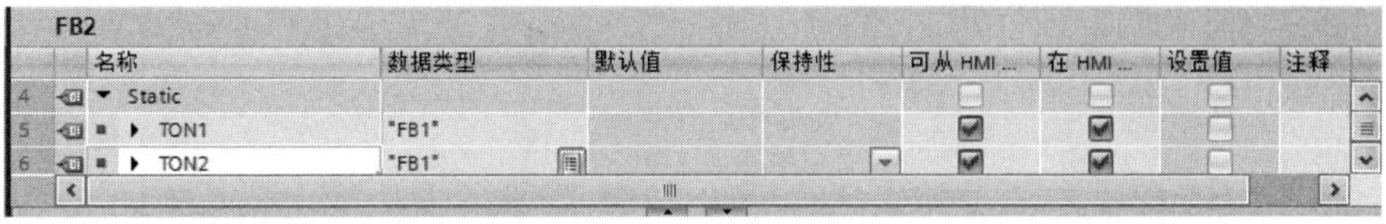

图 5-62　新建函数块 FB2 的参数

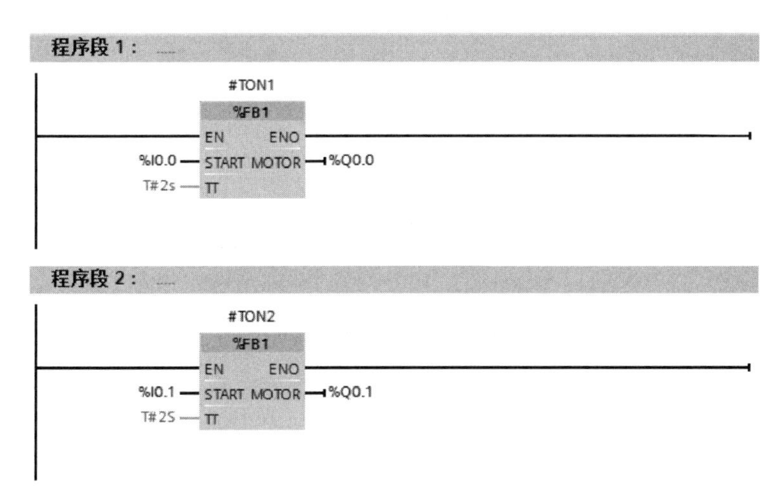

图 5-63　例 5-14 FB2 中的梯形图

图 5-64　调用块选项（1）

③ 在 Main[OB1] 中，编写如图 5-66 所示的梯形图程序。

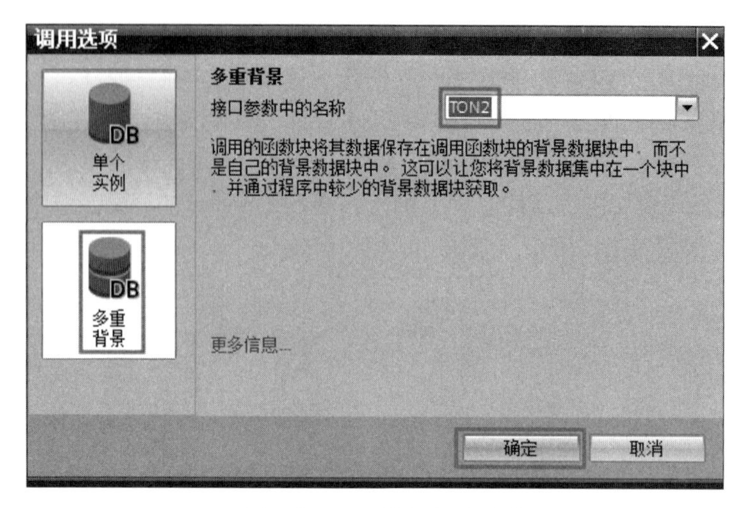

图 5-65　调用块选项（2）

程序段 1：......

%DB1
"FB2_DB"
%FB2
"FB2"
EN　ENO

图 5-66　例 5-14 Main[OB1] 中的梯形图

第 6 章 西门子 S7-1500 PLC 的编程方法与调试

本章介绍功能图的画法、梯形图的禁忌以及如何根据功能图用基本指令、功能指令和复位置位指令编写顺序控制梯形图程序。另一个重要的内容是程序的调试方法。

6.1 功能图

功能图的设计方法

6.1.1 功能图的设计方法

功能图（SFC）是描述控制系统的控制过程、功能和特征的一种图解表示方法。它具有简单、直观等特点，不涉及控制功能的具体技术，是一种通用的语言，是 IEC（国际电工委员会）首选的编程语言，近年来在 PLC 的编程中已经得到了普及与推广。在 IEC 60848 中称顺序功能图，在我国国家标准 GB/T 6988—2008 中称功能表图。

顺序功能图是设计 PLC 顺序控制程序的一种工具，适合于系统规模较大，程序关系较复杂的场合，特别适合于对顺序操作的控制。在编写复杂的顺序控制程序时，采用 Graph 比梯形图更加直观。

功能图的基本思想是：设计者按照生产要求，将被控设备的一个工作周期划分成若干个工作阶段（简称“步”），并明确表示每一步要执行的输出，“步”与“步”之间通过制定的条件进行转换，在程序中，只要通过正确连接进行“步”与“步”之间的转换，就可以完成被控设备的全部动作。

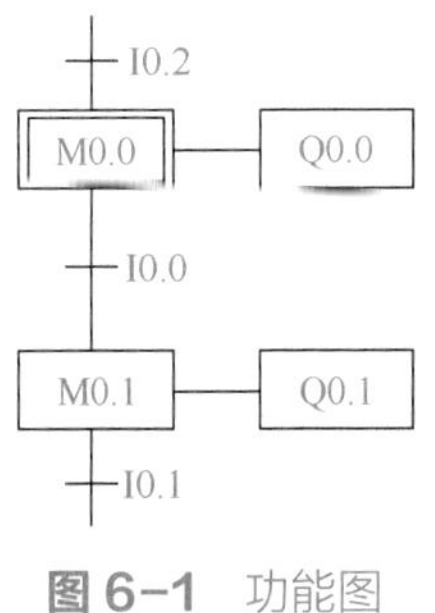

图 6-1 功能图

PLC 执行功能图程序的基本过程是：根据转换条件选择工作“步”，进行“步”的逻辑处理。组成功能图程序的基本要素是步、转换条件和有向连线，如图 6-1 所示。

（1）步

一个顺序控制过程可分为若干个阶段，也称为步或状态。系统初始状态对应的步称为初始步，初始步一般用双线框表示。在每一步中施控系统要发出某些“命令”，而被控系统要完成某些“动作”，“命令”和“动作”都称为动作。当系统处于某一工作阶段时，则该步处于激活状态，称为活动步。

（2）转换条件

使系统由当前步进入下一步的信号称为转换条件。顺序控制设计法用转换条件控制代表各步的编程元件，让它们的状态按一定的顺序变化，然后用代表各步的编程元件去控制输出。不同状态的转换条件可以不同，也可以相同。当转换条件各不相同时，在功能图程序中每次只能选择其中一种工作状态（称为“选择分支”），当转换条件都相同时，在功能图程序中每次可以选择多个工作状态（称为“选择并行分支”）。只有满足条件状态，才能进行逻辑处理与输出。因此，转换条件是功能图程序选择工作状态（步）的“开关”。

（3）有向连线

步与步之间的连接线称为有向连线，有向连线决定了状态的转换方向与转换途径。在有向连线上有短线，表示转换条件。当条件满足时，转换得以实现，即上一步的动作结束而下一步的动作开始，因而不会出现动作重叠。步与步之间必须要有转换条件。

图 6-1 中的双框为初始步，M0.0 和 M0.1 是步名，I0.0、I0.1 为转换条件，Q0.0、Q0.1 为动作。当 M0.0 有效时，输出指令驱动 Q0.0。步与步之间的连线为有向连线，它的箭头省略未画。

（4）功能图的结构分类

根据步与步之间的进展情况，功能图分为以下几种结构。

1）单一顺序　单一顺序动作是一个接一个地完成，完成每步只连接一个转移，每个转移只连接一个步。以下用“启保停电路”来讲解功能图和梯形图的对应关系。

为了便于将顺序功能图转换为梯形图，采用代表各步的编程元件的地址（比如 M0.2）作为步的代号，并用编程元件的地址来标注转换条件和各步的动作和命令，当某步对应的编程元件置 1，代表该步处于活动状态。

① 启保停电路对应的布尔代数式　标准的启保停梯形图如图 6-2 所示，图中 I0.0 为 M0.2 的启动条件，当 I0.0 置 1 时，M0.2 得电；I0.1 为 M0.2 的停止条件，当 I0.1 置 1 时，M0.2 断电；M0.2 的辅助触点为 M0.2 的保持条件。该梯形图对应的布尔代数式为：

$$M0.2=(I0.0+M0.2)\cdot\overline{I0.1}$$

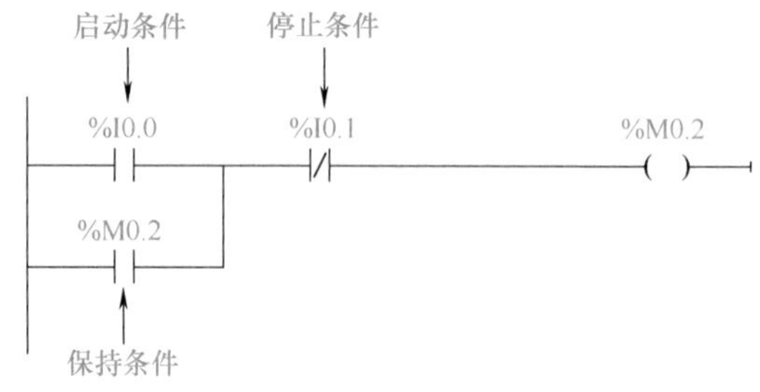

图 6-2　标准的启保停梯形图

② 顺序控制功能图储存位对应的布尔代数式　如图 6-3（a）所示的功能图，M0.1 转换为活动步的条件是 M0.1 步的前一步是活动步，相应的转换条件（I0.0）得到满足，即 M0.1 的启动条件为 M0.0 • I0.0。当 M0.2 转换为活动步后，M0.1 转换为不活动步，因此，M0.2 可以看成 M0.1 的停止条件。由于大部分转换条件都是瞬时信号，即信号持续的时间比它激活的后续步的时间短，因此应当使用有记忆功能的电路控制代表步的储存位。在这种情况下，启动条件、停止条件和保持条件全部具备，就可以采用“启保停”方法设计顺序功能图的布尔代数式和梯形图。顺序控制功能图中储存位对应的布尔代数式如图 6-3（b）所示，参照图 6-2 所示的标准启保停梯形图，就可以轻松地将图 6-3 所示的顺序功能图转换为图 6-4 所示的梯形图。图 6-3 和图 6-4 所示的功能图和梯形图是一一对应的。

2）选择顺序　选择顺序是指某一步后有若干个单一顺序等待选择，称为分支。一般只允许选择进入一个顺序，转换条件只能标在水平线之下。选择顺序的结束称为合并，用一条水平线表示，水平线以下不允许有转换条件，如图 6-5 所示。

I0.2
M0.0
I0.0
M0.1
Q0.0，Q0.2
I0.1
M0.2
Q0.1，DB1.Q
DB1.Q
M0.0=(I0.2+M0.2·DB1.Q+M0.0)·$\overline{\text{M0.1}}$
停止条件
M0.1=(M0.0·I0.0+M0.1)·$\overline{\text{M0.2}}$
启动条件 保持条件
M0.2=(M0.1·I0.1+M0.2)·$\overline{\text{M0.0}}$

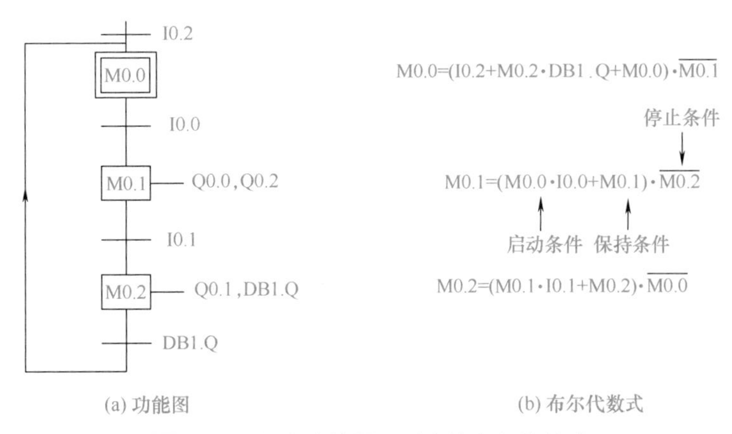

(a) 功能图　　(b) 布尔代数式

图 6-3　顺序功能图和对应的布尔代数式

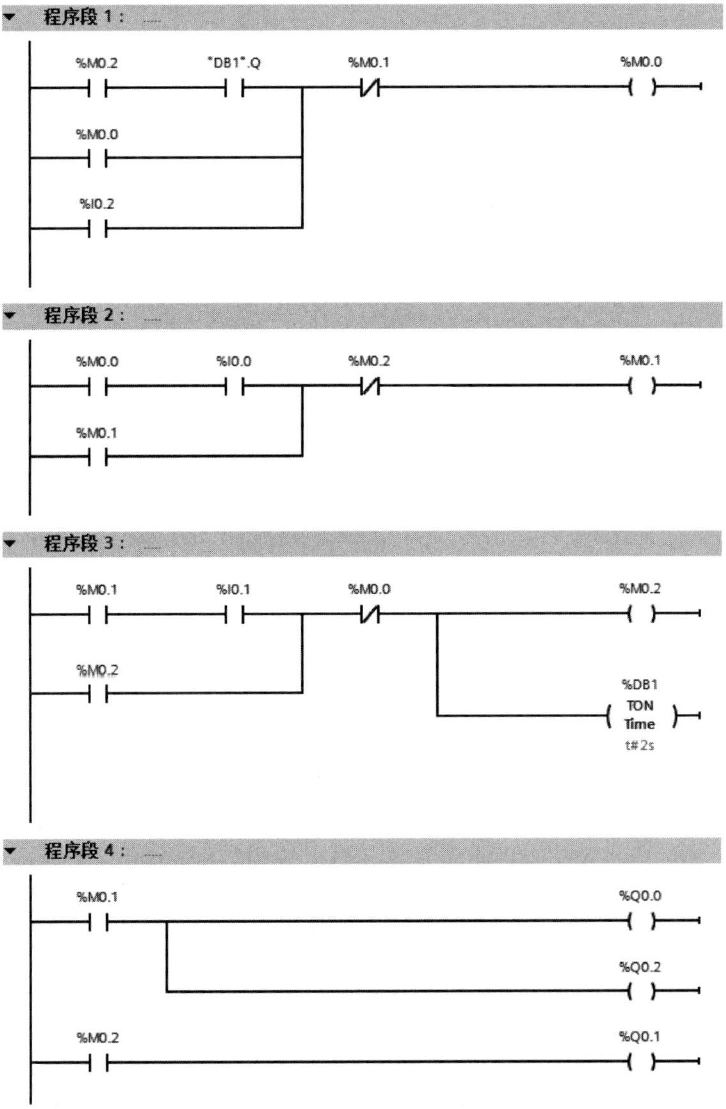

程序段 1：……
%M0.2
"DB1".Q
%M0.1
%M0.0
%M0.0
%I0.2
程序段 2：……
%M0.0
%I0.0
%M0.2
%M0.1
%M0.1
程序段 3：……
%M0.1
%I0.1
%M0.0
%M0.2
%M0.2
%DB1
TON
Time
t#2s
程序段 4：……
%M0.1
%Q0.0
%Q0.2
%M0.2
%Q0.1

图 6-4　顺序功能图对应的梯形图

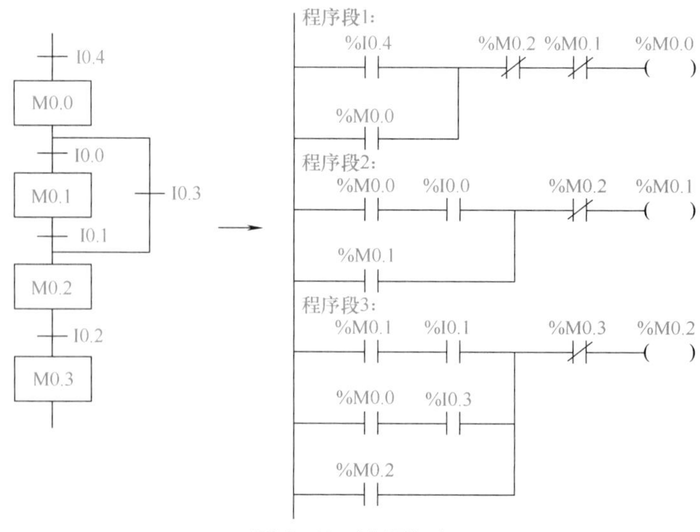

图 6-5 选择顺序

3）并行顺序　并行顺序是指在某一转换条件下同时启动若干个顺序，也就是说转换条件实现导致几个分支同时激活。并行顺序的开始和结束都用双水平线表示，如图 6-6 所示。

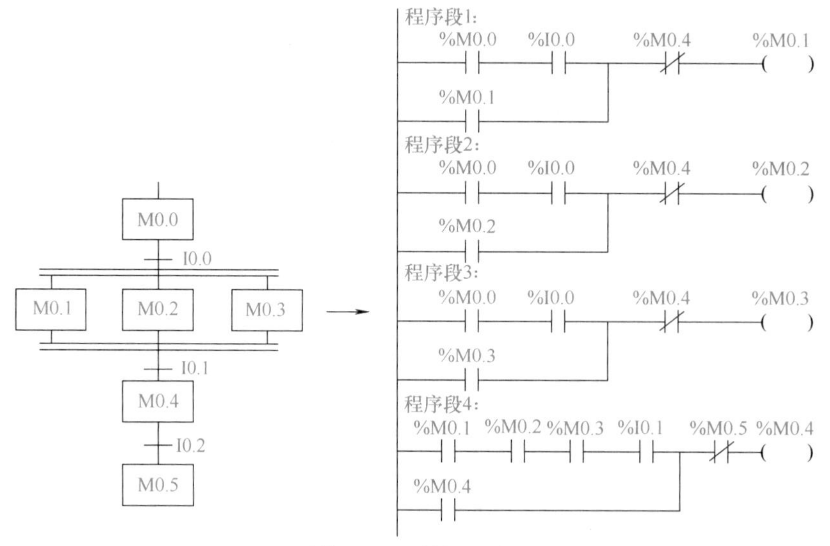

图 6-6 并行顺序

4）选择序列和并行序列的综合　如图 6-7 所示，步 M0.0 之后有一个选择序列的分支，设 M0.0 为活动步，当它的后续步 M0.1 或 M0.2 变为活动步时，M0.0 变为不活动步，即 M0.0 为 0 状态，所以应将 M0.1 和 M0.2 的常闭触点与 M0.0 的线圈串联。

步 M0.2 之前有一个选择序列合并，当步 M0.1 为活动步（即 M0.1 为 1 状态），并且转换条件 I0.1 满足，或者步 M0.0 为活动步，并且转换条件 I0.2 满足，步 M0.2 变为活动步，所以该步的存储器 M0.2 的启保停电路的启动条件为 M0.1 • I0.1+M0.0 • I0.2，对应的启动电路由两条并联支路组成。

步 M0.2 之后有一个并行序列分支，当步 M0.2 是活动步并且转换条件 I0.3 满足时，步 M0.3 和步 M0.5 同时变成活动步，这时用 M0.2 和 I0.3 常开触点组成的串联电路，分别作为 M0.3 和 M0.5 的启动电路来实现，与此同时，步 M0.2 变为不活动步。

步 M0.0 之前有一个并行序列的合并，该转换实现的条件是所有的前级步（即 M0.4 和 M0.6）都是活动步和转换条件 I0.6 满足。由此可知，应将 M0.4、M0.6 和 I0.6 的常开触点串联，作为控制 M0.0 的启保停电路的启动电路。图 6-7 所示的功能图对应的梯形图如图 6-8 所示。

（5）功能图设计的注意点

① 状态之间要有转换条件。如图 6-9 所示，状态之间缺少转换条件是不正确的，应改成图 6-10 所示的功能图。必要时转换条件可以简化，如将图 6-11 简化成图 6-12。

② 转换条件之间不能有分支。例如，图 6-13 应该改成图 6-14 所示的合并后的功能图，合并转换条件。

③ 顺序功能图中的初始步对应于系统等待启动的初始状态，初始步是必不可少的。

④ 顺序功能图中一般应有由步和有向连线组成的闭环。

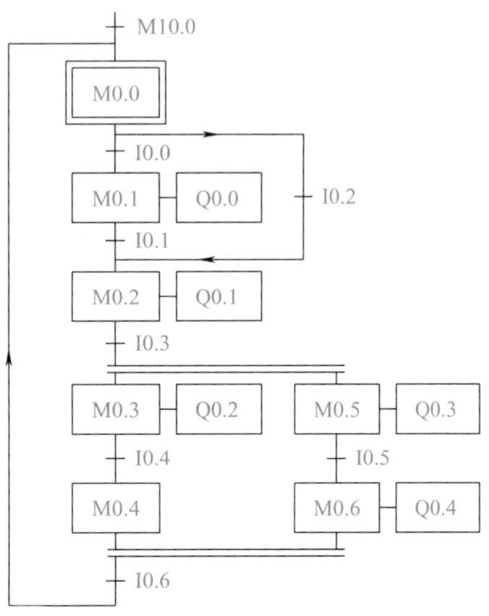

图 6-7　选择序列和并行序列功能图

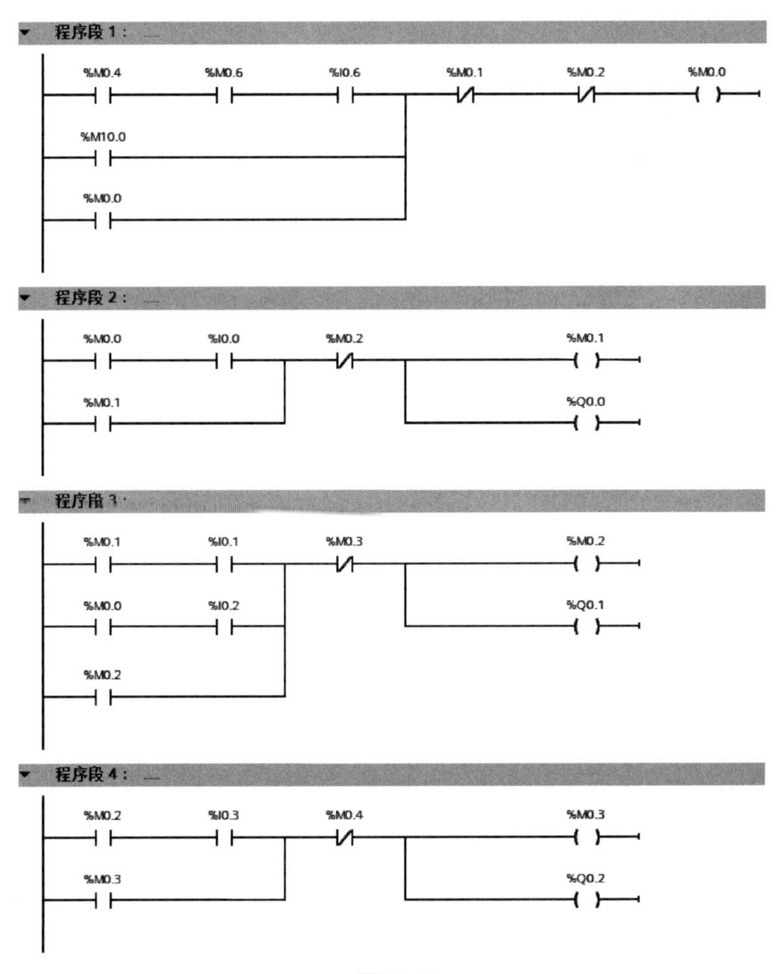

图 6-8

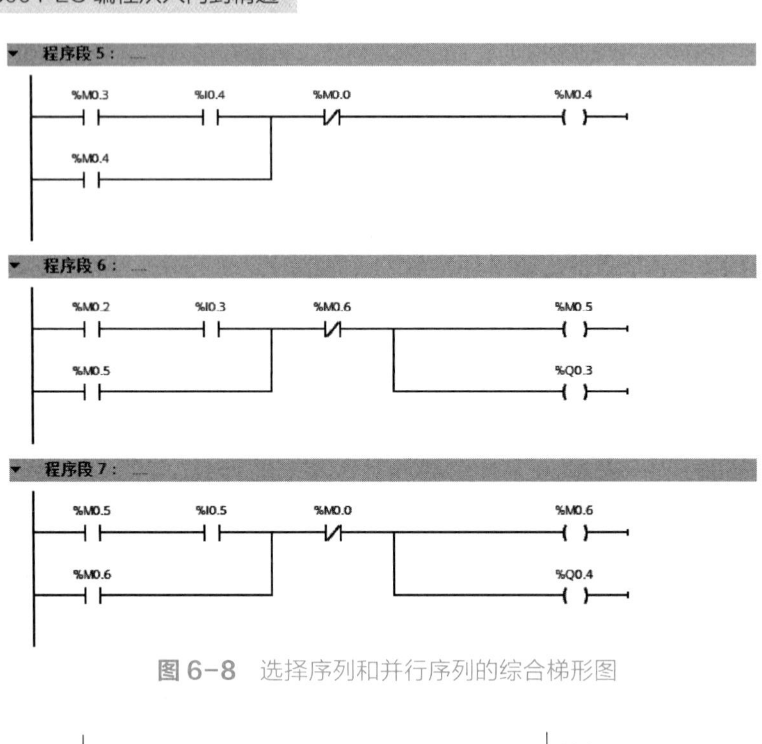

图 6-8 选择序列和并行序列的综合梯形图

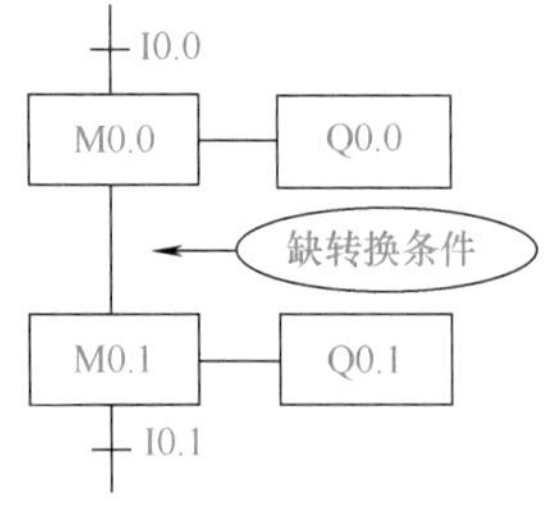

图 6-9 错误的功能图 1

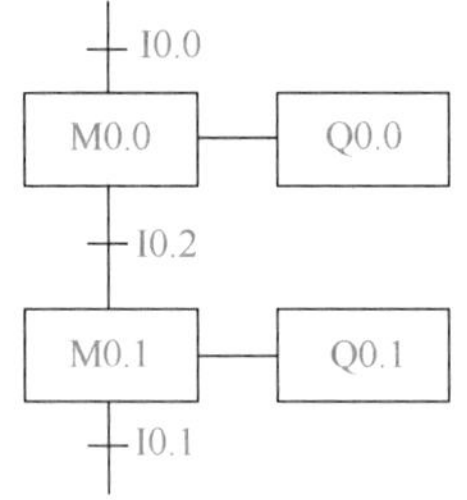

图 6-10 正确的功能图

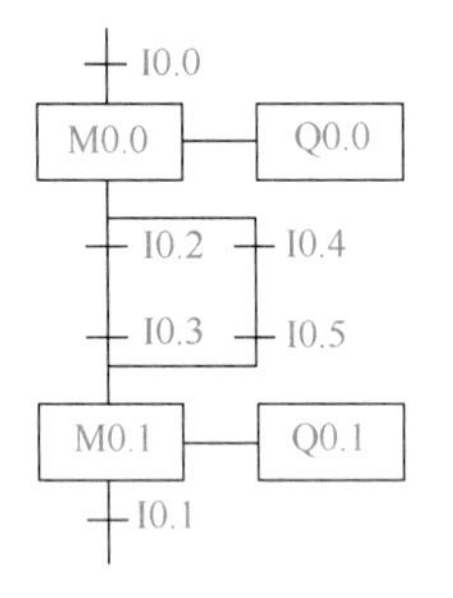

图 6-11 简化前的功能图

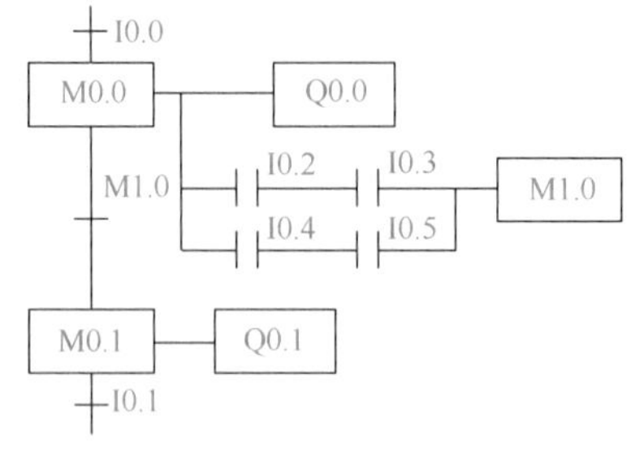

图 6-12 简化后的功能图

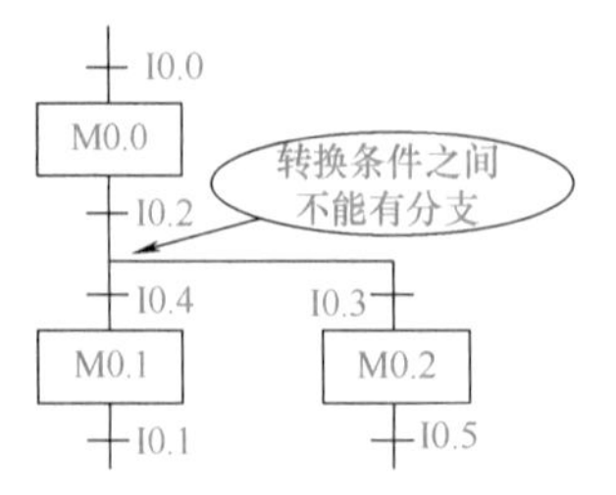

图 6-13 错误的功能图 2

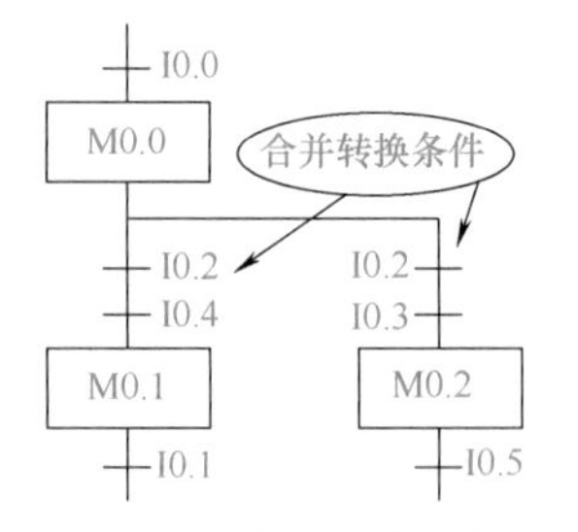

图 6-14 合并后的功能图

6.1.2 梯形图编程的原则

尽管梯形图与继电器电路图在结构形式、元件符号及逻辑控制功能等方面类似，但它们又有许多不同之处，梯形图有自己的编程规则。

① 每一逻辑行总是起于左母线，最后终止于线圈或右母线（右母线可以不画出），如图 6-15 所示。

(a) 错误　　(b) 正确

图 6-15　梯形图示例 1

② 无论选用哪种机型的 PLC，所用元件的编号必须在该机型的有效范围内。例如 CPU 1511-1 PN 最大 I/O 范围是 32KB。

③ 触点的使用次数不受限制。例如，辅助继电器 M0.0 可以在梯形图中出现无限制的次数，而实物继电器的触点一般少于 8 对，只能用有限次。

④ 在梯形图中同一线圈只能出现一次。如果在程序中，同一线圈使用了两次或多次，称为“双线圈输出”。对于“双线圈输出”，有些 PLC 将其视为语法错误，绝对不允许（如三菱 FX 系列 PLC）；有些 PLC 则将前面的输出视为无效，只有最后一次输出有效（如西门子 PLC）；而有些 PLC 在含有跳转指令或步进指令的梯形图中允许双线圈输出。

⑤ 对于不可编程的梯形图必须经过等效变换，变成可编程梯形图，如图 6-16 所示。

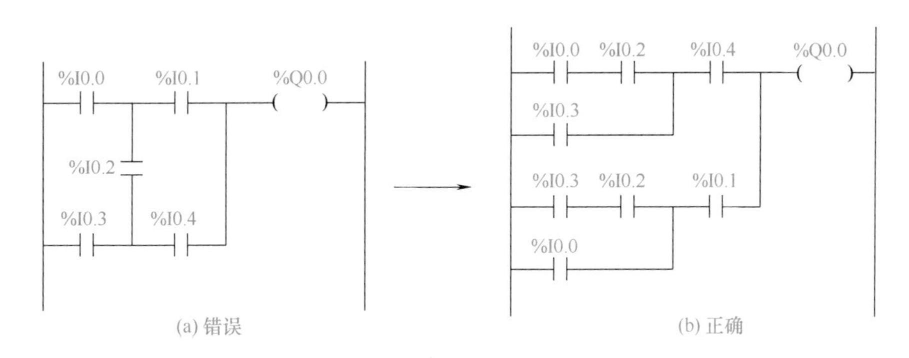

图 6-16　梯形图示例 2

⑥ 在有几个串联电路相并联时，应将串联触点多的回路放在上方，归纳为“上多下少”的原则，如图 6-17 所示。在有几个并联电路相串联时，应将并联触点多的回路放在左方，归纳为“左多右少”原则，如图 6-18 所示。因为这样所编制的程序简洁明了，语句较少。但要注意图 6-17（a）和图 6-18（a）的梯形图逻辑上是正确的。

(a) 不合理　　(b) 合理

图 6-17　梯形图示例 3

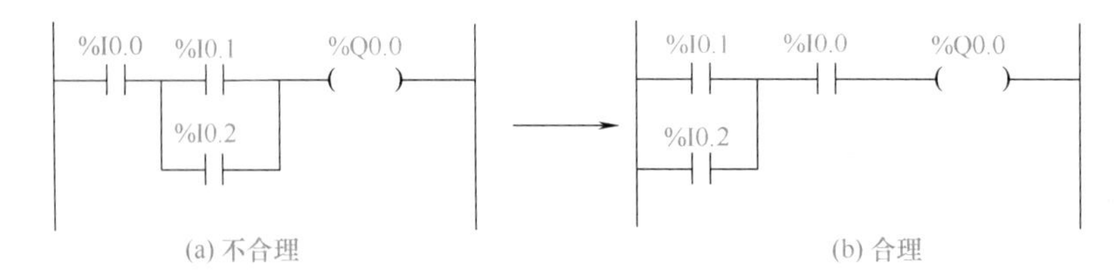

图 6-18 梯形图示例 4

6.2 逻辑控制的梯形图编程方法

相同的硬件系统，由不同的人设计，可能设计出不同的程序，有的人设计的程序简洁而且可靠，而有的人设计的程序虽然能完成任务，但较复杂。PLC 程序设计是有规律可遵循的，下面介绍两种方法：经验设计法和功能图设计法。

6.2.1 经验设计法

经验设计法就是在一些典型的梯形图的基础上，根据具体的对象对控制系统的具体要求，对原有的梯形图进行修改和完善。这种方法适合有一定工作经验的人，这些人有现成的资料，特别是在产品更新换代时，使用这种方法比较节省时间。下面举例说明这种方法的思路。

【例 6-1】 图 6-19 为小车运输系统的示意图，图 6-20 为原理图，SQ1、SQ2、SQ3 和 SQ4 是限位开关，小车先左行，在 SQ1 处装料，10s 后右行，到 SQ2 后停下卸料，10s 后左行，碰到 SQ1 后停下装料，就这样不停循环工作，限位开关 SQ3 和 SQ4 的作用是当 SQ2 或者 SQ1 失效时，SQ3 和 SQ4 起保护作用，SB1 和 SB2 是启动按钮，SB3 是停止按钮。

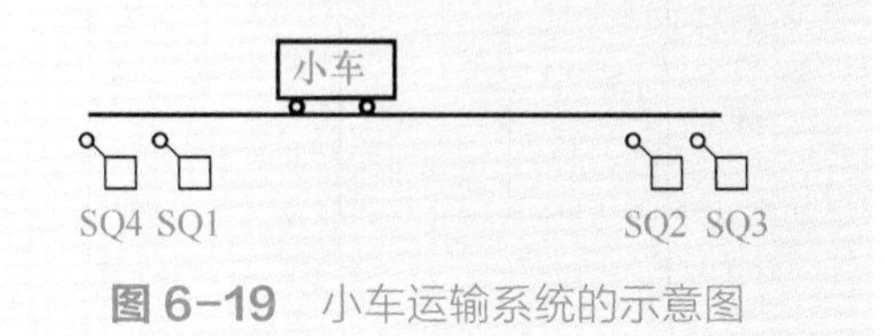

图 6-19 小车运输系统的示意图

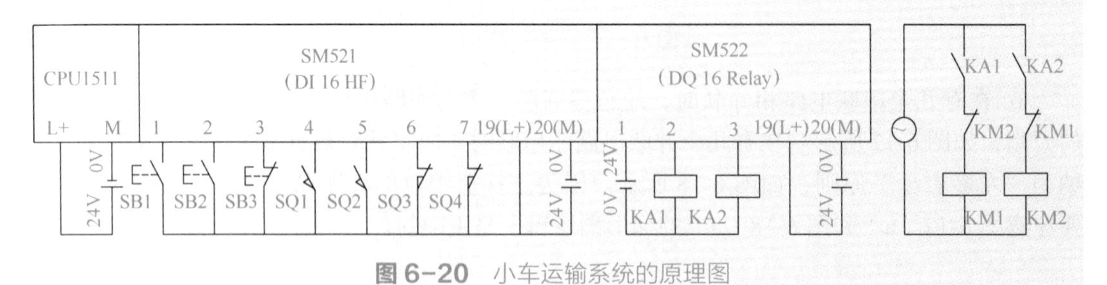

图 6-20 小车运输系统的原理图

解：小车左行和右行是不能同时进行的，因此有联锁关系，与电动机的正、反转的梯形图类似，因此先画出电动机正、反转控制的梯形图，如图 6-21 所示，再在这个梯形图的基础上进行修改，增加 4 个限位开关的输入，增加 2 个定时器，就变成了图 6-22 所示的梯形图。Q0.0 控制左行（正转），Q0.1 控制右行（反转）。

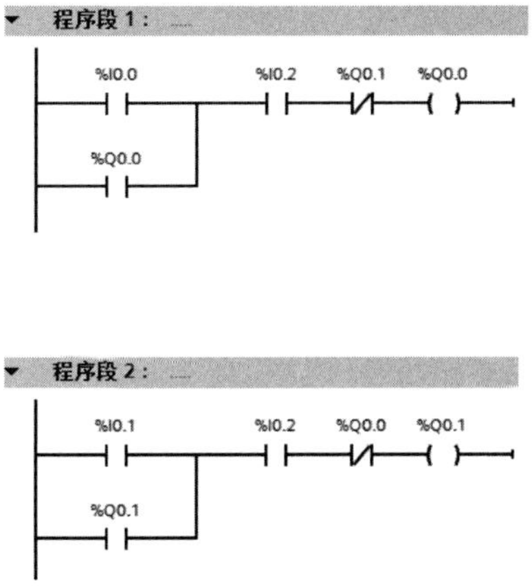

图 6-21　电动机正、反转控制的梯形图

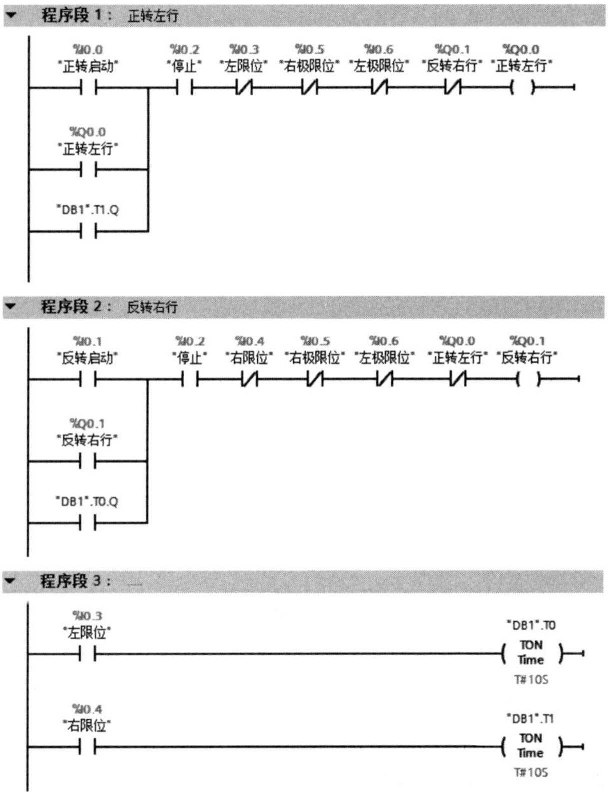

图 6-22　小车运输系统的梯形图

6.2.2　功能图设计法

功能图设计法也称为“启保停”设计法。对于比较复杂的逻辑控制，用经验设计法就不合适，适合用功能图设计法。功能图设计法无疑是应用最为广泛的设计方法。功能图就是顺序功能图，功能图设计法就是先根据系统的控制要求画出功能图，再根据功能图画梯形图，梯形图可以是基本指令梯形图，也可以是顺控指令梯形图和功能指令梯形图。因此，设计功

能图是整个设计过程的关键，也是难点。

6.2.2.1 功能图设计法的基本步骤

（1）绘制出顺序功能图

在使用“启保停”设计方法设计梯形图时，先要根据控制要求绘制出顺序功能图，其中顺序功能图的绘制在前面章节中已经详细讲解，在此不再重复。

（2）写出储存器位的布尔代数式

对应于顺序功能图中的每一个储存器位都可以写出如图 6-23 所示的布尔代数式。图中等号左边的 M_i 为第 i 个储存器位的状态，等号右边的 M_i 为第 i 个储存器位的常开触点，X_i 为第 i 个工步所对应的转换信号，M_{i-1} 为第 i-1 个储存器位的常开触点，M_{i+1} 为第 i+1 个储存器位的常闭触点。

（3）写出执行元件的逻辑函数式

执行元件为顺序功能图中的储存器位所对应的动作。一个步通常对应一个动作，输出和对应步的储存器位的线圈并联或者在输出线圈前串接一个对应步的储存器位的常开触点。当功能图中有多个步对应同一动作时，其输出可用这几个步对应的储存器位的“或”来表示，如图 6-24 所示。

$$M_i=(X_i \cdot M_{i-1}+M_i)\cdot \overline{M}_{i+1}$$

图 6-23 存储器位的布尔代数式

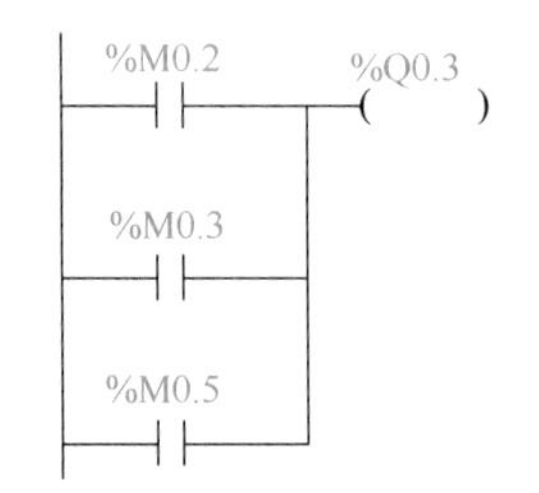

图 6-24 多个步对应同一动作时的梯形图

（4）设计梯形图

在完成前三步骤的基础上，可以顺利设计出梯形图。

“启保停”设计逻辑控制程序

6.2.2.2 功能图设计法的应用举例

用一个例子介绍功能图设计法。

【例 6-2】 图 6-25 为原理图，控制 4 盏灯的亮灭，当压下启动按钮 SB1 时，HL1 灯亮 1.8s，之后灭；HL2 灯亮 1.8s，之后灭；HL3 灯亮 1.8s，之后灭；HL4 灯亮 1.8s，之后灭，如此循环。有三种停止模式，模式 1：当压下停止按钮 SB2，完成一个工作循环后停止。模式 2：当压下停止按钮 SB2，立即停止，压下启动按钮后，从停止位置开始完成剩下的逻辑。模式 3：当压下急停按钮 SB3，所有灯灭，完全复位。

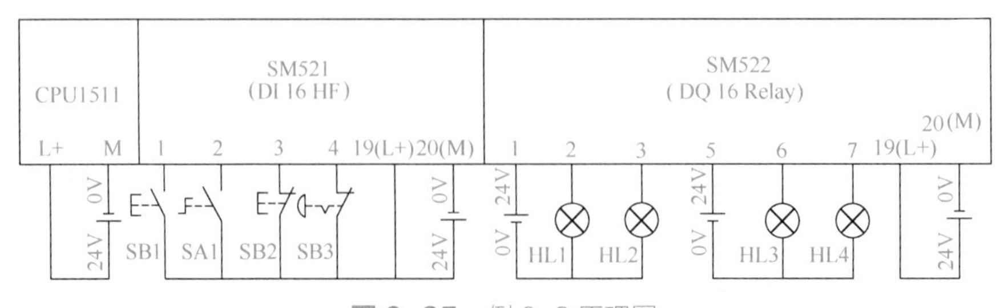

图 6-25 例 6-2 原理图

解：根据题目的控制过程，设计功能图，如图 6-26 所示。

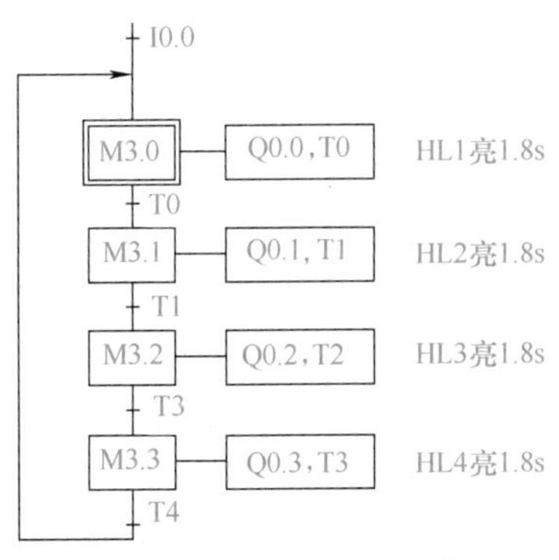

图 6-26　例 6-2 功能图

再根据功能图，先创建数据块 "DB_Timer"，并在数据块中创建 4 个 IEC 定时器，编程控制程序如图 6-27 所示。以下详细介绍程序。

程序段 1：停止模式 1，压下停止按钮，M2.0 线圈得电，M2.0 常开触点闭合，当完成一个工作循环后，定时器 "DB_Timer".T3.Q 的常开触点闭合，将线圈 M3.0 ～ M3.7 复位，系统停止运行。

程序段 2：停止模式 2，压下停止按钮，M2.1 线圈得电，M2.1 常闭触点断开，造成所有的定时器断电，从而使得程序“停止”在一个位置。

程序段 3：停止模式 3，即急停模式，立即把所有的线圈清零复位。

程序段 4：自动运行程序。MB3=0（即 M3.0 ～ M3.7=0）压下启动按钮才能起作用，这一点很重要，初学者容易忽略。这个程序段一共有 4 步，每一步一个动作（灯亮），执行当前步的动作时，切断上一步的动作，这是编程的核心思路，有人称这种方法是“启保停”逻辑编程方法。

程序段 5：将梯形图逻辑运算的结果输出。

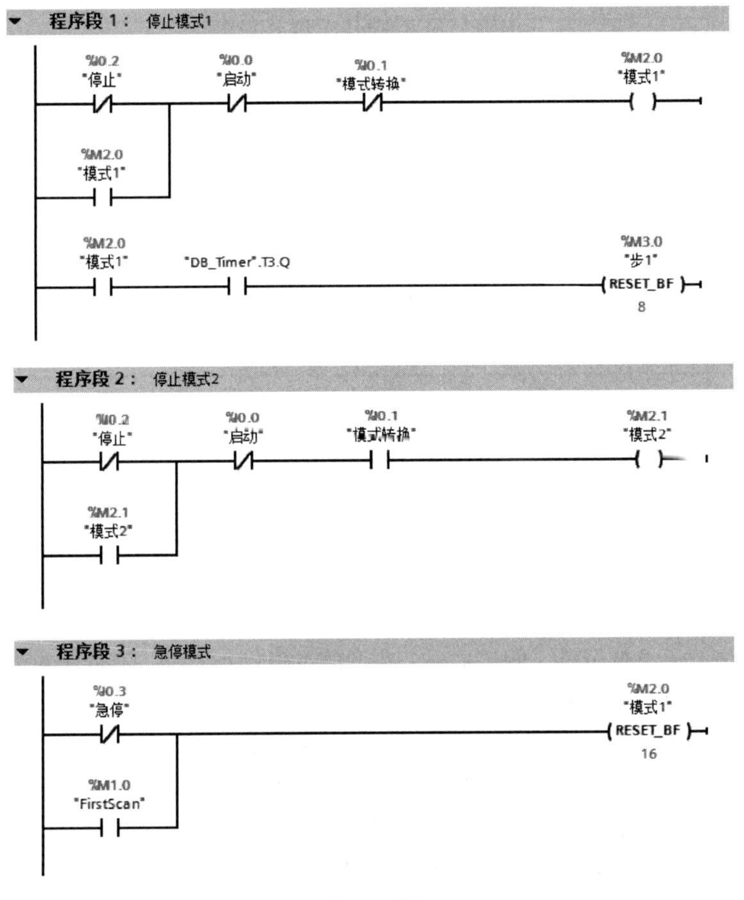

图 6-27

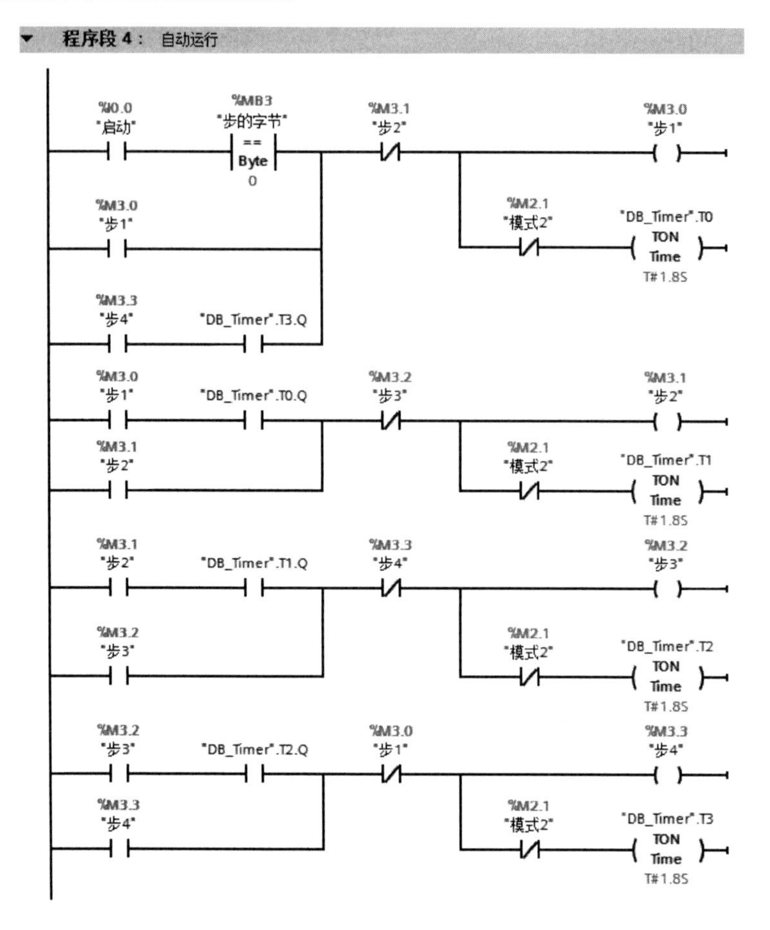

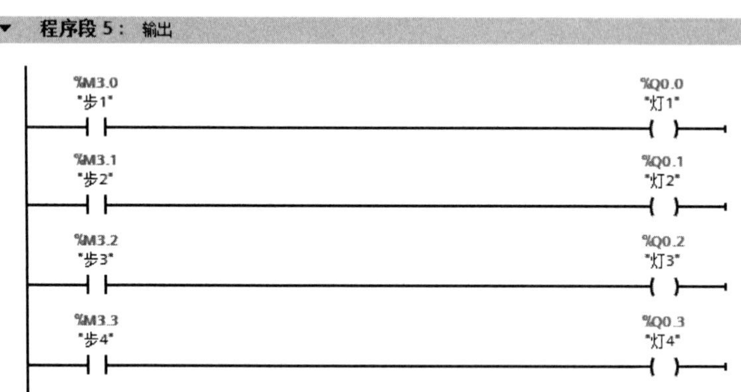

图 6-27 例 6-2 梯形图程序

注意：这个例子虽然简单，但却是一个典型的逻辑控制实例，有两个重要的知识点。

① 读者要学会逻辑控制程序的编写方法。

② 要理解停止模式的应用场合，掌握编写停止程序的方法。本例的停止模式 1 常用于一个产品加工有多道工序，必须完成所有工序才算合格的情况；本例的停止模式 2 常用于设备加工过程中，发生意外事件，例如卡机使工序不能继续，使用模式 2 停机，排除故障后继续完成剩余的工序；停止模式 3 是急停，当人身和设备有安全问题时使用，使设备立即处于停止状态。

【例 6-3】 用 S7-1500 PLC 控制一台小车的运行。小车分别在工位 1、工位 2、工位 3 三个地方来回自动送料，小车的运动由一台交流电动机进行控制。在三个工位处，分别装置了三个传感器 SQ1、SQ2、SQ3 用于检测小车的位置。在小车运行的左端和右端分别安装了两个行程开关 SQ4、SQ5，用于定位小车的原点和右极限位点。

其结构示意图如图 6-28 所示。控制要求如下：

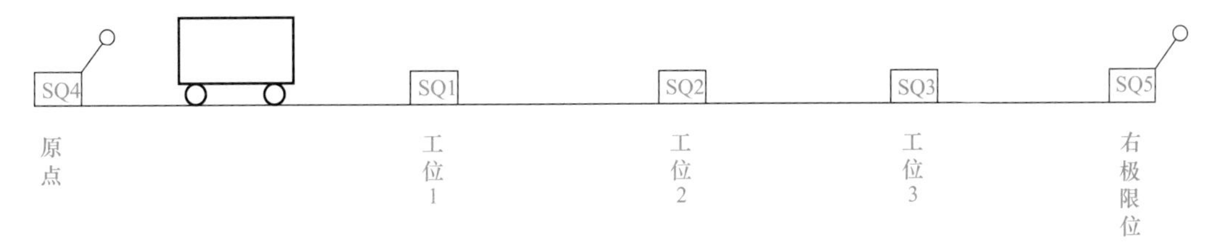

图 6-28　例 6-3 结构示意图

① 当系统上电时，无论小车处于何种状态，首先回到原点准备装料，等待系统的启动。

② 当系统的手 / 自动转换开关打开自动运行挡时，按下启动按钮 SB1，小车首先正向运行到工位 1 的位置，等待 10s 卸料完成后正向运行到工位 2 的位置，等待 10s 卸料完成后正向运行到工位 3 的位置，停止 10s 后接着反向运行到原点位置，等待下一轮的启动运行。

③ 当按下停止按钮 SB2 时系统停止运行，如果小车停止在某一工位，则小车继续停止等待；当小车正运行在去往某一工位的途中，则当小车到达目的地后再停止运行。再次按下启动按钮 SB1 后，设备按剩下的流程继续运行。

④ 当系统按下急停按钮 SB5 时，小车立即要求停止工作，直到急停按钮取消时，系统恢复到当前状态。

⑤ 当系统的手 / 自动转换开关 SA1 打到手动运行挡时，可以通过手动按钮 SB3、SB4 控制小车的正 / 反向运行。

通过完成该任务，熟悉 PLC 控制项目的实施的过程，掌握逻辑控制程序的一般方法。

（1）设计电气原理图

1）PLC 的 I/O 分配　PLC 的 I/O 分配见表 6-1。

表 6-1　PLC 的 I/O 分配表（例 6-3）

名称	符号	输入点	名称	符号	输出点
启动	SB1	I0.0	电动机正转	KA1	Q0.0
停止	SB2	I0.1	电动机反转	KA2	Q0.1
正转点动	SB3	I0.2			
反转点动	SB4	I0.3			
工位 1	SQ1	I0.4			
工位 2	SQ2	I0.5			
工位 3	SQ3	I0.6			
原位	SQ4	I0.7			
右限位	SQ5	I1.0			
手 / 自动转换	SA1	I1.1			
急停	SB5	I1.2			

2）控制系统的接线　设计原理图如图 6-29 所示。

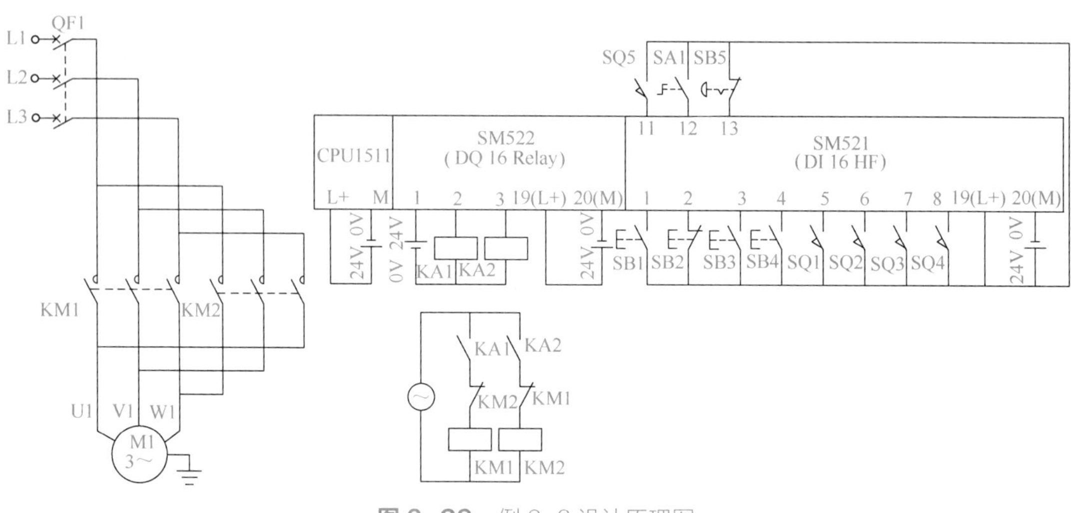

图 6-29　例 6-3 设计原理图

【关键点】

① 对于电动机的正反转，在硬件回路中，接触器需要用常闭触点互锁。

② 停止按钮和急停按钮，接常闭触点，主要基于安全因素，程序设计时要与原理图对应。

③ 接触器的线圈一般不由 PLC 直接驱动（除非 PLC 内部继电器输出能力足够大，例如有的西门子 LOGO! 输出可达 10A 或者 5A），而要用中间继电器驱动。

（2）编写控制程序

初学者可以根据工艺过程设计功能图，如图 6-30 所示。功能图实际上是自动运行的流程，熟悉的读者可以跳过这个步骤。主程序如图 6-31 所示。

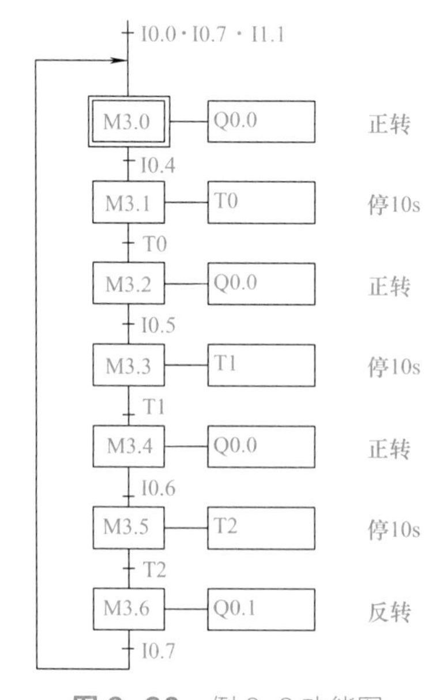

图 6-30　例 6-3 功能图

程序段 1：……

%DB1
"FB1_DB"
%FB1
"FB1"
EN　ENO

图 6-31　例 6-3 主程序

① 方法 1：用基本指令启保停编写逻辑控制程序。

FB1 中的程序如图 6-32 所示。程序的解读如下。

程序段 1：初始化

%M1.0
"FirstScan"
%I0.7
"原点"
%M2.0
"正在复位"
%M2.0
"正在复位"

程序段 2：……

%I1.0
"右限位"
%M2.0
"正在复位"
RESET_BF
16
%I1.1
"手自转换"

程序段 3：暂停

%I0.1
"停止"
%I0.0
"启动"
%M2.1
"暂停标志"
%M2.1
"暂停标志"

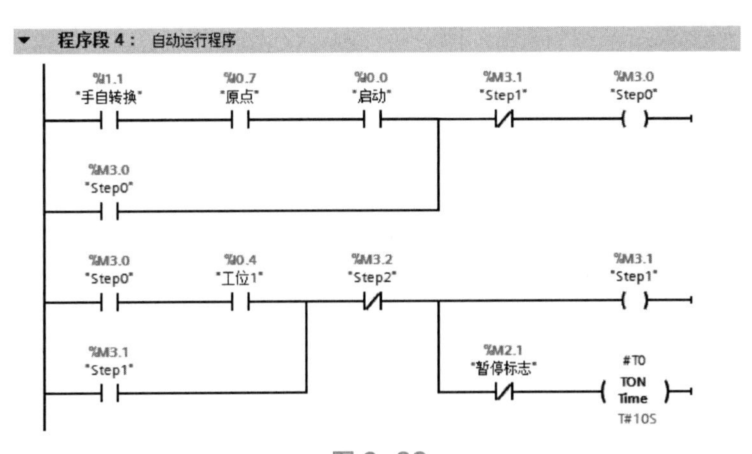

图 6-32

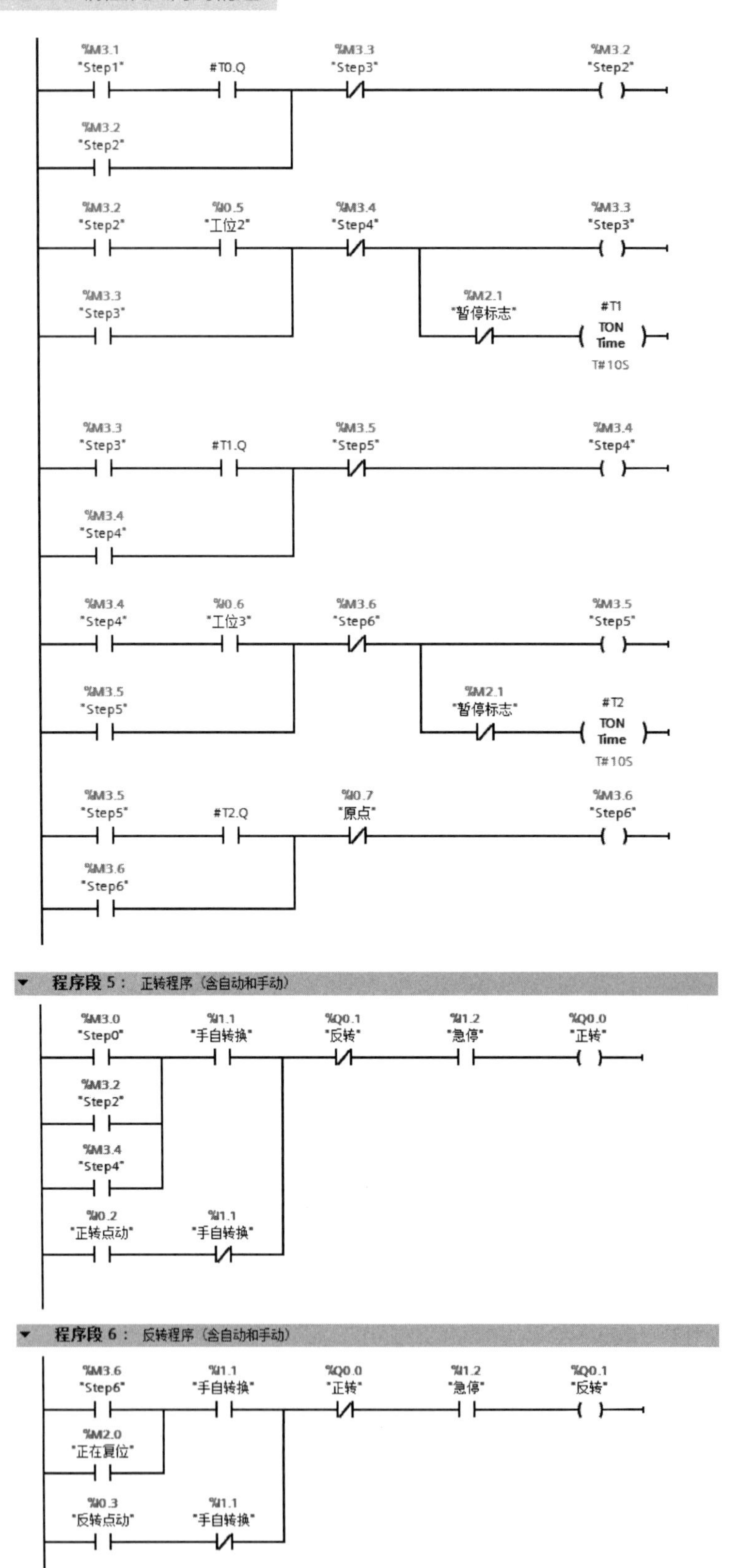

图 6-32　例 6-3 方法 1 FB1 中的程序

程序段 1：PLC 上电，小车自动反向运行，回到原点 I0.7 后停止运行。

程序段 2：当从自动状态切换到手动状态和碰到右极限位开关时，将 M2.0 ~ M3.7 清零，实际上就是切断自动运行逻辑。

程序段 3：暂停功能。

程序段 4：自动运行逻辑，每一步对应一个动作，一共 6 个动作，动作过程可以参考图 6-30。

程序段 5：正转输出。当 I1.1 的常开触点（手自转换开关控制）导通为自动状态，为自动正转输出。当 I1.1 的常闭触点导通为手动状态，I0.2 触点闭合时，为手动正转运行。

程序段 6：反转输出。当 I1.1 的常开触点（手自转换开关控制）导通为自动状态，为自动反转输出。当 I1.1 的常闭触点导通为手动状态，I0.3 触点闭合时，为手动反转运行。

② 方法 2：用 SET/RESET 指令编写逻辑控制程序。

FB1 中的程序如图 6-33 所示。主程序参见图 6-31。

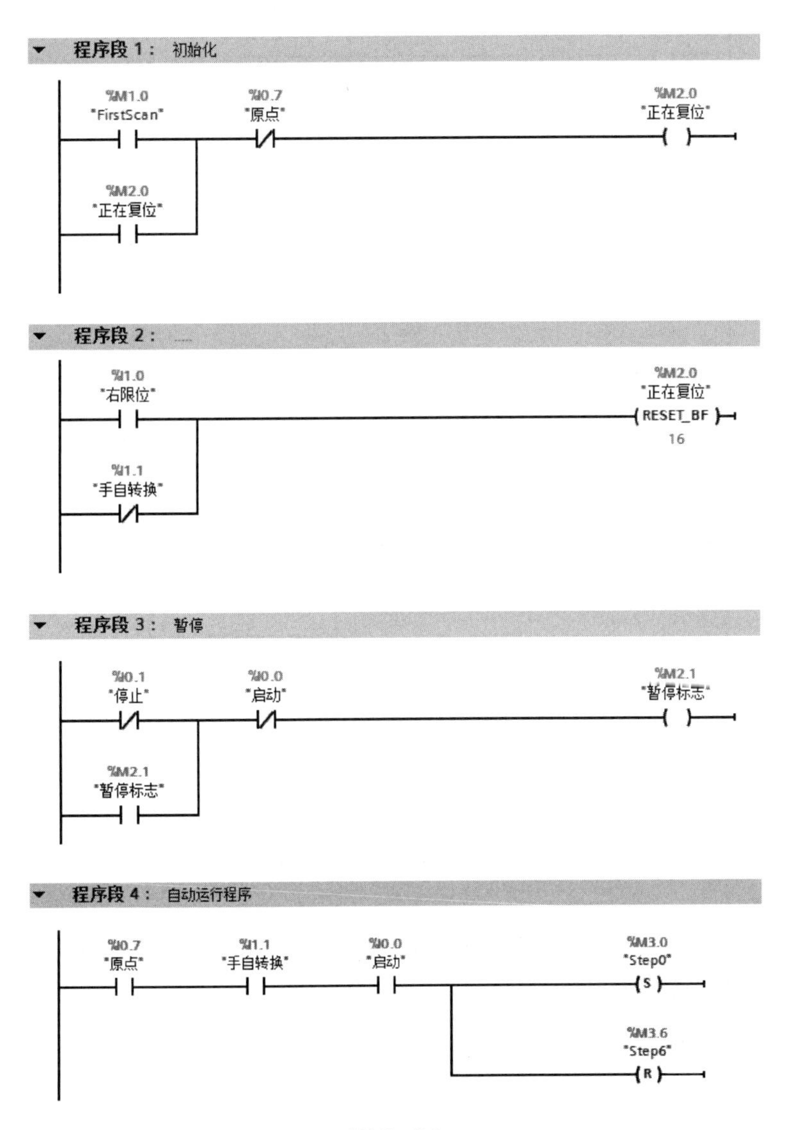

图 6-33

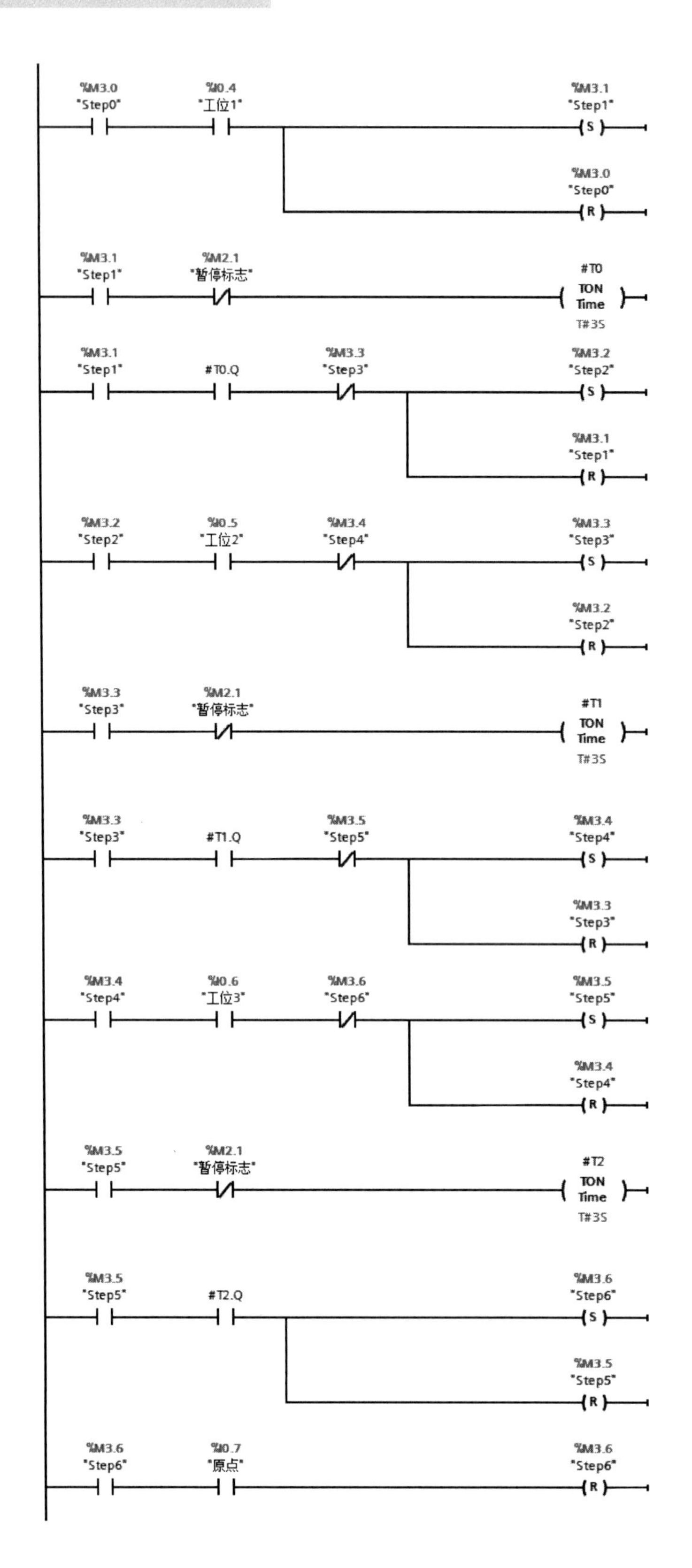
%M3.0
"Step0"
%I0.4
"工位1"
%M3.1
"Step1"
S
%M3.0
"Step0"
R
%M3.1
"Step1"
%M2.1
"暂停标志"
#T0
TON
Time
T#3S
%M3.1
"Step1"
#T0.Q
%M3.3
"Step3"
%M3.2
"Step2"
S
%M3.1
"Step1"
R
%M3.2
"Step2"
%I0.5
"工位2"
%M3.4
"Step4"
%M3.3
"Step3"
S
%M3.2
"Step2"
R
%M3.3
"Step3"
%M2.1
"暂停标志"
#T1
TON
Time
T#3S
%M3.3
"Step3"
#T1.Q
%M3.5
"Step5"
%M3.4
"Step4"
S
%M3.3
"Step3"
R
%M3.4
"Step4"
%I0.6
"工位3"
%M3.6
"Step6"
%M3.5
"Step5"
S
%M3.4
"Step4"
R
%M3.5
"Step5"
%M2.1
"暂停标志"
#T2
TON
Time
T#3S
%M3.5
"Step5"
#T2.Q
%M3.6
"Step6"
S
%M3.5
"Step5"
R
%M3.6
"Step6"
%I0.7
"原点"
%M3.6
"Step6"
R

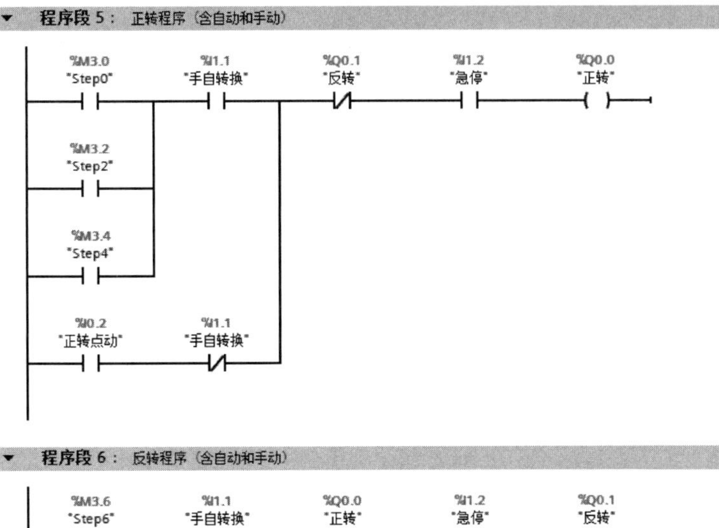

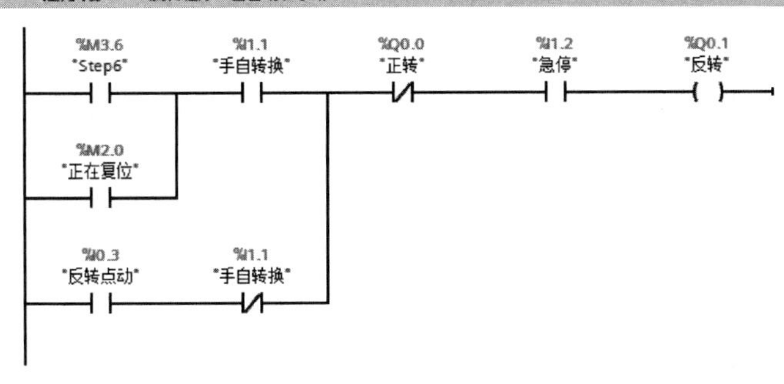

图 6-33　例 6-3 方法 2 FB1 中的程序

小结

① 本例有自动和手动两种模式。在工程中很常见，正常运行时，常用自动模式，而调试时多用手动模式，例如更换夹具和模具时、设备发生卡死时、初次通电时等情况用手动模式。

② 借助功能图，用“启保停”和“置位复位指令”编写逻辑控制程序是 PLC 工程师的基本功，必须掌握。

6.3 西门子 S7-1500 PLC 的调试方法

6.3.1 程序信息

程序信息用于显示用户程序中已经使用地址的分配表、程序块的调用关系、从属结构和资源信息。在 TIA Portal 软件项目视图的项目树中，双击“程序信息”标签，即可弹出程序信息视窗，如图 6-34 所示。以下将详细介绍程序信息中的各个标签。

（1）调用结构

调用结构描述了 S7 程序中块的调用层级。点击图 6-34 所示的“调用结构”标签，弹出图 6-35 所示的视窗。

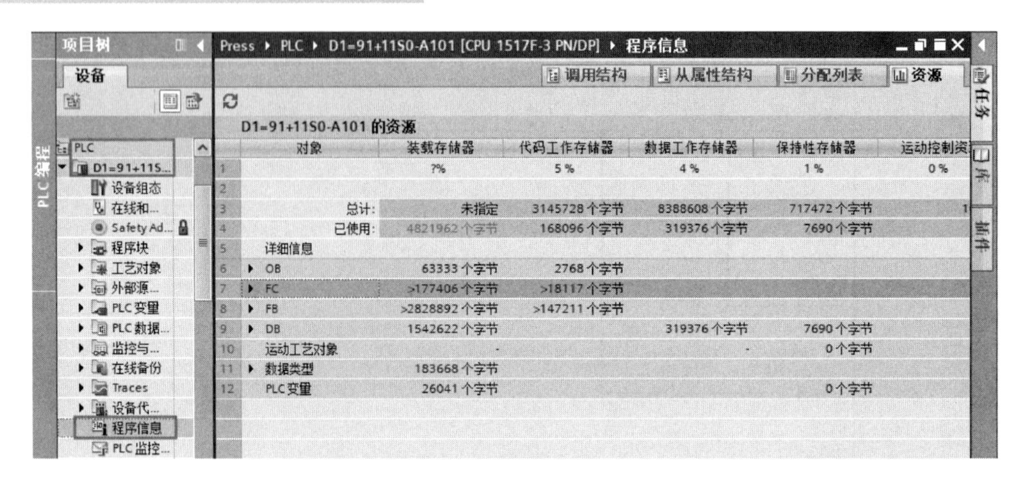

图 6-34　程序信息

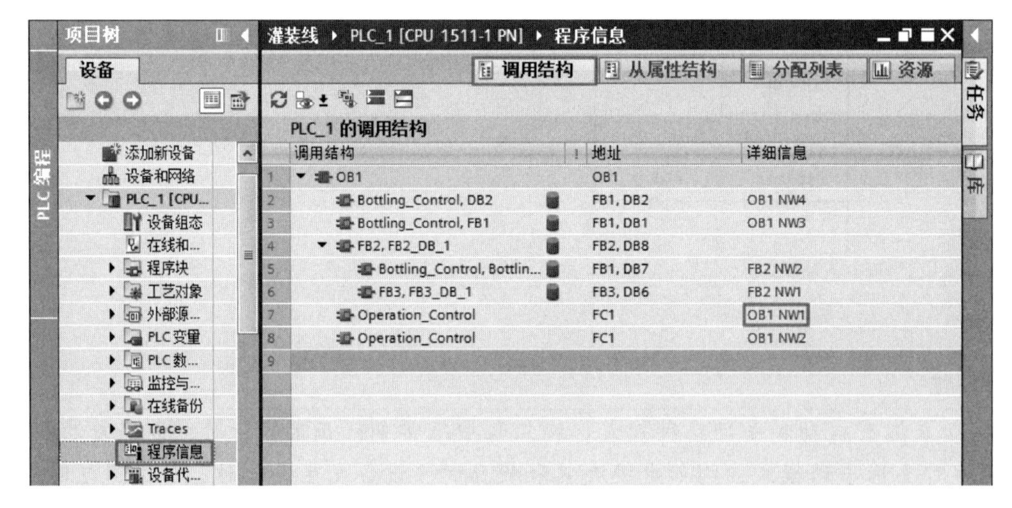

图 6-35　调用结构

调用结构提供了以下项目的概况。

① 所使用的块，如 OB1 中使用 FC1、FB1 和 FB2，共 3 个块。

② 跳转到块使用位置，如双击如图 6-35 所示的“OB1 NW1”，自动跳转到 OB1 的程序段 1 的 FC1 处。

③ 块之间的关系，如组织块 OB1 包含 FC1、FB1 和 FB2，而 FB2 又包含 FB1 和 FB3。

（2）从属性结构

从属性结构显示程序中每个块与其他块的从属关系，与调用结构相反，可以很快看出其上一级的层次，例如 FC1 的上一级是 OB1，而且被 OB1 的两处调用，如图 6-36 所示。

（3）分配列表

分配列表用于显示用户程序对输入（I）、输出（O）、位存储器（M）、定时器（T）和计数器（C）的占用情况。显示被占用的地址区长度可以是位、字节、字、双字和长字。在调试程序时，查看分配列表，可以避免地址冲突。从如图 6-37 所示的分配列表视图，可以看出程序中使用了字节 IB0，同时也使用了 IB0 的 I0.0 ～ I0.4，共 5 位，这并不违反 PLC 的语法规定，但很可能会有冲突，调试程序时，应该特别注意。

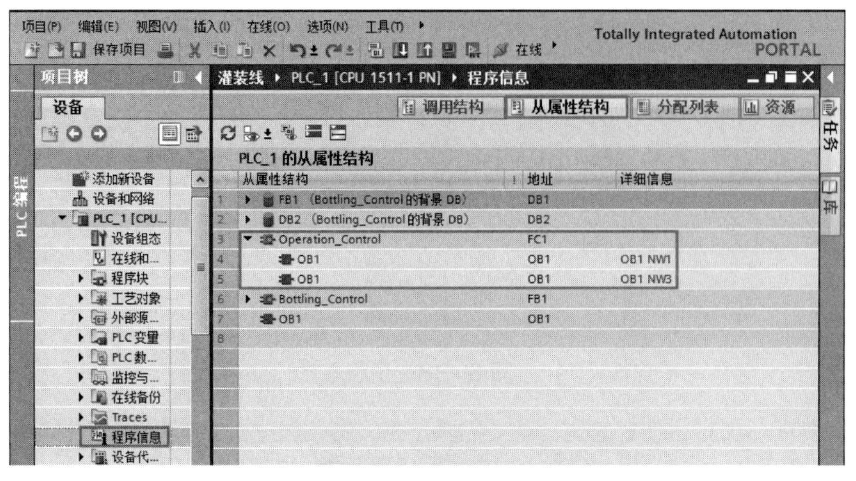

图6-36 从属性结构

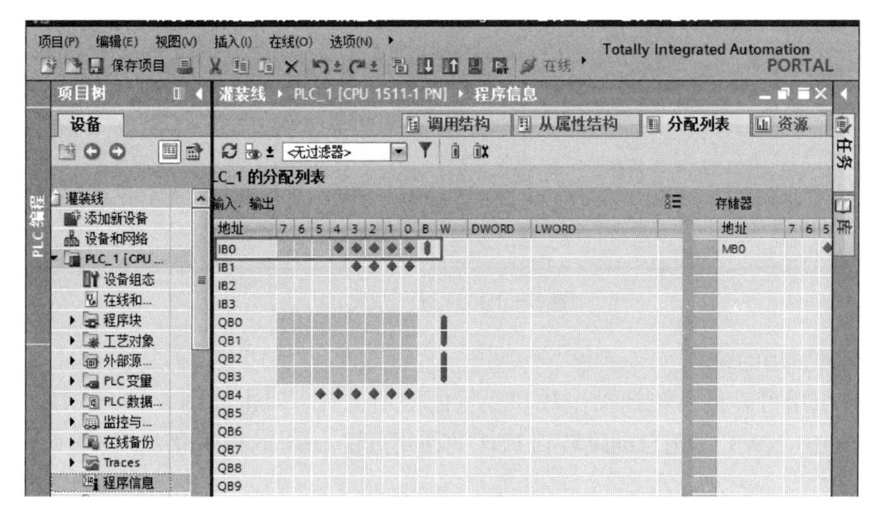

图6-37 分配列表

（4）资源

资源显示CPU对象，包含：

① OB、FC、FB、DB、用户自定义数据类型和PLC变量；

② CPU存储区域，包含装载存储器、代码工作存储器、数据工作存储器、保持型存储器；

③ 现有I/O模块的硬件资源。

资源视图如图6-38所示。

6.3.2 交叉引用

交叉引用列表提供用户程序中操作数和变量的使用概况。

（1）交叉引用的总览

创建和更改程序时，保留已使用的操作数、变量和块调用的总览。在TIA Portal软件项目视图的工具栏中，单击“工具”→“交叉引用”，弹出交叉引用列表，如图6-39所示。在图中显示了块及其所在的位置，例如，块FB1在OB1的程序段3（OB1 NW3）中使用。

Press ▸ PLC ▸ D1=91+11S0-A101 [CPU 1517F-3 PN/DP] ▸ 程序信息

调用结构 | 从属性结构 | 分配列表 | 资源 ①

D1=91+11S0-A101 的资源

	对象	装载存储器	代码工作存储器	数据工作存储器	保持性存储器	运动控制资源	I/O	DI	DO	AI	AO
1		7%	5 %	4 %	1 %	0 %		55 %	55 %	39 %	39 %
2											
3	总计:	未指定	3145728 个字节	8388608 个字节	717472 个字节	10240	已组态:	1680	1476	36	36
4	已使用:	4821962 个字节	168096 个字节	319376 个字节	7690 个字节	0	已使用:	920	808	14	14
5	详细信息										
6	▸ OB	63333 个字节	2768 个字节								
7	▸ FC	>177406 个字节	>18117 个字节								
8	▸ FB	>2828892 个字节	>147211 个字节								
9	▸ DB	1542622 个字节		319376 个字节	7690 个字节						
10	运动工艺对象	-		-	0 个字节	0					
11	▸ 数据类型	183668 个字节									
12	PLC 变量	26041 个字节			0 个字节						

数字量和模拟量的点数

图 6-38　资源

使用者 | 使用

对象	数量	使用点	作为	访问	地址	类型	路径
▾ Bottling_Control					FB1	LAD-Function Block	灌装线\PLC_1\程序块
▾ OB1	2				OB1	LAD-Organization Block	灌装线\PLC_1\程序块
		OB1 NW3	"FB1"	Call			
		OB1 NW4	"DB2"	Call			
▾ DB2					DB2	Bottling_Control [FB1] 的...	灌装线\PLC_1\程序块
▾ OB1	1				OB1	LAD-Organization Block	灌装线\PLC_1\程序块
		OB1 NW4		背景...			
▾ FB1					DB1	Bottling_Control [FB1] 的...	灌装线\PLC_1\程序块
▾ OB1	1				OB1	LAD-Organization Block	灌装线\PLC_1\程序块
		OB1 NW3		背景...			
OB1					OB1	LAD-Organization Block	灌装线\PLC_1\程序块
▾ Operation_Control					FC1	LAD-Function	灌装线\PLC_1\程序块
▸ OB1	2				OB1	LAD-Organization Block	灌装线\PLC_1\程序块

图 6-39　打开交叉引用

（2）交叉引用的跳转

从交叉引用可直接跳转到操作数和变量的使用位置。双击如图 6-39 所示的“使用点”列下面的“OB1 NW3”，则自动跳转到 FB1 的使用位置 OB1 的程序段 3，如图 6-40 所示。

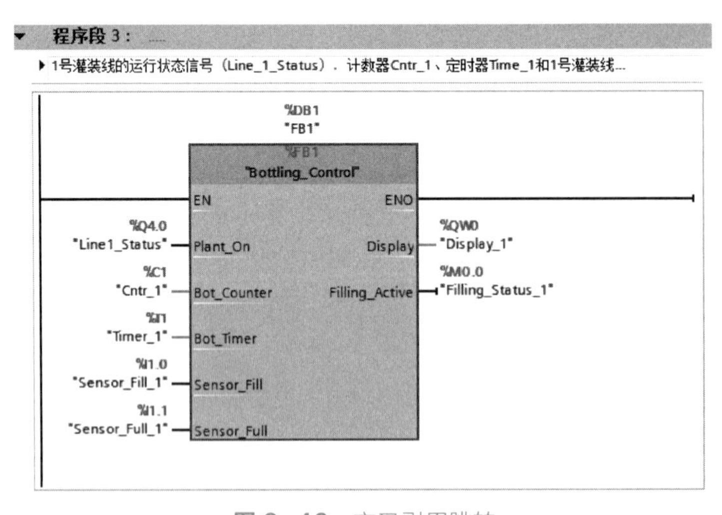

图 6-40　交叉引用跳转

（3）交叉引用在故障排除中的应用

程序测试或故障排除期间，系统将提供以下信息：

① 哪个块中的哪条命令处理了哪个操作数；

② 哪个画面使用了哪个变量；

③ 哪个块被其他哪个块调用；

6.3.3　比较功能

比较功能可用于比较项目中具有相同标识的对象的差异，可分为离线 / 在线和离线 / 离线两种比较方式。

（1）离线 / 在线比较

在 TIA Portal 软件项目视图的工具栏中，单击“在线”按钮 在线，切换到在线状态，可以通过程序块、PLC 变量以及硬件等对象的图标，获得在线与离线的比较情况，其含义见表 6-2。

表 6-2　在线程序块图标的含义

序号	图标	说明
1	（红色）	下一级硬件中至少有一个对象的在线和离线内容不同
2	（橙色）	下一级软件中至少有一个对象的在线和离线内容不同
3	（绿色）	对象的在线和离线内容相同
4		对象仅离线存在
5		对象仅在线存在
6		对象的在线和离线内容不同

如果需要获得更加详细的在线和离线比较信息，先选择整个项目的站点，然后在项目视图的工具栏中，点击“工具”→“离线 / 在线比较”，即可进行比较，界面如图 6-41 所示。

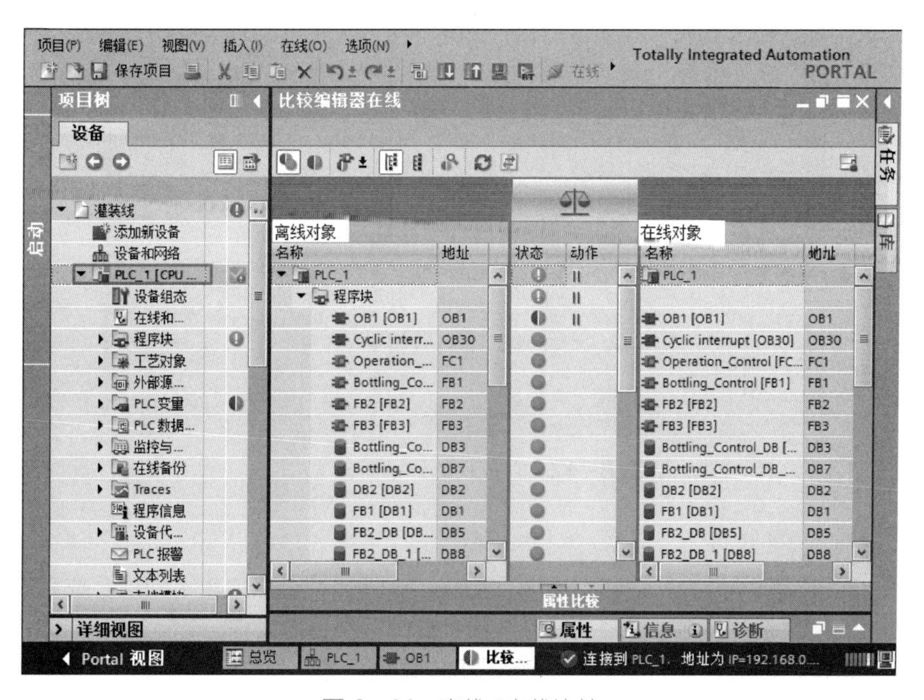

图 6-41　离线 / 在线比较

通过工具栏中的按钮，可以过滤比较对象、更改显示视图及对有差异的对象进行详细比较和操作。如果程序块在线和离线之间有差异，可以在操作区选择需要执行的动作。执行动作与状态有关，状态与执行动作的关系见表 6-3。

表 6-3　状态与执行动作的关系

状态符号	可执行的动作	状态符号	可执行的动作
（实心蓝色半圆，实心橙色半圆）	无动作	（实心蓝色半圆，空心橙色半圆）	删除
	从设备中上传		下载到设备
	下载到设备	（空心蓝色半圆，实心橙色半圆）	无动作
（实心蓝色半圆，空心橙色半圆）	无动作		从设备中上传

当程序块有多个版本时，特别是经过多个人修改时，如何获知离线 / 在线版本的差别，有时也很重要。具体操作方法是：如图 6-42 所示，在比较编辑器中，选择离线 / 在线内容不同的程序块，本例为 OB1，再选中状态下面的图标，单击比较编辑器工具栏中的“详细比较”按钮，弹出如图 6-43 所示的界面，程序差异处有颜色标识。

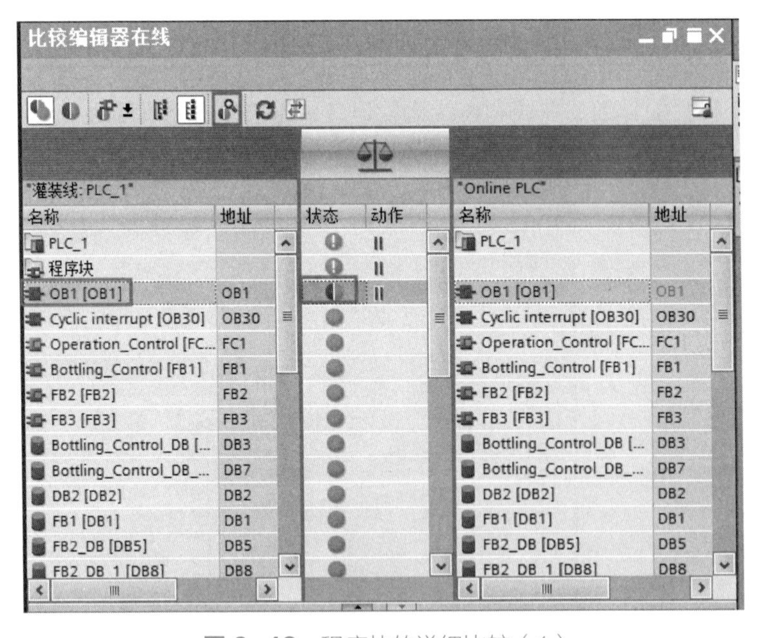

图 6-42　程序块的详细比较（1）

（2）离线 / 离线比较

离线 / 离线比较可以对软件和硬件进行比较。软件比较可以比较不同项目或者库中的对象，而进行硬件比较时，则可比较当前打开项目和参考项目的设备。

离线 / 离线比较时，要将整个项目拖到比较器的两边，如图 6-44 所示，选中“OB1”，再单击“详细比较”按钮，弹出如图 6-45 所示的界面，程序差异处有颜色标识。

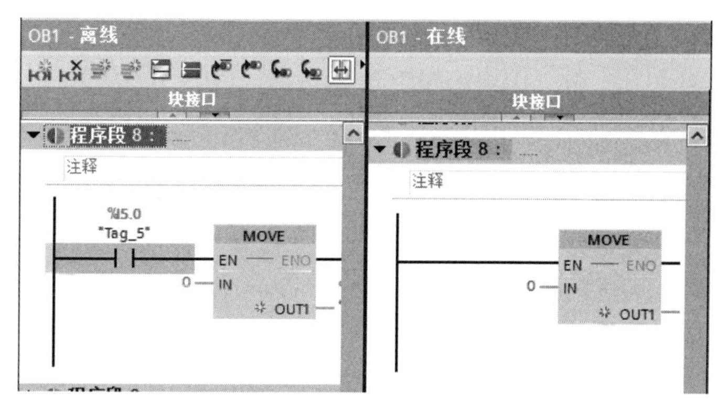

图 6-43　程序块的详细比较（2）

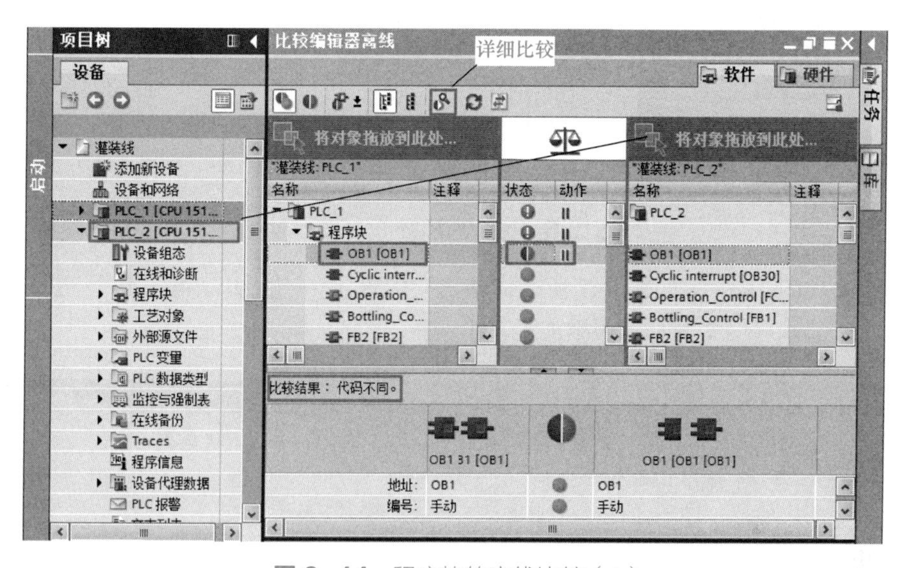

图 6-44　程序块的离线比较（1）

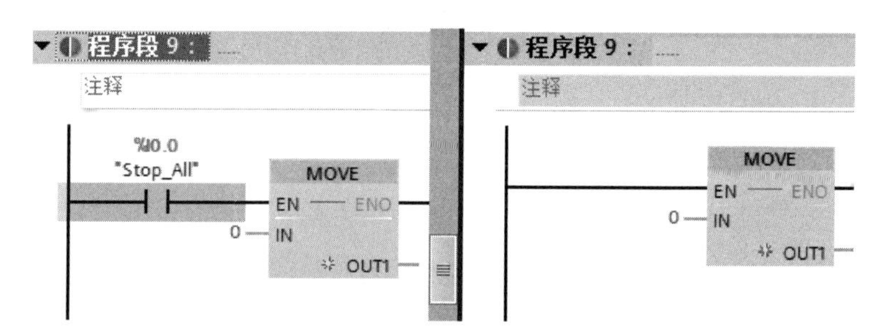

图 6-45　程序块的离线比较（2）

6.3.4　使用 Trace 跟踪变量

S7-1500 集成了 Trace 功能，可以快速跟踪多个变量的变化。变量的采样通过 OB 块触发，也就是说只有 CPU 能够采样的点才能记录。一个 S7-1500 CPU 集成的 Trace 的数量与 CPU 的类型有关，CPU1511 集成 4 个，而 CPU1518 则集成 8 个。每个 Trace 中最多可定义 16 个变量，每次最多可跟踪 512KB 数据。

（1）配置 Trace

1）添加新 Trace　在项目视图中，如图 6-46 所示，选中 S7-1500 CPU 站点的“Traces”目录，双击“添加新 Trace”，即可添加一个新的 Trace。

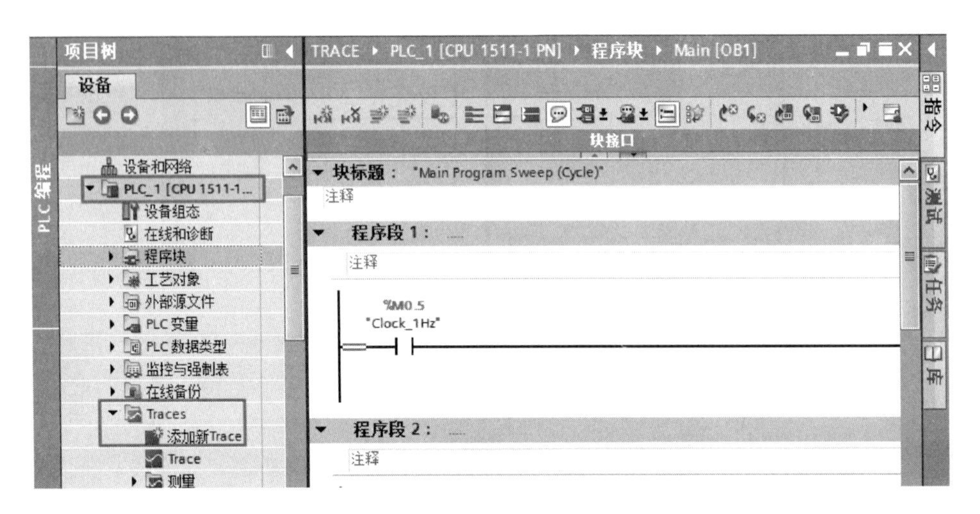

图 6-46　添加新 Trace

2）配置 Trace 信号　如图 6-47 所示，单击“配置”→“信号”，在“信号”的标签的表格中，添加需要跟踪的变量，本例添加了 3 个变量。

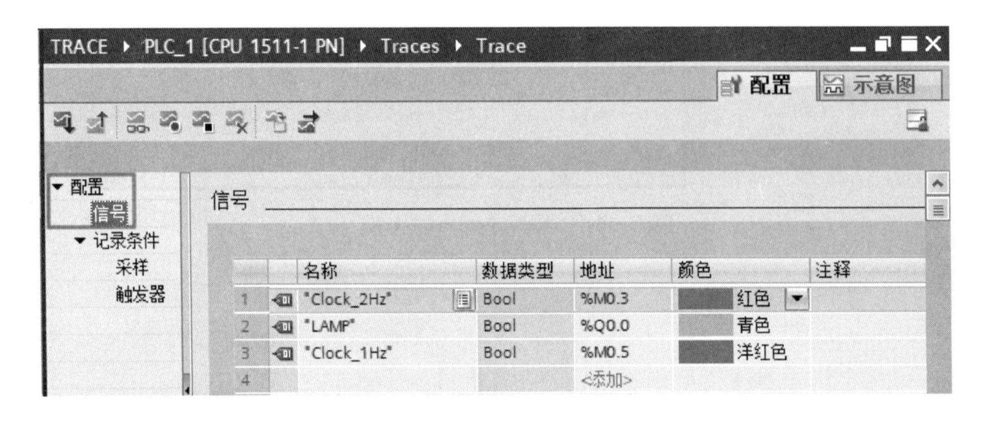

图 6-47　配置 Trace 信号

在“记录条件”标签中，设定采样和触发器参数，如图 6-48 所示。

对配置参数的说明如下。

① 记录时间点。使用 OB 块触发采样，处理完用户程序后，在 OB 块的结尾处记录所测量的数值。

② 记录频率。就是几个循环记录一次，例如记录点是 OB30 块，OB30 的循环扫描时间是 100ms，如果记录频率是 10，那么每 1s 记录一次。

③ 记录时长。定义测量点的个数或者使用的最大测量点。

④ 触发模式。触发模式包括立即触发和变量触发，具体说明如下。

a. 立即触发：点击工具栏中的“激活记录”按钮，立即开始记录，达到记录的测量个数后，停止记录并将轨迹保存。

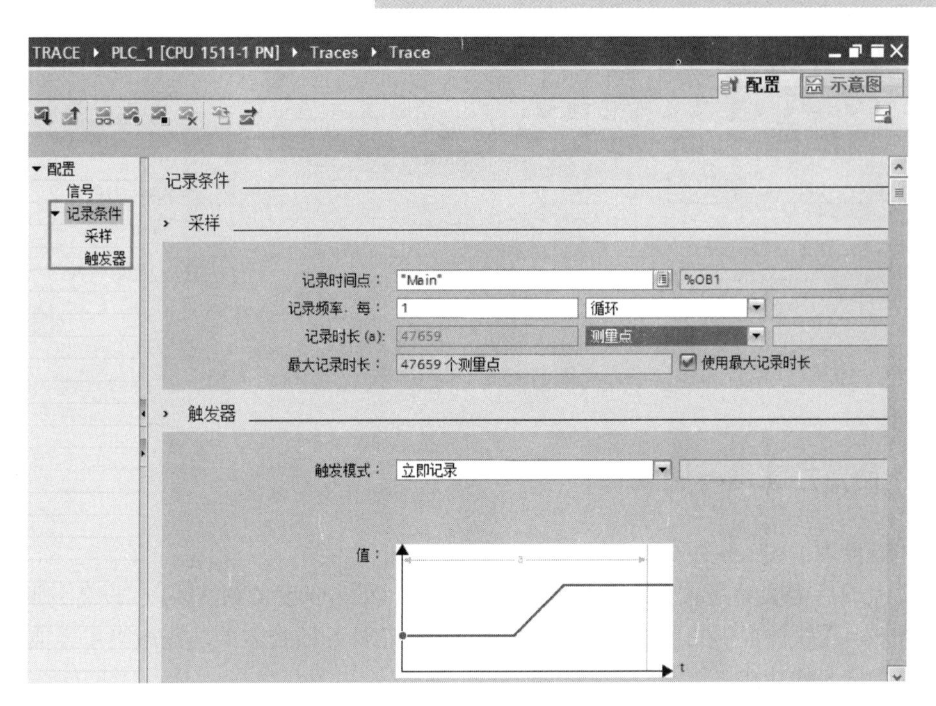

图 6-48　配置 Trace 记录条件

b. 变量触发：点击工具栏中的“激活记录”按钮，直到触发记录满足条件后，开始记录，达到记录的测量个数后，停止记录并将轨迹保存。

⑤ 触发变量和事件。触发模式的条件。

⑥ 预触发。设置记录触发条件满足之前需要记录的测量点数目。

（2）Trace 的操作

Trace 工具栏如图 6-49 所示，在 Trace 操作过程中，非常重要。Trace 的具体操作过程如下。

① 将整个项目下载到 CPU 中，将 CPU 置于运行状态，可以使用仿真器。

② 在 Trace 视图的工具栏中，单击“在设备中安装轨迹”按钮，弹出如图 6-50 所示的界面，单击“是”按钮，再单击“激活记录”按钮，信号轨迹开始显示在画面中，如图 6-51 所示。当记录数目到达后，停止记录。

图 6-49　Trace 工具栏

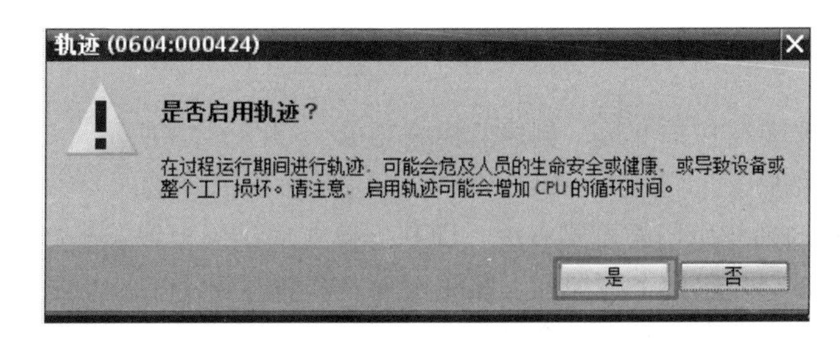

图 6-50　启用轨迹

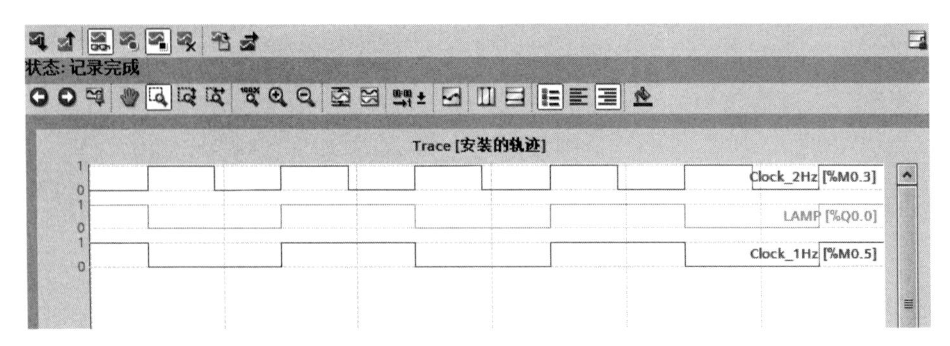

图 6-51 信号轨迹

6.3.5 用监控表进行调试

（1）监控表（Watch Table）简介

接线完成后需要对所接线和输出设备进行测试，即 I/O 设备测试。I/O 设备的测试可以使用 TIA Portal 软件提供的监控表实现，TIA Portal 软件的监控表的功能相当于经典 STEP 7 软件中的变量表的功能。

监控表也称监视表，可以显示用户程序的所有变量的当前值，也可以将特定的值分配给用户程序中的各个变量。使用这两项功能可以检查 I/O 设备的接线情况。

（2）创建监控表

当 TIA Portal 软件的项目中添加了 PLC 设备后，系统会自动为该 PLC 的 CPU 生成一个“监控与强制表”文件夹。在项目视图的项目树中，打开此文件夹，双击“添加新监控表”选项，即可创建新的监控表，默认名称为“监控表 _1”，如图 6-52 所示。

图 6-52 创建监控表

在监控表中定义要监控的变量，创建监控表完成，如图 6-53 所示。

（3）监控表的布局

监视表中显示的列与所用的模式有关，即基本模式或扩展模式。扩展模式比基本模式的列数多，扩展模式下会显示两个附加列，即使用触发器监视和使用触发器修改。

监控表中的工具条中各个按钮的含义见表 6-4。

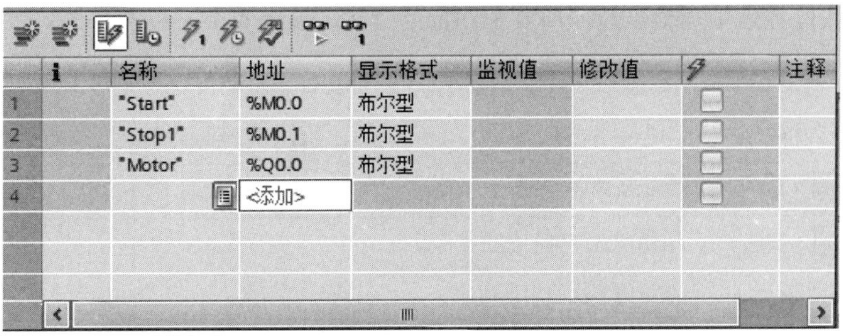

图 6-53　在监控表中，定义要监控的变量

表 6-4　监控表中的工具条中各个按钮的含义

序号	按钮	说明
1		在所选行之前插入一行
2		在所选行之后入一行
3		立即修改所有选定变量的地址一次。该命令将立即执行一次，而不参考用户程序中已定义的触发点
4		参考用户程序中定义的触发点，修改所有选定变量的地址
5		禁用外设输出的输出禁用命令。用户因此可以在 CPU 处于 STOP 模式时修改外设输出
6		显示扩展模式的所有列。如果再次单击该图标，将隐藏扩展模式的列
7		显示所有修改列。如果再次单击该图标，将隐藏修改列
8		开始对激活监控表中的可见变量进行监视。在基本模式下，监视模式的默认设置是“永久”。在扩展模式下，可以为变量监视设置定义的触发点
9		开始对激活监控表中的可见变量进行监视。该命令将立即执行并监视变量一次

监控表中各列的含义见表 6-5。

表 6-5　监控表中各列的含义

模式	列	含义
基本模式		标识符列
	名称	插入变量的名称
	地址	插入变量的地址
	显示格式	所选的显示格式
	监视值	变量值，取决于所选的显示格式
	修改值	修改变量时所用的值
		单击相应的复选框可选择要修改的变量
	注释	描述变量的注释
扩展模式显示附加列	使用触发器监视	显示所选的监视模式
	使用触发器修改	显示所选的修改模式

此外，在监控表中还会出现一些其他图标的含义，见表 6-6。

表 6-6　监控表中出现的一些其他图标的含义

序号	图标	含义
1	（绿色）	表示所选变量的值已被修改为“1”
2	（灰色）	表示所选变量的值已被修改为“0”
3	=	表示将多次使用该地址
4		表示将使用该替代值。替代值是在信号输出模块故障时输出到过程的值，或在信号输入模块故障时用来替换用户程序中过程值的值。用户可以分配替代值（例如，保留旧值）
5		表示地址因已修改而被阻止
6		表示无法修改该地址
7		表示无法监视该地址
8	F	表示该地址正在被强制
9	F	表示该地址正在被部分强制
10	F	表示相关的 I/O 地址正在被完全 / 部分强制
11	F	表示该地址不能被完全强制。示例：只能强制地址 QW0:P，但不能强制地址 QD0:P。这是由于该地址区域始终不在 CPU 上
12	（红色）	表示发生语法错误
13		表示选择了该地址但该地址尚未更改

（4）监控表的 I/O 测试

监控表的编辑与编辑 EXCEL 类似，因此，监控表的输入可以使用复制、粘贴和拖拽等功能，变量可以从其他项目复制和拖拽到本项目。

如图 6-54 所示，单击监控表中工具条的“监视变量”按钮，可以看到三个变量的监视值。

如图 6-55 所示，选中“M0.1”后面的“修改值”栏的“FALSE”，单击鼠标右键，弹出快捷菜单，选中“修改”→“修改为 1”命令，变量“M0.1”变成“TRUE”，如图 6-56 所示。

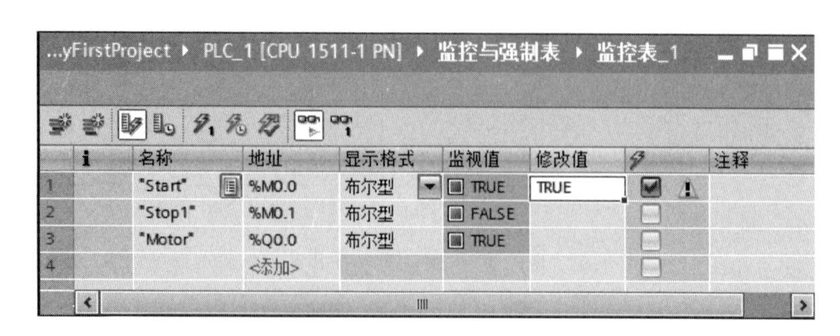

图 6-54　监控表的监控

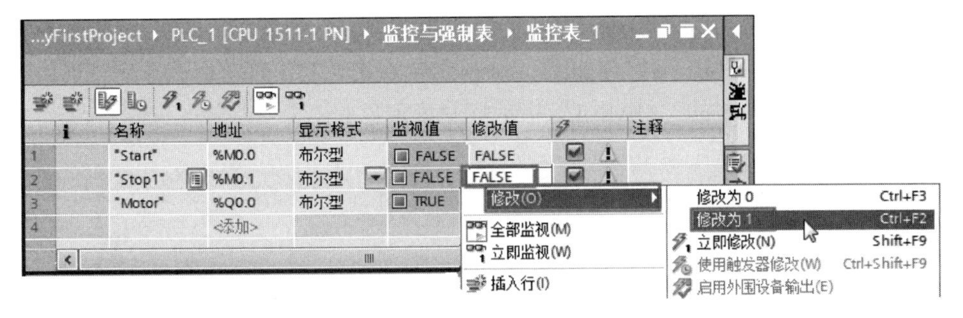

图 6-55　修改监控表中的值（1）

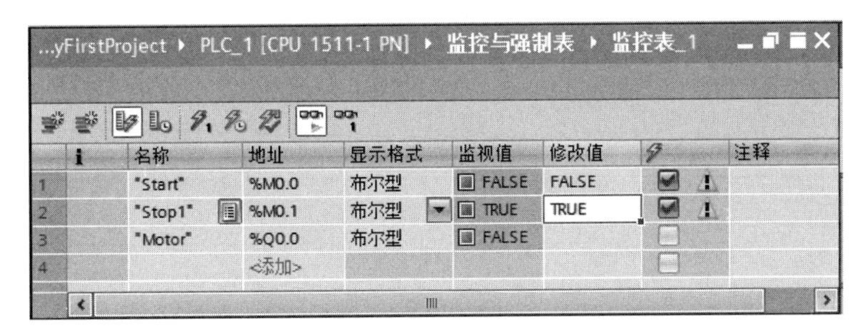

图 6-56　修改监控表中的值（2）

6.3.6　用强制表进行调试

（1）强制表简介

使用强制表给用户程序中的各个变量分配固定值，该操作称为“强制”。

强制表功能如下。

① 监视变量　通过该功能可以在 PG/PC 上显示用户程序或 CPU 中各变量的当前值。可以使用或不使用触发条件来监视变量。

强制表可监视的变量有：输入、输出和位存储器，数据块的内容，外设输入。

② 强制变量　通过该功能可以为用户程序的各个 I/O 变量分配固定值。

变量表可强制的变量有：外设输入和外设输出。

（2）打开监控表

当 TIA Portal 软件的项目中添加了 PLC 设备后，系统会自动为该 PLC 的 CPU 生成一个“监控与强制表”文件夹。在项目视图的项目树中，打开此文件夹，双击“强制表”选项，即可打开，不需要创建，输入要强制的变量，如图 6-57 所示。

MyFirstProject ▸ PLC_1 [CPU 1511-1 PN] ▸ 监控与强制表 ▸ 强制表

	i	名称	地址	显示格式	监视值	强制值	F	注释
1		"Motor":P	%Q0.0:P	布尔型		TRUE		
2		"Lamp":P	%Q0.1:P	布尔型		TRUE		
3			<添加>					

图 6-57　强制表

如图 6-58 所示，选中“强制值”栏中的“TRUE”，右击鼠标，弹出快捷菜单，选中“强制”→“强制为 1”命令，强制表如图 6-59 所示，在第一列出现F标识，而且模块的 Q0.1 指示灯点亮，且 CPU 模块的“MAINT”指示灯变为黄色。

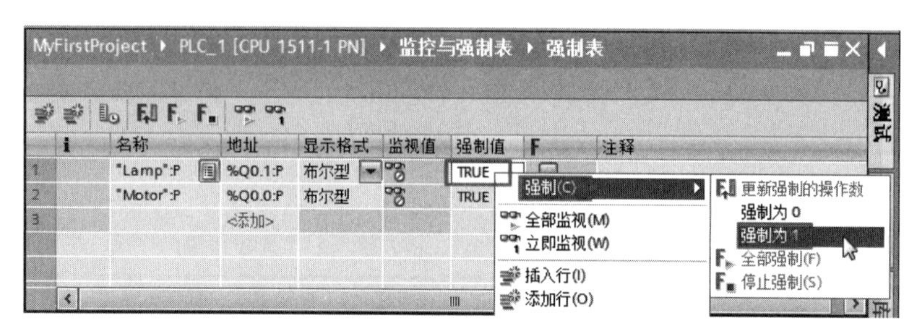

图 6-58　强制表的强制操作（1）

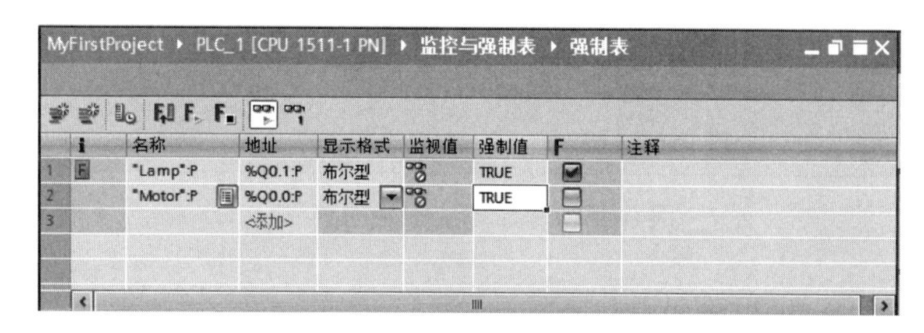

图 6-59　强制表的强制操作（2）

点击工具栏中的“停止强制”按钮F■，停止所有的强制输出，“MAINT”指示灯变为绿色。

【关键点】

① 利用“修改变量”功能可以同时输入几个数据。“修改变量”的作用类似于“强制”的作用。但两者是有区别的。

②“强制”功能的优先级别要高于“修改变量”，“修改变量”的数据可能改变参数状态，但当与逻辑运算的结果抵触时，写入的数值也可能不起作用。

③“修改变量”不能改变输入继电器（如 I0.0）的状态，而“强制”可以改变。

④ 仿真器中可以模拟“修改变量”，但不能模拟“强制”功能，“强制”功能只能在真实的 S7-1500 PLC 中实现。

⑤ 此外，PLC 处于强制状态时，LED 指示灯为黄色，正常运行状态时，不应使 PLC 处于强制状态，“强制”功能仅用于调试。

【例 6-4】 如图 6-60 所示的梯形图，Q0.0 状态为 1，问：在“监控表”中，分别用“修改变量”和“强制”功能，是否能将 Q0.0 的数值变成 0?

解：用“修改变量”功能不能将 Q0.0 的数值变成 0，因为图 6-60 梯形图逻辑运算的结果造成 Q0.0 为 1，与“修改变量”结果抵触，最后输出结果以逻辑运算会覆盖修改结果，因此最终以逻辑运算的结果为准。

用“强制”功能可以将 Q0.0 的数值变成 0，因为强制的结果可以覆盖逻辑运算的结果。

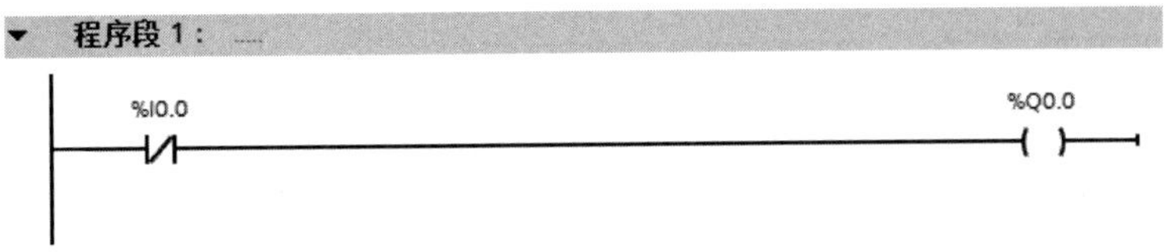

▼ 程序段 1：……

%I0.0 %Q0.0

图 6-60 例 6-4 梯形图

6.3.7 其他调试方法

比较常用的调试程序的方法还有用变量监控表进行调试和用仿真器进行调试，这些调试方法在第 3 章和第 4 章已经介绍了，在此不再赘述。

7

第7章 西门子PLC的SCL和GRAPH编程

本章介绍S7-SCL和S7-GRAPH的应用场合和语言特点等，并最终使读者掌握S7-SCL和S7-GRAPH的程序编写方法。西门子S7-300/400 PLC、S7-1200 PLC、S7-1500 PLC的S7-SCL语言具有共性，但S7-1500 PLC的S7-SCL语言有其特色，本章主要针对S7-1500 PLC讲解S7-SCL和S7-GRAPH语言。

7.1 西门子PLC的SCL编程

7.1.1 S7-SCL简介

（1）S7-SCL概念

S7-SCL（Structured Control Language）结构化控制语言是一种类似于计算机高级语言的编程方式，它的语法规范接近计算机中的PASCAL语言。SCL编程语言实现了IEC 61131-3标准中定义的ST语言（结构化文本）的PLCopen初级水平。

（2）S7-SCL特点

① 符合国际标准IEC 61131-3。

② 获得PLCopen基础级认证。

③ 是一种类似于PASCAL的高级编程语言。

④ 适用于SIMATIC S7-300（推荐用于CPU314以上CPU）、S7-400、C7 、S7-1500和WinAC产品。S7-SCL为PLC做了优化处理，它不仅仅具有PLC典型的元素（例如输入/输出、定时器、计数器、符号表），而且具有高级语言的特性，例如循环、选择、分支、数组和高级函数。

⑤ S7-SCL可以编译成STL，虽然其代码量相对于STL编程有所增加，但程序结构和程序的总体效率提高了。类似于计算机行业的发展，汇编语言已经被舍弃，取而代之的是C/C++等高级语言。S7-SCL对工程设计人员要求较高，需要其具有一定的计算机高级语言的知识和编程技巧。

（3）S7-SCL应用范围

由于S7-SCL是高级语言，所以其非常适合如下任务：

① 复杂运算功能；

② 复杂数学函数；

③ 数据管理；

④ 过程优化。

S7-SCL 所具备的优势使其在编程中应用越来越广泛，有的 PLC 厂家已经将结构化文本作为首推编程语言（以前首推梯形图）。

7.1.2　S7-SCL 程序编辑器

（1）打开 SCL 编辑器

在 TIA 博途（TIA Portal）项目视图中，单击“添加新块”，新建程序块，编程语言选中为“SCL”，再单击“确定”按钮，如图 7-1 所示，即可生成主程序 OB123，其编程语言为 SCL。在创建新的组织块、函数块和函数时，均可将其编程语言选定为 SCL。

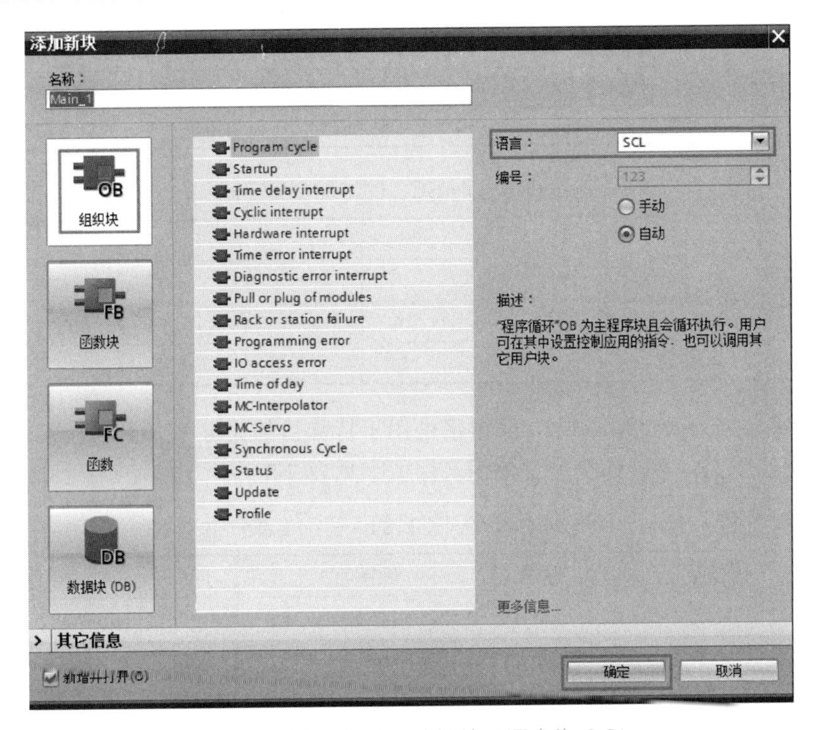

图 7-1　添加新块 - 选择编程语言为 SCL

在 TIA 博途项目视图的项目树中，双击“Main_1”，弹出的视图就是 SCL 编辑器，如图 7-2 所示。

（2）SCL 编辑器的界面介绍

如图 7-2 所示，SCL 编辑器的界面分 5 个区域，SCL 编辑器的各部分组成及含义见表 7-1。

7.1.3　S7-SCL 编程语言基础

（1）S7-SCL 的基本术语

1）字符集　S7-SCL 使用 ASCII 字符子集：字母 A ～ Z（大小写），数字 0 ～ 9，空格和换行符，等等。此外，还包含特殊含义的字符，见表 7-2。

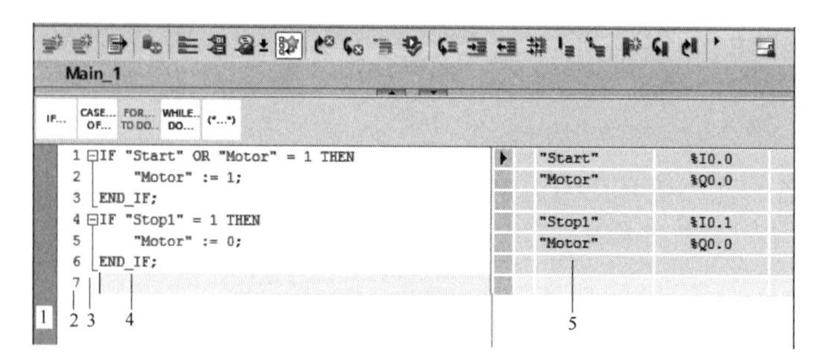

图 7-2 SCL 编辑器

表 7-1 SCL 编辑器的各部分组成及含义

对应序号	组成部分	含义
1	侧栏	在侧栏中可以设置书签和断点
2	行号	行号显示在程序代码的左侧
3	轮廓视图	轮廓视图中将突出显示相应的代码部分
4	代码区	在代码区，可对 SCL 程序进行编辑
5	绝对操作数的显示	列出了赋值给绝对地址的符号操作数

表 7-2 S7-SCL 的特殊含义字符

序号	1	2	3	4	5	6	7	8	9	10	11
特殊含义字符	+	-	*	/	=	<	>	[	]	(	)
序号	12	13	14	15	16	17	18	19	20	21	22
特殊含义字符	:	;	$	#	"	'	{	}	%	.	,

2）保留字（Reserved Words） 保留字是用于特殊目的关键字，不区分大小写。保留字在编写程序中要用到，不能作为变量使用。保留字见表 7-3。

表 7-3 S7-SCL 的保留字（部分）

序号	保留字	序号	保留字	序号	保留字
1	AND	15	END_CASE	29	ORGANIZATION_BLOCK
2	ANY	16	END_CONST	30	POINTER
3	ARRAY	17	END_DATA_BLOCK	31	PROGRAM
4	AT	18	END_FOR	32	REAL
5	BEGIN	19	END_FUNCTION	33	REPEAT
6	BYTE	20	END_WHILE	34	TO
7	CASE	21	ENO	35	TOD
8	CHAR	22	EXIT	36	TRUE
9	CONST	23	FALSE	37	TYPE
10	CONTINUE	24	FOR	38	VAR
11	DO	25	MOD	39	WHILE
12	ELSE	26	OF	40	Names of the standard functions
13	ELSIF	27	OK		
14	EN	28	OR		

3）数字（Numbers）　在S7-SCL中，有多种表达数字的方法，其表达规则如下。

① 数字可以有正负、小数点或者指数表达。

② 数字间不能有字符、逗号和空格。

③ 为了便于阅读可以用下划线分隔符，如：16#11FF_AAFF与16#11FFAAFF相等。

④ 数字前面可以有正号（+）和负号（-），没有正负号，默认为正数。

⑤ 数字不可超出范围，如整数范围是-32768～+32767。

数字中有整数和实数。

整数分为INT（范围是-32768～+32767）和DINT（范围是-2147483648～+2147483647），合法的整数表达举例：-18，+188。

实数也称为浮点数，即是带小数点的数，合法的实数表达如：2.3、-1.88和1.1e+3（就是1.1×10^3）。

4）字符串（Character Strings）　字符串就是按照一定顺序排列的字符和数字，字符串用单引号标注，如‘QQ&360’。

5）注释（Comment Section）　注释用于解释程序，帮助读者理解程序，不影响程序的执行。下载程序时，对于S7-300/400 PLC，注释不会下载到CPU中去。对程序详细的注释是良好的习惯。

注释从“(*”开始，到“*)”结束，注释的例子如下：

```
TEMP1:=1;
(*这是一个临时变量，
用于存储中间结果*)
TEMP2=3;
```

6）变量（Variables）　在S7-SCL中，每个变量在使用前必须声明其变量的类型，以下是根据不同区域将变量分为三类：局域变量、全局变量和允许预定义的变量。

局域变量在逻辑块（FC、FB、OB）中定义，只能在块内有效访问，见表7-4。

表7-4　S7-SCL的局域变量

变量	说明
静态变量	变量值在块执行期间和执行后保留在背景数据块中，用于保存函数块值，FB和SFB均有，而FC和SFC均无
临时变量	属于逻辑块，不占用静态内存，其值只在执行期间保留。可以同时作为输入变量和输出变量使用
块参数	是函数块和功能的形式参数，用于在块被调用时传递实际参数。包括输入参数、输出参数和输入/输出参数等

全局变量是指可以在程序中任意位置进行访问的数据或数据域。

（2）运算符

一个表达式代表一个值，它可以由单个地址（单个变量）或者几个地址（几个变量）利用运算符结合在一起组成。

运算符有优先级，遵循一般算数运算的规律。S7-SCL中的运算符见表7-5。

（3）表达式

表达式是为了计算一个终值所用的公式，它由地址（变量）和运算符组成。表达式的规则如下。

表 7-5　S7-SCL 的运算符

类别	名称	运算符	优先级
赋值	赋值	:=	11
算术运算	幂运算	**	2
	乘	*	4
	除	/	4
	模运算	MOD	4
	除	DIV	4
	加、减	+、-	5
比较运算	小于	<	6
	大于	>	6
	小于等于	<=	6
	大于等于	>=	6
	等于	=	7
	不等于	<>	7
逻辑运算	非	NOT	3
	与	AND、&	8
	异或	XOR	9
	或	OR	10
（表达式）	（，）	（ ）	1

① 两个运算符之间的地址（变量）与优先级高的运算结合。

② 按照运算符优先级进行运算。

③ 具有相同的运算级别，从左到右运算。

④ 表达式前的减号表示该标识符乘以 -1。

⑤ 算数运算不能两个或者两个以上连用。

⑥ 圆括号用于越过优先级。

⑦ 算数运算不能用于连接字符或者逻辑运算。

⑧ 左圆括号与右圆括号的个数应相等。

举例如下：

A1 AND（A2）　// 逻辑运算表达式

（A3）<（A4）　// 比较表达式

3+3*4/2　// 算术运算表达式

1）简单表达式（Simple Expressions）　在 S7-SCL 中，简单表达式就是简单的加减乘除的算式。举例如下：

SIMP_EXPRESSION:= A * B + D / C-3 * VALUE1;

2）算术运算表达式（Arithmetic Expressions）　算术运算表达式是由算术运算符构成的，允许处理数值数据类型。S7-SCL 的算术运算符及其地址和结果的数据类型见表 7-6。

3）比较运算表达式（Comparison Expressions）　比较运算表达式就是比较两个地址中的数值，结果为布尔数据类型。如果布尔运算的结果为真，则结果为 TRUE，如果布尔运算的结果为假，则结果为 FALSE。比较表达式的规则如下：

表 7-6 S7-SCL 的算术运算符及其地址和结果的数据类型

运算	标识符	第一个地址	第二个地址	结果	优先级
幂	**	ANY_NUM	ANY_NUM	REAL	2
乘法	*	ANY_NUM	ANY_NUM	ANY_NUM	4
		TIME	ANY_INT	TIME	4
除法	/	ANY_NUM	ANY_NUM	ANY_NUM	4
		TIME	ANY_INT	TIME	4
整除	DIV	ANY_INT	ANY_INT	ANY_INT	4
		TIME	ANY_INT	TIME	4
模运算	MOD	ANY_INT	ANY_INT	ANY_INT	4
加法	+	ANY_NUM	ANY_NUM	ANY_NUM	5
		TIME	TIME	TIME	5
		TOD	TIME	TOD	5
		DT	TIME	DT	5
减法	—	ANY_NUM	ANY_NUM	ANY_NUM	5
		TIME	TIME	TIME	5
		TOD	TIME	TOD	5
		DATE	DATE	TIME	5
		TOD	TOD	TIME	5
		DT	TIME	DT	5
		DT	DT	TIME	5

注：ANY_INT 指 INT 和 DINT，而 ANY_NUM 指 INT、DINT 和 Real 的数据类型。

① 可以进行比较的数据类型有：INT、DINT、REAL、BOOL、BYTE、WORD、DWORD、CHAR 和 STRING 等。

② 对于 DT、TIME、DATE、TOD 等时间数据类型，只能进行同数据类型的比较。

③ 不允许进行 S5TIME 型的比较，如要进行时间比较，必须使用 IEC 的时间。

④ 比较表达式可以与布尔规则相结合，形成语句。例如：Value_A > 20 AND Value_B < 20。

4）逻辑运算表达式（Logical Expressions） 逻辑运算符 AND、&、XOR 和 OR 与逻辑地址（布尔型）或数据类型为 BYTE、WORD、DWORD 型的变量结合构成逻辑表达式。S7-SCL 的逻辑运算符及其地址和结果的数据类型见表 7-7。

表 7-7 S7-SCL 的逻辑运算符及其地址和结果的数据类型

运算	标识符	第一个地址	第二个地址	结果	优先级
非	NOT	ANY_BIT	—	ANY_BIT	3
与	AND	ANY_BIT	ANY_BIT	ANY_BIT	8
异或	XOR	ANY_BIT	ANY_BIT	ANY_BIT	9
或	OR	ANY_BIT	ANY_BIT	ANY_BIT	10

（4）赋值

通过赋值，一个变量接收另一个变量或者表达式的值。在赋值运算符“：=”左边的是变量，该变量接收右边的地址或者表达式的值。

① 基本数据类型的赋值（Value Assignments with Variables of an Elementary Data Type）

每个变量、每个地址或者表达式都可以赋值给一个变量或者地址。赋值举例如下：

```
// 给变量赋值常数
SWITCH_1：=-17；
SETPOINT_1：= 100.1；
QUERY_1：= TRUE；
TIME_1：= T#1H_20M_10S_30MS；
TIME_2：= T#2D_1H_20M_10S_30MS；
DATE_1：= D#1996-01-10；
// 给变量赋值变量
SETPOINT_1：= SETPOINT_2；
SWITCH_2：= SWITCH_1；
// 给变量赋值表达式
SWITCH_2：= SWITCH_1 * 3；
```

② 结构和 UDT 的赋值（Value Assignments with Variables of the Type STRUCT and UDT）

结构和 UDT 是复杂的数据类型，但很常用。可以对其赋值同样的数据类型变量、同样数据类型的表达式、同样的结构或者结构内的元素。应用举例如下：

```
// 把一个完整的结构赋值给另一个结构
MEASVAL：= PROCVAL；
// 结构的一个元素赋值给另一个结构的元素
MEASVAL.VOLTAGE：= PROCVAL.VOLTAGE；
// 将结构元素赋值给变量
AUXVAR：= PROCVAL.RESISTANCE；
// 把常数赋值给结构元素
MEASVAL.RESISTANCE：= 4.5；
// 把常数赋值给数组元素
MEASVAL.SIMPLEARR[1,2]：= 4；
```

③ 数组的赋值（Value Assignments with Variables of the Type ARRAY）

数组的赋值类似于结构的赋值，数组元素的赋值和完整数组赋值。数组元素赋值就是对单个数组元素进行赋值，这比较常用。当数组元素的数据类型、数组下标、数组上标都相同时，一个数组可以赋值给另一个数组，这就是完整数组赋值。应用举例如下：

```
// 把一个数组赋值给另一个数组
SETPOINTS：= PROCVALS；
// 数组元素赋值
CRTLLR[2]：= CRTLLR_1；
// 数组元素赋值
CRTLLR [1,4]：= CRTLLR_1 [4]；
```

7.1.4 寻址

寻址可分为直接寻址和间接寻址，以下分别介绍。

（1）直接寻址

直接寻址就是操作数的地址直接给出而不需要经过某种变换，如图7-3所示是直接寻址的实例。

```
1  #In1:="模拟量输入";                  "模拟量输入"   %IW2
2  #In2 := "启停";                      "启停"        %I0.0
3  "启停" := TRUE;                      "启停"        %I0.0
4  "模拟量输入" := %DB1.DBW0;           "模拟量输入"   %IW2
```

图7-3　直接寻址实例

（2）间接寻址-读存储器

间接寻址提供寻址在运行之前不计算地址的操作数的选项。使用间接寻址，可以多次执行程序部分，且在每次运行时可以使用不同的操作数。SIMATIC S7-1500 PLC间接寻址与S7-300/400 PLC有较大区别，需要用到PEEK/POKE指令，PEEK指令的参数含义见表7-8。

表7-8　PEEK指令的参数含义

参数	声明	数据类型	存储区	说明
AREA	Input	BYTE	I、Q、M、D、L	可以选择以下区域： • 16#81：Input • 16#82：Output • 16#83：位存储区 • 16#84：DB • 16#1：外设输入（仅S7-1500）
DBNUMBER	Input	DINT，DB_ANY		如果AREA=DB，则为数据块序号，否则为“0”
BYTEOFFSET	Input	DINT		待读取的地址，仅使用16个最低有效位
RET_VAL	Output	位字符串		指令的结果

掌握PEEK指令有一定难度，以下用几个例子，介绍其应用。

① 标志位存储区的读取间接寻址　当参数area为16#83时，代表标志位存储区的间接寻址，这种情况dbNumber参数为0，而byteOffset代表字的序号，如图7-4所示，运行的结果为MW2=88，本例byteOffset=12。其中Value1的地址是MW12。读取MW12的数值存储在Value0中。

```
1   "Value1":= 16#1818;                          "Value1"   16#1818
2 ⊟"Value0" := PEEK_WORD(area := 16#83,         "Value0"   16#1818
3                        dbNumber := 0,
4                        byteOffset := 12);
```

图7-4　标志位存储区的读取间接寻址实例

② 数据块（DB）的读取间接寻址　当参数area为16#84时，代表数据块的间接寻址，dbNumber参数为1，代表DB1，而byteOffset代表字的序号，如图7-5所示，运行的结果为读取DB1.DW0的数值16#1818到Value0中，本例byteOffset=0。DB1.DW0就是"DB1".A。

```
1  "DB1".A:= 16#1818;
2  "Value0" :=PEEK_WORD(area:=16#84,
3                      dbNumber:=1,
4                      byteOffset:=0);
```

	"DB1".A	16#1818
	"Value0"	16#1818

图 7-5 数据块（DB）的读取间接寻址实例

③ 布尔型数据的读取间接寻址　当参数 area 为 16#83 时，代表位存储区的间接寻址，dbNumber 参数为 0，代表不是数据块，而 byteOffset 代表字节的序号，bitOffset 代表位的序号，如图 7-6 所示，运行的结果为将 M10.0（即 Value0）的“TRUE”传送到 Value1 中。

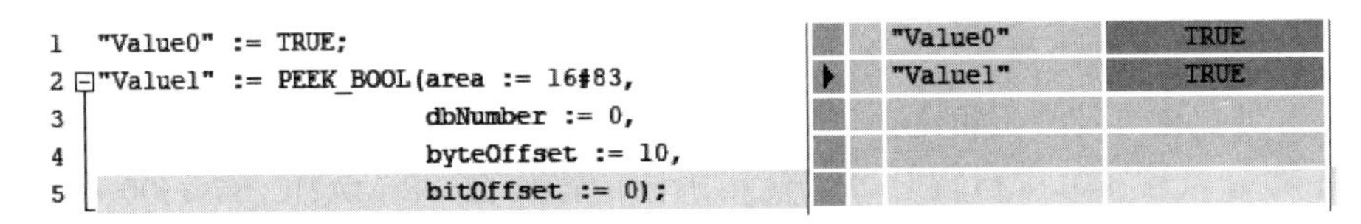

图 7-6 布尔型数据的读取间接寻址实例

④ 输出存储区的读取间接寻址　当参数 area 为 16#82 时，代表输出存储区的间接寻址，这种情况 dbNumber 参数为 0，而 byteOffset 代表字的序号，如图 7-7 所示，运行的结果为将 QW10=16#1818 传送到 Value1 中（Value0 的地址就是 QW10）。

```
1  "Value0":= 16#1818;
2  "Value1" := PEEK_WORD(area := 16#82,
3                        dbNumber := 0,
4                        byteOffset := 10);
```

	"Value0"	16#1818
	"Value1"	16#1818

图 7-7 输出存储区的读取间接寻址实例

（3）间接寻址 - 写存储器

前面介绍的 PEEK 是读存储器指令，而 POKE 是写存储器指令，其参数含义见表 7-9。

表 7-9 POKE 指令的参数含义

参数	声明	数据类型	存储区	说明
AREA	Input	BYTE	I、Q、M、D、L	可以选择以下区域： • 16#81：Input • 16#82：Output • 16#83：位存储区 • 16#84：DB • 16#1：外设输出（仅 S7-1500）
DBNUMBER	Input	DINT，DB_ANY		如果 AREA=DB，则为数据块序号，否则为“0”
BYTEOFFSET	Input	DINT		待写入的地址，仅使用 16 个最低有效位
VALUE	Input	位字符串		待写入数值

注：PEEK/POKE 指令只用于 SCL 程序。

以下用几个例子，介绍 POKE 指令的应用。

① 位存储区的写入间接寻址　当参数 area 为 16#83 时，代表位存储区的间接寻址，这种情况 dbNumber 参数为 0，而 byteOffset 代表字节的序号，如图 7-8 所示，运行的结果为将 16#18 写入 MB12，MB12 就是 Value1，本例 byteOffset=12。Value2=16#18 说明 Value1=16#18。

```
1 POKE(area:=16#83,
2          dbNumber:=0,
3          byteOffset:=12,
4          value := "Value0");
5  "Value0" := 16#18;
6  "Value2" := "Value1";
```

"Value0"	16#18
"Value0"	16#18
"Value2"	16#18

图7-8　位存储区的写入间接寻址实例

② 数据块（DB）的写入间接寻址　当参数area为16#84时，代表数据块的间接寻址，dbNumber参数为1，代表DB1，而byteOffset代表字的序号，如图7-9所示，运行的结果为将16#1818写入DB1.DW0，本例byteOffset=0。DB1.DW0就是"DB1".A。

```
1 POKE(area:=16#84,
2          dbNumber:=1,
3          byteOffset:=0,
4          value := "Value1");
5  "Value1" := 16#1818;
6  "Value2" :="DB1".A;
7
```

"Value1"	16#1818
"Value1"	16#1818
"Value2"	16#1818

图7-9　数据块（DB）的写入间接寻址实例

③ 写入存储器位的间接寻址　当参数area为16#83时，代表位存储区的间接寻址，dbNumber参数为0，代表不是数据块，而byteOffset代表字节的序号，bitOffset代表位的序号，如图7-10所示，运行的结果为将Value1（M10.1）的“TRUE”写入到Value0（M10.0）中。

```
1 POKE_BOOL(area:=16#83,
2          dbNumber:=0,
3          byteOffset:=10,
4          bitOffset:="OffSet",
5          value:="Value1");
6  "Value1" := TRUE;
7  "Value2":="Value0";
```

"OffSet"	0
"Value1"	TRUE
"Value1"	TRUE
"Value2"	TRUE
"Value0"	TRUE

图7-10　写入存储器位的间接寻址实例

④ 写入存储地址的间接寻址　当参数area为16#82时，代表输出存储区的间接寻址，这种情况dbNumber参数为0，而byteOffset代表字节的序号，如图7-11所示，运行的结果为将16#18（Value1）写入到Value0（QB2）中。

```
1 POKE(area:=16#82,
2          dbNumber:=0,
3          byteOffset:=2,
4          value := "Value1");
5  "Value1" := 16#18;
6  "Value2" := "Value0";
7
```

"Value1"	16#18
"Value1"	16#18
"Value2"	16#18

图7-11　写入存储地址的间接寻址实例

7.1.5 控制语句

S7-SCL 提供的控制语句可分为三类：选择语句、循环语句和跳转语句。

（1）选择语句（Selective Statements）

选择语句有 IF 和 CASE，其使用方法和 C 语言等高级计算机语言的用法类似，其功能说明见表 7-10。

表 7-10　S7-SCL 的选择语句功能说明

语句	说明
IF	是二选一的语句，判断条件是“TRUE”或者“FALSE”控制程序进入不同的分支进行执行
CASE	是一个多选语句，根据变量值，程序有多个分支

① IF 语句　IF 语句是条件，当条件满足时，按照顺序执行，不满足时跳出，其应用举例如下：

```
IF “START1” THEN         // 当 START1=1 时，将 N、SUM 赋值为 0，将 OK
                            赋值为 FALSE
     N：= 0；
     SUM：= 0；
     OK：= FALSE；
ELSIF “START” = TRUE THEN
   N：= N + 1；            // 当 START= TRUE 时，执行 N：= N + 1；
   SUM：= SUM + N；        // 当 START= TRUE 时，执行 SUM：= SUM + N；
ELSE
   OK：= FALSE；           // 当 START=FALSE 时，执行 OK：= FALSE；
END_IF；                   // 结束 IF 条件语句
```

② CASE 语句　当需要从问题的多个可能操作中选择其中一个执行时，可以选择嵌套 IF 语句来控制选择执行，但是选择过多会增加程序的复杂性，降低程序的执行效率。这种情况下，使用 CASE 语句就比较合适。其应用举例如下：

```
CASE TW OF
    1：DISPLAY:= OVEN_TEMP；      // 当 TW=1 时，执行 DISPLAY:= OVEN_TEMP；
    2：DISPLAY:= MOTOR_SPEED；    // 当 TW=2 时，执行 DISPLAY:= MOTOR_SPEED；
    3：DISPLAY:= GROSS_TARE；     // 当 TW=3 时，执行 DISPLAY:= GROSS_TAR；
       QW4:= 16#0003；            // 当 TW=3 时，执行 QW4:= 16#0003；
    4..10：DISPLAY:= INT_TO_DINT（TW）；  // 当 TW=4..10 时，执行 DISPLAY:= INT_
                                             TO_DINT（TW）；
       QW4:= 16#0004；                    // 当 TW=4..10 时，执行 QW4:= 16#0004；
    11，13，19：DISPLAY:= 99；
       QW4:= 16#0005；
ELSE:
    DISPLAY:= 0；             // 当 TW 不等于以上数值时，执行 DISPLAY:= 0；
    TW_ERROR:= 1；            // 当 TW 不等于以上数值时，执行 TW_ERROR:= 1；
END_CASE；                    // 结束 CASE 语句
```

（2）循环语句（Loops）

S7-SCL 提供的循环语句有三种：FOR 语句、WHILE 语句和 REPEAT 语句。其功能说明见表 7-11。

表 7-11　S7-SCL 的循环语句功能说明

语句	说明
FOR	只要控制变量在指定的范围内，就重复执行语句序列
WHILE	只要一个执行条件满足，某一语句就周而复始地执行
REPEAT	重复执行某一语句，直到终止该程序的条件满足为止

① FOR 语句　FOR 语句的控制变量必须为 INT 或者 DINT 类型的局部变量。FOR 循环语句定义了指定的初值和终值，这两个值的类型必须与控制变量的类型一致。其应用举例如下：

```
FOR INDEX：= 1 TO 50 BY 2 DO     // INDEX 初值为 1，终止为 50，步长为 2
  IF IDWORD [INDEX] = ’ KEY’ THEN
    EXIT；
  END_IF；
END_FOR；                        // 结束 FOR 语句
```

② WHILE 语句　WHILE 语句通过执行条件来控制语句的循环执行。执行条件是根据逻辑表达式的规则形成的。其应用举例如下：

```
WHILE INDEX < = 50 AND IDWORD[INDEX] <> ’ KEY’ DO
    INDEX：= INDEX + 2；     // 当 INDEX < = 50 AND IDWORD[INDEX]
                             <> ’KEY’ 时，
                            // 执行 INDEX：= INDEX + 2；
END_WHILE；                 // 终止循环
```

③ REPEAT 语句　在终止条件的满足之前，使用 REPEAT 语句反复执行 REPEAT 语句与 UNTIL 之间的语句。终止的条件是根据逻辑表达式的规则形成的。REPEAT 语句的条件判断在循环体执行之后进行，就是终止条件得到满足，循环体仍然至少执行一次。其应用举例如下：

```
REPEAT
  INDEX：= INDEX + 2；                         // 循环执行 INDEX：= INDEX + 2；
  UNTIL INDEX > 50 OR IDWORD[INDEX] = ’ KEY’  // 直到 INDEX > 50 或 IDWORD
                                                [INDEX] = ’ KEY’
END_REPEAT；                                   // 终止循环
```

（3）程序跳转语句（Program Jump）

在 S7-SCL 中的跳转语句有四种：CONTINUE 语句、EXIT 语句、GOTO 语句和 RETURN 语句。其功能说明见表 7-12。

表 7-12　S7-SCL 的程序跳转语句功能说明

序号	语句	说明
1	CONTINUE	用于终止当前循环反复执行
2	EXIT	不管循环终止条件是否满足，在任意点退出循环
3	GOTO	使程序立即跳转到指定的标号处
4	RETURN	使得程序跳出正在执行的块

① CONTINUE 语句的应用举例　用一个例子说明 CONTINUE 语句的应用。

```
INDEX：= 0；
WHILE INDEX ＜ = 100 DO
    INDEX：= INDEX + 1；
    IF ARRAY[INDEX] = INDEX THEN
      CONTINUE；      // 当 ARRAY[INDEX] = INDEX 时，退出循环
    END_IF；
    ARRAY[INDEX]：= 0；
END_WHILE；
```

② EXIT 语句的应用举例　用一个例子说明 EXIT 语句的应用。

```
FOR INDEX_1：= 1 TO 51 BY 2 DO
  IF IDWORD[INDEX_1] = ’ KEY’ THEN
    INDEX_2：= INDEX_1；     // 当 IDWORD[INDEX_1] =’ KEY’，执行 INDEX_2：=
                                INDEX_1；
    EXIT；                   // 当 IDWORD[INDEX_1] =’ KEY’，执行退出循环
  END_IF；
END_FOR；
```

③ GOTO 语句的应用举例　用一个例子说明 GOTO 语句的应用。

```
IF A ＞ B THEN
    GOTO LAB1；  // 当 A ＞ B 跳转到 LAB1
ELSIF A ＞ C THEN
    GOTO LAB2；  // 当 A ＞ C 跳转到 LAB2
END_IF；
LAB1：INDEX：= 1；
    GOTO LAB3；  // 当 INDEX：= 1 跳转到 LAB3
LAB2：INDEX：= 2；
```

7.1.6　SCL 块

函数和函数块在西门子的大中型 PLC 编程中应用十分广泛，前述章节中讲解到函数和函数块，其编程采用的是 LAD 语言，而本节采用 SCL 语言编程，以下仅用一个例子介绍函数，函数块使用方法也类似。

【例 7-1】 用 S7-SCL 语言编写一个程序，当常开触点 I0.0 闭合时，三个数字取平均值输出，当常开触点 I0.0 断开时，输出值清零，并报警。

解：① 新建项目。新建一个项目“平均值”，在 TIA 博途项目视图的项目树中，单击“添加新块”，新建程序块，编程语言选中为“SCL”，再单击“确定”按钮，如图 7-12 所示，即可生成函数“平均值”，其编程语言为 SCL。

② 填写变量表。在 TIA 博途项目视图的项目树中，双击打开 PLC 变量表，并填写变量表，如图 7-13 所示。

图 7-12　添加新块 - 选择编程语言为 SCL（例 7-1）

PLC 变量

	名称	变量表	数据类型	地址	保持	在 H...
1	START	默认变量表	Bool	%I0.0	☐	☑
2	LAMP	默认变量表	Bool	%Q0.0	☐	☑
3	加数1	默认变量表	Int	%MW0	☐	☑
4	加数2	默认变量表	Int	%MW2	☐	☑
5	加数3	默认变量表	Int	%MW4	☐	☑
6	和	默认变量表	Int	%MW6	☐	☑

图 7-13　填写变量表（例 7-1）

③ 创建函数 FC1。打开 FC1，并其在参数表中，输入输入参数“In1”“In2”和“In3”，输入输出参数“Error”，如图 7-14 所示。在程序编辑区，写入如图 7-15 所示的程序。注意：本例中的平均值就是返回值。

④ 编写主程序。主程序如图 7-16 所示。

平均值

	名称	数据类型	默认值	注释
1	▼ Input			
2	■ In1	Int		
3	■ In2	Int		
4	■ In3	Int		
5	▼ Output			
6	■ Eroor	Bool		
7	▶ InOut			
8	▶ Temp			
9	▶ Constant			
10	▼ Return			
11	■ 平均值	Int		

图 7-14　FC1 的参数表（例 7-1）

```
1  IF  "START"=1 THEN
2      #平均值:=(#In1+#In2+#In3)/3 ;
3      #Eroor := FALSE;
4  ELSE
5      #平均值 := 0;
6      #Eroor:= TRUE;
7  END_IF;
8
```

"START"	%I0.0

图 7-15　例 7-1 FC1 中的 SCL 程序

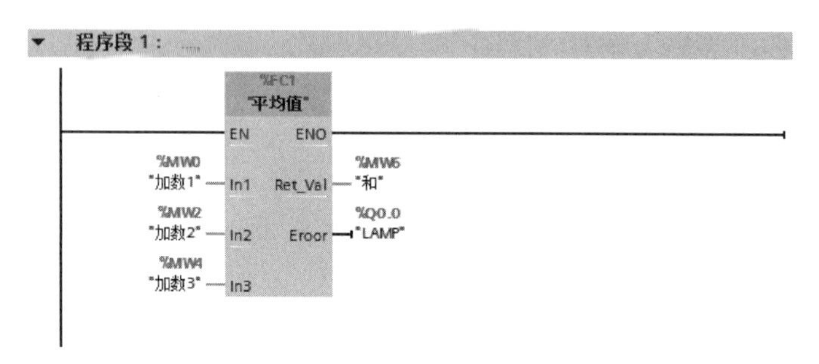

图 7-16　例 7-1 OB1 中的程序

7.1.7　S7-SCL 应用举例

SCL 应用举例

在前述的内容中，有较大的篇幅介绍 S7-SCL 的基础知识，以下用 4 个例子介绍 S7-SCL 的具体应用。

【例 7-2】 用 S7-SCL 语言编写一个主程序，实现对一台电动机的启停控制。

解：① 新建项目。新建一个项目“SCL”，在 TIA 博途项目视图的项目树中，单击“添加新块”，新建程序块，编程语言选中为“SCL”，再单击“确定”按钮，如图 7-17 所示，即可生成主程序 OB123，其编程语言为 SCL。

图 7-17　添加新块 - 选择编程语言为 SCL（例 7-2）

② 新建变量表。在 TIA 博途项目视图项目树中，双击“添加新变量表”，弹出变量表，输入和输出变量与对应的地址，如图 7-18 所示。注意：这里的变量是全局变量。

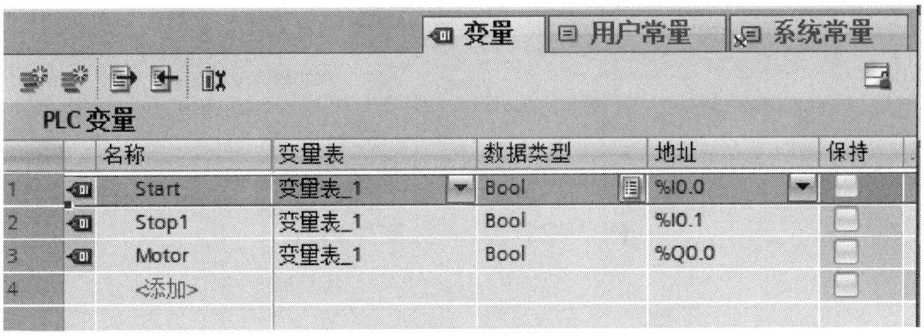

变量　用户常量　系统常量

PLC 变量

	名称	变量表	数据类型	地址	保持
1	Start	变量表_1	Bool	%I0.0	
2	Stop1	变量表_1	Bool	%I0.1	
3	Motor	变量表_1	Bool	%Q0.0	
4	<添加>				

图 7-18　创建变量表（例 7-2）

③ 编写 SCL 程序。在 TIA 博途项目视图的项目树中，双击“Main_1”，弹出视图就是 SCL 编辑器，在此界面中输入程序，如图 7-19 所示。运行此程序可实现启停控制。

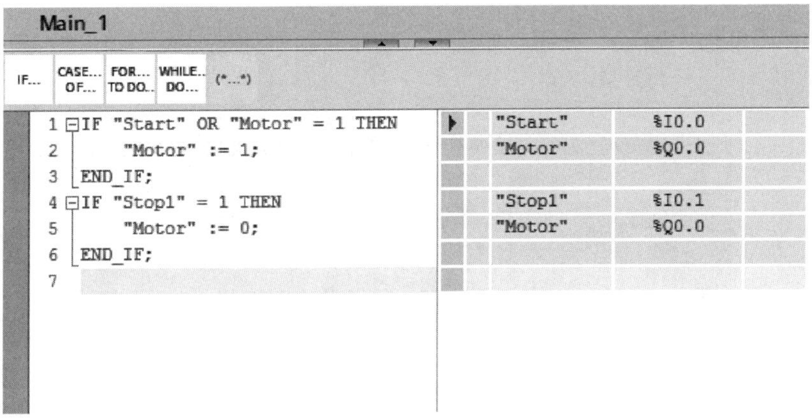

Main_1

```
1  IF "Start" OR "Motor" = 1 THEN        "Start"   %I0.0
2      "Motor" := 1;                     "Motor"   %Q0.0
3  END_IF;
4  IF "Stop1" = 1 THEN                   "Stop1"   %I0.1
5      "Motor" := 0;                     "Motor"   %Q0.0
6  END_IF;
7
```

图 7-19　例 7-2 启停控制 SCL 程序

【**例 7-3**】　设计一段程序，实现一盏灯灭 3s，亮 3s，不断循环，且能实现启停控制。

解：① 创建新项目，并创建 PLC 变量，如图 7-20 所示。

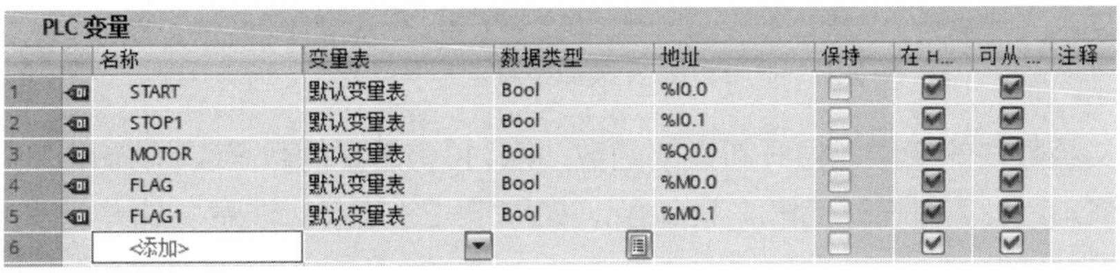

PLC 变量

	名称	变量表	数据类型	地址	保持	在 H...	可从 ...	注释
1	START	默认变量表	Bool	%I0.0		☑	☑	
2	STOP1	默认变量表	Bool	%I0.1		☑	☑	
3	MOTOR	默认变量表	Bool	%Q0.0		☑	☑	
4	FLAG	默认变量表	Bool	%M0.0		☑	☑	
5	FLAG1	默认变量表	Bool	%M0.1		☑	☑	
6	<添加>					☑	☑	

图 7-20　创建 PLC 变量表（例 7-3）

② 编写主程序，如图 7-21 所示。

```
1  IF "START" OR "FLAG" THEN
2      "FLAG" := TRUE;
3  END_IF;
4  IF "STOP1" THEN
5      "FLAG" := FALSE;
6  END_IF;
7  "IEC_Timer_0_DB".TON(IN:="FLAG" AND NOT "FLAG1",
8                      PT:=T#3S,
9                      Q=>"MOTOR");
10 "IEC_Timer_0_DB_1".TON(IN:="MOTOR",
11                       PT:=T#3S,
12                       Q=>"FLAG1" );
13
```

变量	地址
"START"	%I0.0
"FLAG"	%M0.0
"STOP1"	%I0.1
"FLAG"	%M0.0
"IEC_Timer_0_DB"	%DB1
"MOTOR"	%Q0.0
"IEC_Timer_0_DB_1"	%DB2
"FLAG1"	%M0.1

图 7-21 例 7-3 SCL 程序

【**例 7-4**】 有一个控制系统，要求采集一路温度信号，温度信号的范围为 0 ~ 100℃。高于 100℃的温度，视作干扰信号，仍然按照 100℃输出；低于 0℃的温度，视作干扰信号，仍然按照 0℃输出。要求显示实时温度和历史最高温度 2 个温度数值。请用 SCL 编写函数实现以上功能。

解：① 新建项目。新建一个项目"SCL1"，在 TIA 博途项目视图的项目树中，单击"添加新块"，新建程序块，块名称为"温度采集"，编程语言选中为"SCL"，块的类型是"函数 FC"，再单击"确定"按钮，如图 7-22 所示，即可生成函数 FC1，其编程语言为 SCL。

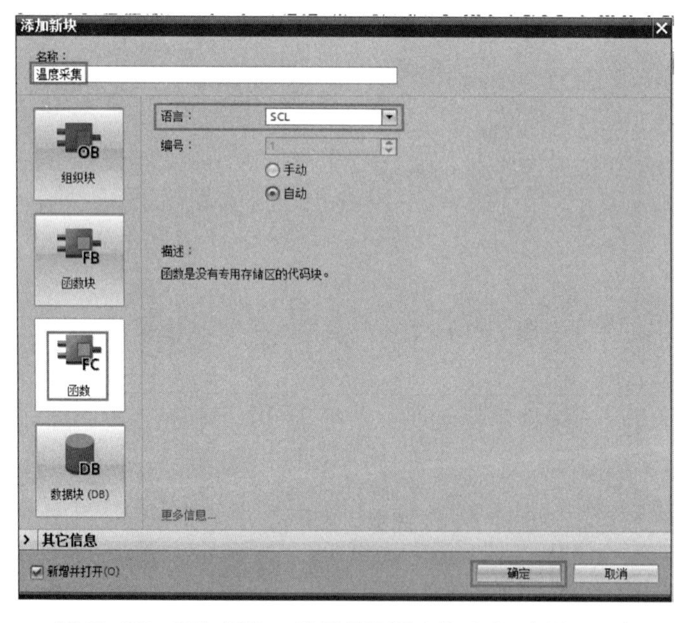

图 7-22 添加新块 - 选择编程语言为 SCL（例 7-4）

② 定义函数块的变量。打开新建的函数"FC1"，定义函数 FC1 的输入变量（Input）、输出变量（Output）和临时变量（Temp），如图 7-23 所示。注意：这些变量是局部变量，只在本函数内有效。

③ 插入指令 SCALE。单击"指令"→"基本指令"→"原有"→"SCALE"，插入 SCALE 指令。

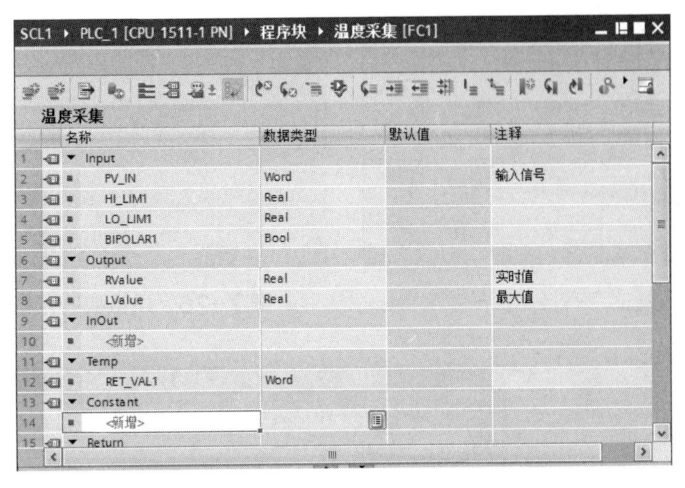

图 7-23　定义函数块的变量（例 7-4）

④ 编写函数 FC1 的 SCL 程序如图 7-24 所示。

```
IF...  CASE... OF...  FOR... TO DO...  WHILE.. DO...  (*...*)

1  IF #PV_IN1<0 THEN
2      #RValue := #LO_LIM1;
3  END_IF;
4  IF #PV_IN1 > 27648 THEN
5      #RValue := #HI_LIM1;
6  END_IF;
7  #RET_VAL1:=SCALE(IN:=#PV_IN1,
8                   HI_LIM:=#HI_LIM1,
9                   LO_LIM:=#LO_LIM1,
10                  BIPOLAR:=#BIPOLAR1,
11                  OUT=>#RValue);
12 IF #RValue>#LValue THEN
13     #LValue:=#RValue;
14 END_IF;
15
```

图 7-24　例 7-4 函数 FC1 的 SCL 程序

⑤ 设置块的专有技术保护。保护知识产权是必要的，当一个块的具体程序不希望被他人阅读时，可以采用设置块的专有技术保护进行处理。以下将对 FC1 进行专有技术保护。

a. 先打开函数 FC1，在菜单栏中，单击“编辑”→“专有技术保护”（Know-how protection）命令，弹出如图 7-25 所示的界面，单击“定义”按钮，弹出如图 7-26 所示的界面，在“新密码”和“确认密码”中输入相同密码，最后单击“确定”按钮，函数 FC1“设置块的专有技术保护”成功。

b. 如图 7-27 所示，设置块的专有技术保护后，如没有密码，此块不能打开。而且 FC1 的左侧有锁形标识，并且有文字“由于该块受专有技术保护，因此为只读块”警示。

⑥ 编写主程序，如图 7-28 所示。FC1 的管脚，与指令中的 SCALE 很类似，但 FC1 中多了 LValue（最高温度参数），而且采集的温度变量范围为 0 ～ 100℃。

图7-25 设置块的专有技术保护（1）

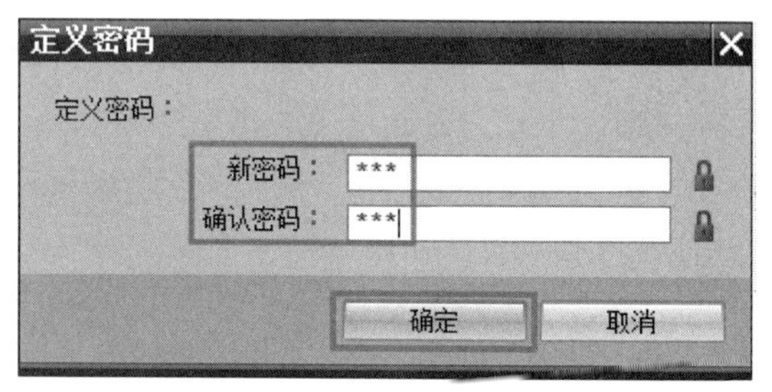

图7-26 设置块的专有技术保护（2）

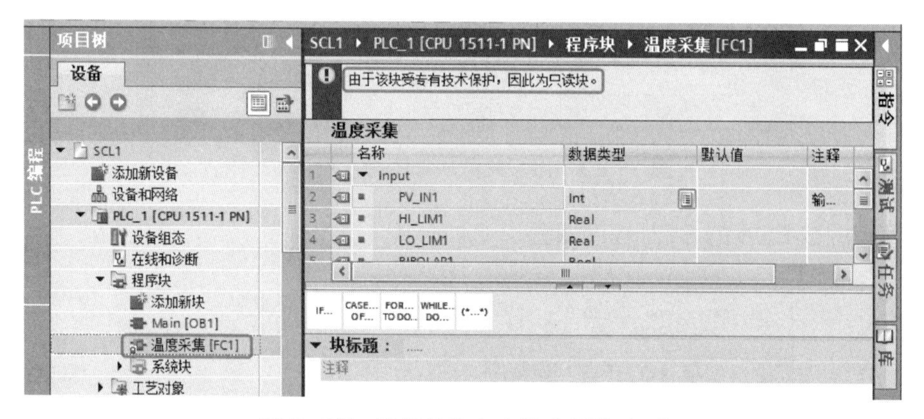

图7-27 设置块的专有技术保护（3）

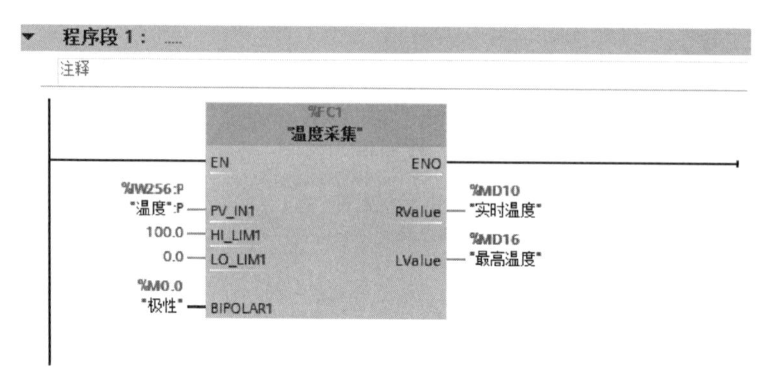

图7-28 例7-4 OB1中的程序

【例7-5】将一个实数型的输入值，依次输入（按一次按钮输入一个）到包含9个元素的数组中。请用SCL编写程序实现以上功能。

解：① 新建项目。新建一个项目“SCL2”，在TIA博途项目视图的项目树中，单击“添加新块”，新建程序块，块名称为“FB1”，编程语言选中为“SCL”，块的类型是“函数块FB”，再单击“确定”按钮，如图7-29所示，即可生成函数块FB1，其编程语言为SCL。

② 定义函数块的变量。打开新建的函数块“FB1”，定义函数块FB1的输入变量（Input）、输出变量、临时变量（Temp）和静态变量（Static），如图7-30所示。

③ 编写函数块FB1的SCL程序，如图7-31所示。

图 7-29　添加新块 - 选择编程语言为 SCL（例 7-5）

FB1

	名称	数据类型	默认值	保持性	可从 HMI ...	在 HMI ...
1	▼ Input				☐	☐
2	■ Request	Bool	false	非保持	☑	☑
3	■ Value	Real	0.0	非保持	☑	☑
4	▼ Output				☐	☐
5	■ ▶ Store	Array[1..9] of Real		非保持	☑	☑
6	▶ InOut				☐	☐
7	▼ Static				☐	☐
8	■ Index	Int	1	非保持	☑	☑
9	▼ Temp				☐	☐
10	■ Trige_Out	Bool			☐	☐
11	▶ Constant				☐	☐

图 7-30　定义函数块的变量（例 7-5）

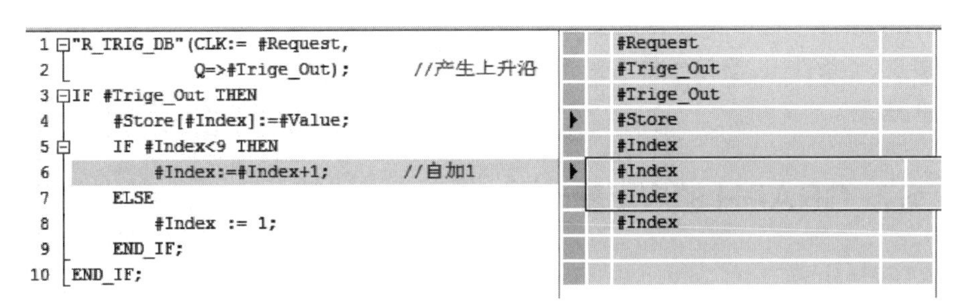

图 7-31　例 7-5 函数块 FB1 的 SCL 程序

④ 先新建全局数据块 DB2，并在数据块中创建一个包含 9 个元素的数组，再编写主程序 OB1 的 LAD 程序如图 7-32 所示。

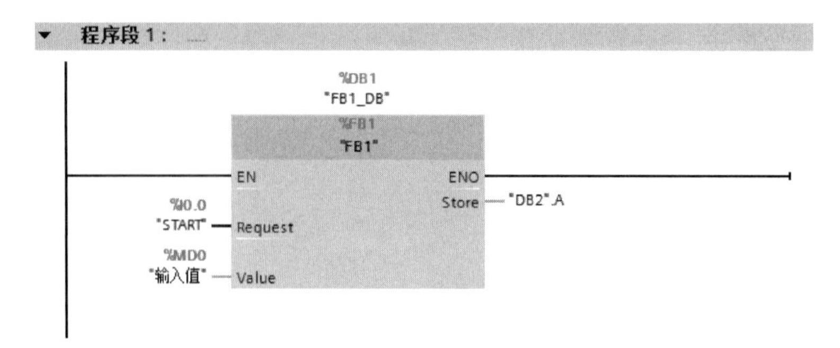

图 7-32 例 7-5 OB1 中的程序

7.2 西门子 PLC 的 GRAPH 编程

实际工业生产的控制过程中，顺序逻辑控制占有相当大的比例。所谓顺序逻辑控制，就是按照生产工艺预先规定的顺序，在各个输入信号的作用下，根据内部状态和时间顺序，在生产过程中的各个执行机构自动有序地进行操作。S7-GRAPH 是一种顺序功能图编程语言，它能有效地应用于设计顺序逻辑控制程序。

7.2.1 S7-GRAPH 简介

S7-GRAPH 是一种顺序功能图编程语言，适合用于顺序逻辑控制。S7-GRAPH 有如下特点：

① 适用于顺序控制程序；

② 符合国际标准 IEC 61131-3；

③ 通过了 PLCopen 基础级认证；

④ 适用于 SIMATIC S7-300（推荐用于 CPU314 以上 CPU）、S7-400、C7、WinAC 和 S7-1500。

S7-GRAPH 针对顺序控制程序做了相应优化处理，它不仅仅具有 PLC 典型的元素（例如输入 / 输出、定时器、计数器），而且增加了如下概念。

多个顺控器（最多 8 个）；步骤（每个顺控器最多 250 个）；每个步骤的动作（每步最多 100 个）；转换条件（每个顺控器最多 250 个）；分支条件（每个顺控器最多 250 个）；逻辑互锁（最多 32 个条件）；监控条件（最多 32 个条件）；事件触发功能；切换运行模式（手动、自动及点动模式）。

7.2.2 S7-GRAPH 的应用基础

（1）S7 程序构成

在 TIA 博途软件（STEP7）中，只有 FB 函数块可以使用 S7-GRAPH 语言编程。S7-GRAPH 编程界面为图形界面，包含若干个顺控器。当编译 S7-GRAPH 程序时，其生成的块以 FB 的形式出现，此 FB 可以被其他程序调用，例如 OB1、OB35。顺序控制 S7 程序构成如图 7-33 所示。

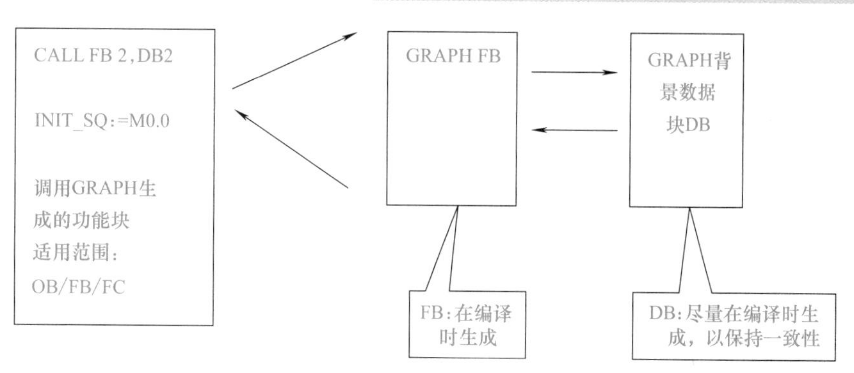

图 7-33　顺序控制 S7 程序构成

（2）S7-GRAPH 的编辑器

1）打开 S7-GRAPH 的编辑器　新建一个项目“GRAPH”，在 TIA 博途项目视图的项目树中，单击“添加新块”，新建程序块，块名称为“FB1”，编程语言选中为“GRAPH”，块的类型是“函数块 FB”，再单击“确定”按钮，如图 7-34 所示，即可生成函数块 FB1，其编程语言为 GRAPH。

图 7-34　添加新块 FB1

2）S7-GRAPH 编辑器的组成　S7-GRAPH 编辑器由生成和编辑程序的工作区、工具条、导航视图和块接口四部分组成，如图 7-35 所示。

① 工具条　工具条中可以分为 3 类功能，具体如下。

a. 视图功能：调整显示作用，如是否显示符号名等。

b. 顺控器：包含顺控器元素，如分支、跳转和步等。

c. LAD/FBD：可以为每步添加 LAD/FBD 指令。

② 工作区　在工作区内可以对顺控程序的各个元素进行编程。可以在不同视图中显示 GRAPH 程序。还可以使用缩放功能缩放这些视图。

③ 导航视图　导航视图中有：前固定指令、顺控器、后固定指令和报警。

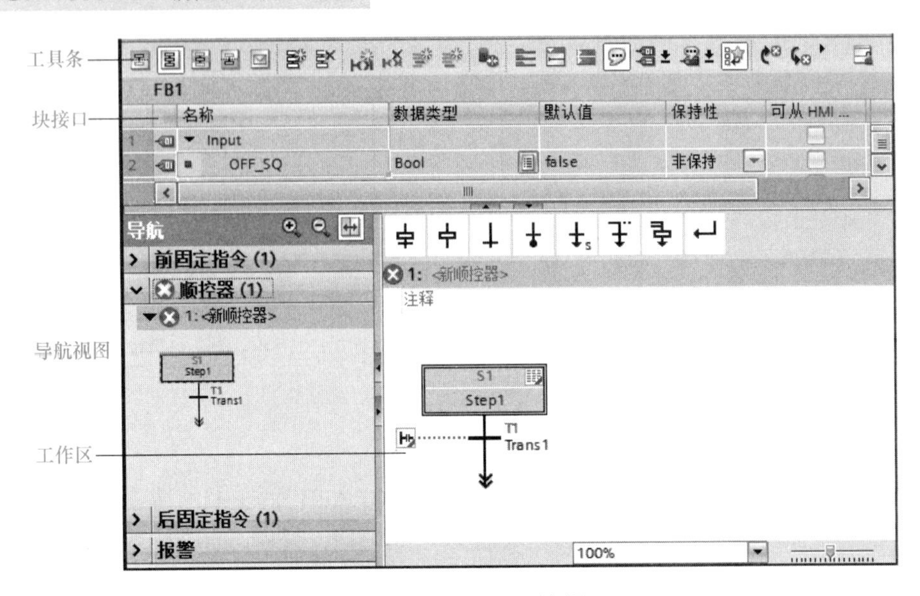

图 7-35　GRAPH 编辑器

④ 块接口　创建 S7-GRAPH 时，可以选择最小接口参数、标准接口参数和最大接口参数，每一个参数集都包含一组不同的输入和输出参数。

打开 S7-GRAPH 编辑器，本例打开 FB1 就是打开 S7-GRAPH 编辑器，在菜单栏中，单击“选项”→“设置”，弹出“属性”选项卡，在“PLC 编程”→“GRAPH”→“接口”下，有三个选项可以供选择，如图 7-36 所示，“默认接口参数”就是标准接口参数。

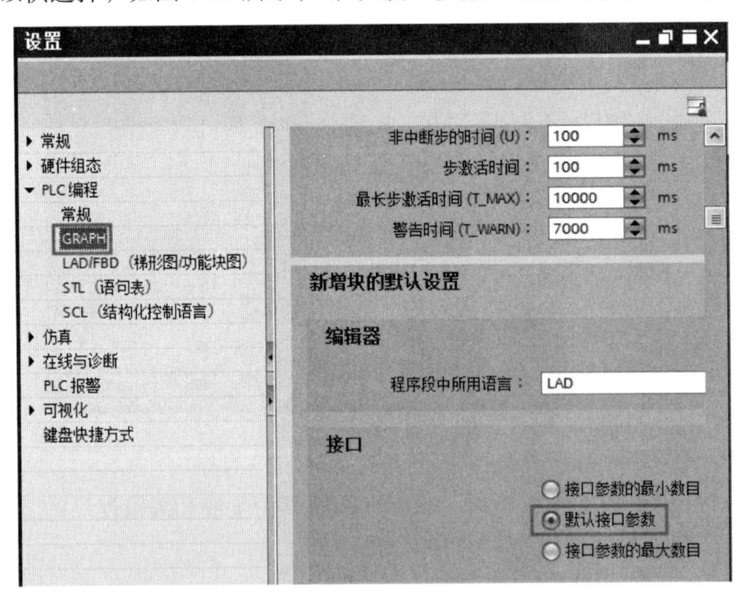

图 7-36　设置 GRAPH 接口块的参数集

（3）顺控器规则

S7-GRAPH 格式的 FB 程序是这样工作的：

① 每个 S7-GRAPH 格式的 FB，都可以作为一个普通 FB 被其他程序调用；

② 每个 S7-GRAPH 格式的 FB，都被分配一个背景数据块，此数据块用来存储 FB 参数设置、当前状态等；

③ 每个S7-GRAPH格式的FB，都包括三个主要部分：顺控器之前的前固定指令（permanent pre-instructions），一个或多个顺控器，顺控器之后的后固定指令（permanent post-instructions）。

1）顺控器执行规则

① 步的开始。每个顺控器都以一个初始步或者多个位于顺控器任意位置的初始步开始。

只要某个步的某个动作（action）被执行，则认为此步被激活（active），如果多个步被同时执行，则认为是多个步被激活（active）。

② 一个激活的步的退出。任意激活的干扰（active disturbs），例如互锁条件或监控条件的消除或确认，并且至后续步的转换条件（transition）满足时，激活步退出。

③ 满足转换条件的后续步被激活。

④ 在顺控器的结束位置的处理。

a. 如有一个跳转指令，指向本顺控器的任意步，或者 FB 的其他顺控器。此指令可以实现顺控器的循环操作。

b. 如有分支停止指令，顺控器的步将停止。

⑤ 激活的步（active step）。激活的步是一个当前自身的动作正在被执行的步。一个步在如下任意情况下，都可被激活：

a. 当某步前面的转换条件满足；

b. 当某步被定义为初始步（initial step），并且顺控器被初始化；

c. 当某步被其他基于事件的动作调用（event-dependent action）。

2）顺控器的结构　顺控器主要结构有：简单的线性结构顺控器［图 7-37（a）］、选择结构及并行结构顺控器［图 7-37（b）］和多个顺控器［图 7-37（c）］。

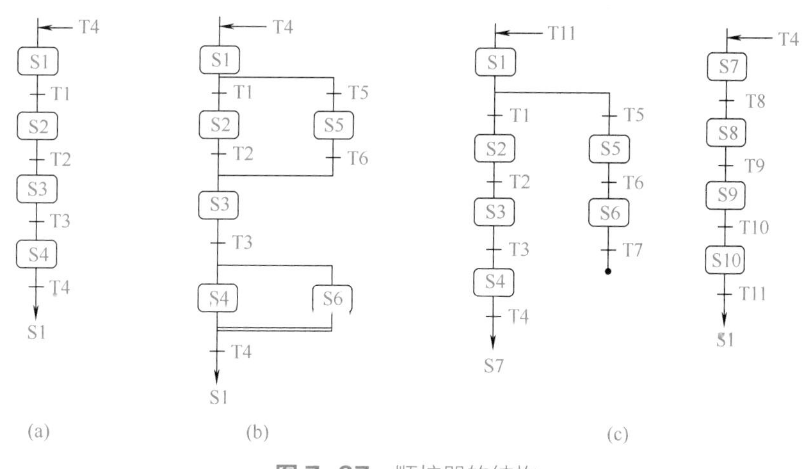

图 7-37　顺控器的结构

3）顺控器元素　在工具栏中有一些顺控器元素，这是创建程序所必需的，必须掌握。顺控器元素的含义见表 7-13。

（4）条件与动作的编程

1）步的构成及属性　一个 S7-GRAPH 的程序由多个步组成，其中每一步由步序、步名、转换名、转换条件、动作命令等组成，如图 7-38 所示。步序、步名、转换名由系统自动生成，一般无需修改，也可以自己修改，但必须是唯一的。步的动作由命令和操作数地址组成，左边的框中输入命令，右边的框中输入操作数地址。

表 7-13　顺控器元素的含义

序号	元素	中文含义
1		步和转换条件
2		添加新步
3		添加转换条件
4		顺控器结尾
5		指定顺控器的某一步跳转到另一步
6		打开选择分支
7		打开并行分支
8		关闭分支

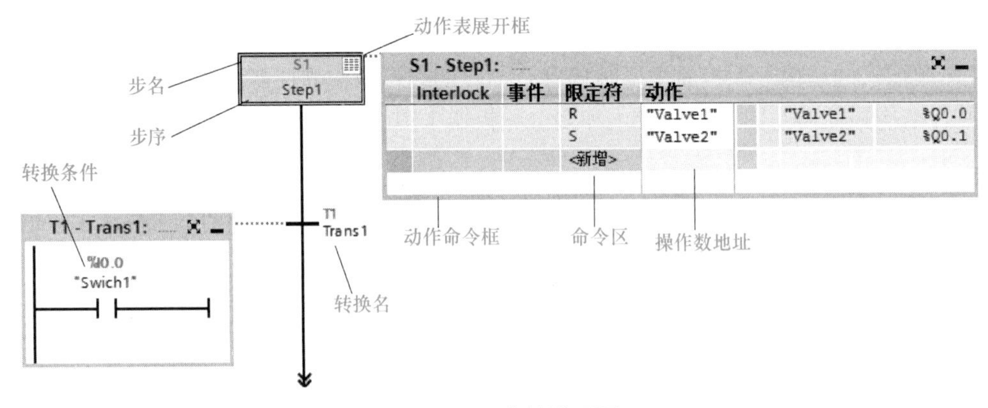

图 7-38　步的说明图

2）动作　动作有标准动作和事件有关的动作，动作可以为定时器、计数器和算数运算等。步的动作在 S7-GRAPH 的 FB 中占有重要位置，用户大部分控制任务要由步的动作来完成，编程者应当熟练掌握所有的动作指令。添加动作很容易，选中动作框，在相应的区域中输入命令和动作即可，添加动作只要单击“新增”按钮即可，如图 7-39 所示。

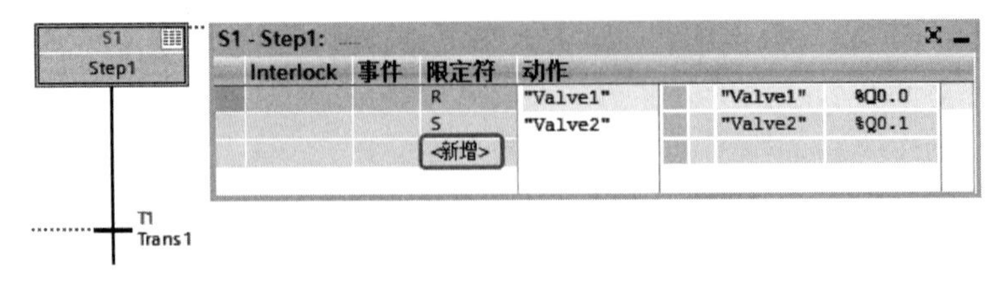

图 7-39　添加动作

标准动作在编写程序中较为常用，常用的标准动作含义见表 7-14。

表7-14 常用的标准动作的含义

命令	含义
N	输出，当该步为激活步时，对应的操作数输出为1；当该步为非激活步时，对应的操作数输出为0
S	置位，当该步为激活步时，对应的操作数输出为1；当该步为非激活步时，对应的操作数输出为1，除非遇到某一激活步将其复位
R	复位，当该步为激活步时，对应的操作数输出为0，并一致保持
D	延迟，当该步为激活步时，开始倒计时，计时时间到，对应的操作数输出为1；当该步为非激活步时，对应的操作数输出为0
L	脉冲限制，当该步为激活步时，对应的操作数输出为1，并开始倒计时，计时时间到，输出为0；当该步为非激活步时，对应的操作数输出为0
CALL	块调用，当该步为激活步时，指定的块会被调用

3）动作中的定时器　时间出现时，定时器将被执行，联锁功能也能用于定时器。

TL为扩展脉冲定时器命令，该命令的下面一行是定时器时间，定时器没有闭锁功能。

TD命令用于实现由闭锁功能的延迟。一旦事件发生，定时器被启动。联锁条件C仅仅在定时器启动的时刻起作用。

4）动作中的计数器　动作中的计数器的执行与指定的计数事件有关，对于有联锁功能的计数器，只有联锁条件满足和指定的事件出现时，动作中的计数器才会计数。计数器命令和联锁组合时，命令后面要加“C”。

事件发生时，计数器指令CS将初值装入计数器。CS的下面一行是要装入的计数器的初始值。事件发生时，CU、CD和CR指令，分别使得计数器加1、减1和复位。

5）动作中的算数运算　在动作中可以使用如下简单的算数运算语句，如：

① A：=B。

② A：= 函数（B），可以使用S7-GRAPH内置的函数。

③ A：=B <运算符> C，例如A：=B + C。

算数运算必须使用英文符号，不允许使用中文符号。

（5）转换条件

转换条件可以是事件，例如退出激活步，也可以是状态变化。条件可以在转换、联锁、监控和固定性指令中出现。

（6）S7-GRAPH的函数块参数

在S7-GRAPH编辑器中编写程序后，生成函数块，本例为FB1，如图7-40所示。在FB函数有4个参数设置区，有4个参数集选项，分别介绍如下。

① Minimum（最小参数集），FB只包括SQ_INIT启动参数，如图7-40（a）所示，用户的程序仅仅会运行在自动模式，并且不需要其他的控制及监控功能。

② Standard（标准参数集），FB包括默认参数，如图7-40（b）所示，用户希望程序运行在各种模式，并提供反馈及确认消息功能。

③ Maximum（最大参数集），FB包括默认参数和扩展参数，可提供更多的控制和监控参数，如图7-40（c）所示。

④ User-defined（用户定义参数集），FB包括默认参数和扩展参数，可提供更多的控制和监控参数。

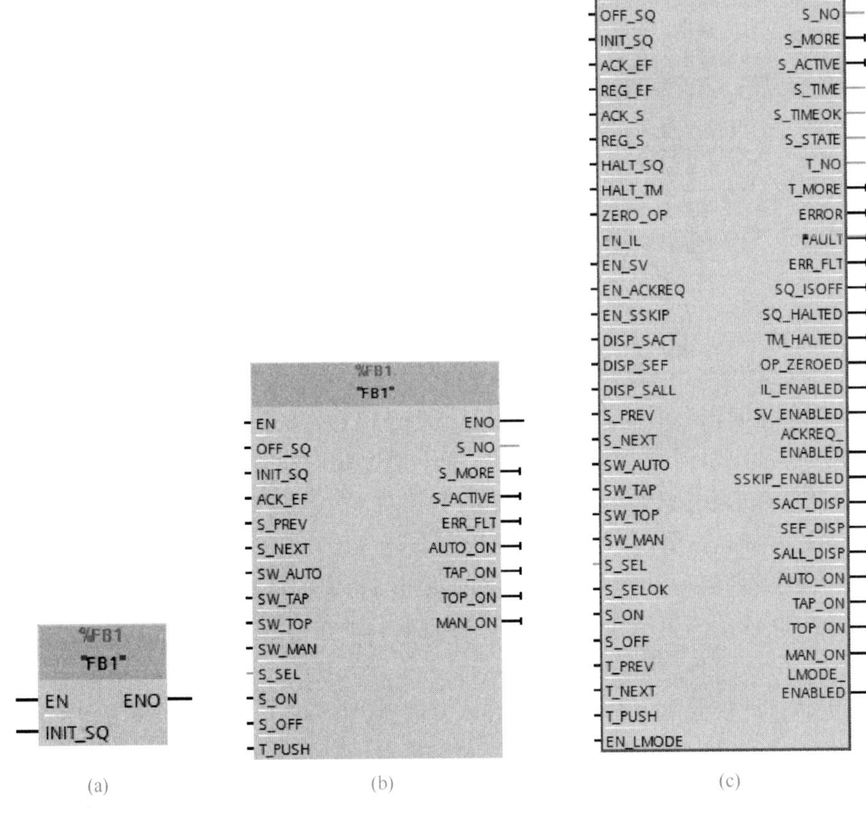

图 7-40 函数块 FB1

S7-GRAPH FB 的部分参数及其含义见表 7-15。

表 7-15 S7-GRAPH FB 的参数及其含义

FB 参数	数据类型	含义
ACK_EF	BOOL	故障信息得到确认
INIT_SQ	BOOL	激活初始步，顺控器复位
OFF_SQ	BOOL	停止顺控器，例如使所有步失效
SW_AUTO	BOOL	模式选择：自动模式
SW_MAN	BOOL	模式选择：手动模式
SW_TAP	BOOL	模式选择：单步调节
SW_TOP	BOOL	模式选择：自动或切换到下一个
S_SEL	INT	选择：如果在手动模式下选择输出参数“S_NO”的步号，则需使用“S_ON” / “S_OFF”进行启用 / 禁用
S_ON	BOOL	手动模式：激活步显示
S_OFF	BOOL	手动模式：禁用步显示
T_PUSH	BOOL	单步调节模式：如果传送条件满足，上升沿可以触发连续程序的传送
ERROR	BOOL	错误显示：“互锁”

续表

FB 参数	数据类型	含义
FAULT	BOOL	错误显示：“监视”
EN_SSKIP	BOOL	激活步的跳转
EN_ACKREQ	BOOL	使能确认需求
SQ_HALT	BOOL	暂停顺序控制器
TM_HALT	BOOL	停止所有步的激活运行时间和块运行与重新激活临界时间
ZERO_OP	BOOL	复位所有在激活步 N, D, L 操作到 0
EN_IL	BOOL	复位 / 重新使能步互锁
EN_SV	BOOL	复位 / 重新使能步监视
S_NO	INT	显示步号
AUTO_ON	BOOL	显示自动模式
TAP_ON	BOOL	显示半自动模式
MAN_ON	BOOL	显示手动模式

7.2.3　S7-GRAPH 的应用举例

以下用一个简单的例子来讲解 S7-GRAPH 编程应用的全过程。

【例 7-6】 用一台 PLC 控制 4 盏灯，实现如下功能：

初始状态时所有的灯都不亮；按下按钮 SB1，灯 HL1 亮；按下 SB2 按钮，灯 HL2 亮，HL1 灭；按下 SB3 按钮，灯 HL3 亮，HL2 灭；2s 后，灯 HL3 和灯 HL4 亮；再 2s 后，灯 HL3 和灯 HL4 熄灭，灯 HL1 亮；并如此循环。

程序要求用 S7-GRAPH 语言编写函数块实现。

解：① 根据题意，先绘制流程图如图 7-41 所示。

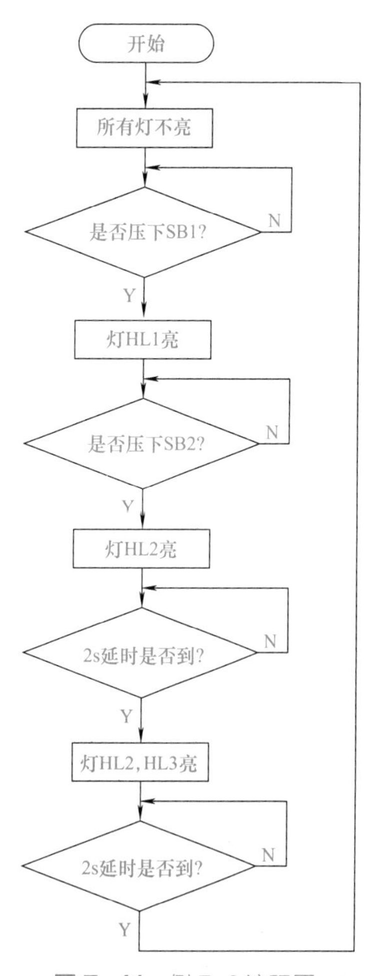

图 7-41　例 7-6 流程图

② 新建一个项目“GRAPH1”，并进行硬件组态，再编译和保存该项目。

③ 在 TIA 博途项目视图的项目树中，单击“添加新块”，新建程序块，块名称为“FB1”，编程语言选中为“GRAPH”，块的类型是“函数块 FB”，再单击“确定”按钮，如图 7-42 所示，即可生成函数块 FB1，其编程语言为 GRAPH。

④ 编辑 GRAPH 程序。选中 FB1，双击 FB1，打开 GRAPH 编辑器，弹出编辑界面，选中①处，右击鼠标，单击快捷菜单的“插入元素”→“步和转换条件”，插入“步和转换条件”如图 7-43 所示。

选中图 7-43 中的标记②处，再单击左侧工具栏的“常

图 7-42　FB1 的属性对话框

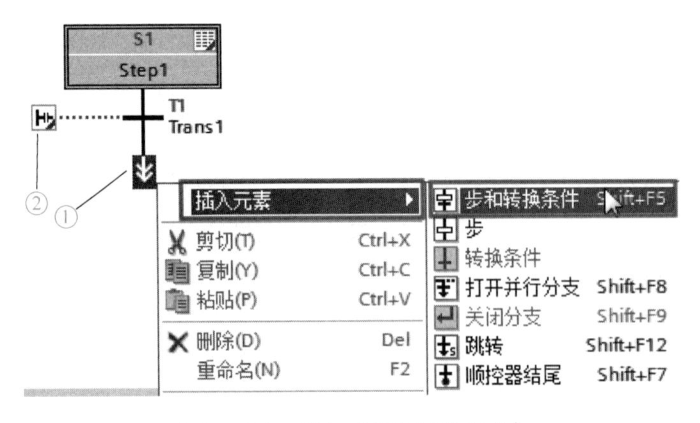

图 7-43　插入“步和转换条件”

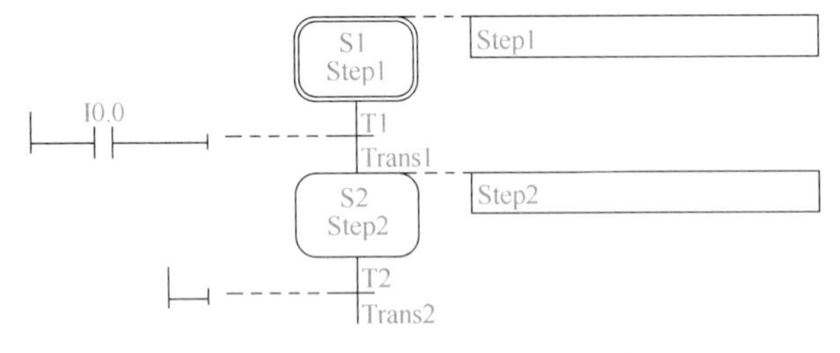

图 7-44　插入“常开触点”

开触点”按钮┤├，并在“常开触点”上面输入 I0.0，如图 7-44 所示。

在如图 7-45 所示的“Step2”处，单击“动作表展开框”，插入“动作”。

在动作命令框的左侧输入命令 N，右侧输入操作数 Q0.0，如图 7-46 所示。

编写完整的 GRAPH 程序如图 7-47 所示。之后，单击标准工具栏中的“保存”按钮，这个步骤非常重要。

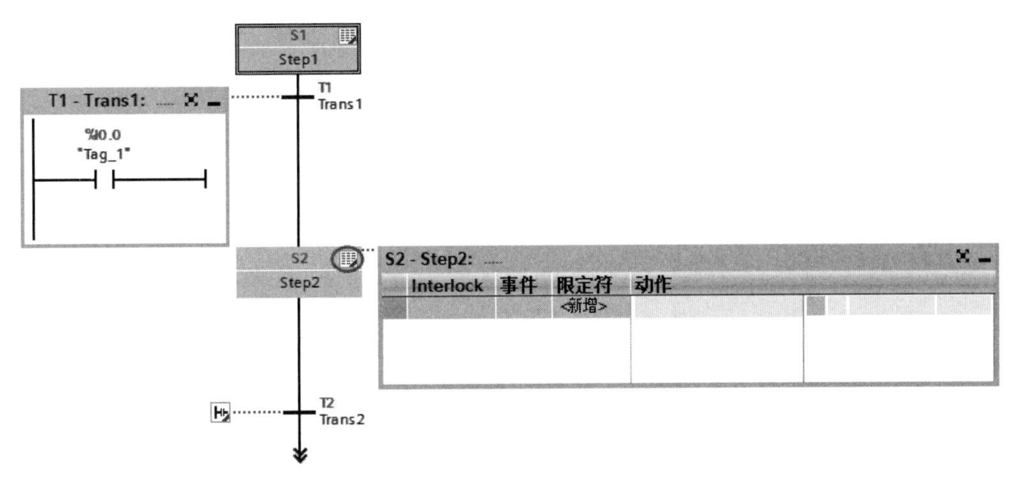

图 7-45　插入“动作”

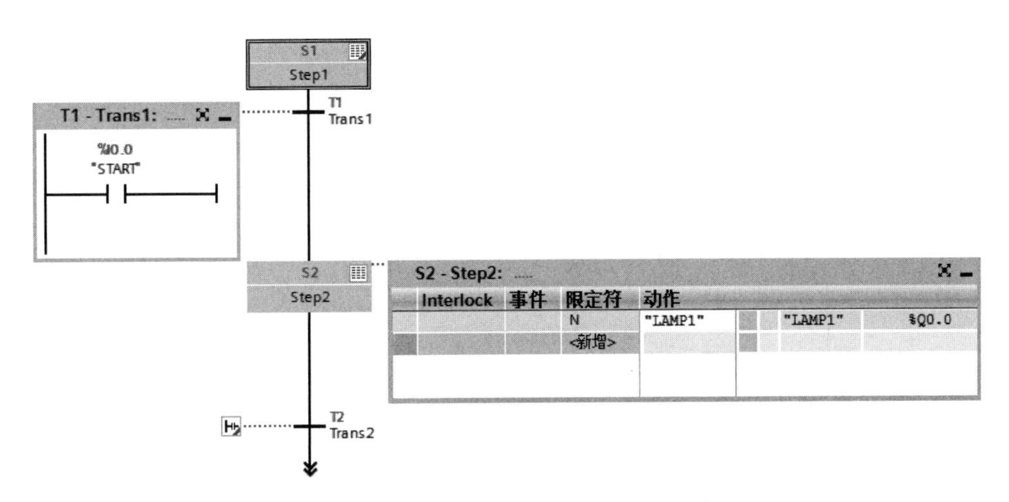

图 7-46　输入“动作”命令和操作数

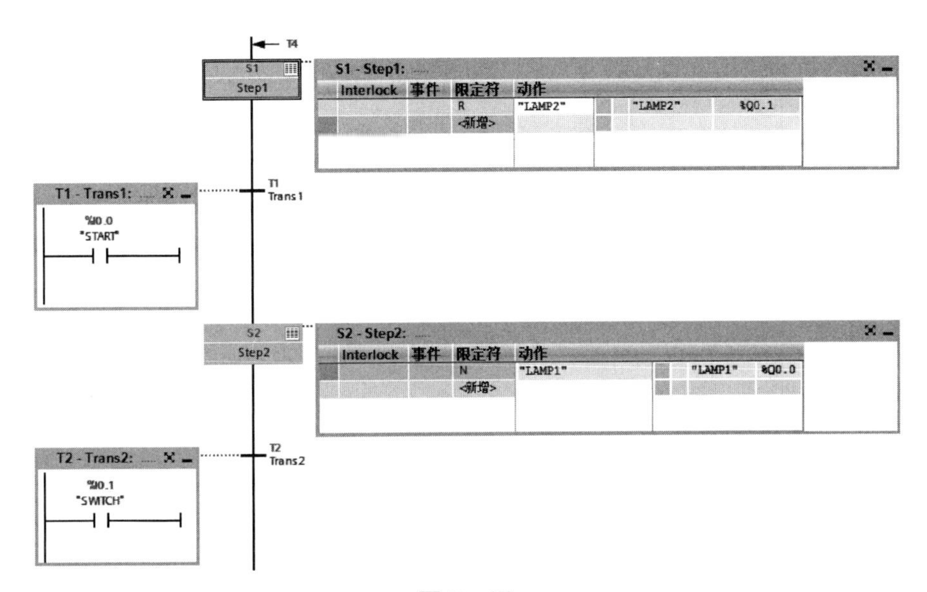

图 7-47

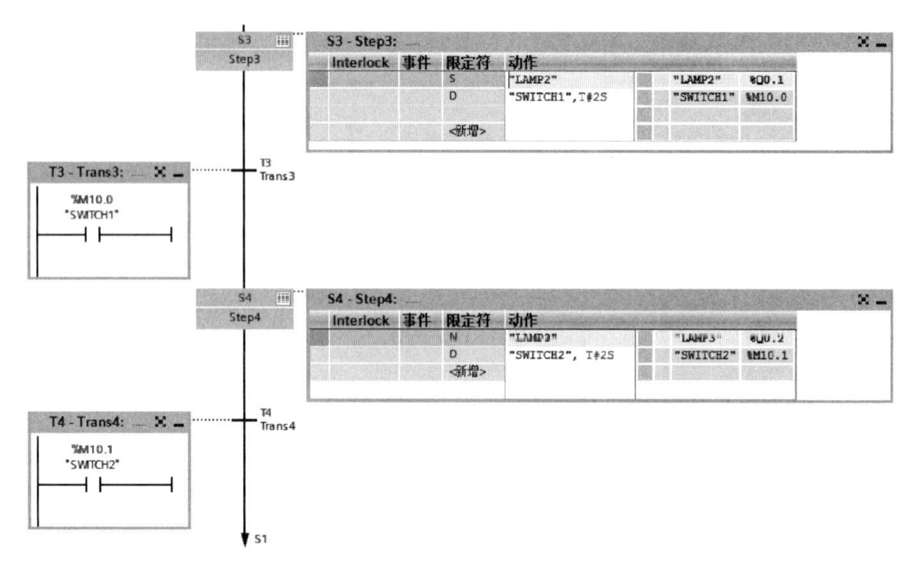

图 7-47 例 7-6 FB1 中完整的 GRAPH 程序

⑤ 编写 OB1 中的程序。将函数块 FB1 拖拽到程序编辑区，编写程序如图 7-48 所示。

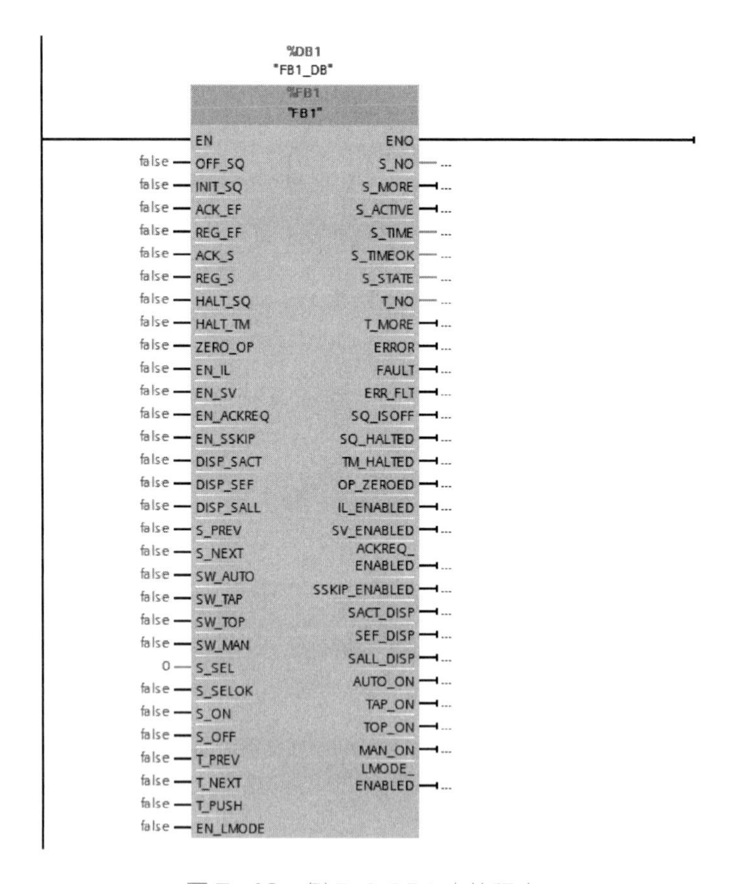

图 7-48 例 7-6 OB1 中的程序

⑥ 运行仿真。把程序下载到仿真器 S7-PLCSIM 中，将“I0.0”置为“1”。再切换到 S7-GRAPH 编辑器界面，单击工具栏中的“启用 / 禁用监视”按钮，处于监控状态下，

FB1 中的 GRAPH 程序如图 7-49 所示。

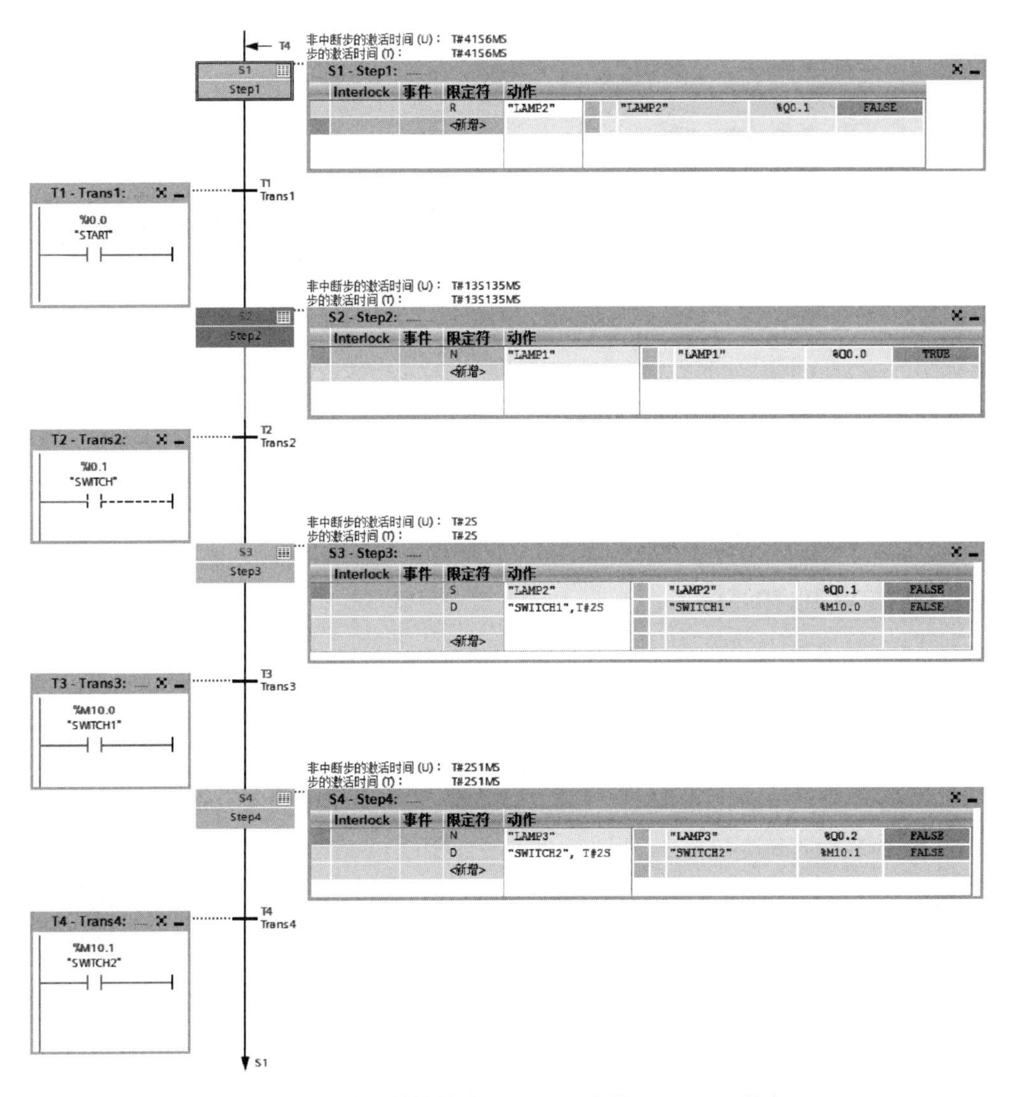

图 7-49　处于监控状态下，FB1 中的 GRAPH 程序

8

第8章 西门子S7-1500 PLC的通信应用

本章主要介绍通信的概念、PROFIBUS通信、S7-1500 PLC的OUC通信、S7-1500 PLC的S7通信、S7-1500 PLC的PROFINET IO通信和S7-1500 PLC的串行通信，本章内容是PLC学习中的重点和难点。

8.1 通信基础知识

PLC的通信包括PLC与PLC之间的通信、PLC与上位计算机之间的通信以及PLC和其他智能设备之间的通信。PLC与PLC之间通信的实质就是计算机的通信，使众多独立的控制任务构成一个控制工程整体，形成模块控制体系。PLC与计算机连接组成网络，将PLC用于控制工业现场，计算机用于编程、显示和管理等任务，构成“集中管理、分散控制”的分布式控制系统（DCS）。

8.1.1 通信的基本概念

通信的基本概念

（1）串行通信与并行通信

串行通信和并行通信是两种不同的数据传输方式。

串行通信就是通过一对导线将发送方与接收方进行连接，传输数据的每个二进制位，按照规定顺序在同一导线上依次发送与接收，如图8-1所示。例如，常用的优盘USB接口就是串行通信接口。串行通信的特点是通信控制复杂，通信电缆少，与并行通信相比成本低。

并行通信就是将一个8位（或16位、32位）数据的每一个二进制位采用单独的导线进行传输，并将发送方和接收方进行并行连接，一个数据的各二进制位可以在同一时间内一次传送，如图8-2所示。例如，老式打印机的打印口和计算机的通信就是并行通信。并行通信的特点是一个周期里可以一次传输多位数据，其连线的电缆多，因此长距离传送时成本高。

图8-1 串行通信

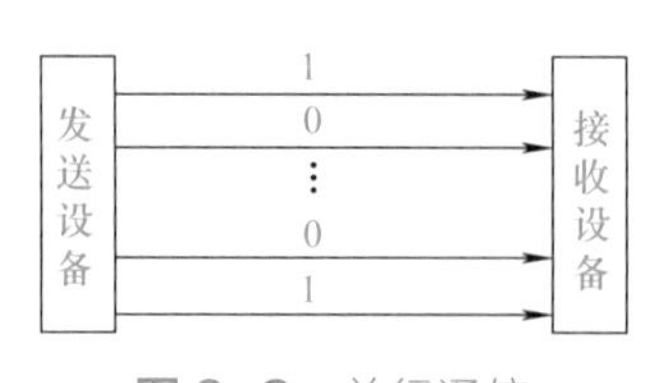

图8-2 并行通信

（2）异步通信与同步通信

异步通信与同步通信也称为异步传送与同步传送，这是串行通信的两种基本信息传送方式。从用户的角度上说，两者最主要的区别在于通信方式的“帧”不同。

异步通信方式又称起止方式。它在发送字符时，要先发送起始位，然后是字符本身，最后是停止位，字符之后还可以加入奇偶校验位。异步通信方式具有硬件简单、成本低的特点，主要用于传输速率低于 19.2Kbit/s 的数据通信。

同步通信方式在传递数据的同时，也传输时钟同步信号，并始终按照给定的时刻采集数据。其传输数据的效率高，硬件复杂，成本高，一般用于传输速率高于 20Kbit/s 的数据通信。

（3）单工、全双工与半双工

单工、全双工与半双工是通信中描述数据传送方向的专用术语。

① 单工（Simplex）：指数据只能实现单向传送的通信方式，一般用于数据的输出，不可以进行数据交换，如图 8-3 所示。

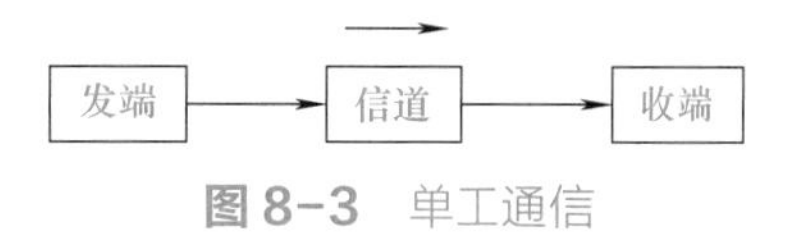

图 8-3　单工通信

② 全双工（full simplex）：也称双工，指数据可以进行双向数据传送，同一时刻既能发送数据，也能接收数据，如图 8-4 所示。通常需要两对双绞线连接，通信线路成本高。例如，RS-422、RS-232 是全双工通信方式。

③ 半双工（half simplex）：指数据可以进行双向数据传送，但同一时刻，只能发送数据或者接收数据，如图 8-5 所示。通常需要一对双绞线连接，与全双工相比，通信线路成本低。例如，USB、RS-485 只用一对双绞线时就是半双工通信方式。

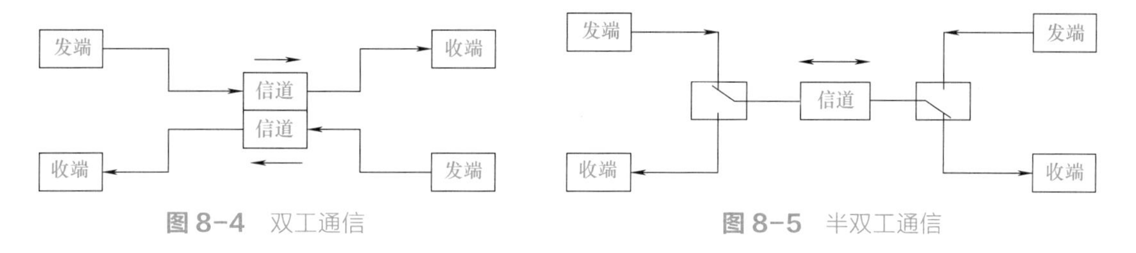

图 8-4　双工通信　　图 8-5　半双工通信

8.1.2　PLC 网络的术语解释

PLC 网络中的名词、术语很多，现将常用的予以介绍。

① 主站（master station）：PLC 网络系统中进行数据连接的系统控制站，主站上设置了控制整个网络的参数，每个网络系统只有一个主站，站号实际就是 PLC 在网络中的地址。

② 从站（slave station）：PLC 网络系统中，除主站外，其他的站称为从站。

③ 网关（gateway）：又称网间连接器、协议转换器。网关在传输层上以实现网络互联，是最复杂的网络互联设备，仅用于两个高层协议不同的网络互联。如图 8-6 所示，CPU 1511-1 PN 通过工业以太网，把信息传送到 IE/PB LINK 模块，再传送到 PROFIBUS 网络上的 IM 155-5 DP 模块，IE/PB LINK 通信模块用于不同协议的互联，它实际上就是网关。

④ 中继器（repeater）：用于网络信号放大、调整的网络互联设备，能有效延长网络的连接长度。例如，PPI 的正常传送距离是不大于 50m，经过中继器放大后，可传输超过 1km，应用实例如图 8-7 所示，PLC 通过 MPI 或者 PPI 通信时，传送距离可达 1100m。在 PROFIBUS-DP 通信中，一个网络超过 32 个站点也需要使用中继器。

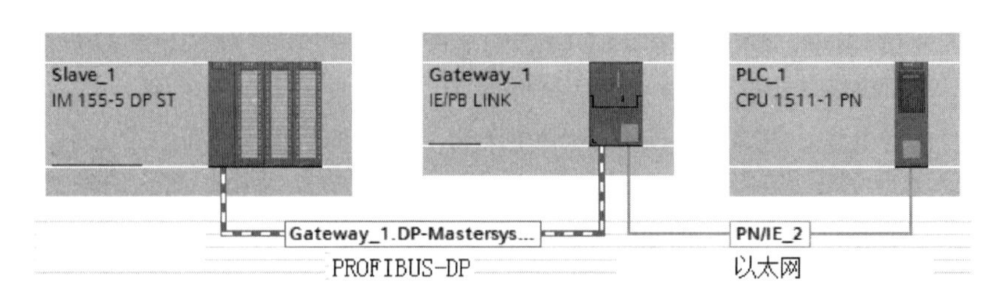

图 8-6　网关应用实例

图 8-7　中继器应用实例

⑤ 交换机（switch）：交换机是为了解决通信阻塞而设计的，它是一种基于 MAC 地址识别，能完成封装转发数据包功能的网络设备。交换机可以通过在数据帧的始发者和目标接收者之间建立临时的交换路径，使数据帧直接由源地址到达目的地址。如图 8-8 所示，交换机（ESM）将 HMI（触摸屏）、PLC 和 PC（个人计算机）连接在工业以太网的一个网段中。在工业控制中，只要用到以太网通信，交换机几乎不可或缺。

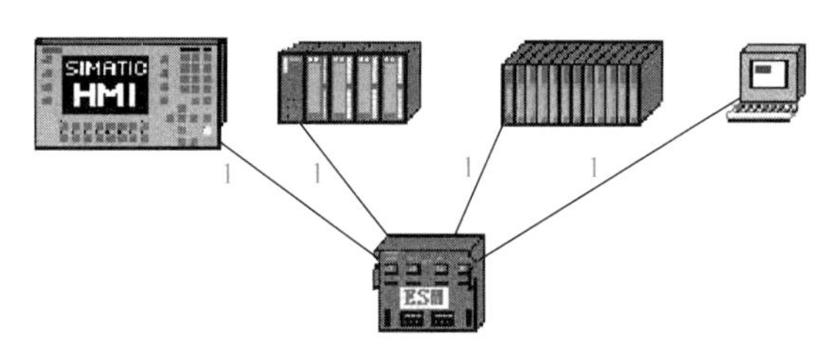

图 8-8　交换机应用实例

8.1.3　OSI 参考模型

通信网络的核心是 OSI（Open System Interconnection，开放式系统互联）参考模型。1984 年，国际标准化组织（ISO）提出了开放式系统互联的 7 层模型，即 OSI 模型。该模型自下而上分为：物理层、数据链路层、网络层、传输层、会话层、表示层和应用层。

OSI 的上 3 层通常用来处理用户接口、数据格式和应用程序的访问。下 4 层负责定义数据的物理传输介质和网络设备。OSI 参考模型定义了大多数协议栈共有的基本框架，如图 8-9 所示。

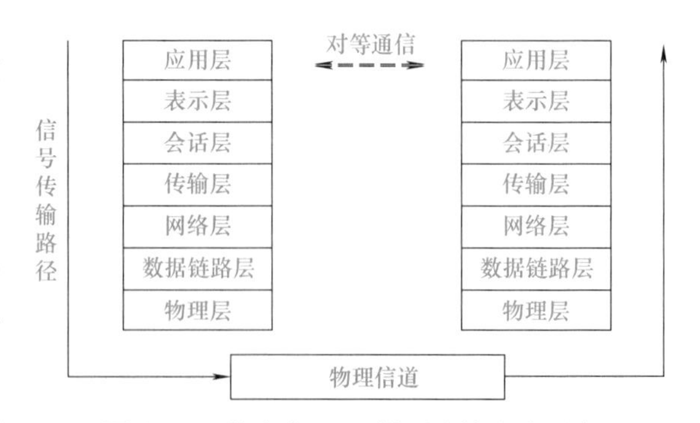

图 8-9　信息在 OSI 模型中的流动形式

① 物理层（physical layer）：定义了传输介质、连接器和信号发生器的类型，规定了物理连接的电气、机械功能特性，如电压、传输速率、传输距离等特性，可建立、维护、断开物理连接。典型的物理层设备有集线器（HUB）和中继器等。

② 数据链路层（data link layer）：确定传输站点物理地址以及将消息传送到协议栈，提供顺序控制和数据流向控制，具有建立逻辑连接、进行硬件地址寻址、差错校验等功能（由

底层网络定义协议）。以太网中的 MAC 地址属于数据链路层，相当于人的身份证，不可修改，MAC 地址一般印刷在网口附近。

典型的数据链路层的设备有交换机和网桥等。

③ 网络层（network layer）：进行逻辑地址寻址，实现不同网络之间的路径选择。协议有 ICMP IGMP IP（IPv4，IPv6）、ARP、RARP。典型的网络层设备是路由器。

IP 地址在这一层，IP 地址分成两个部分，前三个字节代表网络，后一个字节代表主机。如 192.168.0.1 中，192.168.0 代表网络（有的资料称网段），1 代表主机。

④ 传输层（transport layer）：定义传输数据的协议端口号，以及流控和差错校验。协议有 TCP、UDP。网关是互联网设备中最复杂的，它是传输层及以上层的设备。

⑤ 会话层（session layer）：建立、管理、终止会话。也有资料把 5～7层统一称为应用层。

⑥ 表示层（presentation layer）：数据的表示、安全、压缩。

⑦ 应用层（application）：网络服务与最终用户的一个接口。协议有 HTTP、FTP、TFTP SMTP、SNMP 和 DNS 等。QQ 和微信等手机 APP 就是典型的第 7 层的应用程序。

数据经过封装后通过物理介质传输到网络上，接收设备除去附加信息后，将数据上传到上层堆栈层。

【例 8-1】 学校有一台计算机，QQ 可以正常登录。可是网页打不开（HTTP），问故障在物理层还是其他层？是否可以通过插拔交换机上的网线解决问题？

答：① 故障不在物理层，如在物理层，则 QQ 也不能登录。

② 不能通过插拔网线解决问题，因为网线是物理连接，属于物理层，故障应在其他层。

8.1.4　现场总线介绍

现场总线介绍

（1）现场总线的诞生

现场总线是 20 世纪 80 年代中后期在工业控制中逐步发展起来的。计算机技术的发展为现场总线的诞生奠定了技术基础。

另一方面，智能仪表也出现在工业控制中。智能仪表的出现为现场总线的诞生奠定了应用基础。

（2）现场总线的概念

国际电工委员会（IEC）对现场总线（FieldBUS）的定义为：一种应用于生产现场，在现场设备之间、现场设备和控制装置之间实行双向、串行、多节点的数字通信网络。

现场总线的概念有广义与狭义之分。狭义的现场总线就是指基于 EIA-485 的串行通信网络。广义的现场总线泛指用于工业现场的所有控制网络。广义的现场总线包括狭义现场总线和工业以太网。

（3）主流现场总线的简介

1984 年国际电工委员会 / 国际标准协会（IEC/ISA）就开始制定现场总线的标准，然而统一的标准至今仍未完成。很多公司推出其各自的现场总线技术，但彼此的开放性和互操性难以统一。

经过十多年的讨论，终于在 1999 年年底通过了 IEC 61158 现场总线标准，这个标准容纳了 8 种互不兼容的总线协议。后来又经过不断讨论和协商，在 2003 年 4 月，IEC 61158 现场总线标准第 3 版正式成为国际标准，确定了 10 种不同类型的现场总线为 IEC 61158 现场总线。2007 年 7 月，第 4 版现场总线增加到 20 种，见表 8-1。

表 8-1　IEC 61158 的现场总线（第 4 版）

类型编号	名称	来源
Type 1	TS61158 现场总线	原来的技术报告
Type 2	ControlNet 和 Ethernet/IP 现场总线	美国罗克韦尔（Rockwell）公司
Type 3	PROFIBUS 现场总线	德国西门了（Siemens）公司
Type 4	P-NET 现场总线	丹麦 Process Data 公司
Type 5	FF HSE 现场总线	美国罗斯蒙特（Rosemount）公司
Type 6	SwiftNet 现场总线	美国波音（Boeing）公司
Type 7	World FIP 现场总线	法国阿尔斯通（Alstom）公司
Type 8	INTERBUS 现场总线	德国菲尼克斯（Phoenix Contact）公司
Type 9	FF H1 现场总线	现场总线基金会（FF）
Type 10	PROFINET 现场总线	德国西门子（Siemens）公司
Type 11	TCnet 实时以太网	日本东芝（Toshiba）公司
Type 12	Ether CAT 实时以太网	德国倍福（Beckhoff）公司
Type 13	Ethernet Powerlink 实时以太网	ABB，曾经奥地利的贝加莱（B&R）
Type 14	EPA 实时以太网	中国浙江大学等
Type 15	Modbus RTPS 实时以太网	法国施耐德（Schneider）公司
Type 16	SERCOS Ⅰ、Ⅱ现场总线	德国力士乐（Rexroth）公司
Type 17	VNET/IP 实时以太网	日本横河（Yokogawa）公司
Type 18	CC-Link 现场总线	日本三菱电机（Mitsubishi）公司
Type 19	SERCOS Ⅲ现场总线	德国力士乐（Rexroth）公司
Type 20	HART 现场总线	美国罗斯蒙特（Rosemount）公司

8.2 PROFIBUS 通信及其应用

8.2.1 PROFIBUS 通信概述

PROFIBUS 是西门子的现场总线通信协议，也是 IEC 61158 国际标准中的现场总线标准之一。现场总线 PROFIBUS 满足了生产过程现场级数据可存取性的重要要求，一方面它覆盖了传感器 / 执行器领域的通信要求，另一方面又具有单元级领域所有网络级通信功能。特别在“分散 I/O”领域，由于有大量、种类齐全、可连接的现场总线可供选用，因此 PROFIBUS 已成为事实的国际公认的标准。

（1）PROFIBUS 的结构和类型

从用户的角度看，PROFIBUS 提供三种通信协议类型：PROFIBUS-FMS、PROFIBUS-DP 和 PROFIBUS-PA。

① PROFIBUS-FMS（FieldBUS Message Specification，现场总线报文规范），使用了第 1 层、第 2 层和第 7 层。第 7 层（应用层）包含 FMS 和 LLI（底层接口）主要用于系统级和车间级的不同供应商的自动化系统之间传输数据，处理单元级（PLC 和 PC）的多主站数据通

信。目前 PROFIBUS-FMS 已经很少使用。S7-1200/1500 PLC 中已经不支持它。

② PROFIBUS-DP（Decentralized Periphery，分布式外部设备），使用第 1 层和第 2 层，这种精简的结构特别适合数据的高速传送，PROFIBUS-DP 用于自动化系统中单元级控制设备与分布式 I/O（例如 ET 200）的通信。主站之间的通信为令牌方式（多主站时，确保只有一个起作用），主站与从站之间为主从方式（MS），以及这两种方式的混合。三种方式中，PROFIBUS-DP 应用最为广泛，全球有超过 3000 万的 PROFIBUS-DP 节点。

③ PROFIBUS-PA（Process Automation，过程自动化），用于过程自动化的现场传感器和执行器的低速数据传输，使用扩展的 PROFIBUS-DP 协议。

此外，对于西门子系统，PROFIBUS 提供了更为优化的通信方式，即 PROFIBUS-S7 通信。

PROFIBUS-S7（PG/OP 通信）使用了第 1 层、第 2 层和第 7 层，特别适合 S7 PLC 与 HMI 和编程器通信，也可以用于 S7-1500 PLC 之间的通信。

（2）PROFIBUS 总线和总线终端器

① 总线终端器　PROFIBUS 总线符合 EIA RS85 标准，PROFIBUS RS-485 的传输以半双工、异步、无间隙同步为基础。传输介质可以是光缆或者屏蔽双绞线，电气传输每个 RS-485 网段最多 32 个站点，多于 32 个站点需要使用中继器。在总线的两端为终端电阻。

② 最大电缆长度和传输速率的关系　PROFIBUS DP 段的最大电缆长度和传输速率有关，传输速率越大，则传输的距离越近，对应关系如图 8-10 所示。一般设置通信波特率不大于 500Kbit/s，电气传输距离不大于 400m（不加中继器）。

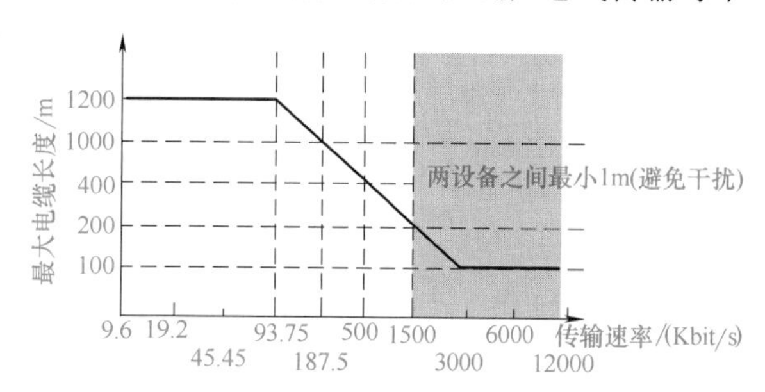

图 8-10　传输距离与波特率的对应关系

③ PROFIBUS-DP 电缆　PROFIBUS-DP 电缆是专用的屏蔽双绞线，外层为紫色。PROFIBUS-DP 电缆的结构和功能如图 8-11 所示。外层是紫色绝缘层，编织网防护层主要防止低频干扰，金属箔片层为防止高频干扰，最里面是 2 根信号线，红色为信号正，接总线连接器的第 8 引脚，绿色为信号负，接总线连接器的第 3 引脚。PROFIBUS-DP 电缆的屏蔽层“双端接地”。

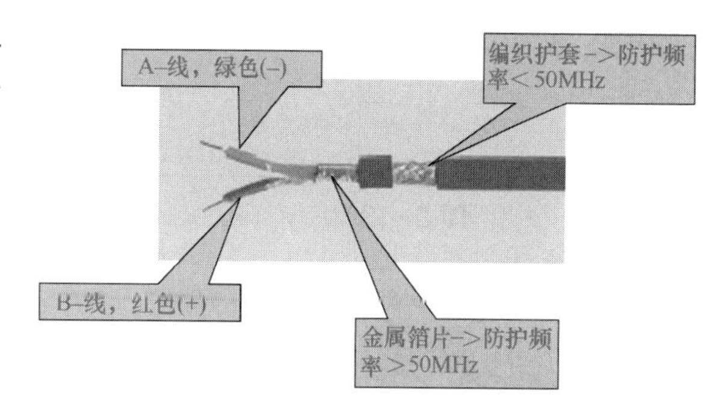

图 8-11　PROFIBUS-DP 电缆的结构和功能

8.2.2　S7-1500 PLC 与 ET200MP 的 PROFIBUS-DP 通信

用 CPU1516-3PN/DP 作为主站，分布式模块作为从站，通过 PROFIBUS 现场总线，建立与这些模块（如 ET200MP、ET200S、EM200M 和 EM200B 等）的通信，是非常方便的，这样的解决方案多用于分布式控制系统。这种 PROFIBUS 通信，在工程中最容易实现，同时应用也最广泛。

S7-1500 PLC 与 ET200MP 的 PROFIBUS-DP 通信

【例 8-2】 有一台设备，控制系统由 CPU1516-3PN/DP、IM155-5DP、SM521 和 SM522 组成，编写程序实现由主站 CPU1516-3PN/DP 发出一个启停信号控制从站一个中间继电器的通断。

解：将 CPU1516-3PN/DP 作为主站，将分布式模块作为从站。

（1）主要软硬件配置

① 1 套 TIA Portal V16；

② 1 台 CPU1516-3PN/DP；

③ 1 台 IM155-5DP；

④ 1 块 SM522 和 SM521；

⑤ 1 根 PROFIBUS 网络电缆（含两个网络总线连接器）；

⑥ 1 根以太网网线。

PROFIBUS 现场总线硬件配置如图 8-12 所示，PLC 和远程模块接线如图 8-13 所示。

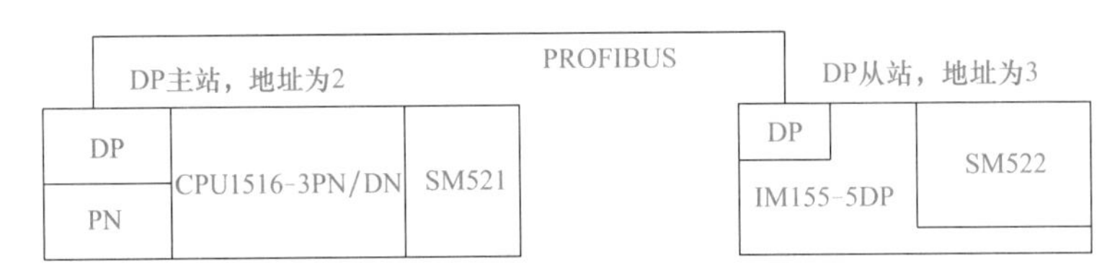

图 8-12 PROFIBUS 现场总线硬件配置

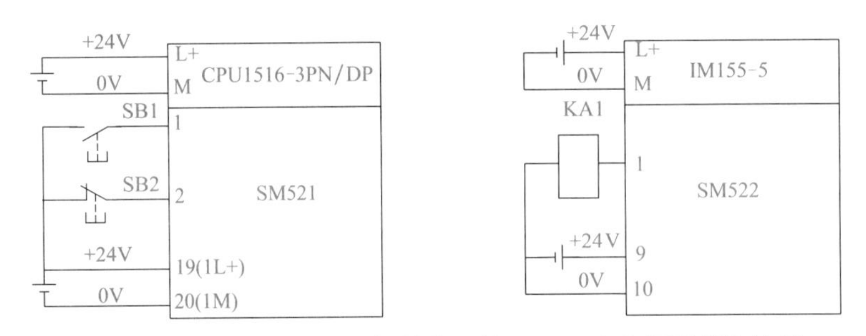

图 8-13 PROFIBUS 现场总线通信——PLC 和远程模块接线

（2）硬件组态

本例的硬件组态采用离线组态方法，也可以采用在线组态方法。

① 新建项目。先打开 TIA Portal V16 软件，再新建项目，本例命名为“ET200MP”，接着单击“项目视图”按钮，切换到项目视图，如图 8-14 所示。

② 主站硬件配置。如图 8-14 所示，在 TIA Portal 软件项目视图的项目树中，双击“添加新设备”按钮，先添加 CPU 模块“CPU1516-3PN/DP”，配置 CPU 后，再把“硬件目录”→“DI”→“DI 16×24VDC BA”→“6ES7 521-1BH10-0AA0”模块拖拽到 CPU 模块右侧的 2 号槽位中，如图 8-15 所示。

③ 配置主站 PROFIBUS-DP 参数。先选中“设备视图”选项卡，再选中紫色的 DP 接口（标号①处），选中“属性”（标号②处）选项卡，再选中“PROFIBUS 地址”（标号③处）选项，再单击“添加新子网”（标号④处），弹出“PROFIBUS 地址参数，如图 8-16 所示，保存主站的硬件和网络配置。

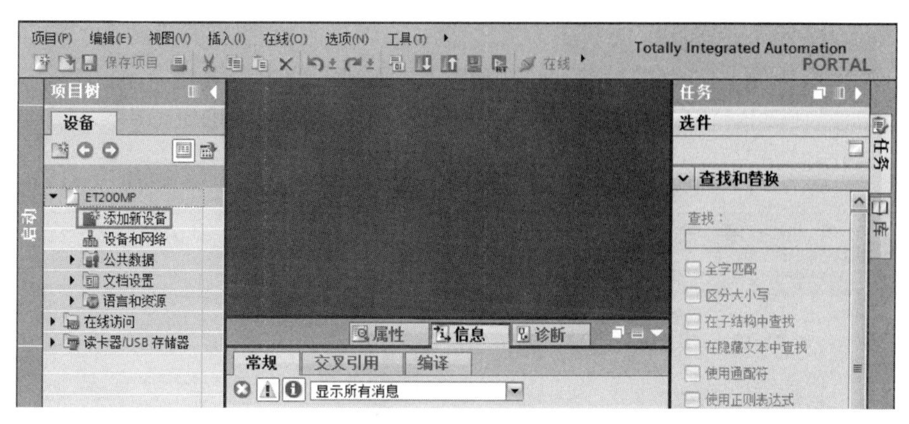

图 8-14　新建项目 ET200MP

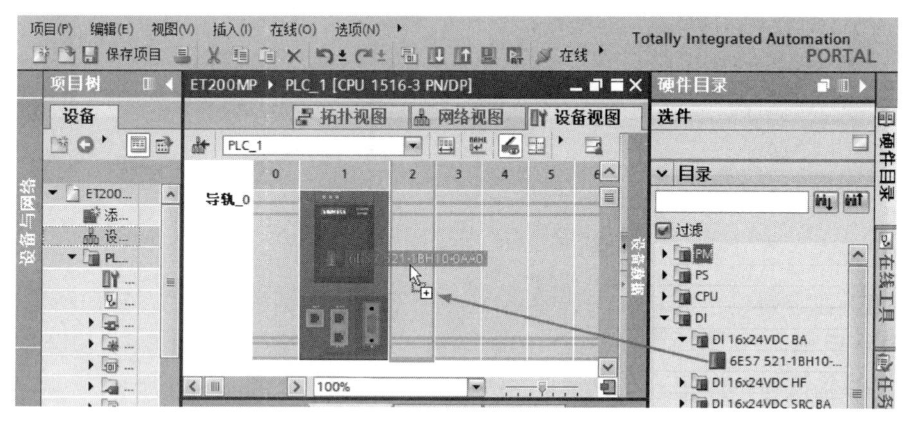

图 8-15　主站硬件配置

图 8-16　配置主站 PROFIBUS-DP 参数

④ 插入 IM155-5 DP 模块。在 TIA Portal 软件项目视图的项目树中，先选中“网络视图”选项卡，再将“硬件目录”→“分布式 IO”→“ET200MP”→“接口模块”→“PROFIBUS”→“IM155-5 DP ST”→“6ES7 155-5BA00-0AB0”模块拖拽到如图 8-17 所示的空白处。

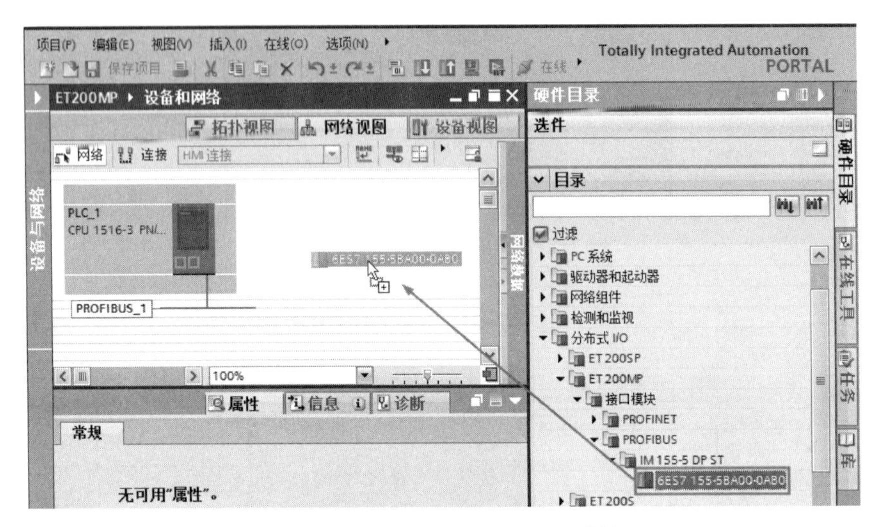

图 8-17 插入 IM155-5 DP 模块

⑤ 插入数字量输出模块。先选中 IM155-5 DP 模块，再选中“设备视图”选项卡，再将“硬件目录”→“DQ”→“DQ 16×24VDC 10.5A BA”→“6ES7 522-1BH10-0AA0”模块拖拽到 IM155-5 DP 模块右侧的 3 号槽位中，如图 8-18 所示。

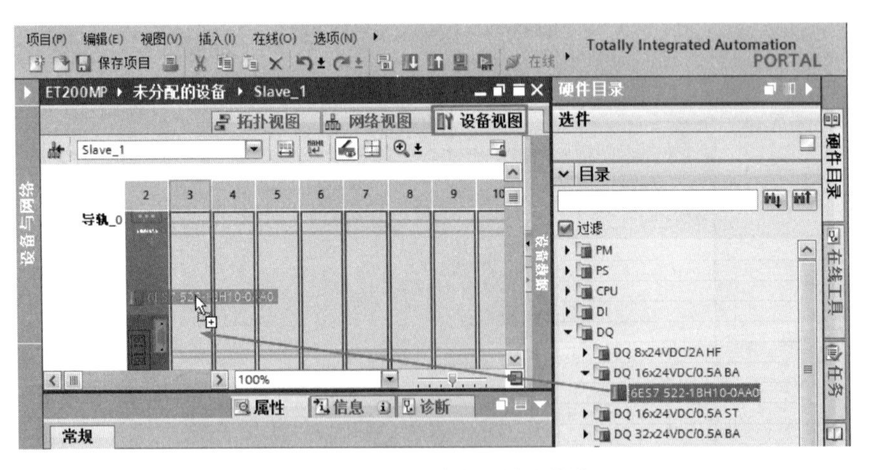

图 8-18 插入数字量输出模块

⑥ PROFIBUS 网络配置。先选中“网络视图”选项卡，再选中主站的紫色 PROFIBUS 线，用鼠标按住不放，一直拖拽到 IM155-5 DP 模块的 PROFIBUS 接口处松开，如图 8-19 所示。

如图 8-20 所示，选中 IM155-5 DP 模块，单击鼠标右键，弹出快捷菜单，单击“分配到新主站”命令，再选中“PLC_1.DP 接口 _1”，单击“确定”按钮，如图 8-21 所示。PROFIBUS 网络配置完成，如图 8-22 所示。

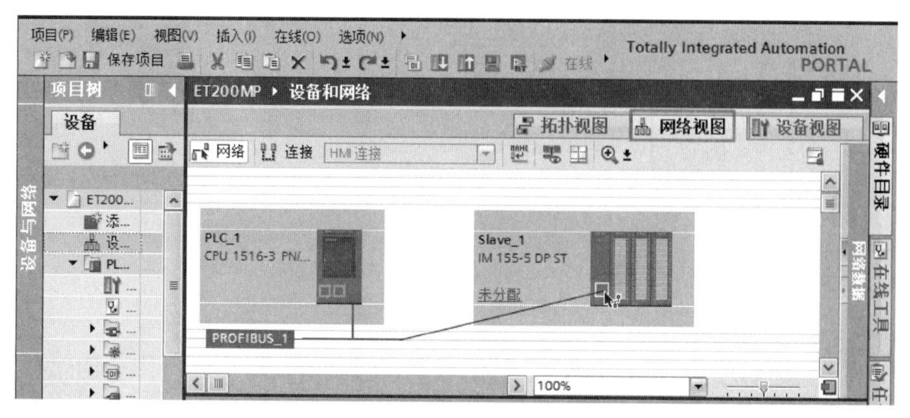

图 8-19　配置 PROFIBUS 网络（1）

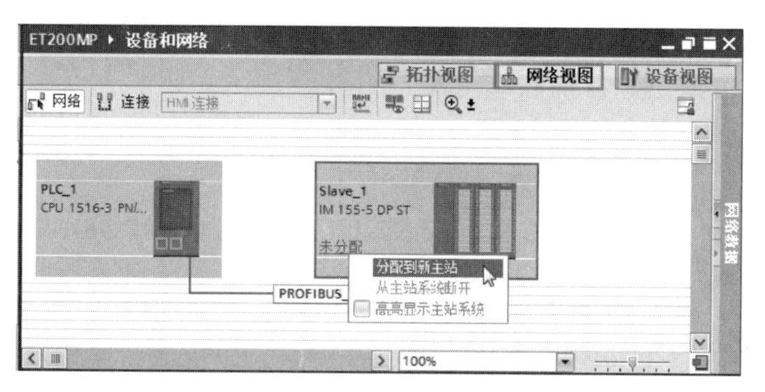

图 8-20　配置 PROFIBUS 网络（2）

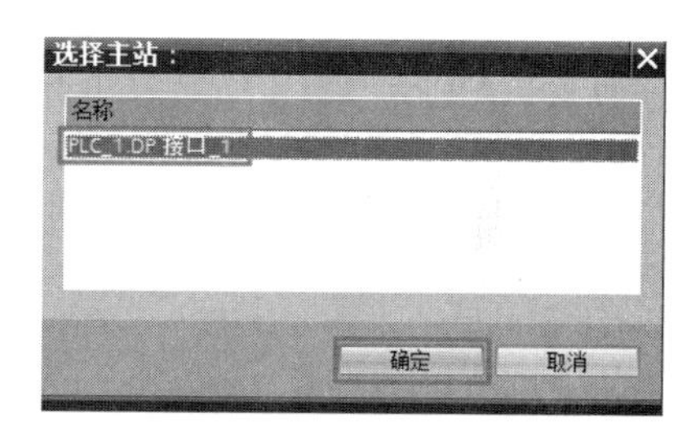

图 8-21　配置 PROFIBUS 网络（3）

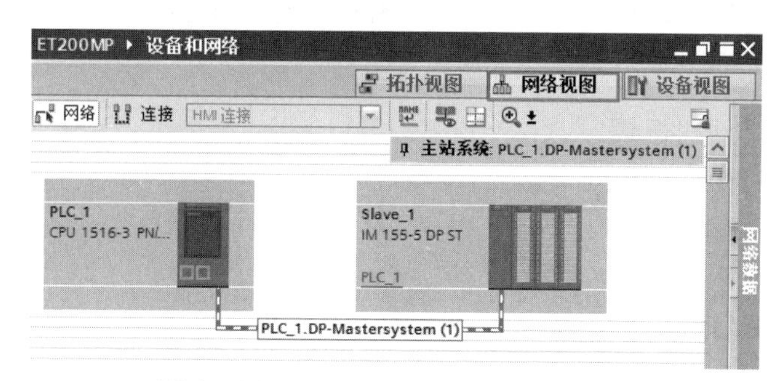

图 8-22　PROFIBUS 网络配置完成

（3）编写程序

如图 8-23 所示，在项目视图中查看数字量输入模块的地址（IB0 和 IB1），这个地址必须与程序中的地址匹配，用同样的方法查看输出模块的地址（QB0 和 QB1）。只需要对主站编写程序，主站的梯形图程序如图 8-24 所示。

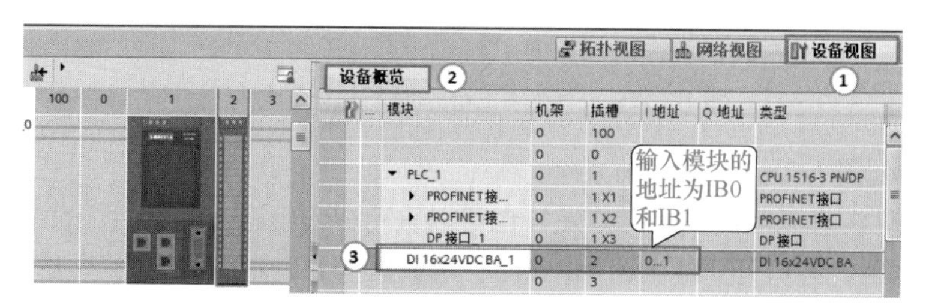

图 8-23　查看模块的地址

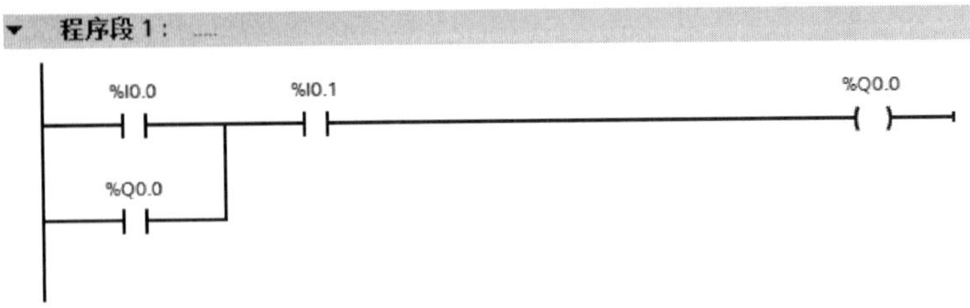

▼ 程序段 1：......

%I0.0 %I0.1 %Q0.0

%Q0.0

图 8-24 例 8-2 主站梯形图程序

8.2.3 S7-1500 PLC 与 S7-1200 PLC 间的 PROFIBUS-DP 通信

S7-1500 PLC 与 S7-1200 PLC 间的 PROFIBUS-DP 通信

有的 S7-1500 PLC 的 CPU 自带有 DP 通信口（如 CPU 1516-3 PN/DP），由于西门子公司主推 PROFINET 通信，目前很多 CPU1500 并没有自带 DP 通信口，没有自带 DP 通信口的 CPU 可以通过通信模块 CM1542-5 或者 CP1542-5 扩展通信口。以下仅以 1 台 CPU 1511-1 PN 和 CPU 1211C 之间的 PROFIBUS 通信为例介绍 S7-1500 PLC 与 S7-1200 PLC 间的 PROFIBUS 现场总线通信。

【例 8-3】 有两台设备，分别由 CPU 1511-1 PN 和 CPU 1211C 控制，要求实时从设备 1 上的 CPU 1511-1 PN 的 MB10 发出 1 个字节到设备 2 的 CPU 1211 C 的 MB10，从设备 2 上的 CPU 1211 C 的 MB20 发出 1 个字节到设备 1 的 CPU 1511-1 PN 的 MB20，请实现此任务。

解：（1）主要软硬件配置

① 1 套 TIA Portal V16。

② 1 台 CPU 1511-1 PN 和 CPU 1211C。

③ 1 台 CP1542-5。

④ 1 根 PROFIBUS 网络电缆（含两个网络总线连接器）。

⑤ 1 根编程电缆。

PROFIBUS 现场总线硬件配置图如图 8-25 所示。

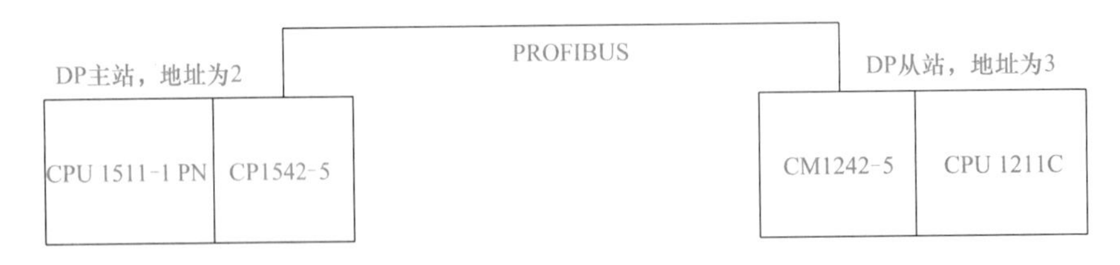

图 8-25 PROFIBUS 现场总线硬件配置

（2）硬件配置

本例的硬件组态采用离线组态方法，也可以采用在线组态方法。

① 新建项目。先打开 TIA Portal V16，再新建项目，本例命名为“DP_SLAVE”，接着单击“项目视图”按钮，切换到项目视图，如图 8-26 所示。

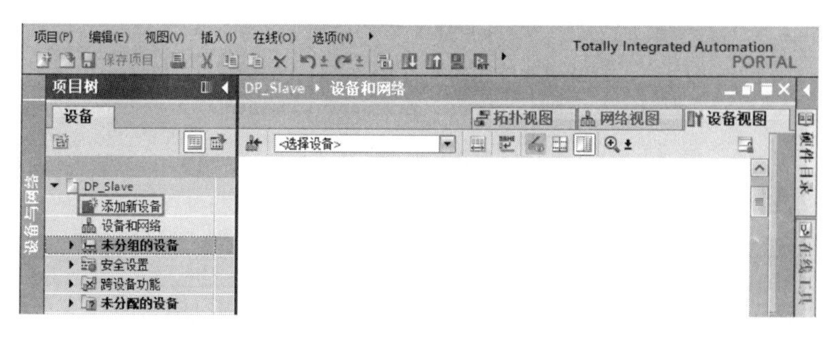

图 8-26　新建项目 DP_Slave

② 从站硬件配置。如图 8-26 所示，在 TIA Portal 软件项目视图的项目树中，双击“添加新设备”按钮，先添加 CPU 模块“CPU 1211C”，配置 CPU 后，再把“硬件目录”中“CM1242-5”（6GK7 242-5DX30-0XE0）模块拖拽到 CPU 模块左侧的 101 号槽位中，如图 8-27 所示。

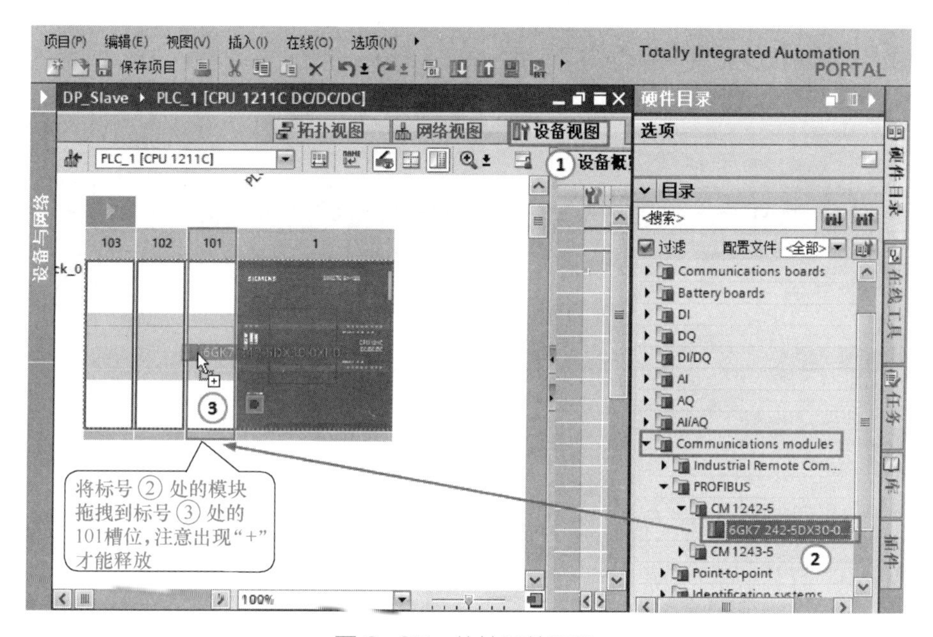

图 8-27　从站硬件配置

③ 配置从站 PROFIBUS-DP 参数。先选中“设备视图”选项卡（标号①处），再选中 CM1242-5 模块紫色的 DP 接口（标号②处），选中“属性”（标号③处）选项卡，再选中“PROFIBUS 地址”（标号⑤处）选项，再单击“添加新子网”（标号⑥处），弹出“PROFIBUS 地址参数（标号⑦处），将从站的站地址修改为 3，如图 8-28 所示。

④ 配置从站通信数据接口。选中“设备视图”选项卡，再选中“属性”→“操作模式”→“智能从站通信”，单击“新增”按钮 2 次，产生“传输区 _1”和“传输区 _2”，如图 8-29 所示。图中的箭头“→”表示数据的传送方向，单击箭头可以改变数据传输方向。图中的“I100”表示从站接收一个字节的数据到“IB100”中，图中的“Q100”表示从站从“QB100”中发送一个字节的数据到主站。编译保存从站的配置信息。

⑤ 新建项目。先打开 TIA Portal V16，再新建项目，本例命名为“DP_MASTER”，接着单击“项目视图”按钮，切换到项目视图，如图 8-30 所示。

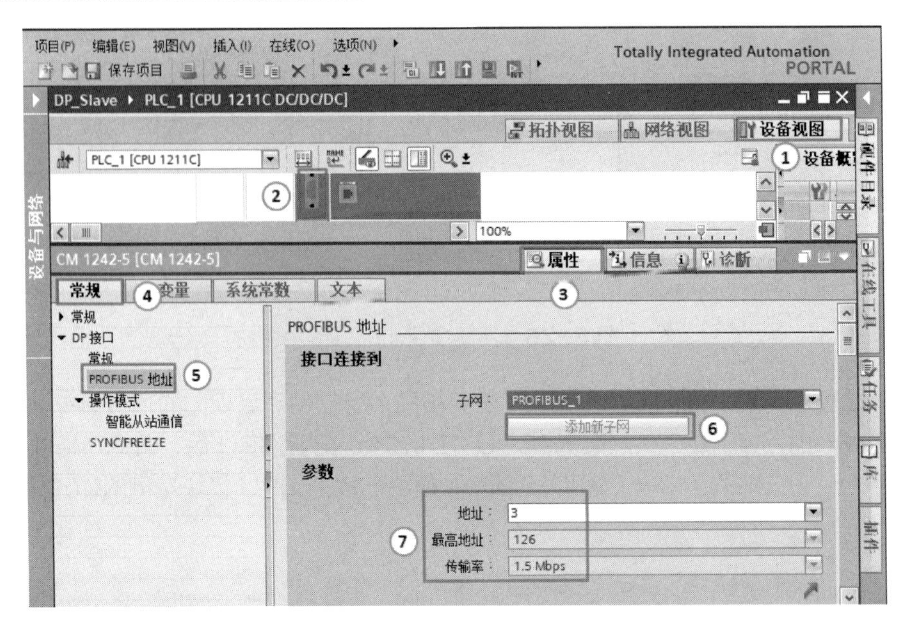

图 8-28　配置 PROFIBUS 参数

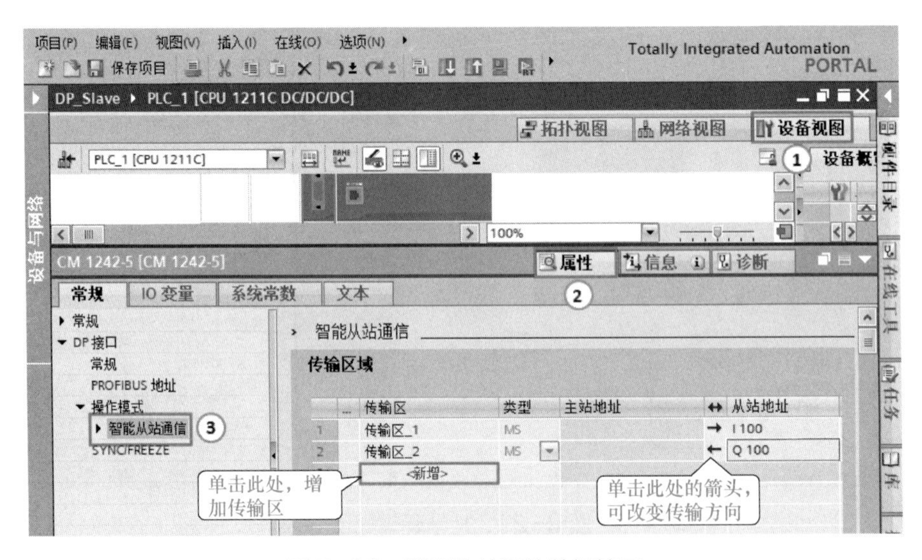

图 8-29　配置从站通信数据接口

⑥ 主站硬件配置。如图 8-30 所示，在 TIA Portal 软件项目视图的项目树中，双击“添加新设备”按钮，先添加 CPU 模块“CPU 1511T-1 PN”，再添加 CP 1542-5 模块如图 8-31 所示。

⑦ 配置主站 PROFIBUS-DP 参数。先选中“网络视图”选项卡，再把“硬件目录”→“Other field devices”→“PROFIBUS DP”→“I/O”→“SIEMENS AG”→“S7-1200”→“CM1242-5”→“6GK7 242-5DX30-0XE0”模块拖拽到空白处（标号③处），如图 8-32 所示。

如图 8-33 所示，选中主站的 DP 接口（紫色，标号②处），用鼠标按住不放，拖拽到从站的 DP 接口（紫色，标号③处）松开鼠标，如图 8-34 所示，注意从站上要显示“CP 1542-5_1”标记，否则需要重新分配主站。

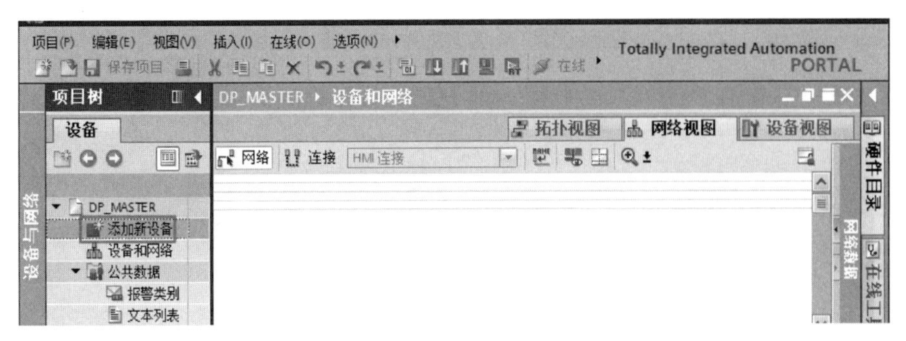

图 8-30　新建项目 DP_MASTER

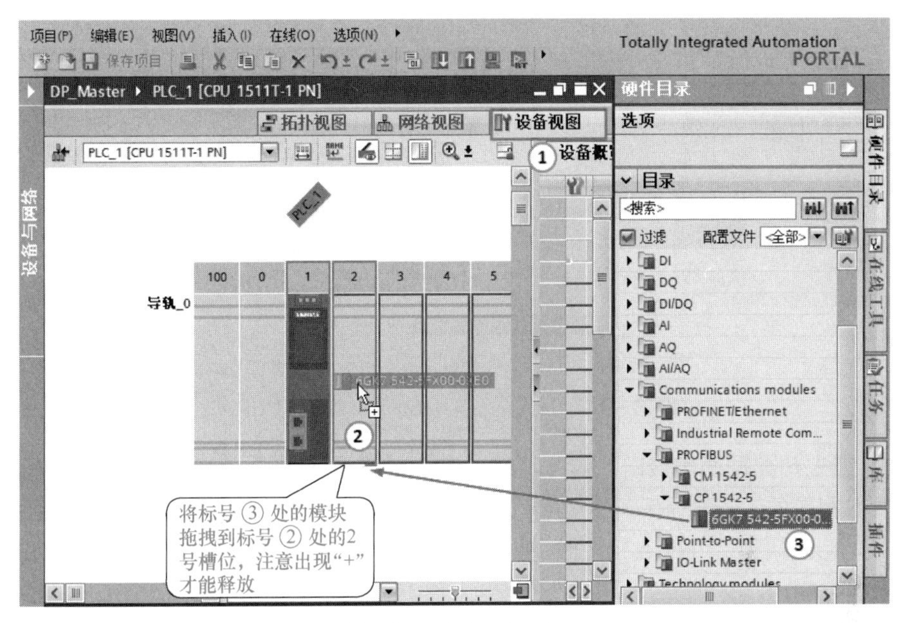

图 8-31　主站硬件配置

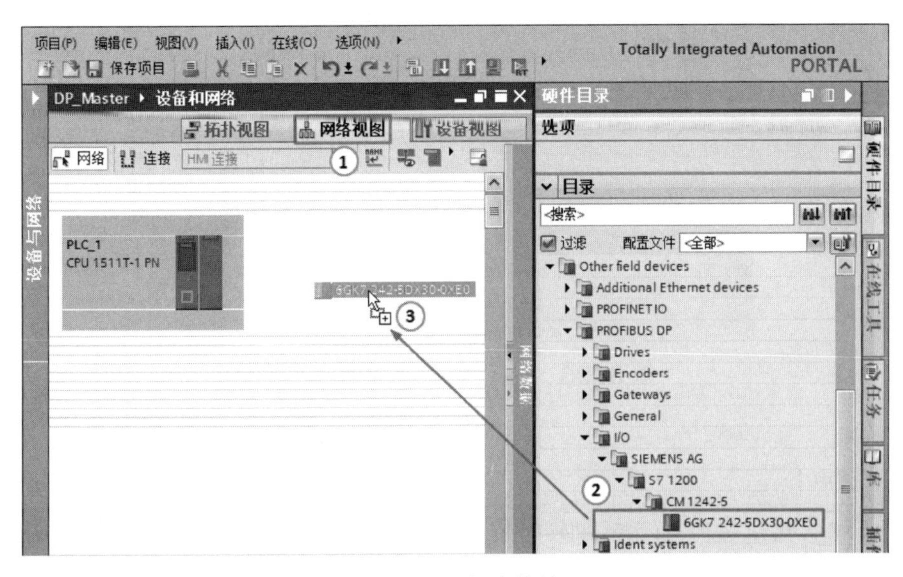

图 8-32　组态从站

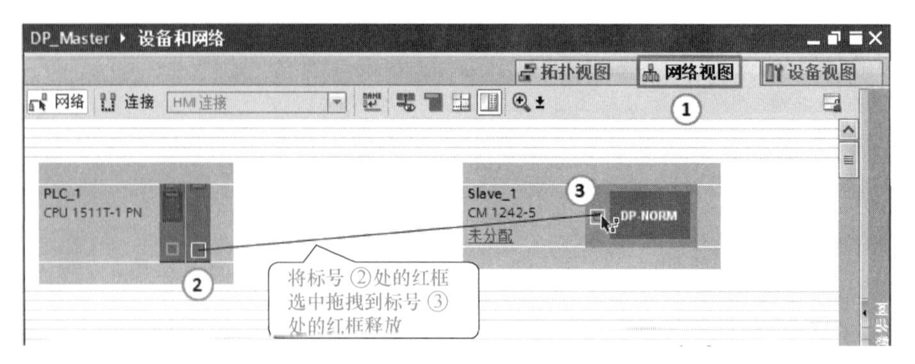

图 8-33　配置主站 PROFIBUS 网络（1）

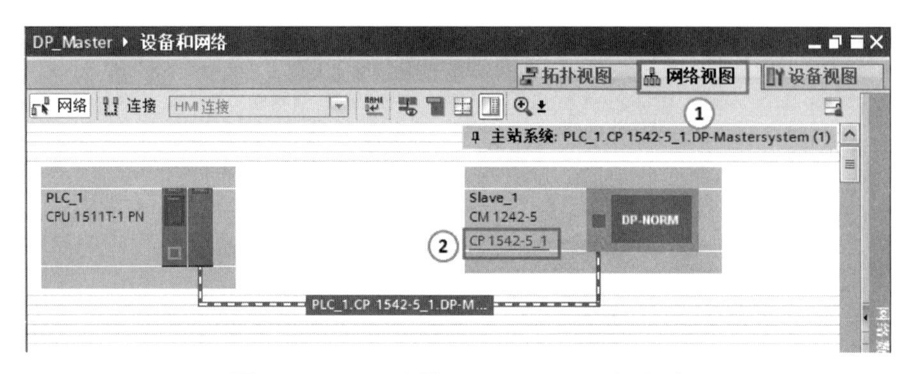

图 8-34　配置主站 PROFIBUS 网络（2）

⑧ 配置主站数据通信接口。双击从站，进入“设备视图”，在“设备概览”中插入数据通信区，本例是插入一个字节输入和一个字节输出，如图 8-35 所示，只要对应将目录中的“1Byte Output”和“1Byte Input”拖拽到指定的位置即可，如图 8-36 所示，主站数据通信区配置完成。

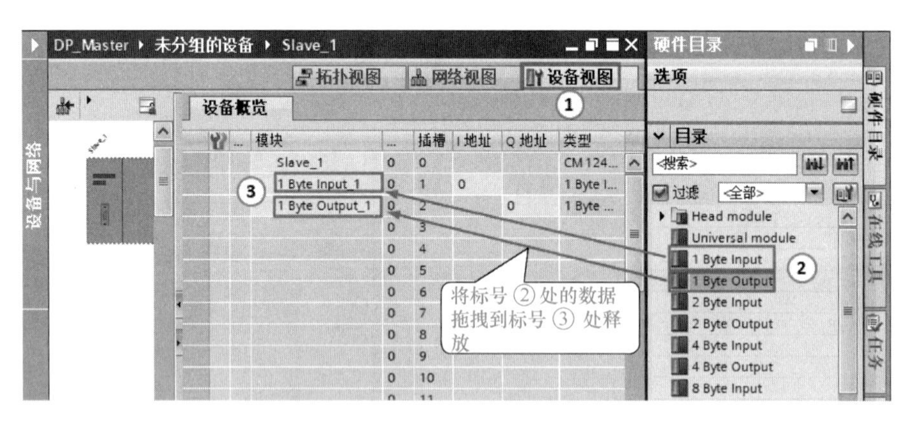

图 8-35　配置主站数据通信接口（1）

【关键点】

在进行硬件组态时，主站和从站的波特率要相等，主站和从站的地址不能相同，本例的主站地址为 2，从站的地址为 3。一般是：先对从站组态，再对主站进行组态。

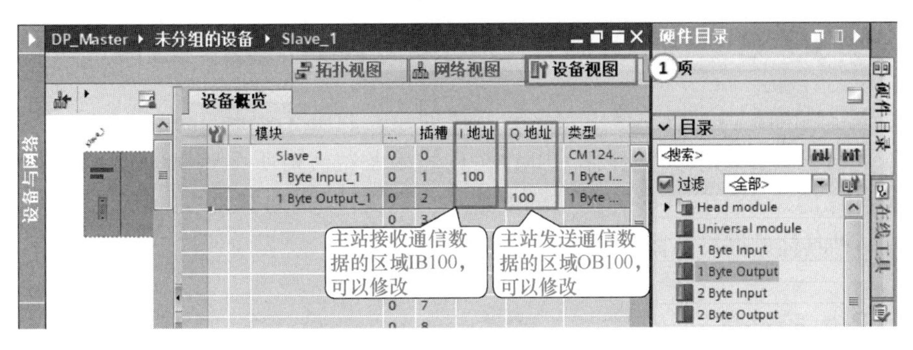

图 8-36　配置主站数据通信接口（2）

（3）编写主站程序

S7-1500 PLC 与 S7-1200 PLC 间的现场总线通信的程序编写有很多种方法，本例是最为简单的一种方法。从前述的配置，很容易看出主站 2 和从站 3 的数据交换的对应关系，也可参见表 8-2。

表 8-2　主站和从站的发送接收数据区对应关系

主站 S7-1500 PLC	对应关系	从站 S7-1200 PLC
QB100	→	IB100
IB100	←	QB100

主站的程序如图 8-37 所示。

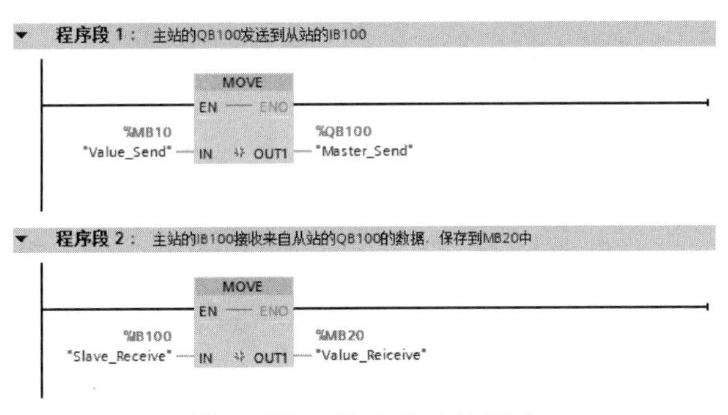

图 8-37　例 8-3 主站程序

（4）编写从站程序

从站程序如图 8-38 所示。

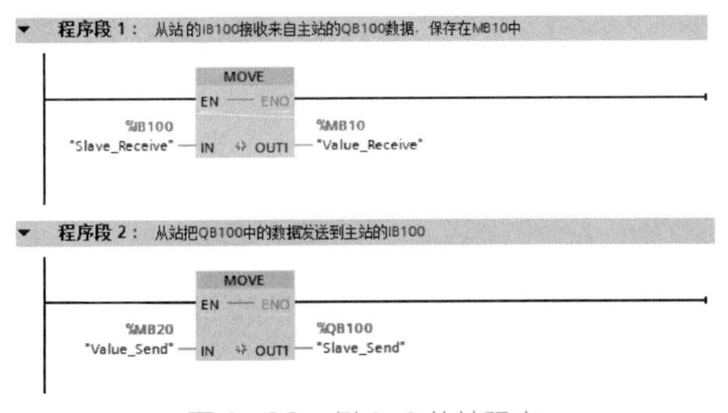

图 8-38　例 8-3 从站程序

8.3 西门子 S7-1500 PLC 的以太网通信及其应用

以太网（Ethernet），指的是由 Xerox 公司创建，并由 Xerox、Intel 和 DEC 公司联合开发的基带局域网规范。以太网使用 CSMA/CD 技术（载波监听多路访问及冲突检测技术），并以 10Mbit/s 的速率运行在多种类型的电缆上。以太网与 IEEE 802.3 系列标准相类似。以太网不是一种具体的网络，而是一种技术规范。

8.3.1 以太网通信介绍

（1）以太网的分类

以太网的核心思想是使用公共传输信道。以太网分为标准以太网、快速以太网、千兆以太网和万兆以太网。

（2）以太网的拓扑结构

① 星型　这种结构管理方便，容易扩展，需要专用的网络设备作为网络的核心节点，需要更多的网线，对核心设备的可靠性要求高。采用专用的网络设备（如集线器或交换机）作为核心节点，通过双绞线将局域网中的各台主机连接到核心节点上，这就形成了星型结构。星型网络虽然需要的线缆比总线型多，但布线和连接器比总线型的要便宜。此外，星型拓扑可以通过级联的方式很方便地将网络扩展到很大的规模，因此得到了广泛的应用，被绝大部分的以太网所采用。如图 8-39 所示，1 台 ESM（Electrical Switch Module）交换机与 2 台 PLC 和 2 台计算机组成星型网络，这种拓扑结构在工控中很常见。

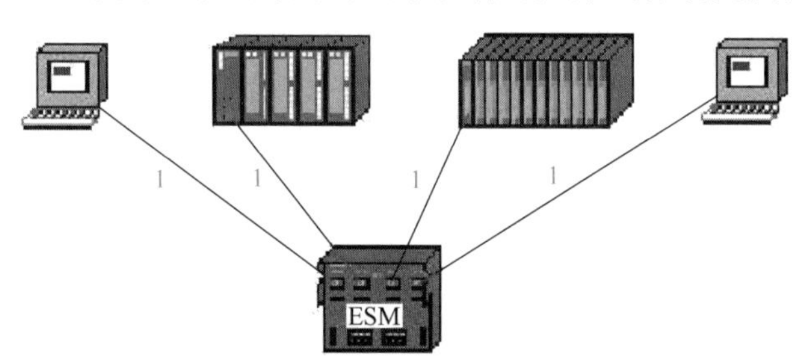

图 8-39　星型拓扑应用

1—TP 电缆，RJ45 接口

② 总线型　如图 8-40 所示，这种结构所需的电缆较少，价格便宜，管理成本高，不易隔离故障点，采用共享的访问机制，易造成网络拥塞。早期以太网多使用总线型的拓扑结构，采用同轴缆作为传输介质，连接简单，通常在小规模的网络中不需要专用的网络设备，但由于它存在的固有缺陷，已经逐渐被以集线器和交换机为核心的星型网络所代替。如图 8-40 所示，3 台交换机组成总线网络，交换机再与 PLC、计算机和远程 IO 模块组成网络。

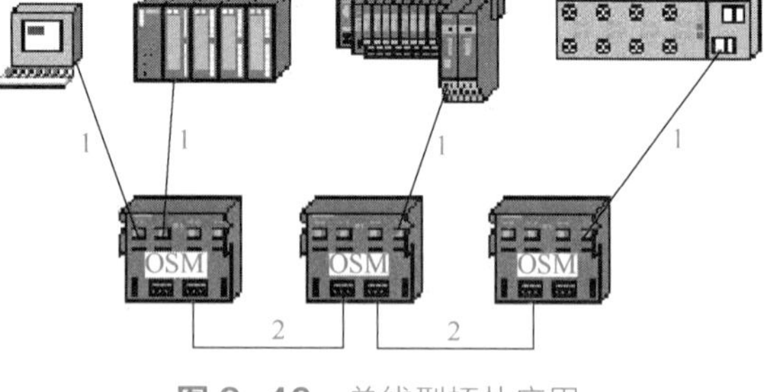

图 8-40　总线型拓扑应用

1—TP 电缆，RJ45 接口；2—光缆

③ 环型　西门子的网络中，用 OLM（Optical Link Module）模块将网络首尾相连，形成环网，也可用 OSM（Optical Switch Module）交换机组成环网。与总线型相比，冗余环网增加了交换数据的可靠性。如图 8-41 所示，4 台交换机组成环网，交换机再与 PLC、计算机和远程 IO 模块组成网络。这种拓扑结构在工控中很常见。

此外，还有网状和蜂窝状等拓扑结构。

（3）接口的工作模式

以太网卡可以工作在两种模式下：半双工和全双工。

（4）传输介质

以太网可以采用多种连接介质，包括同轴缆、双绞线、光纤和无线传输等。其中双绞线多用于从主机到集线器或交换机的连接，而光纤则主要用于交换机间的级联和交换机到路由器间的点到点链路上。同轴缆作为早期的主要连接介质已经逐渐被淘汰。

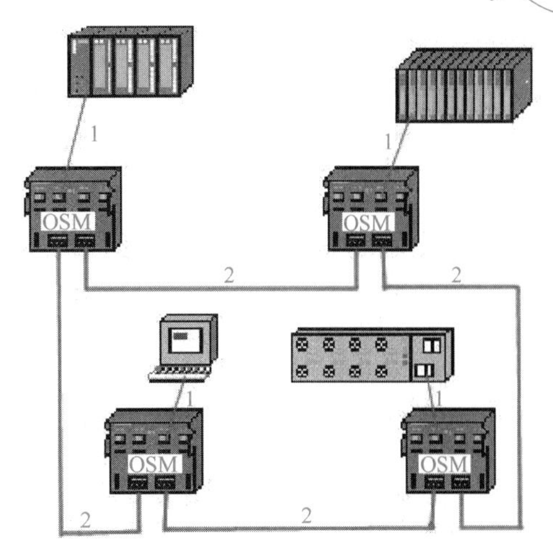

图 8-41　环型拓扑应用
1—TP 电缆，RJ45 接口；2—光缆

1）网络电缆（双绞线）接法　用于 Ethernet 的双绞线有 8 芯和 4 芯两种，双绞线的电缆连线方式也有两种，即正线（标准 568B）和反线（标准 568A），其中正线也称为直通线，反线也称为交叉线。正线接线如图 8-42 所示，两端线序一样，从上至下线序是白绿，绿，白橙，蓝，白蓝，橙，白棕，棕。反线接线如图 8-43 所示，一端为正线的线序，另一端为反线线序，从上至下线序是白橙，橙，白绿，蓝，白蓝，绿，白棕，棕，也就是 568A 标准。对于千兆以太网，用 8 芯双绞线，但接法不同于以上所述的接法，请参考有关文献。

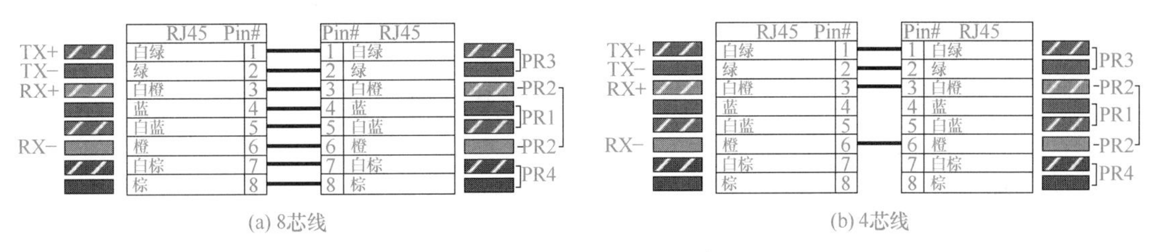

图 8-42　双绞线正线接线图

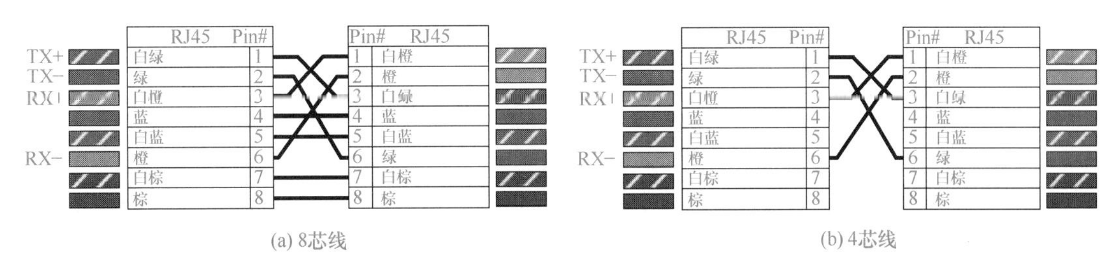

图 8-43　双绞线反线接线图

对于 4 芯的双绞线，只用 RJ45 连接头（常称为水晶接头）上的 1、2、3 和 6 四个引脚。西门子的 PROFINET 工业以太网采用 4 芯的双绞线。

双绞线的传输距离一般不大于 100m。

2）光纤简介　光纤在通信介质中占有重要地位，特别在远距离传输中比较常用。光纤是光导纤维的简写，是一种由玻璃或塑料制成的纤维，可作为光传导工具。

① 按照光纤的材料分类　可以将光纤分为石英光纤和全塑光纤。塑料光纤的传输距离一

般为几十米。

② 按照光纤的传输模式分类　可以将光纤分为多模光纤和单模光纤。

单模适合长途通信（一般小于 100km），多模适合组建局域网（一般不大于 2km）。

只计算光纤的成本，单模的价格便宜，而多模的价格贵。单模光纤和多模光纤所用的设备不同，不可以混用，因此选型时要注意这点。

③ 规格　多模光纤常用规格为：62.5/125，50/125。62.5/125 是北美的标准，而 50/125 是日本和德国的标准。

④ 光纤的几个要注意的问题如下。

a. 光纤尾纤：只有一端有活动接头，另一端没有活动接头，需要用专用设备与另一根光纤熔焊在一起。

b. 光纤跳线：两端都有活动接头，直接可以连接两台设备，跳线如图 8-44 所示。跳线一分为二还可以作为尾纤用。

c. 接口有很多种，不同接口需要不同的耦合器，在工程中一旦设备的接口（如 FC 接口）选定，尾纤和跳线的接口也就确定下来了。常见的接口如图 8-45 所示，这些接口中，相当部分标准由日本公司制定。

图 8-44　跳线图片

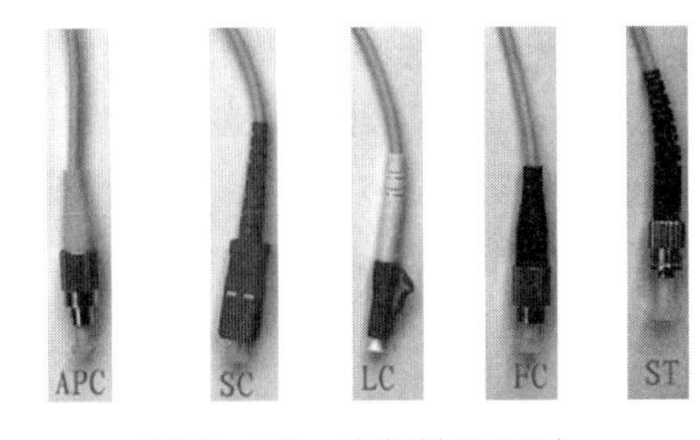

图 8-45　光纤接口图片

8.3.2　工业以太网通信介绍

（1）Ethernet 存在的问题

Ethernet 采用随机争用型介质访问方法，即载波监听多路访问及冲突检测技术（CSMA/CD），如果网络负载过高，无法预测网络延迟时间，即不确定性。如图 8-46 所示，只要有通信需求，各以太网节点（A ～ F）均可向网络发送数据，因此报文可能在主干网中被缓冲，实时性不佳。

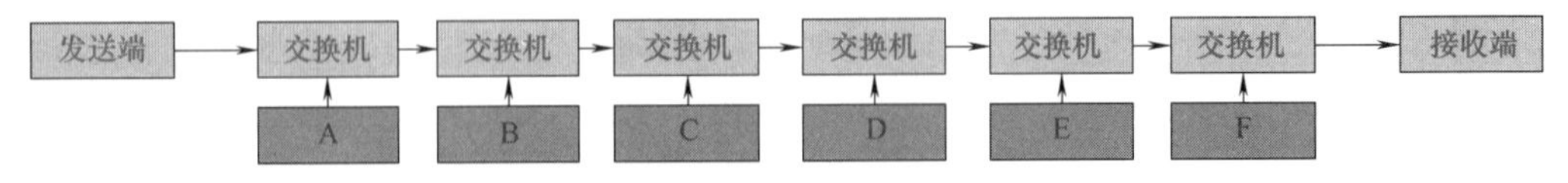

图 8-46　Ethernet 存在的问题

（2）工业以太网的概念

显然，对于实时性和确定性要求高的场合（如运动控制），商用 Ethernet 存在的问题是不可接受的。因此工业以太网应运而生。

所谓工业以太网是指应用于工业控制领域的以太网技术，在技术上与普通以太网技术相兼容。由于产品要在工业现场使用，对产品的材料、强度、适用性、可互操作性、可靠性、

抗干扰性等有较高要求；而且工业以太网是面向工业生产控制的，对数据的实时性、确定性、可靠性等有很高的要求。

以太网包含工业以太网，常见的工业以太网标准有 PROFINET、Modbus-TCP、Ethernet/IP 和我国的 EPA 等。

8.3.3 S7-1500 PLC 的以太网通信方式

（1）S7-1500 PLC 系统以太网接口

S7-1500 PLC 的 CPU 最多集成 X1、X2 和 X3 三个接口，有的 CPU 只集成 X1 接口，此外通信模块 CM1542-1 和通信处理器 CP1543-1 也有以太网接口。

S7-1500 PLC 系统以太网接口支持的通信方式按照实时性和非实时性进行划分，不同的接口支持的通信服务见表 8-3。

表 8-3 S7-1500 PLC 系统以太网接口支持通信服务

接口类型	实时通信		非实时通信		
	PROFINET IO 控制器	I-Device	OUC 通信	S7 通信	Web 服务器
CPU 集成接口 X1	√	√	√	√	√
CPU 集成接口 X2	×	×	√	√	√
CPU 集成接口 X3	×	×	√	√	√
CM1542-1	√	×	√	√	√
CP1543-1	×	×	√	√	√

注：√表示有此功能，× 表示没有此功能。

（2）西门子工业以太网通信方式简介

工业以太网的通信主要利用第 2 层（ISO）和第 4 层（TCP）的协议。S7-1500 PLC 系统以太网接口支持的非实时性分为两种 Open User Communication（OUC）通信和 S7 通信，而实时通信只有 PROFINET IO 通信。

8.4 西门子 S7-1500 PLC 的 OUC 通信及其应用

OUC 通信是非实时通信。西门子的 PLC、变频器等产品之间的通信可采用 OUC 通信，但 OUC 通信常见的应用场合是西门子设备（PLC）与第三方设备的通信，例如西门子的 PLC 与二维码扫码器的以太网通信常用 UDP 通信（OUC 通信的一种）。

8.4.1 OUC 通信介绍

OUC（开放式用户通信）适用于 SIMATIC S7-1500/300/400 PLC 之间的通信、S7 PLC 与 S5 PLC 之间的通信、PLC 与个人计算机或第三方设备之间的通信，OUC 通信包含以下通信连接。

（1）ISO Transport（ISO 传输协议）

ISO 传输协议支持基于 ISO 的发送和接收，使得设备（例如 SIMATIC S5 或 PC）在工业以太网上的通信非常容易，该服务支持大数据量的数据传输（最大 64KB）。ISO 数据接收由通信方确认，通过功能块可以看到确认信息。ISO 传输协议用于 SIMATIC S5 和 SIMATIC S7 的工业以太网连接。

（2）ISO-on-TCP

ISO-on-TCP 支持第 4 层 TCP/IP 协议的开放数据通信，用于支持 SIMATIC S7 和 PC 以及非西门子支持的 TCP/IP 以太网系统。ISO-on-TCP 符合 TCP/IP，但相对于标准的 TCP/IP，还附加了 RFC 1006 协议，RFC 1006 是一个标准协议，该协议描述了如何将 ISO 映射到 TCP 上去。

（3）UDP

UDP（User Datagram Protocol，用户数据报协议），属于第 4 层协议，提供了 S5 兼容通信协议，适用于简单的交叉网络数据传输，没有数据确认报文，不检测数据传输的正确性。UDP 支持基于 UDP 的发送和接收，使得设备（例如 PC 或非西门子公司设备）在工业以太网上的通信非常容易。

（4）TCP/IP

TCP/IP 中传输控制协议，支持第 4 层 TCP/IP 协议的开放数据通信。提供了数据流通信，但并不将数据封装成消息块，因而用户并不接收到每一个任务的确认信号。TCP 支持面向 TCP/IP 的 Socket。

S7-1500 PLC 系统以太网接口支持的通信连接类型见表 8-4。

表 8-4　S7-1500 PLC 系统以太网接口支持的通信连接类型

接口类型	连接类型			
	ISO	ISO-on-TCP	TCP/IP	UDP
CPU 集成接口 X1	×	√	√	√
CPU 集成接口 X2	×	√	√	√
CPU 集成接口 X3	×	√	√	√
CM1542-1	×	√	√	√
CP1543-1	√	√	√	√

注：√表示有此功能，× 表示没有此功能。

8.4.2　S7-1500 PLC 之间的 TCP 通信

S7-1500 PLC 之间的 TCP 通信

【例 8-4】 有两台设备，分别由 CPU 1511-1 PN 控制，要求从设备 1 上的 CPU 1511-1 PN 的 MB10 发出 1 个字节到设备 2 的 CPU 1511-1 PN 的 MB10。

解：S7-1500 PLC 之间的 OUC 通信，可以采用很多连接方式，如 TCP/IP、ISO-on-TCP 和 UDP 等，以下仅介绍 ISO-on-TCP 连接方式。

（1）软硬件配置

本例的硬件组态采用离线组态方法，也可以采用在线组态方法。

S7-1500 PLC 间的以太网通信硬件配置如图 8-47 所示。

本例用到的软硬件如下：

① 2 台 CPU 1511-1 PN；

② 1 台 4 口交换机；

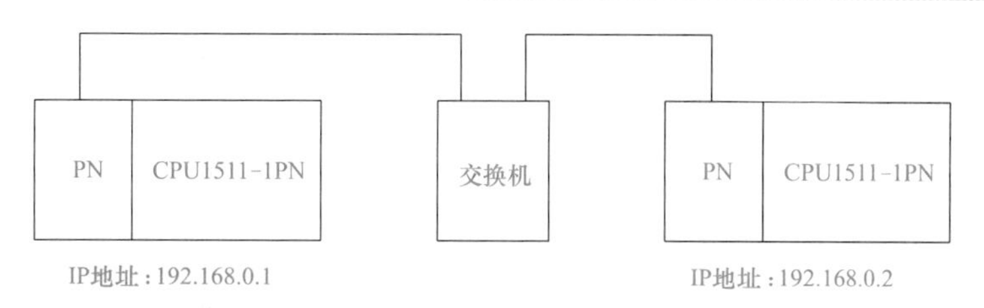

图 8-47　S7-1500 PLC 间的以太网通信硬件配置图

③ 2 根带 RJ45 接头的屏蔽双绞线（正线）；

④ 1 台个人电脑（含网卡）；

⑤ 1 套 TIA Portal V16。

（2）硬件组态

① 新建项目。先打开 TIA Portal V16，再新建项目，本例命名为“ISO_on_TCP”，接着单击“项目视图”按钮，切换到项目视图，如图 8-48 所示。

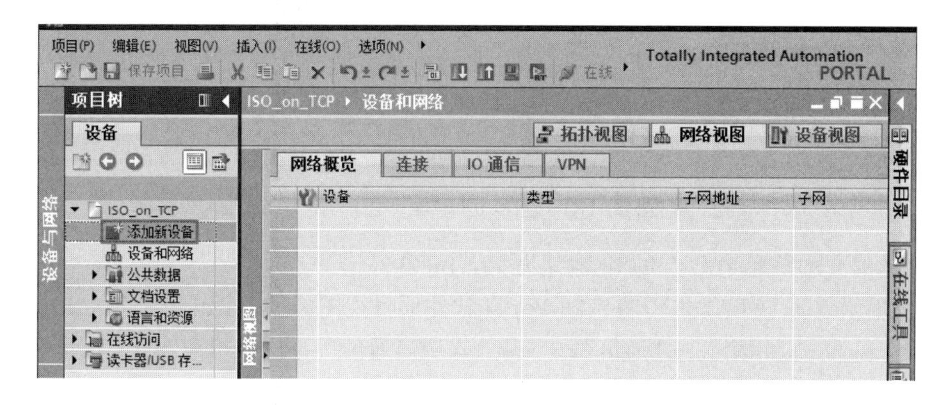

图 8-48　新建项目 ISO_on_TCP

② 硬件配置。如图 8-48 所示，在 TIA Portal 软件项目视图的项目树中，双击“添加新设备”按钮，先添加 CPU 模块“CPU 1511-1 PN”两次，并启用时钟存储器字节，如图 8-49 所示。

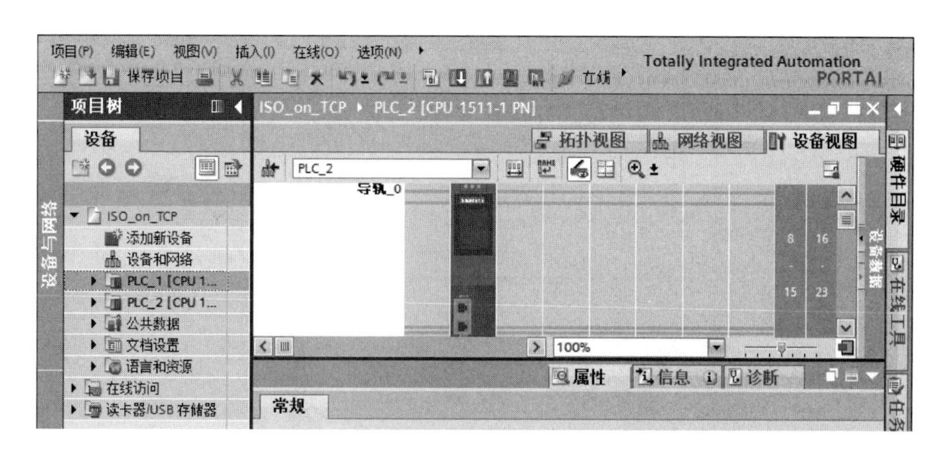

图 8-49　硬件配置

③ IP 地址设置。选中 PLC_1 的“设备视图”选项卡（标号①处），再选中 CPU 1511-1

PN 模块绿色的 PN 接口（标号②处），选中“属性”（标号③处）选项卡，再选中“以太网地址”（标号④处）选项，再设置 IP 地址（标号⑤处），如图 8-50 所示。

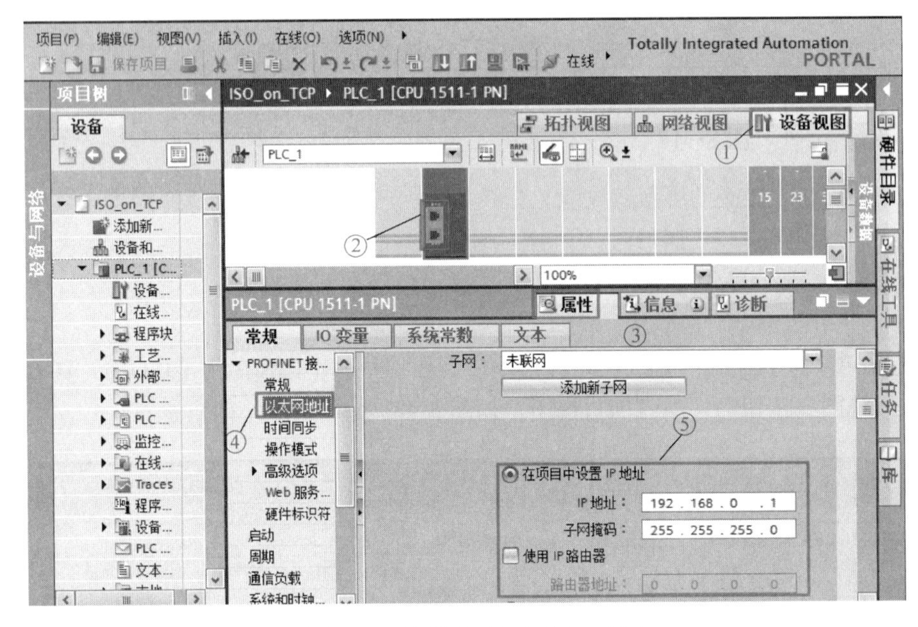

图 8-50　配置 IP 地址（客户端）

用同样的方法设置 PLC_2 的 IP 地址为 192.168.0.2。

④ 调用函数块 TSEND_C。在 TIA Portal 软件项目视图的项目树中，打开“PLC_1”的主程序块，再选中“指令”→“通信”→“开放式用户通信”，再将“TSEND_C”拖拽到主程序块，如图 8-51 所示。

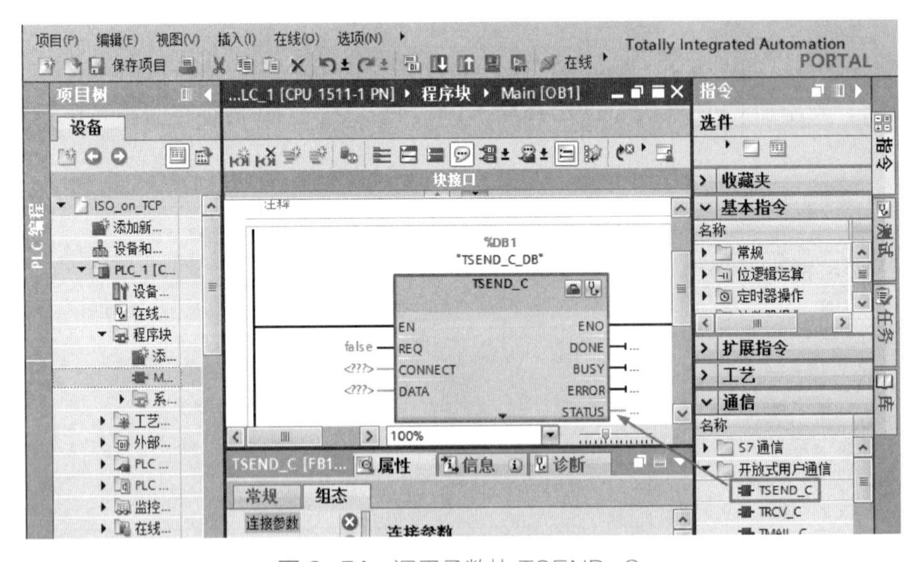

图 8-51　调用函数块 TSEND_C

⑤ 配置客户端连接参数。选中“属性”→“连接参数”，如图 8-52 所示。先选择连接类型为“ISO-on-TCP”，组态模式选择“使用组态的连接”，在连接数据中，单击“新建”，伙伴选择为“PLC_2”。

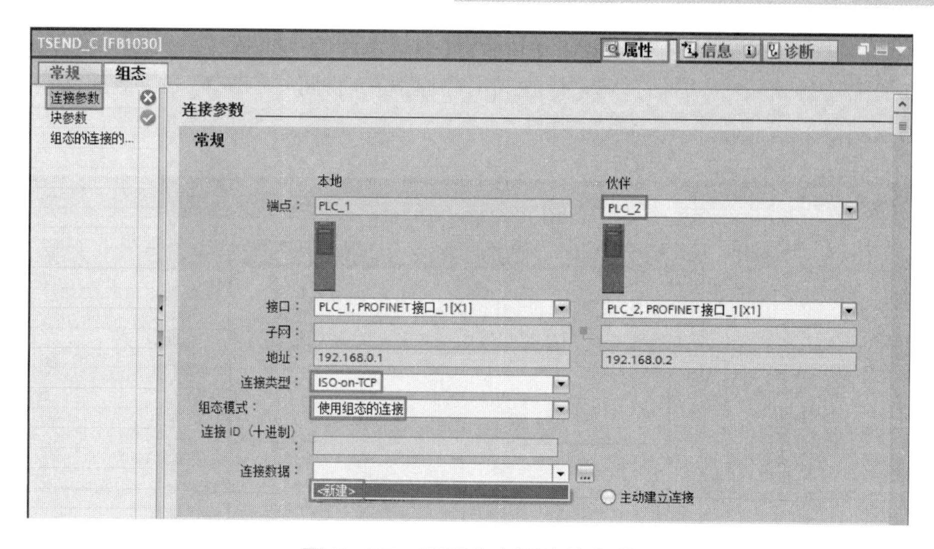

图 8-52　配置客户端连接参数

⑥ 配置客户端块参数。按照如图 8-53 所示配置块参数。每一秒激活一次发送请求，每次将 MB10 中的信息发送出去。

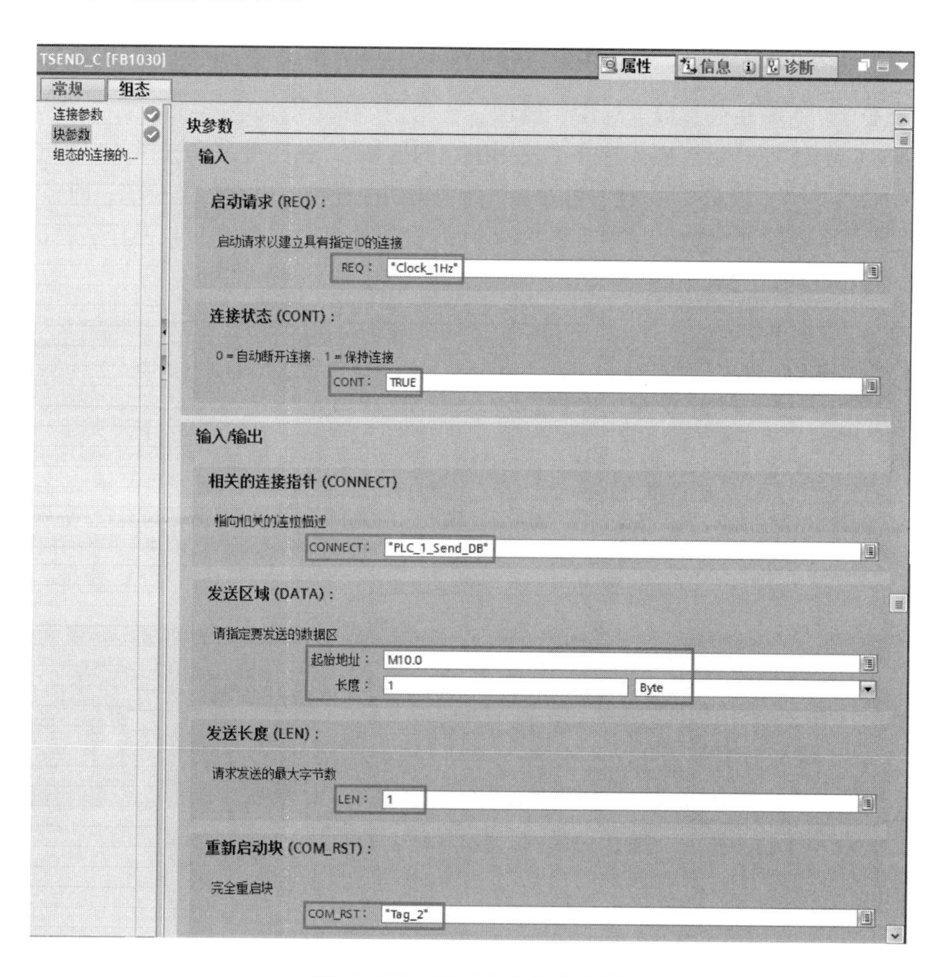

图 8-53　配置客户端块参数

⑦ 调用函数块 TRCV_C。在 TIA Portal 软件项目视图的项目树中，打开“PLC_2”主程序块，再选中“指令”→“通信”→“开放式用户通信”，再将“TRCV_C”拖拽到主程序块，如图 8-54 所示。

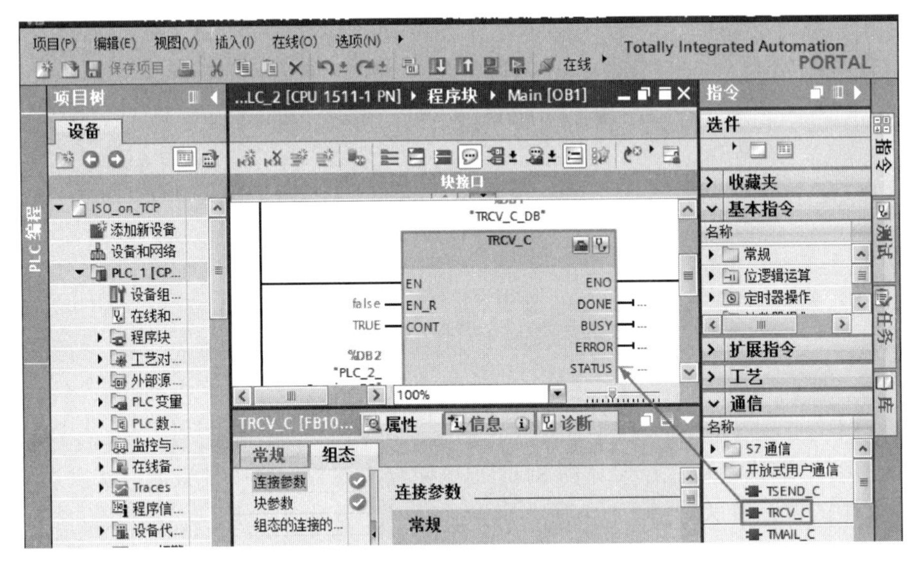

图 8-54　调用函数块 TRCV_C

⑧ 配置服务器端连接参数。选中“属性”→“连接参数”，如图 8-55 所示。先选择连接类型为“ISO-on-TCP”，组态模式选择“使用组态的连接”，在连接数据选择“ISOonTCP_ 连接 _1”，伙伴选择为“PLC_1”，且“PLC_1”为主动建立连接，也就是主控端，即客户端。

⑨ 配置服务器端块参数。按照如图 8-56 所示配置块参数。始终接收操作，每次将伙伴站发送来的数据存储在 MB10 中。

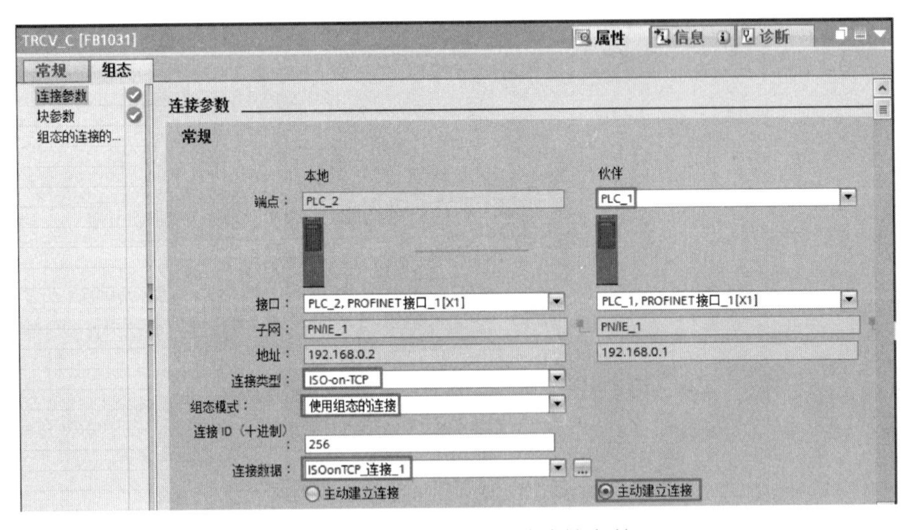

图 8-55　配置服务器端连接参数

⑩ 指令说明。

a. TSEND_C 指令。TCP 和 ISO-on-TCP 通信均可调用此指令，TSEND_C 可与伙伴站建立 TCP 或 ISO-on-TCP 通信连接，可发送数据，并且可以终止该连接。设置并建立连接后，

CPU 会自动保持和监视该连接。TSEND_C 指令输入 / 输出参数见表 8-5。

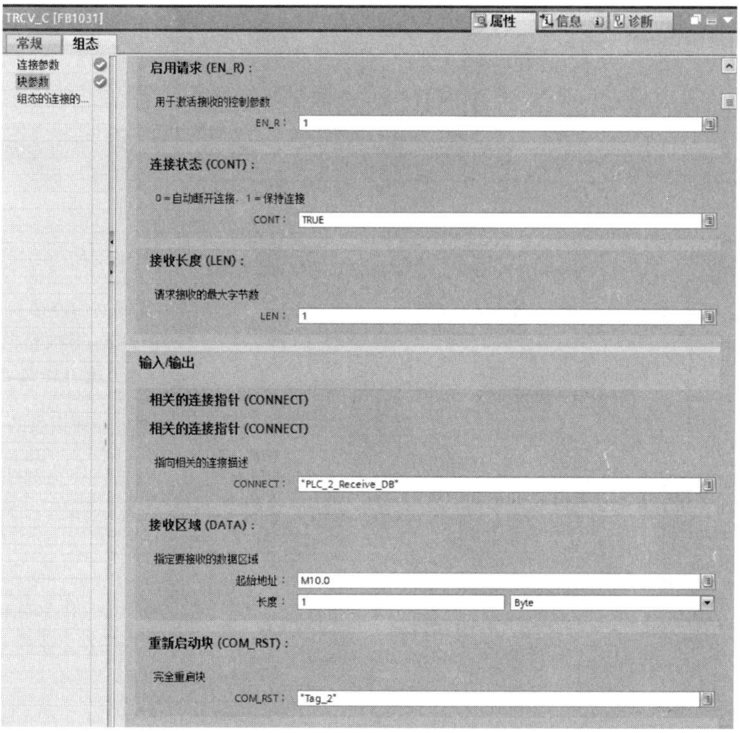

图 8-56　配置服务器端块参数

表 8-5　TSEND_C 指令的参数表

<table>
<tr><th>LAD</th><th>SCL</th><th>输入 / 输出</th><th>说明</th></tr>
<tr><td rowspan="10">TSEND_C
EN　ENO
REQ　DONE
CONT　BUSY
LEN　ERROR
CONNECT　STATUS
DATA
ADDR
COM_RST</td><td rowspan="10">"TSEND_C_DB" (
req: =_bool_in_,
cont: =_bool_in_,
len: =_uint_in_,
done=>_bool_out_,
BUSy=>_bool_out_,
error=>_bool_out_,
STATUS=>_word_out_,
connect: =_struct_inout_,
data: =_variant_inout_,
com_rst: =_bool_inout_);</td><td>EN</td><td>使能</td></tr>
<tr><td>REQ</td><td>在上升沿时，启动相应作业以建立 ID 所指定的连接</td></tr>
<tr><td>CONT</td><td>控制通信连接：
0：数据发送完成后断开通信连接
1：建立并保持通信连接</td></tr>
<tr><td>LEN</td><td>通过作业发送的最大字节数</td></tr>
<tr><td>CONNECT</td><td>指向连接描述的指针</td></tr>
<tr><td>DATA</td><td>指向发送区的指针</td></tr>
<tr><td>BUSY</td><td>状态参数，可具有以下值：
0：发送作业尚未开始或已完成
1：发送作业尚未完成，无法启动新的发送作业</td></tr>
<tr><td>DONE</td><td>上一请求已完成且没有出错后，DONE 位将保持为 TRUE 一个扫描周期时间</td></tr>
<tr><td>STATUS</td><td>故障代码</td></tr>
<tr><td>ERROR</td><td>是否出错：0 表示无错误，1 表示有错误</td></tr>
</table>

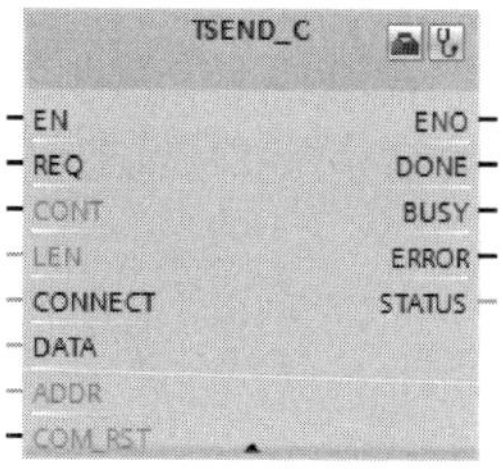

b. TRCV_C 指令。TCP 和 ISO-on-TCP 通信均可调用此指令，TRCV_C 可与伙伴 CPU 建立 TCP 或 ISO-on-TCP 通信连接，可接收数据，并且可以终止该连接。设置并建立连接后，CPU 会自动保持和监视该连接。TRCV_C 指令输入 / 输出参数见表 8-6。

表 8-6　TRCV_C 指令的参数表

LAD	SCL	输入 / 输出	说明
TRCV_C EN　ENO EN_R　DONE CONT　BUSY LEN　ERROR ADHOC　STATUS CONNECT　RCVD_LEN DATA ADDR COM_RST	"TRCV_C_DB"（ en_r：=_bool_in_, cont：=_bool_in_, len：=_uint_in_, adhoc：=_bool_in_, done=>_bool_out_, BUSy=>_bool_out_, error=>_bool_out_, STATUS=>_word_out_, rcvd_len=>_uint_out_, connect：=_struct_inout_, data：=_variant_inout_, com_rst：=_bool_inout_）;	EN	使能
		EN_R	启用接收
		CONT	控制通信连接： 0：数据接收完成后断开通信连接 1：建立并保持通信连接
		LEN	通过作业接收的最大字节数
		CONNECT	指向连接描述的指针
		DATA	指向接收区的指针
		BUSY	状态参数，可具有以下值： 0：接收作业尚未开始或已完成 1：接收作业尚未完成，无法启动新的接收作业
		DONE	上一请求已完成且没有出错后，DONE 位将保持为 TRUE 一个扫描周期时间
		STATUS	故障代码
		RCVD_LEN	实际接收到的数据量（字节）
		ERROR	是否出错：0 表示无错误，1 表示有错误

⑪ 编写程序。客户端的 LAD 和 SCL 程序如图 8-57 所示，服务器端的 LAD 和 SCL 程序（二者只选其一，且变量地址相同）如图 8-58 所示。

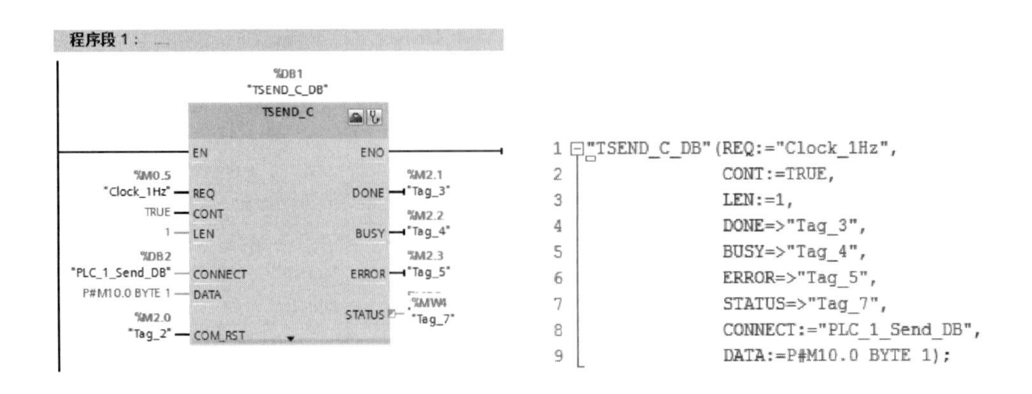

图 8-57　例 8-4 客户端的 LAD 和 SCL 程序

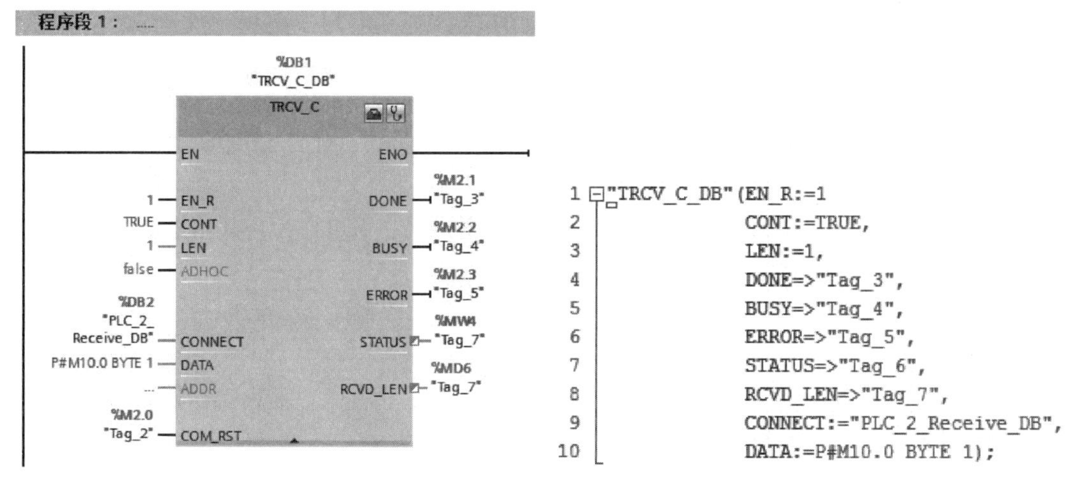


```
1  "TRCV_C_DB"(EN_R:=1
2              CONT:=TRUE,
3              LEN:=1,
4              DONE=>"Tag_3",
5              BUSY=>"Tag_4",
6              ERROR=>"Tag_5",
7              STATUS=>"Tag_6",
8              RCVD_LEN=>"Tag_7",
9              CONNECT:="PLC_2_Receive_DB",
10             DATA:=P#M10.0 BYTE 1);
```

图 8-58　例 8-4 服务器端的 LAD 和 SCL 程序

8.5　西门子 S7-1500 PLC 的 Modbus-TCP 通信及其应用

Modbus-TCP 通信是非实时通信。西门子的 PLC、变频器等产品之间的通信一般不采用 Modbus-TCP 通信，Modbus-TCP 通信通常用于西门子 PLC 与第三方支持 Modbus-TCP 通信协议的设备，典型的应用如：西门子 PLC 与施耐德的 PLC 的通信、西门子 PLC 与国产机器人的通信。

S7-1500 PLC 与机器人之间的 Modbus-TCP 通信

8.5.1　Modbus-TCP 通信基础

TCP 是简单的、中立厂商的用于管理和控制自动化设备的系列通信协议的派生产品，它覆盖了使用 TCP/IP 协议的 “Intranet” 和 “Internet” 环境中报文的用途。协议的最通用用途是为诸如 PLC、I/O 模块以及连接其他简单域总线或 I/O 模块的网关服务。

（1）TCP 的以太网参考模型

Modbus-TCP 传输过程中使用了 TCP/IP 以太网参考模型的 5 层。

第一层：物理层，提供设备物理接口，与市售介质 / 网络适配器相兼容。

第二层：数据链路层，格式化信号到源 / 目的硬件地址数据帧。

第三层：网络层，实现带有 32 位 IP 地址的报文包。

第四层：传输层，实现可靠性连接、传输、查错、重发、端口服务、传输调度。

第五层：应用层，Modbus 协议报文。

（2）Modbus-TCP 数据帧

Modbus 数据在 TCP/IP 以太网上传输，支持 Ethernet Ⅱ 和 802.3 两种帧格式，Modbus-TCP 数据帧包含报文头、功能代码和数据三部分，MBAP 报文头（MBAP、Modbus Application Protocol、Modbus 应用协议）分 4 个域，共 7 个字节。

（3）Modbus-TCP 使用的通信资源端口号

在 Modbus 服务器中按缺省协议使用 Port 502 通信端口，在 Modbus 客户端程序中设置任意通信端口，为避免与其他通信协议的冲突，一般建议端口号从 2000 开始可以使用。

（4）Modbus-TCP 使用的功能代码

按照用途区分，共有三种类型。

① 公共功能代码：已定义的功能码，保证其唯一性，由 Modbus.org 认可。

② 用户自定义功能代码有两组，分别为 65 ～ 72 和 100 ～ 110，无需认可，但不保证代码使用唯一性，如变为公共代码，需交 RFC 认可。

③ 保留功能代码，由某些公司使用某些传统设备代码，不可作为公共用途。

按照应用深浅，可分为三个类别。

① 类别 0，客户机 / 服务器最小可用子集：读多个保持寄存器（fc.3）；写多个保持寄存器（fc.16）。

② 类别 1，可实现基本互易操作常用代码：读线圈（fc.1）；读开关量输入（fc.2）；读输入寄存器（fc.4）；写线圈（fc.5）；写单一寄存器（fc.6）。

③ 类别 2，用于人机界面、监控系统例行操作和数据传送功能：强制多个线圈（fc.15）；读通用寄存器（fc.20）；写通用寄存器（fc.21）；屏蔽写寄存器（fc.22）；读写寄存器（fc.23）。

8.5.2 S7-1500 PLC 与埃夫特机器人之间的 Modbus-TCP 通信应用

以下用一个例子介绍 S7-1500 PLC 与埃夫特机器人之间的 Modbus-TCP 通信应用。

【例 8-5】 用一台 CPU 1511T-1 PN 与埃夫特机器人通信（Modbus-TCP），当机器人收到信号 100 时机器人启动，并按照机器人设定的程序运行。要求设计解决方案。

解：（1）软硬件配置

① 新建项目　先打开 TIA Portal 软件，再新建项目，本例命名为“Modbus_TCP”，再添加“CPU 1511T-1 PN”和“SM521”模块，如图 8-59 所示。

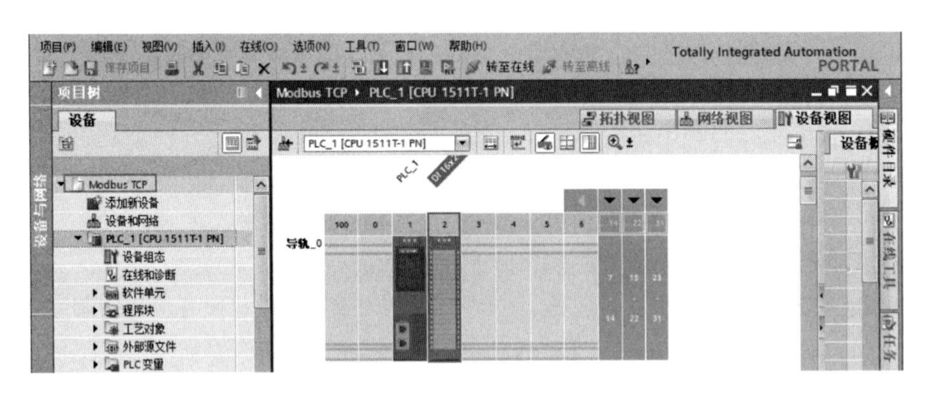

图 8-59　新建项目

② 新建数据块　在项目树的 PLC_1 中，单击“添加新块”按钮，新建数据块 DB1 和 DB2。在数据块 DB1 中，创建变量即 DB1.Signal，其数据类型为“Word”，起始值为 100，如图 8-60 所示，并将数据块的属性改为“非优化访问”。在数据块 DB2 中，创建变量即 DB2.Send，其数据类型为“TCON_IP_v4”，其起始值按照图 8-61 所示进行设置。

注意：数据块创建或修改完成后，需进行编译。

	名称	数据类型	起始值	保持
1	▼ Static			
2	■ Signal	Word	100	
3	■ <新增>			

DB1

图 8-60　数据块 DB1

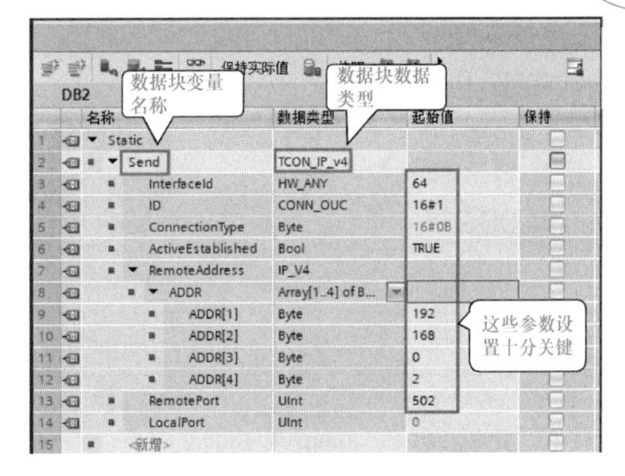

图 8-61　新建项目

图 8-23 中的参数含义见表 8-7。

表 8-7　客户端“TCON_IP_v4”的数据类型的各参数设置

TCON_IP_v4 数据类型引脚定义	含义	本例中的情况
Interfaced	接口，固定为 64	64
ID	连接 ID，每个连接必须独立	16#1
ConnectionType	连接类型，TCP/IP=16#0B；UDP=16#13	16#0B
ActiveEstablished	是否主动建立连接，True= 主动	True
RemoteAddress	通信伙伴 IP 地址	192.168.0.2
RemotePort	通信伙伴端口号	502
LocalPort	本地端口号，设置为 0，将由软件自己创建	0

（2）编写客户端程序

① 在编写客户端的程序之前，先要掌握“MB_CLIENT”，其参数含义见表 8-8。

表 8-8　“MB_CLIENT”的参数引脚含义

“MB_CLIENT”的引脚参数	参数类型	数据类型	含义
REQ	输入	BOOL	与 Modbus-TCP 服务器之间的通信请求，常 1 有效
DISCONNECT	输入	BOOL	0：与通过 CONNECT 参数组态的连接伙伴建立通信连接 1：断开通信连接
MB_MODE	输入	USINT	选择 Modbus 请求模式（0= 读取，1= 写入或诊断）
MB_DATA_ADDR	输入	UDINT	由“MB_CLIENT”指令所访问数据的起始地址
MB_DATA_LEN	输入	UINT	数据长度：数据访问的位数或字数
DONE	输出	BOOL	只要最后一个作业成功完成，立即将输出参数 DONE 的位置位为“1”
BUSY	输出	BOOL	0：无 Modbus 请求在进行中 1：正在处理 Modbus 请求
ERROR	输出	BOOL	0：无错误 1：出错 出错原因由参数 STATUS 指示
STATUS	输出	WORD	指令的详细状态信息

“MB_CLIENT”中 MB_MODE、MB_DATA_ADDR 的组合可以定义消息中所使用的功能码及操作地址，见表 8-9。

表 8-9　通信对应的功能码及地址

MODE	DATA_ADDR	Modbus 功能	功能和数据类型
0	起始地址：1 ～ 9999	01	读取输出位
0	起始地址：10001 ～ 19999	02	读取输入位
0	起始地址： 40001 ～ 49999 400001 ～ 465535	03	读取保持存储器
0	起始地址：30001 ～ 39999	04	读取输入字
1	起始地址：1 ～ 9999	05	写入输出位
1	起始地址： 40001 ～ 49999 400001 ～ 465535	06	写入保持存储器
1	起始地址：1 ～ 9999	15	写入多个输出位
1	起始地址： 40001 ～ 49999 400001 ～ 465535	16	写入多个保持存储器
2	起始地址：1 ～ 9999	15	写入一个或多个输出位
2	起始地址： 40001 ～ 49999 400001 ～ 465535	16	写入一个或多个保持存储器

② 编写完整梯形图程序。

如图 8-62 所示，当 REQ 为 1（即 I0.0=1），MB_MODE=1 和 MB_DATA_ADDR=40001 时，客户端把 DB1.DBW0 的数据向机器人传送。

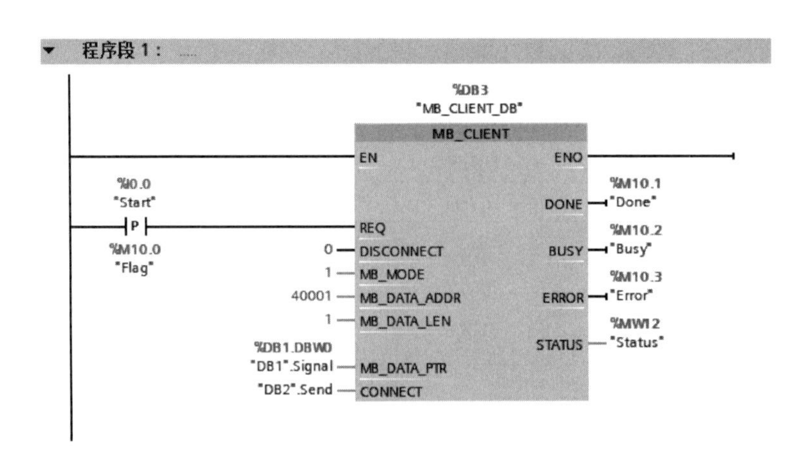

图 8-62　客户端的程序

（3）编写埃夫特机器人程序

PLC 与埃夫特机器人地址的对应关系见表 8-10。

表 8-10　PLC 与埃夫特机器人地址的对应关系

PLC 发送地址	机器人接收地址
40001	ER_ModbusGet.IIn［0］
40002	ER_ModbusGet.IIn［1］
40003	ER_ModbusGet.IIn［2］
40004	ER_ModbusGet.IIn［3］

以下是一段简单的程序，当机器人接收到数据 100 后，从点 cp0 运行到 ap0。

```
WHILE TRUE DO
   IF IoIIn[0]=100 THEN
      Lin（cp0）
      PTP（ap0）
      WaitIsFinished（）
      IoIOut[2]：=200
   END_IF
END_WHILE
```

8.6　西门子 S7-1500 PLC 的 S7 通信及其应用

8.6.1　S7 通信基础

S7-1200/1500 PLC 的 S7 通信

S7 通信是非实时通信，仅用于西门子产品之间通信。在工程应用中，西门子的 PLC 之间的非实时通信通常采用 S7 通信，而较少采用 Modbus-TCP、Modbus 和自由口等通信协议。

（1）S7 通信简介

S7 通信（S7 Communication）集成在每一个 SIMATIC S7/M7 和 C7 的系统中，属于 OSI 参考模型第 7 层应用层的协议，它独立于各个网络，可以应用于多种网络（MPI、PROFIBUS、工业以太网）。S7 通信通过不断地重复接收数据来保证网络报文的正确。在 SIMATIC S7 中，通过组态建立 S7 连接来实现 S7 通信。在 PC 上，S7 通信需要通过 SAPI-S7 接口函数或 OPC（过程控制用对象链接与嵌入）来实现。

（2）指令说明

使用 GET 和 PUT 指令，通过 PROFINET 和 PROFIBUS 连接，创建 S7 CPU 通信。

① PUT 指令　控制输入 REQ 的上升沿启动 PUT 指令，使本地 S7 CPU 向远程 S7 CPU 中写入数据。PUT 指令输入 / 输出参数见表 8-11。

② GET 指令　使用 GET 指令从远程 S7 CPU 中读取数据。读取数据时，远程 CPU 可处于 RUN 或 STOP 模式下。GET 指令输入 / 输出参数见表 8-12。

表 8-11　PUT 指令的参数表

LAD	SCL	输入 / 输出	说明
PUT Remote - Variant EN　ENO REQ　DONE ID　ERROR ADDR_1　STATUS SD_1	"PUT_DB" (req: =_bool_in_, ID: =_word_in_, ndr=>_bool_out_, error=>_bool_out_, STATUS=>_word_out_, addr_1: =_remote_inout_, [...addr_4: =_remote_inout_,] sd_1: =_variant_inout_ [, ...sd_4: =_variant_inout_]);	EN	使能
		REQ	上升沿启动发送操作
		ID	S7 连接号
		ADDR_1	指向接收方的地址的指针，该指针可指向任何存储区
		SD_1	指向本地 CPU 中待发送数据的存储区
		DONE	0：请求尚未启动或仍在运行 1：已成功完成任务
		STATUS	故障代码
		ERROR	是否出错：0 表示无错误，1 表示有错误

表 8-12　GET 指令的参数表

LAD	SCL	输入 / 输出	说明
GET Remote - Variant EN　ENO REQ　NDR ID　ERROR ADDR_1　STATUS RD_1	"GET_DB" (req: =_bool_in_, ID: =_word_in_, ndr=>_bool_out_, error=>_bool_out_, STATUS=>_word_out_, addr_1: =_remote_inout_, [...addr_4: =_remote_inout_,] rd_1: =_variant_inout_ [, ...rd_4: =_variant_inout_]);	EN	使能
		REQ	通过由低到高的（上升沿）信号启动操作
		ID	S7 连接号
		ADDR_1	指向远程 CPU 中存储待读取数据的存储区
		RD_1	指向本地 CPU 中存储待读取数据的存储区
		DONE	0：请求尚未启动或仍在运行 1：已成功完成任务
		STATUS	故障代码
		NDR	新数据就绪： 0：请求尚未启动或仍在运行 1：已成功完成任务
		ERROR	是否出错：0 表示无错误，1 表示有错误

注意：

① S7 通信是西门子公司产品的专用保密协议，不与第三方产品（如三菱 PLC）通信，是非实时通信。

② 与第三方 PLC 进行以太网通信常用 OUC（即开放用户通信，包括 TCP/IP、ISO、UDP 和 ISO-on-TCP 等），是非实时通信。

8.6.2　S7-1500 PLC 与 S7-1200 PLC 之间的 S7 通信应用

在工程中，西门子 CPU 模块之间的通信，采用 S7 通信比较常见。以下用一个例子介绍

S7-1500 PLC 与 S7-1200 PLC 之间的 S7 通信。

【例 8-6】 有两台设备，要求从设备 1 上的 CPU 1511T-1 PN 的 MB10 发出 1 个字节到设备 2 的 CPU 1211C 的 MB10，从设备 2 上的 CPU 1211C 的 IB0 发出 1 个字节到设备 1 的 CPU 1511T-1 PN 的 QB0。

解：（1）软硬件配置

S7-1500 PLC 与 S7-1200 PLC 间的以太网通信硬件配置如图 8-63 所示。本例用到的软硬件如下：

① 2 台 CPU 1511T-1 PN；

② 1 台 4 口交换机；

③ 2 根带 RJ45 接头的屏蔽双绞线（正线）；

④ 1 台个人电脑（含网卡）；

⑤ 1 套 TIA Portal V16。

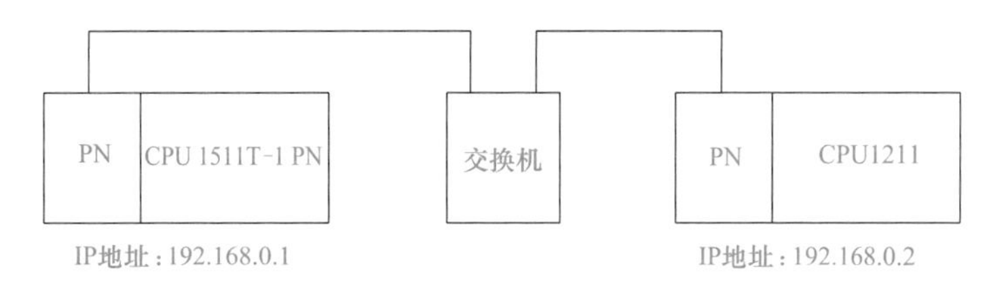

图 8-63　以太网通信硬件配置

（2）硬件组态过程

本例的硬件组态采用在线组态方法，也可以采用离线组态方法。

① 新建项目。先打开 TIA Portal V16，再新建项目，本例命名为“S7_1500to1200”，接着单击“项目视图”按钮，切换到项目视图，如图 8-64 所示。

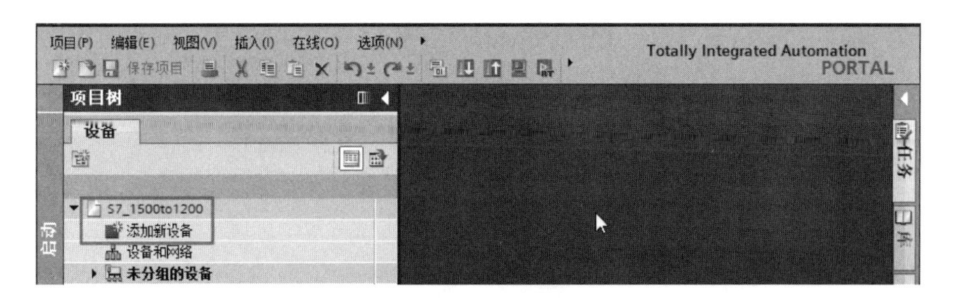

图 8-64　新建项目

② S7-1500 硬件配置。如图 8-64 所示，在 TIA Portal 软件项目视图的项目树中，双击“添加新设备”按钮，弹出如图 8-65 所示的界面，按图进行设置，最后单击“确定”按钮，弹出如图 8-66 所示的界面，单击“获取”，弹出如图 8-67 所示的界面，选中网口和有线网卡（标号①处），单击“开始搜索”按钮，选中搜索到的“plc_1”，单击“检测”按钮，检测出在线的硬件组态。

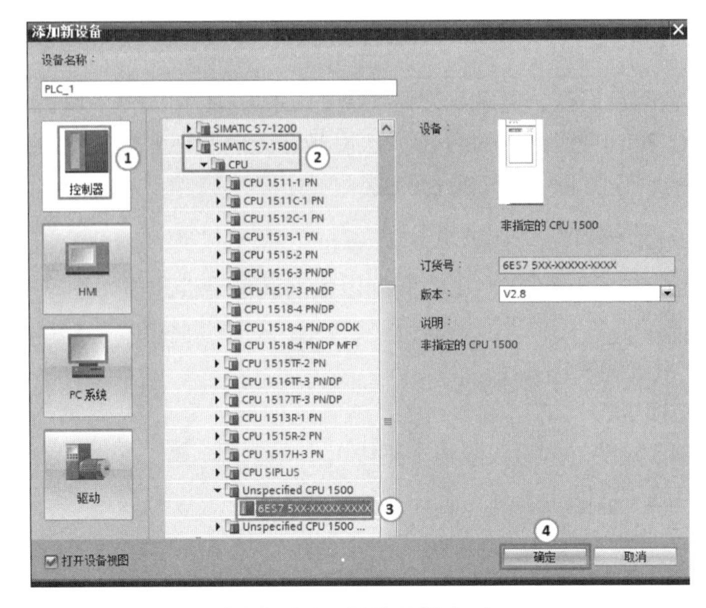

图 8-65　硬件检测（1）

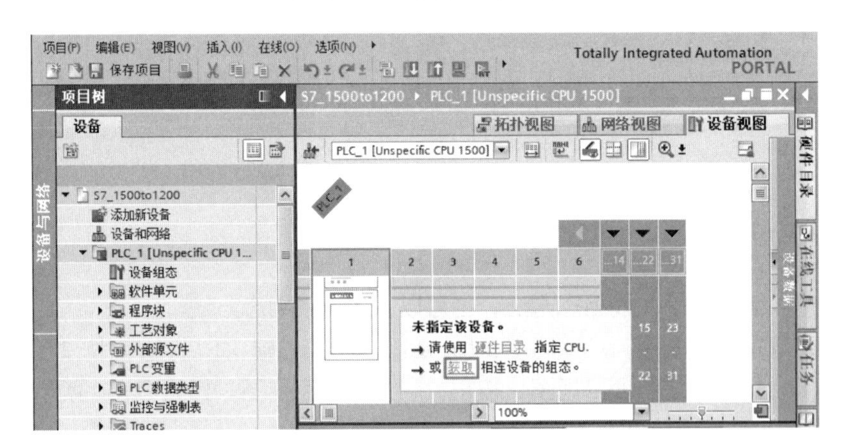

图 8-66　硬件检测（2）

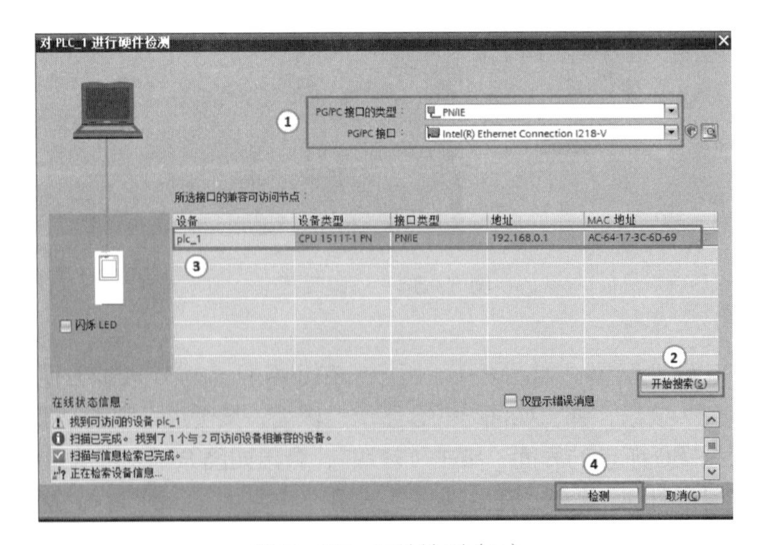

图 8-67　硬件检测（3）

③ 启用时钟存储器字节。先选中 PLC_1 的“设备视图”选项卡（标号①处），再选中常规选项卡中的“系统和时钟存储器”（标号⑤处）选项，勾选“启用时钟存储器字节”，如图 8-68 所示。

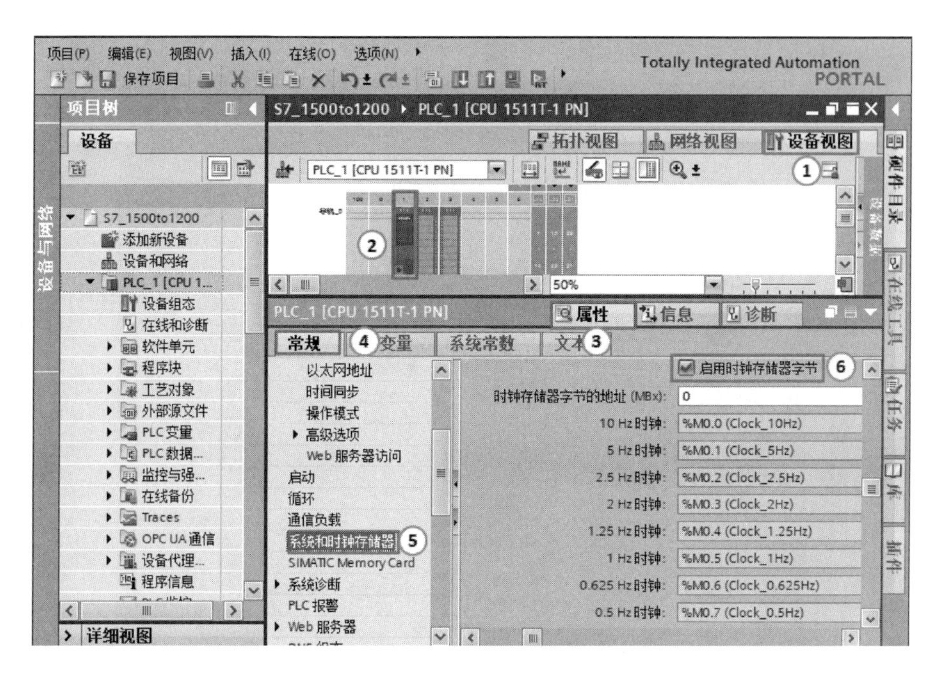

图 8-68　启用时钟存储器字节

④ IP 地址设置。先选中 PLC_1 的“设备视图”选项卡（标号①处），再选中 CPU 1511T-1 PN 模块（标号②处），选中“属性”（标号③处）选项卡，再选中“以太网地址”（标号④处）选项，再设置 IP 地址（标号⑤处），如图 8-69 所示。

用同样的方法设置 PLC_2 的 IP 地址为 192.168.0.2。

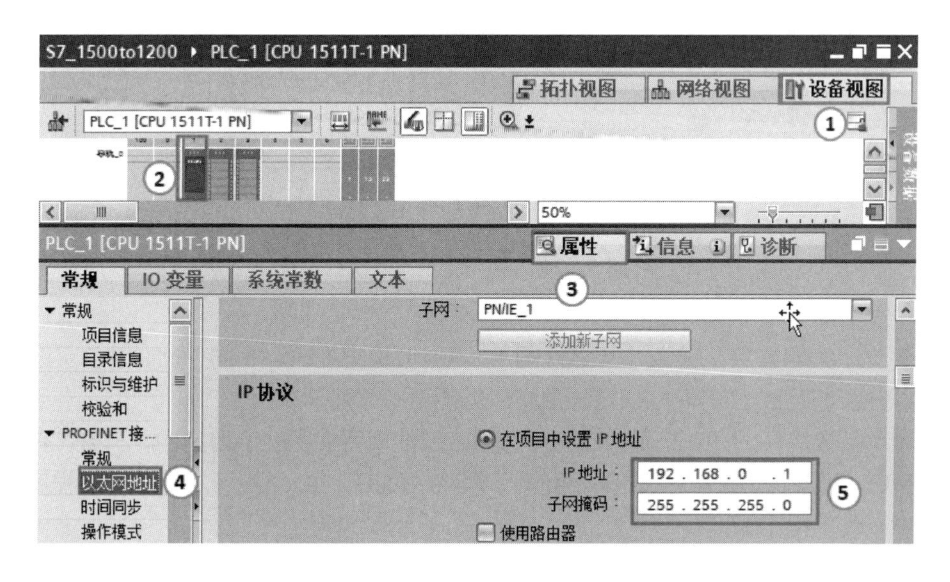

图 8-69　设置 PLC_1 的 IP 地址

⑤ S7-1200 硬件配置。如图 8-64 所示，在 TIA Portal 软件项目视图的项目树中，双击“添加新设备”按钮，弹出如图 8-70（a）所示的界面，按图进行设置，最后单击“确定”按钮，检测出在线的硬件组态，检测过程不做详细介绍，检测完成后如图 8-70（b）所示。

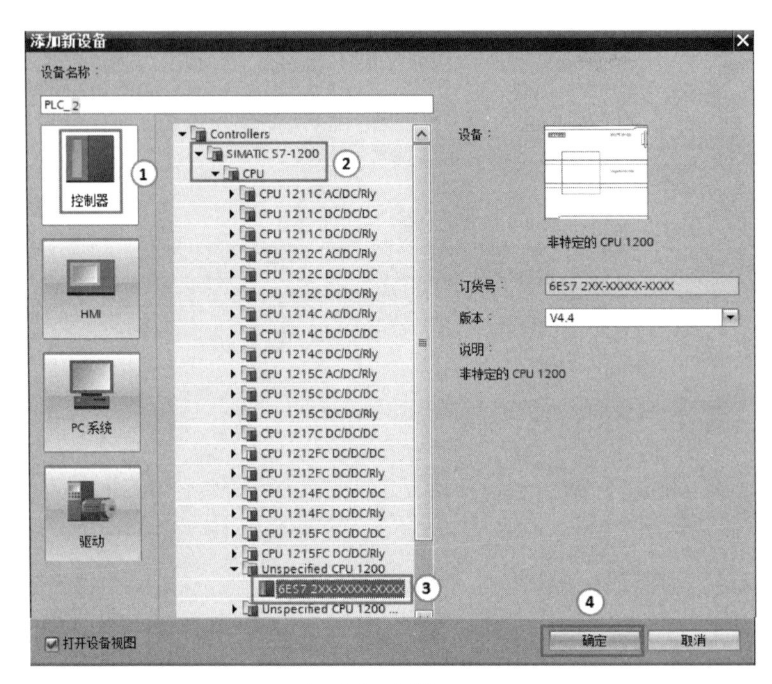

(a) 硬件检测(1)

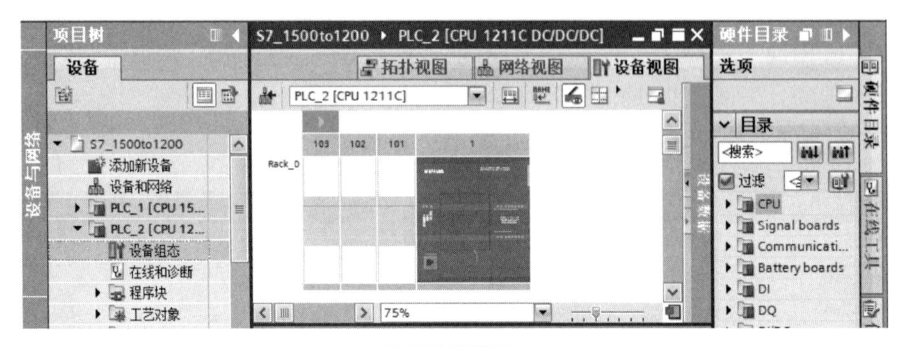

(b) 硬件检测(2)

图 8-70　PLC_2 硬件检测

⑥ 建立以太网连接。选中“网络视图”，再用鼠标把 PLC_1 的 PN（绿色）选中并按住不放，拖拽到 PLC_2 的 PN 口释放鼠标，如图 8-71 所示。

⑦ 调用函数块 PUT 和 GET。在 TIA Portal 软件项目视图的项目树中，打开“PLC_1”的主程序块，再选中“指令”→“S7 通信”，再将“PUT”和“GET”拖拽到主程序块，如图 8-72 所示。

⑧ 配置客户端连接参数。选中“属性”→“连接参数”，如图 8-73 所示。先选择伙伴为“PLC_2”，其余参数选择默认生成的参数。

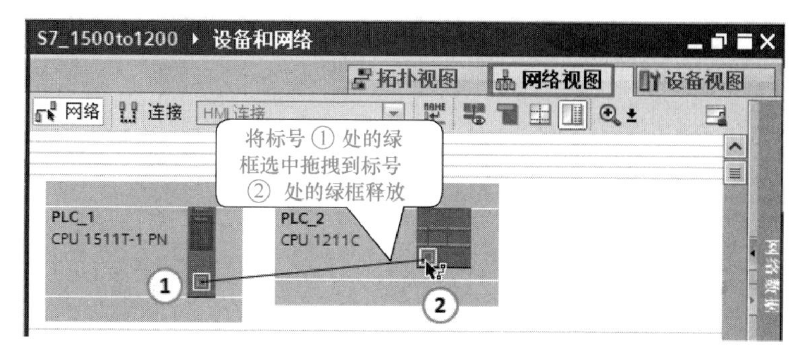

图 8-71　建立以太网连接

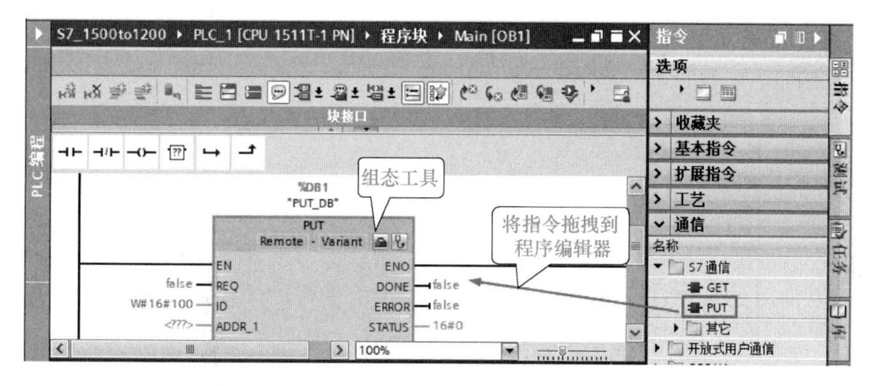

图 8-72　调用函数块 PUT 和 GET

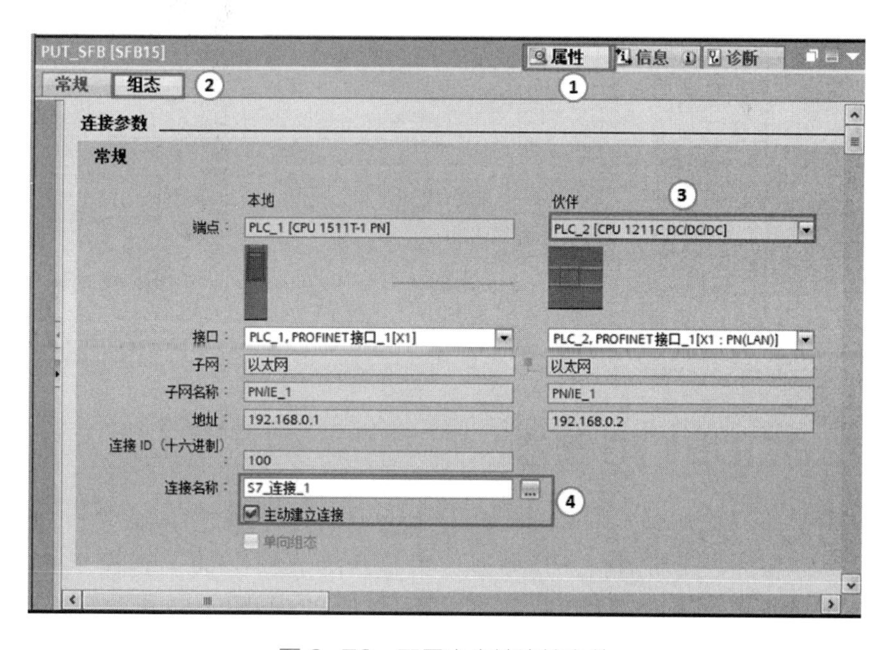

图 8-73　配置客户端连接参数

⑨ 更改连接机制。选中“属性”→“常规”→“保护”→“连接机制”，如图 8-74 所示，勾选“允许来自远程对象”，服务器端和客户端都要进行这样的更改。

注意：这一步很容易遗漏，如遗漏则不能建立有效的通信。

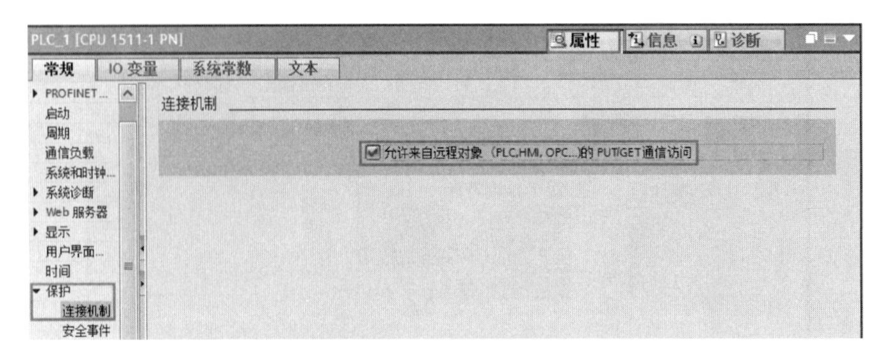

图 8-74　更改连接机制

⑩ 编写程序。客户端的 LAD 程序如图 8-75 所示，服务器端无须编写程序，这种通信方式称为单边通信，而前述章节的以太网通信为双边通信。

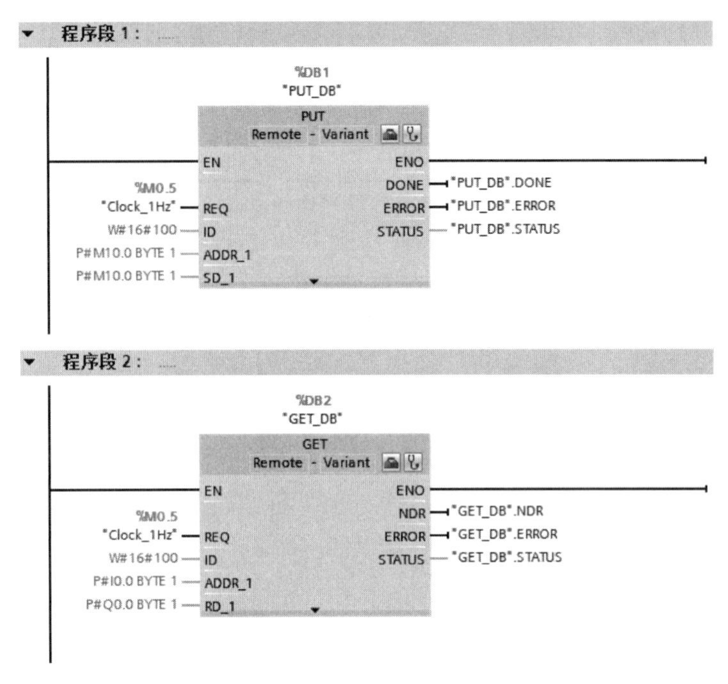

图 8-75　例 8-6 客户端的 LAD 程序

8.7 PROFINET IO 通信

PROFINET IO 通信是实时通信，西门子的 PLC 可与西门子的产品以及支持 PROFINET IO 通信协议的第三方产品通信，其典型应用有西门子 S7-1500 与西门子 ET200MP 的 PROFINET IO 通信、西门子 S7-1500 与汇川伺服系统的 PROFINET IO 通信等。

8.7.1 PROFINET IO 通信基础

（1）PROFINET IO 简介

PROFINET IO 通信主要用于模块化、分布式控制，通过以太网直接连接现场设备

（IO-Devices）。PROFINET IO 通信是全双工点到点方式通信。一个 IO 控制器（IO-Controller）最多可以和 512 个 IO 设备进行点到点通信，按照设定的更新时间双方对等发送数据。一个 IO 设备的被控对象只能被一个控制器控制。在共享 IO 控制设备模式下，一个 IO 站点上不同的 IO 模块、同一个 IO 模块中的通道都可以最多被 4 个 IO 控制器共享，但输出模块只能被一个 IO 控制器控制，其他控制器可以共享信号状态信息。

由于访问机制是点到点的方式，S7-1200 PLC 的以太网接口可以作为 IO 控制器连接 IO 设备，又可以作为 IO 设备连接到上一级控制器。

（2）PROFINET IO 的特点

① 现场设备（IO-Devices）通过 GSD 文件的方式集成在 TIA Portal 软件中，其 GSD 文件以 XML 格式保存。

② PROFINET IO 控制器可以通过 IE/PB LINK（网关）连接到 PROFIBUS-DP 从站。

（3）PROFINET IO 三种执行水平

① 非实时数据通信（NRT）　PROFINET 是工业以太网，采用 TCP/IP 标准通信，响应时间为 100ms，用于工厂级通信。组态和诊断信息、上位机通信时可以采用。

② 实时（RT）通信　对于现场传感器和执行设备的数据交换，响应时间为 5 ～ 10ms（DP 满足）。PROFINET 提供了一个优化的、基于第二层的实时通道，解决了实时性问题。

PROFINET 的实时数据优先级传递，标准的交换机可保证实时性。

③ 等时同步实时（IRT）通信　在通信中，对实时性要求最高的是运动控制。100 个节点以下要求响应时间是 1ms，抖动误差不大于 1μs。等时数据传输需要特殊交换机（如 SCALANCE X-200 IRT）。

S7-1500 PLC 与分布式模块 ET200SP 之间的 PROFINET 通信

（4）PROFINET 的分类

PROFINET 分为 PROFINET IO 和 PROFINET CBA。PROFINET IO 正在广泛使用，而 PROFINET CBA 已趋于淘汰，S7-1200/1500 已不再支持。

8.7.2　S7-1500 PLC 与分布式模块 ET200SP 之间的 PROFINET 通信

【例 8-7】 用 S7-1500 PLC 与分布式模块 ET200SP，实现 PROFINET 通信。某系统的控制器由 CPU 1511T-1 PN、IM155-6 PN、SM521 和 SM522 组成，要用 CPU 1511T-1 PN 上的 2 个按钮控制远程站上的一台电动机的启停。

解：（1）设计电气原理图

本例的软硬件配置如下：

① 1 台 CPU 1511T-1 PN；

② 1 台 IM155-6 PN；

③ 1 台 SM521 和 SM522；

④ 1 台个人电脑（含网卡）；

⑤ 1 套 TIA Portal V16；

⑥ 1 根带 RJ45 接头的屏蔽双绞线（正线）。

电气原理图如图 8-76 所示。以太网口 X1P1 由网线连接。

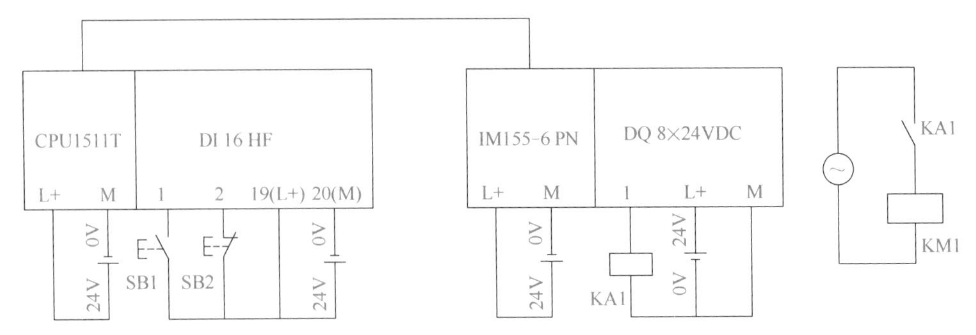

图 8-76　例 8-7 电气原理图

（2）编写控制程序

① 新建项目。打开 TIA Portal V16，再新建项目，本例命名为“ET200SP”，单击“项目视图”按钮，切换到项目视图。

② 硬件配置。在 TIA Portal 软件项目视图的项目树中，双击“添加新设备”按钮，添加 CPU 模块，如图 8-77 所示，方法参考 8.4.2 节。

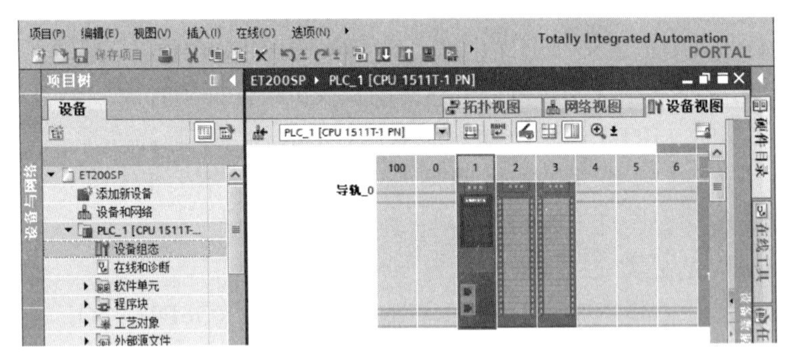

图 8-77　硬件配置

③ IP 地址设置。选中 PLC_1 的“设备视图”选项卡（标号①处）→ CPU 1511T-1 PN 模块（标号②处）→“属性”（标号③处）选项卡→“常规”（标号④处）选项卡→“以太网地址”（标号⑤处）选项，最后设置 IP 地址（标号⑥处），如图 8-78 所示。

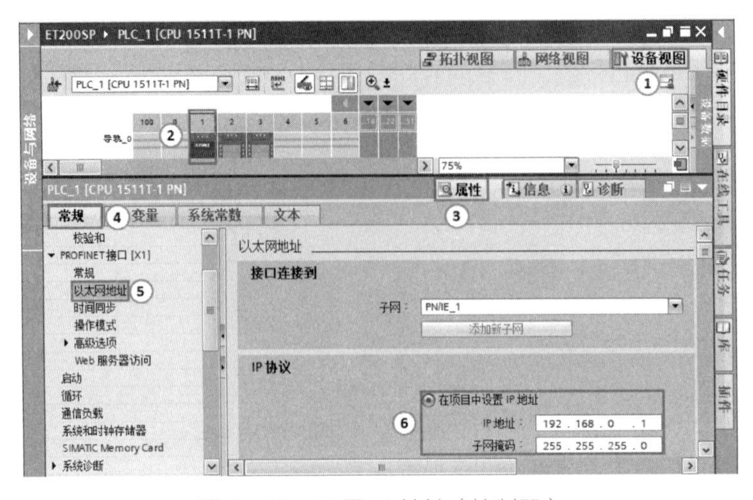

图 8-78　配置 IP 地址（控制器）

④ 在线检测 IM155-6 PN 模块。在 TIA Portal 软件项目视图的项目树中，单击“在线”→“硬件检测”→“网络中的 PROFINET 设备”，如图 8-79 所示，弹出如图 8-80 所示的界面，先选中网口和有线网卡，单击“开始搜索”按钮，勾选检测到的需要使用的设备（本例为 io1），单击“添加设备”按钮，io1 设备被添加到网络视图中。

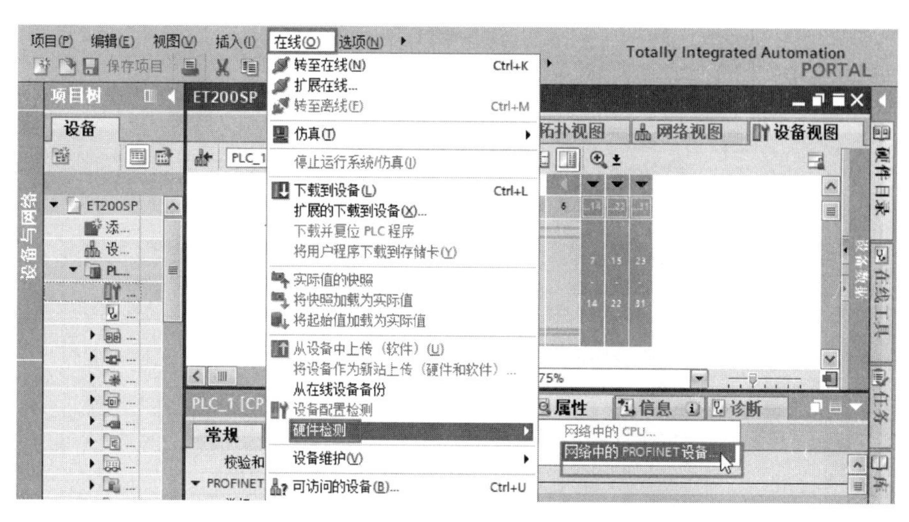

图 8-79　在线检测 IM155-6 PN 模块（1）

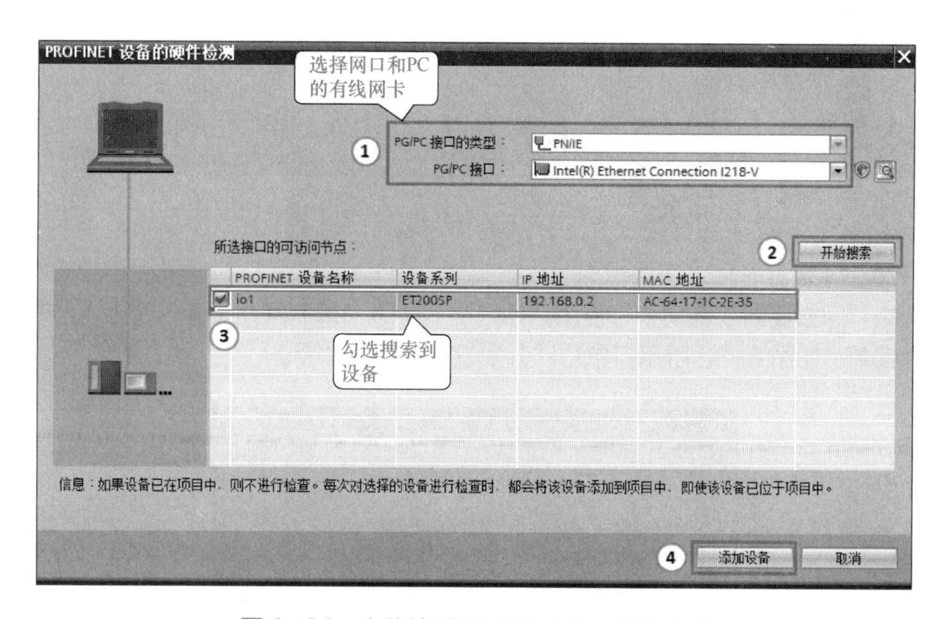

图 8-80　在线检测 IM155-6 PN 模块（2）

⑤ 建立 IO 控制器（本例为 CPU 模块）与 IO 设备的连接。选中“网络视图”（标号①处）选项卡，再用鼠标把 PLC_1 的 PN 口（标号②处）选中并按住不放，拖拽到 IO device_1 的 PN 口（标号③处）释放鼠标，如图 8-81 所示。

⑥ 启用电位组，查看数字量输出模块地址。在“设备视图”中，选中模块（标号②处），再选中“电位组”中的“启用新的电位组”。注意所有的浅色底板都要启用电位组。数字量输出模块的地址为 QB2，如图 8-82 所示，编写程序时，要与此处的地址匹配。

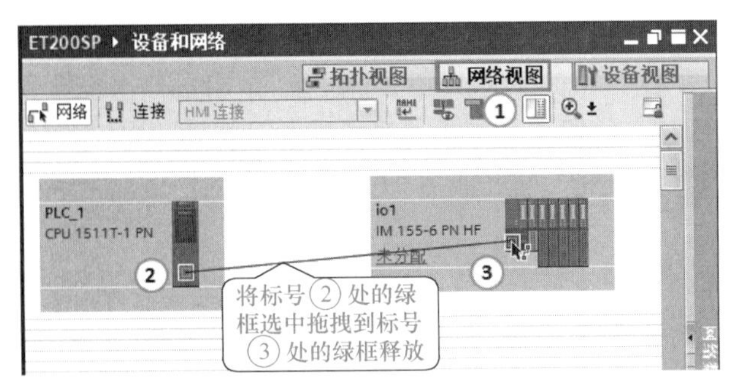

图 8-81　建立 IO 控制器与 IO 设备的连接

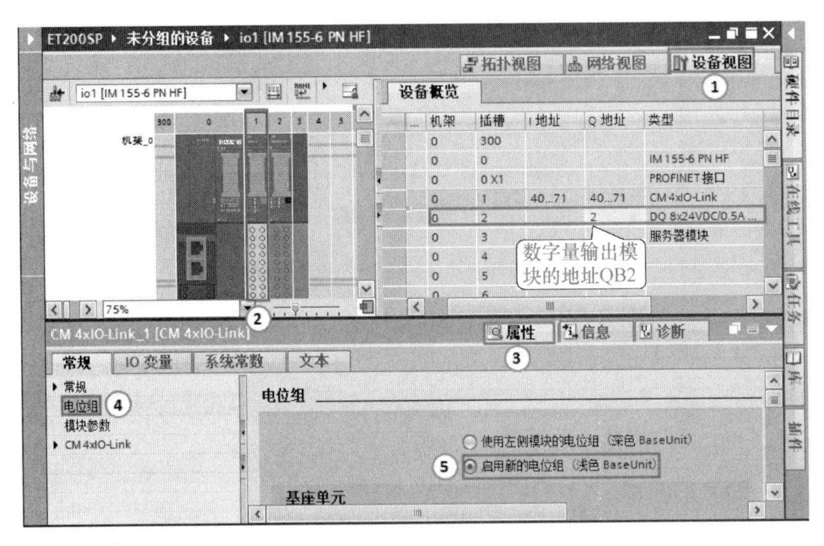

图 8-82　启用电位组，查看数字量输出模块地址

⑦ 分配 IO 设备名称。在线组态一般不需要分配 IO 设备名称，通常离线组态需要此项操作。选中“网络视图”选项卡，再用鼠标选中 PROFINET 网络（标号②处），右击鼠标，弹出快捷菜单，如图 8-83 所示，单击“分配设备名称”命令。

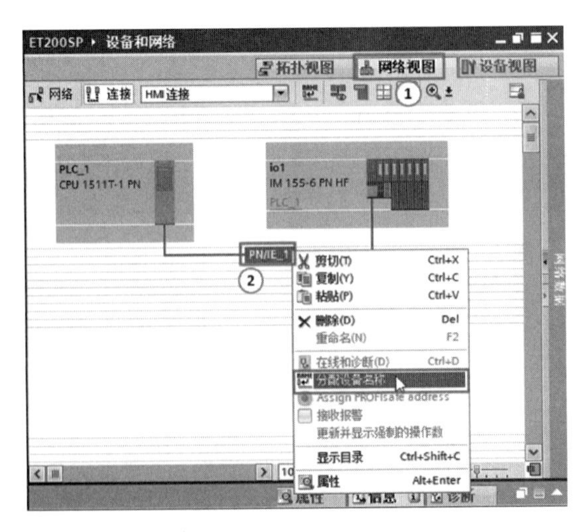

图 8-83　分配 IO 设备名称（1）

如图 8-84 所示，单击“更新列表”按钮，系统自动搜索 IO 设备，当搜索到 IO 设备后，再单击“分配名称”按钮。

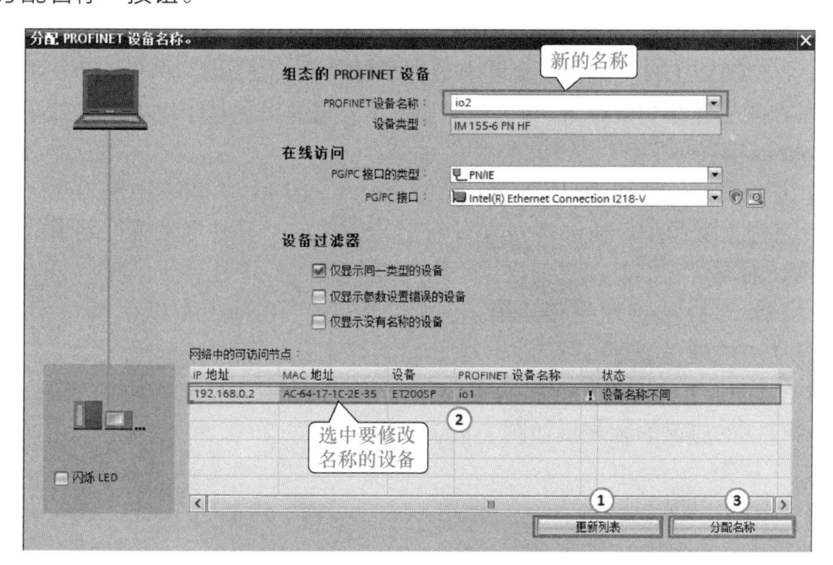

图 8-84　分配 IO 设备名称（2）

⑧ 编写程序。只需要在 IO 控制器（CPU 模块）中编写程序，如图 8-85 所示，而 IO 设备中并不需要编写程序。

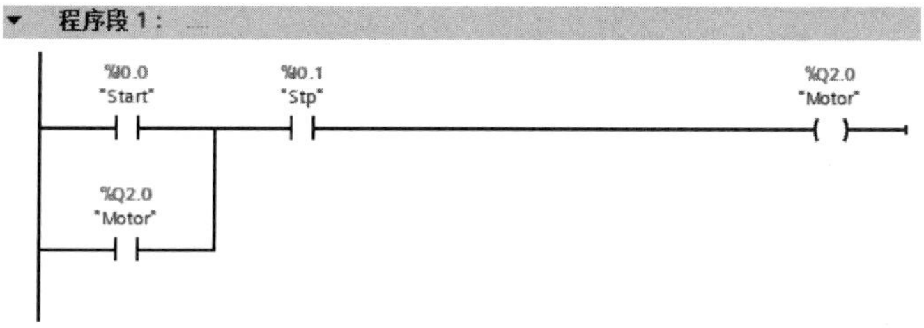

程序段 1：......

%I0.0 "Start"　%I0.1 "Stp"　%Q2.0 "Motor"

%Q2.0 "Motor"

图 8-85　例 8-7 IO 控制器中的程序

小结

① 用 TIA Portal 软件进行硬件组态时，使用拖拽功能，能大幅提高工作效率，必须学会。

② 在下载程序后，如发现总线故障（BF 灯红色），一般情况是组态时，IO 设备的设备名或 IP 地址与实际的 IO 设备的设备名或 IP 地址不一致。此时，需要重新分配 IP 地址或设备名。

③ 分配 IO 设备的设备名和 IP 地址，应在线完成，也就是说必须有在线的硬件设备。

8.8 Modbus RTU 串行通信及其应用

Modbus RTU 通信在国内很常用，国产仪表和小型 PLC 通常支持此协议。Modbus RTU 通信的典型应用如西门子 PLC 与第三方的仪表通信。

8.8.1 Modbus RTU 通信介绍

（1）Modbus 通信协议

Modbus 是 MODICON（莫迪康，后来被施耐德收购）公司于 1979 年开发的一种通信协议，是一种工业现场总线协议标准。1996 年施耐德公司推出了基于以太网 TCP/IP 的 Modbus 协议，即 Modbus-TCP。

Modbus 协议是一项应用层报文传输协议，包括 Modbus-ASCII、Modbus-RTU、Modbus-TCP 三种报文类型，协议本身并没有定义物理层，只是定义了控制器能够认识和使用的消息结构，而不管它们是经过何种网络进行通信的。

标准的 Modbus 协议物理层接口有 RS232、RS422、RS485 和以太网口。采用 Master/Slave（主 / 从）方式通信。

Modbus 在 2004 年成为我国国家标准。

Modbus-RTU 的协议的帧规格如图 8-86 所示。

地址字段	功能代码	数据	出错检查(CRC)
1个字节	1个字节	0～252个字节	2个字节

图 8-86　Modbus-RTU 的协议的帧规格

（2）S7-1500 PLC 支持的协议

① S7-1500 CPU 模块的 PN/IE 接口（以太网口）支持用户开放通信（含 Modbus-TCP、TCP、UDP、ISO、ISO-on-TCP 等）、PROFINET 和 S7 通信协议等。

② CM PtP RS422/485 HF 模块的串口支持 Modbus-RTU、自由口通信和 USS 通信协议等。

（3）Modbus RTU 通信指令

① Modbus_Comm_Load 指令　Modbus_Comm_Load 指令用于 Modbus-RTU 协议通信的 SIPLUS I/O 或 PtP 端口。Modbus-RTU 端口硬件选项：最多安装三个 CM（RS485 或 RS232）及一个 CB（RS485）。主站和从站都要调用此指令，Modbus_Comm_Load 指令输入 / 输出参数见表 8-13。

表 8-13　Modbus_Comm_Load 指令的参数表

LAD	SCL	输入 / 输出	说明
MB_COMM_LOAD EN　ENO REQ　DONE PORT　ERROR BAUD　STATUS PARITY FLOW_CTRL RTS_ON_DLY RTS_OFF_DLY RESP_TO MB_DB	"Modbus_Comm_Load_DB"（ REQ：=_bool_in， PORT：=_uint_in_， BAUD：=_udint_in_， PARITY：=_uint_in_， FLOW_CTRL：=_uint_in_， RTS_ON_DLY：=_uint_in_， RTS_OFF_DLY：=_uint_in_， RESP_TO：=_uint_in_， DONE=>_bool_out， ERROR=>_bool_out_， STATUS=>_word_out_， MB_DB：=_fbtref_inout_）；	EN	使能
		REQ	上升沿时信号启动操作
		PORT	硬件标识符
		PARITY	奇偶校验选择： 0—无 1—奇校验 2—偶校验
		MB_DB	对 Modbus_Master 或 Modbus_Slave 指令所使用的背景数据块的引用
		DONE	上一请求已完成且没有出错后，DONE 位将保持为 TRUE 一个扫描周期时间
		STATUS	故障代码
		ERROR	是否出错：0 表示无错误，1 表示有错误

② Modbus_Master 指令　Modbus_Master 指令是 Modbus 主站指令，在执行此指令之前，要执行 Modbus_Comm_Load 指令组态端口。将 Modbus_Master 指令放入程序时，自动分配背景数据块。指定 Modbus_Comm_Load 指令的 MB_DB 参数时将使用该 Modbus_Master 背景数据块。Modbus_Master 指令输入 / 输出参数见表 8-14。

表 8-14　Modbus_Master 指令的参数表

LAD	SCL	输入 / 输出	说明
MB_MASTER EN　ENO REQ　DONE MB_ADDR　BUSY MODE　ERROR DATA_ADDR　STATUS DATA_LEN DATA_PTR	"Modbus_Master_DB"(REQ：=_bool_in_, MB_ADDR：=_uint_in_, MODE：=_usint_in_, DATA_ADDR：=_udint_in_, DATA_LEN：=_uint_in_, DONE=>_bool_out_, BUSY=>_bool_out_, ERROR=>_bool_out_, STATUS=>_word_out_, DATA_PTR：=variant_inout);	EN	使能
		MB_ADDR	从站站地址，有效值为 0 ～ 247
		MODE	模式选择：0—读，1—写
		DATA_ADDR	从站中的起始地址，详见表 8-15
		DATA_LEN	数据长度
		DATA_PTR	数据指针：指向要写入或读取的数据的 M 或 DB 地址（未经优化的 DB 类型），详见表 8-11
		DONE	上一请求已完成且没有出错后，DONE 位将保持为 TRUE 一个扫描周期时间
		BUSY	0—无 Modbus_Master 操作正在进行 1—Modbus_Master 操作正在进行
		STATUS	故障代码
		ERROR	是否出错：0 表示无错误，1 表示有错误

表 8-15　Modbus 通信对应的功能码及地址

MODE	DATA_ADDR	Modbus 功能	功能和数据类型
0	起始地址：1 ～ 9999	01	读取输出位
0	起始地址：10001 ～ 19999	02	读取输入位
0	起始地址： 40001 ～ 49999 400001 ～ 465535	03	读取保持存储器
0	起始地址：30001 ～ 39999	04	读取输入字
1	起始地址：1 ～ 9999	05	写入输出位
1	起始地址： 40001 ～ 49999 400001 ～ 465535	06	写入保持存储器
1	起始地址：1 ～ 9999	15	写入多个输出位
1	起始地址： 40001 ～ 49999 400001 ～ 465535	16	写入多个保持存储器
2	起始地址：1 ～ 9999	15	写入一个或多个输出位
2	起始地址： 40001 ～ 49999 400001 ～ 465535	16	写入一个或多个保持存储器

8.8.2 S7-1500 PLC 与温度仪表的 Modbus RTU 通信

以下用一个例子介绍 S7-1500 PLC 和温度仪表之间 Modbus RTU 通信实施方法。

【例 8-8】 要求用 S7-1500 PLC 和温度仪表（型号 KCMR-91W），采用 Modbus-RTU 通信，用串行通信模块 CM PtP RS422/485 HF 采集温度仪表的实时温度值。

S7-1500 PLC 与温度仪表之间的 Modbus RTU 通信

解：(1) 设计电气原理图

1）软硬件配置

① 1 台 CPU 1511T-1 PN。

② 1 台 CM PtP RS422/485 HF（RS485/422 端口）、SM521、SM522。

③ 1 台 KCMR-91W 温度仪表（配 RS485 端口，支持 Modbus-RTU 协议）。

④ 1 套 TIA Portal V16。

电气原理图如图 8-87 所示，采用 RS485 的接线方式，CM PtP RS422/485 HF 模块无需接电源，其串口是 15 针，串口的第 9 和第 11 针短接是信号正，第 2 和第 4 针短接是信号负。温度仪表需要接交流 220V 电源。

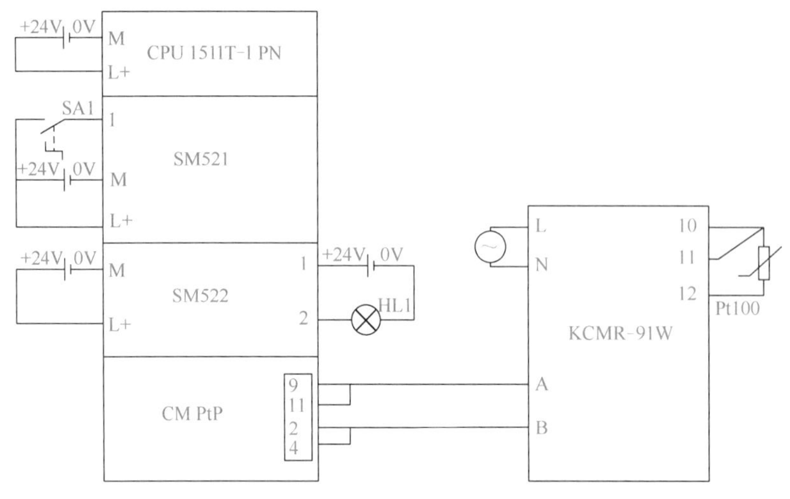

图 8-87 例 8-8 电气原理图

2）硬件组态过程

① 新建项目。先打开 TIA Portal 软件，再新建项目，本例命名为“Modbus_RTU”，接着单击“项目视图”按钮，切换到项目视图，如图 8-88 所示。

② 硬件配置。如图 8-84 所示，在 TIA Portal 软件项目视图的项目树中，双击“添加新设备”按钮，先添加 CPU 模块“CPU 1511T-1 PN”，并启用时钟存储器字节和系统存储器字节，如图 8-89 所示。

③ IP 地址设置。先选中 Master 的“设备视图”选项卡（标号①处），再选中 CPU 1511T-1 PN 模块（标号②处），选中“属性”（标号③处）选项卡，再选中“以太网地址”（标号⑤处）选项，再设置 IP 地址（标号⑥处）为 192.168.0.1，如图 8-90 所示。

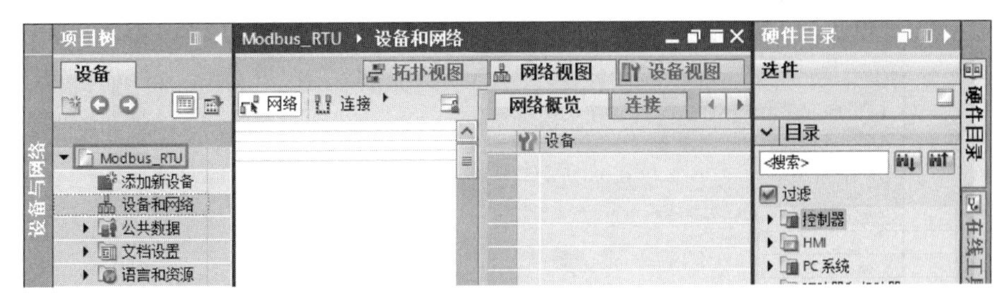

图 8-88　新建项目

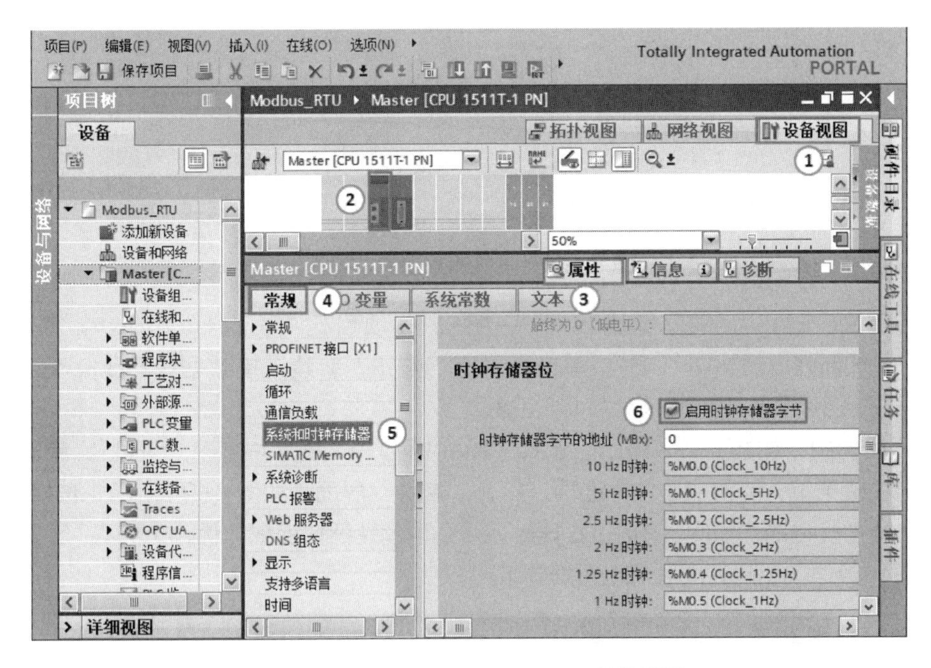

图 8-89　CPU 1511T-1 PN 硬件配置

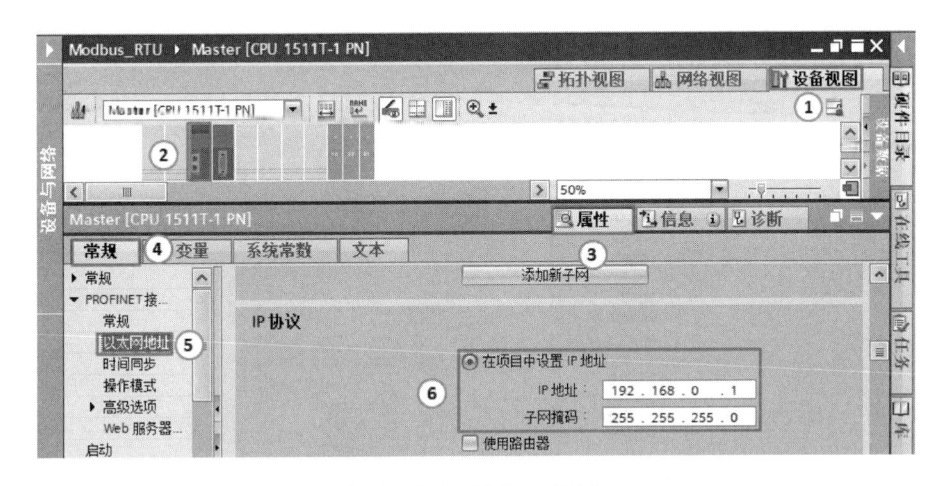

图 8-90　设置 IP 地址

④ 串口参数的设置。选中 Master 的“设备视图”选项卡（标号①处），再选中 CM PtP RS422/485 HF 模块（标号②处），参数设置如图 8-91 所示。

图 8-91 主站串口参数的设置

⑤ 在主站 Master 中，创建数据块 DB1。在项目树中，选择“Master”→“程序块”→“添加新块”，选中“DB”，单击“确定”按钮，新建连接数据块 DB1，如图 8-92 所示，再在 DB1 中创建数组 ReceiveData。

在项目树中，如图 8-93 所示，选择“Master”→“程序块”→“DB1”，单击鼠标右键，弹出快捷菜单，单击“属性”选项，打开“属性”界面，如图 8-94 所示，选择“属性”选项，去掉“优化的块访问”前面的对号“√”，也就是把块变成非优化访问。

注意：数据块创建完成后应进行编译。

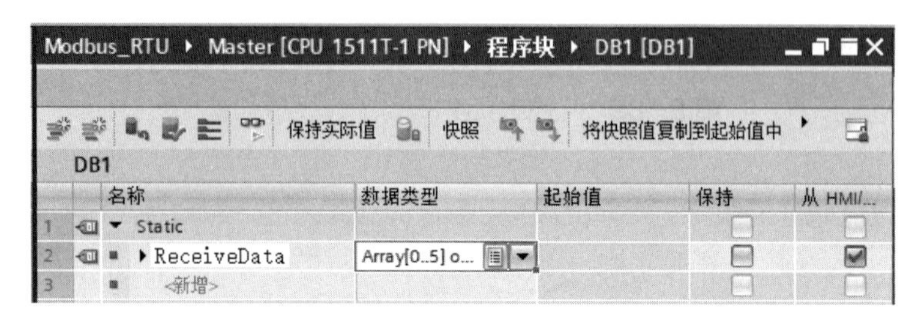

图 8-92 在主站 Master 中创建数据块 DB1

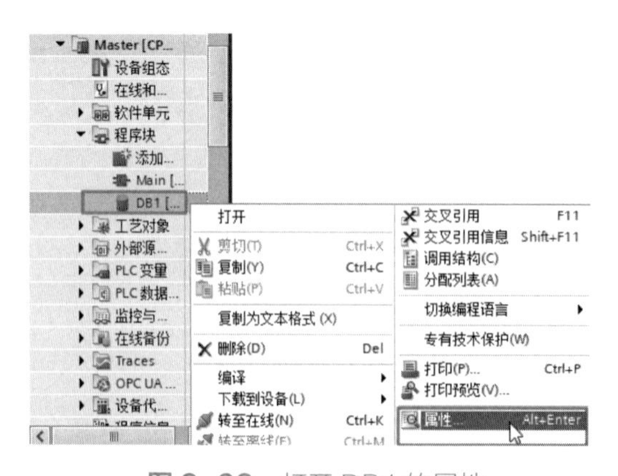

图 8-93 打开 DB1 的属性

图 8-94　修改 DB1 的属性

（2）温度仪表介绍

KCMR-91W 温度仪表有测量实时温度、报警、PID 运算和 Modbus-RTU 通信等功能，本例只使用仪表的温度测量功能，并将温度实时测量值传送到 PLC 中。

KCMR-91W 温度仪表默认的 Modbus 地址是 1；默认的波特率是 9600bit/s；默认 8 位传送、1 位停止位、无奇偶校验；当然这些通信参数是可以重新设置的，本例不修改。

KCMR-91W 温度仪表的测量值寄存器的绝对地址是 16#1001（十六进制数），对应西门子 PLC 的保持寄存器地址是 44098（十进制），这个地址在编程时要用到。这个地址由仪表厂定义，不同厂家有不同地址。

KCMR-91W 温度仪表发送给 PLC 的测量值是乘 10 的数值，因此 PLC 接收到的数值必须除以 10，编写程序时应注意这一点。

（3）编写控制程序

编写主站的程序。编写主站 OB1 中的梯形图程序，如图 8-95 所示。

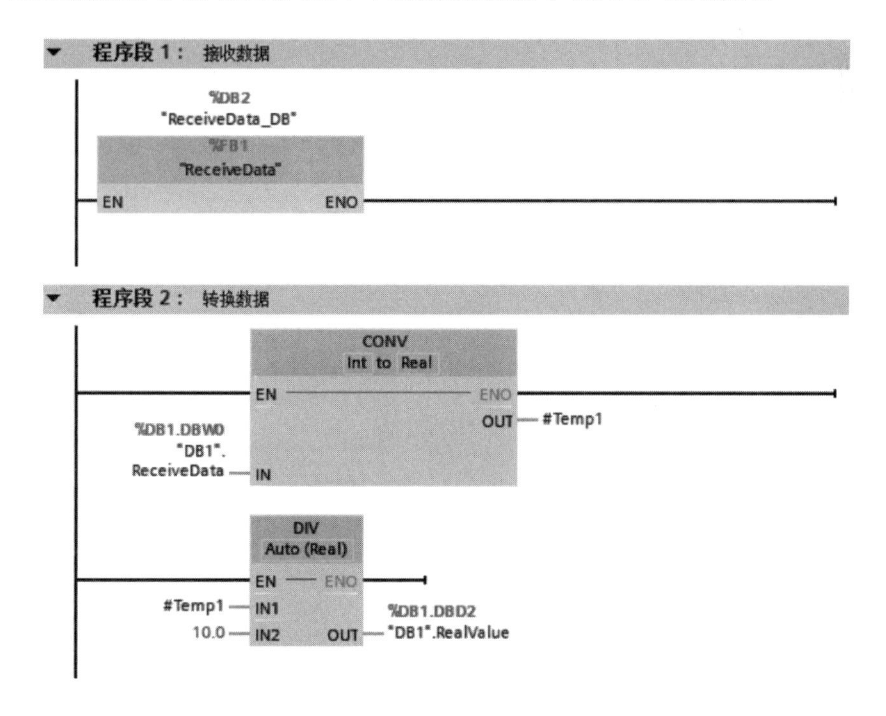

图 8-95　OB1 中的梯形图程序

编写 FB1 的程序如图 8-96 所示，程序段 1 的主要作用是初始化，只要温度仪表的通信参数不修改，则此程序只需要运行一次。此外要注意，波特率和奇偶校验与 CM PtP RS422/485 HF 模块的硬件组态和条形码扫描仪的一致，否则通信不能建立。

程序段 2 主要是读取数据，按按钮即可读入到数组 ReceiveData 中，温度仪表的站地址必须与程序中一致，默认为 1，可以用仪表按键修改。

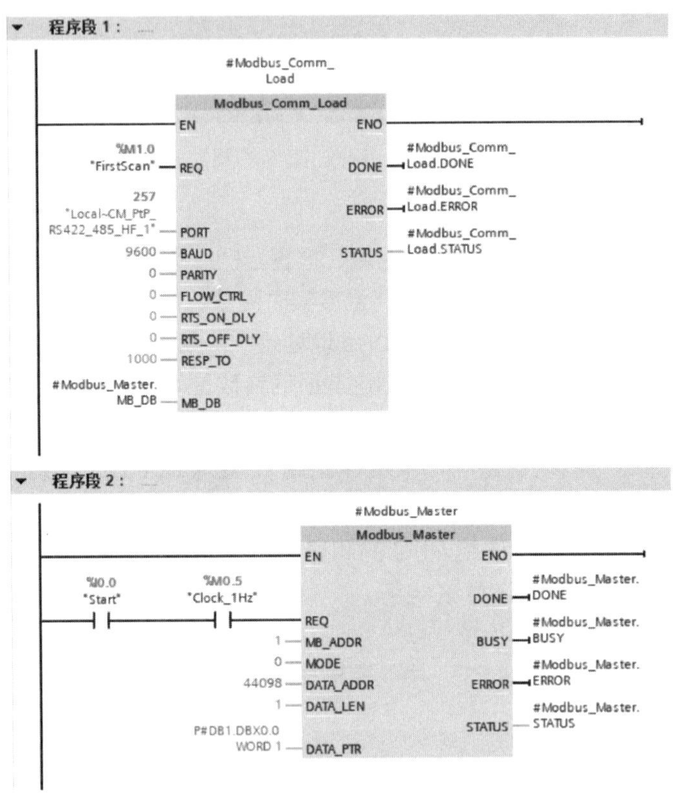

图 8-96　FB1 中的梯形图程序

第 9 章 西门子 S7-1500 PLC 工艺功能及其应用

9

工艺功能包括高速输入、高速输出和 PID 功能，工艺功能是 PLC 学习中的难点内容。学习本章需要掌握如下知识和技能：

① 掌握利用高速计数器的测距离和测速度编写程序。

② 掌握 PID 控制程序的编写和 PID 调节。

③ 掌握利用 PLC 的高速输出点控制步进驱动系统的速度控制和位置控制。本章是 PLC 学习晋级的关键。

9.1 运动控制基础

9.1.1 运动控制简介

运动控制起源于早期的伺服控制。简单地说，运动控制就是对机械运动部件的位置、速度等进行实时的控制管理，使其按照预期的运动轨迹和规定的运动参数进行运动。

S7-1500 PLC 在运动控制中使用了轴的概念，通过轴的组态，包括硬件接口、位置定义、动态性能和机械特性等，与相关的指令块组合使用，可实现绝对位置、相对位置、点动、速度控制以及寻找参考点等功能。

S7-1500 PLC 的运动控制指令块符合 PLCopen 规范。

9.1.2 伺服驱动系统的参数设定

（1）三菱 MR-J4 伺服驱动系统及参数设定

三菱自动化产品是性价比较高的产品，其驱动类产品，在中国市场上有较高的占有率，是日系伺服驱动系统典型代表。

① 控制模式 MR-J4 驱动器提供位置、速度、扭矩（转矩）三种基本操作模式，可以用单一控制模式，即固定在一种模式控制，也可选择用混合模式来进行控制。

② 电子齿轮比 电子齿轮比是和伺服电动机编码器的分辨率及机械结构相关的参数。

以下用一个例子进行说明。

如果脉冲当量为 0.001mm，则 PLC 发出 1000 个脉冲，工作丝杠可以移动 1mm。丝杠螺距为 10mm，则要使工作台移动一个螺距长度，PLC 需要发出 10000 个脉冲。再假设编码器的分辨率是 131072。则电子齿轮比为：

计算电子齿轮比的方法

用 MR Configurator2 设置三菱伺服系统参数

CMX/CDV=131072/10000 = 8192/625

③ 参数设置　MR-J4 伺服驱动器的参数较多，如 PA、PB、PC、PD、PE 和 PF 等，可以在驱动器的面板上进行设置，也可以用三菱伺服专用软件 MR Configurator2 进行设置，MR Configurator2 软件可以在三菱电机自动化的官方网站上下载，笔者认为用软件设置参数更加方便，因此建议使用软件设置伺服驱动器参数。

使用 MR Configurator2 软件设置参数比较简单，先用 USB 线将计算机与伺服驱动器连接在一起，运行 MR Configurator2 软件，如图 9-1 所示，单击标号①处的“连接”按钮，使计算机与伺服驱动器处于通信状态。单击“参数”→“参数设置”→“列表显示”，修改标号⑤处参数，单击“轴写入”按钮，参数写入伺服驱动器。注意带“*”伺服参数设置完成后，伺服断电重新上电，新设置的参数才会起作用。

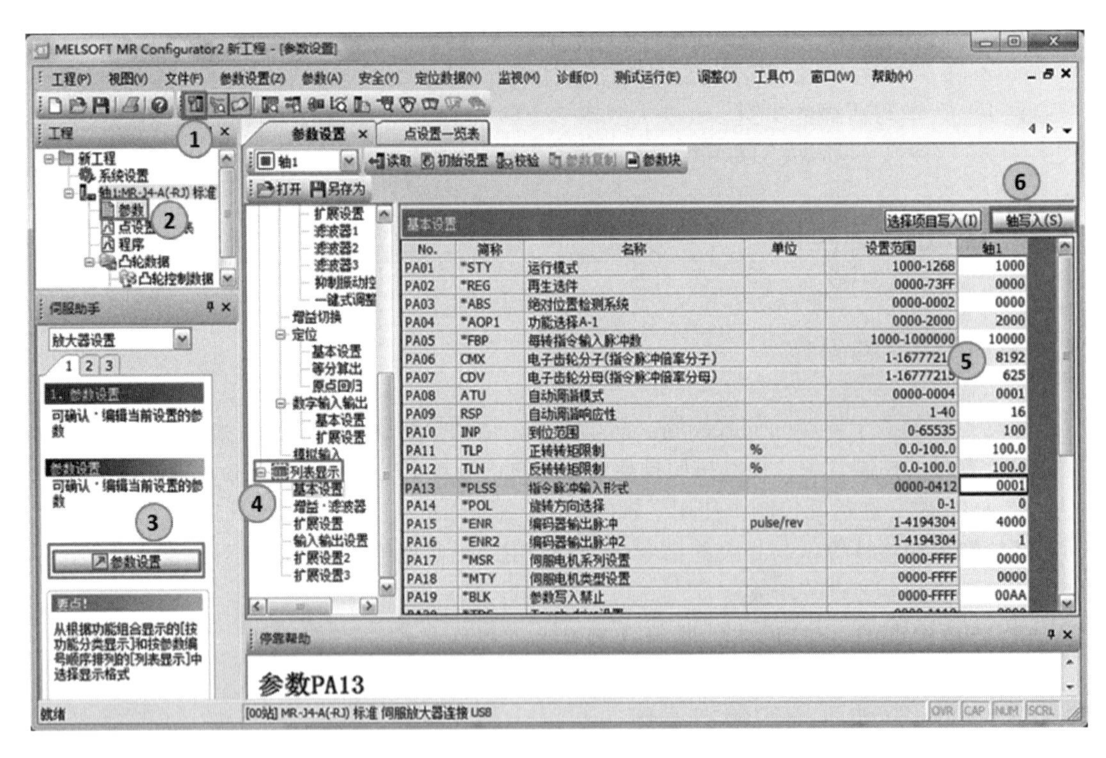

图 9-1　用 MR Configurator2 软件设置参数

（2）西门子 SINAMICS V90 伺服驱动系统及参数设定

① 西门子 SINAMICS V90 伺服驱动系统简介　SINAMICS V90 伺服驱动系统包括伺服驱动器和伺服电动机两部分，伺服驱动器和其对应的同功率的伺服电动机配套使用。SINAMICS V90（后续章节简称 V90）伺服驱动器有两大类。

一类是通过脉冲输入接口直接接收上位控制器发来的脉冲系列（PTI）进行速度和位置

控制，通过数字量接口信号来完成驱动器运行和实时状态输出。这类 V90 伺服系统还集成了 USS 和 Modbus 现场总线。

另一类是通过现场总线 PROFINET 进行速度和位置控制。这类 V90 伺服系统没有集成 USS 和 Modbus 现场总线。顺便指出，西门子的主流伺服驱动系统一般通过现场总线控制。

SINAMICS V90 伺服系统的参数介绍

用 V-ASSISTANT 软件设置 V90 伺服系统的参数

② 参数设置　SINAMICS V90 伺服驱动系统的参数设置有两种方法，即 BOP 面板设置和 V-ASSISTANT 工具设置。以下将介绍用 V-ASSISTANT 工具设置斜坡参数 P1120 和 P1121 的方法。

打开 V-ASSISTANT 软件，此软件自动读取伺服系统的参数，在图 9-2 中，选中标号①处，再在标号②处输入斜坡时间参数“2.000”，此时参数已经修改到 V90 的 RAM 中，但此时断电后参数会丢失。最后单击“保存参数到 ROM”按钮，执行完此操作，修改的参数就不会丢失了。

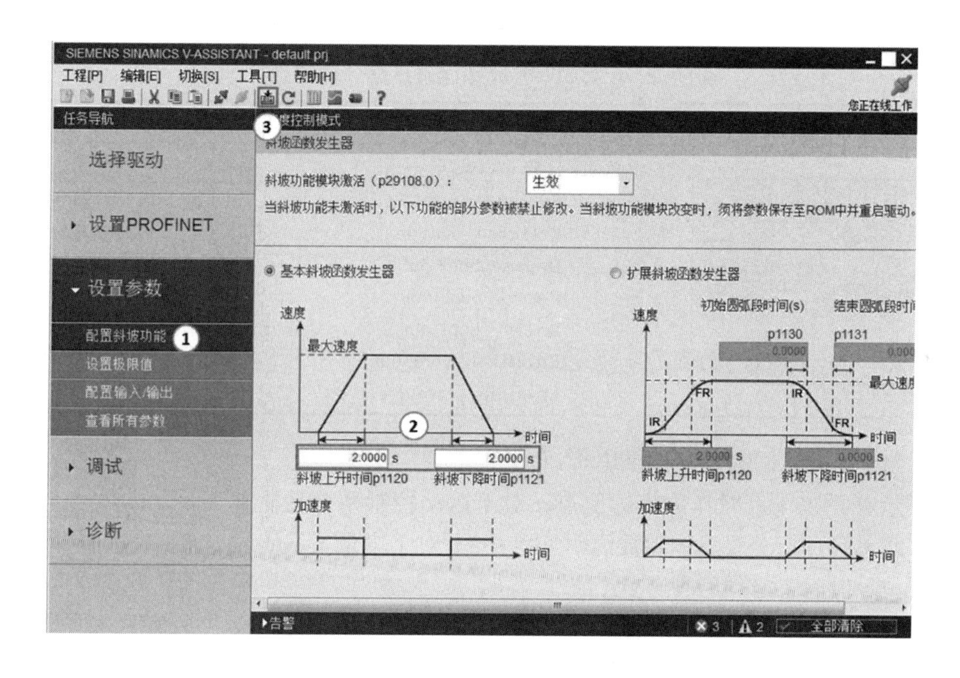

图 9-2　修改参数 P1120 和 P1121

9.2 西门子 S7-1500 PLC 的运动控制功能及其应用

9.2.1 S7-1500 PLC 的运动控制指令

S7-1200/1500 PLC 运动控制指令解读

（1）MC_Power 系统使能指令块

轴在运动之前，必须使能指令块，其具体参数说明见表 9-1。

表 9-1　MC_Power 系统使能指令块的参数

LAD	SCL	输入 / 输出	参数的含义
MC_Power EN　ENO Axis　Status Enable　Busy StopMode　Error ErrorID ErrorInfo	"MC_Power_DB"（Axis：=_multi_fb_in_， Enable：=_bool_in_， StopMode：=_int_in_， Status=>_bool_out_， Busy=>_bool_out_， Error=>_bool_out_， ErrorID=>_word_out_ ErrorInfo=>_word_out_）;	EN	使能
		Axis	已组态好的工艺对象名称
		StopMode	模式 0 时，按照组态好的急停曲线停止。模式 1 时，为立即停止，输出脉冲立即封死
		Enable	为 1 时，轴使能；为 0 时，轴停止。断开 Enable，伺服系统停机，同时报错，正常启停运行时，此参数为 1
		ErrorID	错误 ID 码
		ErrorInfo	错误信息

（2）MC_Reset 错误确认指令块

如果存在一个错误需要确认，必须调用错误确认指令块，进行复位，例如轴硬件超程，处理完成后，必须复位才行。其具体参数说明见表 9-2。

表 9-2　MC_Reset 错误确认指令块的参数

LAD	SCL	输入 / 输出	参数的含义
MC_Reset EN　ENO Axis　Done Execute　Busy Restart　Error ErrorID ErrorInfo	"MC_Reset_DB"（Axis：=_multi_fb_in_， Execute：=_bool_in_， Restart：=_bool_in_， Done=>_bool_out_， Busy=>_bool_out_， Error=>_bool_out_， ErrorID=>_word_out_， ErrorInfo=>_word_out_）;	EN	使能
		Axis	已组态好的工艺对象名称
		Execute	上升沿使能
		Busy	是否忙
		ErrorID	错误 ID 码
		ErrorInfo	错误信息

（3）MC_Home 回参考点指令块

S7-1200/1500 PLC 回参考点指令及其应用

参考点在系统中有时作为坐标原点，对于运动控制系统是非常重要的。回参考点指令块具体参数说明见表 9-3。对于增量式编码器在绝对定位控制时，必须回参考点。

表 9-3　MC_Home 回参考点指令块的参数

LAD	SCL	输入 / 输出	参数的含义
"MC_Home_DB" MC_Home EN　ENO Axis　Done Execute　Busy Position　CommandAborted Mode　Error ErrorID ErrorInfo ReferenceMarkPosition	"MC_Home_DB"（ Axis：=_multi_fb_in_， Execute：=_bool_in_， Position：=_real_in_， Mode：=_int_in_， Done=>_bool_out_， Busy=>_bool_out_， CommandAborted=>_bool_out_， Error=>_bool_out_， ErrorID=>_word_out_， ErrorInfo=>_word_out_）;	EN	使能
		Axis	已组态好的工艺对象名称
		Execute	上升沿使能
		Position	当轴达到参考输入点的绝对位置（模式 2、3）；位置值（模式 1）；修正值（模式 2）
		Mode	为 0 和 1 时直接绝对回零；为 2 时被动回零；为 3 时主动回零
		Done	1：任务完成
		Busy	1：正在执行任务

（4）MC_Halt 停止轴指令块

MC_Halt 停止轴指令块用于停止轴的运动，当上升沿使能 Execute 后，轴会按照组态好的减速曲线停车。停止轴指令块具体参数说明见表 9-4。

表 9-4　MC_Halt 停止轴指令块的参数

LAD	SCL	输入 / 输出	参数的含义
MC_Halt EN　ENO Axis　Done Execute　Busy CommandAborted Error ErrorID ErrorInfo	"MC_Halt_DB"（Axis：=_multi_fb_in_, Execute：=_bool_in_, Done=>_bool_out_, Busy=>_bool_out_, CommandAborted=>_bool_out_, Error=>_bool_out_, ErrorID=>_word_out_, ErrorInfo=>_word_out_）;	EN	使能
		Axis	已组态好的工艺对象名称
		Execute	上升沿使能
		Done	1：速度达到零
		Busy	1：正在执行任务
		CommandAborted	1：任务在执行期间被另一任务中止

（5）MC_MoveAbsolute 绝对定位轴指令块

MC_MoveAbsolute 绝对定位轴指令块的执行需要建立参考点，通过定义距离、速度和方向即可。当上升沿使能 Execute 后，轴按照设定的速度和绝对位置运行。绝对定位轴指令块具体参数说明见表 9-5。

表 9-5　MC_MoveAbsolute 绝对定位轴指令块的参数

LAD	SCL	输入 / 输出	参数的含义
MC_MoveAbsolute EN　ENO Axis　Done Execute　Busy Position　CommandAborted Velocity　Error ErrorID ErrorInfo	"MC_MoveAbsolute_DB"（Axis：=_multi_fb_in_, Execute：=_bool_in_, Position：=_real_in_, Velocity：=_real_in_, Done=>_bool_out_, Busy=>_bool_out_, CommandAborted=>_bool_out_, Error=>_bool_out_, ErrorID=>_word_out_, ErrorInfo=>_word_out_）;	EN	使能
		Axis	已组态好的工艺对象名称
		Execute	上升沿使能
		Position	绝对目标位置
		Velocity	定义的速度 限制：启动 / 停止速度≤ Velocity ≤最大速度
		Done	1：已达到目标位置
		Busy	1：正在执行任务
		CommandAborted	1：任务在执行期间被另一任务中止

9.2.2　S7-1500 PLC 的运动控制应用——速度控制

S7-1500 PLC 通过 IO 地址控制 SINAMICS V90 实现速度控制

对于 S7-1500 PLC 的运动控制任务的完成，正确组态运动控制参数是非常关键的，下面将用例子介绍完整的运动控制实施过程，这个例子用 S7-1500 PLC 控制伺服驱动系统，采用速度控制模式。

【例 9-1】 某设备上有一套 SINAMICS V90 PN 伺服驱动系统，丝杠螺距为 10mm，控制要求为：当压下 SB1 按钮，以 HMI 给定的速度正向移动，当压下 SB2 按钮，以 HMI 给定的速度反向移动，当压下停止按钮 SB3，停止运行。要求设计原理图和控制程序。

解：(1) 主要软硬件配置

① 1 套 TIA Portal V16；

② 1 台 CPU 1511T-1 PN；

③ 1 套 V90 PN 伺服驱动系统。

原理图如图 9-3 所示，CPU 1511T-1 PN 的 PN 接口与 V90 伺服驱动器 PN 接口之间用专用的以太网屏蔽电缆连接。

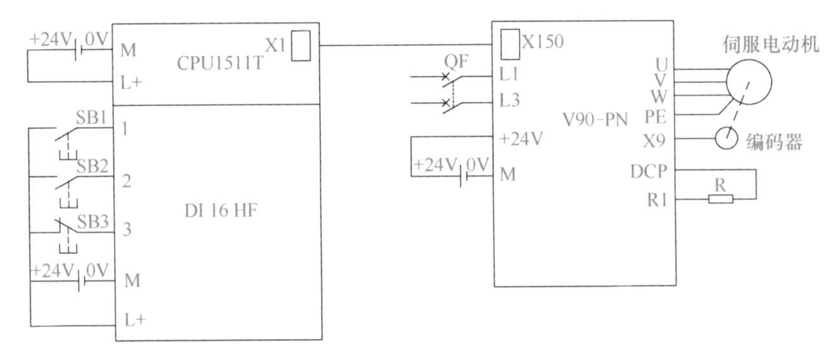

图 9-3 例 9-1 原理图

(2) 硬件组态

① 新建项目“SpeedControl”，添加 CPU 1511T-1 PN 和数字量输入模块 DI 16×24VDC，如图 9-4 所示。

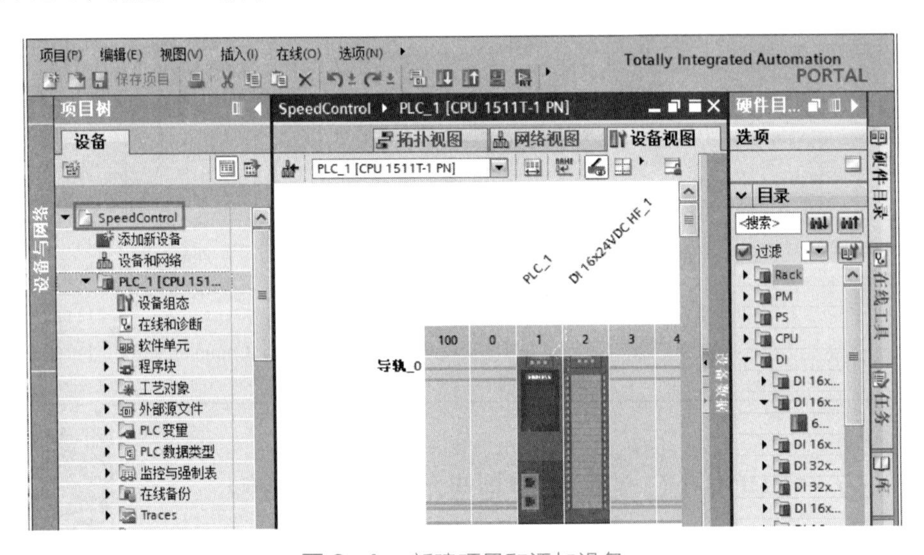

图 9-4 新建项目和添加设备

②配置 V90 伺服驱动器。展开右侧的硬件目录，选中“Other field devices”→“PROFINET IO”→“Drives”→“SIEMENS AG”→“SINAMICS”→“SINAMICS V90”，拖拽“SINAMICS V90”到如图 9-5 所示的界面。在图 9-6 中，用鼠标左键选中

标号②处的绿色标记（即 PROFINET 接口）按住不放，拖拽到标号③处的绿色标记（V90 的 PROFINET 接口）松开鼠标。

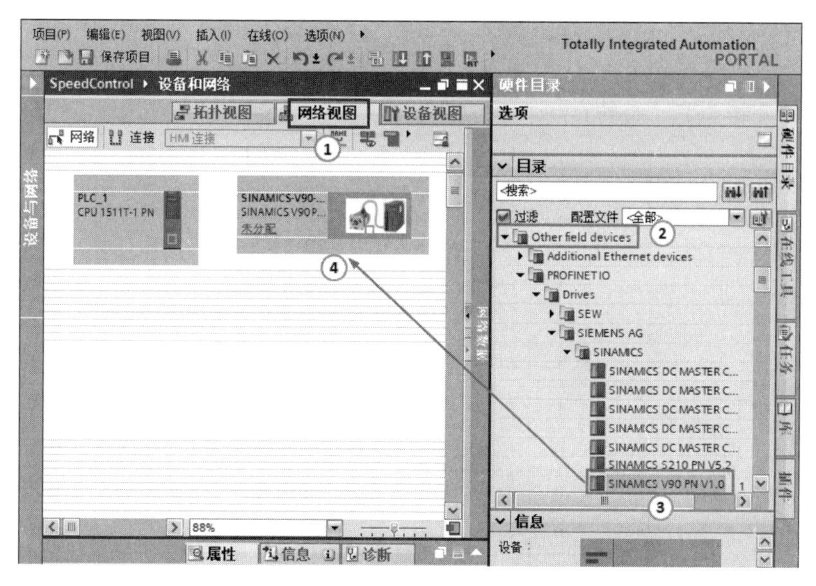

图 9-5　配置 V90（1）

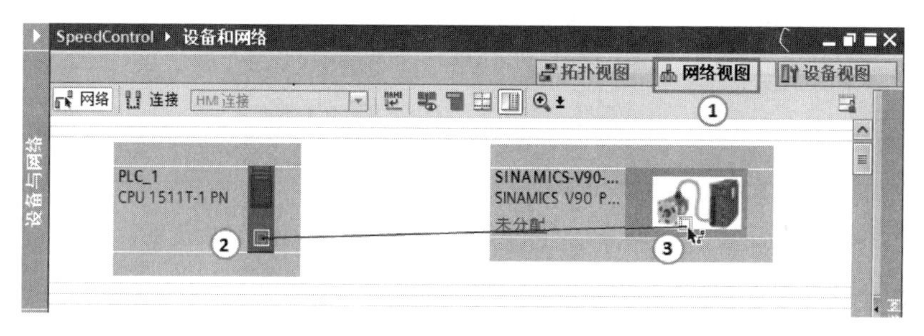

图 9-6　配置 V90（2）

③ 配置通信报文。选中并双击“V90”，切换到 V90 的“设备视图”中，选中“标准报文 1，PZD-2/2”，并拖拽到如图 9-7 所示的位置。注意：PLC 侧选择通信报文 1，那么变频器侧也要选择报文 1，这一点要特别注意。报文 1 由两个字组成，即一个控制字和一个主设定值。

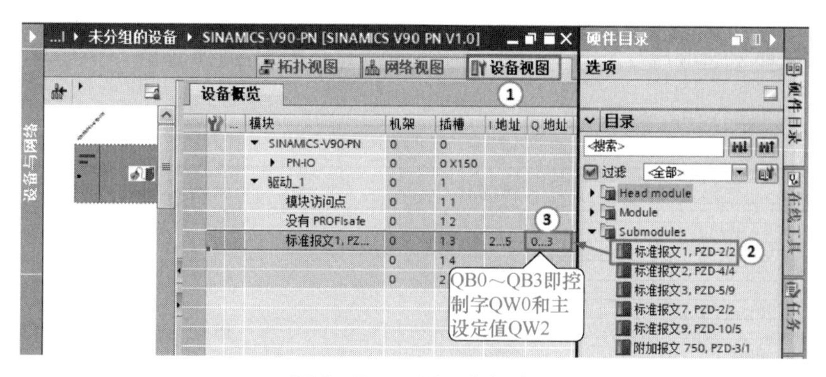

图 9-7　配置通信报文

a. 控制字。控制字各位的含义见表 9-6。可见：在 S7-1500 PLC 与变频器的 PROFINET 通信中，16#47E 代表停止；16#47F 代表正转；16#C7F 代表反转。本例控制字的地址为 QW0。

表 9-6　控制字各位的含义

停止 47E		正转 47F		反转 C7F		位号	含义	0 的含义	1 的含义
E	0	F	1	F	1	位 00	ON（斜坡上升）/OFF1（斜坡下降）	0 否	1 是
	1		1		1	位 01	OFF2：按惯性自由停车	0 是	1 否
	1		1		1	位 02	OFF3：快速停车	0 是	1 否
	1		1		1	位 03	脉冲使能	0 否	1 是
7	1	7	1	7	1	位 04	斜坡函数发生器（RFG）使能	0 否	1 是
	1		1		1	位 05	RFG 开始	0 否	1 是
	1		1		1	位 06	设定值使能	0 否	1 是
	0		0		0	位 07	故障确认	0 否	1 是
4	0	4	0	C	0	位 08	正向点动	0 否	1 是
	0		0		0	位 09	反向点动	0 否	1 是
	1		1		1	位 10	由 PLC 进行控制	0 否	1 是
	0		0		1	位 11	设定值反向	0 否	1 是
0	0	0	0	0	0	位 12	保留		
	0		0		0	位 13	用电动电位计（MOP）升速	0 否	1 是
	0		0		0	位 14	用 MOP 降速	0 否	1 是
	0		0		0	位 15	本机 / 远程控制		

b. 主设定值。在变频的通信中，主设定值 16#4000 是十六进制，变换成十进制就是 16384，代表的是 3000r/min。本例主设定值的地址为 QW2。

（3）分配 V90 的名称和 IP 地址

如果使用 V-ASSISTANT 软件进行调试，分配 V90 的名称和 IP 地址也可以在 V-ASSISTANT 软件中进行，请参考上节内容。当然还可以在 TIA Portal 软件、PRONETA 和 BOP-2 中分配。

分配伺服驱动器的名称和 IP 地址对于成功通信是至关重要的，初学者往往会忽略这一步，从而造成通信不成功。

（4）设置伺服驱动器的参数

设置伺服驱动器的参数十分关键，否则通信是不能正确建立的。伺服驱动器参数见表 9-7。

表 9-7　伺服驱动器参数

序号	参数	参数值	说明
1	P922	1	报文 1
2	P8921（0）	192	IP 地址：192.168.0.2
	P8921（1）	168	
	P8921（2）	0	
	P8921（3）	2	

续表

序号	参数	参数值	说明
3	P8923（0）	255	子网掩码：255.255.255.0
	P8923（1）	255	
	P8923（2）	255	
	P8923（3）	0	
4	p1120	1	斜坡上升时间 1s
5	p1121	1	斜坡下降时间 1s

注：本例的伺服驱动器设置的是报文 1，与 S7-1500 PLC 组态时选用的报文是一致的（必须一致）。

（5）编写程序

编写控制程序如图 9-8 所示。控制字 QW0 中先写入 16#47E，再写入 16#47F 后正转，这样处理的目的是确保控制字的最低位产生上升沿（即末位 0→1），西门子变频器（含伺服驱动）通信时，都是采用上升沿触发启动运行。QW2 中写入的是主设定值（本例为速度），16384 代表的是 3000r/min，而螺距是 10mm，所以代表的速度为 500mm/s。

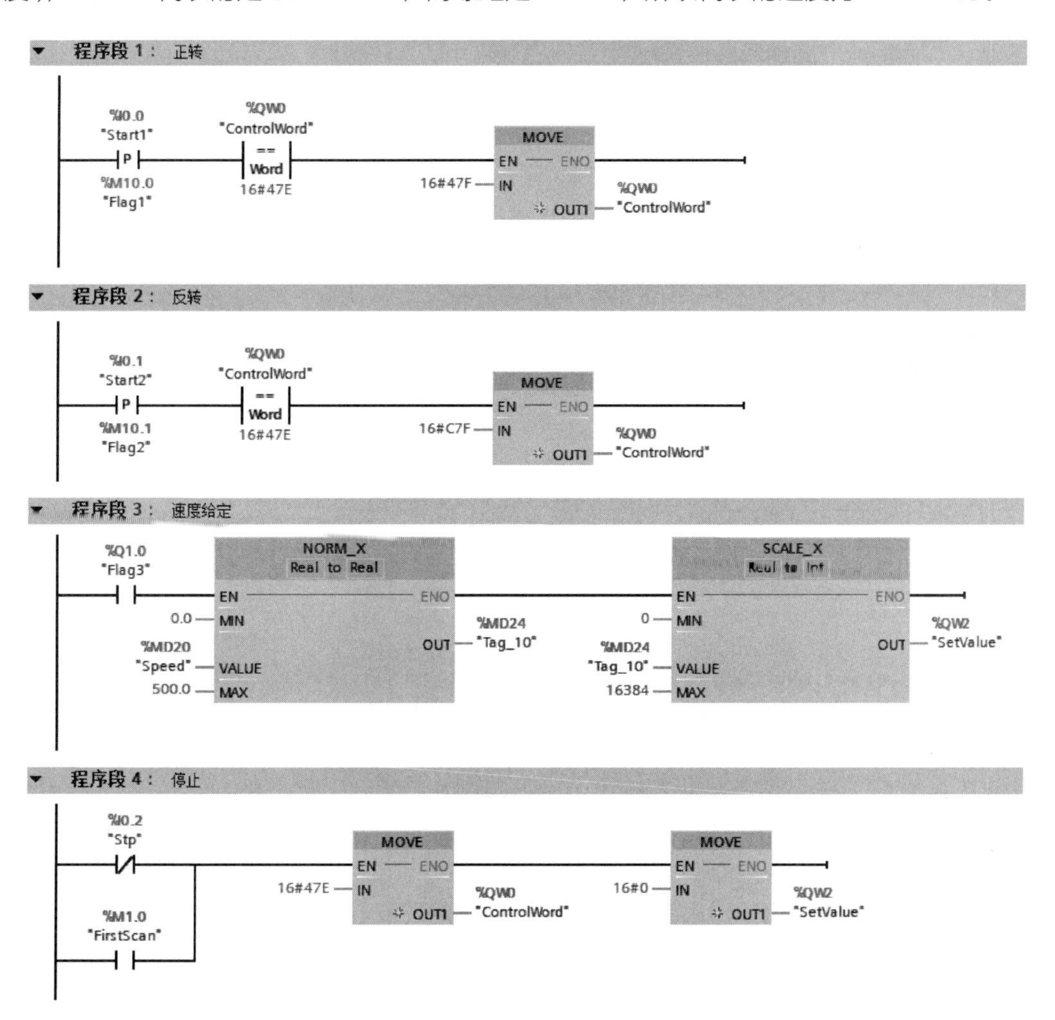

图 9-8　例 9-1 程序

这道题比较简单，采用速度控制模式，可以不回原点，速度控制和相对运动指令在工程中使用不如绝对运动指令多，且不需要回原点。

9.2.3　S7-1500 PLC 的运动控制应用——位置控制

S7-1500 PLC 通过脉冲对 MR-J4 伺服驱动系统的位置控制

对于 S7-1500 PLC 的运动控制任务的完成，正确组态运动控制参数是非常关键的，下面将用例子介绍完整的运动控制实施过程，这个例子用 S7-1500 CPU 和 TM PTO4 模块控制伺服驱动系统，采用位置控制模式。

【例 9-2】 某设备上有一套伺服驱动系统，伺服驱动器的型号为 MR-J4-10A，伺服电动机的型号为 HG-KR13J，是三相交流同步伺服电动机，控制要求如下：

① 压下复位 SB2 按钮，伺服驱动系统回原点。

② 压下启动 SB1 按钮，伺服电动机带动滑块向前运行 100mm，停 2s，再向前运行 100mm，停 2s，然后返回原点，如此循环运行。

③ 压下停止按钮 SB3 时，系统立即停止。

请设计原理图，并编写程序。

解：(1) 主要软硬件配置

① 1 套 TIA Portal V16；

② 1 台伺服电动机，型号为 HG-KR13J；

③ 1 台伺服驱动器，型号为三菱 MR-J4-10A；

④ 1 台 CPU 1511-1 PN 和 SM521；

⑤ 1 台 TM PTO4。

原理图如图 9-9 所示。

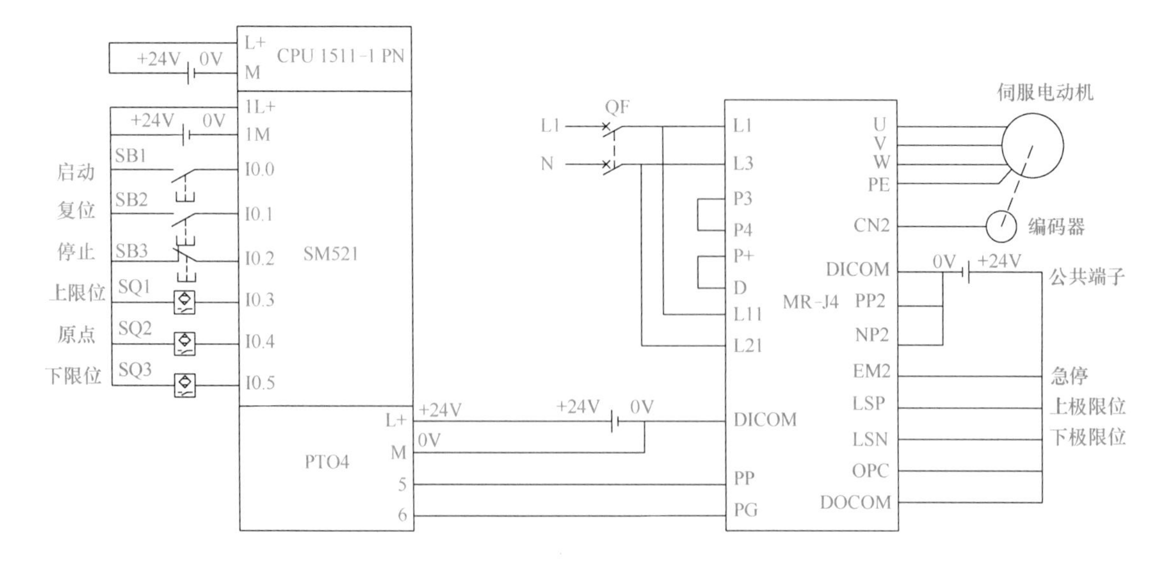

图 9-9　例 9-2 原理图

（2）硬件组态

① 新建项目，添加 CPU。打开 TIA Portal 软件，新建项目“MotionControl”，单击项目树中的“添加新设备”选项，添加“CPU 1511-1 PN”和“TM PTO4”模块，如图 9-10 所示。

② 选择信号类型。设备视图中，选中“设备视图”→“TM PTO4”→“属性”→“常规”→“通道 0”→“操作模式”，选择信号类型为“脉冲（P）和方向（D）”，如图 9-11 所示。

信号类型有 4 个选项，分别是：脉冲（P）和方向（D）、加计数 A 和减计数 B、增量编码器（A、B 相移）和增量编码器（A、B 相移 - 四倍频）。

③ 选择轴参数。设备视图中，选中“设备视图”→“TM PTO4”→“属性”→“常规”→“通道 0”→“轴参数”，选择每转增量为“10000”，如图 9-12 所示。

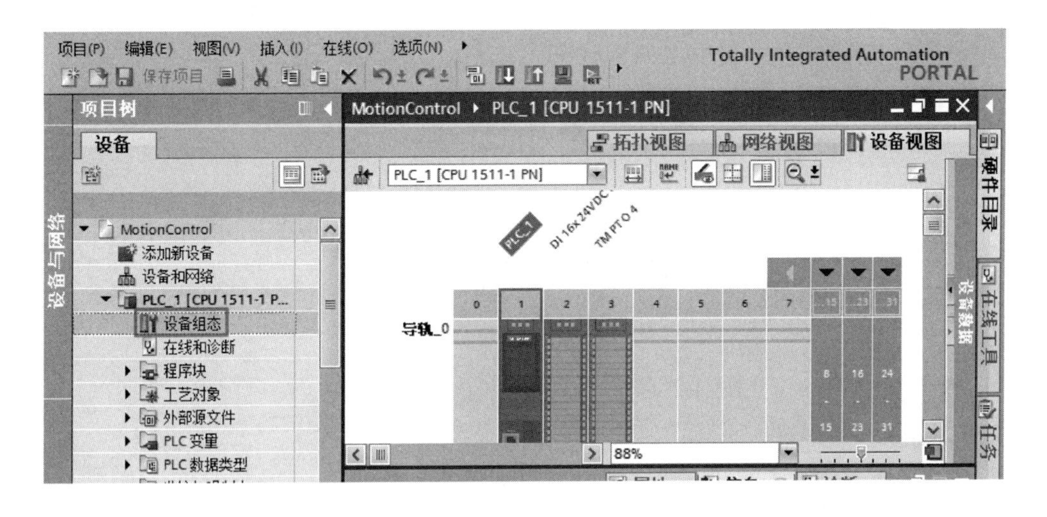

图 9-10　新建项目，添加 CPU

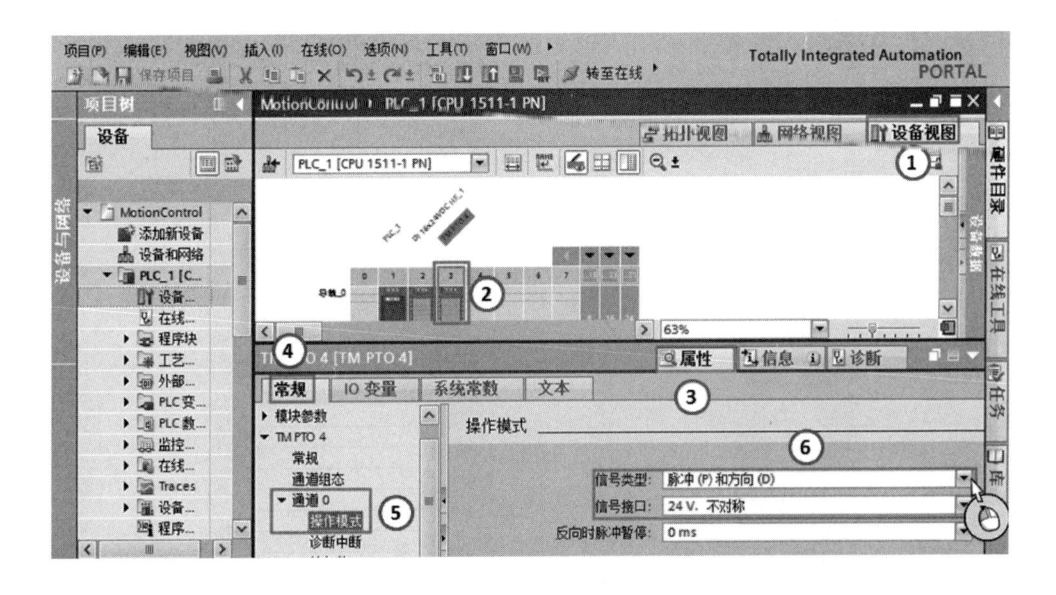

图 9-11　选择信号类型

（3）工艺对象“轴”组态

工艺对象“轴”组态是硬件组态的一部分，由于这部分内容非常重要，因此单独进行讲解。

“轴”表示驱动的工艺对象，“轴”工艺对象是用户程序与驱动的接口。工艺对象从用户程序收到运动控制命令，在运行时执行并监视执行状态。“驱动”表示步进电动机加电源部分或者伺服驱动加脉冲接口的机电单元。运动控制中必须要对工艺对象进行组态才能应用控制指令块。工艺组态包括三个部分：工艺参数组态、轴控制面板和诊断面板。

参数组态主要定义了轴的工程单位、软硬件限位、启动 / 停止速度和参考点的定义等。工艺参数的组态步骤如下。

① 插入新对象。在 TIA Portal 软件项目视图的项目树中，选择“MotionControl”→“PLC_1”→“工艺对象”→“新增对象”，双击“新增对象”，如图 9-13 所示，弹出如图 9-14 所示的界面，选择“运动控制”→“TO_PositioningAxis”，单击“确定”按钮，弹出如图 9-15 所示的界面。

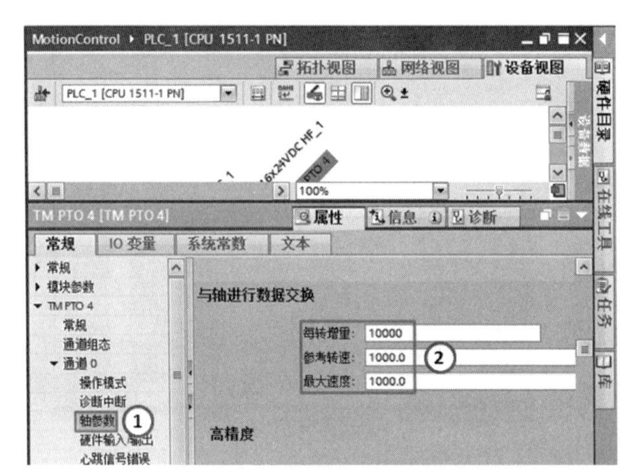

图 9-12 选择轴参数

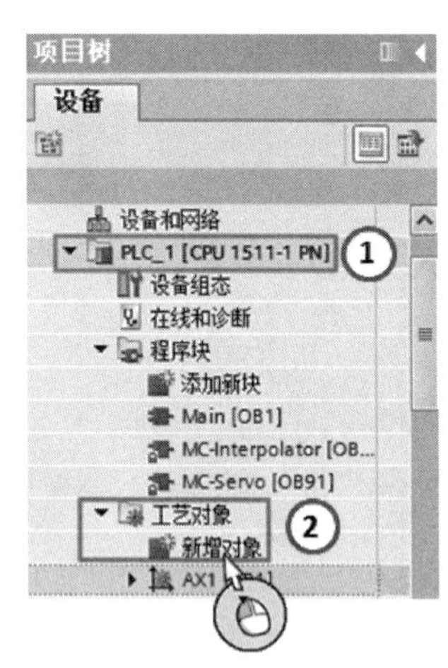

图 9-13 插入新对象

图 9-14 定义工艺对象数据块

② 组态驱动装置。如图 9-15 所示，在“功能视图”选项卡中，选择“驱动装置”，单击标号②处，弹出如图 9-16 所示界面，选择“TM PTO4”→“Channel 0”，单击“确认”按钮✔。

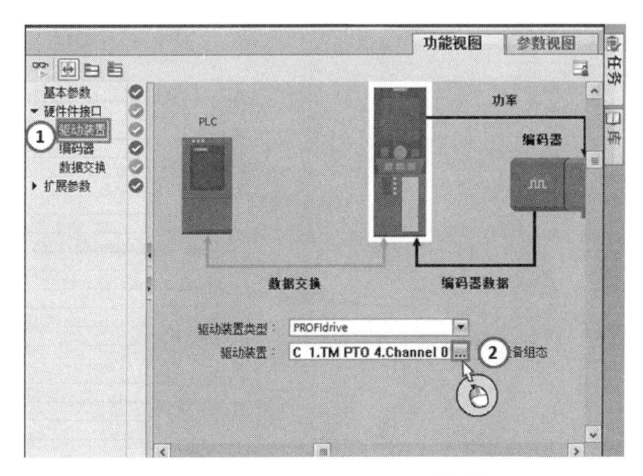

图 9-15　组态硬件接口（1）

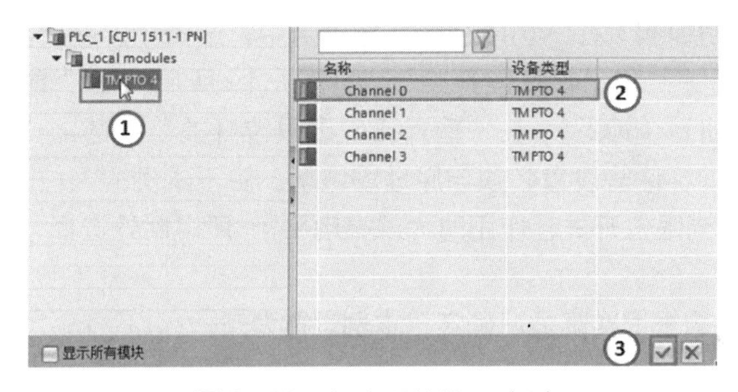

图 9-16　组态硬件接口（2）

③ 组态交换数据。在“功能视图”选项卡中，选择“数据交换”，选择驱动装置报文为“报文 3”，选择参考速度和最大速度为“3000.0”，选择编码器类型为“增量式旋转式”（根据实际），选择每转增量为“4194304”（编码器的分辨率），如图 9-17 所示。

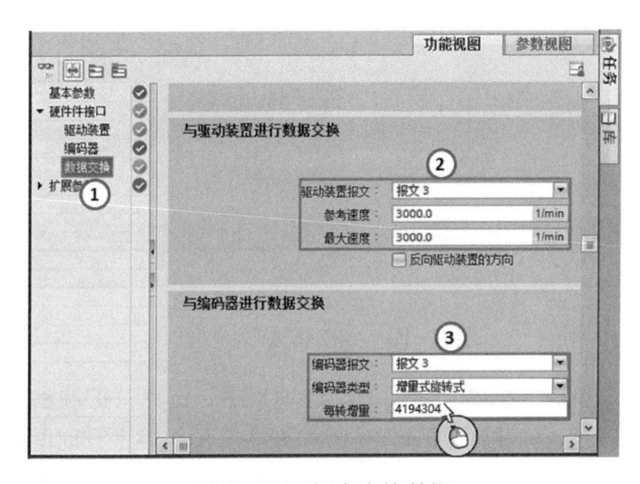

图 9-17　组态交换数据

④ 组态机械参数。在“功能视图”选项卡中，选择“扩展参数”→“机械”，“电机每转的负载位移”取决于机械结构，如伺服电动机与丝杠直接连接，则此参数就是丝杠的螺距，本例为“10.0”，如图 9-18 所示。

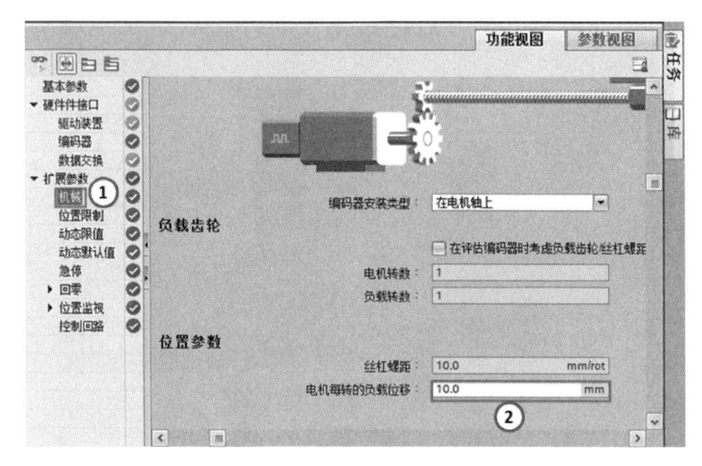

图 9-18　组态机械参数

⑤ 组态位置限制参数。在“功能视图”选项卡中，选择“扩展参数”→“位置限制”，勾选“启用硬限位开关”和“软限位开关”，如图 9-19 所示。在“输入负向硬限位开关”中选择“DOWNLIMIT”（I0.5），在“输入正向硬限位开关”中选择“UPLIMIT”（I0.3），选择电平为“高电平”，这些设置必须与原理图匹配。由于本例的限位开关在原理图中接入的是常开触点，因此当限位开关起作用时为“高电平”，所以此处选择“高电平”，这一点请读者特别注意。

软限位开关的设置根据实际情况确定，本例设置为“-1000”和“1000”。

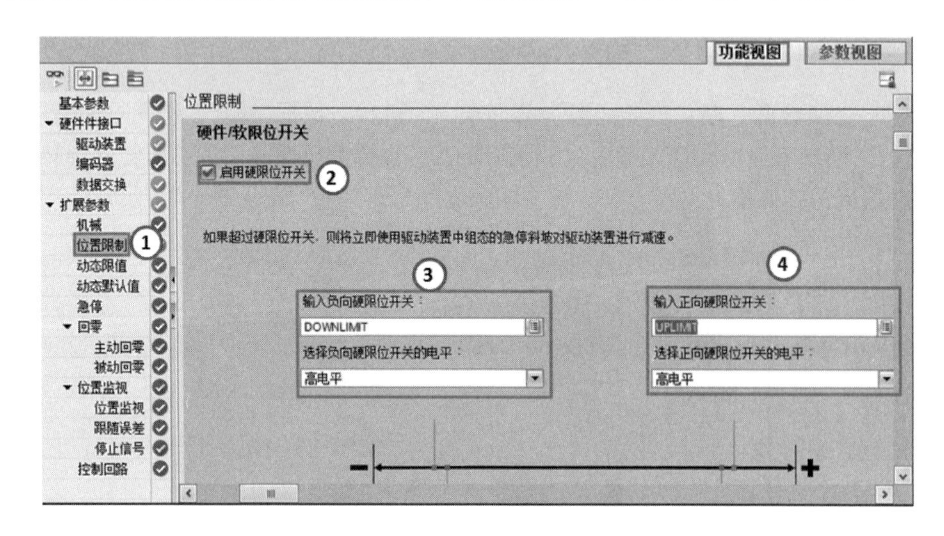

图 9-19　组态位置限制参数

⑥ 组态动态限值参数。在“功能视图”选项卡中，选择“扩展参数”→“动态限值”，根据实际情况修改最大速度、最大加速度 / 最大减速度和斜坡上升时间 / 斜坡下降时间等参数（此处的斜坡上升时间和斜坡下降时间是启停机时的数值），本例设置如图 9-20 所示。

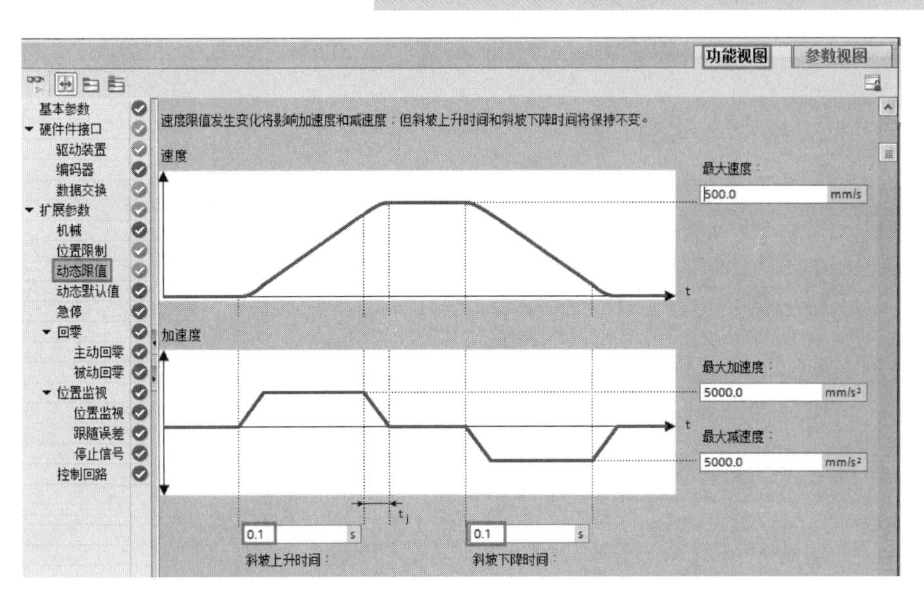

图9-20　组态动态限值参数（1）

在“功能视图”选项卡中，选择“扩展参数”→“急停”，根据实际情况修改急停斜坡下降时间等参数（此处的急停斜坡下降时间是急停时的时间值），本例设置如图9-21所示。

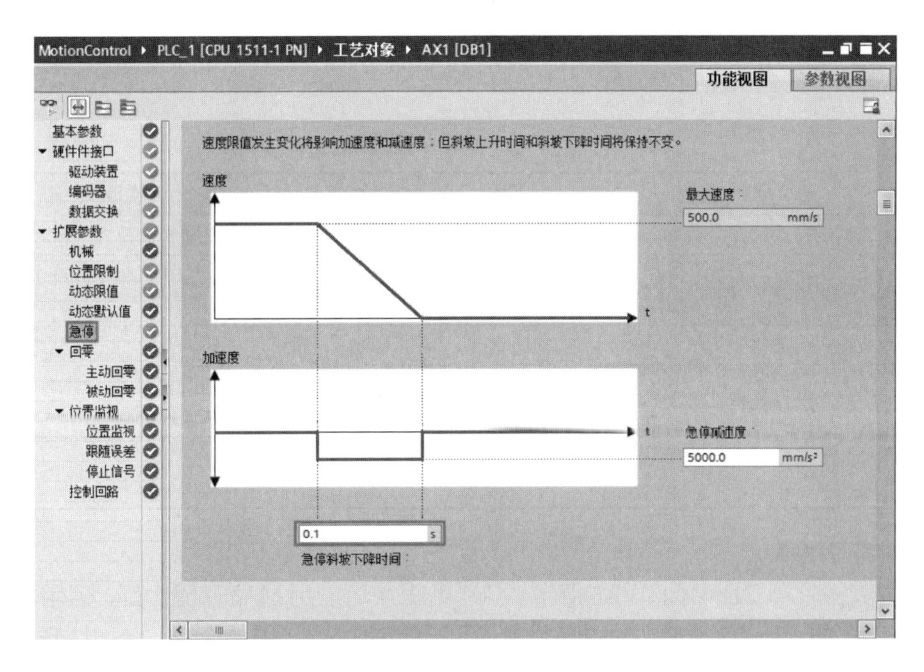

图9-21　组态动态参数（2）

⑦ 组态回原点参数。在“功能视图”选项卡中，选择“扩展参数”→“回零”→“主动回零”，根据原理图选择“通过数字量输入作为回原点标记”是ORIGIN（I0.4）。

“起始位置偏移量”为0，表明原点就在ORIGIN（I0.4）的硬件物理位置上。本例设置如图9-22所示。

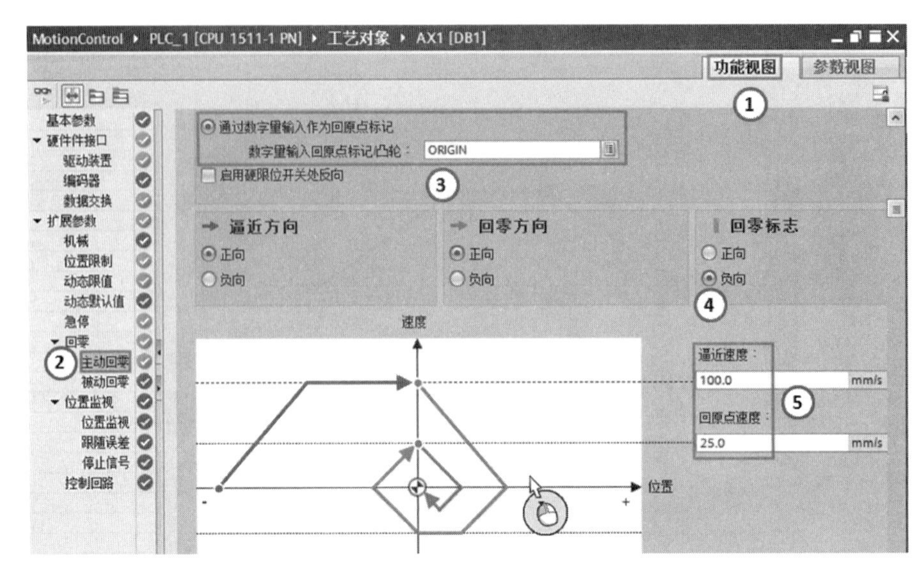

图 9-22 组态回原点（1）

（4）设置伺服驱动器参数

脉冲当量为 0.001mm，则 PLC 发出 1000 个脉冲，工作丝杠可以移动 1mm。丝杠螺距为 10mm，则要使工作台移动一个螺距长度，PLC 需要发出 10000 个脉冲。本例编码器的分辨率是 4194304/r。则电子齿轮比为：

CMX/CDV=4194304/10000=262144/625

伺服驱动器参数设置见表 9-8。

表 9-8 伺服参数设置

参数	名称	出厂值	设定值	说明
PA01	控制模式选择	1000	1000	设置成位置控制模式
PA06	电子齿轮比分子	1	262144	设置成上位机发出 10000 个脉冲电动机转一周
PA07	电子齿轮比分母	1	625	
PA13	指令脉冲选择	0000	0001	选择脉冲串输入信号波形，正逻辑，设定脉冲加方向控制
PD01	用于设定 SON、LSP、LSN 的自动置 ON	0000	0C04	SON、LSP、LSN 内部自动置 ON

（5）编写程序

新建数据块 X-DB 如图 9-23 所示。这个数据块可以用 M 寄存器代替，但用数据块的好处是很明显的，所有的与轴相关的参数都集成在数据块中，容易查找，结构性好，读者应学会这样使用数据块。

编写 OB100 的程序如图 9-24 所示，该程序的作用是 PLC 上电运行给绝对移动指令和点动指令赋值速度，并使能 MC_POWER 指令。

OB1 中梯形图程序如图 9-25 所示，分别调用 FC1、FC2 和 FC3 三个函数。

FC1 中梯形图程序如图 9-26 所示，其功能是执行运动控制的功能，包含轴的使能、轴的复位、轴的回原点和轴的绝对运动。这段程序有通用性，编写其他程序可以借用。

X-DB

名称	数据类型	起始值	保持	可从 HMI/...	从 H...	在 HMI ...
▼ Static			□	□	□	□
X_POWER_EN	Bool	false	□	☑	☑	☑
X_RESET_EX	Bool	false	□	☑	☑	☑
X_RESET_done	Bool	false	□	☑	☑	☑
X_HOME_EX	Bool	false	□	☑	☑	☑
X_HOME_done	Bool	false	□	☑	☑	☑
X_HALT_EX	Bool	false	□	☑	☑	☑
X_MAB_EX	Bool	false	□	☑	☑	☑
X_MAB_done	Bool	false	□	☑	☑	☑
X_MJOG-EN	Bool	false	□	☑	☑	☑
X_MJOG_FORWORD	Bool	false	□	☑	☑	☑
X_MJOG_BACKWORD	Bool	false	□	☑	☑	☑
X_SPEED_AB	Real	0.0	□	☑	☑	☑
X_SPEED_JOG	Real	0.0	□	☑	☑	☑
X_POSITION_AB	Real	0.0	□	☑	☑	☑
X_HOME_START	Bool	false	□	☑	☑	☑
X_HOME_OK	Bool	false	□	☑	☑	☑

图 9-23　数据块 X-DB

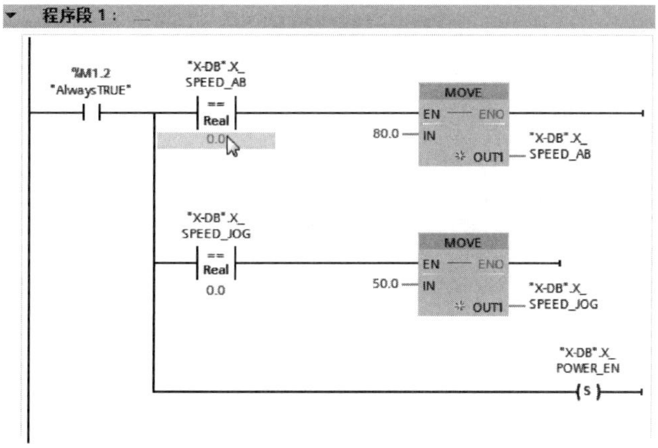

程序段 1：......

%M1.2
"AlwaysTRUE"
"X-DB".X_SPEED_AB
==
Real
0.0
MOVE
EN　ENO
80.0 — IN
OUT1 — "X-DB".X_SPEED_AB
"X-DB".X_SPEED_JOG
==
Real
0.0
MOVE
EN　ENO
50.0 — IN
OUT1 — "X-DB".X_SPEED_JOG
"X-DB".X_POWER_EN
(S)

图 9-24　例 9-2 OB100 中的梯形图程序

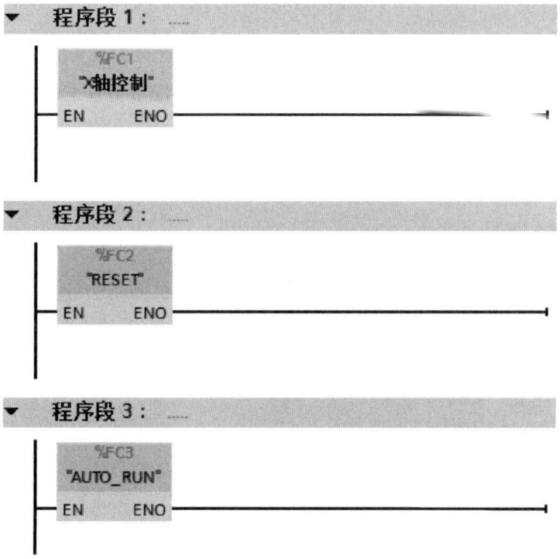

程序段 1：......

%FC1
"X轴控制"
EN　ENO

程序段 2：......

%FC2
"RESET"
EN　ENO

程序段 3：......

%FC3
"AUTO_RUN"
EN　ENO

图 9-25　例 9-2 OB1 中梯形图程序

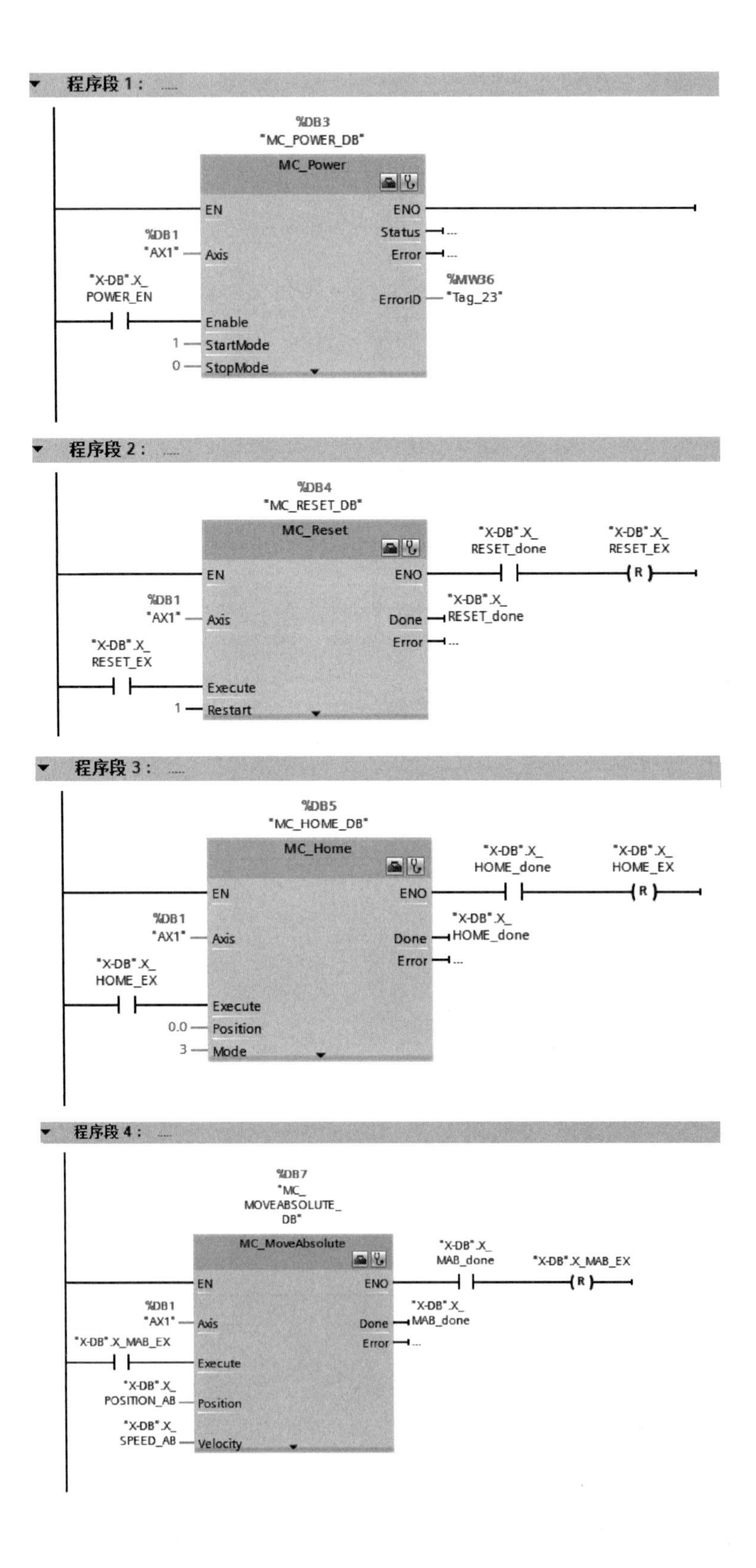

程序段 1： ......
%DB3
"MC_POWER_DB"
MC_Power
EN
ENO
Status
Error
%DB1
"AX1"
Axis
"X-DB".X_
POWER_EN
Enable
%MW36
"Tag_23"
ErrorID
1
StartMode
0
StopMode
程序段 2： ......
%DB4
"MC_RESET_DB"
MC_Reset
"X-DB".X_
RESET_done
"X-DB".X_
RESET_EX
EN
ENO
R
%DB1
"AX1"
Axis
Done
"X-DB".X_
RESET_done
Error
"X-DB".X_
RESET_EX
Execute
1
Restart
程序段 3： ......
%DB5
"MC_HOME_DB"
MC_Home
"X-DB".X_
HOME_done
"X-DB".X_
HOME_EX
EN
ENO
R
%DB1
"AX1"
Axis
Done
"X-DB".X_
HOME_done
Error
"X-DB".X_
HOME_EX
Execute
0.0
Position
3
Mode
程序段 4： ......
%DB7
"MC_
MOVEABSOLUTE_
DB"
MC_MoveAbsolute
"X-DB".X_
MAB_done
"X-DB".X_MAB_EX
EN
ENO
R
%DB1
"AX1"
Axis
Done
"X-DB".X_
MAB_done
Error
"X-DB".X_MAB_EX
Execute
"X-DB".X_
POSITION_AB
Position
"X-DB".X_
SPEED_AB
Velocity

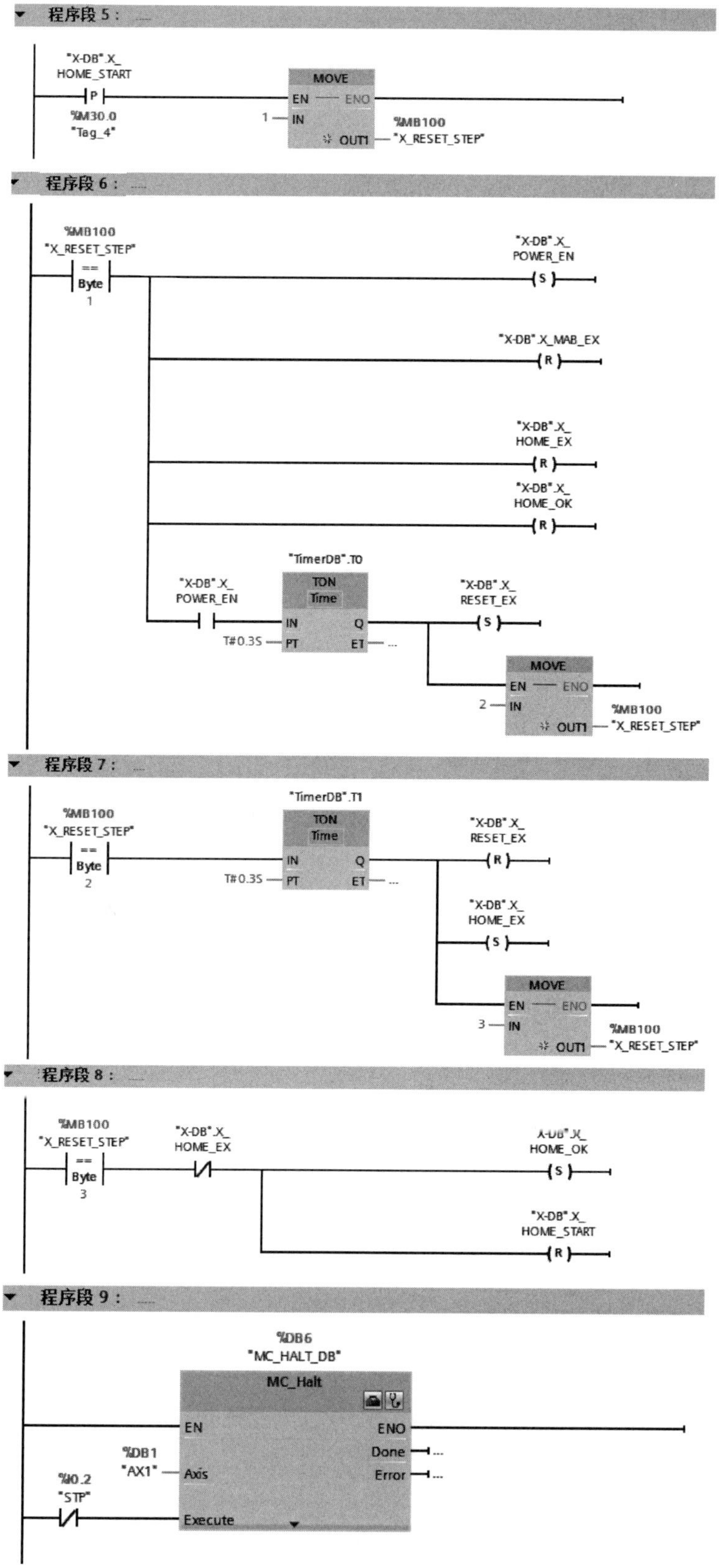

程序段 5： ......

"X-DB".X_HOME_START
P
%M30.0
"Tag_4"
MOVE
EN　ENO
1 — IN
OUT1 — %MB100 "X_RESET_STEP"

程序段 6： ......

%MB100
"X_RESET_STEP"
==
Byte
1
"X-DB".X_POWER_EN (S)
"X-DB".X_MAB_EX (R)
"X-DB".X_HOME_EX (R)
"X-DB".X_HOME_OK (R)
"TimerDB".T0
TON
Time
"X-DB".X_POWER_EN
IN　Q
T#0.3S — PT　ET — ...
"X-DB".X_RESET_EX (S)
MOVE
EN　ENO
2 — IN
OUT1 — %MB100 "X_RESET_STEP"

程序段 7： ......

%MB100
"X_RESET_STEP"
==
Byte
2
"TimerDB".T1
TON
Time
IN　Q
T#0.3S — PT　ET — ...
"X-DB".X_RESET_EX (R)
"X-DB".X_HOME_EX (S)
MOVE
EN　ENO
3 — IN
OUT1 — %MB100 "X_RESET_STEP"

程序段 8： ......

%MB100
"X_RESET_STEP"
==
Byte
3
"X-DB".X_HOME_EX
"X-DB".X_HOME_OK (S)
"X-DB".X_HOME_START (R)

程序段 9： ......

%DB6
"MC_HALT_DB"
MC_Halt
EN　ENO
Done — ...
%DB1 "AX1" — Axis　Error — ...
%I0.2
"STP"
Execute

图 9-26　例 9-2 FC1 中的梯形图程序

FC2 中梯形图程序如图 9-27 所示，其功能是执行回原点功能，执行回原点完成后，置位一个标志。

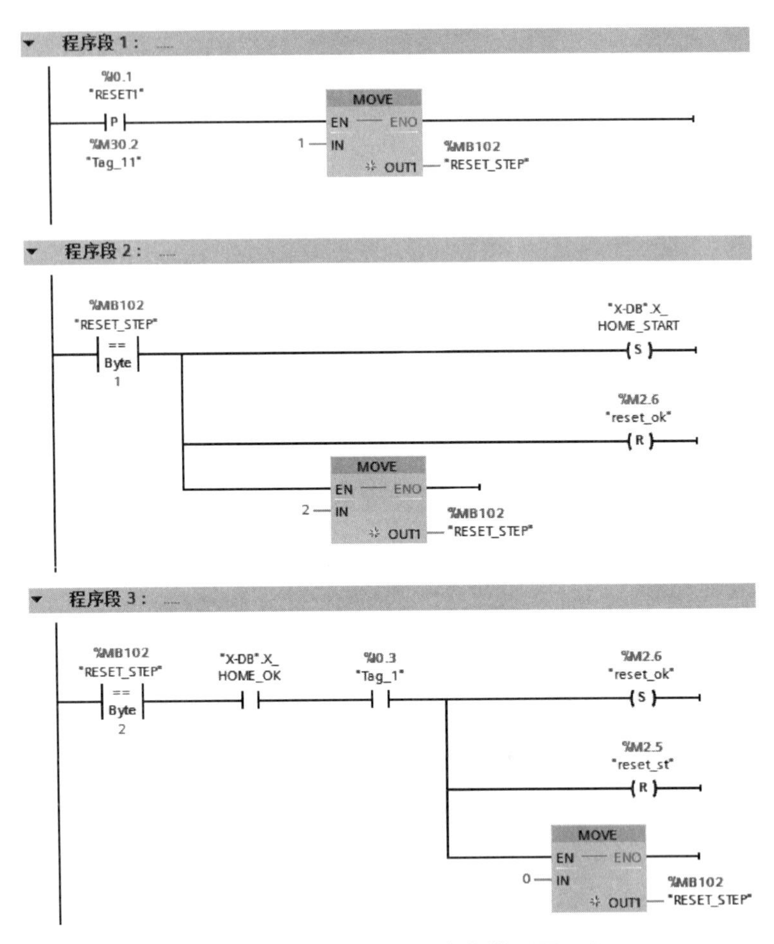

图 9-27 例 9-2 FC2 中的梯形图程序

FC3 中梯形图程序如图 9-28 所示，其功能是使轴按照题目要求的轨迹运动。

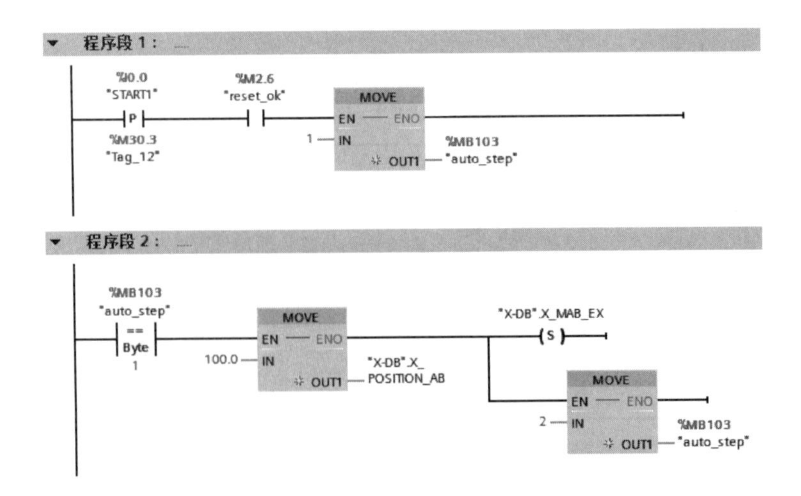

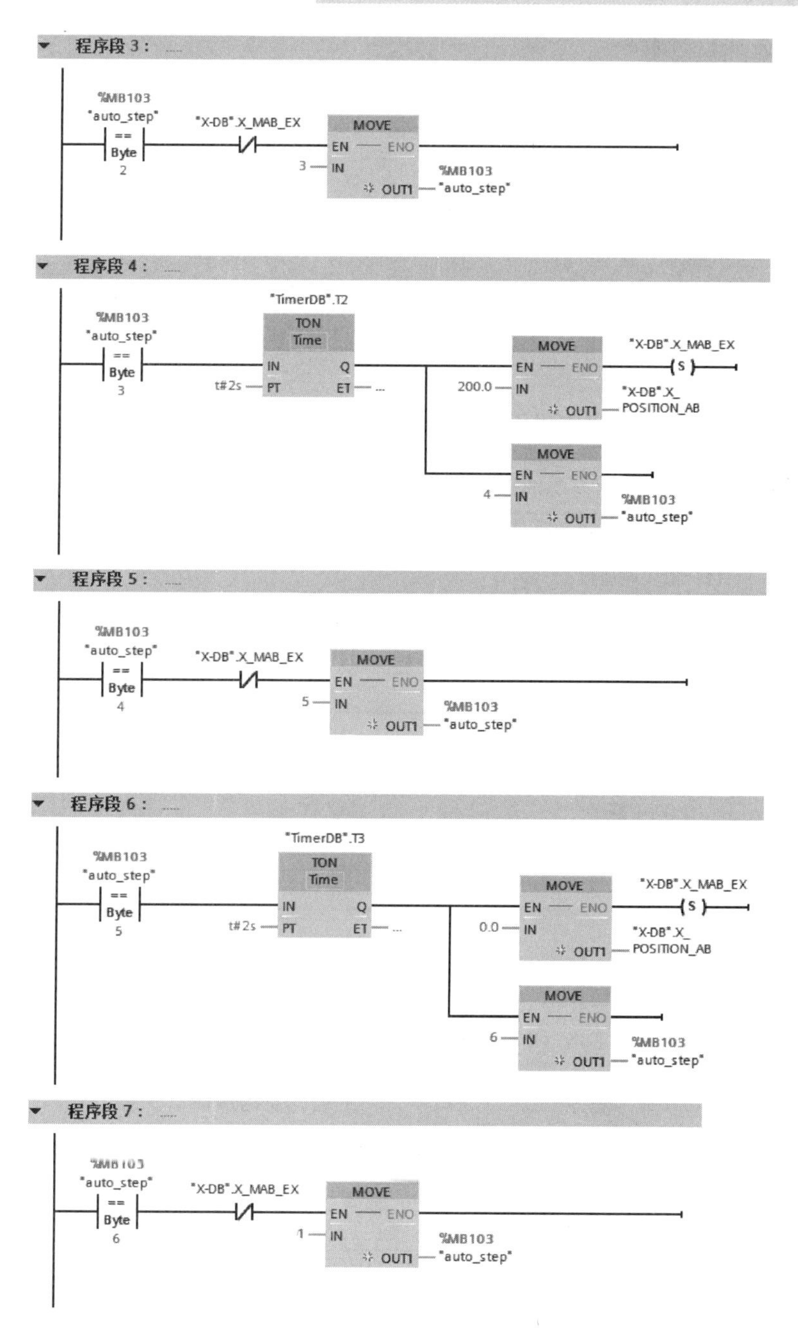

图 9-28　例 9-2 FC3 中的梯形图程序

9.3　西门子 S7-1500 PLC 高速计数器及其应用

9.3.1　S7-1500 PLC 高速计数器基础

在 S7-1500 PLC 中，紧凑型 CPU 模块（如 CPU 1512C-1 PN）、计数模块（如 TM Count 2×24V）、位置检测模块（如 TM PosInput 2）和高性能型数字输入模块（如 DI 16×24VDC

HF）都具有高速计数功能。

（1）工艺模块及其功能

工艺模块 TM Count 2×24V 和 TM PosInput 2 的功能如下：

① 高速计数。

② 测量功能（频率、速度和持续周期）。

③ 用于定位控制的位置检查。

工艺模块 TM Count 2×24V 和 TM PosInput 2 可以安装在 S7-1500 的中央机架和扩展 ET 200MP 上。

（2）工艺模块的技术性能

工艺模块 TM Count 2×24V 和 TM PosInput 2 的技术性能如表 9-9 所示。

表 9-9　TM Count 2×24V 和 TM PosInput 2 的技术性能

序号	特性	TM Count 2×24V	TM PosInput 2
1	每个模块通道数	2	2
2	最大计数频率	200kHz	1MHz
3	计数值	32bit	32bit
4	捕捉功能	√	√
5	比较功能	√	√
6	同步功能	√	√
7	诊断中断	√	√
8	硬件中断	√	√
9	输入滤波	√	√

注：√表示有此功能。

（3）支持的编码器与接口

工艺模块 TM Count 2×24V 和 TM PosInput 2 支持的编码器与接口如表 9-10 所示。

表 9-10　工艺模块支持的编码器与接口

序号	特性	TM Count 2×24V	TM PosInput 2
1	5V 增量编码器	×	√
2	24V 增量编码器	√	×
3	SSI 绝对值编码器	×	√
4	脉冲编码器	√	√
5	5V 编码器供电	×	√
6	24V 编码器供电	√	√
7	每个通道的数字输入	3	2
8	每个通道的数字输出	2	2

注：√表示有此功能，× 表示无此功能。

（4）工艺模块 TM Count 2×24V 的接线

① 工艺模块 TM Count 2×24V 的接线端子的功能　工艺模块 TM Count 2×24V 的接线端子的功能定义见表 9-11。

表 9-11　TM Count 2x24V 的接线端子的功能定义

外形	编号	定义	具体解释			
	计数器通道 0					
	1	CH0.A	编码器信号 A	计数信号 A		向上计数信号 A
	2	CH0.B	编码器信号 B	方向信号 B	—	向下计数信号 B
	3	CH0.N	编码器信号 N	—		
	4	DI0.0	数字量输入 DI0			
	5	DI0.1	数字量输入 DI1			
	6	DI0.2	数字量输入 DI2			
	7	DQ0.0	数字量输出 DQ0			
	8	DQ0.1	数字量输出 DQ1			
	两个计数器通道的编码器电源和接地端					
	9	24VDC	24V DC 编码器电源			
	10	M	编码器电源、数字输入和数字输出的接地端			

② 工艺模块 TM Count 2×24V 的接线图　工艺模块 TM Count 2×24V 的接线图如图 9-29 所示，标号 A、B 和 N 是编码器的 A 相、B 相和 N 相。端子 41 和 44 是外部向工艺模块供电的端子，而端子 9 和 10 是向编码器供电的端子。

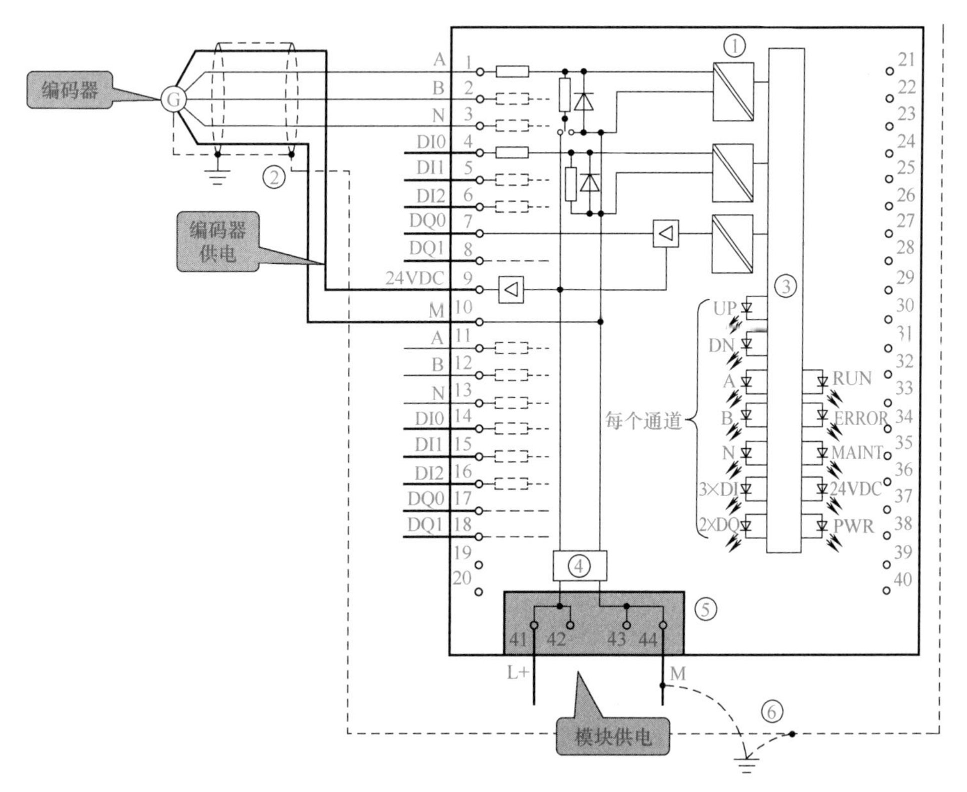

图 9-29　TM Count 2×24V 的接线图

9.3.2 S7-1500 PLC 高速计数器应用

【例 9-3】用光电编码器测量长度和速度，光电编码器为 500 线，电动机与编码器同轴相连，电动机每转一圈，滑台移动 10mm，要求在 HMI 上实时显示位移和速度数值。原理图如图 9-30 所示。

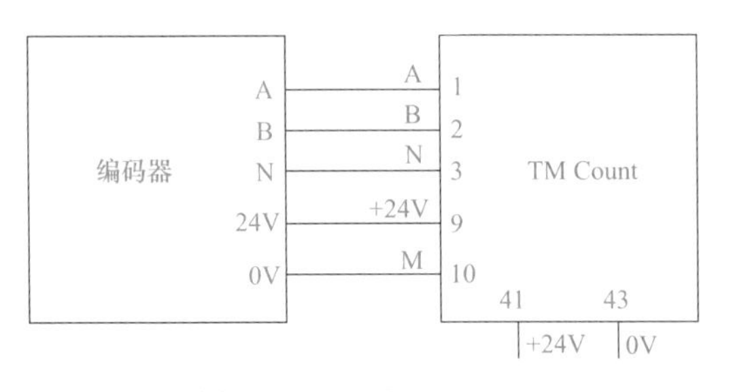

图 9-30 例 9-3 原理图

滑台的实时位移和速度测量——利用编码器

解：(1) 硬件组态

① 新建项目，添加 CPU。打开 TIA Portal 软件，新建项目“HSC1”，单击项目树中的“添加新设备”选项，添加“CPU 1511-1 PN”和“TM Count 2×24V”模块，如图 9-31 所示。

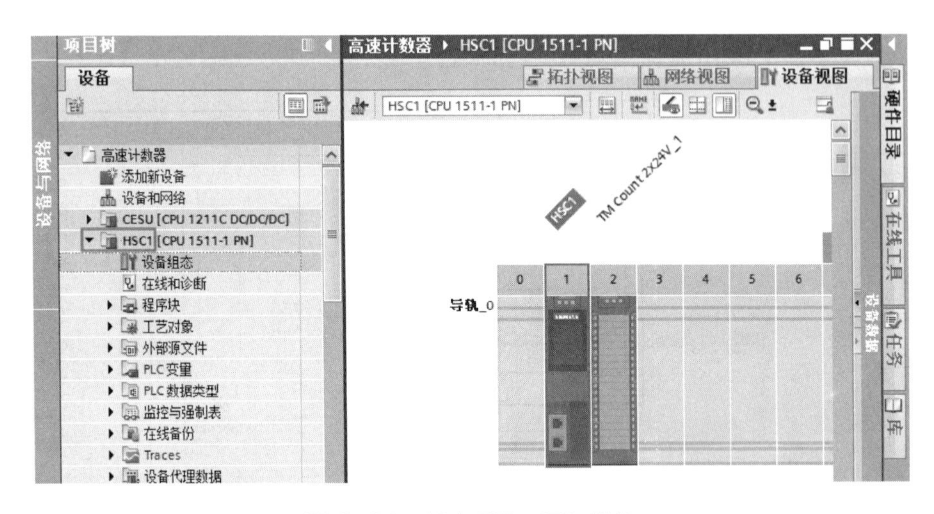

图 9-31 新建项目，添加模块

② 选择高速计数器的工作模式。在巡视窗口中，选中“属性”→“常规”→“工作模式”，选择使用工艺对象“计数和测量”操作选项，如图 9-32 所示。

(2) 组态工艺对象

① 在项目树中，选中“工艺对象”，双击“新增对象”选项，在弹出的“新增对象”界面中，选择“计数和测量”→“High_Speed_Counter”，单击“确定”按钮，如图 9-33 所示。

② 组态基本参数。在工艺对象界面，选中“基本参数”，在模块中，选择“TM Count 2×24V”，在通道中，选择“通道 0”，如图 9-34 所示。

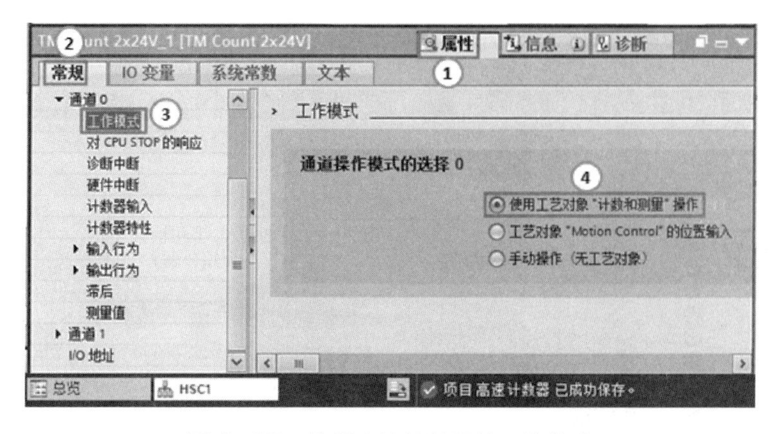

图 9-32　选择高速计数器的工作模式

图 9-33　打开工艺组态界面

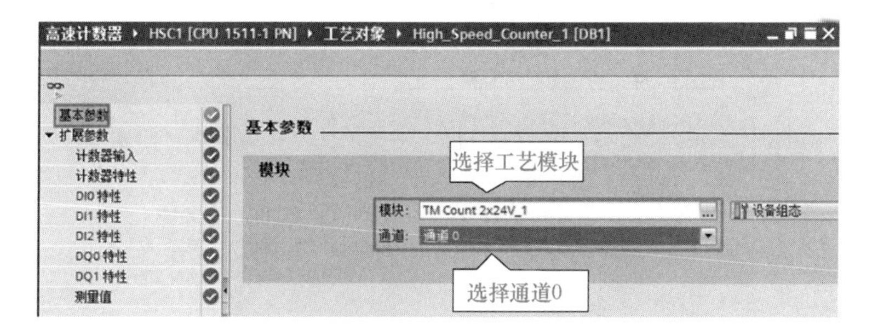

图 9-34　组态基本参数

③ 组态计数器输入。在工艺对象界面，选中“计数器输入”，在信号类型中，选择“增量编码器（A、B、相移）”，在信号评估中，选择“单一”，如选择“双重”则计数值增加 1 倍，在传感器类型中，选择“源型输出”，即编码器输出高电平，在滤波器频率中选择

“200kHz”，这个值与脉冲频率有关，脉冲频率大，则应选择滤波频率大，如图 9-35 所示。

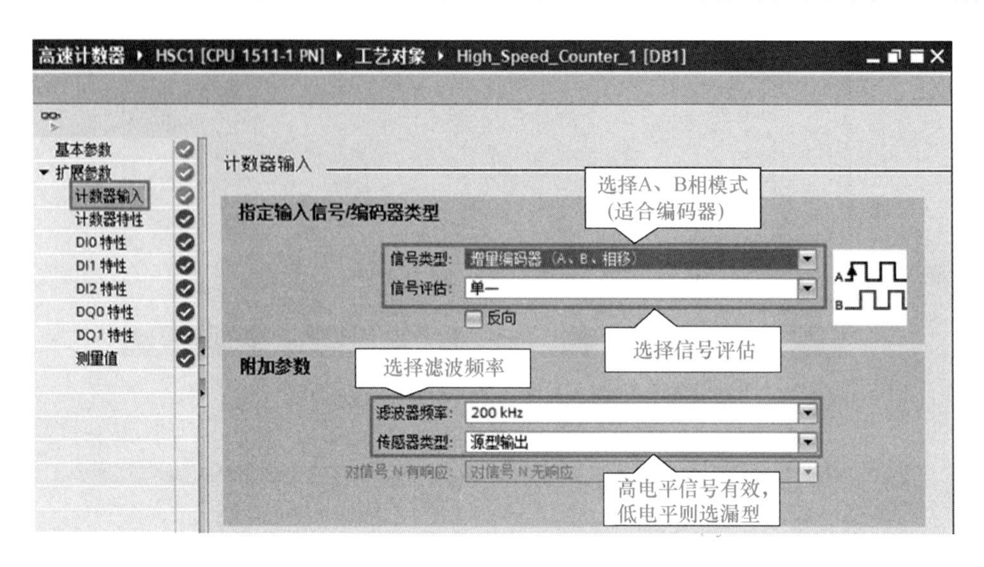

图 9-35　组态计数器输入

④ 组态计数器特性。在“计数器特性”中，可以修改计数起始值、计数上限和计数下限等，如图 9-36 所示。

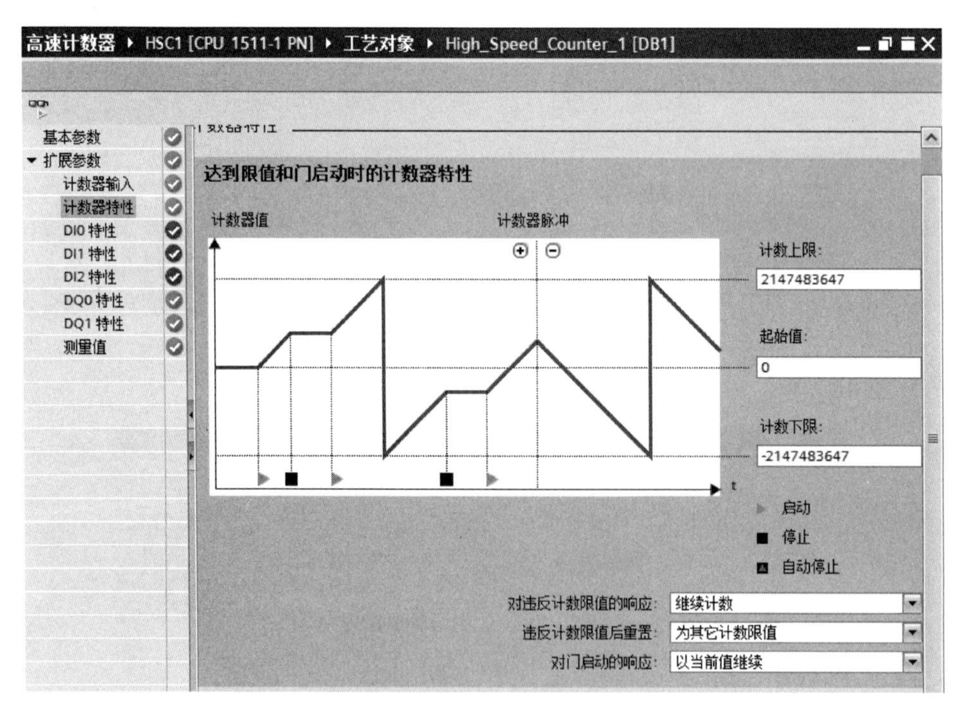

图 9-36　组态计数器特性

⑤ 组态测量值。在工艺对象界面，选中“测量值”，在测量变量中，选择“速度”，在每个单位的增量中，输入编码器的分辨率 / 螺距，本例为“50”（即每 50 脉冲代表 1mm），如图 9-37 所示。

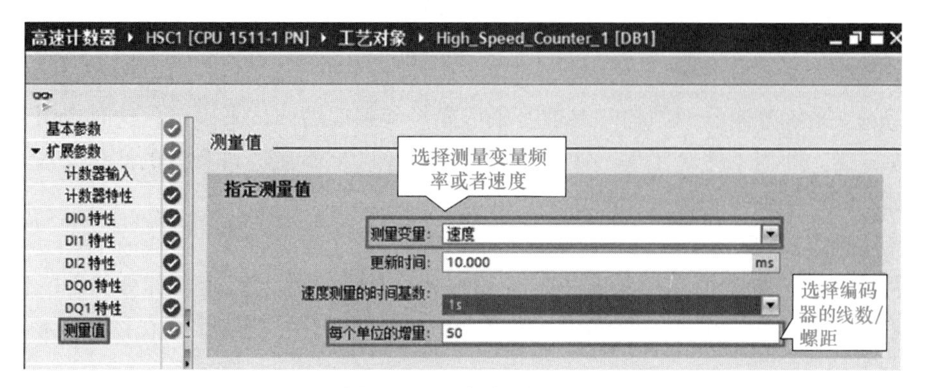

图 9-37　组态测量值

（3）编写程序

打开硬件主程序块 OB1，编写 LAD 程序如图 9-38 所示。

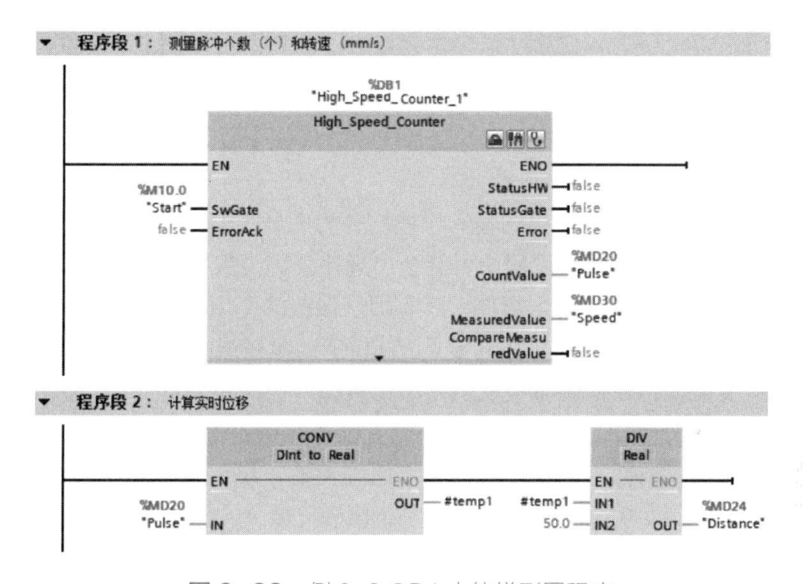

图 9-38　例 9-3 OB1 中的梯形图程序

9.4 西门子 S7-1500 的 PID 控制及其应用

9.4.1 PID 控制原理简介

在过程控制中，按偏差的比例（P）、积分（I）和微分（D）进行控制的 PID 控制器（也称 PID 调节器）是应用最广泛的一种自动控制器。它具有原理简单、易于实现、适用面广、控制参数相互独立、参数选定比较简单、调整方便等优点，而且在理论上可以证明，对于过程控制的典型对象——“一阶滞后 + 纯滞后”与“二阶滞后 + 纯滞后”的控制对象，PID 控制器是一种最优控制。PID 调节规律是连续系统动态品质校正的一种有效方法，它的参数整定方式简便，结构改变灵活（如可为 PI 调节、PD 调节等）。长期以来，PID 控制器被广大科技人员及现场操作人员所采用。

PID 控制器就是根据系统的误差，利用比例、积分、微分计算出控制量来进行控制。当被控对象的结构和参数不能完全掌握，或得不到精确的数学模型时，或控制理论的其他技术难以采用时，系统控制器的结构和参数必须依靠经验和现场调试来确定，这时应用 PID 控制技术最为方便。即当不完全了解一个系统和被控对象，或不能通过有效的测量手段来获得系统参数时，最适合采用 PID 控制技术。

（1）比例（P）控制

比例控制是一种最简单、最常用的控制方式，如放大器、减速器和弹簧等。比例控制器能立即成比例地响应输入的变化量。但仅有比例控制时，系统输出存在稳态误差（steady-state error）。

（2）积分（I）控制

在积分控制中，控制器的输出量是输入量对时间积累。对一个自动控制系统，如果在进入稳态后存在稳态误差，则称这个控制系统是有稳态误差的，或简称有差系统（system with steady-state error）。为了消除稳态误差，在控制器中必须引入“积分项”。积分项对误差的运算取决于时间的积分，随着时间的增加，积分项会增大。所以即便误差很小，积分项也会随着时间的增加而加大，它推动控制器的输出增大，使稳态误差进一步减小，直到等于零。因此，采用比例 + 积分（PI）控制器，可以使系统在进入稳态后无稳态误差。

（3）微分（D）控制

在微分控制中，控制器的输出与输入误差信号的微分（即误差的变化率）成正比关系。自动控制系统在克服误差的调节过程中可能会出现振荡甚至失稳。其原因是存在有较大的惯性组件（环节）或有滞后（delay）组件，具有抑制误差的作用，其变化总是落后于误差的变化。解决的办法是使抑制误差的作用的变化“超前”，即在误差接近零时，抑制误差的作用就应该是零。这就是说，在控制器中仅引入“比例项”往往是不够的，比例项的作用仅是放大误差的幅值，因而需要增加的是“微分项”，它能预测误差变化的趋势，这样，具有比例 + 微分的控制器就能够提前使抑制误差的控制作用等于零，甚至为负值，从而避免被控量的严重超调。所以对有较大惯性或滞后的被控对象，比例 + 微分（PD）控制器能改善系统在调节过程中的动态特性。

（4）闭环控制系统特点

控制系统一般包括开环控制系统和闭环控制系统。开环控制系统（open-loop control system）是指被控对象的输出（被控制量）对控制器（controller）的输出没有影响，在这种控制系统中，不依赖将被控制量返送回来以形成任何闭环回路。闭环控制系统（closed-loop control system）的特点是系统被控对象的输出（被控制量）会返送回来影响控制器的输出，形成一个或多个闭环。闭环控制系统有正反馈和负反馈，若反馈信号与系统给定值信号相反，则称为负反馈（negative feedback）；若极性相同，则称为正反馈。一般闭环控制系统均采用负反馈，又称负反馈控制系统。可见，闭环控制系统性能远优于开环控制系统。

（5）PID 控制器的主要优点

PID 控制器成为应用最广泛的控制器，它具有以下优点。

① PID 算法蕴含了动态控制过程中过去、现在、将来的主要信息，而且其配置几乎最优。其中，比例（P）代表了当前的信息，起纠正偏差的作用，使过程反应迅速。微分（D）在信号变化时有超前控制作用，代表将来的信息。在过程开始时强迫过程进行，过程结束时减小超调，克服振荡，提高系统的稳定性，加快系统的过渡过程。积分（I）代表了过去积

累的信息，它能消除静差，改善系统的静态特性。此三种作用配合得当，可使动态过程快速、平稳、准确，收到良好的效果。

② PID 控制适应性好，有较强的鲁棒性，对各种工业应用场合，都可在不同的程度上应用。特别适用于“一阶惯性环节 + 纯滞后”和“二阶惯性环节 + 纯滞后”的过程控制对象。

③ PID 算法简单明了，各个控制参数相对较为独立，参数的选定较为简单，形成了完整的设计和参数调整方法，很容易为工程技术人员所掌握。

④ PID 控制根据不同的要求，针对自身的缺陷进行了不少改进，形成了一系列改进的 PID 算法。例如，为了克服微分带来的高频干扰的滤波 PID 控制，为克服大偏差时出现饱和超调的 PID 积分分离控制，为补偿控制对象非线性因素的可变增益 PID 控制，等等。这些改进算法在一些应用场合取得了很好的效果。同时当今智能控制理论的发展，又形成了许多智能 PID 控制方法。

（6）PID 的算法

① PID 控制系统原理框　PID 控制系统原理框如图 9-39 所示。

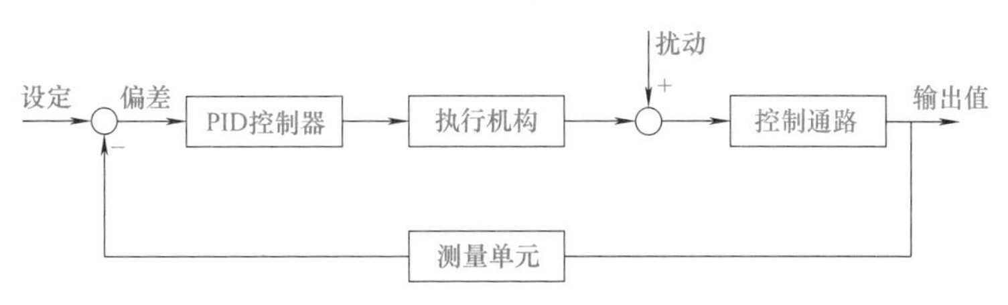

图 9-39　PID 控制系统原理框

② PID 算法　S7-1500 PLC 内置了三种 PID 指令，分别是 PID_Compact、PID_3Step 和 PID_Temp。

PID_Compact 是一种具有抗积分饱和功能并且能够对比例作用和微分作用进行加权的 PIDT1 控制器。PID 算法根据以下等式工作：

$$y = K_{\mathrm{p}}\left[(bw - x) + \frac{1}{T_{\mathrm{I}}s}(w - x) + \frac{T_{\mathrm{D}}s}{aT_{\mathrm{D}}s + 1}(cw - x)\right] \quad (9\text{-}1)$$

式中，y 为 PID 算法的输出值；K_{p} 为比例增益；s 为拉普拉斯运算符；b 为比例作用权重；w 为设定值；x 为过程值；T_{I} 为积分作用时间；T_{D} 为微分作用时间；a 为微分延迟系数（微分延迟 $T_1=aT_{\mathrm{D}}$）；c 为微分作用权重。

【关键点】

式（9-1）是非常重要的，根据这个公式，读者必须建立一个概念：增益 K_{p} 增加可以直接导致输出值 y 的快速增加，T_{I} 的减小可以直接导致积分项数值的增加，微分项数值的大小随着微分时间 T_{D} 的增加而增加，从而直接导致 y 增加。理解这一点，对于正确调节 P、I、D 三个参数是至关重要的。

9.4.2　PID 指令简介

PID_Compact 指令块的参数分为输入参数和输出参数，指令块的视图分为扩展视图和集成视图，不同的视图中看到的参数不一样：扩展视图中看到的参数多，表 9-2 中的 PID_Compact 指令是扩展视图，可以看到亮色和灰色字迹的所有参数，而集成视图中可见的参数少，只能看到含亮色字迹的参数，不能看到灰色字迹的参数。扩展视图和集成视图可以通过指令块下边框处的“三角”符号相互切换。

PID_Compact 指令块的参数分为输入参数和输出参数，其含义见表 9-12。

表 9-12　PID_Compact 指令的参数

<table>
<tr><th>LAD</th><th>SCL</th><th>输入 / 输出</th><th>含义</th></tr>
<tr><td rowspan="16">PID_Compact
EN　ENO
ScaledInput
Setpoint　Output
Input
Output_PER
Input_PER　Output_PWM
ManualEnable　SetpointLimit_H
ManualValue　SetpointLimit_L
Reset　InputWarning_H
InputWarning_L
State
Error</td><td rowspan="16">"PID_Compact_1"（
Setpoint：=_real_in_，
Input：=_real_in_，
Input_PER：=_word_in_，
Disturbance：=_real_in_，
ManualEnable：=_bool_in_，
ManualValue：=_real_in_，
ErrorAck：=_bool_in_，
Reset：=_bool_in_，
ModeActivate：=_bool_in_，
Mode：=_int_in_，
ScaledInput=>_real_out_，
Output=>_real_out_，
Output_PER=>_word_out_，
Output_PWM=>_bool_out_，
SetpointLimit_H=>_bool_out_，
SetpointLimit_L=>_bool_out_，
InputWarning_H=>_bool_out_，
InputWarning_L=>_bool_out_，
State=>_int_out_，
Error=>_bool_out_，
ErrorBits=>_dword_out_）；</td><td>Setpoint</td><td>自动模式下的给定值</td></tr>
<tr><td>Input</td><td>实数类型反馈</td></tr>
<tr><td>Input_PER</td><td>整数类型反馈</td></tr>
<tr><td>ManualEnable</td><td>0 到 1，上升沿，手动模式；1 到 0，下降沿，自动模式</td></tr>
<tr><td>ManualValve</td><td>手动模式下的输出</td></tr>
<tr><td>Reset</td><td>重新启动控制器</td></tr>
<tr><td>ScaledInput</td><td>当前输入值</td></tr>
<tr><td>Output</td><td>实数类型输出</td></tr>
<tr><td>Output_PER</td><td>整数类型输出</td></tr>
<tr><td>Output_PWM</td><td>PWM 输出</td></tr>
<tr><td>SetpointLimit_H</td><td>当反馈值高于高限时设置</td></tr>
<tr><td>SetpointLimit_L</td><td>当反馈值低于低限时设置</td></tr>
<tr><td>InputWarning_H</td><td>当反馈值高于高限报警时设置</td></tr>
<tr><td>InputWarning_L</td><td>当反馈值低于低限报警时设置</td></tr>
<tr><td>State</td><td>控制器状态</td></tr>
</table>

9.4.3　S7-1500 PLC 对电炉温度的控制

以下用一个例子介绍 PID 控制应用。

【例 9-4】 有一台电炉，要求炉温控制在一定的范围。电炉的工作原理如下：当设定电炉温度后，CPU 1511T-1 PN 经过 PID 运算后由 SM532 输出一个模拟量到控制板，控制板根据信号（弱电信号）的大小控制电热丝的加热电压（强电）的大小（甚至断开），温度传感器测量电炉的温度，温度信号经过控制板的处理后输入到模拟量输入端子，再送到 CPU 1511T-1 PN 进行 PID 运算，如此循环。请编写控制程序。

解：（1）主要软硬件配置

① 1 套 TIA Portal V16；

② 1 台 CPU 1511T-1 PN；

③ 1 台 SM521、SM522、SM531 和 SM532；

④ 1 台电炉。

设计原理图，如图 9-40 所示。

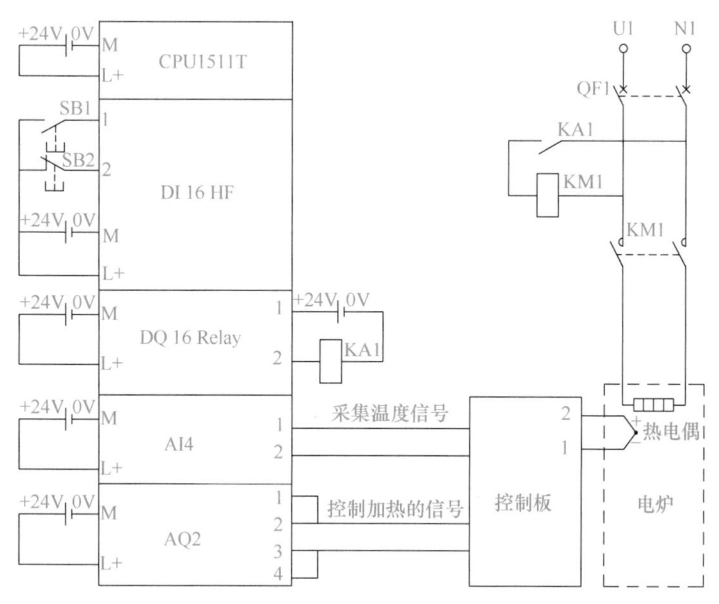

图 9-40　例 9-4 原理图

（2）硬件组态

① 新建项目，添加模块。打开 TIA Portal 软件，新建项目“PID_S7-1500”，在项目树中，单击“添加新设备”选项，添加“CPU 1511T-1 PN”、DI 16、DQ16、AI 4 和 AQ 2，如图 9-41 所示。

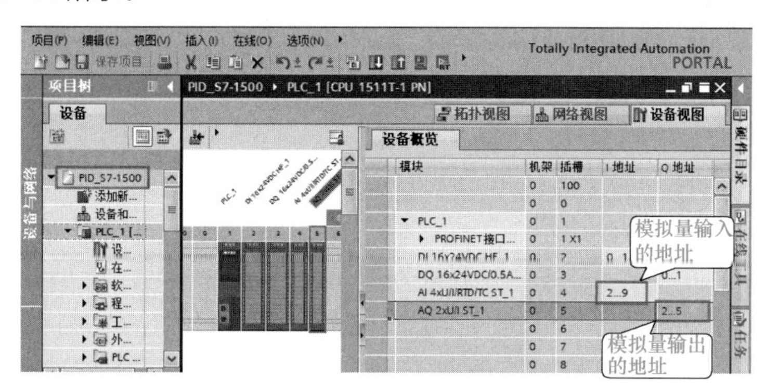

图 9-41　新建项目，添加模块

② 新建变量表。新建变量和数据类型，如图 9-42 所示。

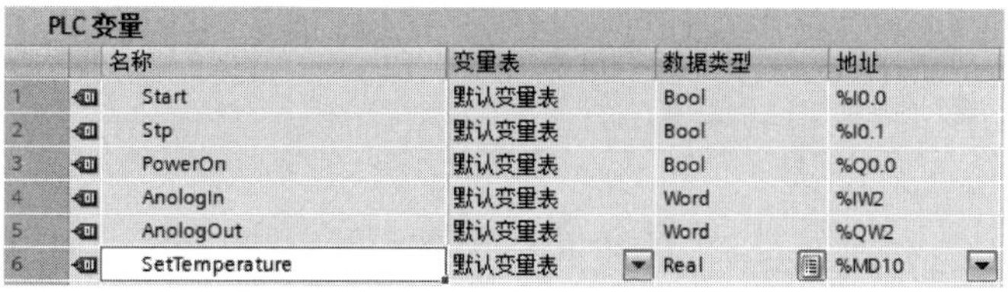

PLC 变量

	名称	变量表	数据类型	地址
1	Start	默认变量表	Bool	%I0.0
2	Stp	默认变量表	Bool	%I0.1
3	PowerOn	默认变量表	Bool	%Q0.0
4	Anologln	默认变量表	Word	%IW2
5	AnologOut	默认变量表	Word	%QW2
6	SetTemperature	默认变量表	Real	%MD10

图 9-42　新建变量表

（3）参数组态

① 添加循环组织块 OB30，设置其循环周期为 100000μs。

② 插入 PID_Compact 指令块。添加完循环中断组织块后，选择“指令树”→“工艺”→“PID 控制”→“PID_Compact”选项，将“PID_Compact”指令块拖拽到循环中断组织中。添加完“PID_Compact”指令块后，会弹出如图 9-43 所示的界面，单击“确定”按钮，完成对“PID_Compact”指令块的背景数据块的定义。

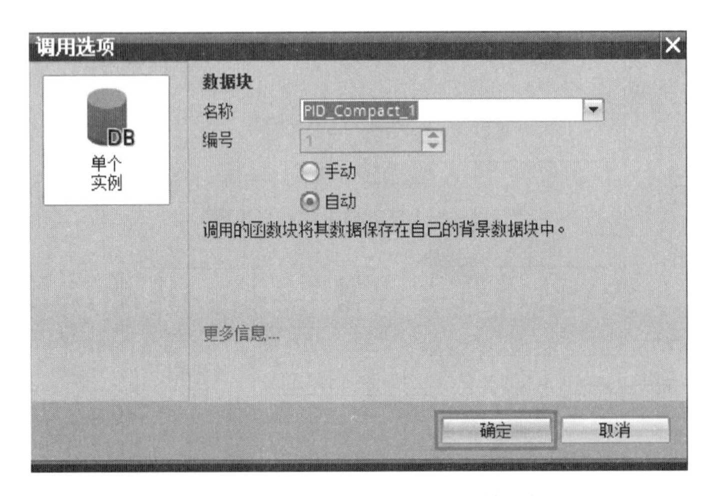

图 9-43 定义指令块的背景数据块

③ 基本参数组态。先选中已经插入的指令块，再选择“属性”→“组态”→“基本设置”，做如图 9-44 所示的设置。当 CPU 重启后，PID 运算变为自动模式，需要注意的是“PID_Compact”指令块输入参数 MODE，最好不要赋值。

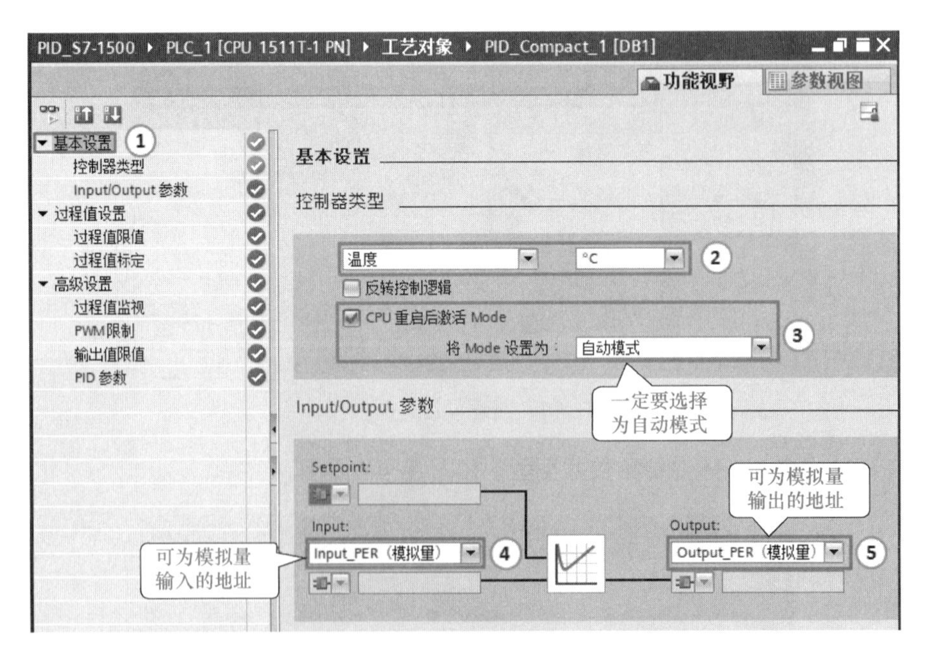

图 9-44 基本设置

④ 过程值设置。先选中已经插入的指令块，再选择“属性”→“组态”→“过程值设

置”，做如图 9-45 所示的设置。把过程值的下限设置为 0.0，把过程值的上限设置为传感器的上限值 420.0。这就是温度传感器的量程。

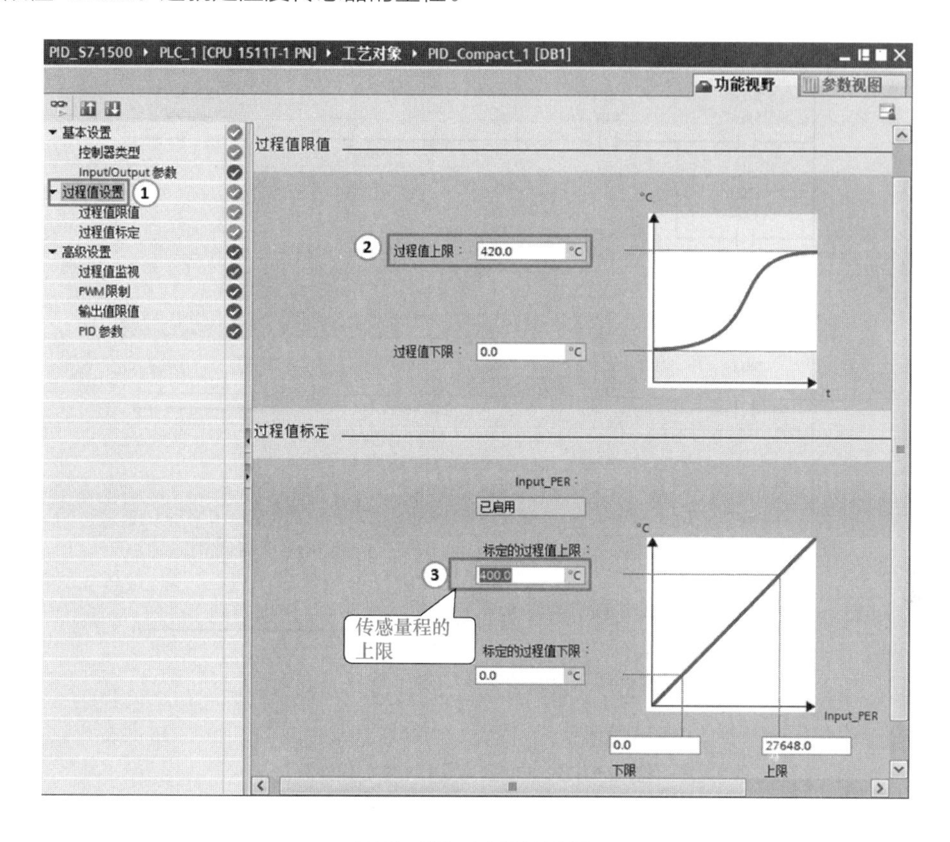

图 9-45　过程值设置

⑤ 高级设置。选择“项目树”→“PID_S7-1500”→“PLC-1”→“工艺对象”→“PID_Compact_1”→“组态”选项，如图 9-46 所示，双击“组态”，打开“组态”界面。

选择“功能视野”→“高级设置”→“PID 参数”选项，设置如图 9-47 所示，不勾选“启用手动输入”，使用系统自整定参数；调节规则使用“PID”控制器。

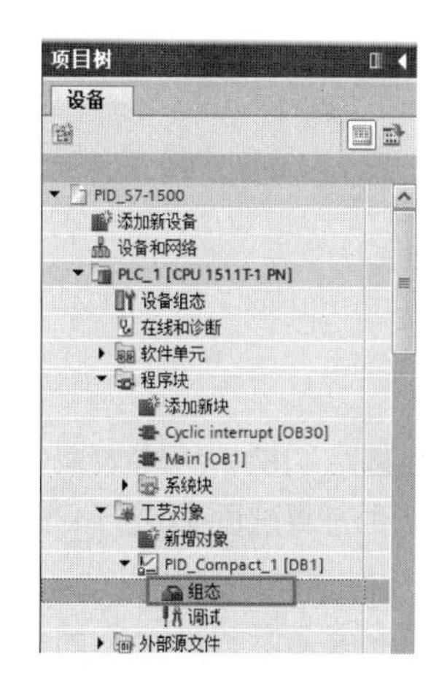

图 9-46　打开工艺对象组态

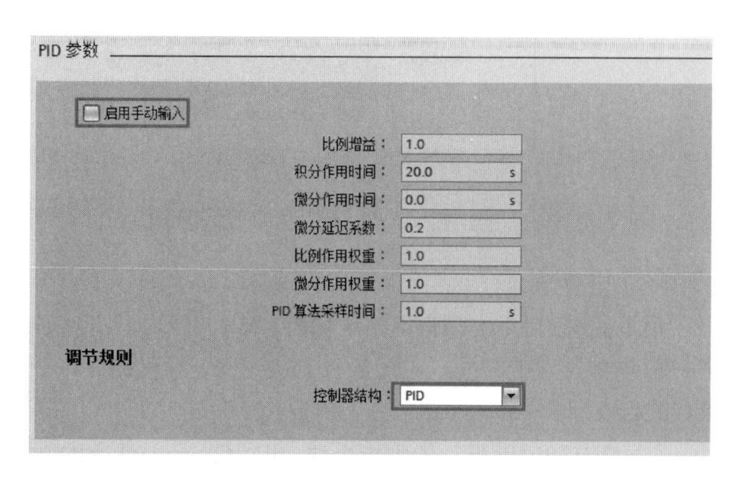

图 9-47　PID 参数

（4）程序编写

OB1 中的程序如图 9-48 所示，OB30 中的程序如图 9-49 所示

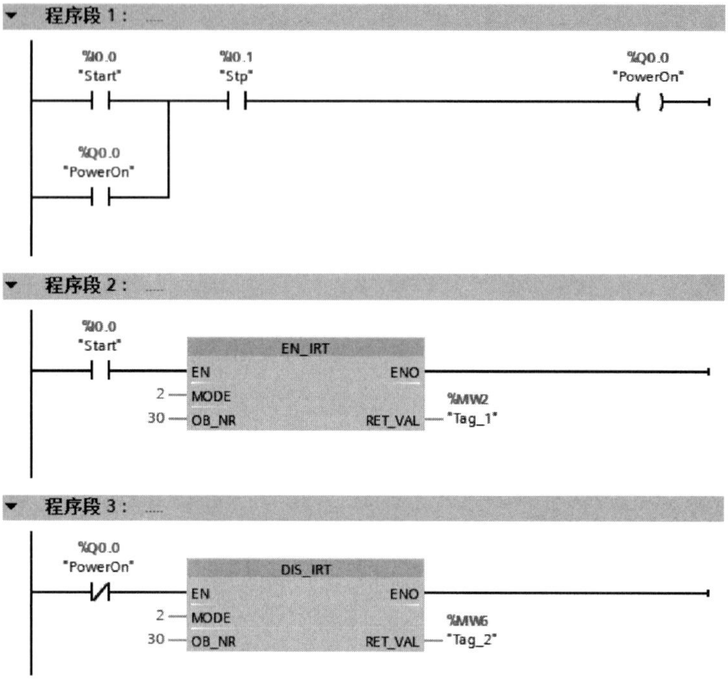

程序段 1：
%I0.0
"Start"
%I0.1
"Stp"
%Q0.0
"PowerOn"
%Q0.0
"PowerOn"
程序段 2：
%I0.0
"Start"
EN_IRT
EN
ENO
2
MODE
30
OB_NR
RET_VAL
%MW2
"Tag_1"
程序段 3：
%Q0.0
"PowerOn"
DIS_IRT
EN
ENO
2
MODE
30
OB_NR
RET_VAL
%MW6
"Tag_2"

图 9-48 例 9-4 OB1 中的程序

程序段 1：
%DB1
"PID_Compact_1"
PID_Compact
EN
ENO
Output
0.0
%MD10
"SetTemperature"
Setpoint
Input
0.0
%QW2
"AnologOut"
Output_PER
Output_PWM
false
%IW2
"AnologIn"
Input_PER
State
0
Error
false
ErrorBits
16#0

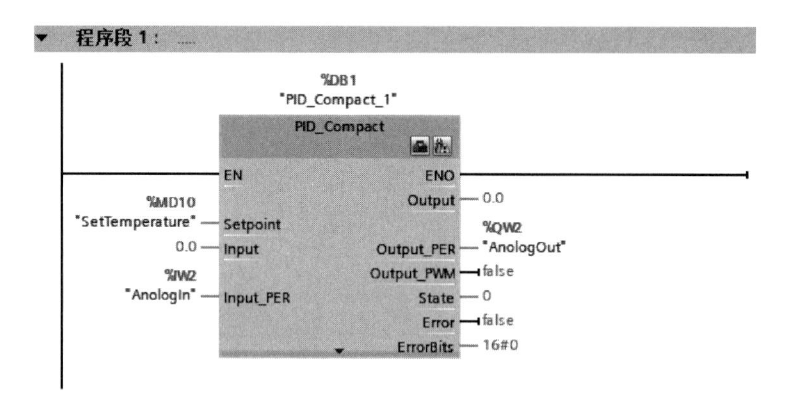

图 9-49 例 9-4 OB30 中的程序

（5）自整定

很多品牌的 PLC 都有自整定功能。S7-1500 PLC 有较强的自整定功能，这大大减少了 PID 参数整定的时间，对初学者更是如此，可借助 TIA Portal 软件的调试面板进行 PID 参数的自整定。

1）打开调试面板　单击指令块 PID_Compact 上的 图标，如图 9-50 所示，即可打开调试面板。

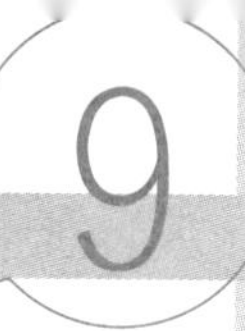

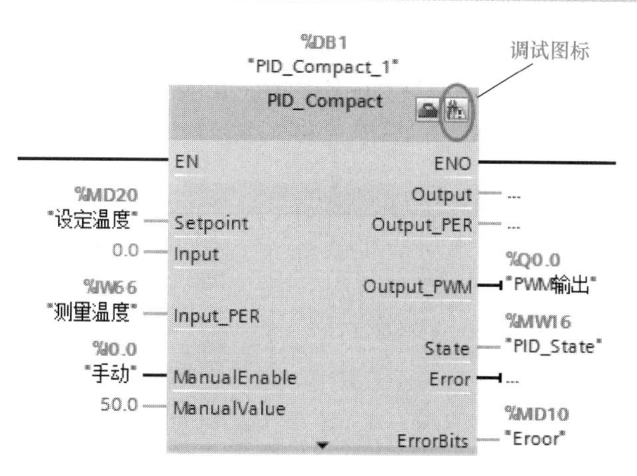

图 9-50　打开调试面板

2）调试面板　调试面板如图 9-51 所示，包括四个部分，分别介绍如下。

① 调试面板控制区：启动和停止测量功能、采样时间以及调试模式选择。

② 趋势显示区：以曲线的形式显示设定值、测量值和输出值。这个区域非常重要。

③ 调节状态区：包括显示 PID 调节的进度、错误、上传 PID 参数到项目和转到 PID 参数。

④ 控制器的在线状态区：用户可以在此区域监视给定值、反馈值和输出值，并可以手动强制输出值，勾选“手动模式”前方的方框，用户在“Output”栏内输入百分比形式的输出值，并单击“修改”按钮即可完成操作。

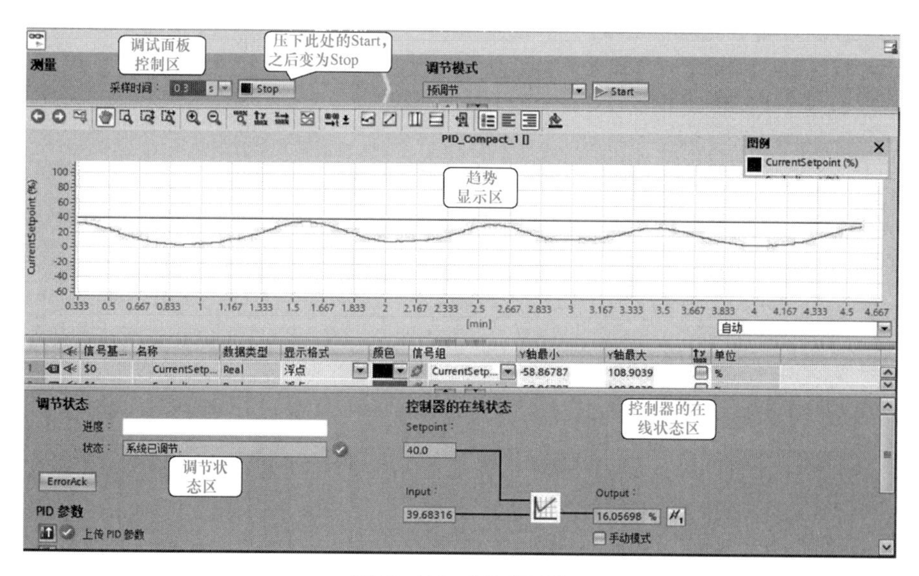

图 9-51　调试面板

3）自整定过程　单击如图 9-51 所示界面中左侧的“Start”按钮（按钮变为“Stop”），开始测量在线值，在“调节模式”下面选择“预调节”，再单击右侧的“Start”按钮（按钮变为“Stop”），预调节开始。当预调节完成后，在“调节模式”下面选择“精确调节”，再单击右侧的“Start”按钮（按钮变为“Stop”），精确调节开始。预调节和精确调节都需要消耗一定的运算时间，需要用户等待。

（6）上传参数和下载参数

当 PID 自整定完成后，单击图 9-52 所示的左上角的“上传 PID 参数”按钮，参数从 CPU 上传到在线项目中。

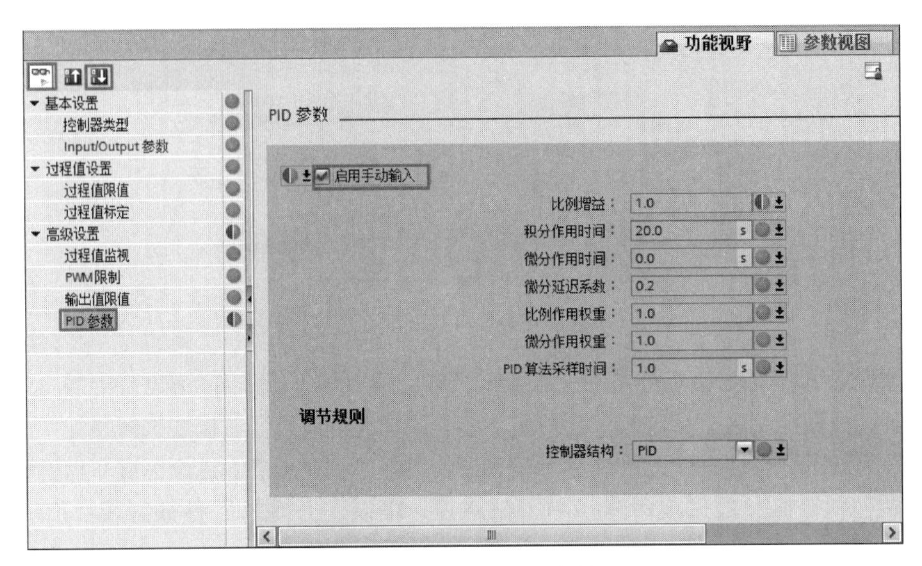

图 9-52 下载 PID 参数

单击“转到 PID 参数”按钮，弹出如图 9-53 所示，单击“监控所有”，勾选“启用手动输入”选项，单击“下载”按钮，修正后的 PID 参数可以下载到 CPU 中去。

需要注意的是单击工具栏上的“下载到设备”按钮，并不能将更新后的 PID 参数下载到 CPU 中，正确的做法是：在菜单栏中，选择“在线”→“下载并复位 PLC 程序”。

10

第 10 章 西门子 S7-1500 PLC 的故障诊断技术

本章介绍西门子 S7-1500 PLC 常用故障诊断方法，主要介绍利用 TIA Portal 的诊断方法和利用软件工具的诊断方法等，特别是 Automation Tool 和 Proneta 软件工具，用于故障诊断非常简便。

10.1 西门子 S7-1500 PLC 诊断简介

S7-1500 PLC 的故障诊断功能相较于 S7-300/400 PLC 而言更加强大，其系统诊断功能集成在操作系统中，使用者甚至不需要编写程序就可很方便地诊断出系统故障。

（1）S7-1500 PLC 的系统故障诊断原理

S7-1500 PLC 的系统故障诊断原理如图 10-1 所示，一共分为五个步骤，具体如下。

① 当设备发生故障时，识别及诊断事件发送到 CPU。

② CPU 的操作系统分析错误信息，并调用诊断功能。

③ 操作系统的诊断功能自动生成报警，并将报警发送至 HMI（人机界面）、PC（如安装 WinCC）和 WebServer 等。

④ 在 HMI 中，自动匹配报警文本到诊断事件。

⑤ 报警信息显示在报警控件中，便于使用者诊断故障。

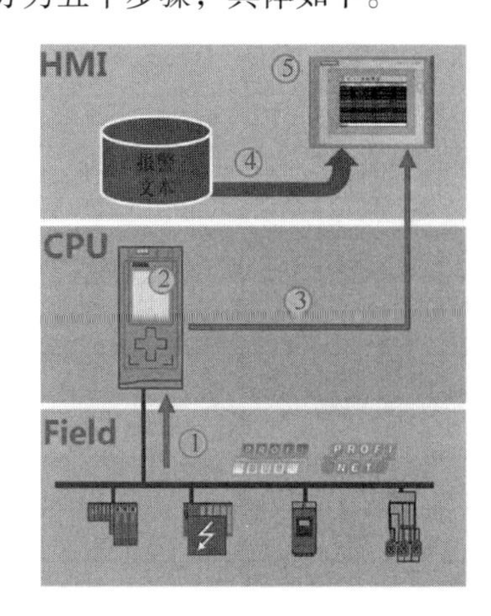

图 10-1　系统故障诊断原理图

（2）S7-1500 PLC 系统诊断的优势

① 系统诊断是 PLC 操作系统的一部分，无需额外编程。

② 无需外部资源。

③ 操作系统已经预定义报警文本，减少了设计者编辑工作量。

④ 无需大量测试。

⑤ 错误最小化，降低了开发成本。

（3）S7-1500 PLC 故障诊断的方法

S7-1500 PLC 故障诊断的方法很多，归纳有如下几种。

① 通过模块或者通道的 LED 灯诊断故障。

② 通过 TIA Portal 软件 PG/PC 诊断故障。

③ 通过 PLC 系统的诊断功能诊断故障。
④ 通过 PLC 的 Web 服务器诊断故障。
⑤ 通过 PLC 的显示屏诊断故障。
⑥ 通过用户程序诊断故障。
⑦ 通过自带诊断功能的模块诊断故障。
⑧ 通过 HMI 或者上位机软件诊断故障。

实际工程应用中，是以上一种或者几种方法组合应用。在后续章节，将详细介绍以上的故障诊断方法。

10.2 通过模块或者通道的 LED 灯诊断故障

10.2.1 通过模块的 LED 灯诊断故障

通过模块或通道的 LED 灯诊断故障

与 S7-300/400 PLC 相比，S7-1500 PLC 的 LED 灯较少，只有三只，用于指示当前模块的工作状态。对于不同类型的模块，LED 指示的状态可能略有不同。模块无故障时，运行 LED 为绿色，其余指示灯熄灭。以 CPU 1511-1 PN 模块为例，其顶部的三只 LED 灯，分别是 RUN/STOP（运行 / 停止）、ERROR（错误）和 MAINT（维护），这三只 LED 灯不同组合对应不同含义，见表 10-1。

表 10-1 CPU 1511-1 PN 模块的故障对照表

LED 指示灯			含义
RUN/STOP	ERROR	MAINT	
灭	灭	灭	CPU 电源电压过小或不存在
灭	红色闪烁	灭	发生错误
绿色亮	灭	灭	CPU 处于 RUN 模式
绿色亮	红色闪烁	灭	诊断事件不确定
绿色亮	灭	黄色亮	设备需要维护，必须在短时间内检查 / 更换故障硬件
			激活了强制作业
			PROFIenergy 暂停
绿色亮	灭	黄色闪烁	设备需要维护，必须在短时间内检查 / 更换故障硬件
			组态错误
黄色亮	灭	黄色闪烁	固件更新已成功完成
黄色亮	灭	灭	CPU 处于 STOP 模式

10.2.2 通过模块的通道 LED 灯诊断故障

对于模拟量模块不仅有模块 LED 指示灯，有的模拟量模块（如带诊断功能的模拟量模块），每个通道的 LED 指示灯都是双色的，即可以显示红色或者绿色，这些颜色代表了对应通道的工作状态。以模拟量输入模块 AI 8 × U/I HS（SE7531-7NF10-0AB0）为例，其每个通道的 LED 指示灯含义见表 10-2。

表 10-2　模拟量输入模块 AI 8×U/I HS 通道 LED 指示灯的含义

LEDCH*x*	灯熄灭	绿灯亮	红灯亮
含义	通道禁用	通道已组态，并且组态正确	通道已组态，但有错误

通过 LED 诊断故障简单易行，这是其优势，但这种方法往往不能精确定位故障，因此在工程实践中通常需要其他故障诊断方法配合使用，以达到精确诊断故障。

10.3 通过 TIA Portal 软件的 PG/PC 诊断故障

当 PLC 有故障时，可以通过安装了 TIA Portal 软件的 PG/PC 进行诊断。在项目视图中，先单击“在线”按钮 在线，使得 TIA Portal 软件与 S7-1500 PLC 处于在线状态。在单击项目树下的 CPU 的“在线和诊断”菜单，即可查看“诊断”→“诊断缓冲区”的消息，如图 10-2 所示，双击任何一条信息，其详细信息将显示在下方“事件详细信息”中。

通过 TIA Portal 软件的 PG/PC 诊断故障

查看“诊断”→“诊断状态”的消息，如图 10-3 所示，可以查看到故障信息，本例为“加载的组态和离线项目不完全相同”。

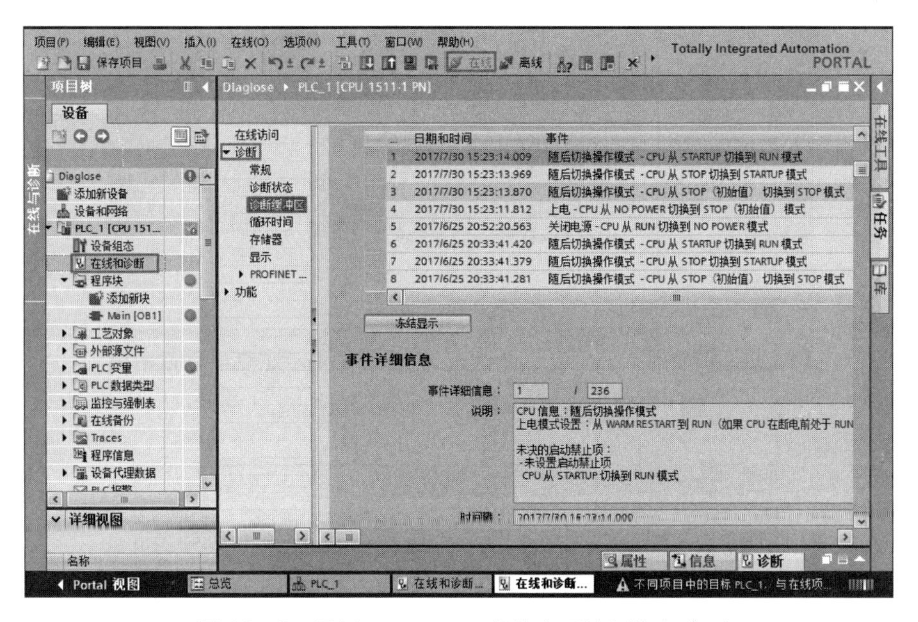

图 10-2　通过 TIA Portal 软件查看诊断信息（1）

在项目视图中，单击“在线”按钮 ，使得 TIA Portal 软件 与 S7-1500 PLC 处于在线状态。单击“设备视图”选项卡，如图 10-4 所示，可以看到①处的两个模块上有绿色的“√”，表明前两个模块正常。而②处的模块上有红色的“×”，表明此模块缺失或者有故障，经过检查，发现该硬件实际不存在。在硬件组态中，删除此模块，编译后下载，不再显示故障信息。

在项目视图中，单击“在线”按钮 ，使得 TIA Portal 软件 与 S7-1500 PLC 处于在线状态。单击“网络视图”选项卡，如图 10-5 所示，可以看到①处有红色扳手形状的标识，表明此处有网络故障，检查后发现第二个 CPU 1511-1 PN 模块的电源没有供电，导致网络断开。

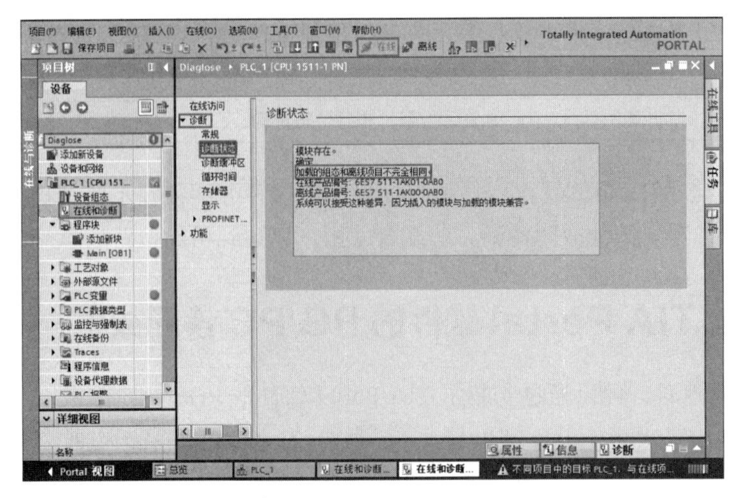

图 10-3　通过 TIA Portal 软件查看诊断信息（2）

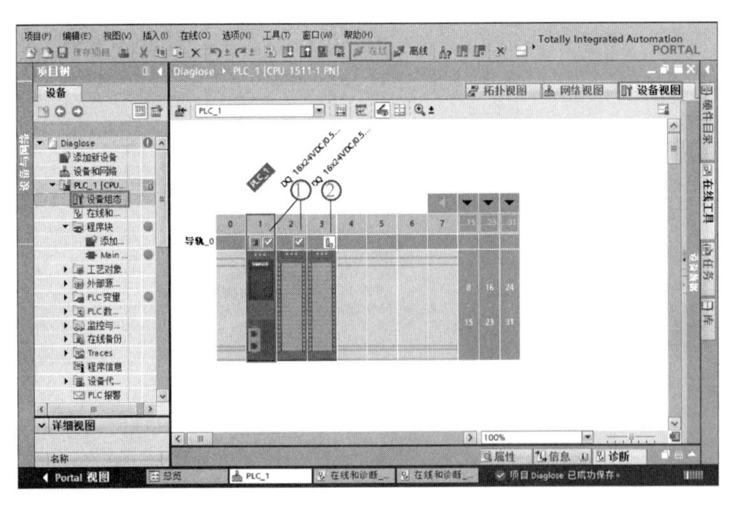

图 10-4　通过 TIA Portal 软件查看设备状态

图 10-5　通过 TIA Portal 软件查看网络状态

10.4　通过 PLC 的 Web 服务器诊断故障

通过 PLC 的 Web 服务器诊断故障

S7-1500 CPU 内置了 Web 服务器，可以通过 IE 浏览器实现对 PLC Web 服务器的访问，这为故障诊断带来很大的便利，特别是当操作者的计算机没有安装 TIA Portal 软件或者未掌握使用此软件时，更是如此。

通过 PLC 的 Web 服务器诊断故障的具体步骤如下。

① 激活 PLC 的 Web 服务器

选中 CPU 模块，在设备视图选项中，选择“Web 服务器”选项，勾选“启用模块上的 Web 服务器”选项，激活 PLC Web 服务器，如图 10-6 所示。

点击“新增用户”按钮，添加用户“xxh”。选择其访问级别为“管理”，弹出“用户已授权”界面如图 10-7 所示，激活（勾选）所需的权限，单击“√”按钮，确认激活的权限。最后设置所需的密码，本例为“xxh”。

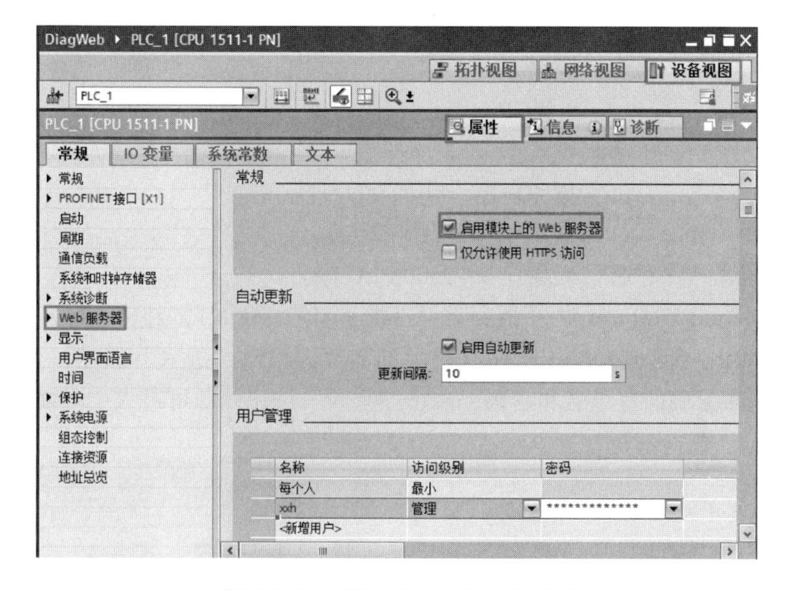

图 10-6　激活 PLC Web 服务器

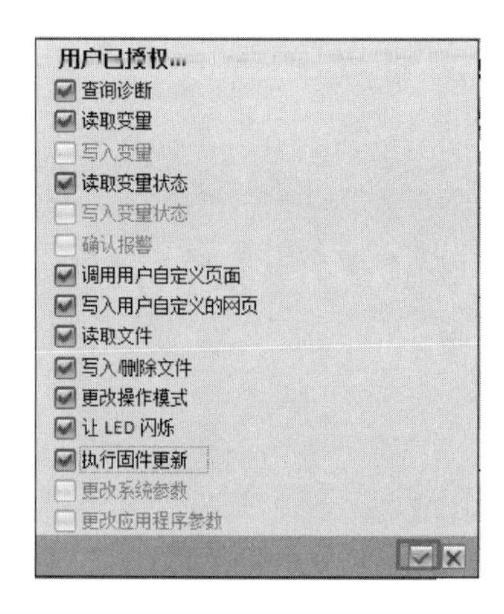

图 10-7　激活“用户已授权”选项

在“Web 服务器”→“接口概览”中，勾选“已启用 Web 服务器访问”选项，如图 10-8 所示。

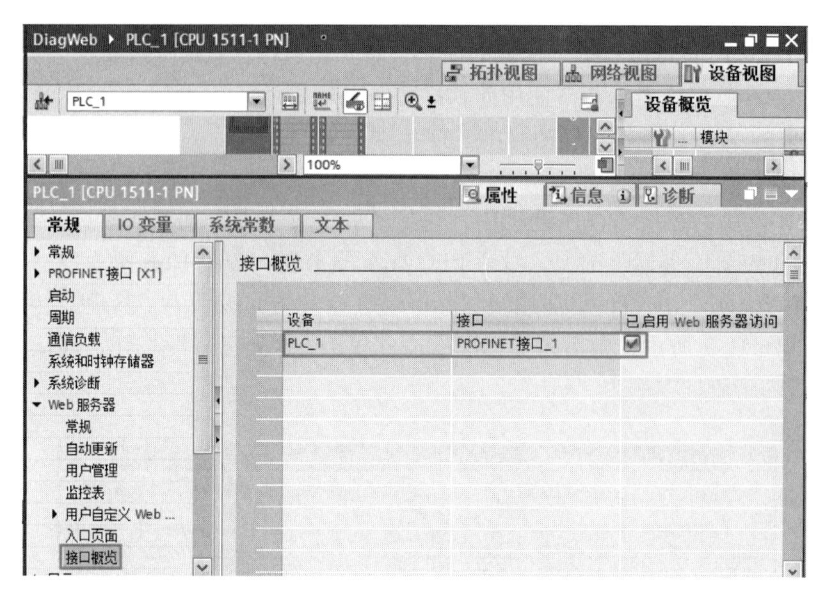

图 10-8　启用 Web 服务器访问

② 将项目编译和保存后，下载到 S7-1500 PLC 中。

③ 打开 Internet Explorer 浏览器，输入 http://192.168.0.1，注意：192.168.0.1 是本例 S7-1500 PLC 的 IP 地址。弹出如图 10-9 所示的界面，单击“进入”按钮，弹出如图 10-10 所示的界面，输入正确的登录名和密码，单击“登录”按钮，即可进入主画面。

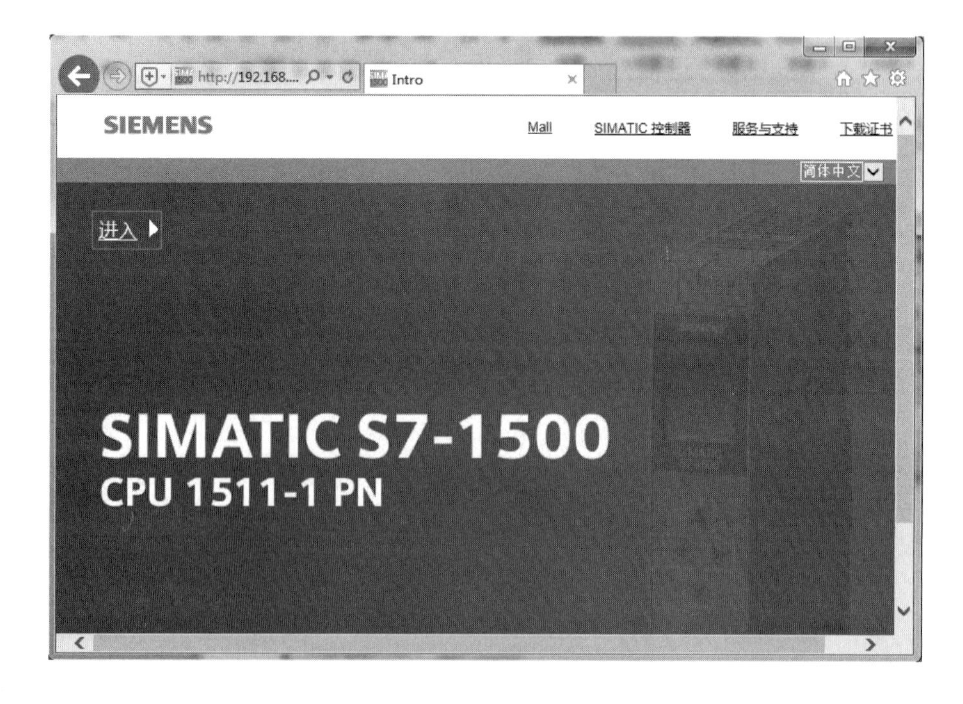

图 10-9　S7-1500 Web 服务器进入画面

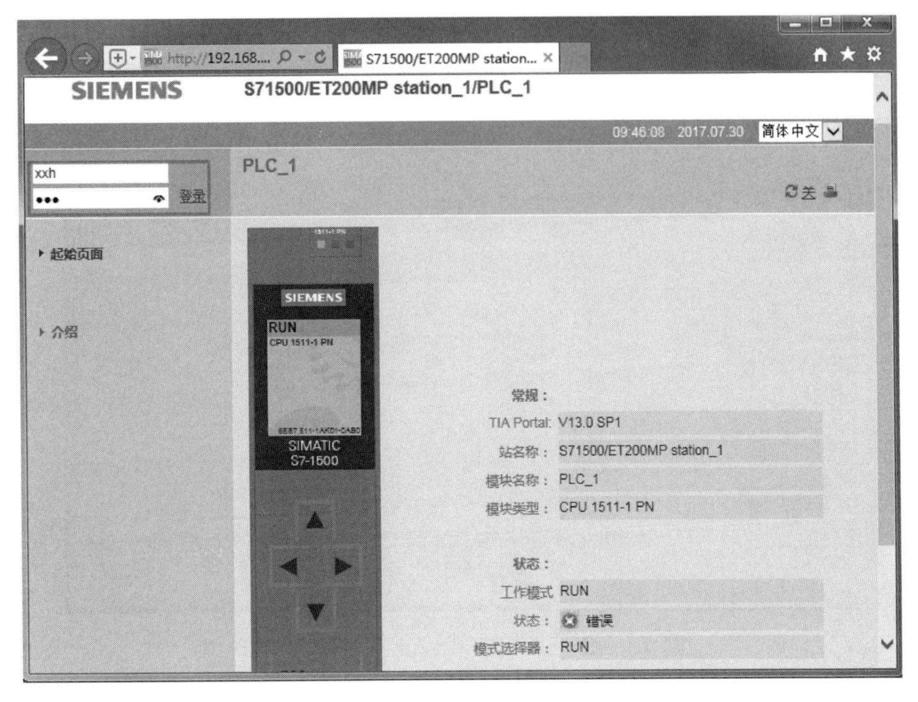

图 10-10　S7-1500 Web 服务器登录画面

④ 查看信息。

a. 单击“诊断缓冲区”，可查看诊断缓冲区的信息，如图 10-11 所示。

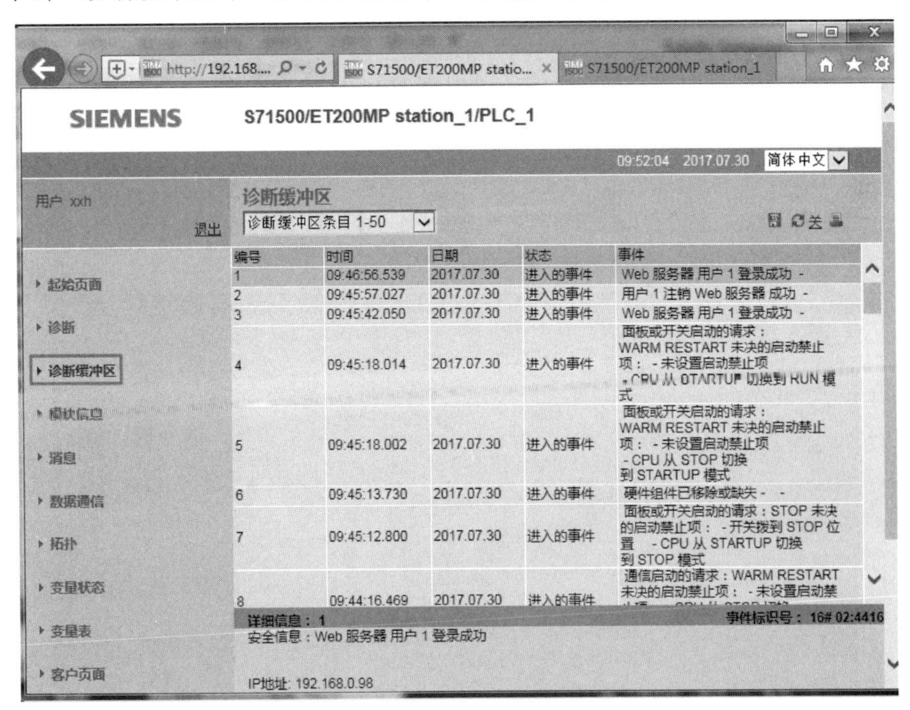

图 10-11　S7-1500 Web 服务器的诊断缓冲区

b. 单击“消息”，可以看到消息文本，如图 10-12 所示，显示本例的错误是“硬件组态已移除或缺失”。

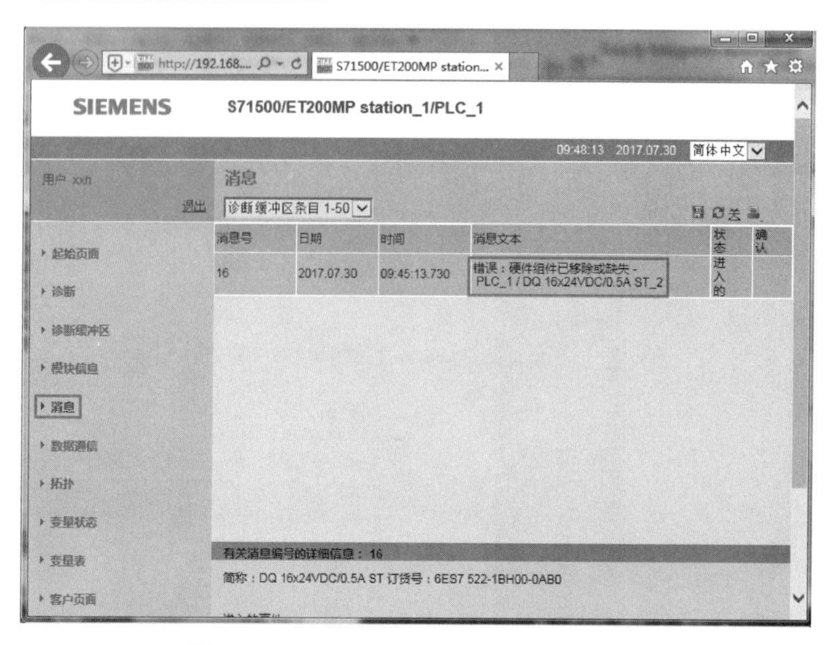

图 10-12 S7-1500 Web 服务器的消息

c. 单击“模块信息”，可以看到三个模块信息，如图 10-13 所示，插槽 1 和插槽 3 中的模块均有故障或者错误显示，而插槽 2 正常。具体故障或者错误信息可以单击右侧的“详细信息”按钮获得。

d. 单击“拓扑”，如图 10-14 所示，可以查看 CPU 的网络拓扑，从此图中可以查看到设备之间的网络连接关系。

e. 单击“变量表”，如图 10-15 所示，可以查看 CPU 的变量表，从此图中可以查看到程序中变量的状态。

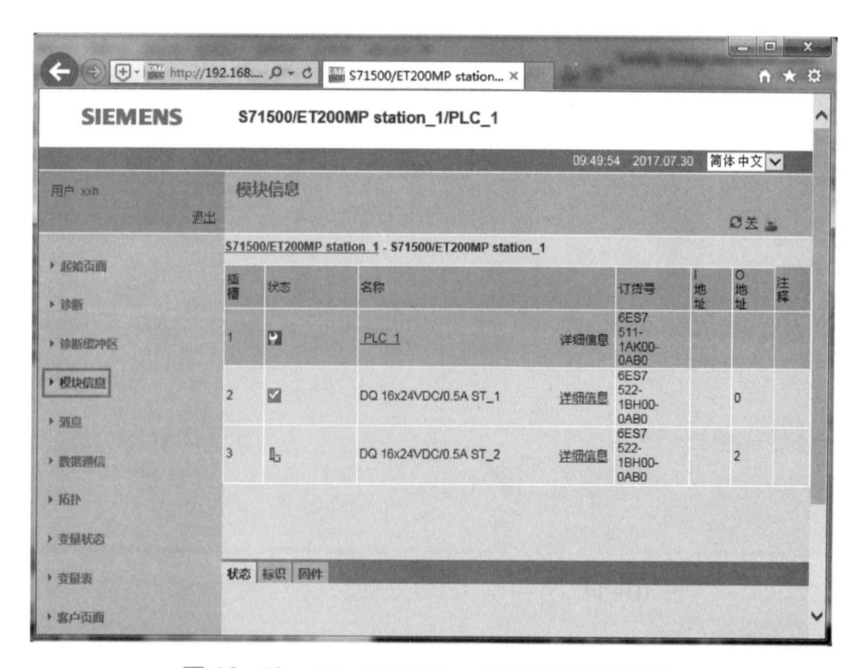

图 10-13 S7-1500 Web 服务器的模块信息

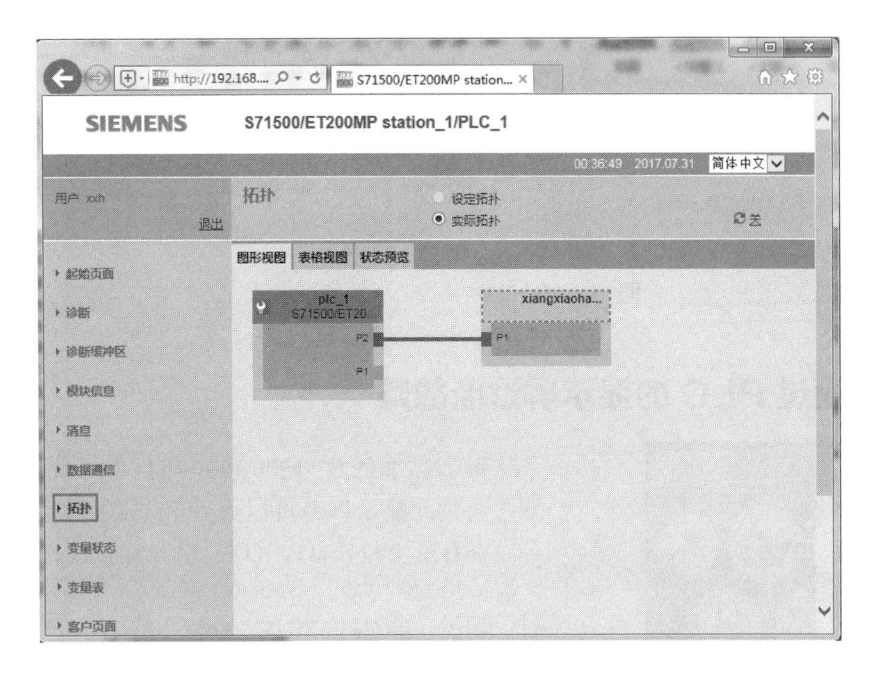

图 10-14　S7-1500 Web 服务器的拓扑

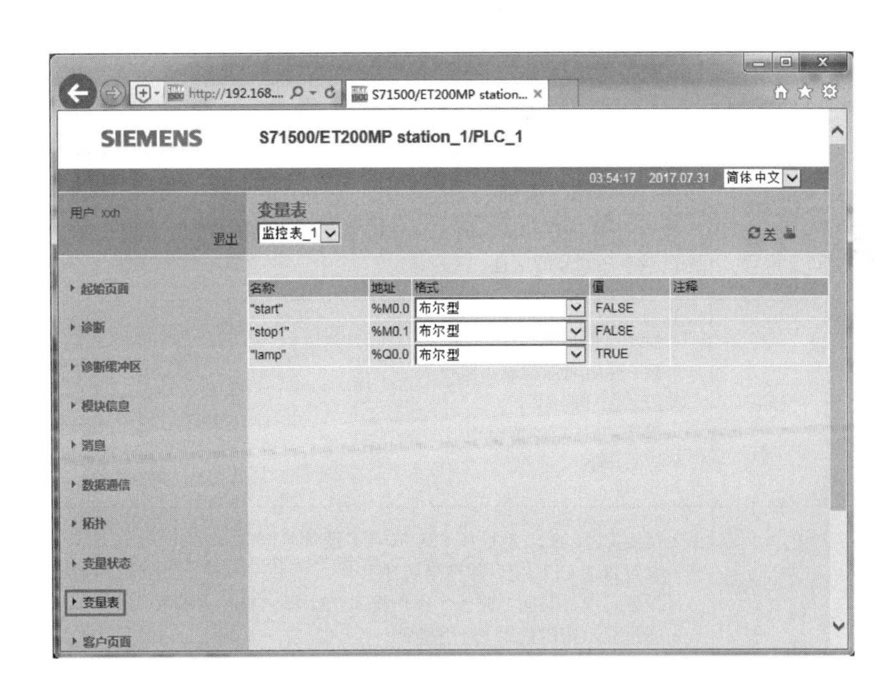

图 10-15　S7-1500 Web 服务器的变量表

注意：如需要在 Web 服务器中查看监控表，必须首先创建一个监控表，然后在“属性”→“常规”→“ Web 服务器”→“监控表”中，插入“监控表”（本例为监控表 _1），如图 10-16 所示。最后这些组态信息还要下载到 CPU 的存储卡中。

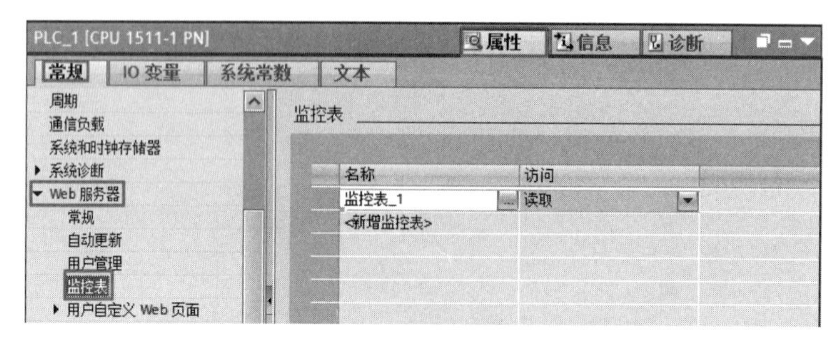

图 10-16　插入监控表 -Web 服务器

10.5　通过 PLC 的显示屏诊断故障

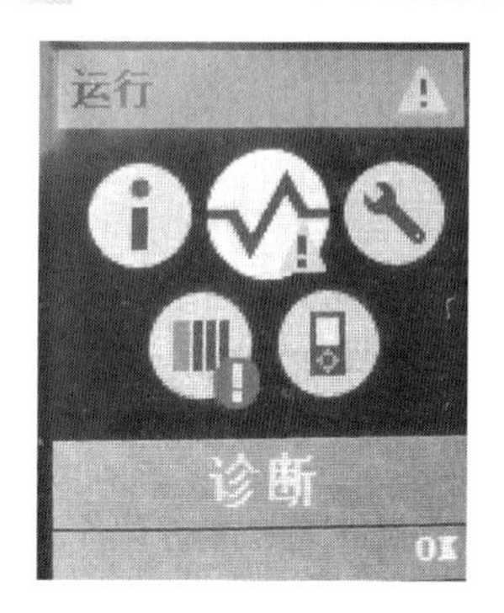

图 10-17　显示屏面板主界面

每个标准的 S7-1500 PLC 都自带一块彩色的显示屏，通过此显示屏，可以查看 PLC 的诊断缓冲区，也可以查看模块和分布式 IO 模块的当前状态和诊断消息。

10.5.1　显示屏面板简介

在介绍故障诊断前，先对显示屏面板上的菜单图标进行介绍，其主界面如图 10-17 所示，共有五个菜单图标，功能见表 10-3。

表 10-3　显示屏面板菜单的含义表

菜单图标	名称	含义
	概述	包含有关 CPU 和插入的 SIMATIC 存储卡属性的信息，是否有专有技术保护，是否链接有序列号的信息
	诊断	• 显示诊断消息 • 读 / 写访问强制表和监控表 • 显示循环时间 • 显示 CPU 存储器使用情况 • 显示中断
	设置	• 指定 CPU 的 IP 地址和 PROFINET 设备名称 • 设置每个 CPU 接口的网络属性 • 设置日期、时间、时区、操作模式（RUN/STOP）和保护等级 • 通过显示密码禁用 / 启用显示 • 复位 CPU 存储器 • 复位为出厂设置 • 格式化 SIMATIC 存储卡 • 删除用户程序 • 通过 SIMATIC 存储卡，备份和恢复 CPU 组态 • 查看固件更新状态 • 将 SIMATIC 存储卡转换为程序存储卡

续表

菜单图标	名称	含义
	模块	• 包含有关组态中使用的集中式和分布式模块的信息 • 外围部署的模块可通过 PROFINET 和 / 或 PROFIBUS 连接到 CPU • 可在此设置 CPU 或 CP/CM 的 IP 地址 • 将显示 F 模块的故障安全参数
	显示屏	可组态显示屏的相关设置，例如语言设置、亮度和省电模式。省电模式将使显示屏变暗。待机模式选择器将显示屏关闭

10.5.2　用显示屏面板诊断故障

（1）用显示屏面板查看诊断缓冲区信息

用显示屏面板查看诊断缓冲区的步骤如下。

① 先用显示屏下方的方向按钮，把光标移到诊断菜单上，当移到此菜单上时，此菜单图标明显比其他菜单图标大，而且在下方显示此菜单的名称，如图 10-17 所示，表示光标已经移动到诊断菜单上。单击显示屏下方的“OK”键，即可进入诊断界面，如图 10-18 所示。

图 10-18　诊断界面

② 如图 10-18 所示，点击显示屏下方的方向按钮，把光标移到子菜单“诊断缓冲区”，浅颜色代表光标已经移到此处。在实际操作中颜色对比度并不强烈，所以读者要细心区分。之后，单击显示屏下方的“OK”按钮，弹出如图 10-19 所示的界面，显示诊断缓冲区的信息。

（2）用显示屏面板查看监控表信息

用显示屏面板查看监控表信息的步骤如下。

如图 10-18 所示，点击显示屏下方的方向按钮，把光标移到子菜单“监视表”，浅颜色代表光标已经移到此处。之后，单击显示屏下方的“OK”按钮，弹出如图 10-20 所示的界面，显示了监控表的信息。监控表显示了各个参数的运行状态，可以借助此参数诊断故障。

注意：如需要在显示屏中查看监控表，必须首先创建一个监控表，然后在“属性”→“常规”→“显示”→“监控表”中，插入“监控表”（本例为监控表 _1），如图 10-21 所示。

图 10-19　诊断缓冲区界面

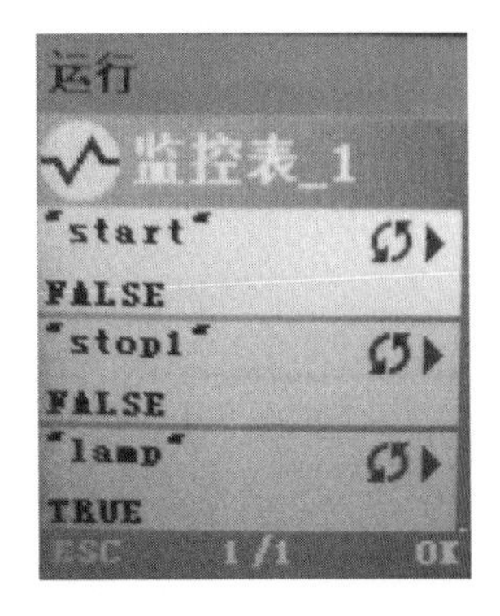

图 10-20　监控表信息界面

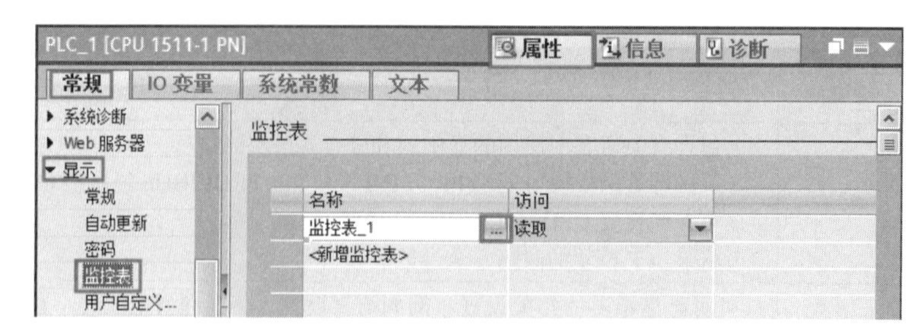

图 10-21　插入监控表 - 显示屏

最后这些组态信息还要下载到 CPU 的存储卡中。

10.6　在 HMI 上通过调用诊断控件诊断故障

（1）故障诊断原理简介

与 S7-300/400 PLC 不同，S7-1500 PLC 的系统诊断功能已经作为 PLC 操作系统的一部分，并在 CPU 固件中集成，无需单独激活，也不需要生成和调用相关的程序块。PLC 系统进行硬件编译时，TIA Portal 软件根据当前的固件自动生成系统报警消息源，该消息源可以在项目树下的“PLC 报警”→“系统报警”中查看，也可以通过 CPU 的显示屏、Web 浏览器、TIA Portal 软件在线诊断方式显示。

由于系统诊断功能通过 CPU 的固件实现，所以即使 CPU 处于停止模式，仍然可以对 PLC 系统进行系统诊断。如果配上 SIMATIC HMI，可以更加直观地在 HMI 上显示 PLC 的诊断信息。使用此功能，要求在同一项目中配置 PLC 和 HMI，并建立连接。非西门子公司的 HMI 不能实现以上功能。

（2）在 HMI 上通过调用诊断控件诊断故障应用

以下用一个例子介绍在 HMI 上通过调用诊断控件诊断故障的应用，其具体步骤如下。

① 创建项目“Diag_Control”。创建一个项目“Diag_Control”，并进行硬件配置，硬件配置的网络视图如图 10-22 所示，PLC_1 硬件配置的设备视图如图 10-23 所示。

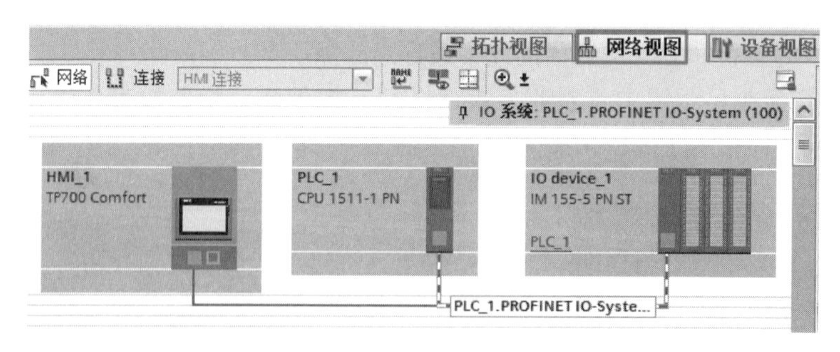

图 10-22　硬件配置（1）

② 配置 HMI。在项目树中，单击“添加新画面”，新添加一个画面，并把“工具箱”→“控件”目录中的“系统诊断视图”控件添加到画面中，如图 10-24 所示。

③ 运行仿真。下载项目到仿真器，并运行。HMI 的视图如图 10-25 所示，单击①处，弹出如图 10-26 所示的界面，可以看到“station_1”上的三个模块，若模块前面都是绿色对号“√”，表明无故障，如有故障则有红色扳手形状的故障标记弹出。

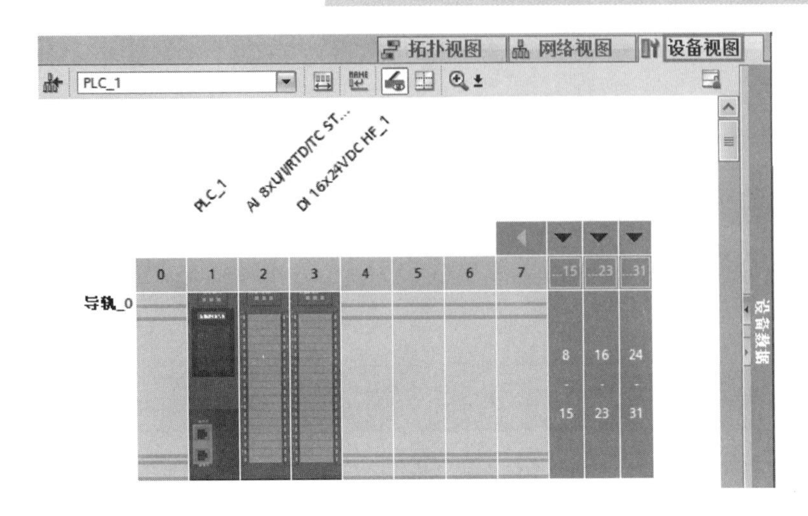

图 10-23　硬件配置（2）

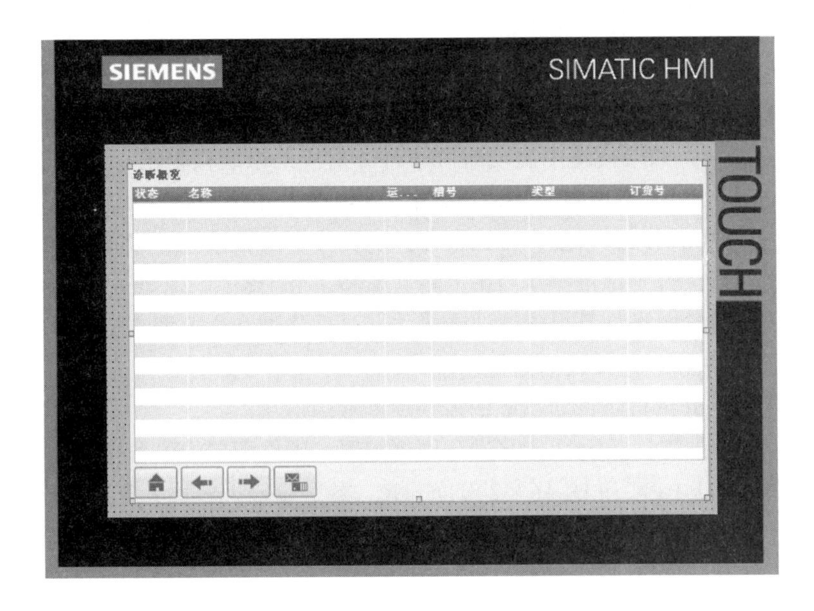

图 10-24　添加新画面

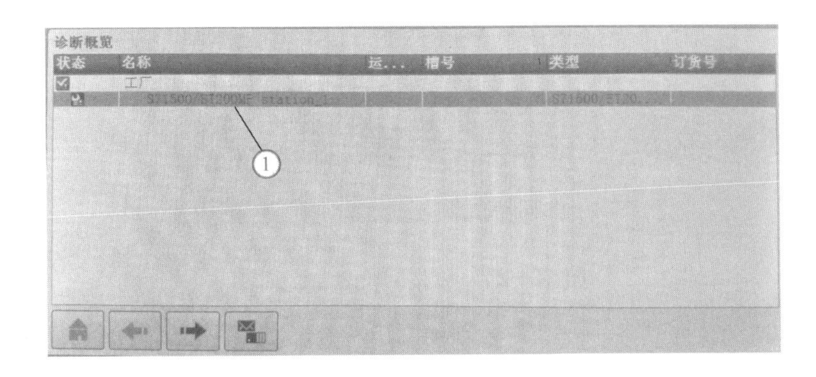

图 10-25　HMI 运行画面（1）

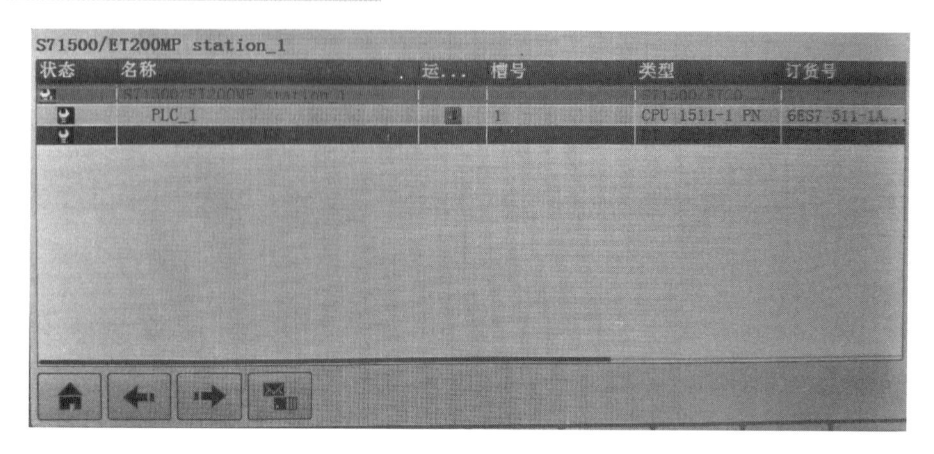

图 10-26　HMI 运行画面（2）

10.7　通过自带诊断功能的模块诊断故障

（1）自带诊断功能模块及其诊断简介

可以激活带诊断功能模块的诊断选项，从而实现相关的诊断功能。在这种情况下，PLC 自动生成报警消息源，如果模块中出现系统事件，对应的系统报警消息就可以通过 S7-1500 PLC 的 Web 服务器、CPU 显示屏和 HMI 诊断控件等多种方式显示出来。

SIMATIC S7-1500/ET200 MP 和 ET200 SP 模块分为四大系列，以尾部的字母区分，分别是：BA（基本型）、ST（标准型）、HF（高性能型）和 HS（高速型）。基本型不支持诊断功能，标准型支持的诊断类型是组诊断或者模块，高性能型和高速型支持通道级诊断。

（2）自带诊断功能的模块诊断故障应用

以下用一个例子介绍自带诊断功能的模块诊断故障应用。

① 创建一个项目“Diaglose1”，并进行硬件配置，硬件配置的设备视图如图 10-27 所示，两个模块是 CPU 1511-1 PN 和 DI 16×24VDC HF，数字量输入模块具有通道诊断功能。

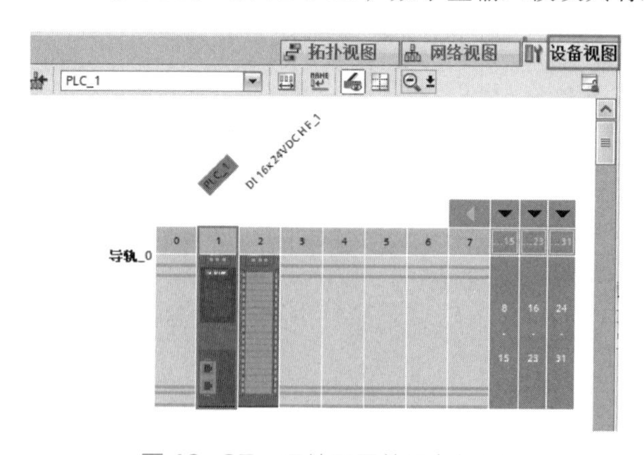

图 10-27　硬件配置的设备视图

② 激活通道的诊断功能。在“设备视图”中，选中“DI 16×24VDC HF”模块，再选中“属性”→“常规”→“输入”→“通道 0-7→“通道 0”，把参数设置改为“手动”，激活“断路”选项，如图 10-28 所示。采用同样的方法激活通道 1 的诊断功能。

③ 启用 Web 服务器。在前面已经介绍过，故障可以用 Web 服务器、CPU 显示屏和 HMI 诊断控件等多种方式显示，本例采用 Web 服务器显示。

在“设备视图”中，选中“CPU 1511-1 PN 模块”，再选中“属性”→“常规”→“ Web 服务器”，激活“启用模块上的 Web 服务器”和“启用自动更新”选项，如图 10-29 所示。

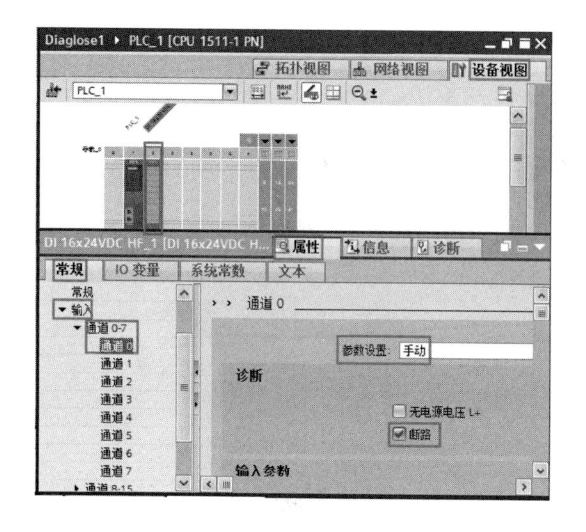

图 10-28　激活通道 0 诊断功能

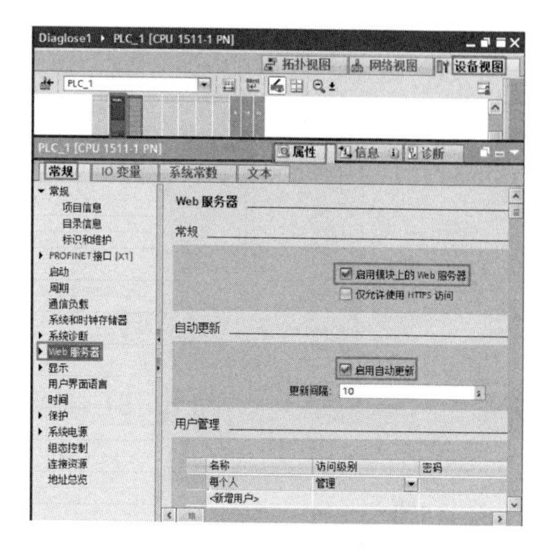

图 10-29　启用 Web 服务器

在点击“用户管理”中的“访问级别”，把弹出界面中的可选项全部选中，单击“√”按钮。

④ 下载和运行。将项目编译和保存后，下载到 S7-1500 PLC 中，并运行 PLC。

⑤ 显示故障。打开 Internet Explorer 浏览器，输入 http://192.168.0.2，注意：192.168.0.2 是 S7-1500 PLC 的 IP 地址。单击“模块信息”按钮，弹出如图 10-30 所示界面，状态栏下有故障标识。点击①处，弹出如图 10-31 所示的界面，可以看到，数字量模块的通道 0 和 1 处于断路状态。

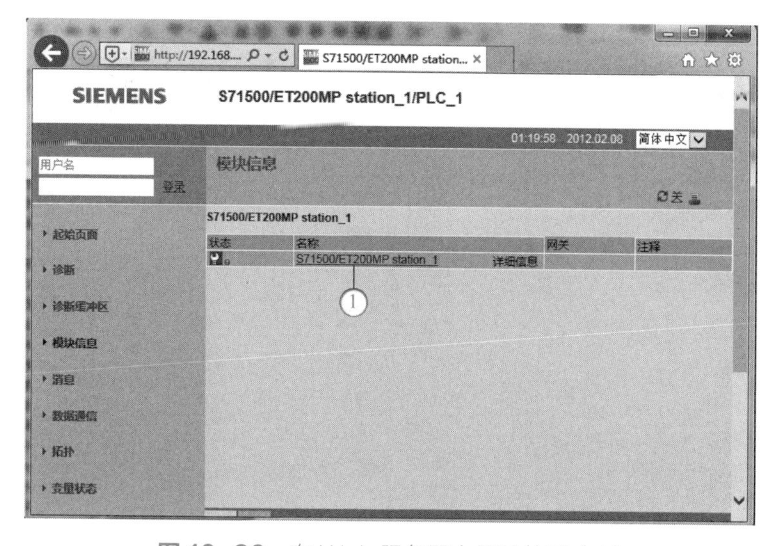

图 10-30　在 Web 服务器上显示故障（1）

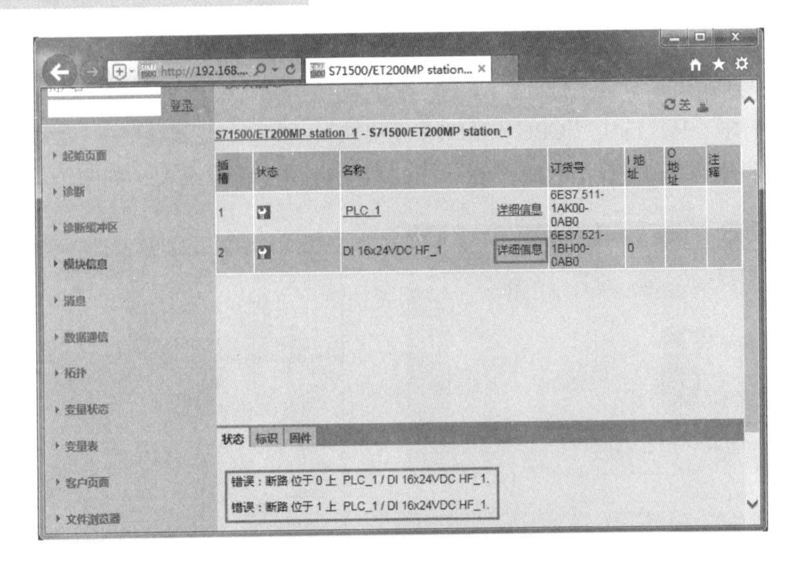

图 10-31　在 Web 服务器上显示故障（2）

10.8 利用诊断面板诊断故障

在西门子的运动控制调试过程中，使用诊断面板可以比较容易地诊断出常见的故障。无论在“手动模式”还是“自动模式”中，都可以通过在线方式查看诊断面板。诊断面板用于显示轴的关键状态和错误消息。以下介绍这种故障诊断方法。

打开诊断面板，在 TIA Portal 软件项目视图的项目树中，选择“MotionControl”→“PLC_1”→“工艺对象”→“Axis1”→“诊断”，如图 10-32 所示，双击“诊断”选项，打开诊断面板，如图 10-33 所示。因为没有错误，右下侧显示“正常”字样，关键的信息用绿色的方块提示用户，无关信息则是灰色方块提示。

在图 10-34 中，错误的信息用红色方块提示用户，如“已逼近硬限位开关”前面有红色的方块，表示硬限位开关已经触发，因此用户必须查看用于硬件限位的限位开关。

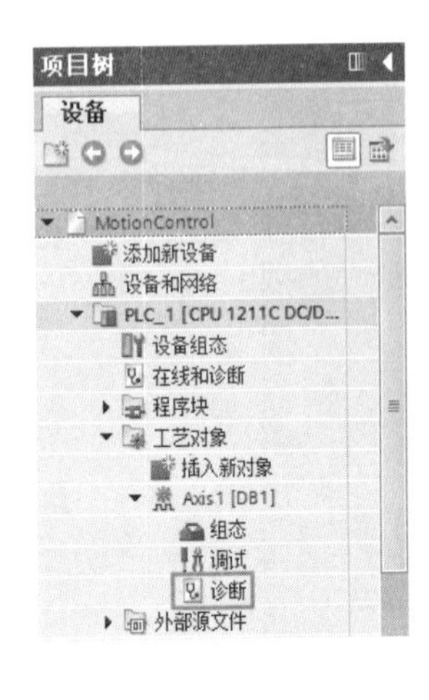

图 10-32　打开诊断面板

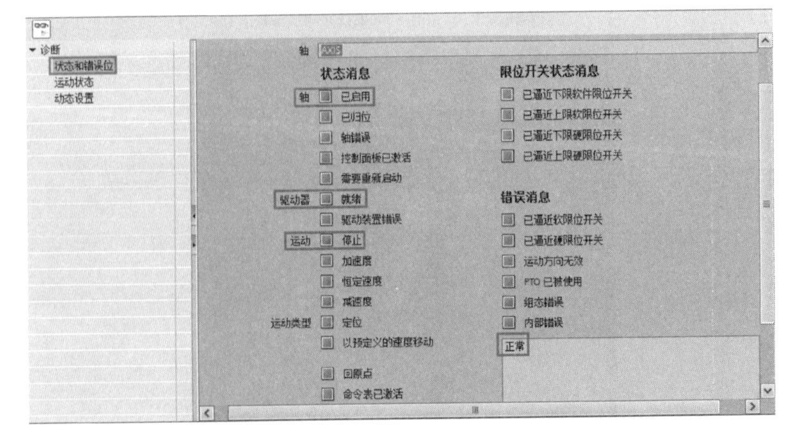

图 10-33　状态和错误位（1）

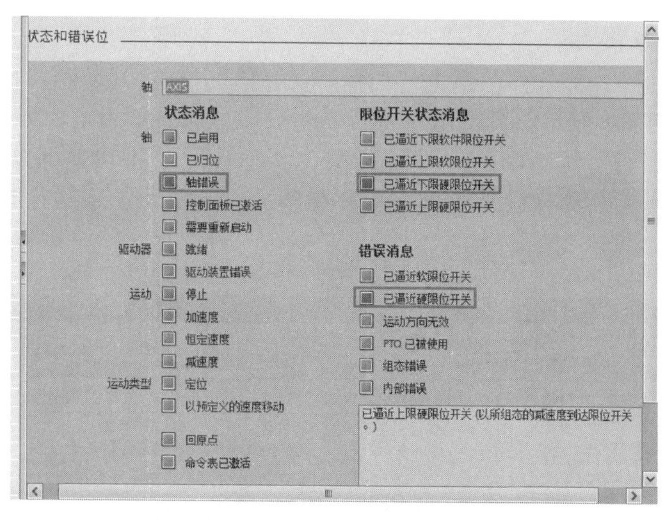

图 10-34　状态和错误位（2）

10.9 通过 Automation Tool 诊断故障

10.9.1 Automation Tool 功能

通过 Automation Tool 诊断故障

Automation Tool 是西门子全集成自动化的工具，适用的产品系列包括：S7-1200、S7-1500、SIMATIC ET 200、SIMATIC HMI Basic/Comfort/Mobile Panels、SITOP 和 RFID。其功能如下。

① 扫描整个网络，识别所有连接到该网络的设备，常用于判断模块掉站故障。

② 设置 CPU 的指示灯闪烁，以协助确认具体被操作的 CPU，常用于设备定位。

③ 设置设备的站地址（IP、Subnet、Gateway）及站名（PROFINET Device）。

④ 同步 PG/PC 与 CPU 的时钟。

⑤ 下载新程序到 CPU。

⑥ 更新一个 CPU 及其扩展模块的固件。

⑦ 设置 CPU 的运行（RUN）或停止（STOP）模式。

⑧ 执行 CPU 内存复位。

⑨ 读取 CPU 的诊断日志。

⑩ 上载 CPU 的错误信息。

⑪ 恢复 CPU 到出厂设置。

注意：此软件可在西门子官方网站上下载，但需要购买授权。目前此软件不能诊断无 CPU 的分布式模块的故障，也不用于诊断 S7-300/400 PLC 的故障。

10.9.2 Automation Tool 诊断故障

利用 Automation Tool 软件诊断故障的步骤如下。

（1）扫描网络设备

启动 Automation Tool 软件，单击“扫描”按钮，软件开始扫描网络设备。当扫描到网络设备（如 PLC）时，所有网络设备将以列表的形式显示出来，如图 10-35 所示，此列表中包含设备名称、运行状态、设备类型、设备系列号和 IP 地址等信息。如果网络上的设备在这个列表中没有显示，则表示没有显示的设备处于掉站状态（CPU 模块不能访问）。

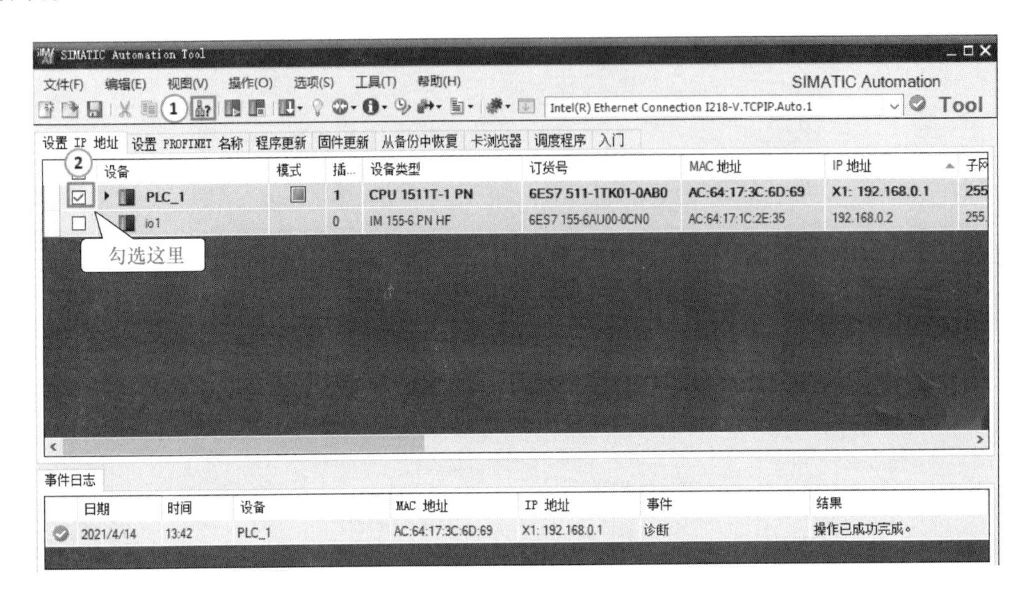

图 10-35 扫描网络设备

（2）诊断故障

如图 10-35 所示，勾选需要诊断的网络设备（本例为 PLC_1），单击“诊断”按钮，弹出诊断缓冲区画面，如图 10-36 所示，序号 4 显示为“由于类型不匹配，硬件组件不可用”，经过检查，的确是硬件组态的版本号不匹配。

诊断

设备

PLC_1 (192.168.0.1)

显示设备 PG/PC 本地时间的时间戳

顺序	日期	时间	事件
1	2021/4/15	5:49:15.980	会话身份验证成功 SessionID 1536-33100
2	2021/4/15	5:49:14.895	会话身份验证成功 SessionID 1536-33100
3	2021/4/15	5:48:32.787	后续操作模式更改 上电模式设置：从 WARM RESTART 到 RUN（如果 CPU...
4	2021/4/15	5:48:32.779	由于类型不匹配，硬件组件不可用
5	2021/4/15	5:48:28.175	后续操作模式更改 上电模式设置：从 WARM RESTART 到 RUN（如果 CPU...
6	2021/4/15	5:48:28.075	后续操作模式更改 上电模式设置：从 WARM RESTART 到 RUN（如果 CPU...
7	2021/4/15	5:48:25.344	上电 存储卡类型：程序卡（外部装载存储器）
8	2021/4/15	5:48:07.862	关闭电源
9	2021/4/15	5:47:56.494	会话身份验证成功 SessionID 1536-33100

显示具体故障，与TIA Portal中显示的一致

2021/4/15 5:49:15.980
安全信息：会话身份验证成功
SessionID 1536-33100
HW_ID= 50
到达事件

图 10-36 诊断缓冲区

10.10　通过 Proneta 诊断故障

10.10.1　Proneta 介绍

通过 Proneta
诊断故障

西门子的 PRONETA 软件是基于 PC 的免安装软件，是用于帮助诊断和调试自动化系统 PROFINET 网络的工具，其具有以下特点。

① 拓扑总览，自动扫描 PROFINET 网络，显示所有节点拓扑连接关系。

② I/O 测试，快速测试现场 ET200 分布式 I/O 的接线和配置。

③ 所有任务可在无 CPU 连接下进行。

Proneta 分为 Proneta Basic 和 Proneta Professional 两个版本，后者增加了“PROFIenergy 诊断”任务和“记录助手”任务，本书仅介绍 Proneta Basic。

10.10.2　Proneta 诊断故障

打开 Proneta Basic 的软件包，双击运行“Proneta”图标 PRONETA，首次运行要安装一个插件，以后运行，只要单击此图标，弹出图 10-37 所示的界面，该界面显示了 Proneta Basic 的三个主要的功能，即网络分析、IO 测试和 IP 地址与设备名设置。

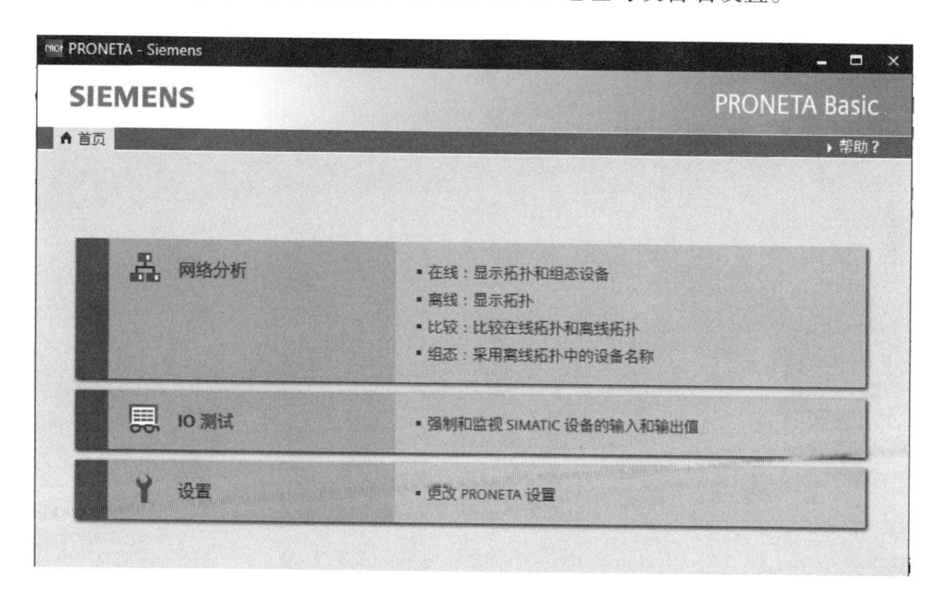

图 10-37　Proneta 的首页

（1）网络分析

双击图 10-37 所示界面的“网络分析”按钮，弹出如图 10-38 所示的界面，所有可以访问的网络设备都显示在图中，没有显示的设备可判定为掉站故障。这是很实用的诊断功能。

（2）IO 测试

双击图 10-37 所示界面的“IO 测试”按钮，弹出如图 10-39 所示的界面，选中有故障的模块（有红色标记），单击“诊断”选项，则显示该模块的诊断信息。

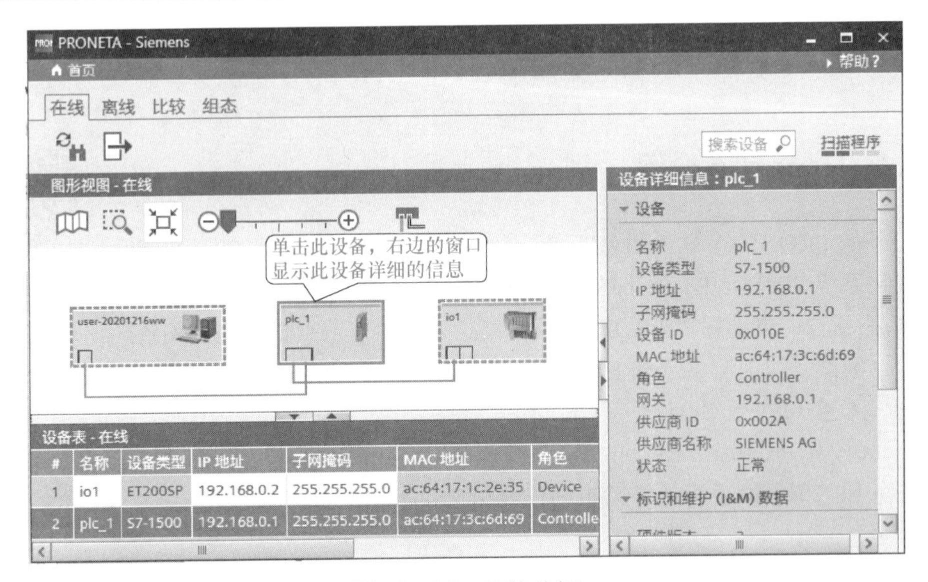

图 10-38　网络分析

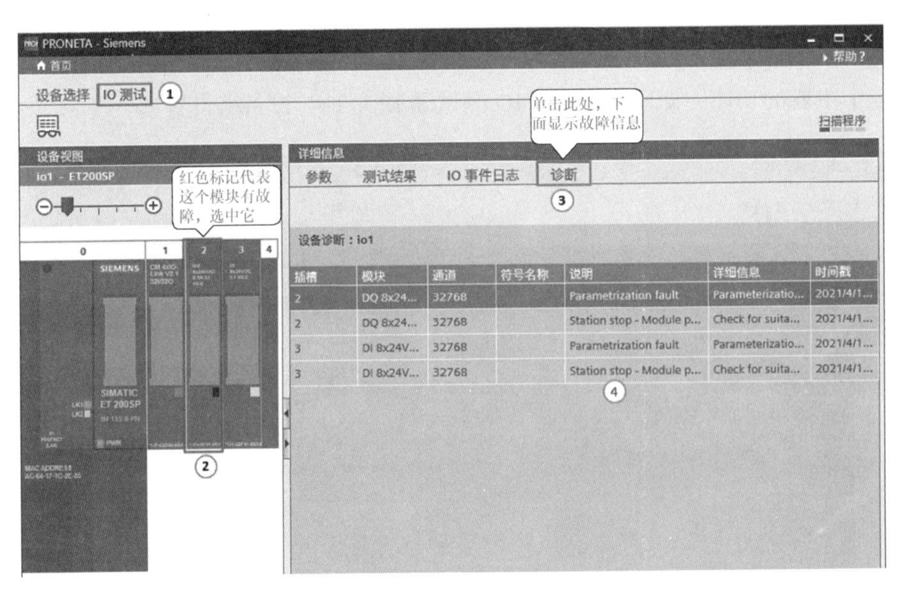

图 10-39　IO 测试

11

第 11 章 PLC 工程应用

本章是前面章节内容的综合应用，将介绍三个典型的 PLC 工程应用案例，一个逻辑控制，一个通信，一个运动控制，供读者模仿学习。如能掌握这三个实例，说明读者具备一定的自动化系统集成应用能力。

11.1 折边机的 PLC 控制

【例 11-1】 用 S7-1500 PLC 控制箱体折边机的运行。箱体折边机是将一块平板薄钢板折成 U 形，用于制作箱体。控制系统要求如下：

① 有启动、复位和急停控制；

② 要有复位指示和一个工作完成结束的指示；

③ 折边过程，可以手动控制和自动控制；

④ 按下“急停”按钮，设备立即停止工作。

箱体折边机工作示意图如图 11-1 所示，折边机由四个气缸组成，一个下压气缸、两个翻边气缸（由同一个电磁阀控制，在此仅以一个气缸说明）和一个顶出气缸。其工作过程是：当按下复位按钮 SB1 时，YV2 得电，下压气缸向上运行，到上极限位置 SQ1 为止；YV4 得电，翻边气缸向右运行，直到右极限位置 SQ3 为止；YV5 得电，顶出气缸向上运行，直到上极限位置 SQ6 为止，三个气缸同时动作，复位完成后，指示灯以 1s 为周期闪烁。工人放置钢板，此时压下启动按钮 SB2，YV6 得电，顶出气缸向下运行，到下极限位置 SQ5 为止；接着 YV1 得电，下压气缸向下运行，到下极限位置 SQ2 为止；接着 YV3 得电，翻边气缸向左运行，到左极限位置 SQ4 为止；保压 0.5s 后，YV4 得电，翻边气缸向右运行，到右极限位置 SQ3 为止；接着 YV2 得电，下压气缸向上运行，到上极限位置 SQ1 为止；YV5 得电，顶出气

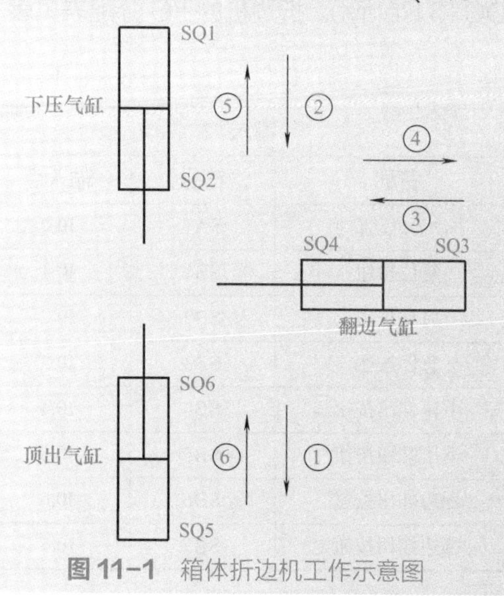

图 11-1 箱体折边机工作示意图

缸向上运行，顶出已经折弯完成的钢板，到上极限位置 SQ6 为止，一个工作循环完成，其气动原理图如图 11-2 所示。

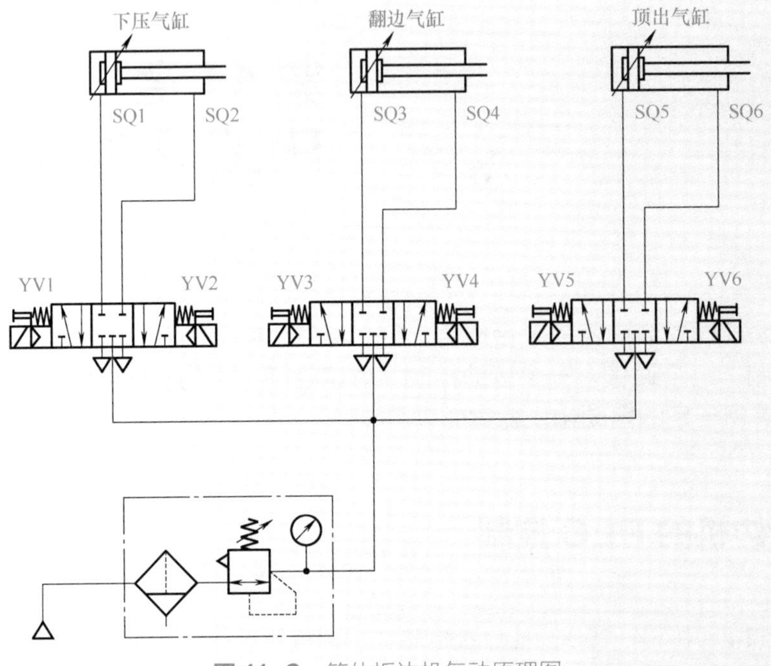

图 11-2 箱体折边机气动原理图

读者通过完成该任务，熟悉 PLC 控制项目的实施过程，熟练掌握简单逻辑控制程序的编写方法。

解:（1）I/O 分配

在 I/O 分配之前，先计算所需要的 I/O 点数，输入点为 17 个，输出点为 7 个，由于输入输出最好留 15% 左右的余量备用，又因为控制对象为电磁阀和信号灯，因此 CPU 的输出形式选为继电器比较有利（其输出电流可达 2A），所以选择 SM521（DI 16）和 SM522（DQ16 Relay）。折边机的 I/O 分配表见表 11-1。

表 11-1　折边机的 I/O 分配表

输入			输出		
名称	符号	输入点	名称	符 号	输出点
手动 / 自动转换	SA1	I0.0	复位灯	HL1	Q0.0
复位按钮	SB1	I0.1	下压伸出线圈	YV1	Q0.1
启动按钮	SB2	I0.2	下压缩回线圈	YV2	Q0.2
急停按钮	SB3	I0.3	翻边伸出线圈	YV3	Q0.3
下压伸出按钮	SB4	I0.4	翻边缩回线圈	YV4	Q0.4
下压缩回按钮	SB5	I0.5	顶出伸出线圈	YV5	Q0.5
翻边伸出按钮	SB6	I0.6	顶出缩回线圈	YV6	Q0.6
翻边缩回按钮	SB7	I0.7			

续表

输入			输出		
名称	符号	输入点	名称	符 号	输出点
顶出伸出按钮	SB8	I1.0			
顶出缩回按钮	SB9	I1.1			
下压原位限位	SQ1	I1.2			
下压伸出限位	SQ2	I1.3			
翻边原位限位	SQ3	I1.4			
翻边伸出限位	SQ4	I1.5			
顶出原位限位	SQ5	I1.6			
顶出伸出限位	SQ6	I1.7			
光电开关	SQ7	I2.0			

（2）设计电气原理图

根据 I/O 分配表和题意，设计原理图如图 11-3 所示。由于气动电磁阀的功率较小，因此其额定电流也比较小（小于 0.2A），而选定的 PLC 是继电器输出，其额定电流为 2A，因而 PLC 可以直接驱动电磁阀，但编者还是建议读者在设计类似的工程时，要加中间继电器，因为这样做更加可靠。

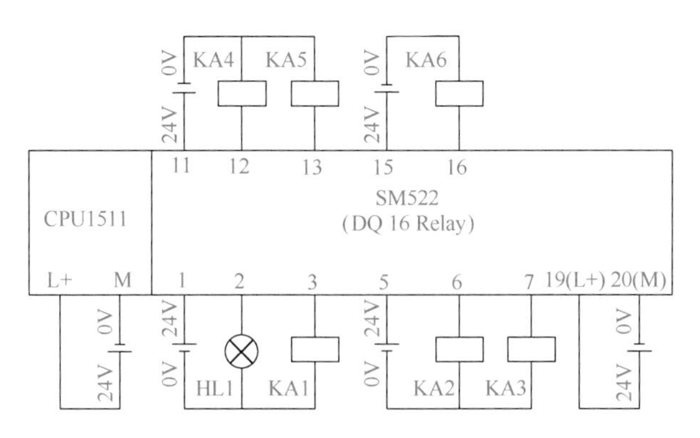

(a) CPU和数字量输出模块

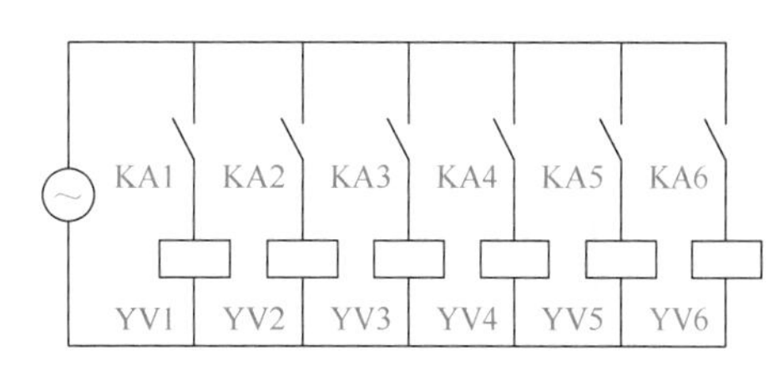

(b)电磁阀线圈

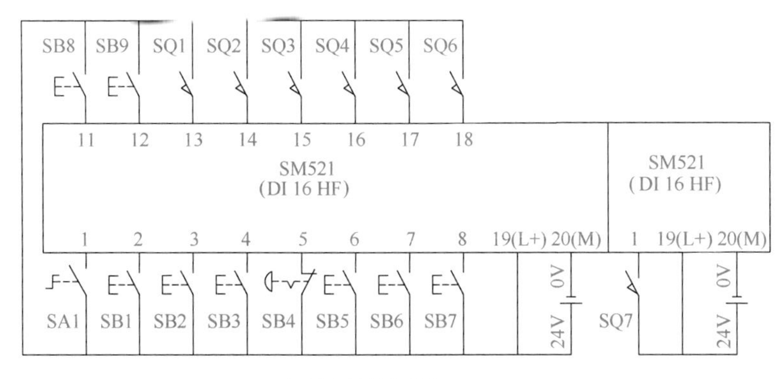

(c) 输入量输入模块

图 11-3　折边机原理图

（3）编写控制程序

主程序如图 11-4 所示。Hand_Control（FB2）程序的参数如图 11-5 所示。Hand_Control（FB2）程序如图 11-6 所示，主要是三个气缸的手动伸缩控制。

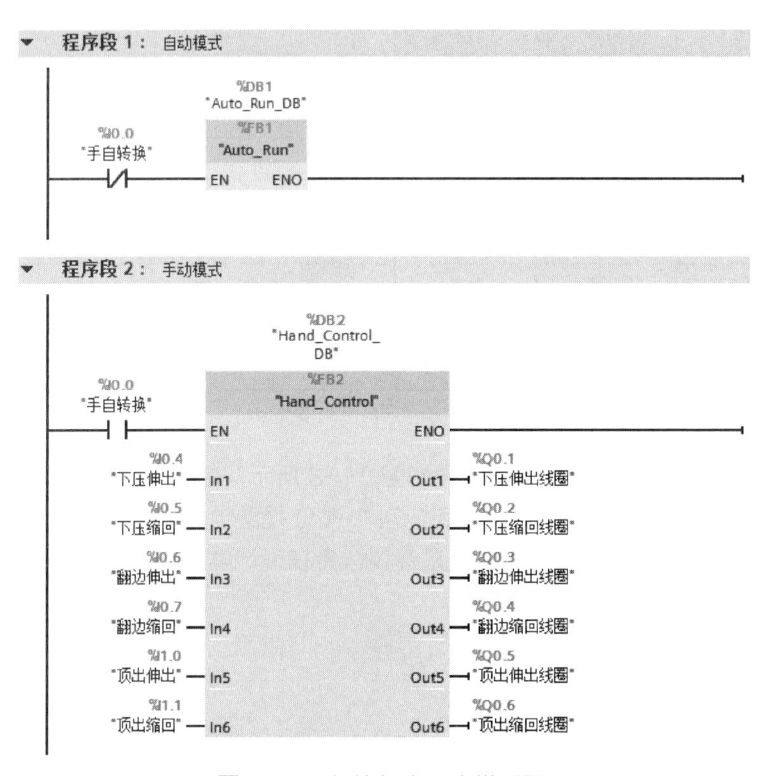

图 11-4 折边机主程序梯形图

Hand_Control

	名称	数据类型	默认值	保持	从 HMI/OPC...	从 H...	在 HMI ...
7	In6	Bool	false	非保持	☑	☑	☑
8	▼ Output				☐	☐	☐
9	Out1	Bool	false	非保持	☑	☑	☑
10	Out2	Bool	false	非保持	☑	☑	☑
11	Out3	Bool	false	非保持	☑	☑	☑
12	Out4	Bool	false	非保持	☑	☑	☑
13	Out5	Bool	false	非保持	☑	☑	☑
14	Out6	Bool	false	非保持	☑	☑	☑
15	▼ InOut				☐	☐	☐
16	<新增>				☐	☐	☐
17	▼ Static				☐	☐	☐
18	Flag1	Bool	false	非保持	☑	☑	☑
19	Flag2	Bool	false	非保持	☑	☑	☑
20	Flag3	Bool	false	非保持	☑	☑	☑
21	Flag4	Bool	false	非保持	☑	☑	☑
22	Flag5	Bool	false	非保持	☑	☑	☑
23	Flag6	Bool	false	非保持	☑	☑	☑
24	Flag1_1	Bool	false	非保持	☑	☑	☑
25	Flag2_1	Bool	false	非保持	☑	☑	☑
26	Flag3_1	Bool	false	非保持	☑	☑	☑
27	Flag4_1	Bool	false	非保持	☑	☑	☑
28	Flag5_1	Bool	false	非保持	☑	☑	☑
29	Flag6_1	Bool	false	非保持	☑	☑	☑
30	▼ Temp				☐	☐	☐
31	<新增>				☐	☐	☐

图 11-5 Hand_Control（FB2）程序的参数

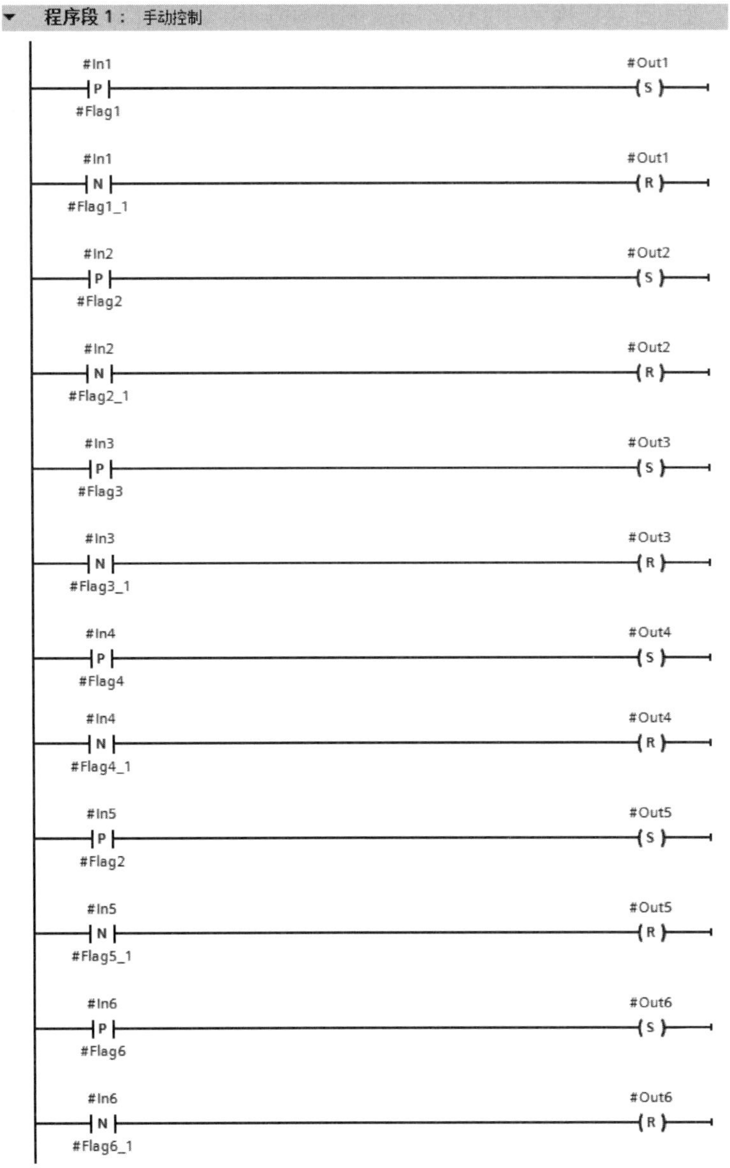

程序段 1：　手动控制

#In1 —|P|— #Flag1 ———— #Out1 —(S)—

#In1 —|N|— #Flag1_1 ———— #Out1 —(R)—

#In2 —|P|— #Flag2 ———— #Out2 —(S)—

#In2 —|N|— #Flag2_1 ———— #Out2 —(R)—

#In3 —|P|— #Flag3 ———— #Out3 —(S)—

#In3 —|N|— #Flag3_1 ———— #Out3 —(R)—

#In4 —|P|— #Flag4 ———— #Out4 —(S)—

#In4 —|N|— #Flag4_1 ———— #Out4 —(R)—

#In5 —|P|— #Flag2 ———— #Out5 —(S)—

#In5 —|N|— #Flag5_1 ———— #Out5 —(R)—

#In6 —|P|— #Flag6 ———— #Out6 —(S)—

#In6 —|N|— #Flag6_1 ———— #Out6 —(R)—

图 11-6　Hand_Control（FB2）程序

Auto_Run（FB1）程序的数据块如图 11-7 所示，数据块中的参数就是 Auto_Run（FB1）的参数。Auto_Run（FB1）程序如图 11-8 所示，以下对其进行介绍。

Auto_Run

	名称	数据类型	默认值	保持	从 HMI/OPC...	从 H...
1	▶ Input				☐	☐
2	▶ Output				☐	☐
3	▶ InOut				☐	☐
4	▼ Static				☐	☐
5	▶ T0	TON_TIME		非保持	☑	☑
6	Flag1	Bool	false	非保持	☑	☑
7	Flag2	Bool	false	非保持	☑	☑
8	▼ Temp				☐	☐

图 11-7　Auto_Run（FB1）程序的参数

程序段 1：当从自动切换到手动状态时，将所有的电磁阀的线圈复位。手动状态没有复位。

程序段 2：自动状态才有复位。复位就是将下压和翻边气缸缩回，将顶出气缸顶出，再把 MB100=1。

程序段 3：急停、初始状态和当光幕起作用时，所有的输出为 0，并把 MB100=0。

程序段 4：这是自动模式控制逻辑的核心。MB100 是步号，这个逻辑过程一共有 7 步，每一步完成一个动作。例如 MB100=1 是第 1 步，主要完成复位灯的指示；MB100=2 是第 2 步，主要完成顶出气缸的缩回。这种编程方法逻辑非常简洁，在工程中很常用，读者应该学会。

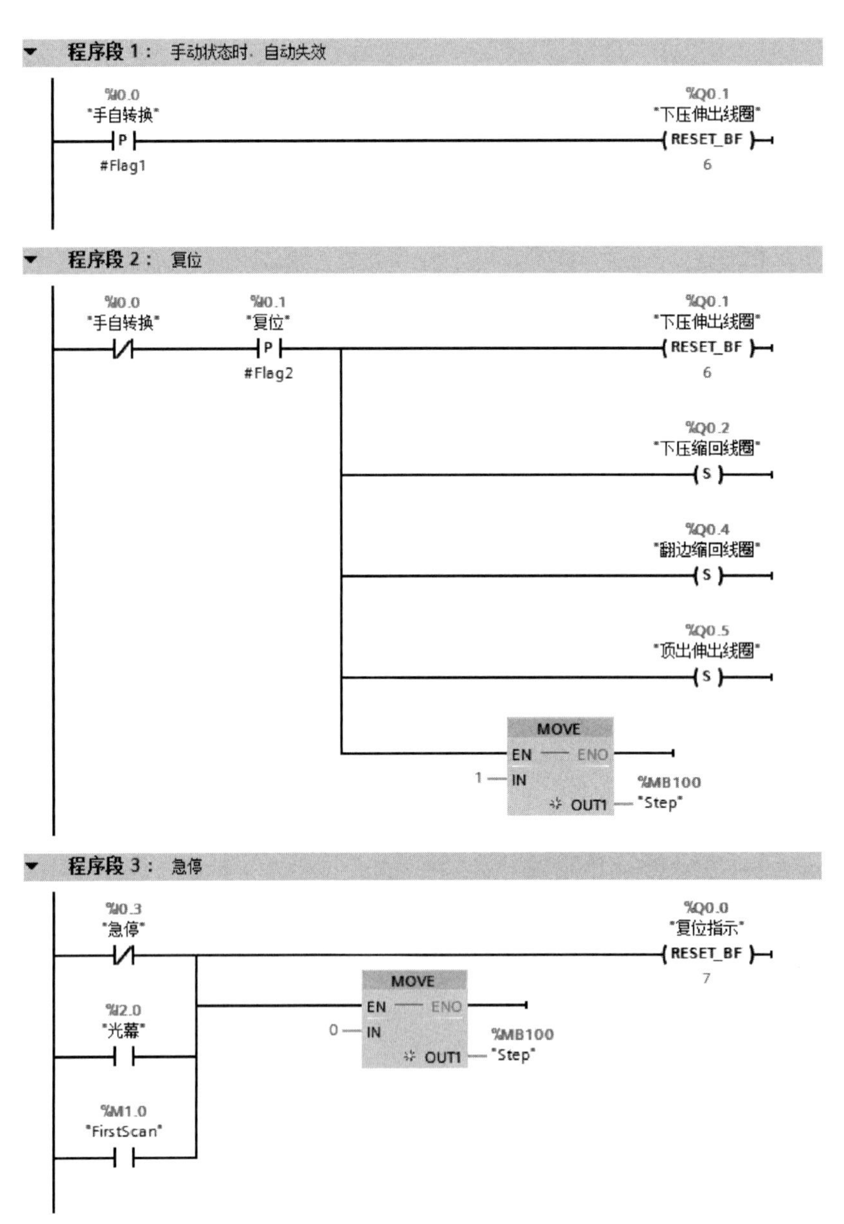

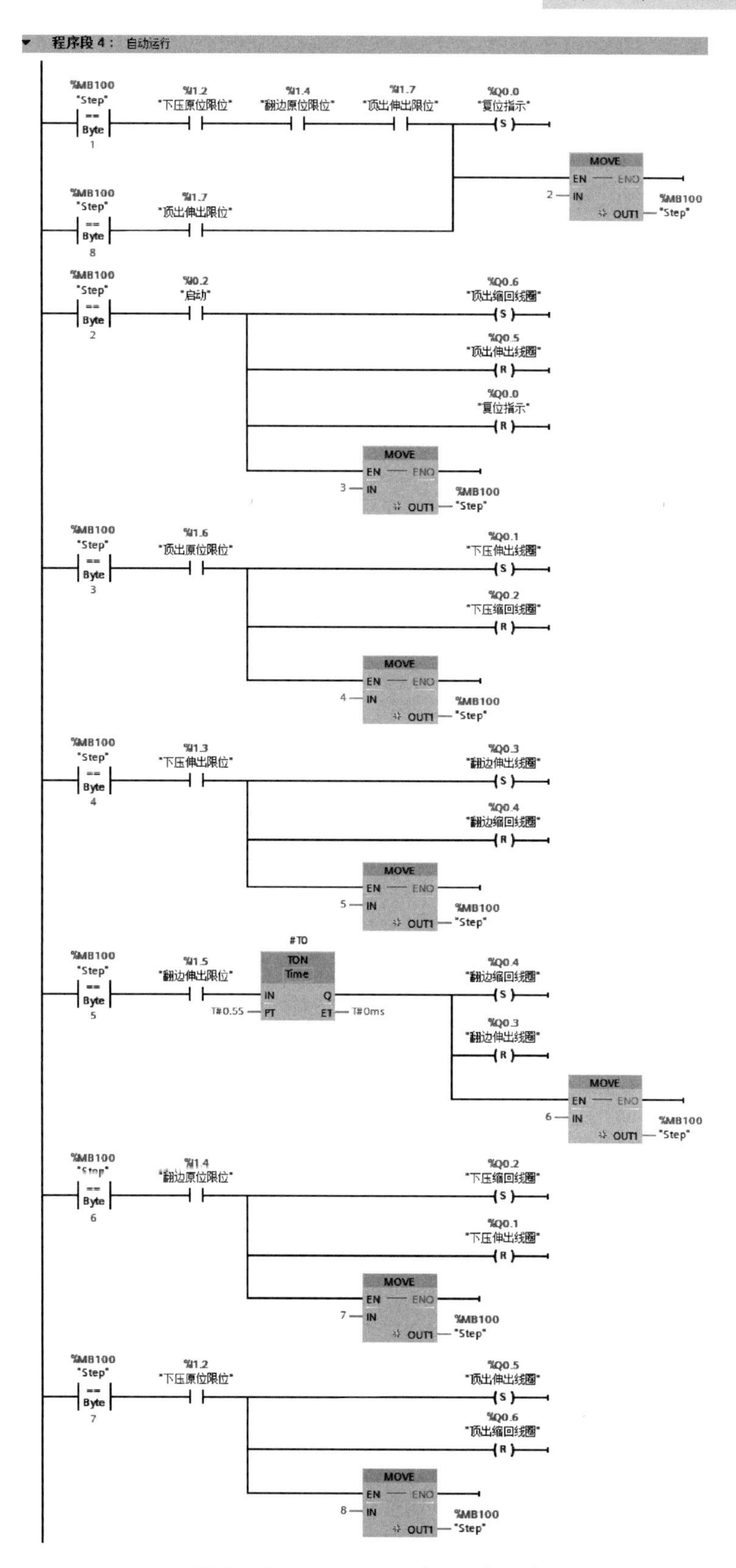

图 11-8 Auto_Run（FB1）程序

小结

① 本任务用“MB100”做逻辑步，每一步用一个步号（MB100=1 ～ 7），相比于前面两种逻辑控制程序编写方法，可修改性更强，更便于阅读。

② 本任务的手动程序使用 FB，其上升沿和下降沿的第二操作数使用的是静态参数（如 Flag1），好处是不占用 M 寄存器，更加便利。

11.2 刨床的 PLC 控制

【例 11-2】 已知某刨床的控制系统主要由 PLC 和变频器组成，PLC 对变频器进行通信速度给定，变频器的运动曲线如图 11-9 所示，变频器以 20Hz（600r/min）、30Hz（900r/min）、50Hz（1500r/min，同步转速）、0Hz 和反向 50Hz 运行，减速和加速时间都是 2s，如此工作 2 个周期自动停止。要求如下：

① 试设计此系统，画出原理图；

② 正确设置变频器的参数；

③ 报警时，报警灯亮；

④ 编写程序。

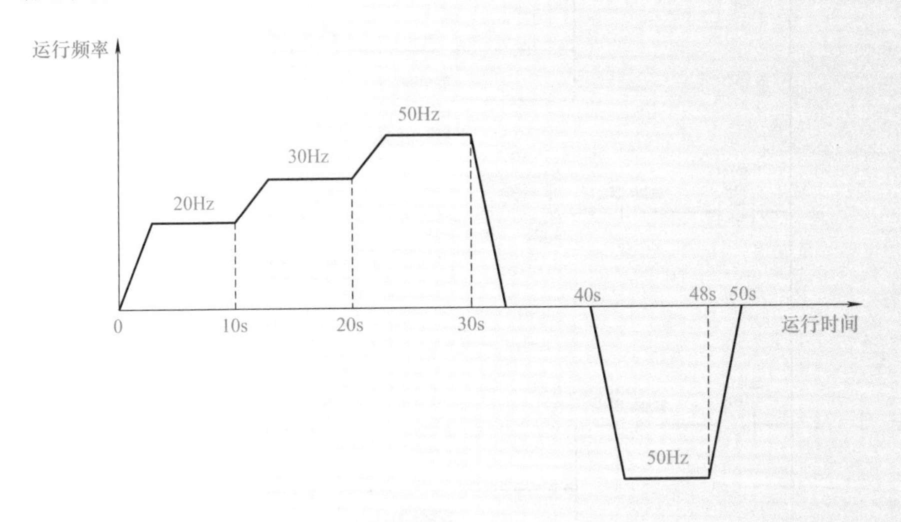

图 11-9 刨床的变频器的运行频率 - 时间曲线

解：本题用 S7-1500 PLC 作为控制器解题。

（1）系统的软硬件

① 1 套 TIA Portal V16；

② 1 台 CPU 1511T-1 PN；

③ 1 台 G120 变频器（含 PN 通信接口）。

系统的硬件组态如图 11-10 所示。

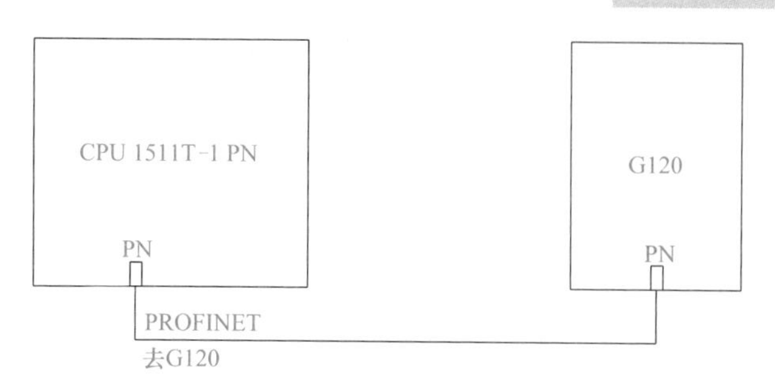

图 11-10　系统硬件组态图

（2）PLC 的 I/O 分配

PLC 的 I/O 分配见表 11-2。

表 11-2　PLC 的 I/O 分配表

名称	符号	输入点	名称	符号	输出点
启动按钮	SB1	I0.0	接触器	KM1	Q0.0
停止按钮	SB2	I0.1	指示灯	HL1	Q0.1
前限位	SQ1	I0.2			
后限位	SQ2	I0.3			

（3）控制系统的接线

控制系统的接线，按照图 11-11 所示执行。图 11-11（a）是主电路原理图，图 11-11（b）是控制电路原理图。

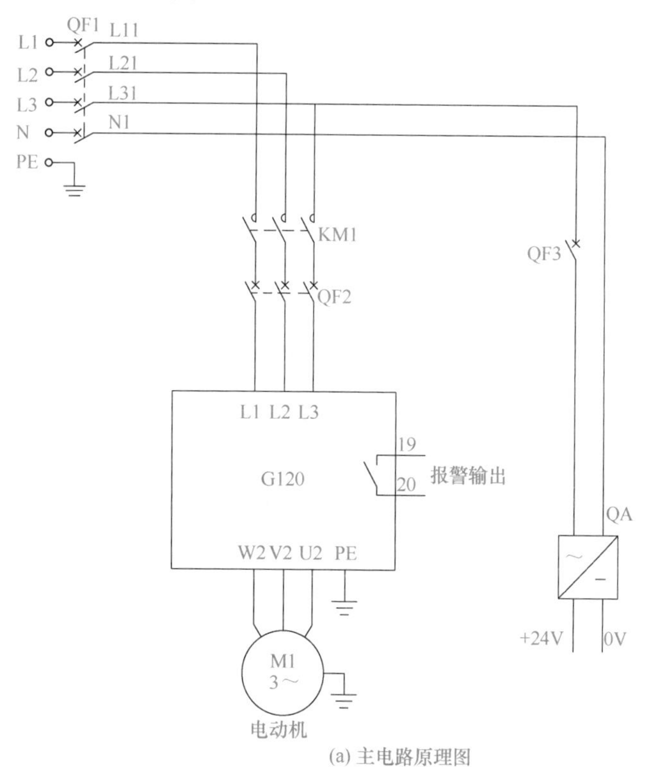

(a) 主电路原理图

图 11-11

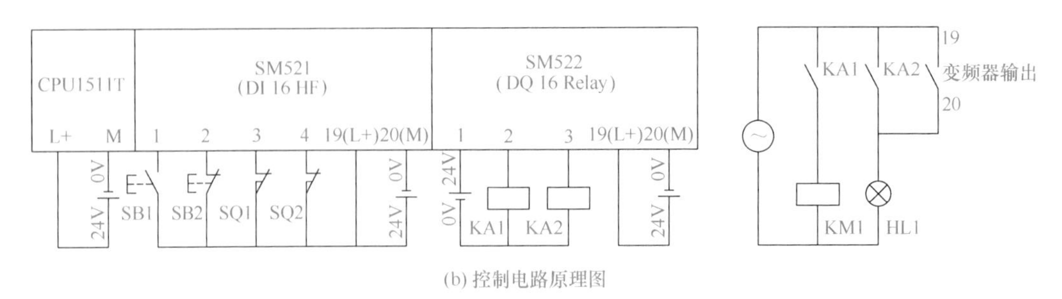

(b) 控制电路原理图

图 11-11　控制系统的接线

（4）硬件组态

① 创建项目，组态主站。创建项目，命名为“Planer”，先组态主站。添加“CPU 1511T-1 PN”模块，模块的输入地址是“IB0”和“IB1”，模块的输出地址是“QB0”和“QB1”，如图 11-12 所示。

② 设置“CPU 1511T-1 PN”的 IP 地址是“192.168.0.1”，子网掩码是“255.255.255.0”，如图 11-13 所示。

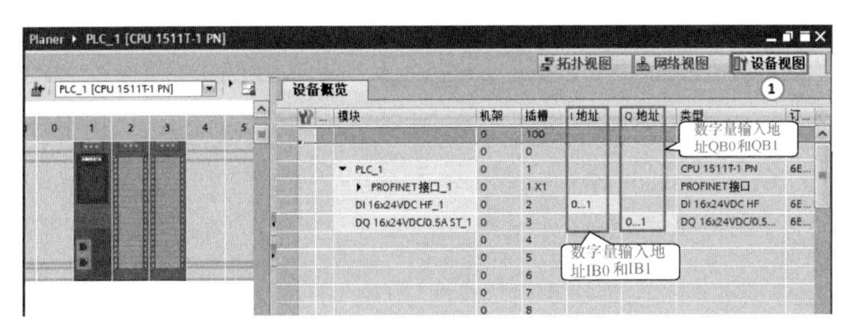

图 11-12　主站的硬件组态

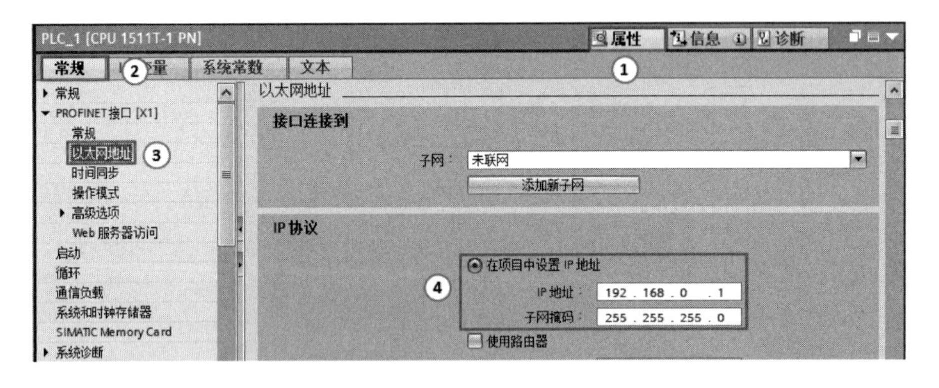

图 11-13　设置 CPU 的 IP 地址

③ 组态变频器。选中“Other field devices”→“PROFINET IO”→“Drives”→“SIEMENS AG”→“SINAMICS”→“SINAMICS G120 CU240E-2 PN”，并将“SINAMICS G120 CU240E-2 PN”拖拽到如图 11-14 所示位置。

④ 设置“SINAMICS G120 CU240E-2 PN”的 IP 地址是“192.168.0.2”，子网掩码是“255.255.255.0”，如图 11-15 所示。

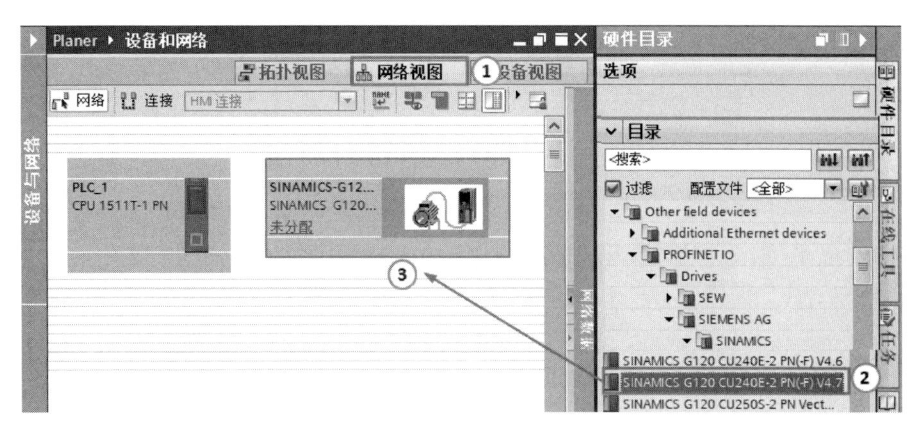

图 11-14　变频器的硬件组态

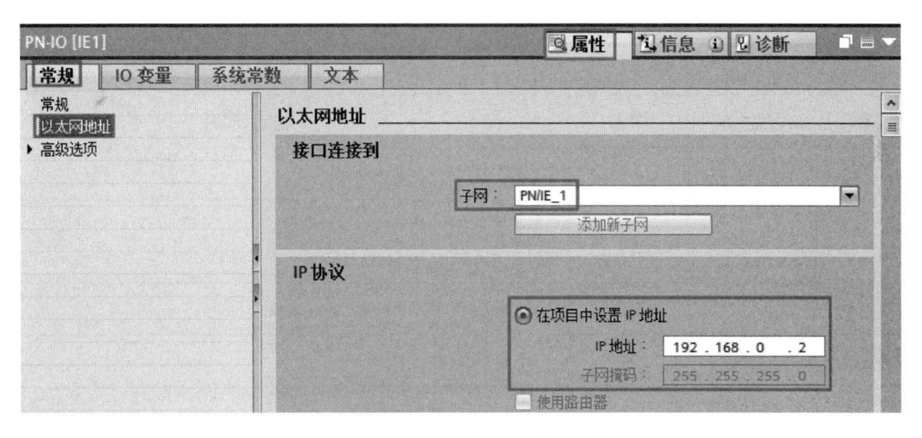

图 11-15　设置变频器的 IP 地址

⑤ 创建 CPU 和变频器连接。用鼠标左键选中如图 11-16 所示的①处，按住不放，拖至②处，这样控制器站 CPU 和设备站变频器创建起 PROFINET 连接。

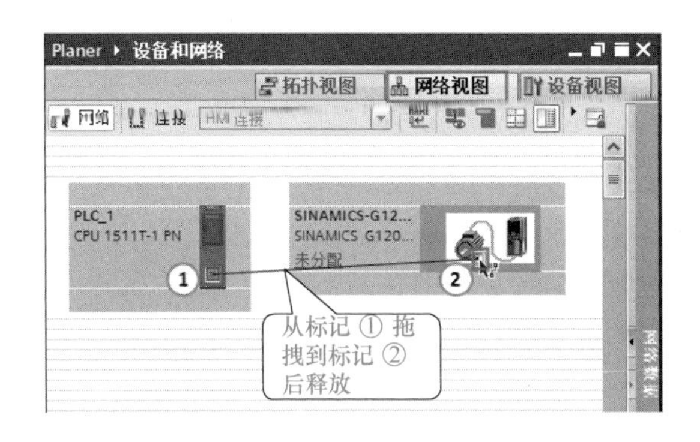

图 11-16　创建 CPU 和变频器连接

⑥ 组态 PROFINET PZD。将硬件目录中的“标准报文 1，PZD-2/2”拖拽到“设备概览”视图的插槽中，自动生成输出数据区为“QW2~QW4”，输入数据区为“IW2~IW4”，如图 11-17 所示。这些数据，在编写程序时，都会用到。

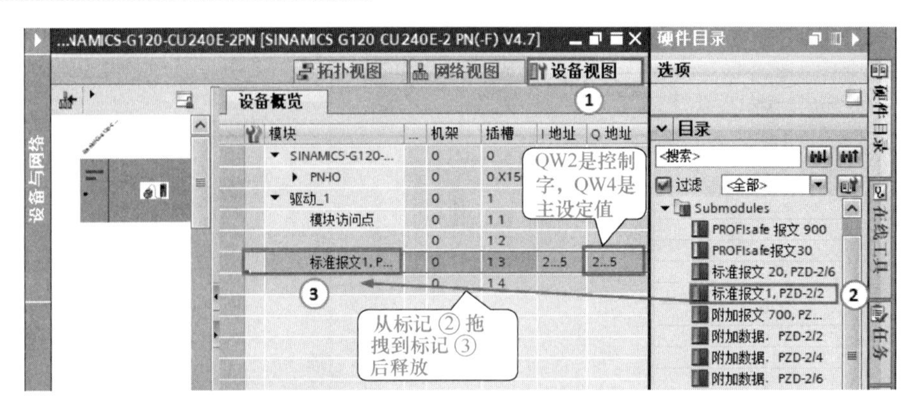

图 11-17　组态 PROFINET PZD

（5）变频器参数设定

G120 变频器自动设置的参数见表 11-3。

表 11-3　G120 变频器自动设置的参数

变频器参数	设定值	单位	功能说明
p0003	3	—	权限级别，3 是专家级
p0010	1/0	—	驱动调试参数筛选。先设置为 1，当把 p0015 和电动机相关参数修改完成后，再设置为 0
p0015	1	—	驱动设备宏 7 指令（1 号报文）
p0304	380	V	电动机的额定电压
p0305	2.05	A	电动机的额定电流
p0307	0.75	kW	电动机的额定功率
p0310	50.00	Hz	电动机的额定频率
p0311	1440	r/min	电动机的额定转速
p0730	52.3	—	将继电器输出 DO 0 功能定义为变频器故障

（6）编写程序

① 编写主程序和初始化程序　在编写程序之前，先填写变量表如图 11-18 所示。

PLC 变量

	名称	变量表	数据类型	地址
1	Start	默认变量表	Bool	%I0.0
2	KM	默认变量表	Bool	%Q0.0
3	Stp	默认变量表	Bool	%I0.1
4	Limit1	默认变量表	Bool	%I0.2
5	Limit2	默认变量表	Bool	%I0.3
6	Lamp	默认变量表	Bool	%Q0.1
7	ControlWord	默认变量表	Word	%QW2
8	SetWord	默认变量表	Word	%QW4
9	SpeedValue	默认变量表	Real	%MD10
10	Value	默认变量表	Real	%MD16
11	<新增>			

图 11-18　PLC 变量表

从图 11-9 中可看到，1 个周期的运行时间是 50s，上升和下降时间直接设置在变频器中，也就是 P1120=P1121=2s，编写程序不用考虑上升和下降时间。编写程序时，可以将 2 个周期当作 1 个工作循环考虑，编写程序更加方便。OB1 的梯形图如图 11-19 所示。OB100 的程序如图 11-20 所示，其功能是初始化。

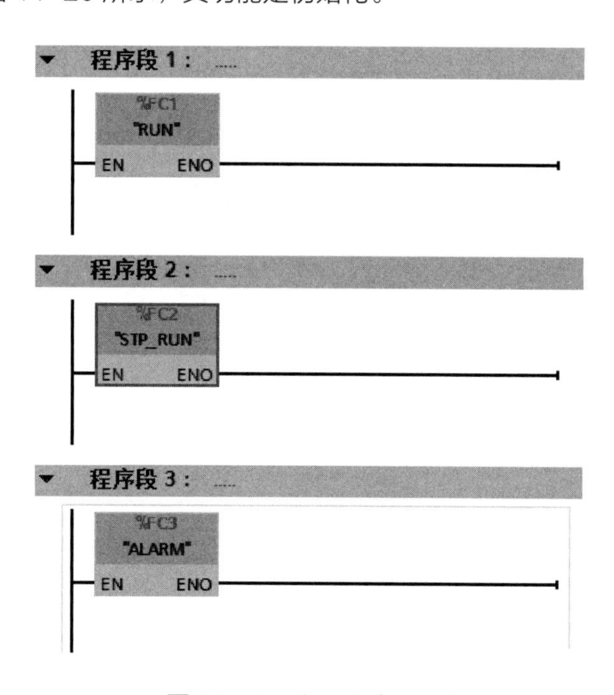

图 11-19　主程序（OB1）

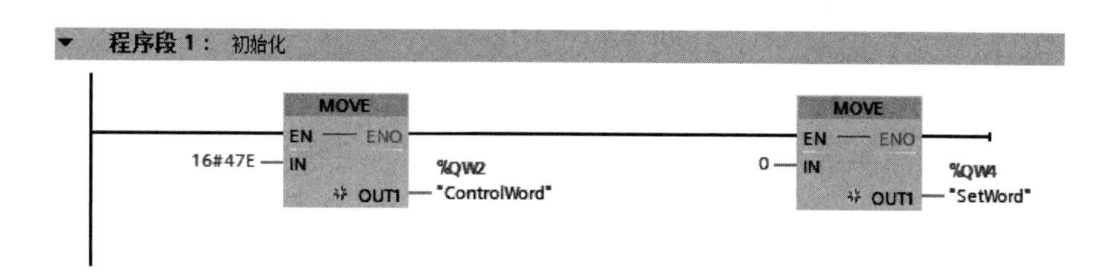

图 11-20　OB100 的程序

② 编写程序 FC1　在变频的通信中，主设定值 16#4000 是十六进制，变换成十进制就是 16384，代表的是 50Hz，因此设定变频器的时候，需要规格化。例如要将变频器设置成 40Hz，主设定值为：

$$\frac{40}{50}\times16384=13107.2$$

而 13107 对应的 16 进制是 16#3333，所以设置时，应设置数值是 16#3333，实际就是规格化。FC1 的功能是通信频率给定的规格化。

FC1 的程序主要是自动逻辑，如图 11-21 所示。

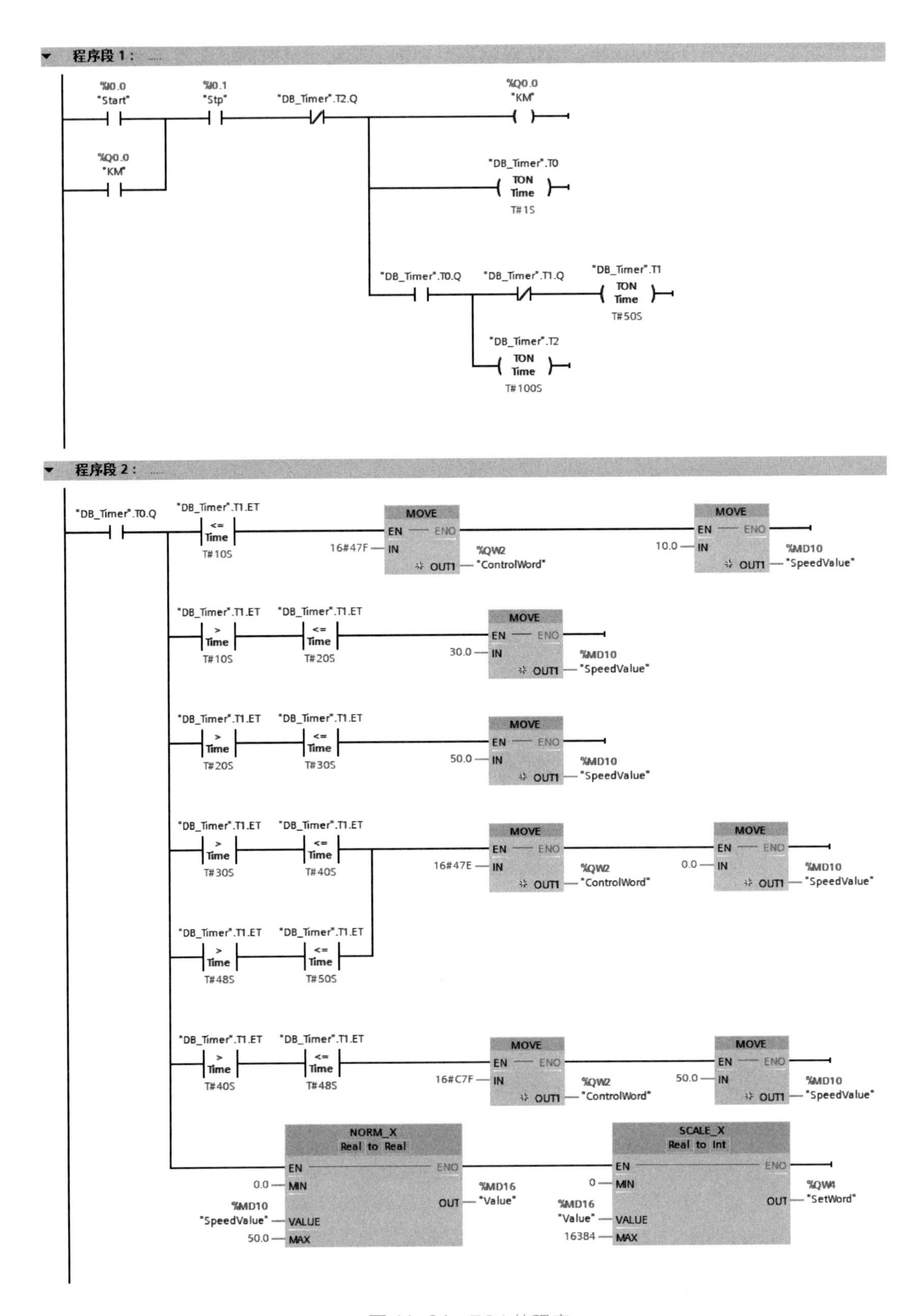

图 11-21　FC1 的程序

③ 编写运行程序 FC2　S7-1500 PLC 通过 PROFINET PZD 通信方式将控制字 1 和主设定值周期性地发送至变频器，变频器将状态字 1 和实际转速发送到 S7-1500 PLC。因此掌握控制字和状态字的含义对于编写变频器的通信程序就非常重要。

控制字的各位的含义可参见表 9-6。可见：在 S7-1500 PLC 与变频器的 PROFINET 通信中，16#47E 代表停止；16#47F 代表正转；16# C7F 代表反转。

停止运行程序 FC2 如图 11-22 所示。报警程序 FC3 如图 11-23 所示。

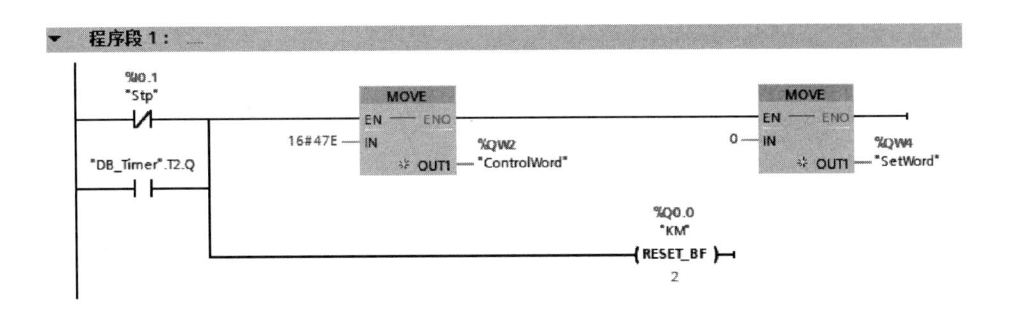

图 11-22　FC2 的程序

图 11-23　FC3 的程序

11.3 剪切机的 PLC 控制

【例 11-3】 剪切机上有 1 套步进驱动系统，步进驱动器的型号为 SH-2H042Ma，步进电动机的型号为 17HS111，是两相四线直流 24V 步进电动机，用于送料，送料长度是 200mm，当送料完成后，停 1s 开始剪切，剪切完成 1s 后，再自动进行第二个循环。要求：按下按钮 SB1 开始工作，按下按钮 SB2 停止工作。请设计原理图并编写程序，复位完成复位指示灯闪烁，非正常运行时，报警指示灯闪烁。

解：(1) PLC 的 I/O 分配

在 I/O 分配之前，先计算所需要的 I/O 点数，由于输入输出最好留 15% 左右的余量备用，所以初步选择的 PLC 是 CPU 1511-1 PN。又因为 CPU 1511-1 PN 无高速输出点，所以方案最后定为 CPU 1511-1 PN 与高速输出模块 PT04 的组合。剪切机的 I/O 分配表见表 11-4。

表 11-4　剪切机的 I/O 分配表

名称	符号	输入点	名称	符号	输出点
启动	SB1	I0.0	剪切	KA1	Q0.0
停止	SB2	I0.1	后退	KA2	Q0.1
回原点	SB3	I0.2	复位指示灯	HL1	Q0.2
原点	SQ1	I0.3	运行指示灯	HL2	Q0.3
下限位	SQ2	I0.4			
上限位	SQ3	I0.5			

（2）设计电气原理图

根据 I/O 分配表和题意，设计原理图如图 11-24 所示。

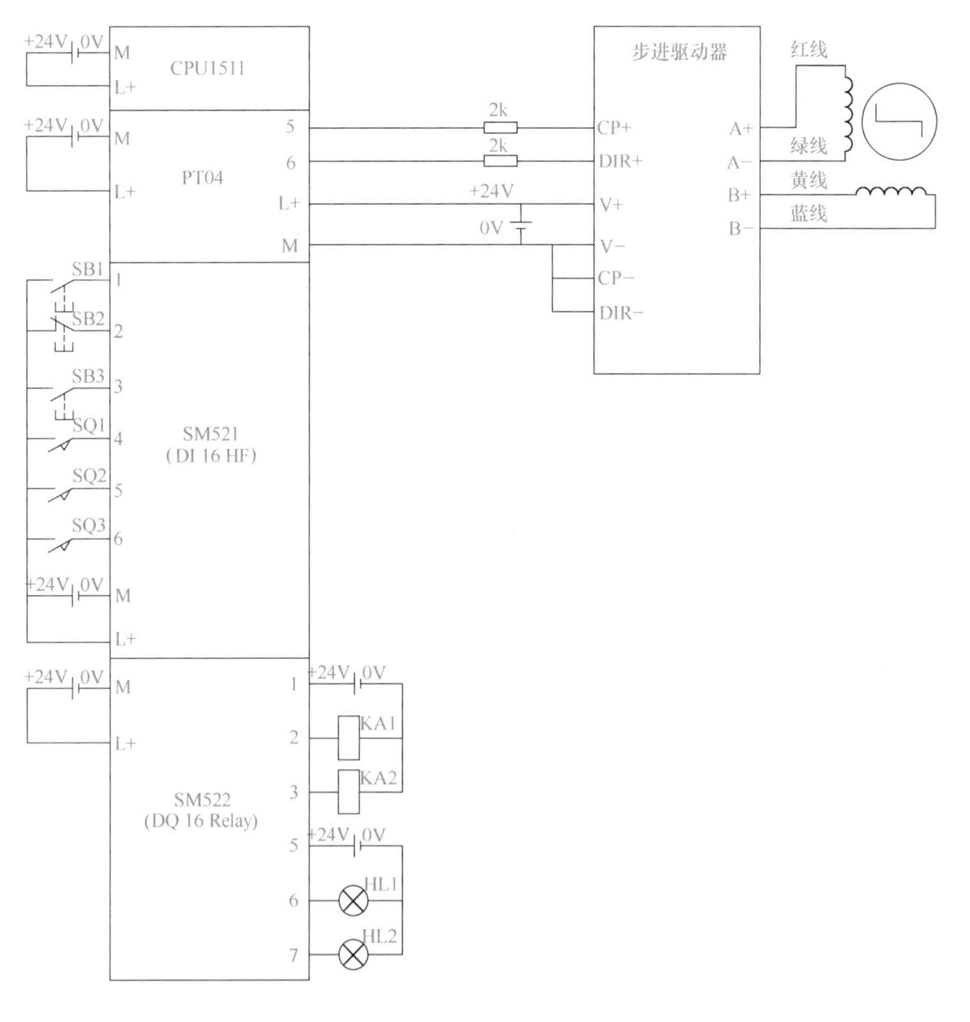

图 11-24　剪切机电气原理图

（3）硬件组态

① 新建项目，添加 CPU。打开 TIA 博途软件，新建项目“MotionControl”，进行硬

件组态，如图 11-25 所示。

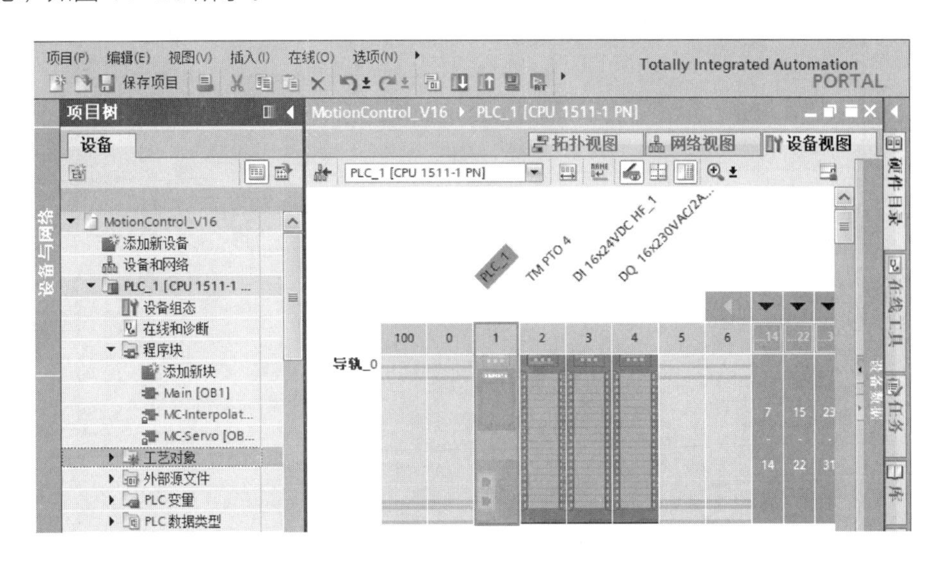

图 11-25　硬件组态

② 选择信号类型。设备视图中，选中“设备视图”→“TM PTO4”→“属性”→“常规”→“通道 0”→“操作模式”，选择信号类型为“脉冲（P）和方向（D）”，如图 11-26 所示。

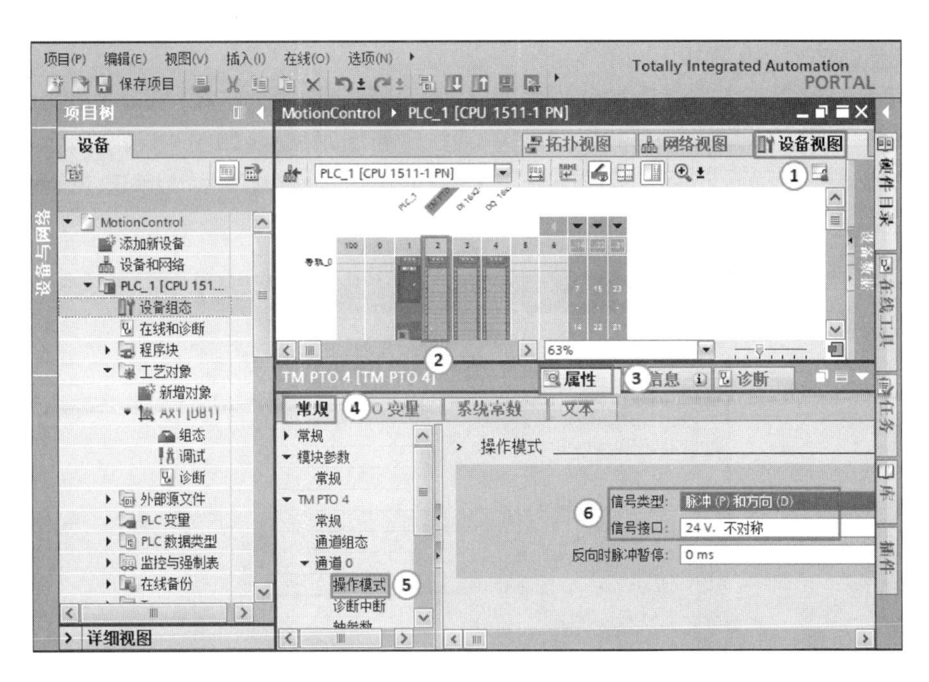

图 11-26　选择信号类型

③ 选择轴参数。设备视图中，选中“设备视图”→“TM PTO4”→“属性”→“常规”→“通道 0”→“轴参数”，选择每转增量为“200”，如图 11-27 所示。

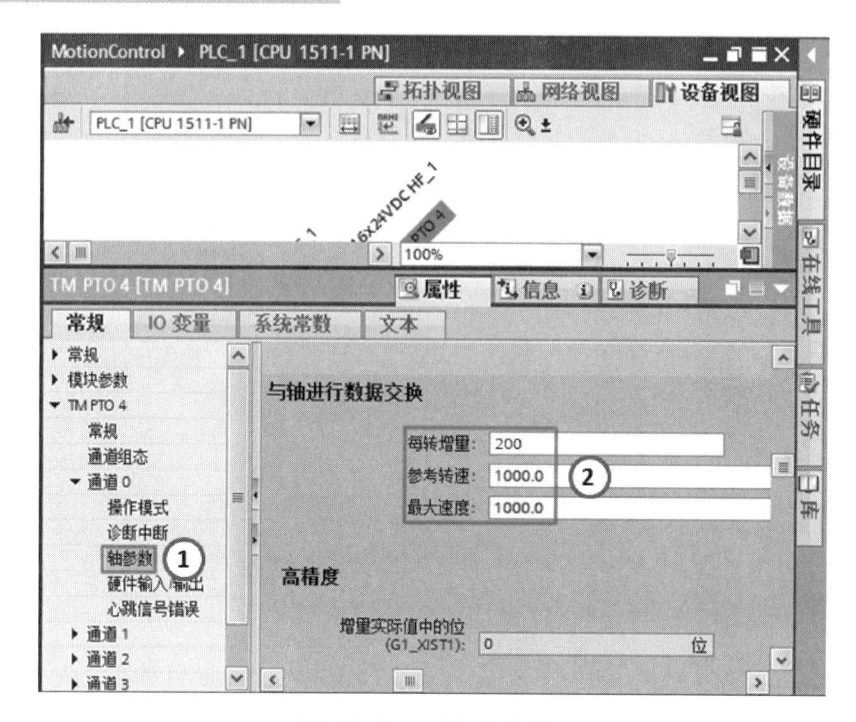

图 11-27　选择轴参数

（4）工艺参数组态

工艺参数组态主要定义了轴的工程单位、软硬件限位、启动 / 停止速度和参考点的定义等。工艺参数的组态步骤如下：

①插入新对象。在 TIA Portal 软件项目视图的项目树中，选择“MotionControl”→“PLC_1”→“工艺对象”→“新增对象”，双击“新增对象”，如图 11-28 所示，弹出如图 11-29 所示的界面，选择“运动控制”→“TO_PositioningAxis”，单击“确定”按钮，弹出如图 11-30 所示的界面。

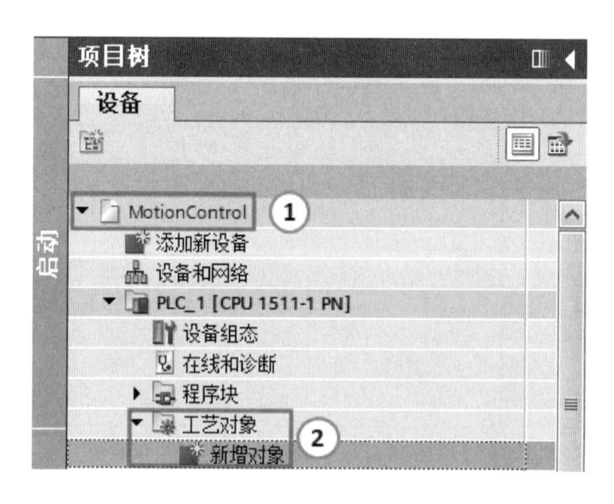

图 11-28　插入新对象

② 组态基本参数。在“功能视图”选项卡中，选择“基本参数”，测量单位和轴类型可根据实际情况选择，本例选用默认设置，如图 11-30 所示。

图 11-29　定义工艺对象数据块

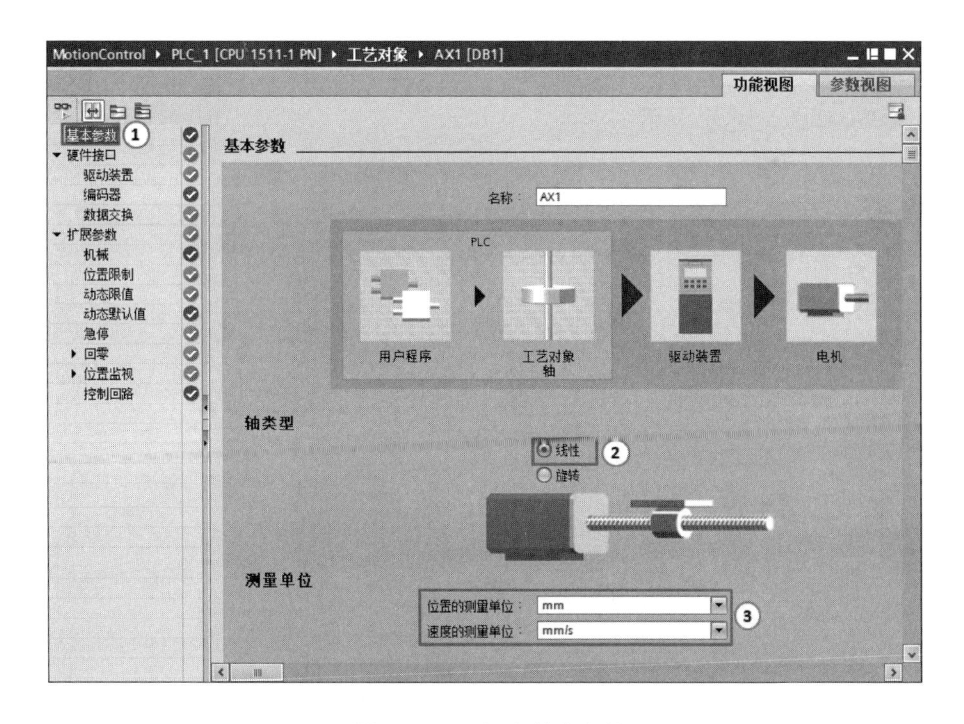

图 11-30　组态基本参数

③ 组态驱动装置参数。在“功能视图”选项卡中，选择“硬件接口”→“驱动装置”，选择驱动器类型为“PROFIdrive”，如图 11-31 所示，按图选择模块和通道，单击“√”按钮，即确认。

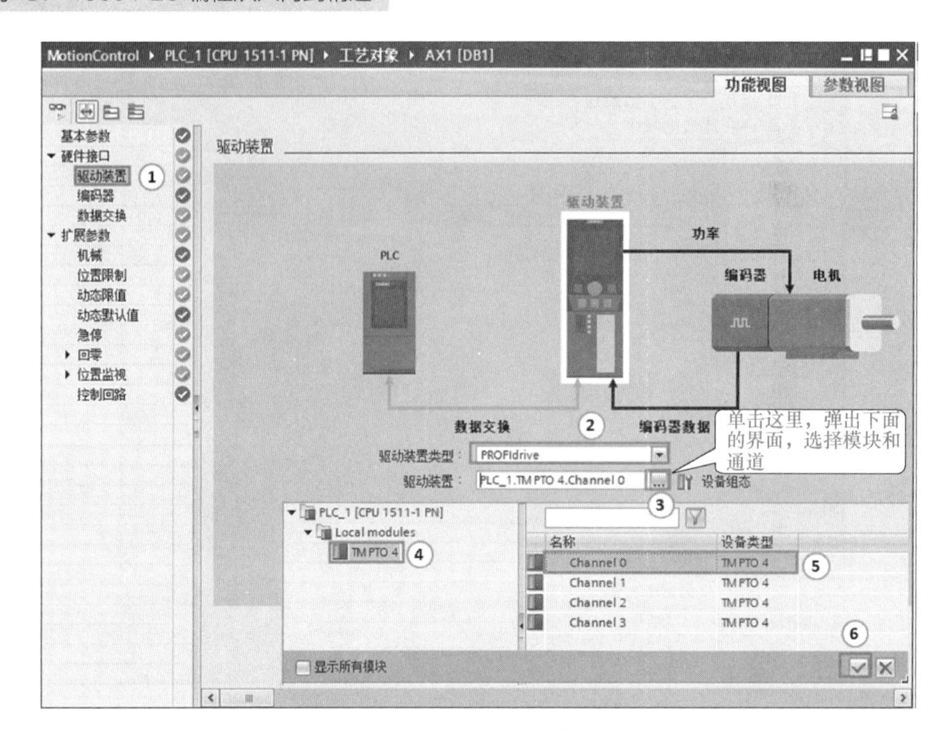

图 11-31　组态驱动装置参数

④ 组态报文交换参数。在“功能视图”选项卡中，选择“硬件接口”→“数据交换”，按图进行设置，如图 11-32 所示。

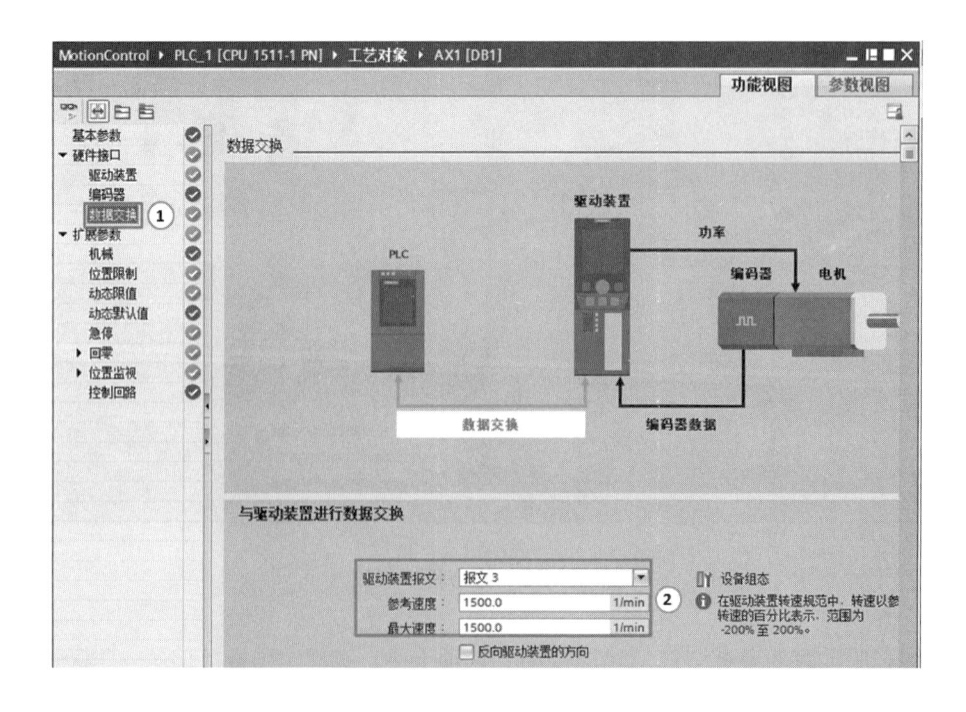

图 11-32　组态报文交换参数

⑤ 组态机械参数。在“功能视图”选项卡中，选择“扩展参数”→“机械”，“电机每转的负载位移”取决于机械结构，如伺服电动机与丝杠直接连接，则此参数就是丝杠的螺距，本例为“10.0”，如图 11-33 所示。

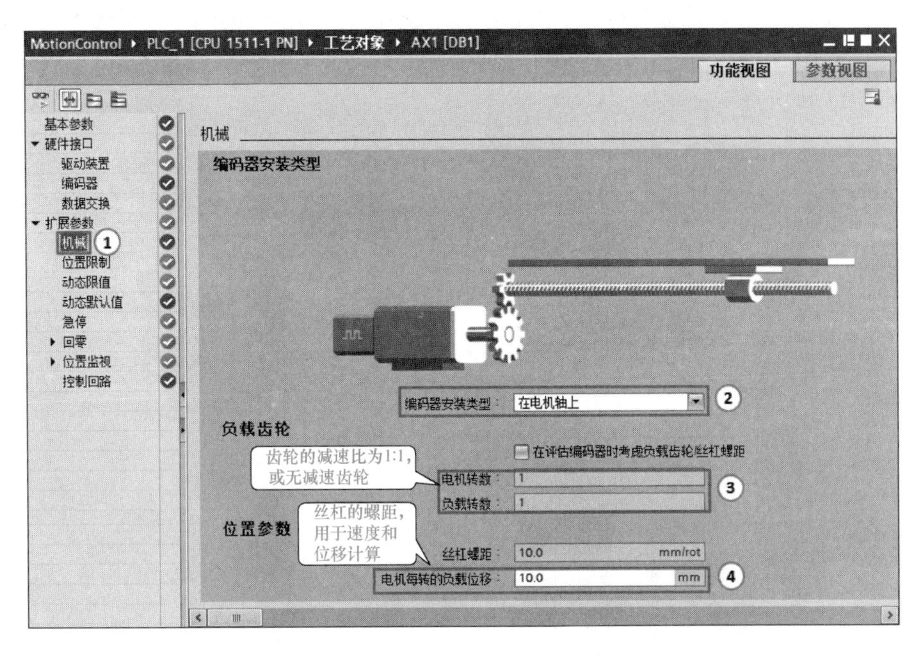

图 11-33 组态机械参数

⑥ 组态动态限值参数。在“功能视图”选项卡中，选择“扩展参数”→“动态限值”，根据实际情况修改最大速度、最大加速度 / 最大减速度和斜坡上升时间 / 斜坡下降时间等参数（此处的斜坡上升时间和斜坡下降时间是启停机时的时间值），本例设置如图 11-34 所示。

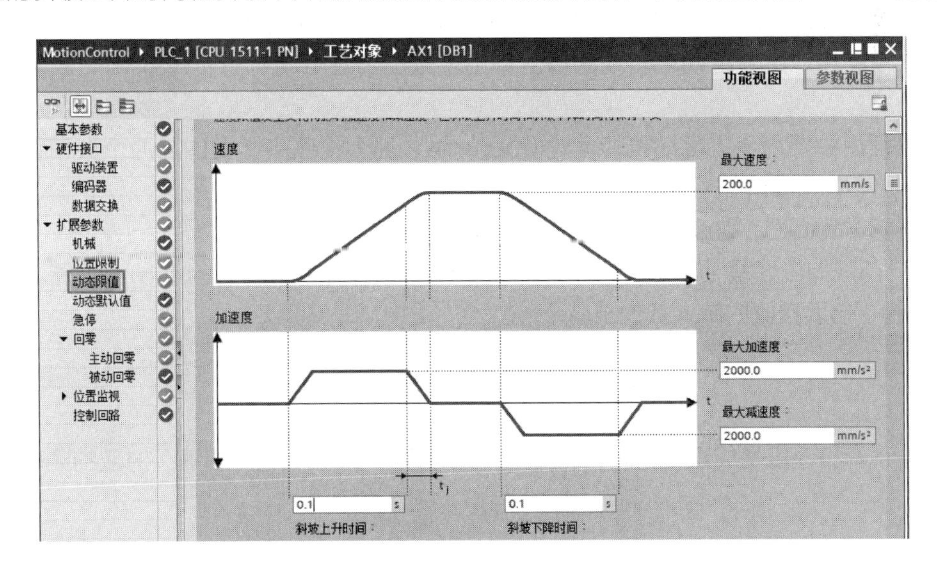

图 11-34 组态动态限值参数

⑦ 组态回原点参数。在“功能视图”选项卡中，选择“扩展参数”→“回零”→“主动回零”，根据原理图选择“通过数字量输入作为回原点标记”是 ORIGIN（I0.3）。

“起始位置偏移量”为 0，表明原点就在 ORIGIN（I0.3）的硬件物理位置上。本例设置如图 11-35 所示。

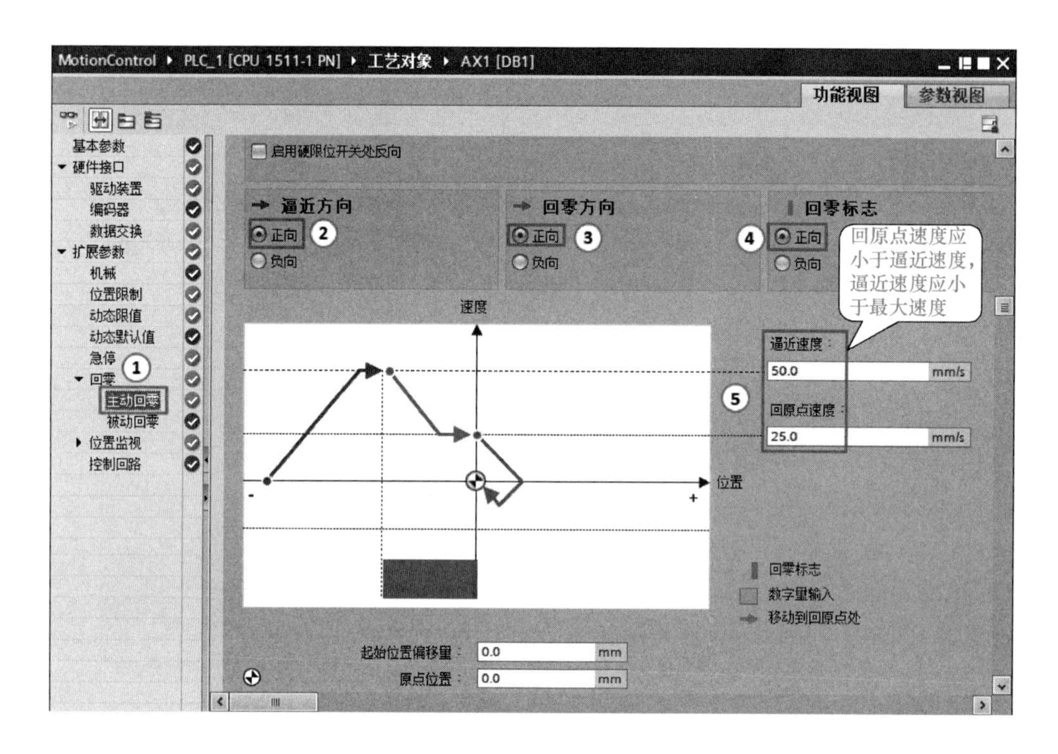

图 11-35 组态回原点参数

（5）编写程序

① 相关计算。已知步进电动机的步距角是 1.8°，所谓步距角就是步进电动机每接收到一个脉冲信号后，步进电动机转动的角度。也就是说步进电动机每转一圈，PLC 需要发送 200 个脉冲。

假设程序中要求步进电动机转速是 600r/min，那么程序中需要的脉冲个数和脉冲频率如何设置是十分重要的。

对于初学者而言，这个计算的确有点麻烦，先计算脉冲数 n。

由于前进的位移是 200mm，则需要步进电动机转动的圈数为 200/10=20 圈。电动机转动 20 圈，需要接收的脉冲数为：

$$n=20\times\frac{360^\circ}{1.8^\circ}=4000\ （个）$$

脉冲频率和速度是成正比的，且有一一对应关系，600r/min（高速）对应的频率为：

$$f=\frac{600\times360^\circ}{1.8^\circ\times60}=2000\ （\mathrm{Hz}）$$

即每秒发出 2000 个脉冲。

前面所述的工艺组态的好处在于：以上的复杂的计算，无需读者完成，读者只需要把相关的参数输入工艺组态界面即可，提高了工作效率。

② 编写程序。初始化程序梯形图如图 11-36 所示。主程序梯形图如图 11-37 所示。

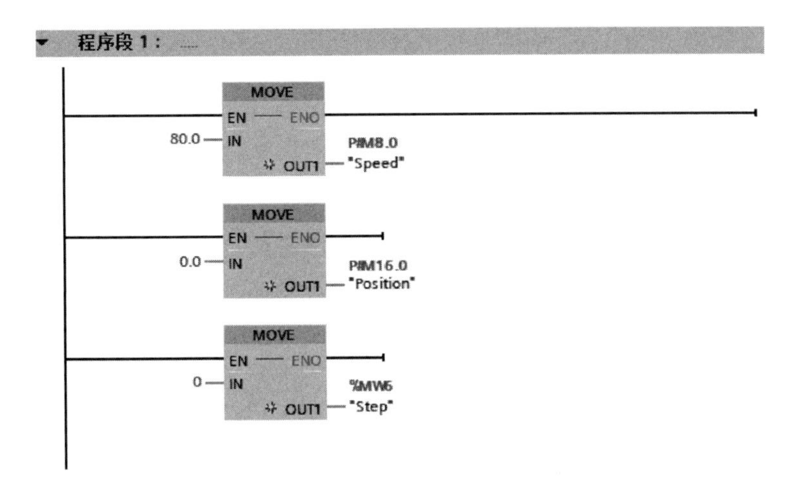

图 11-36　OB100 中的梯形图

程序段 1：
%DB2
"Reset_DB"
%FB1
"Reset"
EN　ENO

程序段 2：
%DB3
"Auto_Run_DB"
%FB2
"Auto_Run"
EN　ENO

程序段 3：
%FC1
"Lamp"
EN　ENO

程序段 4：
%DB4
"Stp_Run_DB"
%FB3
"Stp_Run"
EN　ENO

图 11-37　OB1 中的梯形图

FB1 中的梯形图如图 11-38 所示，其作用是先启用轴，实际就是使能伺服，然后确认故障（伺服处于故障状态时，不能正常运行，必须要确认故障），最后回原点。

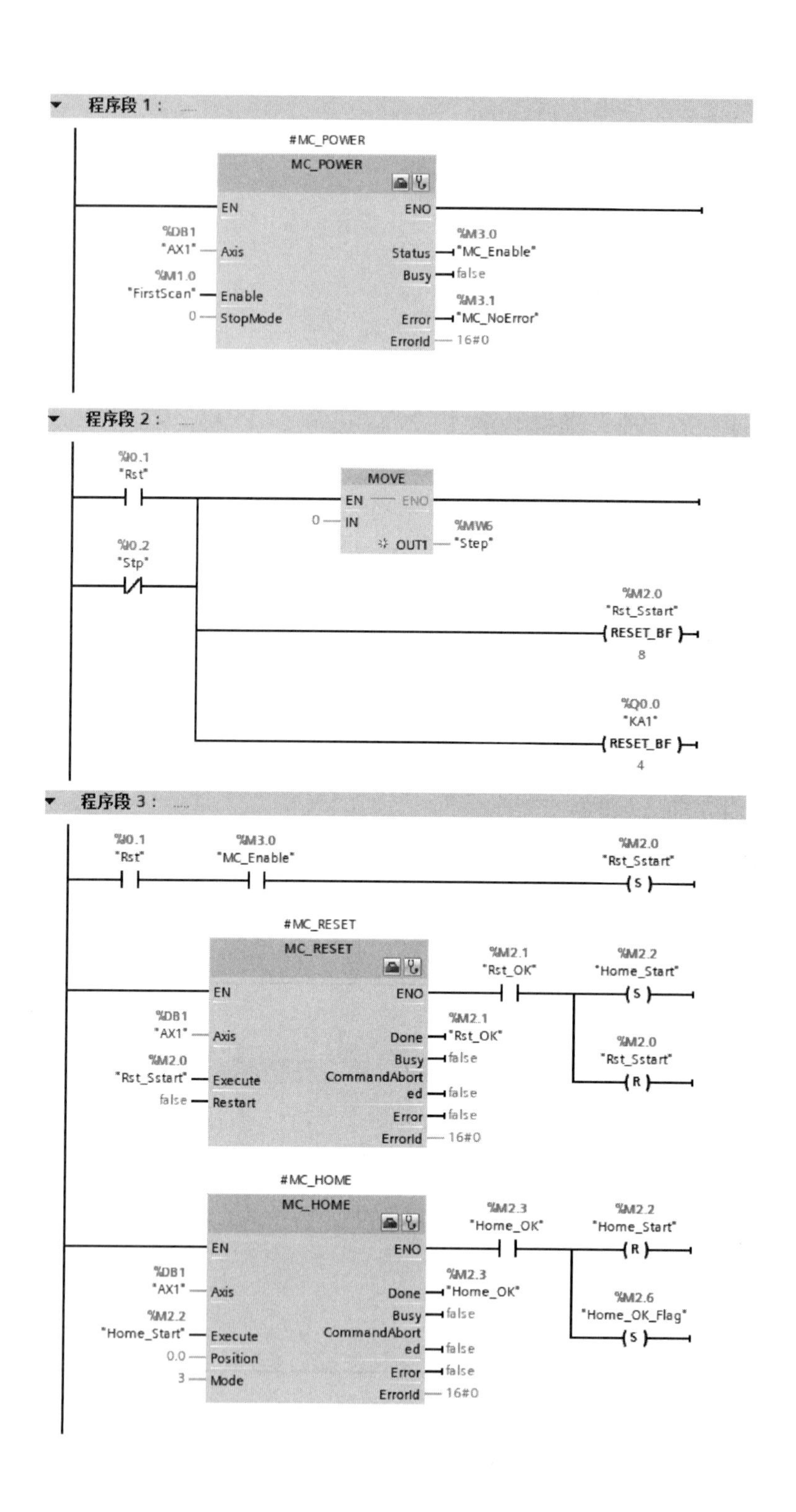

图 11-38 FB1 中的梯形图

FB2 中的梯形图如图 11-39 所示，其作用是完成剪切机的自动运行的逻辑。

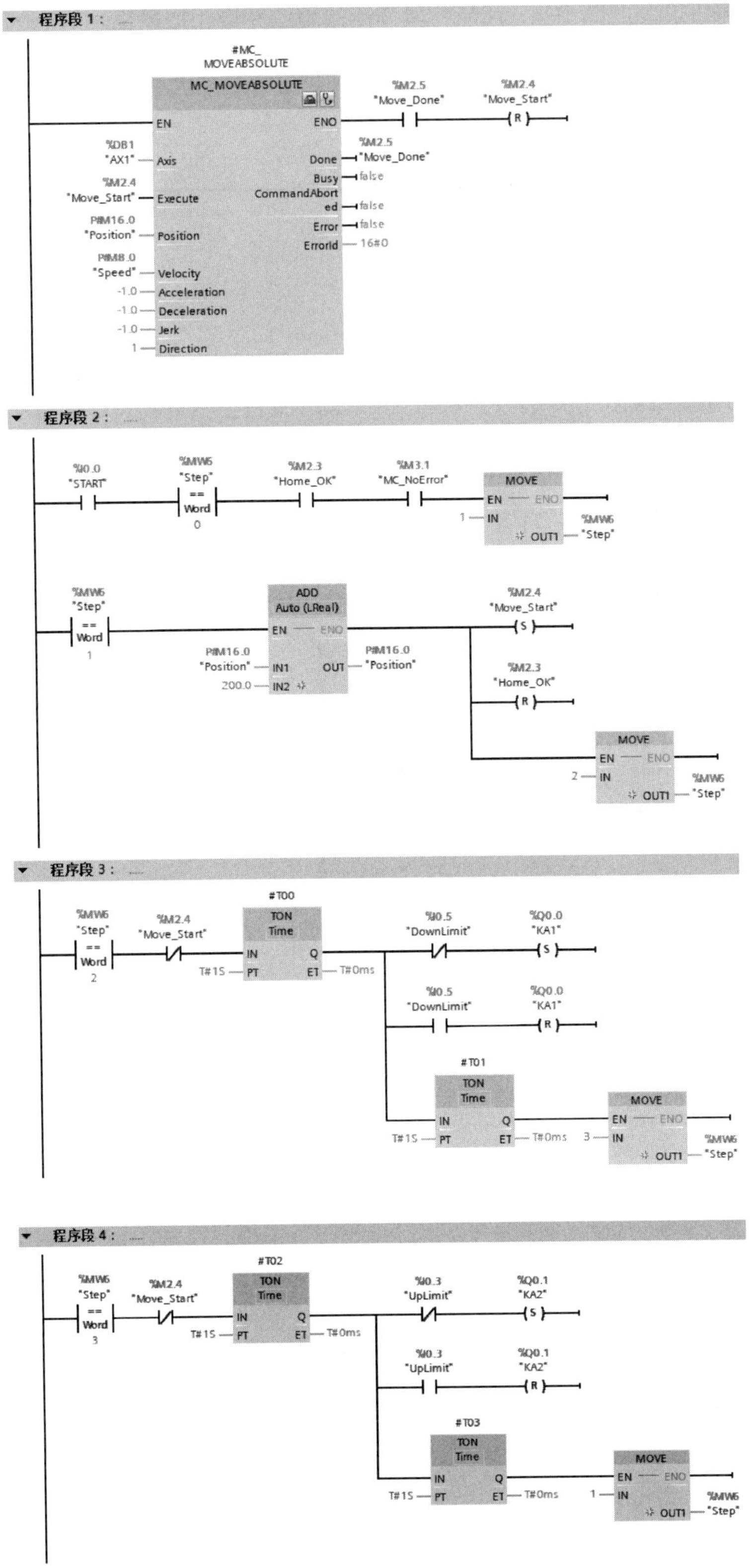

程序段 1：......

#MC_MOVEABSOLUTE
MC_MOVEABSOLUTE
EN ENO
%M2.5 "Move_Done"
%M2.4 "Move_Start" (R)
%DB1 "AX1" — Axis
Done — %M2.5 "Move_Done"
Busy — false
%M2.4 "Move_Start" — Execute
CommandAborted — false
P#M16.0 "Position" — Position
Error — false
ErrorId — 16#0
P#M8.0 "Speed" — Velocity
-1.0 — Acceleration
-1.0 — Deceleration
-1.0 — Jerk
1 — Direction

程序段 2：......

%I0.0 "START"
%MW6 "Step" == Word 0
%M2.3 "Home_OK"
%M3.1 "MC_NoError"
MOVE EN ENO
1 — IN
OUT1 — %MW6 "Step"

%MW6 "Step" == Word 1
ADD Auto (LReal) EN ENO
P#M16.0 "Position" — IN1
OUT — P#M16.0 "Position"
200.0 — IN2
%M2.4 "Move_Start" (S)
%M2.3 "Home_OK" (R)
MOVE EN ENO
2 — IN
OUT1 — %MW6 "Step"

程序段 3：......

%MW6 "Step" == Word 2
%M2.4 "Move_Start"
#T00 TON Time
IN Q
T#1S — PT ET — T#0ms
%I0.5 "DownLimit"
%Q0.0 "KA1" (S)
%I0.5 "DownLimit"
%Q0.0 "KA1" (R)
#T01 TON Time
IN Q
T#1S — PT ET — T#0ms
MOVE EN ENO
3 — IN
OUT1 — %MW6 "Step"

程序段 4：......

%MW6 "Step" == Word 3
%M2.4 "Move_Start"
#T02 TON Time
IN Q
T#1S — PT ET — T#0ms
%I0.3 "UpLimit"
%Q0.1 "KA2" (S)
%I0.3 "UpLimit"
%Q0.1 "KA2" (R)
#T03 TON Time
IN Q
T#1S — PT ET — T#0ms
MOVE EN ENO
1 — IN
OUT1 — %MW6 "Step"

图 11-39 FB2 中的梯形图

FC1 中的梯形图如图 11-40 所示，其作用是复位完成和报警指示灯的闪烁。

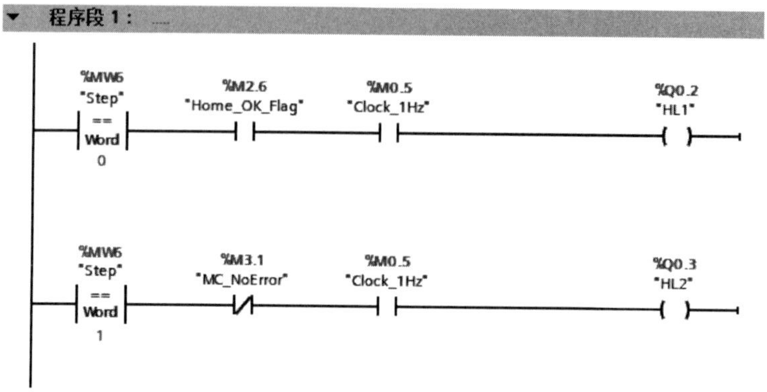

▼ 程序段 1： ......

%MW6 "Step" == Word 0　%M2.6 "Home_OK_Flag"　%M0.5 "Clock_1Hz"　%Q0.2 "HL1"

%MW6 "Step" == Word 1　%M3.1 "MC_NoError"　%M0.5 "Clock_1Hz"　%Q0.3 "HL2"

图 11-40　FC1 中的梯形图

FB3 中的梯形图如图 11-41 所示，其作用是使伺服停止运行。

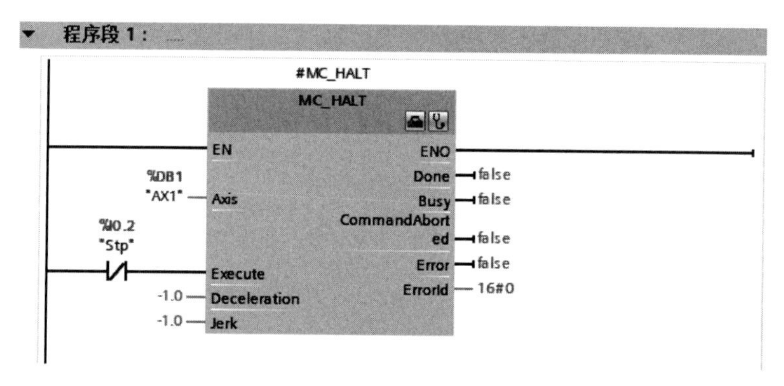

图 11-41　FB3 中的梯形图

参考文献

[1] 向晓汉 . 西门子 S7-1500 PLC 完全精通教程［M］. 北京 : 化学工业出版社 , 2018.

[2] 崔坚 . SIMATIC S7-1500 与 TIA 博途软件使用指南［M］. 北京 : 机械工业出版社 , 2016.

[3] 刘长青 . S7-1500 PLC 项目设计与实践［M］. 北京 : 机械工业出版社 , 2016.

[4] 向晓汉 . 西门子 PLC 工业通信完全精通教程［M］. 北京 : 化学工业出版社 , 2013.

[5] 向晓汉 . 西门子 S7-1200/1500 PLC 学习手册：基于 LAD 和 SCL 编程［M］. 北京 : 化学工业出版社 , 2018.